“十二五”普通高等教育本科国家级规划教材

水污染控制工程

（第3版）

彭党聪　主编

北　京
冶 金 工 业 出 版 社
2022

内 容 提 要

本书详细阐述了水污染控制工程的基本理论及其应用，主要内容包括：总论，不溶态污染物的分离技术，污染物的生物化学转化技术，污染物的化学转化技术，溶解态污染物的物理化学分离技术，废水的再生利用与排放，污泥处理与处置技术，污水处理厂（站）设计与水环境区域综合防治等。各章末均附有习题和思考题，便于读者掌握本书内容。

本书为高等学校环境工程专业的“十一五”国家级规划教材，也可供厂矿工程技术人员参考。

图书在版编目（CIP）数据

水污染控制工程/彭党聪主编. —3版. —北京：冶金工业出版社，2010.4（2022.6重印）

“十二五”普通高等教育本科国家级规划教材

ISBN 978-7-5024-5129-5

Ⅰ. ①水… Ⅱ. ①彭… Ⅲ. ①水污染—污染控制—高等学校—教材 Ⅳ. ①X52

中国版本图书馆CIP数据核字（2010）第039560号

水污染控制工程（第3版）

出版发行	冶金工业出版社	电　话	(010)64027926
地　址	北京市东城区嵩祝院北巷39号	邮　编	100009
网　址	www.mip1953.com	电子信箱	service@mip1953.com

责任编辑　杨　敏　宋　良　美术编辑　彭子赫　版式设计　张　青

责任校对　王贺兰　责任印制　李玉山

三河市双峰印刷装订有限公司印刷

1984年6月第1版，1993年4月第2版，2010年4月第3版，2022年6月第19次印刷

787mm×1092mm　1/16；27.5印张；733千字；416页

定价 49.00 元

投稿电话　(010)64027932　投稿信箱　tougao@cnmip.com.cn

营销中心电话　(010)64044283

冶金工业出版社天猫旗舰店　yjgycbs.tmall.com

（本书如有印装质量问题，本社营销中心负责退换）

第3版前言

本书根据教育部普通高等学校环境工程教学指导委员会制定的环境工程专业规范(草案)中的“水污染控制工程教学基本内容”,在《水污染控制工程(第2版)》的基础上修改和补充部分内容而成,供80~100学时教学使用。

进入21世纪以来,随着我国经济社会的快速发展,由此引发的水资源短缺、水环境污染等问题日益严重,在此情况下,全面深入地了解和掌握水污染控制技术,解决我国面临的水污染问题,已成为环境工程技术人员的重要历史使命。本书在保留第2版原有特色的基础上,结合近二十年来,水污染控制理论和技术的发展,力求全面体现各种新政策、新思想、新工艺和新方法,使读者在掌握水污染控制基本理论的同时,获得解决实际问题的能力。

本书对水污染控制领域涉及的主要专业术语给出了英文对照,便于读者查阅和阅读外文资料时参考。

本书由彭党聪担任主编。参加本书编写工作的有西安建筑科技大学彭党聪(第1章、第2章、第9章、第19章、第22章)、王磊(第3章、第4章、第6章、第17章)、韩芸(第5章 、第18章)、袁林江(第7章、第10章、第20章、第21章)、王怡(第8章)、郭新超(第11章~第16章)、杨永哲(第23章、第24章、附录)。

西安建筑科技大学张希衡教授担任了本书的审稿工作,兄弟院校和有关单位的同志对本书的编写提出了许多宝贵意见,在此表示衷心的感谢。

因编写人员的水平有限,书中不足之处在所难免,恳请读者批评指正。

编 者

2009年12月

第2版前言

本书根据国家教委高等工业学校环境工程类专业教材委员会制定的“水污染控制工程教学基本要求”，对原教材《废水治理工程》进行了修改和补充后而编成的，并改名为《水污染控制工程》，供100~120学时教学用。

我国水资源十分短缺，而水环境的污染又日趋严重，在此情况下，全面深入地了解和掌握水污染控制技术，解决我国面临的水污染问题，已成为环境工程技术人员的重要历史使命。本书力求全面系统地介绍有关的技术政策、各种水污染控制技术的原理和设备计算，务使读者能掌握基本理论和学会解决实际问题的初步能力。

本书仍按废水中污染物的不同存在状态，将各种处理技术归纳为分离技术和转化技术两大类来建立编写体系，对原教材中的重点章节进行了补充，对一般章节进行了删节合并，新增了六章（第九、十四、十九、二十、二十一、二十四章），每章后列有习题和思考题。

参加本书编写工作的有西安冶金建筑学院的张希衡（第一、二、九章及第十九章的一、二、四、五节）、王志盈（第七、八章）、金奇庭（第十一、十二、十三、十四、二十章及第十九章的第三节）、陈克任（第二十一、二十二、二十三章）、王志远（第二十四章），昆明工学院的杨靖中（第三、四、五、六、十章）、周里一（第十五、十六、十七、十八章），由张希衡任主编。

本书由天津大学林荣忱教授、兰州铁道学院欧阳铭副教授、青岛建筑工程学院刘永纯高级工程师审稿。兄弟院校和有关单位的同志对本书的编写提出了许多宝贵意见，在此一并表示衷心感谢。

因编写人员水平有限，书中缺点和错误在所难免，欢迎读者批评指正。

编　者

1992年1月

前　言

本书是高等院校环境工程专业的教学用书，供120学时教学之用。

本书根据废水中污染物的不同存在状态，系统地介绍了各种分离处理与转化处理。重点介绍废水水质控制的单元方法，侧重于基础理论和基本知识。

为了理论联系实际，书中介绍了一些计算例题和国内外的应用实例，供教学中参考。

参加本书编写工作的有西安冶金建筑学院陈克任、张希衡（合编第一、二、十六、十七、二十二、二十三、二十四、二十五章）、王志盈（第八、九、十、十一章）、金奇庭（第十二、十三、十四、十五章）、昆明工学院杨靖中（第三、四、五、六、七章）、周里一（第十八、十九、二十、二十一章）；由张希衡任主编。

本书由西安冶金建筑学院于泮池主审。王志远参加了全书的审校工作。

兄弟院校和有关单位的同志对本书的编写提出了许多宝贵意见，在此表示衷心感谢。

因编写人员的水平所限，书中缺点和错误在所难免，欢迎读者批评指正。

编　者

1983年3月

目　　录

第1篇　总　　论

第2篇 不溶态污染物的分离技术

第3篇　污染物的生物化学转化技术

第4篇 污染物的化学转化技术

第5篇 溶解态污染物的物理化学分离技术

第7篇　污泥处理与处置技术

第8篇　污水处理厂(站)设计与水环境区域综合防治

第1篇　总论

1　水环境的污染与防治

1.1　水　资　源

存在于地球上的气态、液态和固态的水,构成了自然地理环境的重要组成部分——水圈(hydrophere)或水环境(water environment)。

水是分布最广而又十分重要的自然资源。它孕育和滋养了地球上的一切生物,并从各个方面为人类社会服务。水的用途大致有以下几方面:生活用水、工业用水、农业用水、渔业用水、交通运输用水和娱乐用水。一般情况下,与人类生活和生产密切相关的前三种用水不能大规模取用海洋咸水,而只能取用淡水。

地球上的水约为 $1.36\times10^{18}\,m^3$,覆盖着近3/4的地球表面。此外,地球上的水还在不停地循环运动着,进行着相互之间的输运、转换和补给。从这个角度出发,可以认为水是"取之不尽,用之不竭"的自然资源。但是,水环境中的淡水资源却很少,仅占总水量的2.53%,而目前能供人类直接取用的淡水资源仅占0.22%,加之自然水源的季节变化和地区差异,以及自然水体遭到的各类污染,致使可供直接取用的优质水量日显短缺,难以满足人们生活和工农业生产日益增长的要求。从这个角度来看,水又是十分短缺的自然资源。因此,保护和珍惜使用水资源,乃是整个社会的共同职责。就我国而言,淡水资源人均仅 $2545\ m^3$,不到世界人均值的1/4,因此,对水资源的保护和爱惜尤应倍加重视。

地球上的水主要以连续状态存在,存在于地上者,称为地面水(ground water),包括海洋、江河、湖泊、水库、冰川等;存在于地下者,称为地下水(underground water),包括潜水和承压水;地下水涌出地面者称为泉水。

以不连续状态存在的水虽分布甚广,但其数量较少,主要是含于大气中的水、贮于生物和植物体内的水以及贮存和结合于岩石土壤中的水。

地球上的水经常处于循环运动中,包括自然循环和社会循环。由自然力促成的水循环,称为水的自然循环,它是水的基本运动形式。海水蒸发为云,随气流迁移到内陆,遇冷气流凝为雨雪而降落,称为降水(rainfall)。一部分水沿地表流动,汇成江河湖泊,称为地面径流(runoff);另一部分降水渗入地下,形成地下径流。在流动过程中,地面水和地下水相互补给,最终复归大海,形成海洋→内陆→海洋的循环,称为大循环。那些在小的自然地理区域内的循环,称为小循环。生物体内的水,也进行着吸收→蒸腾或蒸发→吸收的内外循环。自然循环的模式如图1-1所示。

由人的社会需要而促成的循环,称为水的社会循环。它是直接为人们的生活和生产服务的。取之自然而直接供给生活和生产(特别是工业生产)使用的水,称为给水(water supply);使用后因丧失原有使用价值而废弃外排的水,称为废水(wastewater)。为保证给水能满足用户的使用要求(水量、水质和水压)而采取的整套工程设施,称为给水工程(water engineering)。为保证废水(包括雨水)能安全排放或再用而采取的整套工程设施,称为排水工程(wastewater engineering)。给水工程和排水工程构成了水的社会循环(图1-2)。完善的给水系统和排水系统是现代城市和工业区所必须具备的基础条件。

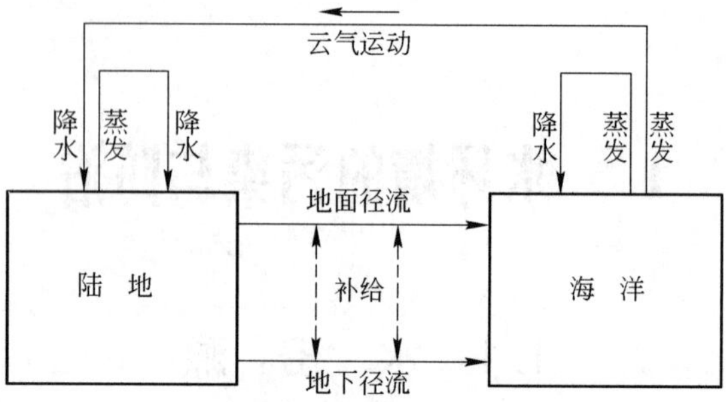

图1-1 水的自然循环

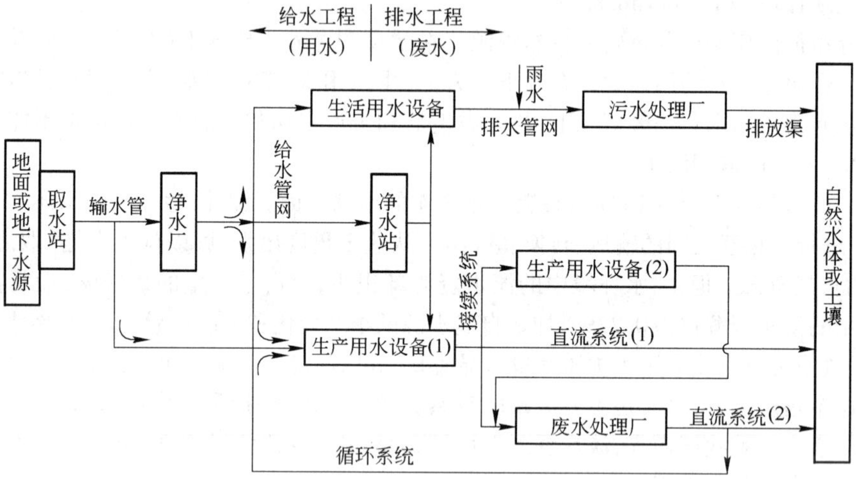

图1-2 水的社会循环

1.2 水 污 染

水在自然循环中,由非污染环境进入水中的化学物质,称为自然杂质或本底杂质;由污染环境进入水中的化学物质,称为污染物(pollutants)。进入水体(地面径流和地下径流)中的污染物量超过了水体自净能力或纳污能力,而使水体丧失原有的使用价值时,称为水体污染或水污染(water pollution)。

水环境可受到多方面的污染,其中主要污染源有以下几种:

(1) 向自然水体排放的各类废水。

(2) 向自然水体直接倾倒的固体废弃物以及垃圾堆放场排出的渗出液和淋洗雨水。

(3) 大气污染地区的酸雨及其他淋洗降水。

(4) 大气中有害的沉降物及水溶性气体。

(5) 淋洗植被后溶入了化肥和农药的(降水)径流。

(6) 航道中船舶的漏油、废水及固体废弃物。

水环境的污染源虽有以上许多方面,但最普遍最重要的污染源仍为排放的各类废水。就一定意义上说,只要严格控制好排放废水的水质,水环境的污染就能得到基本的治理。

废水排放引起的水体污染有以下几种基本类型。

(1) 需氧型污染。大多数有机物(及少数无机物)被水体中的微生物吸收利用时,要消耗水中的溶解氧。溶解氧降低到一定程度后,水中的生物(如鱼类)就无法生活。溶解氧耗尽后,水质就腐化,发臭变黑,恶化环境。这种由于废水中的有机物而引起的水体污染,称为需氧型污染,或有机型污染。我国绝大多数水环境的污染属于这种污染类型。

(2) 毒物型污染。废水中的有机毒物(如酚、农药等)、无机毒物(如汞、铬、砷、氰等)以及放射性物质等排入水体后,就会使水生生物受害中毒,并通过食物链危害人体健康。当饮用或接触被这类污染物污染的水时,能直接危害人体健康。这种因毒物排入而造成的水体污染,称为毒物型污染。毒物型污染一般发生于排放口附近的水域。重金属的毒性危害具有长期积累性,尤应注意。

(3) 富营养型污染。含氮和磷浓度较高的废水一旦排入水环境,就会大量滋长藻类及其他水生植物。当这些水生植物死亡时,就会使水中的需氧物猛增,危害水生生物的生长。长期的富营养化过程会使一个水体衰老化,由杂草丛生逐渐演变为沼泽。水环境的富营养型污染相当普遍,已成为当今世界普遍关注的环境问题之一。

(4) 感官型污染。废水中的许多污染物能使人感到很不愉快,颜色、臭味、泡沫、浑浊就属于此类污染现象,它对旅游环境的影响十分严重。

(5) 其他污染。浮油、酸碱、病原体、热水等污染物能引起各具特色的水体污染,造成不同的污染危害。

1.3 水体污染防治

水体污染防治包含污染的预防和污染的治理两个方面。污染的预防主要是通过法律、行政和道德意识等规范可能产生污染物主体(个体、公司、行政事业单位等)的行为,达到禁止各类废水的任意和不安全排放;污染的治理则是通过技术和经济的方法对已经产生的废水进行加工和处理,以便达到资源的回收和安全的排放。通过预防和治理的有机结合,共同作用,从而达到保护和改善水环境,保障人体健康,保证水资源的合理有效利用。

在法律方面,我国早在1984年就制定了《中华人民共和国水污染防治法》(1996修订),该法为我国的水污染防治提供了可靠的法律保障,规定了水污染防治的目标、原则、任务以及各类行为主体的相关权利和义务等。国务院依据《中华人民共和国水污染防治法》于2000年颁布了《中华人民共和国水污染防治法实施细则》(中华人民共和国国务院令第284号)。该细则为各级水环境管理部门从事水污染的预防和治理提供了行政依据和相应的监督管理权限。在此基础上,国家环保总局制定了水环境质量标准和污染物排放标准等各类与水污染防治相关的标准。形成了较为完备的水污染防治法律和行政体系。

预防地表水污染的主要措施有:禁止向水体排放油类、酸液、碱液及剧毒废液;禁止在水体中清洗装贮过油类或毒物的车辆和容器;禁止将含有汞、镉、铬、砷、铅、氰化物、黄磷等的可溶性剧毒废渣向水体排放或不做防渗层而直接埋入地下;禁止向水体倾倒工业垃圾、生活垃圾或其他废弃物;不得在水体最高水位线以下的滩地和岸坡上堆存废弃物;禁止向水体排放带有放射性物质的废弃物及废水;不得向水体排放足以引起热污染的废水;不得向水体排放带有病原体而未经消毒的废水;使用农药要保证安全,不得污染水体;农灌水要符合有关规定;船舶的各类废水必须符合排放标准,不得向水体排泄油污。

预防地下水污染的主要措施有:禁止利用渗井、渗坑、裂隙和溶洞排放含毒废水和带菌废弃物;不得采用无防渗措施的沟渠池塘输送含毒或带菌废水;开采地下水时,应防止已被污染的潜水渗入地下水,并防止水质差异很大的各层地下水互相渗透;兴建地下工程设施或进行地下勘探及采矿时,应采取防护措施,防止地下水污染;人工回灌补给地下水时,不得恶化地下水质。

废水是污染自然水体的主要因素,对已经产生的废水水质进行净化(治理)是防止自然水体污染的关键措施。一般认为水污染治理主要是技术范畴,即提供各类经济、适用和有效的工程学方法。实际上人类在治理水污染的过程中也在不断地提高自己的认知水平和自我完善,而这种认识的历程是和人类对环境的认识历程相适应的。第二次世界大战结束后,欧美等地区和国家出现了一个相对和平和稳定的时期,在20世纪50年代到60年代,工业迅速发展,造成了大量的环境污染,出现了诸如伦敦的光化学污染、日本的水俣病等严重的环境污染事件,环境问题不仅严重影响了人类的健康,而且开始制约社会的进步。为此,1972年联合国在瑞典的斯德哥尔摩召开了首次人类环境会议(United Nations Conference on the Human Environment),会议发表的《斯德哥尔摩人类环境宣言》(The Stockholm Declaration on Human Environment)和《人类环境行动计划》(Action Plan for Human Environment),首次将“经济社会发展和自然环境的协调”作为人类自身发展的目标。1992年联合国在巴西召开了《联合国环境与发展会议》(United Nations Conference on Environment and Development),这次会议是根据当时的环境与发展形势需要,同时为了纪念联合国人类环境会议20周年而召开的。会议通过了《21世纪议程》(Agenda 21)等重要文件。2002年在南非的约翰内斯堡召开了《可持续发展世界首脑会议》(World Summit on Sustainable Development),发表了《关于可持续发展的约翰内斯堡宣言》(The Johannesburg Declaration on Sustainable Development),提出了生态优先(ecology priority)的发展理念。由此可见,人类对环境问题的认识,经历了单纯的末端控制(end pipe treatment)到过程控制(in process control),从过程控制到源头控制(source control),从单纯的污染控制(pollution control)到生态修复(ecological remediation)。环境污染控制理论和方法的发展与人类对环境问题的认识相一致。

本书的主要任务是介绍控制废水水质的各种工程学方法和技术,为防治水污染打下基础。

习题和思考题

1-1 收集有关技术资料,了解我国水资源现状。

1-2 学习中华人民共和国《水污染防治法》,了解基本内容。

2 水污染防治基础知识

2.1 废　水

水是人类生活和生产活动不可缺少的物质资源。按用途可把用水分为:生活用水、工业用水、农业用水、渔业用水、观赏及娱乐用水和航运用水等。娱乐和航运用水一般为就地用水(in-situ use),而生活、工业、农业和渔业用水一般为异地用水(ex-situ use)。水被使用后部分或全部丧失了使用价值而被废弃或外排的水,称为废水。

根据来源不同,废水可分为生活污水(domestic wastewater)和工业废水(industrial wastewater)两大类。前者是人们生活过程中排出的废水(主要包括粪便冲洗水、洗浴水和厨房排水等);后者是工业生产过程中排出的废水。由城镇排水系统排出的废水,即含有生活区排出的生活污水,也含有工业企业排出的工业废水,统称为城市污水(municipal wastewater)。

根据污染物类型的不同,废水可分为有机废水和无机废水两种。有机废水中的污染物主要为有机物,可能被生物降解(biodegradation),也可能难以生物降解;无机废水中的污染物主要为无机物,除 CN^-、NH_3 等少数外,一般无机物不能被生物降解。

根据毒物的种类不同,还可把废水分为含酚废水、含汞废水等。应当指出"含汞废水"仅表明其中主要毒物是汞,并不意味着其中汞的含量最多,或者汞是唯一的污染物。

此外,还可根据产生废水的工业部门或生产工艺来命名。例如,焦化(厂)废水、食品(厂)废水、电镀废水和冷却废水等。

2.2 污染物与污染指标

废水中的污染物种类繁多,难以一一列举。根据对环境造成的危害不同,废水中的污染物可大致区分为以下几个类型:固体污染物、需氧污染物、毒性污染物、营养性污染物、生物污染物、感官污染物、酸碱污染物、油类污染物、热污染物及其他污染物等。

为了便于环境管理和污染防治,规定了许多废水水质指标。一种水质指标可能包括一种污染物(如挥发酚、硫化物等),也可能包括好多种污染物(如需氧污染物等);而一种污染物既可以仅属于一种污染指标(如 H^+ 仅以污染指标 pH 值反映),也可以属于几种污染指标(如有机性悬浮物既是悬浮物(suspended solid,SS),又是化学需氧量(chemical oxygen demand,COD)的构成物质)。

除 pH 值、温度、细菌总数及大肠菌群数、臭味及色度、浊度、放射性物质外,其余污染指标的单位均用 mg/L 表示。

2.2.1 固体污染物

固体污染物在常温下呈固态,它分无机物和有机物两大类。

固体物质在水中有三种分散状态:溶解态(直径小于 1 nm)、胶体态(直径为 1 ~ 100 nm)和悬浮态(直径大于 100 nm)。在水处理技术中,由于直径介于 100 ~ 1000 nm(甚至 2000 nm)之间的固体微粒悬浮能力也很强,因而分离这类颗粒一般仍采用类似分离胶体微粒的方法,故在技术上把胶体微粒的上限扩大到1000~2000 nm。此外,水质分析中把固体物质分为两部分:能透过滤膜或滤纸(孔径为0.45 μm)的叫溶解固体(dissolved solid,DS);不能透过者叫悬浮固体或悬浮物(SS),两者合称为总固体(total solid,TS),或总固形物。必须指出,这种分类仅仅是为了水处理技术的需要。

在紊动的水流中,悬浮物能悬浮于水中,但这种悬浮是有条件的和暂时的,一旦维持悬浮的条件(水的紊动)消失,它就从水中分离出来。相对密度大于1的沉于水底,小于1的浮于水面。通常把前者叫做沉降性悬浮物,后者叫做漂浮性悬浮物。沉降性悬浮物中能在技术操作时间(一般不大于2 h)内用标准沉降管沉降分离的,叫做可沉物(其粒径大体在10 μm以上);难以沉降分离的,叫做难沉物。

悬浮物(SS)是废水的一项重要水质指标。悬浮物的主要危害是造成输运废水的沟渠管道和提升设备的堵塞、淤积和磨损;造成受纳水体的淤积和土壤空隙的堵塞;造成水生动物的呼吸困难;造成给水水源的浑浊;干扰废水处理和回收设备的工作。由于绝大多数废水中都含有数量不同的悬浮物,因此,去除悬浮物就成为废水处理的一项基本任务。

溶解固体(DS)中的胶体是造成废水浑浊和色度的主要原因。少数废水含有很高的溶质(主要为无机盐类),对农业和渔业有不良影响。

2.2.2 需氧污染物

能通过生物化学或化学作用消耗水中溶解氧的物质,统称为需氧污染物。

无机的需氧物为数不多,主要有Fe、Fe^{2+}、NH_4^+、NO_2^-、S^{2-}、SO_3^{2-}、CN^-等。绝大多数需氧物是有机物,因而在特定情况下,需氧物即指有机物。

虽然绝大多数有机物(主要是天然的)为需氧物,但也有一部分有机物不是需氧的。前者称为可生物降解有机物(biodegradable),后者称为不能被生物降解有机物(non-biodegradable)。可生物降解有机物按照被微生物分解利用的难易程度不同,又分为难生物降解有机物(recalcitrent)和易生物降解有机物(readly biodegradable)。

需氧物对环境水体造成两方面的危害。一是直接消耗水中的溶解氧(dissolved oxygen,DO),二是间接消耗水中的溶解氧。直接耗氧指的是需氧物(主要为无机物,如Fe^{2+}、硫化物等)直接与水中的溶解氧发生化学反应,造成水体的溶解氧降低。间接耗氧指的是需氧物(主要是可生物降解有机物)被水中的好氧微生物和兼性微生物在吸收利用过程中,消耗水中的溶解氧。当氧的消耗速率大于补充速率(表面复氧或藻类释氧)时,水中溶解氧浓度就要降低。当浓度低于某一限值,水生动物的生活就受到影响。例如,鱼类要求氧的限值是4 mg/L,如果低于此值,会导致鱼群大量死亡。当溶解氧消耗殆尽时,厌氧微生物和改变了代谢方式的兼性微生物就生活于水中,进行厌氧分解。需氧物厌氧代谢的中间及最终产物如硫化氢、硫醇和氨等不仅对水生生物有致毒作用,而且还散发刺鼻的恶臭,形成的硫化铁能使水色墨黑,还出现底泥冒泡和泥片泛起。最终导致水体腐化,严重影响环境卫生和水的使用价值。

需氧物种类繁多,通常用综合水质指标间接表示其含量多少。最常用的指标是生化需氧量(biochemical oxygen demand, BOD)、化学需氧量(COD)和高锰酸盐指数。用生化过程中消耗的溶解氧量来间接表示需氧物的多少,称为生化需氧量。用化学氧化剂$K_2Cr_2O_7$或$KMnO_4$氧化分解有机物时,用与消耗的氧化剂当量相等的氧量来间接表示需氧物的多少,分别称为化学需氧量和高锰酸盐指数。

必须指出，需氧物的生物转化过程历时较长，且具有明显的阶段性。在第一阶段，不含氮有机物被转化为 CO_2 和 H_2O，含氮有机物（如蛋白质等）中的氮被转化为氨，这一过程称为碳氧化和氨化。参与转化的微生物为异养型微生物。在第二阶段，氨依次被转化为亚硝酸盐和硝酸盐，这一过程称为硝化，参与转化的是化能自养型微生物（硝化菌）。两阶段的需氧情况见图2-1。生活污水在温度为20℃时的氨化过程历时10多天到20 d。氨化的结果表明，有机物已基本上无机化了。有机物在20 d内消耗的溶解氧量，叫做20 d生化需氧量，用 BOD_{20} 表示。显然，这个测定时间太长了，难以指导生产实践。一般均采用5 d(20℃)的测定时间，在此期间所消耗的溶解氧量叫做5 d 生化需氧量，以 BOD_5 表示。各种废水的水质差异很大，其 BOD_{20} 或 BOD_5 值相差悬殊。但就某一种废水而言，两者有一个稳定的比值。例如，生活污水的 $m(BOD_5):m(BOD_{20})\approx0.7$。一般说来，$m(COD)>m(BOD_{20})>m(BOD_5)>$ 高锰酸盐指数值。

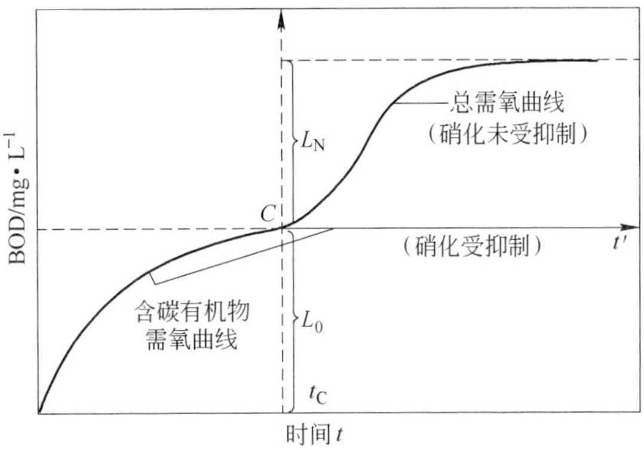

图2-1 含碳BOD和含氮BOD

BOD_5 和COD的比值是衡量废水可生化性（即可进行生化处理）的一项重要指标，比值愈高，可生化性愈好，一般认为，该值大于0.3时宜进行生化处理。

除以上几种测定需氧物的方法外，目前又发展了测定总需氧量（total oxygen demand, TOD）和总有机碳（total organic carbon，TOC）两种方法。在900℃的高温下，以铂为催化剂，使水样气化燃烧，然后测定气体载体中氧的减少量，作为有机物完全氧化所需的氧量，称为总需氧量。如在相同条件下，测定气体中的 CO_2 增量，从而确定水样中碳元素的含量，用以判定有机物含量，称为总有机碳。总需氧量法和总有机碳法的特点是测定迅速，但仪器较昂贵。

2.2.3 毒性污染物

废水中能对生物引起毒性反应的化学物质，称为毒性污染物（toxic substance），简称为毒物。工业上使用的有毒化学物质已超过10000种，因而已成为人们最关注的污染物类别。

毒物对生物的效应有急性中毒和慢性中毒两种。急性中毒的初期效应十分明显，严重时会导致死亡。毒物对鱼类的急性中毒量，通常以半数死亡浓度TLM表示，即在24 h或48 h内使供试鱼类50%致死的毒物浓度。慢性中毒的初期效应很不明显，但长期积累可引起突变、致畸、致癌、致死，甚至引起遗传性畸变。目前，对微量毒物尚缺乏合理的判定标准。

大多数毒物的毒性与浓度和作用时间有关。毒物浓度越高，作用时间愈长，致毒后果愈严重。此外，毒物反应与环境条件（温度、pH值、溶解氧浓度等）和有机体的种类及健康状况等因素有关。

毒物是重要的水质指标，各类水质标准中对主要的毒物都规定了限值。

废水中的毒物有三大类：无机化学毒物、有机化学毒物、放射性物质。

2.2.3.1 无机化学毒物

无机化学毒物分为金属和非金属两类。金属毒物主要为重金属（heavy metals），一般相对密度大于4～5。废水中的重金属主要是汞、铬、镉、铅、锌、镍、铜、钴、锰、钛、钒、钼、锑、铋等，特别是前几种危害更大。在轻金属中，铍是一种重要的毒物。

甲基汞能大量积存于人脑中，引起乏力、末梢麻木、动作失调、精神混乱、疯狂痉挛。六价铬中毒时能使鼻膈穿孔，皮肤及呼吸系统溃疡，引起脑膜炎和肺癌。镉中毒时引起全身疼痛、腰关节受损、骨节变形，有时还会引起心血管病。铅中毒时引起贫血、肠胃绞疼、知觉异常、四肢麻痹。镍中毒时引起皮炎、头疼、呕吐、肺出血、虚脱、肺癌和鼻癌。锌中毒时能损伤胃肠等内脏，抑制中枢神经，引起麻痹。铜中毒时引起脑病、血尿和意识不清等。铍中毒能引起急性刺激，导致结膜炎、溃疡、肿瘤和肺部肉芽肿大（铍肺病）。

作为毒物，重金属具有以下特点：

（1）其毒性以离子态存在时最为严重，故通称重金属离子毒物。

（2）不能被生物降解，有时还可被生物转化为更毒的物质（如无机汞被转化为烷基汞）。

（3）能被生物富集于体内，既危害水生生物，又能通过食物链危害人体。

重要的非金属毒物有砷及砷化物、硒、氰化物、氟化物、硫化物、亚硝酸盐等。砷中毒时能引起中枢神经紊乱、诱发皮肤癌等。硒中毒时能引起皮炎、嗅觉失灵、婴儿畸变、肿瘤。氰中毒时能引起细胞窒息、组织缺氧、脑部受损等，最终可因呼吸中枢麻痹而导致死亡。氟中毒时能腐蚀牙齿，引起骨骼变脆或骨折，此外，氟对植物的危害很大，能使之枯死。硫中毒时，引起呼吸麻痹和昏迷，最终导致死亡。亚硝酸盐能使幼儿产生变性血红蛋白，造成人体缺氧，此外，亚硝酸盐在人体内还能与仲胺生成亚硝胺，具有强烈的致癌作用。

必须指出的是许多毒物元素，往往是生物机体所必需的微量元素，只是在超过水质标准时，才会致毒。

2.2.3.2 有机化学毒物

有机化学毒物种类繁多，在水质标准中规定的有机化学毒物有挥发酚、苯并（a）芘、DDT、六六六等。酚有蓄积作用，对人和鱼类危害很大，它使细胞蛋白质变性和沉淀，刺激中枢神经系统，降低血压和体温，麻痹呼吸中枢。苯并（a）芘是众所周知的致癌物。多氯联苯能引起面部肉瘤、骨节肿胀、全身性皮疹、肝损伤等，并有致癌作用。有机农药（杀虫剂、除草剂、选种剂等）分有机氯、有机磷和有机汞三大类。有机氯（DDT、六六六、艾氏剂、狄氏剂等）的毒性大，稳定性高。DDT能蓄积于鱼脂中，可高达12500倍，使卵不能孵化。

2.2.3.3 放射性物质

放射性是指原子裂变而释放射线的物质属性。对人体有危害的电离辐射有X射线、α射线、β射线、γ射线及质子束等，射线通过物质时会产生离子。废水中的放射性物质一般浓度较低，主要引起慢性辐射和后期效应，如诱发癌症（白血病），对孕妇和胎儿产生损伤，缩短寿命，引起遗传性伤害等。放射性物质的危害程度与剂量、性质和身体状况有关。半衰期短的，其作用在短期内衰退消失；半衰期长的，长期接触有蓄积作用，危害甚大。

2.2.4 营养性污染物

氮和磷是植物和微生物的主要营养物质（nutrients）。当水中氮和磷的浓度分别超过0.2 mg/L和0.02 mg/L时，会引起水体的富营养化（eutrophication），促使藻类大量繁殖，在水面上聚集成大片的水华（湖泊）或赤潮（海洋）。当藻类大量死亡时，水中的*BOD*值猛增，导致腐败，恶化环境卫生，危害水产业。

此外，BOD、温度、维生素类物质也能触发和促进富营养性污染。

2.2.5 生物污染物

生物污染物主要指废水中的致病性微生物及其他有害的有机体。废水中的绝大多数微生物是无害的,但有时却能含有各类致病微生物。例如,生活污水中可能含有能引起肝炎、伤寒、霍乱、痢疾、脑炎的病毒和细菌以及蛔虫卵和钩虫卵等;制革厂和屠宰厂的废水中常含有炭疽杆菌和钩端螺旋体等;医院、疗养院和生物研究所排出的废水中含有种类繁多的致病体。水质标准中的卫生学指标有细菌总数的和总大肠菌群(escherichia coli)两项,后者反映水体受到动物粪便污染的状况。除致病体外,废水中若生长铁细菌、硫细菌、藻类、水草或贝壳类动物时,不仅会堵塞管道和用水设备,而且还造成腐蚀,引起水质变化,也属于生物污染。

生物污染物中,病毒的个体较小,约 30 ~ 300 nm。其他生物污染物,如细菌(0.5 ~ 10 μm)、藻类和寄生虫卵等个体较大,它们在水中呈悬浮状态。

2.2.6 感官污染物

使废水呈现颜色(colour)、浑浊(turbid)、泡沫(foam)、恶臭(odor)等引起人们感官上极度不快的物质称为感官污染物。对于供景观和娱乐水体而言,感官污染是重要的水质指标。各类水质标准中,对色度、臭味、浊度、悬浮物等水质指标作了相应的规定。

2.2.7 酸碱污染物

酸碱污染主要由进入废水的无机酸和碱造成,水质标准中以水质指标 pH 值反映其含量水平。酸性废水的危害主要表现为对金属及混凝土结构材料的腐蚀。碱性废水易产生泡沫,使土壤盐碱化。各种动植物及微生物都有各自适应的 pH 值范围,如果环境(水)的 pH 值超过其适应范围,将抑制生化反应,造成危害,严重时导致死亡。

2.2.8 油类污染物

油类污染物包括矿物油(石油)和动植物油中的液体部分。它们均难溶于水,粒径较大的分散油易聚集成片,漂浮于水面;粒径介于 100 ~ 10000 nm 的微小油珠易被表面活性剂和疏水固体所包围,形成乳化油,稳定地悬浮于水中。

油类污染物经常覆盖水面,影响大气中氧的溶入。此外,油珠还能附着于土壤颗粒表面和动植物体表,影响养分的吸收和废物的排出,粘附油的鱼具有异臭。油类污染物的水质指标有“石油类”和“动植物油”两项,两者还构成 COD 值。

2.2.9 热污染

废水温度过高而引起的危害,叫做热污染,其危害表现在:融化和破坏管道接头,破坏生物处理过程,危害水生物和农作物,加速水体的富营养化进程。反映热污染的水质指标为“温度”。

2.3 废水水质

废水造成的污染危害,以及应采取的防治措施,均取决于废水的特性,即其中污染物的种类、性质和浓度。

表 2-1 为典型的生活污水水质。其中最主要的污染指标为 SS、BOD_5、COD、氨氮和磷,相应的浓度值分别为 100 ~ 350 mg/L、100 ~ 400 mg/L、250 ~ 1000 mg/L、12 ~ 50 mg/L 和 3 ~ 10 mg/L。

表2-1 典型的生活污水水质 (mg/L)

序号	指标	浓度			序号	指标	浓度		
		高	中常	低			高	中常	低
1	总固体(TS)	1200	720	350	15	悬浮性	600	250	150
2	溶解性总固体	850	500	250	16	可生物降解部分	750	300	200
3	非挥发性	525	300	145	17	溶解性	375	150	100
4	挥发性	325	200	105	18	悬浮性	375	150	100
5	悬浮物(SS)	350	220	100	19	总氮(N)	85	40	20
6	非挥发性	75	55	20	20	有机氮	35	15	8
7	挥发性	275	165	80	21	游离氨	50	25	12
8	可沉降物	20	10	5	22	亚硝酸盐	0	0	0
9	生化需氧量(BOD_5)	400	200	100	23	硝酸盐	0	0	0
10	溶解性	200	100	50	24	总磷(P)	15	8	4
11	悬浮性	200	100	50	25	有机磷	5	3	1
12	总有机碳(TOC)	290	160	80	26	无机磷	10	5	3
13	化学需氧量(COD)	1000	400	250	27	碱度($CaCO_3$)	200	100	50
14	溶解性	400	150	100	28	油脂	150	100	50

多数工业废水的主要污染指标为SS和COD,但其浓度却相差悬殊,例如,造纸黑液中的SS变化于2500~10000 mg/L之间,而人造纤维废水却只有50~200 mg/L;造纸黑液的COD为10000~50000 mg/L,而板纸废水却只有50~200 mg/L。

除SS和BOD_5外,工业废水的重要特征是出现了毒性污染物和酸碱污染物等,例如,焦化厂废水中含氰化物30~40 mg/L和酚40~500 mg/L;电镀废水中的六价铬可高达100 mg/L以上;造纸黑液的pH值接近14,而表面处理酸洗废液的pH值低达1。

2.4 废水水质控制标准

控制废水水质有三个基本目的:

(1) 满足再生利用(循环再用或接续再用)的要求。

(2) 满足资源回收的要求。

(3) 满足废水排放的要求。

各种生产过程对用水水质都提出了各自的水质标准。凡再用于原生产工艺或另一生产工艺的废水,其水质必须符合相应的水质标准。当废水再用于多种用水目的时,应达到对水质要求较高的用水的水质标准。同理,回收废水中的有价资源时,一般要求先施行适当的预处理,以利于回收工序的有效进行。

为了保护水环境不受污染危害,排放的废水必须符合国家颁布的《污染物综合排放标准》(GB8978—1996,见附录5)。就其危害性质而言可把污染物分为两大类。第一类污染物能在环境或在动植物体内积蓄,对人类健康产生长远的不良影响。含此类污染物的污水一律在车间或车间处理设施排放口处取样分析。第二类污染物的长远影响小于第一类,规定的取样地点为排污单位的排出口,其最高允许排放浓度要按地面水使用功能的要求和污水排放去向执行。本标准中的主要术语及规定说明如下:

(1) 特殊保护水域,指国家《地面水环境质量标准》(GB3838—2002,见附录1)中的Ⅰ、Ⅱ类水域,如城镇集中式生活饮用水水源地一级保护区、国家划定的重点风景名胜区水体、珍贵鱼类保护区及其他有特殊经济文化价值的水体保护区，以及海水浴场和水产养殖场等水体，不得新建排污口，现有的排污单位由地方环保部门从严控制，以保证受纳水体水质符合规定用途的水质标准。

（2）重点保护水域，指国家 GB3838—2002 中的Ⅲ类水域和《海水水质标准》（GB3097—1997）中的二类海域，如城镇集中式生活饮用水水源地二级保护区，一般经济渔业水域、重要风景游览区等，对排入本区水域的污水执行一级标准。

（3）一般保护水域，指国家 GB3838—2002 中的Ⅳ、Ⅴ类水域和 GB3097—1997 中的三类水域，如一般工业用水区，景观用水区及农业用水区，港口和海洋开发作业区，排入本区水域的污水执行二级标准。

（4）对排入城镇下水道并进入二级污水处理厂进行生物处理的污水执行三级标准。

（5）对排入未设置二级污水处理厂的城镇下水道的污水，必须根据下水道出水受纳水体的功能要求按（2）和（3）条规定，分别执行一级或二级标准。

在 GB8978—2002 中还规定了部分行业最高排水定额及污染物最高允许排放浓度（附录1 中未列入）。

当废水用于灌溉农田时，应持积极慎重的态度，废水水质应符合《农田灌溉水质标准》（GB5084—2005，见附录2）。

废水排向渔业水体或海洋时，应符合《渔业水质标准》（GB11607—1989）及《海水水质标准》（GB3097—1997），分别见附录3 和附录4。

城镇污水处理厂排出的废水必须符合国家《城镇污水处理厂污染物排放标准》（GB18918—2002）规定的水质标准（见附录6）。

2.5 控制废水污染的基本途径

控制废水污染的基本途径是降低废水的污染强度，这可从以下两方面入手。

2.5.1 减少污染因子的产生量

废水和其中的污染物是一定生产工艺过程的产物，因此，解决废水污染问题，首先要从改革生产工艺和合理组织生产过程做起，做到清洁生产，尽量使污染因子不产生或少产生。这方面的措施有改变生产程序、变更生产原料、工作介质或产品类型，重复使用废水，加强生产管理等。

改变生产程序、变更生产原料可从开发干法生产工艺（如干法印染）、采用无毒工艺（如酶法制革）和无毒原料（如无氰电镀）、采用逆流漂洗等方面入手。

重复使用废水有循环和接续两种方式。在一般情况下，废水再用的必要条件是进行适当的处理，例如，洗煤废水和轧钢废水，经澄清、冷却降温后，可用作工业用水。废水的重复使用是一项解决环境污染和水资源短缺的重要途径。我国各行业都规定了废水再用率的指标。

在有些企业，往往由于生产程序不合理和管理制度不健全，人为地造成了许多废水问题，例如倒料时大量漏失，不合理地用水冲洗地面并使污水任意溢流，频繁改变生产工艺及倒料，任意向下水道倾倒余料及剩液等。因此，加强生产管理，防止这些人为的"废水废液"的产生，是控制废水污染的有效措施之一。

2.5.2 减少污染因子的排放量

减少污染因子的排放量的方法之一是在车间或工厂内回收废水中的有价值的物质（资源），

既创造了财富,又减少污染危害;方法之二是进行最终的水质处理,以达到排放标准。

2.6 废水水质控制和污泥处理方法分类

2.6.1 废水水质控制方法分类

废水水质控制方法可概括为以下三大类:

(1) 分离处理。通过各种外力的作用,使污染物从废水中分离出来。一般说来,在分离过程中并不改变污染物的化学本性。

(2) 转化处理。通过化学或生物化学的作用,改变污染物的化学本性,使其转化为无害的物质或可分离的物质,后者再经分离予以除去。

(3) 稀释处理。通过稀释混合,降低污染物的浓度,达到无害的目的。

2.6.1.1 分离处理

废水中的污染物有溶解态(离子和分子)、稳定分散不溶态(胶体和乳化油)、不稳定分散不溶态(悬浮物和分散油)等三种存在状态。在任一状态的分散粒子上,都作用着许多外力,但由于粒子的大小不一样和特性各异,各种外力的总效应也不一样,由此构成了种类繁多的分离方法。

A 离子态污染物

气体、液体和固体溶解于水中后,有可能以离子态存在于水中。分离离子态污染物的主要方法有以下5种:

(1) 离子交换法。废水与固体离子交换剂接触时,离子态污染物与交换剂上相同电性的离子互相交换,从而使废水中的有害离子被分离出来。

(2) 离子吸附法。废水与具有离子吸附性能的固体吸附剂相接触时,离子态污染物便与吸附剂上的电性相反的活性基相吸,从而被分离出来。

(3) 离子浮选法。废水与表面活性物质接触时,离子态污染物便被吸着在后者的活性基上,然后通气上浮,可将其分离出来。

(4) 电解沉积法。废水通过电解槽时,其中的金属阳离子移向阴极,经放电后便沉积在阴极上而被分离。

(5) 电渗析法。废水通过由一组交替排列的阴阳离子交换膜组成的通道时,在直流电场的作用下,离子能有选择地透过不同的膜,浓集于一些通道中,另一些通道的废水则得到净化。

以上方法都需要一定的工作介质,后两种方法还需直流电源。

B 分子态污染物

气体、液体和固体溶解于水中后,有可能以分子态存在于水中。分离分子态污染物的主要方法有以下10种:

(1) 吹脱法。废水与空气充分接触时,溶解的气体和挥发性污染物便扩散到空气中去。

(2) 汽提法。采用水蒸气直接加热废水至沸腾,挥发性污染物分子便随同水蒸气一起逸出。

(3) 萃取法。向废水中投加液体萃取剂,使污染物转溶于萃取剂中,然后将萃取剂与废水分离,污染物即被除去。

(4) 吸附法。废水与固体吸附剂接触时,分子态污染物便吸附于吸附剂上而被除去。

(5) 浮选法。向废水中投加表面活性物质,使极性溶质分子(污染物)吸附于其上,再通过气泡将其带到水面,刮去泡沫而分离。

(6) 结晶法。通过蒸发和降温,使废水中的固体污染物达到过饱和,多余的溶质结晶析出。

(7) 蒸发法。加热废水(或同时减压)至沸腾,使水汽化,即可达到浓缩分子态污染物的目的。

(8) 冷却法。热废水与干冷空气直接接触,或者使热废水与低温介质间接接触,以降低废水温度。

(9) 冷冻法。降低废水温度,使水结冰,达到高度浓缩和分离溶质(污染物)的目的。

(10) 反渗透法。通过施加大于渗透压的压力使水分子透过半透膜,而电解质被膜所截留,达到分离和浓缩盐类溶质的目的。

以上方法中,前5种属于溶质分子扩散法,后5种属于溶剂(水)分子扩散(或析出)法。(6)~(9)四种方法的实现都是热量转移的结果,故又统称热效分离法。

C 胶体态污染物

分离胶体态污染物的方法有膜过滤和凝聚(或絮凝)法,膜过滤是通过机械过滤将污染物隔除;凝聚法是通过投加混凝剂使胶粒变大,然后用分离悬浮物的方法将其除去。

D 乳化油态污染物

乳化油可根据乳化程度的不同,采用直接气泡浮上法或破乳后再气浮的方法除去。

E 悬浮态污染物

悬浮物可用下列方法予以分离除去:

(1) 重力分离法。污染物依靠重力作用而分离,包括重力沉降法和浮力浮上法。

(2) 离心力分离法。污染物依靠施加的离心力而分离,包括水旋分离法和器旋分离法。

(3) 阻力截留法。污染物依靠筛网等介质的阻碍作用而被截留。

(4) 粒状介质过滤法。污染物依靠粒状滤料的吸附凝聚作用而被截留。

(5) 磁力分离法。具有磁性的悬浮物依靠施加的磁场力作用而被截留。

F 分散油态污染物

分离分散油的主要方法是浮力浮上法(或称自然浮上法)。

2.6.1.2 转化处理

转化处理有3种类型,即化学转化、生物化学转化和消毒转化。

A 化学转化方法

(1) pH值调节法。向废水中投加酸性或碱性物质,可将pH值调至要求的范围。若把pH值调至6~9以消除酸碱危害并达到排放标准,这种方法叫做中和法。

(2) 氧化还原法。向废水中投加氧化剂或还原剂,使之与污染物发生氧化还原反应,可将其氧化或还原成无毒害的新物质。

(3) 电化学法。在电解槽进行的氧化还原、电解气浮和电解絮凝,均称为电化学法。

(4) 化学沉淀法。向废水中投加化学沉淀剂,使之与溶解态污染物生成难溶的沉淀,然后再经分离可除去污染物。

(5) 水质稳定法。向废水中投加水质稳定剂,使废水不再发生结垢或腐蚀作用。

(6) 自然衰变法。污染物如为半衰期短的放射性物质时,可将废水密闭封存,让其自然衰变到无害化。

B 生物化学转化方法

(1) 好氧生物转化法。在废水中含有溶解氧的条件下,利用好氧微生物和兼性微生物的生物化学反应,对有机污染物进行无害化转化处理。

(2) 厌氧生物转化法。在废水中缺乏溶解氧的条件下,利用厌氧微生物和兼性微生物进行的有机物降解转化方法。

C 消毒转化方法

(1) 药剂消毒法。投加强氧化剂、重金属离子和其他化学物质,抑制和杀灭废水中的致病微生物。

(2) 物理消毒法。利用高温、紫外光、超声波等物理的方法杀灭废水中的致病微生物。

2.6.1.3 稀释处理

(1) 水体稀释法。依据受纳水体(江河、湖泊和海洋)的环境容量,将小流量废水排入大水量的受纳水体,通过混合稀释而降低污染物浓度,使之无害化。由于我国对污染物采用的是排放管理法,该法仅是理论上可行,并无使用价值。

(2) 废水稀释法。利用低浓度废水或清水稀释高浓度废水,以降低其污染物(尤其是毒物)浓度,以便于后续处理。当利用同种废水的高浓度部分与低浓度部分进行自身混合稀释时,叫做水质均和法;利用不同废水进行混合稀释时,叫做水质稀释法。

2.6.2 污泥处理方法分类

污泥的性质不同,回收和处置方法也各不相同。对污泥中的水分,需进行去水处理;对污泥中的有机污染物,需进行稳定处理。

2.6.2.1 去水处理

去水处理即降低污泥含水率,使之便于贮存、运输和最终处置。

(1) 浓缩。将污泥含水率降到95% ~98%的处理过程,叫做浓缩。

(2) 脱水。将污泥含水率进一步降到65% ~85%的处理过程,叫做脱水。

(3) 干化。将污泥的含水率进一步降到40% ~45%以下的处理过程,叫做干化。

2.6.2.2 稳定处理

稳定处理是防止有机污泥腐化的措施。

(1) 化学稳定。投加石灰和氯等化学物质杀灭污泥中的微生物,使其达到稳定。

(2) 生物稳定。通过微生物的作用,将污泥中的有机物分解成无机物,使其达到稳定。

2.7 废水处理系统

废水的水质复杂,往往需要将几种单元处理操作(unit operation)联合成一个有机的整体,并合理配置其主次关系和前后次序,才能最经济有效地完成处理任务。这种由处理单元和相关设备合理配置的整体,叫做废水处理系统;废水流经的多个处理单元的有机结合称为处理工艺或流程(processes)。

一般而言,城市污水中的污染组分与含量差异不大,已形成了一套行之有效的典型处理流程。根据处理任务的不同,可将废水处理系统归纳为以下的三级处理:

(1) 一级处理。主要处理对象是较大的漂浮物和悬浮物,采用的分离设备依次为格栅、沉砂池和沉淀池。截留于沉淀池的污泥可进行污泥消化或其他处理。条件许可时,出水可排放于水体或用于污水灌溉。一级处理有时也叫做机械处理。

(2) 二级处理。出水水质要求高的场合,在一级处理的基础上,进行生物化学处理,叫做二级处理。二级处理的对象是能被微生物利用和降解的污染物,如胶体态和溶解态的有机物、氮和磷等，采用的典型设备有各种生物反应器（如生物曝气池或生物滤池等）和二次沉淀池。产生的污泥经浓缩后进行厌氧消化或其他处理，出水可排放或再利用。二级处理也叫做生化处理或生物处理。

（3）三级处理和高级处理。对出水要求更高时，在二级处理之后，还要进行三级处理。三级处理的主要对象是残留的污染物及其他溶解物质，所采用的方法有化学絮凝、过滤等。有时，三级处理的目的不是为了排放，而是为了再利用（如用作工业用水）。这时，三级处理的对象还包括去除废水中的细小悬浮物、难生物降解的有机物、微生物和盐分等，采用的方法还可能有吸附、离子交换、反渗透、消毒等。三级处理也有称为高级处理或深度处理。但是，尽管在处理程度或深度上，两者基本相同，但其概念不尽相同。三级处理强调顺序性，其前必有一、二级处理；高级处理只强调处理深度，其前不一定有其他处理。

城市污水典型处理系统见图 2-2。

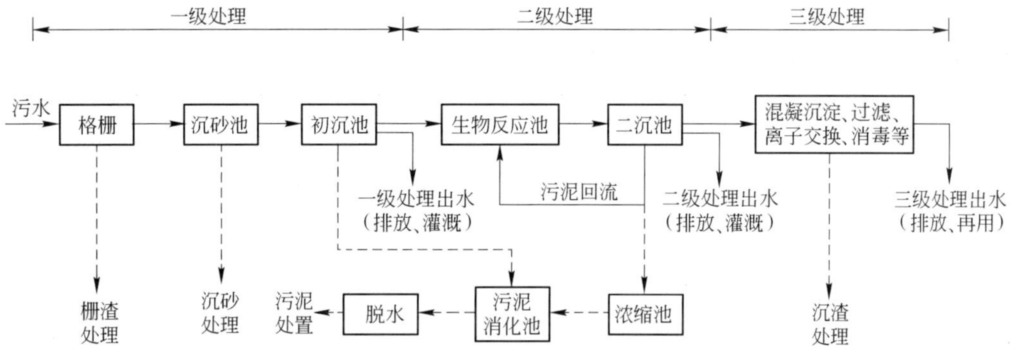

图 2-2　城市污水典型处理流程

各种工业废水的水质千差万别，其处理要求也极不一致，因此，很难形成一种像城市污水那样的典型处理系统或流程。一般说来，工业废水处理系统具有以下三方面的特征：

（1）一般的处理程序是澄清→回收→毒物处理→再用或排放；

（2）往往形成循环用水系统或接续用水系统；

（3）在直流排水系统中，水质控制的要求依排放标准而定；在废水再用系统中，则依用水设备对水质的要求而定。

图 2-3 和图 2-4 为两种典型工业废水的处理系统，其中的处理级别仅表示在此流程中的三个处理阶段。

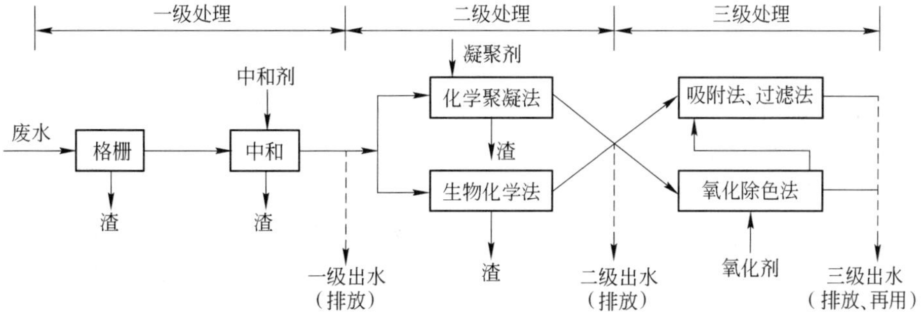

图 2-3　印染废水直流处理系统

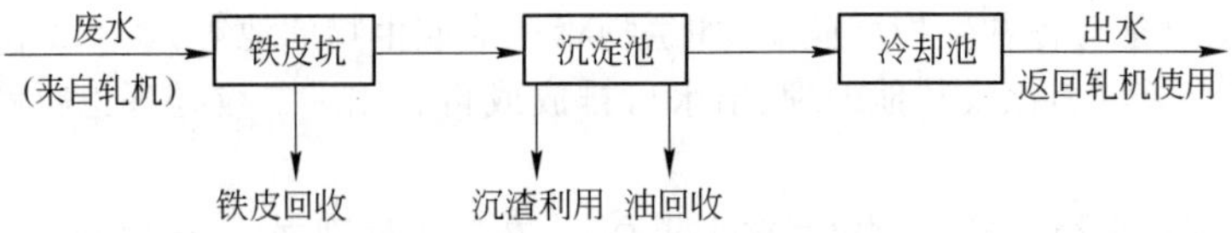

图2-4 轧钢废水循环处理系统

2.8 水量调节与水质均化

工业废水与生活污水的水量、水质都是随时间的变化而不断变化着的，有高峰流量和低谷流量，也有高峰浓度和低谷浓度。流量和浓度的不均匀往往给处理设备带来不少困难，或者使其无法保持在最优的工艺条件下运行，或者使其短时无法工作，甚至遭受破坏（如在过大的冲击负荷条件下）。为了改善废水处理设备的工作条件，在许多情况下需要对水量进行调节（flow equalization），对水质进行均化（quality equalization）。

“调节”和“均化”的目的是为处理设备创造良好的工作条件，使其处于最优的稳定运行状态，同时，还能减小设备容积和能耗，降低建设费用和运营成本。

2.8.1 水量调节

废水处理中单纯的水量调节比较简单。废水的平均流量 Q_0（m^3/h）按下式计算：

$$Q_0 = \frac{\sum Q_i}{24} \tag{2-1}$$

式中 $\sum Q_i$——一天内逐时流量之和，m^3/h。

设 Q_a 为大于 Q_0 的小时流量，Q_b 为小于 Q_0 的小时流量，则 $Q_a - Q_0$ 为正值，$Q_b - Q_0$ 为负值，按顺序将 $Q_a - Q_0$ 和 $Q_b - Q_0$ 叠加，必有一最大值（绝对值），以 W 表示，此 W 即为调节池的最小有效容积（m^3）。

调节池可设于泵站前或后。当进水管埋深较浅而废水量又不大时，调节池与泵站吸水井合建较为经济，否则，应单独建造于泵站后。建于泵站前时，泵站容量较小；反之，泵站容量就大。

废水自流进出调节池时，进水管应等于或高于最高水位。为了保证出水流量恒定，出水应采用水泵抽吸或浮子排水等方式，水泵吸水管或浮子排水的出水管应位于最低水位以下。

2.8.2 水质均化

水质均化分两种情况，一种是进水的水量均匀，水质不均匀；另一种是水质水量都不均匀。前一种情况的水质均化比较容易实施，后一种情况的水质均化相对较难。

均化水质的基本方法有两种：一种是利用压缩空气、叶轮搅拌和水泵循环而进行的强制混合和均化；另一种是利用差流方式使不同时间不同浓度的废水混合而进行的自身水力混合。前者需要混合设备，运行费较高；后者需要修建复杂的池型，但基本上没有运行费用。

图2-5为圆形曝气均化池。池底设有曝气管，在气流的搅拌作用下，不同时间进入池内的浓度不同的废水得以互相混合，达到水质均化的效果。这种均化池构造简单，效果良好，并可防止悬浮物沉积，适宜于废水流量不大、处理工艺中需要预曝气以及处理厂有压缩空气的场合，所需空气量约为 $3 \sim 5\ m^3/(m^2 \cdot h)$。但在下列条件下就不宜选用：

（1）废水中含有有害的挥发物或溶解气体；

（2）废水中的还原性污染物能被空气中的氧氧化成有害物质；

（3）空气中的二氧化碳能使废水中的污染物转化为沉淀物或有毒挥发物。

曾出现过构造各异的差流式均化池，但大部分因构造复杂而未能推广应用。图2-6为一种构造比较简单的方形差流式均化池。废水由池子的两对角流入，从边槽均匀配入池中，然后溢流入沿对角线设置的集水槽，再流出池外。废水在边槽中的流速较大，而在池中的流速甚小。同一时间进入池子的废水，由于流程各不相同，因而不能同时流出池外。这种差流作用的结果，使某一时刻的出水中包含着不同时间流入的不同浓度的废水，因而其浓度达到了某种程度的均化。

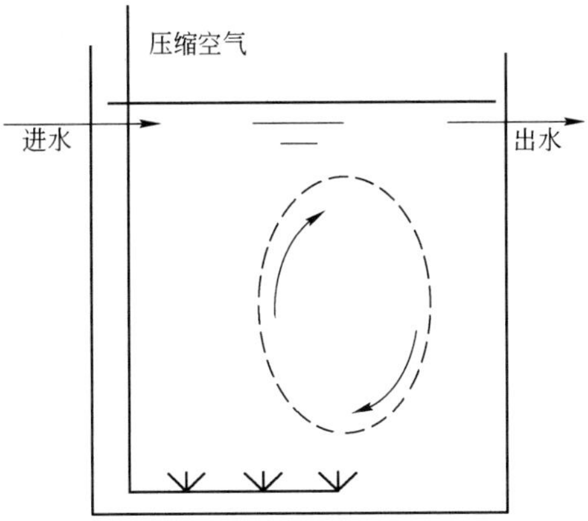

图2-5　曝气均化池

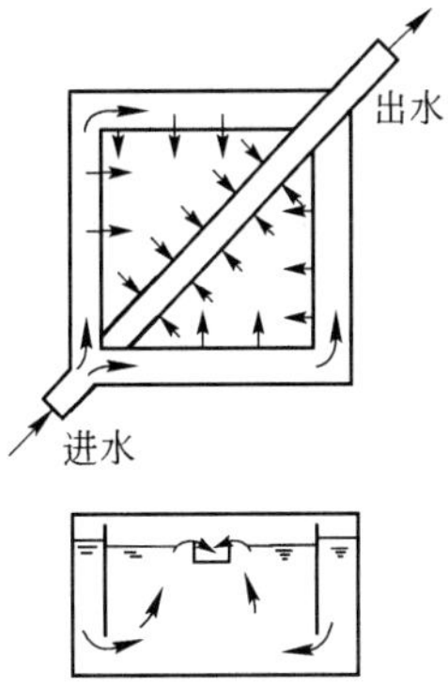

图2-6　差流式均化池

经完全均化后的废水平均浓度 C_0（mg/L）由下式计算：

$$C_0 = \frac{\sum qCt}{\sum qt} \qquad (2-2)$$

式中　q——时段 t(h)内浓度为 C(mg/L)时的废水流量，m^3/h。

但是，实际工程中要求达到的均化浓度 C_0' 往往比平均浓度 C_0 为高，即没有必要使废水浓度完全均一。此时的均和计算可按如下方式试算：设各小时的流量和浓度分别为 q_1 及 C_1，q_2 及 C_2，…，则各相邻2 h的平均浓度为 $(q_1C_1+q_2C_2)/(q_1+q_2)$，$(q_2C_2+q_3C_3)/(q_2+q_3)$，…；各相邻3 h时的平均流量为 $(q_1C_1+q_2C_2+q_3C_3)/(q_1+q_2+q_3)$，$(q_2C_2+q_3C_3+q_4C_4)/(q_2+q_3+q_4)$，…，各相邻4 h和5 h的平均浓度均可依同法计算。试比较 C_0' 与相邻2 h的各个平均浓度值，如 C_0' 均大于各平均值，则需要的均和时间为2 h；反之，再比较 C_0' 与相邻3 h的各个平均浓度值，若 C_0' 均大于各平均值，则均和时间为3 h；反之，按上法依次试算，直至符合要求为止。

均化池的容积 W(m^3)大小计算方法如下：

（1）当各小时流量 q(m^3/h)相同而浓度不同时，按上述试算法所确定的均化时间 t(h)计算，即 $W=qt$。

（2）当 q 与 C 都是变值时，按上述试算法中确定 C_0' 时所相应的时段内的参数计算，即 $W=\sum q_i t_i$。

习题和思考题

2-1　列表归纳污染物的类别、危害及相应的污染指标。

2-2　一般情况下，高锰酸钾的氧化能力大于重铬酸钾（前者的标准氧还原电位为1.51 V，后者为1.33 V），为什么由前者测得的高锰酸盐指数值远小于由后者测得的COD值？

2-3 通常 COD > BOD_{20} > BOD_5 > 高锰酸盐指数,试分析原因。

2-4 含氮有机物的好氧分解分两个过程:氨化和硝化。生活污水的 BOD_5 与哪个阶段相配,氨化与硝化能否同时进行?

2-5 试验表明,T(℃)时的第一阶段生化需氧量 L_T 与 20℃时的第一阶段生化需氧量 L_{20} 有如下关系:$L_T = (0.027 + 0.6) L_{20}$。试问 L_T 为什么依温度的不同而异?

2-6 某城镇排水量为 500 m^3/h,服务的当量人口为 19.2 万,若每当量人口每天排出的 BOD_5 为 25 g,试根据上题公式计算 10℃(冬季)及 24℃(夏季)时废水中 BOD_5 的总量(kg/d),并略述其对处理负荷的影响。

2-7 某厂生产废水为 50 m^3/h,浓度每 8 h 为一变化周期,各小时的 COD 浓度分别为 20 mg/L、80 mg/L、90 mg/L、140 mg/L、60 mg/L、40 mg/L、70 mg/L、100 mg/L。今欲将其浓度均化到 80 mg/L 以下,求需要的均化时间及均化池容积。

2-8 某酸性废水的 pH 值逐时变化为 5、6.5、4.5、5、7,若水量依次为 4 m^3/h、4 m^3/h、6 m^3/h、8 m^3/h、10 m^3/h,问完全均化后能否达到排放标准(pH 值为 6~9)?

第2篇　不溶态污染物的分离技术

3　重力沉降法

3.1　概　　述

在重力作用下,使悬浮液中密度大于水的悬浮固体下沉,从而与水分离的水处理方法,称为重力沉降法(sedimentation)。重力沉降法的去除对象,主要是悬浮液中粒径在 10 μm 以上的可沉固体,即在 2 h 左右的自然沉降时间内能从水中分离出去的悬浮固体。

按照处理目的不同,重力沉降法可分为以获得澄清水为目的的沉淀和以获得高浓度污泥为目的的浓缩。它既可以作为唯一的处理工序,用于只含悬浮固体的废水处理,也可以作为处理系统中的某一单元,与其他处理单元配合使用。

根据水中悬浮固体浓度的高低、固体颗粒絮凝性能(即彼此粘结、团聚的能力)的强弱,沉降可分为以下四种类型:

(1) 自由沉降(free settling)。自由沉降也称为离散沉降。这是一种非絮凝性或弱絮凝性固体颗粒在稀悬浮溶液中的沉降。由于悬浮固体浓度低,而且颗粒之间不发生聚集,因此在沉降过程中颗粒的形状、粒径和密度都保持不变,互不干扰地各自独立完成匀速沉降过程。固体颗粒在沉砂池及初次沉淀池内的初期沉降就属于这种类型。

(2) 絮凝沉降(flocculation settling)。絮凝沉降是一种絮凝性固体颗粒在稀悬浮液中的沉降。虽然悬浮固体浓度也不高,但颗粒在沉降过程中接触碰撞时能互相聚集为较大的絮体,因而颗粒粒径和沉降速度随沉降时间的延续而增大。颗粒在初次沉淀池内的后期沉降及生化处理中污泥在二次沉淀池中的初期沉降,就属于这种类型。

(3) 成层沉降(regional settling)。成层沉降也称集团沉降、区域沉降或拥挤沉降。这是一种固体颗粒(特别是强絮凝性颗粒)在较高浓度悬浮液中的沉降。由于悬浮固体浓度较高,颗粒彼此靠得很近,吸附力将促使所有颗粒聚集为一个整体,但各自保持不变的相对位置共同下沉。此时,水与颗粒群体之间形成一个清晰的泥水界面,沉降过程就是这个界面随沉降历时下移的过程。生化处理中污泥在二次沉淀池内的后期沉降和在浓缩池内的初期沉降就属于这种类型。

(4) 压缩沉降(compression settling)。当悬浮液中的悬浮固体浓度很高时,颗粒之间便互相接触,彼此上下支承。在上层颗粒的重力作用下,下层颗粒间隙中的水被挤出,颗粒相对位置不断靠近,颗粒群体被压缩。生化污泥在二次沉淀池和浓缩池内的浓缩过程就属于这种类型。

图 3-1 是沉降类型示意图。图中表示出在不同悬浮固体浓度和不同特性条件下,上述四类沉降的发生区域。

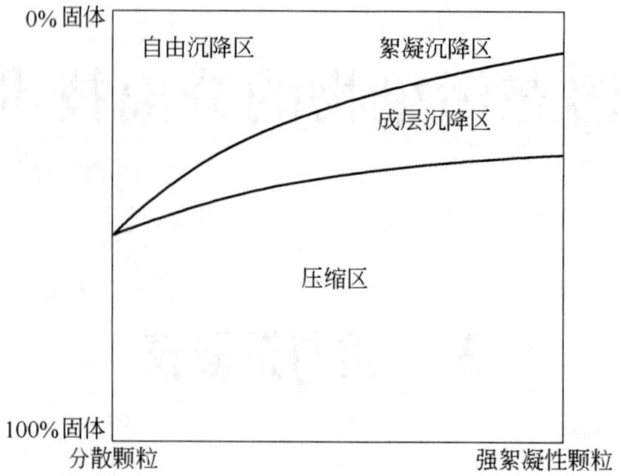

图3-1 各类沉降的发生区域

3.2 离散颗粒的沉降规律

离散颗粒(discrete particle)的沉降规律,可分为单独颗粒的沉降规律和群体颗粒的沉降规律两种情况来讨论。

3.2.1 单独颗粒的沉降规律

单独颗粒在稀悬浮液中的沉降,不受周围颗粒的影响,其沉降速度仅仅是液体性质及颗粒本身特性的函数。任何一个在静水中的固体颗粒,都受到两种基本力的作用,即重力 F_g 和浮力 F_f。颗粒在水中的有效重量 F_s 为两种力之差,即

$$F_s = F_g - F_f = V_s g(\rho_s - \rho_l) \tag{3-1}$$

式中 V_s——颗粒体积;

ρ_s,ρ_l——分别为颗粒和水的密度;

g——重力加速度;

当 $\rho_s > \rho_l$ 时,$F_g > F_f$,颗粒便在合力($F_g - F_f$)的作用下作加速下沉运动。这时,颗粒便受到第三种力,即水的阻力的作用。根据因次分析和实验验证,阻力 F_d 可按下式计算:

$$F_d = C_d A_s\left(\frac{\rho_l u_s^2}{2}\right) \tag{3-2}$$

式中 C_d——牛顿无因次阻力系数;

A_s——颗粒在垂直于运动方向上的投影面积;

u_s——颗粒的沉降速度。

颗粒在下沉运动过程中,净重 F_s 不变,而阻力则随沉降速度 u_s 的平方增大。因此,经过某一短暂时刻后,F_d 便增大到与 F_s 相平衡,即 $F_d = F_s$。此时,颗粒的加速度为零,沉降速度 u_s 变为常数。由此可得颗粒自由沉降的沉降速度表达式为:

$$u_s = \left[\frac{2g(\rho_s - \rho_l)}{C_d\rho_l}\left(\frac{V_s}{A_s}\right)\right]^{1/2} \tag{3-3}$$

设颗粒是直径为 d_s 的球形颗粒,则有(V_s/A_s) $= 2d_s/3$,其中 V_s 为颗粒体积。代入公式(3-3),可得:

$$u_s=\left[\frac{4g(\rho_s-\rho_1)d_s}{3C_d\rho_1}\right]^{1/2} \tag{3-4}$$

此式称为牛顿定律，u_s 称为离散颗粒的稳定沉降速度或最终沉降速度。

阻力系数 C_D 是颗粒沉降时周围液体绕流的雷诺数 Re 的函数，二者的关系如图 3-2 所示。依据 Re 值的大小，图面可分为层流区（斯托克斯区）、过渡流区（艾伦区）和紊流区（牛顿区）三个区域。在层流区和紊流区，C_D 与 Re 呈线性关系，在过渡流区则呈指数函数关系。概括起来，可用通式表示为：

$$C_D=\frac{K}{Re^n} \tag{3-5}$$

式中 K,n——与 Re 值及颗粒形状有关的因数。

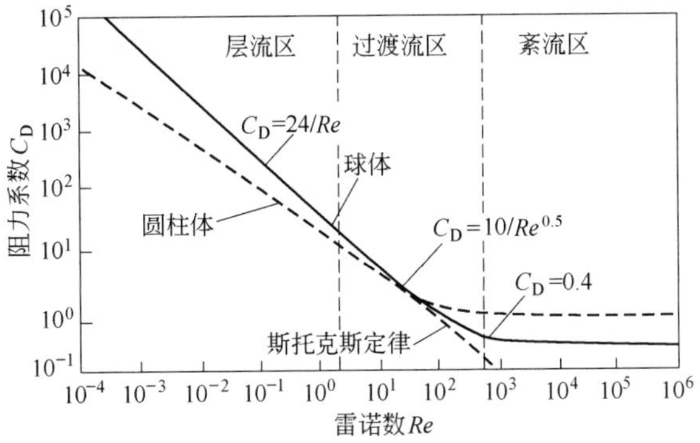

图 3-2 阻力系数与绕流雷诺数的关系

球形颗粒沉降的 K、n 值及其相应的 C_D-Re 关系见表 3-1。

表 3-1 球形颗粒沉降的 K、n 值及其相应的 C_D-Re 关系

Re	绕流流态区域	K	n	C_D
$Re\leqslant 2$	层流区（Stokes 区）	24	1.0	$C_D=24/Re$
$2<Re\leqslant 500$	过渡流区（Allen 区）	10	0.5	$C_D=10/Re^{0.5}$
$500<Re\leqslant 10^5$	紊流区（Newton 区）	0.4	0.0	$C_D=0.4$

将上表中的阻力系数 C_D 的计算式和雷诺数 Re 的表达式 $Re=d_s u_s\rho_1/\mu=d_s u_s/\nu$ 代入公式(3-4)，即可得到固体颗粒在三种绕流流态区域的稳定沉降速度表达式，即：

在 $Re\leqslant 2$ 的层流区

$$u_s=\frac{(\rho_s-\rho_1)g}{18\mu}d_s^2=\frac{g(S_s-1)}{18\nu}d_s^2 \tag{3-6}$$

式中 μ,ν——分别为液体的动力黏度和运动黏度；

S_s——固体颗粒相对密度。

在 $2<Re\leqslant 500$ 的过渡流区

$$u_s=0.26\left[\frac{(\rho_s-\rho_1)^2g^2}{\mu\rho_1}\right]^{1/3}d_s \tag{3-7}$$

在 $500<Re\leqslant 10^5$ 的紊流区

$$u_s=1.82\left[\frac{(\rho_s-\rho_1)g}{\rho_1}\right]^{1/2}d_s^{1/2} \tag{3-8}$$

式(3-6)～式(3-8)分别称为斯托克斯公式、艾伦公式和牛顿公式。

虽然上述公式推导中的假设条件与实际有较大差异，不能直接用于固体颗粒沉降速度的计算，但这些公式却揭示了各有关因素对沉降速度影响的一般规律，从而为强化沉降过程提供了理论依据。这些规律主要有：

(1) 在三种绕流流态区域内，颗粒沉速(particle settling velocity)与颗粒直径 d_s 及固、液密度差$(\rho_s-\rho_l)$的不同次方成正比，与液体黏度μ和密度ρ_l的不同次方成反比。因此，增大颗粒粒径和密度，适当提高水温，都有助于增大颗粒沉速。颗粒沉降速度与颗粒直径及相对密度的关系见图3-3。

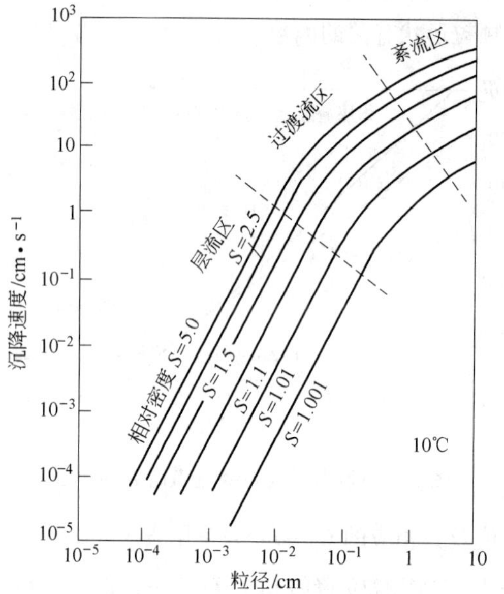

图3-3　沉降速度与颗粒直径和相对密度的关系

(2) 当$\rho_s<\rho_l$时，u_s为负值，颗粒上浮，u_s为上浮速度。因此，沉降理论也适用于上浮过程。当$\rho_s=\rho_l$时，$u_s=0$，颗粒既不下沉，也不上浮，此时不能用重力沉降和自然上浮法去除。

3.2.2　群体颗粒的沉降速度

群体颗粒，是指某一体积悬浮液中具有某一粒径的单个颗粒的集合。设群体颗粒中单个颗粒的直径为d_s，密度为ρ_s，相对密度为S_s，周围液体的密度为ρ_l，颗粒群体的空隙率为ε，则根据群体颗粒达到稳定沉降速度u_s时所受净重力与所受阻力相平衡的原理，可得阻力系数为：

$$C_d=\frac{4}{3}\times\frac{(\rho_s-\rho_l)g}{\rho_l u_s^2}d_s\varepsilon^3 f(\varepsilon) \tag{3-9}$$

式中　$f(\varepsilon)$——考虑周围颗粒对群体颗粒所受阻力的影响而加的修正系数。

斯坦诺(Steinour)根据实验，得出$f(\varepsilon)$与S_s之间的经验关系式为$f(\varepsilon)=10^{-1.82(1-S_s)}$。

将$f(\varepsilon)$和S_s关系式及层流、过渡流和紊流流态下的阻力系数表达式$C_d=24/Re$、$C_d=10/Re^{0.5}$和$C_d\approx0.4$分别代入公式(3-9)，即可得群体颗粒在三种流态区域的沉降速度表达式为：

层流区

$$u_s=\frac{(\rho_s-\rho_l)}{18\mu}d_s^2\varepsilon^2 10^{1.82(S_s-1)} \tag{3-10}$$

过渡流区 $$u_s=0.26\left[\frac{(\rho_s-\rho_l)^2g^2}{\mu\rho_l}\right]^{1/3}d_s\varepsilon^{5/3}10^{1.21(S_s-1)}\tag{3-11}$$

紊流区 $$u_s=1.82\left[\frac{(\rho_s-\rho_l)g}{\rho_l}\right]^{1/2}d_s^{1/2}\varepsilon^{3/2}10^{0.91(S_s-1)}\tag{3-12}$$

比较单独颗粒和群体颗粒的沉速表达式可见，在相同流态下表达式的形式、因次和系数都基本相同，只不过在群体颗粒沉速公式推导中，由于考虑了空隙率和周围颗粒对其所受净重力和阻力的影响，因而依不同的绕流流态出现了 ε 的不同方次。

3.3 沉降试验和沉降曲线

水中的悬浮固体并非单一均匀的球形颗粒，而是大小、形状和密度都各不相同的颗粒群，其浓度和絮凝性能也依水质类型和不同来源而异。因此，在实际应用中通常需要通过沉降试验来判定其沉降性能，并按试验数据绘制沉降曲线。

沉降曲线（settling curve）是在直角坐标上表示沉降效率与沉降时间或沉降效率与沉降速度之间关系的曲线。在进行沉淀池的设计计算时，需要根据要求达到的沉降效率，在沉降曲线上查得相应的沉降时间和沉降速度这两个基本设计参数。因此，沉降曲线是沉淀池设计的基本依据。

3.3.1 自由沉降试验及其沉降曲线

自由沉降用于悬浮固体浓度较低，且为非絮凝性或弱絮凝性的水质状况。试验是在设有一个取样口的透明沉降柱中进行的。柱的内径为 100 mm，有效高度为 1.5～2.0 m。取样口可设在工作水深为 H 的底部（图 3-4a），也可设在 $H/2$ 的中部（图 3-4b），二者分别称为底部取样和中点取样。目前趋向于采用中点取样法，这是因为：随着沉降时间的延长，沉降柱内的悬浮固体浓度势必形成上稀下浓的线性不均匀分布态势，而我们要测定的是沉降柱内整个水层的残留 SS 浓度，用 $H/2$ 处的 SS 浓度代表柱内的 SS 平均浓度，能减小采用底部取样带来的沉降效率的负偏差。

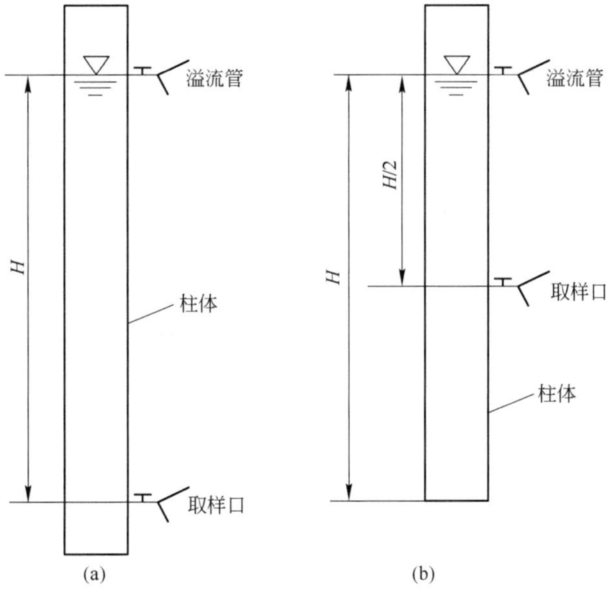

图 3-4 单点取样沉降柱

沉降试验及沉降曲线绘制的方法如下：

（1）将水样在试验装置内循环搅拌均匀后，从取样口取两份100 mL水样，用重量法测定初始SS浓度 C_0。

（2）将柱内水位迅速调整至溢流口处，开始计时。

（3）当累计沉降历时为 t_1、t_2、…、t_n（常取5、10、30、60、90和120 min）时，各取100 mL水样两份，用来测定对应沉降时间的残留SS浓度 C_1、C_2、…、C_n，同时记录各次取样后的水面累计下降高度 Δh_1、Δh_2、…、Δh_{n-1}。

（4）列表计算与各沉降时间对应的沉降速度 u 和沉降效率 E。

（5）在标准计算纸上绘制 $E-t$ 和 $E-u$ 沉降曲线。

目前常用的沉降试验数据处理方法有两种：一种是常规计算法，另一种是Camp图解积分法。前者计算简单，但误差较大，得到的是 $E-t$ 和 $E-u$ 曲线；后者比较复杂，但结果精确，得到的是 E_T-t 和 E_T-u 曲线。

3.3.1.1 常规计算法

（1）由沉降时间 t(h)和对应工作水深 H(m)，按公式 $u=H/t$ 计算沉降速度 u(m/h)式中的工作水深 H 是指由水面到柱底零断面的实际高度，而与取样口位置无关。

工作水深随沉降历时的变化情况如图3-5所示。由图可见，在[t_0,t_n]区间内，H 随 t 呈跳跃式的不连续变化。如忽略[t_0,t_i]范围内所经历的各次水深变化，则工作水深可按下式近似计算：

$$H=H_0-\Delta h_{i-1} \tag{3-13}$$

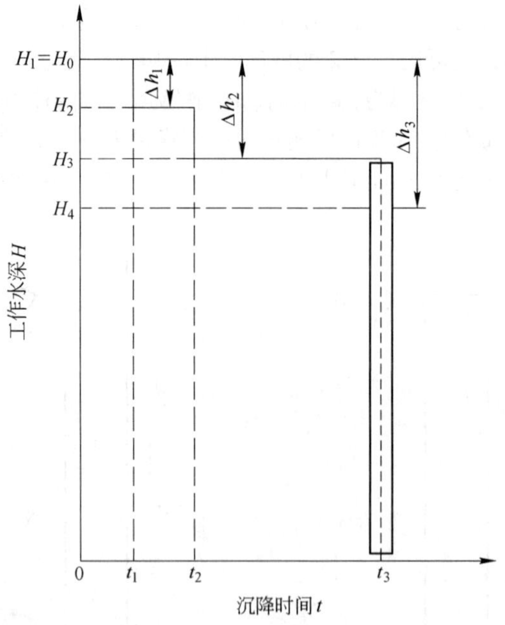

图3-5 工作水深与沉降时间的关系

（2）按下式计算各沉降时间的沉降效率 E：

$$E=\frac{C_0-C}{C_0}\times 100\% \tag{3-14}$$

（3）根据沉降时间 t 及对应的 u、E 数据，绘制图3-6中的 $E-t$ 和 $E-u$ 曲线。

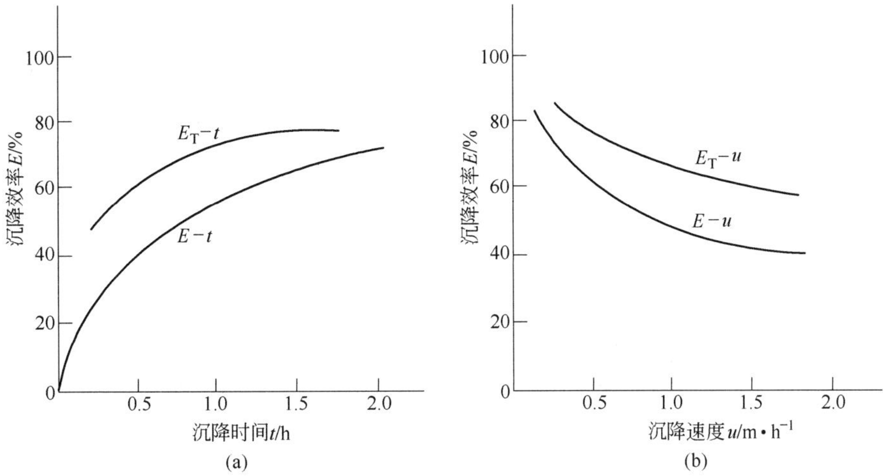

图 3-6 自由沉降的沉降曲线

(a) $E-t$ 曲线;(b) $E-u$ 曲线

3.3.1.2 图解积分法

图解积分法的基本依据是:对于一个指定的沉降时间 t,可由 $u=H/t$ 求得相应的沉降速度 u_0。对于具有沉速 $u \geqslant u_0$ 的固体颗粒,在 t 时间内能全部被除去;对于沉速 $u<u_0$ 的颗粒,则只能部分被除去。总沉降颗粒率 E_T 为上述两种颗粒的去除率之和。

如以 p_0 表示 $u<u_0$ 的颗粒量占 SS 总量的分率,则因 $u \geqslant u_0$ 而被除去的颗粒量占 SS 总量的分率即为 $1-p_0$。以 $\mathrm{d}p$ 表示 $u<u_0$ 的颗粒中某一微小粒径范围的颗粒占 SS 总量的分率,其中能被除去的部分占 u/u_0(或 h/H,h 为 $u<u_0$ 的颗粒在 t 时间内的下沉距离,$h<H$),则这种粒径范围的颗粒中能被除去的部分占 SS 总量的分率即为 $u/u_0\mathrm{d}p$。当考虑的粒径范围由某一微小值扩展到整个 $u<u_0$ 的颗粒群体时,它们所占 SS 总量的分率也由 0 增大到 p_0,其中能被除去的部分占 SS 总量的分率即为 $\int_0^{p_0} u/u_0\mathrm{d}p$。这样,在 t 时间内悬浮固体的总沉降效率 E_T 为:

$$E_T=\left[1-p_0+\int_0^{p_0}\frac{u}{u_0}\mathrm{d}p\right]\times 100\% = \left[1-p_0+\int_0^{p_0}\frac{h}{H}\mathrm{d}p\right]\times 100\% \tag{3-15}$$

若以有限之和 $\sum u\mathrm{d}p$ 代替积分项中的 $\int_0^{p_0} u\mathrm{d}p$,则上式可改写为:

$$E_T=\left[1-p_0+\frac{\sum u\mathrm{d}p}{u_0}\right]\times 100\% \tag{3-16}$$

比较式(3-16)和式(3-14),E 只包括 $u \geqslant u_0$ 的固体颗粒的去除率,即式(3-16)中的 $1-p_0$,所以 $E<E_T$。反映在图 3-6 的沉降曲线上是 $E-t$ 和 $E-u$ 曲线分别位于 E_T-t 和 E_T-u 曲线的下方。

图解积分法的原理和方法如下:

(1) 按 $p=C/C_0$ 和 $u=H/t$ 计算与一系列沉降时间 t 对应的 p 值和 u 值。以 p 对 u 作图,得到图 3-7 所示的沉速分布曲线 $p=f(u)$。式(3-16)中的 $u\mathrm{d}p$ 是图上 $f(u)$ 曲线与纵轴之间的一块微小面积,而 $\int_0^{p_0} u\mathrm{d}p$(或 $\sum u\mathrm{d}p$)则是某一 p_0 水平线以下阴影部分的曲边三角形的面积,其值可用图解积分法求取。

（2）图解积分法的实质，是把图中曲边三角形划分为若干个曲边梯形，再把每个曲边梯形转换为等面积的矩形，所有矩形面积之和 $\sum u\mathrm{d}p$ 即为 $\int_0^{p_0} u\mathrm{d}p$。为求 $\sum u\mathrm{d}p$ 值（图3-8），由横轴上按 H/t 求得的各 u_0 值分点作垂线，再由垂线与 $f(u)$ 曲线的各交点作水平线，两相邻水平线在纵轴上的截距之差即为 $\mathrm{d}p$ 值。然后，由两相邻 u_0 分点间的适当位置作横轴的垂线，将每个曲边梯形转换为等面积的矩形，各垂线的横坐标即为矩形的长 u。在求与各 t 值对应的 $\sum u\mathrm{d}p$ 值时，只需由小到大依次增加一个矩形面积 $u\mathrm{d}p$ 即可。

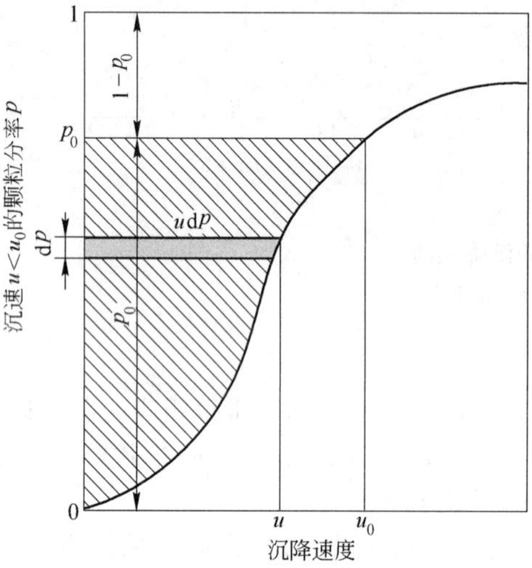

图3-7　沉速分布曲线

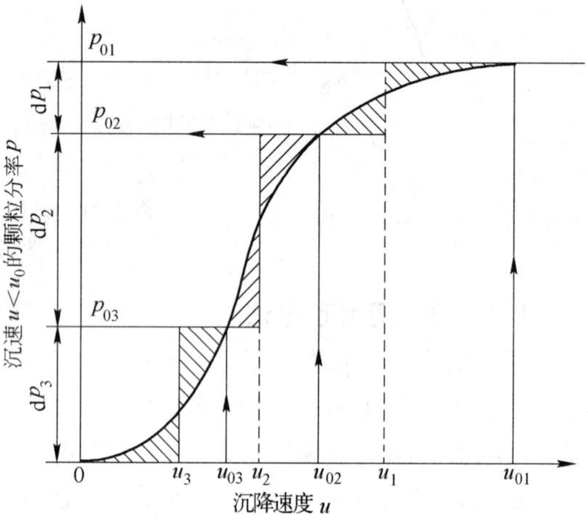

图3-8　沉速分布曲线的图解

（3）按式(3-16)计算与各 t 值对应的 E_T 值，并按 t、u 和 E_T 数据绘制 E_T-t 和 E_T-u 曲线（图3-6）。

例3-1　用有效水深为1.5 m的沉降柱对某离散型工业废水作静置沉降试验，取得表3-2所列的数据。试求 $u_0=2.8$ m/min时的 E_T 值是多少？

表3-2　自由沉降试验数据表

沉降时间 t/min	0.5	1.0	2.5	5.0	6.8	10
沉降速度 u/m·min^{-1}	3.0	1.50	0.60	0.30	0.22	0.15
p 值（即 C/C_0）	0.55	1.46	0.33	0.21	0.11	0.03

解： 根据表3-2数据，作出图3-9的沉降分布曲线。由图查出，当 $u_0=2.8$ m/min时，$p_0=0.544$，即有54.4%的固体颗粒沉降速度小于 u_0。其中能被除去的部分占SS总量的分率 $\sum u\mathrm{d}p/u_0$ 用图解积分法求取。为此进行图解，并列计算表如下。

$\mathrm{d}p$	0.11	0.10	0.12	0.13	0.084
u	0.15	0.25	0.43	0.95	2.0
$u\mathrm{d}p$	0.0165	0.025	0.051	0.124	0.168
$\sum u\mathrm{d}p$	0.0165	0.0415	0.0925	0.217	0.385

按式(3-16)计算总沉降效率 E_T：

$$E_T = \left[(1-p_0) + \frac{\sum u\mathrm{d}p}{u_0}\right] \times 100\%$$
$$= [(1-0.544) + 0.385/2.8] \times 100\% = 59.35\%$$

3.3.2　絮凝沉降试验及其沉降曲线

在絮凝沉降中，固体颗粒的形状、大小和密度都不断变化。沉降柱内 SS 浓度上稀下浓的不均匀分布，不仅由颗粒从上向下的浓集造成，而且由颗粒直径不断增大而产生的加速下沉运动造成，从而使 SS 浓度随水深的变化呈非线性分布。因此，絮凝沉降试验要采用多点取样，沉降曲线的绘制也不同于自由沉降。

多点取样沉降柱为图 3-10 所示的透明筒体，内径为 140 ~ 150 mm，有效高度为 2.0 ~ 2.5 m，柱体一侧设 4 ~ 5 个取样口，两相邻取样口的间距为 500 mm。

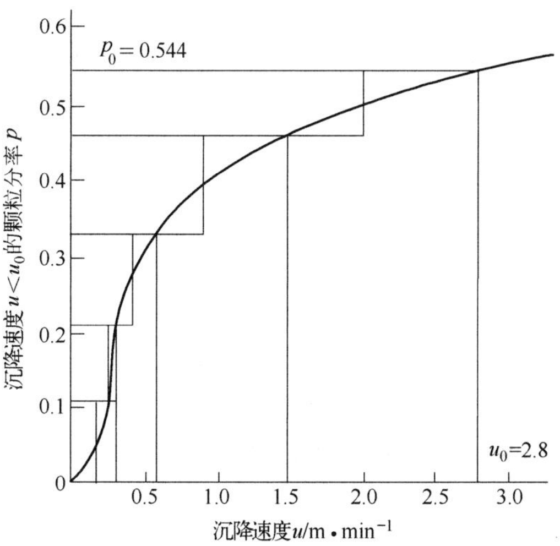

图 3-9　沉降速度分布曲线及其图解

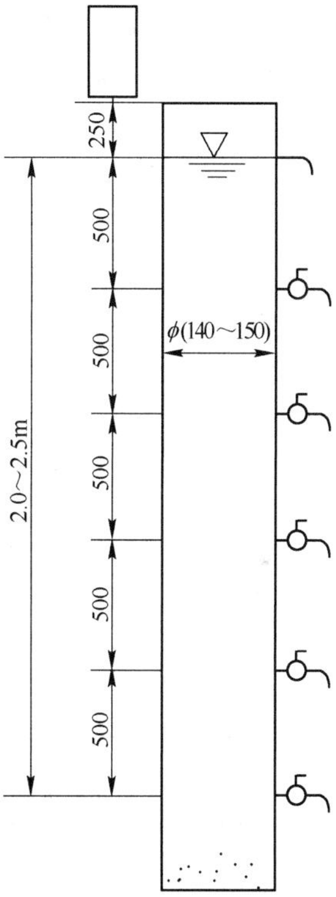

图 3-10　多点取样沉降柱

多点取样的试验步骤与单点取样基本相同，只是用以测定原始 SS 浓度 C_0 的水样是由中间取样口采集；沉降开始后每隔 5 ~ 10 min，同时从各取样口取相同体积的水样两份，用来测定不同时间不同水深处的残留 SS 浓度 C_0。对试验数据进行处理，即可绘制不同水深处的 $E-t$ 曲线和 SS 等去除率曲线，并按下式计算指定水深 H 处不同沉降时间的 SS 总沉降效率 E_T(%)：

$$E_T = E_t + \left(\frac{h_1}{H}\right)\Delta E_1 + \left(\frac{h_2}{H}\right)\Delta E_2 + \cdots + \left(\frac{h_n}{H}\right)\Delta E_n = E_t + \sum_{i=1}^{n}\left(\frac{h_i}{H}\right)\Delta E_i \qquad (3-17)$$

或

$$E_T = E_t + \left(\frac{u_1}{u_0}\right)\Delta E_1 + \left(\frac{u_2}{u_0}\right)\Delta E_2 + \cdots + \left(\frac{u_n}{u_0}\right)\Delta E_n = E_t + \left(\frac{u_i}{u_0}\right)\sum_{i=1}^{n}\Delta E_i \qquad (3-18)$$

式中 E_t——t 时间内水深 H 处沉速 $u \geqslant u_0$ 的 SS 去除率；

ΔE_i——不同水深处 $u < u_0$ 的 SS 去除率增量；

h_i——不同去除率增量之间的平均水深；

u_i——水深 h_i 处的颗粒沉速；

u_0——水深 H 处的颗粒沉速。

式(3-18)实际上是式(3-15)的近似式。式中的 E_t 相当于 $1-p_0$，而积分式中 $\int_0^{p_0}(h/H)\mathrm{d}p$ 则是用有限项的总和 $\sum_{i=1}^{n}(h_i/H)\Delta E_i$ 来代替。ΔE 值分得愈小，$\sum_{i=1}^{n}(h_i/H)\Delta E_i$ 就愈趋近于 $\int_0^{p_0}(h/H)\mathrm{d}p$。

例 3-2 已知某种废水中絮凝性悬浮固体浓度为 430 mg/L。通过絮凝沉降试验，取得了表 3-3 所列的结果。试计算沉降时间为 40 min 时，水深 1.5 m 处的 SS 总沉降效率 E_T。

解： E_T 值的计算按以下方法分步进行。

（1）按 $E=(l_0-l)/l_0\times100$ 计算不同水深处各沉降时间的 SS 去除率 E_t，其结果列于表 3-4。

表 3-3 多点取样沉降试验数据

沉降时间/min	不同水深处的残留 SS 浓度/mg·L^{-1}		
	0.5 m	1.0 m	1.5 m
5	356.9	387.0	395.6
10	309.6	346.2	365.5
20	251.6	298.9	316.1
30	197.8	253.7	288.1
40	163.4	230.1	251.6
50	144.1	195.7	232.2
60	116.1	178.5	204.3
75	107.5	143.2	180.6

表 3-4 不同水深处各沉降时间的 SS 去除率

沉降时间/min	E_t/%		
	0.5 m	1.0 m	1.5 m
5	17.0	10.0	8.0
10	28.0	19.5	15.0
20	41.5	30.5	26.5
30	54.0	41.0	33.0
40	62.0	46.5	41.5
50	66.5	54.5	46.0
60	73.0	58.5	52.5
75	75.0	66.7	58.0

(2) 根据表 3-3 数据,绘制不同水深的 SS 去除率与沉降时间的关系,如图 3-11 所示。

(3) 绘制 SS 的等去除率曲线,其步骤是:在图 3-11 的三条曲线上查出与某些特定去除率(如 5%、10%、20%、…、70%)相对应的沉降时间,结果列于表 3-5。然后,再以时间为横轴、以水深为纵轴的直角坐标系的 0.5 m、1.0 m 和 1.5 m 三条等深线上点绘出各沉降时间所对应的 SS 去除率。将去除率相同的点依次连接起来,就得到图 3-12 所示的等去除率曲线。

表 3-5 在不同水深处达到某些特定去除率的沉降时间

SS 特定去除率/%	沉降时间/min		
	0.5 m	1.0 m	1.5 m
5	1.2	2.0	2.5
10	2.5	4.0	5.5
20	6.7	10.5	14.0
30	11.7	19.0	25.0
40	18.0	30.0	38.5
50	27.0	44.0	56.5
60	28.5	61.5	81.5
70	55.0	87.5	

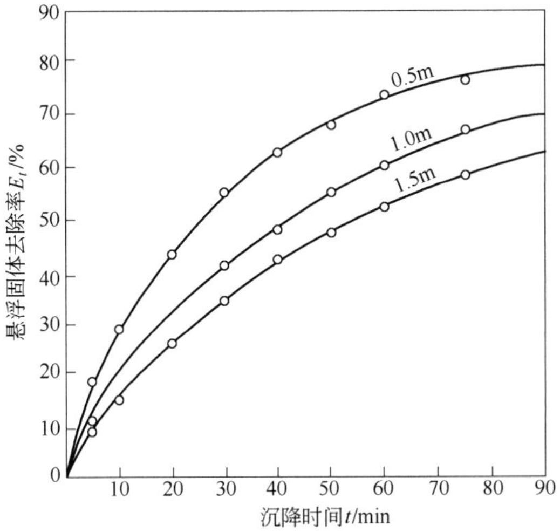

图 3-11 E_t-t 关系曲线

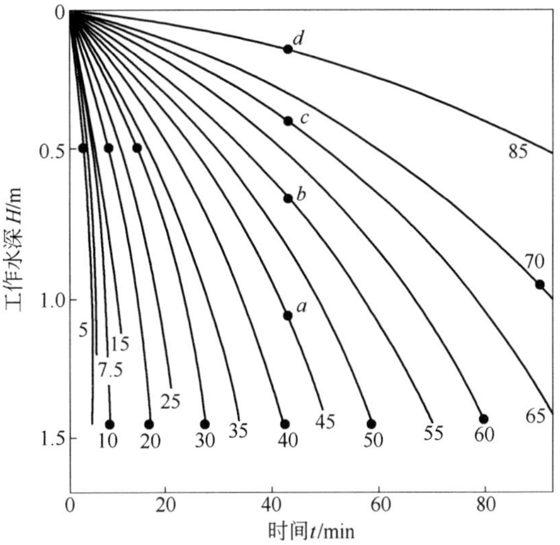

图 3-12 SS 等去除率曲线

(4) 由等去除率曲线和式(3-17)求 E_T 值。由图 3-12 所示,在 $t=40$ min 时,水深 1.5 m 处有 40% 的 SS 因沉速 $u \geqslant u_0$ 而能被完全除去,即 $E_t=40\%$。沉速 $u<u_0$ 的颗粒去除率按 $\sum_{i=1}^{n}\left(\frac{h_i}{H}\right)\Delta E_i$ 计算。为此,在图 3-12 上用内插法绘出 45%、55%、65% 和 85% 4 条中间去除率曲线,它们与 40 min 等时线分别交于 a、b、c、d 4 点,这 4 点的水深(即 h_i)及相应的 ΔE_i 值如表 3-6 所示。据此,即可计算 SS 总沉降效率 E_T:

$$E_T = E_t + \sum_{i=1}^{n}\left(\frac{h_i}{H}\right)\Delta E_i$$

$$= \left[40 + \left(\frac{1.125}{1.50}\right) \times 10 + \left(\frac{0.680}{1.50}\right) \times 10 + \left(\frac{0.410}{1.50}\right) \times 10 + \left(\frac{0.150}{1.50}\right) \times 30\right]\%$$

$$= 57.80\%$$

对于其他沉降时间,也可用同样的方法求得相应的 E_T 值。最后,绘制与图 3-6 形式相同的 $E_T - t$ 和 $E_T - u$ 曲线,作为澄清池设计或校核的基础资料使用。

表 3-6 40 min 等时线与中间去除率曲线交点的 h_i 和 ΔE_i 值

交　点	交点水深 h_i/m	SS 去除率范围/%	ΔE_i/%
a	1.125	40～50	10
b	0.680	50～60	10
c	0.410	60～70	10
d	0.150	70～100	30

3.4 理想沉淀池

进行重力沉降分离的构筑物称为沉淀池。为了分析固体颗粒在沉淀池内的运动规律及其分离效果,哈增(Hazen)和坎普(Camp)提出了理想沉淀池的概念。理想沉淀池的假设条件是:

(1) 在沉淀池内各过流断面的所有点上,水都以流速 v 作为水平流动。

(2) 进水中的悬浮固体颗粒沿水深呈均匀分布,其水平分速等于水流速 v,并以竖直分速 u 匀速下沉。

(3) 颗粒一经沉到池底即被除去而不再重新浮起。

图 3-13 是理想沉淀池的示意图。按功能的不同,整个沉淀池可分为入流区、沉降区、出流区和污泥区 4 个部分。其中沉降区的长、宽、深分别为 L、B 和 H。

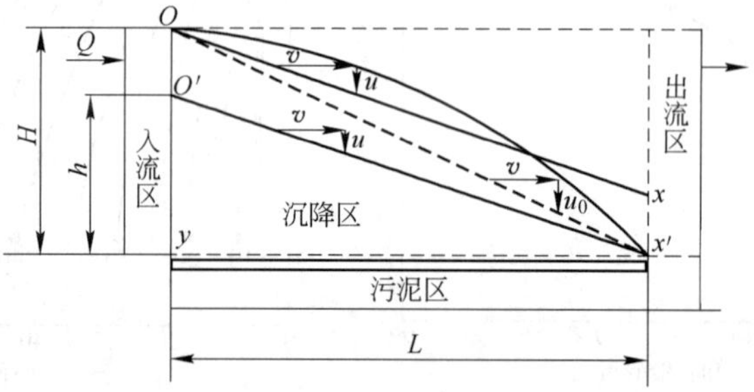

图 3-13 理想沉淀池示意图

根据上述假设,固体颗粒随水流进入沉降区后,其运动轨迹为斜率等于 u/v 的直线。为了完全分离沉速为 u_0 的颗粒,就必须使从水面上 O 点入流的这种颗粒在池内运动了水平距离 L 后到达沉降区的端点 x',其运动轨迹为直线 Ox'。此时,由图中三角形相似关系,可得 $u_0/v = H/L$。

对于 $u \geqslant u_0$ 的颗粒,有 $u/v \geqslant H/L$,其运动轨迹为斜率等于和大于 Ox'的直线,因而能全部被除去,沉降效率等于式(3-15)中的$(1-p_0)\times 100\%$。对于 $u < u_0$ 的颗粒,如果是从 O 点入流,则其运动轨迹为斜率小于 u/u_0 的斜线 Ox,它们在沉到池底前就被水流带出沉淀池,因而不能被除去。如果由 x'点作 Ox 的平行线,交入流断面于 O',设 O'点的水深为 h,则有 $u/v \geqslant H/L$。因此,从 O'点及其以下入流的 $u < u_0$ 的颗粒能被完全除去。显然,这种颗粒中能被除去的部分占其总量

的分率等于 h/L 或 u/u_0，其沉降效率为式(3-15)中的 $\int_0^{p_0} u\mathrm{d}p/u_0 \times 100\%$ 。上述两种固体颗粒的总沉降效率为 $\left[1 - p_0 + \int_0^{p_0} u\mathrm{d}p/u_0\right] \times 100\%$ 。可见，在静置沉降中得到的沉降规律也适用于理想沉淀池。

对于絮凝沉降，由于在沉降过程中颗粒之间发生相互聚集，因而竖直分速 u 随运动距离的延长而增大，其运动轨迹呈图 3-13 中点划线所示的下垂曲线，沉降效率仍按式(3-15)计算。

如果沉淀池沉降区的表面积为 A，处理水量为 Q，则有：

$$u_0 = \frac{Hv}{L} = \frac{HBv}{LB} = \frac{Q}{A} = q_0 \tag{3-19}$$

上式中的 Q/A 是沉淀池设计的一个重要参数，称为表面负荷或表面溢流率，以 q_0 表示，其单位是 $m^3/(m^2 \cdot h)$。由公式可知：

(1) 表面负荷 q_0 在数值上等于从 a 点入流，到 c 点除去的那种颗粒的沉速 u_0，因而由 $E-u$ 曲线上查到某一 E 值对应的 u_0 值后，即可按 $A = Q/q_0$ 计算沉降区的表面积。

(2) 表面负荷 q_0 值愈小，沉速 $u \geqslant u_0$ 的颗粒占 SS 总量的分率愈大，沉速 $u < u_0$ 中能被除去的分率也愈大，总沉降效率 E_T 也就愈高。

(3) 在离散型沉降中，与表面负荷紧密相关的沉降效率仅仅是沉降区表面积的函数，而与水深无关。当沉降区容积一定时，水深愈浅，则表面积愈大。据此，产生了“浅层沉降”的应用。

在实际沉淀池中，理想沉淀池的假设条件都不存在。除了颗粒沉速这个基本因素外，温度差引起的对流，密度差引起的异重流，池内死角和水与池壁摩擦引起的滞流，风力和水力搅动以及配水、集水装置不可能绝对合理等引起的短路流和紊流，都会造成池内水流和水中固体颗粒在三维空间作局部或整体的不规则运动。这些因素的不利影响是：固体颗粒的沉速降低，并导致 $1-p_0$ 和 u/u_0 都减小；水流水平分速 v 可能超过颗粒冲起速度 v_c，使已沉降的颗粒被重新冲起。二者的综合结果是只有采用比理想条件更长的沉降时间和更小的表面负荷，才能达到预期的分离效果。因此，将静置沉降曲线用于沉淀池的设计时，常按以下的经验公式确定设计表面负荷 q 和沉降时间 t：

$$q = \left(\frac{1}{1.25} \sim \frac{1}{1.75}\right) u_0 \quad 和 \quad t = (1.5 \sim 2.0)\, t_0 \tag{3-20}$$

式中 u_0，t_0——分别为由沉降曲线上查得的理论沉降速度和沉降时间。

3.5 沉砂池

沉砂池(grit chamber)一般设置在泵站或沉淀池之前，用以分离废水中比重较大的砂粒、灰渣等无机固体颗粒，使水泵和管道免受磨损和阻塞，同时也减轻沉淀池的无机负荷，使污泥具有良好的流动性，便于排放输送。

按照池内水流方向的不同，沉砂池可分为平流式和竖流式两种，其中平流式应用最为广泛。近年来，曝气沉砂池也得到了推广应用。

3.5.1 平流沉砂池

平流沉砂池(horizontal grit chamber)的构造如图 3-14 所示。它的上部过水部分，是一条加宽了的明渠，渠的两端设有控制闸板，池底设有 1 或 2 个倒棱台形的贮砂斗，斗底有带闸阀的排砂管。

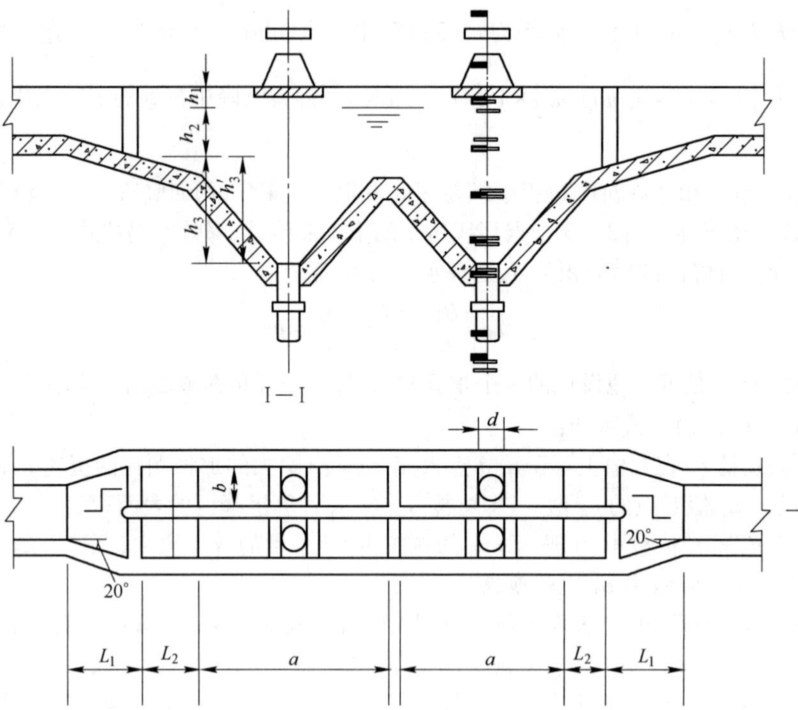

图3-14 平流沉砂池

平流沉砂池的主要设计参数如下：

(1) 流量。当废水以自流方式进入时，应取最大小时流量；当用泵送入时，应取工作水泵的最大组合流量。

(2) 分格数。分格数一般不少于2，按并联方式运动。运行格数的多少随实际流量大小而定。

(3) 流速。应控制在最大流速0.3 m/s和最小流速0.15 m/s之间，以保证相对密度较大的无机颗粒下沉，而让有机悬浮物随水流出。

(4) 停留时间。流量最大时，废水在池内的停留时间不小于30 s，一般为30～60 s。

(5) 结构尺寸。有效水深一般为0.25～1.0 m，不大于1.2 m；超高不小于0.3 m；每格宽不小于0.6 m；沉砂量依水质不同而异，对城市污水可按每100万m^3废水产生3 m^3沉砂考虑，对工业废水需由试验确定。贮砂斗容积一般按2日以内的沉砂量设计，斗壁倾角不小于55°；池底以0.01～0.02的坡度坡向砂斗。

平流沉砂池的设计计算要点如下：

(1) 池长由设计流量下的水平流速v和停留时间t按$L=vt$确定。

(2) 过水面积F由设计流量Q和水平流速，按$F=Q/v$确定。

(3) 池子总宽B由过水断面面积和有效水深h_2确定，$B=F/h_2$；单格宽度b由总宽和分格数n按$b=B/n$确定。

(4) 计算沉砂池有效水深h_2，确定保护高度h_1。

(5) 核算最小流速（即最小流量时的流速）v_{min}(m/s)，如$v_{min}\geqslant 0.15$ m/s为可行，否则应调整单宽b和水深h_2。

(6) 按下式计算单个贮砂斗容积V_1(m^3)：

$$V_1 = \frac{8.64 \times 10^4 QXT}{kmn} \tag{3-21}$$

式中　Q——沉砂池设计流量，m^3/s；

X——单位体积废水的沉砂量，m^3/m^3；

T——排砂周期，即两次相邻排砂的间隔时间，取1～2d；

k——废水流量变化系数，对生活污水按流量大小取1.2～1.3，对工业废水按生产工艺确定；

n——分格数；

m——每格贮砂斗数，一般为2个。

确定V_1后，可结合单格宽和砂斗壁倾角，进一步确定砂斗上、下底宽a_1、a_2和h_3。

3.5.2　曝气沉砂池

普通沉砂池因池内水流分布不均，流速多变，致使对无机颗粒的选择性截留效率不高，沉砂容易厌氧分解而腐败发臭。曝气沉砂池集曝气和除砂于一身，不但可使沉砂中的有机物降低至5%以下，而且还有预曝气、脱臭、除油等多种功能。

曝气沉砂池(aerated grit chamber)是一个狭长形渠道，沿渠壁一侧的整个长度上设置曝气装置(图3-15)。为增强曝气推动水流回旋的作用，可在曝气器的外侧装设导流挡板。池底内侧设有集砂斗，池底以0.1～0.5的坡度坡向砂斗。废水进入沉砂池后，在水平和回旋的双重推力作用下，以螺旋形轨迹向前流动。设计合理时，由曝气造成的横向环流有稳定的环流速度，足以保证较重的无机颗粒沉下，而较轻的有机颗粒悬浮于水中，并通过颗粒间的碰撞摩擦和水流的剪切力作用，把附着在砂粒上的有机质淘洗于水中，获得较为洁净的沉渣。

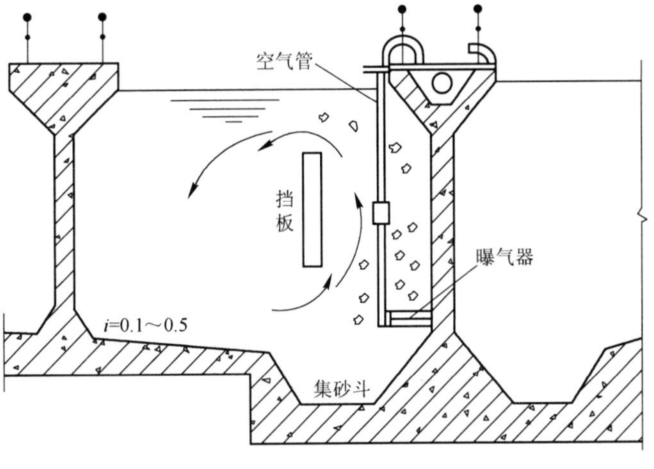

图3-15　曝气沉砂池

曝气沉砂池的主要设计参数如下：

(1) 废水在池内的水平流速一般取0.08～0.12 m/s，在过水断面周边的最大旋转线速为0.25～0.4 m/s。

(2) 废水在池内的停留时间取4～6 min，最大流量时为1～3 min。

(3) 有效水深取2～3 m，宽深比为(1～1.5)∶1，长宽比可达5∶1。

(4) 曝气装置多采用穿孔管曝气器，孔径2.5～6.0 mm，曝气管安装于池壁一侧距池底0.6～0.9 m处，曝气量为0.2 m^3(空气)/(m^3(水)·h)或1.5 m^3(空气)/(m^3(池容)·h)。

曝气沉砂池的设计计算要点如下：

（1）总有效容积 $V(m^3)$ 由最大设计流量 $Q(m^3/s)$ 和相应的停留时间 $t(min)$ 计算。

（2）过水断面积 $F(m^2)$ 由 Q 和相应的水平流速 $v_1(m/s)$ 计算。

（3）池长 $L(m)$ 由 V 和 F 计算。

（4）池总宽 $B(m)$ 由 F 和有效水深 $h_2(m)$ 计算。

（5）空气需用量 $q_a(m^3/h)$ 由 Q 和 1 m^3 废水所需空气量 $d(m^3/m^3)$ 确定。

3.5.3　旋流沉砂池

污水由池下部呈旋转方向流入，从池上部四周溢流而出，污水中的砂粒向下沉淀去除的沉砂池称旋流式沉砂池(whirling grit chamber)(图3-16)。其种类可分为涡流沉砂池、多尔沉砂池和钟式沉砂池。

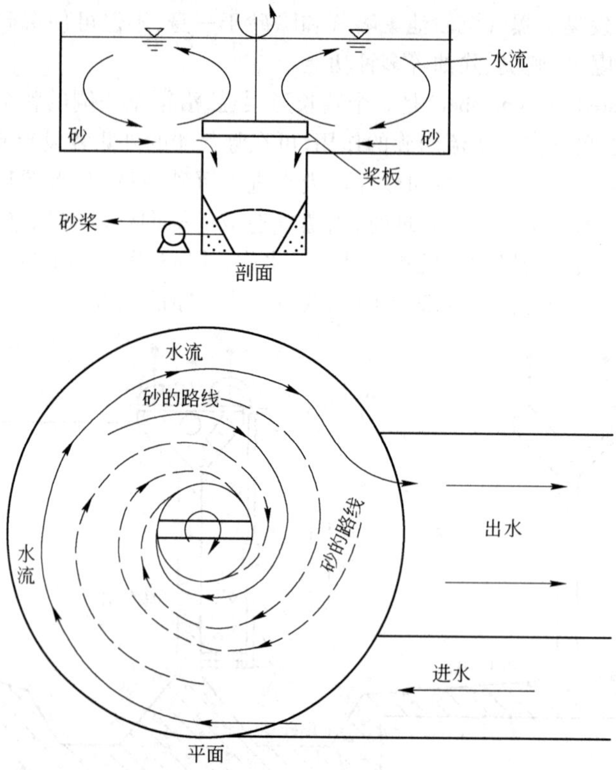

图3-16　涡流沉砂池

旋流式沉砂池，是利用水力涡流作用使砂子和有机物分离去除的。污水从切线方向进入圆形沉砂池，当经过渠道末端设置的跌水堰时，可能沉积在渠道底部的砂子向下滑入沉砂池；另外，还设有挡板，使水流及砂子进入沉砂池时向池底流行，并加强附壁效应。在沉砂池中间设有可调速的桨板，使池内的水流保持环流。桨板、挡板和进水水流的设计组合，使沉砂池内产生螺旋状环流，在重力的作用下，使砂子下沉，并向池中心移动，最后将沉砂落入砂斗，达到除砂的目的。池内的环流在池壁处向下，到池中间则向上，加上桨板的作用，使较轻的有机物在池中心部分与砂子分离，向上升起随着出水水流进入后续构筑物。

3.5.3.1　设计参数

（1）最大流速为 0.1 m/s，最小流速 0.02 m/s。

（2）最大流量时，停留时间不小于 20 s，一般采用 30 ~ 60 s。

（3）进水管最大流速为 0.3 m/s。

3.5.3.2　计算公式

旋流沉砂池计算公式见表 3-7：

表 3-7　旋流沉砂池计算公式表

名　称	公　式	符 号 说 明
进水管直径	$d=\sqrt{\dfrac{4Q_{max}}{\pi v_1}}$	d——进水管直径，m； v_1——污水在中心管内流速，m/s； Q_{max}——最大设计流量，m^3/s
沉砂池直径	$D=\sqrt{\dfrac{4Q_{max}(v_1+v_2)}{\pi v_1 v_2}}$	D——池子的直径，m； v_2——池内水流上升速度，m/s
水流部分高度	$h_2=v_2 t$	h_2——水流部分高度，m； t——最大流量时的流行时间，s
沉砂部分所需容积	$V=\dfrac{Q_{max}XT\times 86400}{K_Z\times 10^6}$	V——沉砂部分所需容积，m^3； X——城市污水沉砂量； T——两次清除沉砂相隔的时间，d； K_Z——生活污水流量总变化系数
圆截锥部分实际容积	$V_1=\dfrac{\pi h_4}{3}(R^2+Rr+r^2)$	V_1——圆锥部分容积，m^3； h_4——沉砂池锥底部分高度，m
池总高度	$H=h_1+h_2+h_3+h_4$	H——池总高度，m； h_1——超高，m； h_3——中心管底至沉砂砂面的距离，一般采用 0.25 m

3.6　普通沉淀池

沉淀池可分为普通沉淀池和浅层沉淀池两大类。按照水流在沉淀池内的总体流向，普通沉淀池又有平流式、竖流式和辐流式三种形式。

普通沉淀池可分为入流区、沉降区、出流区、污泥区和缓冲区五个功能区。入流区和出流区的作用是进行配水和集水，使水流均匀地分布在各个过流断面上，为提高容积利用系数和固体颗粒的沉降提供尽可能稳定的水力条件。沉降区是可沉颗粒与水分离的区域。污泥区是泥渣贮存、浓缩和排放的区域。缓冲层是分隔沉降区和污泥区的水层，防止泥渣受水流冲刷而重新浮起。以上各部分相互联系，构成一个有机整体，以达到设计要求的处理能力和沉降效率。

3.6.1　平流沉淀池

在平流沉淀池（horizontal-flow sedimentation tank）内，水是按水平方向流过沉降区并完成沉降过程的。图 3-17 是设有链带式刮泥机的平流沉淀池。废水由进水槽经淹没孔口进入池内。在孔口后面设有挡板或穿孔整流墙，用来消能稳流，使进水沿过流断面均匀分布。在沉淀池末端设有溢流堰(或淹没孔口)和集水槽,澄清水溢过堰口,经集水槽排出。在溢流堰前也设有挡板,用以阻隔浮渣,浮渣通过可转动的排渣管收集和排除。池体下部靠进水端有泥斗,斗壁倾角为50°~60°,池底以0.01~0.02的坡度坡向泥斗。当刮泥机的链带由电机驱动缓慢转动时,嵌在链带上的刮泥板就将池底的沉泥向前推入泥斗,而位于水面的刮板则将浮渣推向池尾的排渣管。泥斗内设有排泥管,开启排泥阀时,泥渣便在静水压力作用下由排泥管排出池外。

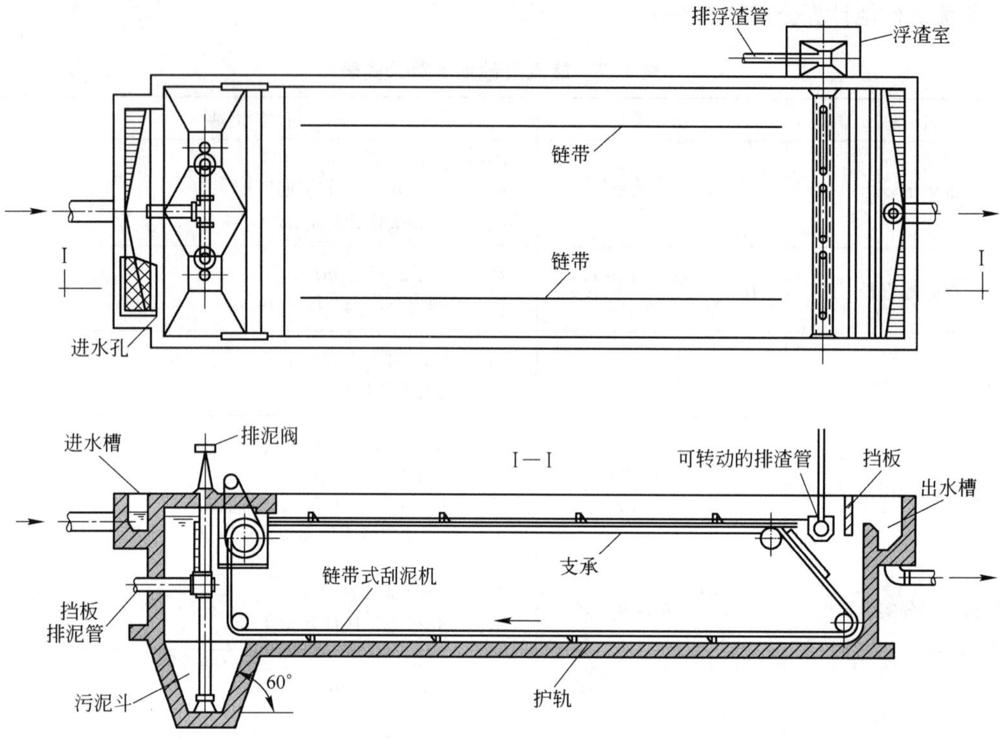

图3-17　有链带式刮泥机的平流沉淀池

链带式刮泥机的缺点是链带的支承和驱动件都浸没于水中,易锈蚀,难保养。为此,可改用桥式行车刮泥机,这种刮泥机不但运行灵活,而且保养维修都比较方便。对于较小的平流沉淀池,也可以不设刮泥设备,而在沿池的长度方向设置多个泥斗,每个泥斗各自单独排泥,既不相互干扰,也有利于保证污泥浓度。

沉淀池的设计包括功能构造设计和结构尺寸设计。前者是指确定各功能区构件的结构形式,以满足各自功能的实现;后者是指确定沉淀池的整体尺寸和各构件的相对位置。设计良好的沉淀池应满足以下三个基本要求:有足够的沉降分离面积;有结构合理的入流和出流装置能均匀布水和集水;有尺寸适宜、性能良好的污泥和浮渣的收集和排放设备。

进行沉淀池设计的基本依据是废水流量、水中悬浮固体浓度和性质以及处理后的水质要求。因此,必须确定有关设计参数,其中包括沉降效率、沉降速度(或表面负荷)、沉降时间、水在池内的平均流速以及泥渣容重和含水率等。这些参数一般需要通过试验取得;若无条件,也可根据相似的运行资料,因地制宜地选用经验数据。以下按功能分区介绍设计和计算方法。

3.6.1.1　入流区和出流区的设计

入流区和出流区设计的基本要求,是使废水尽可能均匀地分布在沉降区的各个过流断面,既有利于沉降,也使出水中不挟带过多的悬浮物。

常用的配水方式如图3-18所示。紧靠池壁内侧是一条横向配水槽，其后的入流装置可以有三种不同组合。溢流堰的堰口要确保水平；底孔应沿池宽等距离分布且大小相等；为了减弱射流对沉降的干扰，整流墙的开孔率应在10%～20%，孔口的边长或直径应为50～150 mm，最上一排孔口的上缘应在水面以下0.12～0.15 m处，最下一排的下缘应在泥层以上0.3～0.5 m处；挡板需要高出水面0.15～0.2 m，淹没深度不小于0.2 m，距离进水口0.5～1.0 m。

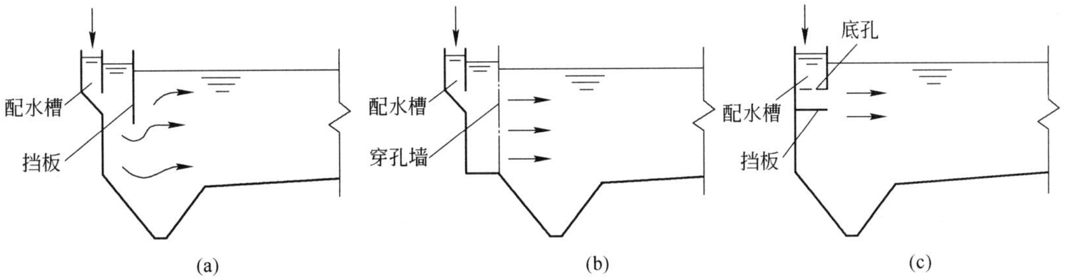

图3-18 平流沉淀池的几种配水方式

集水槽的布置有图3-19所示的三种基本方式。其中以(a)最为简单，但因长度短，流速大，容易挟带较多的悬浮物；(b)种加设了一组纵向支渠，水力条件最好，但结构较复杂。目前，也有在沉淀池中、后部加设横向中途集水槽的。出流口常采用溢流堰和淹没潜孔。前者可为自由堰，也可为锯齿形三角堰，堰前设置挡板，用以稳流和阻挡浮渣，挡板淹没深度为0.3～0.4 m，距溢流堰0.25～0.5 m。出水溢流堰不仅控制着池内水面的高程，而且对水流的均匀分布和出水水质有重要影响，因此堰口必须严格水平，以保证堰负荷(即单位堰长在单位时间的排水量)适中且各处相等。在采用淹没潜孔时，要求孔径相等，并应沿池子宽度上均匀分布，淹没深度在0.15～0.2 m。

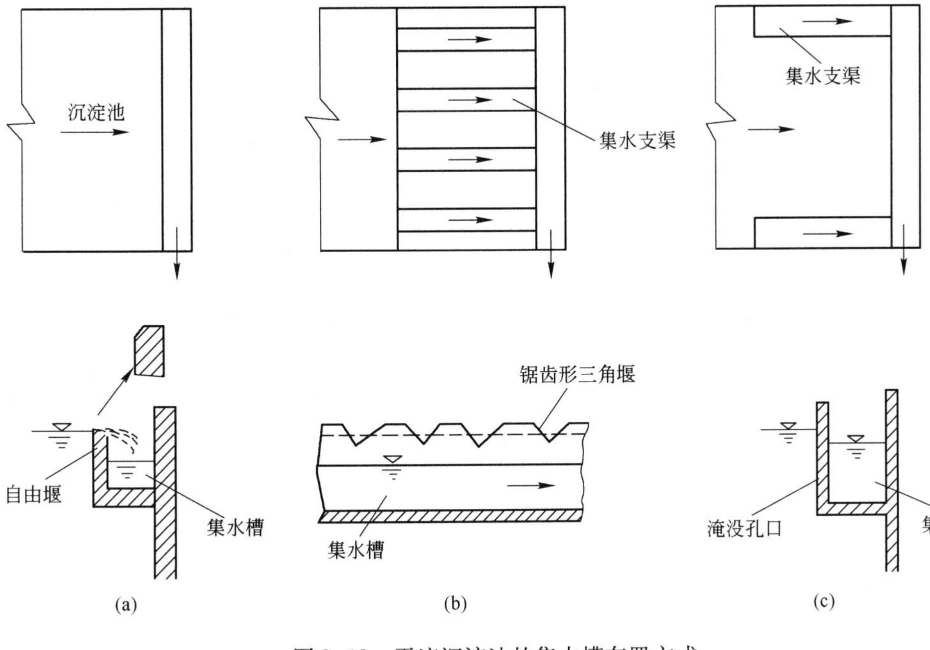

图3-19 平流沉淀池的集水槽布置方式

3.6.1.2 沉降区的设计

沉降区设计的主要内容是确定沉降区的长、宽、深尺寸和沉淀池座数或分格数，其主要内容如下：

(1) 由设计流量 Q(m^3/h)和表面负荷 q($m^3/(m^2 \cdot h)$)按 $A=Q/q$ 计算沉降区表面积 A(m^2)。

(2) 由与 Q 对应的水平流速 v(mm/s)和沉降时间 t，按 $L_2=3.6vt$ 计算沉降区长 L_2(m)。一般取 $v \leqslant 5$ mm/s；t 取 1.5～2.0 h。

(3) 按 $B_2=A/L_2$ 计算池宽 B_2(m)，并按 $L_2/b=4 \sim 5$ 的要求得单池或单格宽 b(m)的近似尺寸。

(4) 由 $n=B_2/b$ 确定沉淀池座数或分格数 n。显然，由于 n 只能为正整数，而 n、B_2 和 b 又互相关联，因此在确定 n 值后，需对 b 或 B_2 作必要调整，但仍需满足 $L_2/b \geqslant 4$ 的要求。此外，在采用机械刮泥时，b 值还必须与刮泥机的桁架宽度相匹配。为了便于检修倒换，n 值不应小于2，但也不宜过大，以免增加造价。

3.6.1.3 污泥区的设计

污泥区的容积可由排泥周期内沉降的泥渣量确定。泥渣体积 V_w(m^3)按下式计算：

$$V_w=\frac{24QT(C_0-C)\times 100}{\gamma(100-P)\times 10^3} \tag{3-22}$$

式中 Q——废水设计流量，m^3/h；

C_0，C——分别为进水和出水的SS浓度，mg/L；

P——泥渣含水率，%；

γ——泥渣容量，kg/m^3，当泥渣主要为有机物且含水率在95%以上时，可取1000 kg/m^3；

T——排泥周期，一般取1～2d。

对倒正棱台形泥斗，其容积 V_d(m^3)按下式计算：

$$V_d=\frac{1}{3}h_4(a_1^2+a_2^2+a_1a_2) \tag{3-23}$$

式中 a_1，a_2——分别为泥斗上、下底边长，m；

h_4——泥斗高度，m；$h_4=\frac{a_1-a_2}{2}\cdot \tan\alpha$，$\alpha$ 为泥斗壁倾角，按污泥滑动性取45°～60°。

设 m 为沉淀池的泥斗数，如 $mV_d \geqslant V_w$，则能满足要求，否则应增加泥斗数或缩短排泥周期。

3.6.1.4 沉淀池的整体尺寸

设前、后挡板与进、出水口的距离分别为 L_1 和 L_3，则沉淀池总长 L(m)为：

$$L=L_1+L_2+L_3 \tag{3-24}$$

设缓冲层高度为 h_3，当设有刮泥机时，$h_3=h_m+0.3$，h_m 为刮泥板高度；不设刮泥机时，h_3 取0.5 m。为了适应冲击负荷的水位变化，有效水深以上应有保护高度 h_1，常取0.3 m。故沉淀池总高 H(m)为：

$$H=h_1+h_2+h_3+h_4 \tag{3-25}$$

3.6.2 竖流沉淀池

竖流沉淀池(vertical-flow sedimentation tank)多用于小流量废水中絮凝性悬浮固体的分离，池面多呈圆形或正多边形。图3-20为圆形竖流沉淀池的结构示意图，其上部圆筒形部分为沉降区，下部倒圆台部分为污泥区，二者之间有 0.3 ~0.5 m 的缓冲层。沉淀池运行时，废水经进水管进入中心管，由管口出流后，借助反射板的阻挡向四周分布，并沿沉降区断面缓慢竖直上升。沉速大于水速的颗粒下沉到污泥区，澄清水则由周边的溢流堰溢入集水槽排出。溢流堰内侧设有半浸没式挡板来阻止浮渣被水带出。

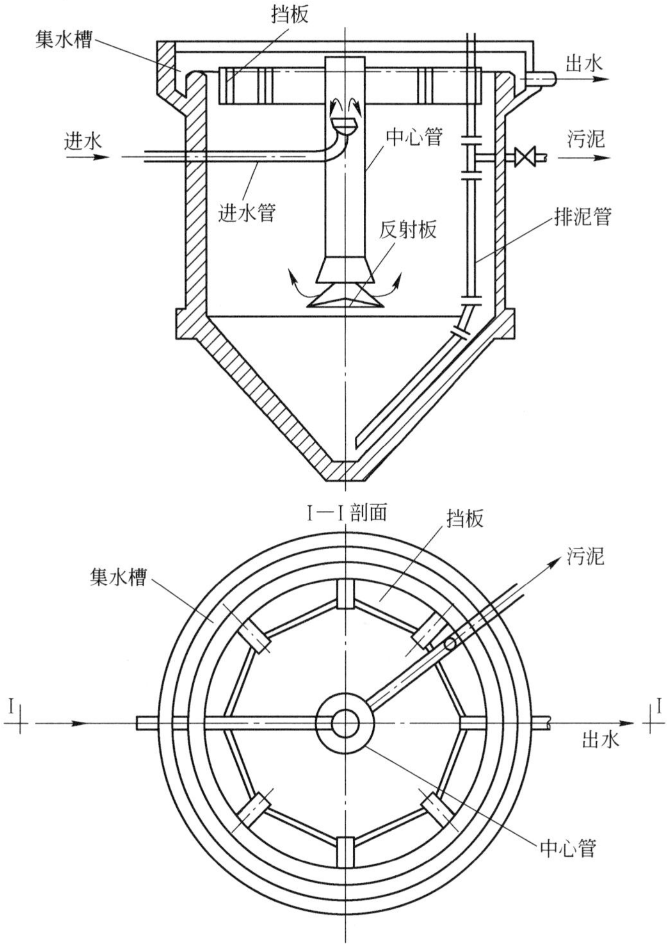

图 3-20 竖流沉淀池

竖流沉淀池的直径一般在 4 ~8 m，最大不超过 10 m，以 1.5 ~2.0 m 的静水压力排泥。为保证水流的竖向运动，池径与沉降区深度之比不宜大于 3。如池径大于 8 m，应增设径向集水槽。

竖流沉淀池内，水流水平分速为零，在静水中沉速为 u_s 的颗粒在池内的实际沉速为 u_s 与水上升流速 v 的矢量和（$u_s - v$），颗粒被分离的条件为 $u_s > v$，而 $u_s \leqslant v$ 的颗粒始终不能沉底，因而其沉降效率与具有相同表面负荷的平流沉淀池相比减小了 $\sum u\mathrm{d}p/u_0$，即 $E_T = (1 - p_0) \times 100\%$。

竖流沉淀池的设计参数如下：

（1）表面负荷，按式(3-20)计算，当无资料时，可按 $v = (0.5 \sim 0.8)$ mm/s，即 $q = (2.0 \sim 3.0)$ m³/(m²·h)取用。

(2) 沉降时间按式(3-20)求取;当无资料时,可取 $t=(1.0\sim2.0)h$。

(3) 管口不设反射板时,取中心管内流速 $v_0\leqslant0.03$ m/s;设反射板时,$v_0\leqslant0.1$ m/s。

(4) 中心管与反射板之间的流速 v_1 一般不大于 0.04 m/s。

(5) 中心管及反射板的结构尺寸如图 3-21 所示。

(6) 保护高度取 0.3~0.5 m,缓冲高度取 0.3 m,泥斗壁倾角取 45°~ 55°。

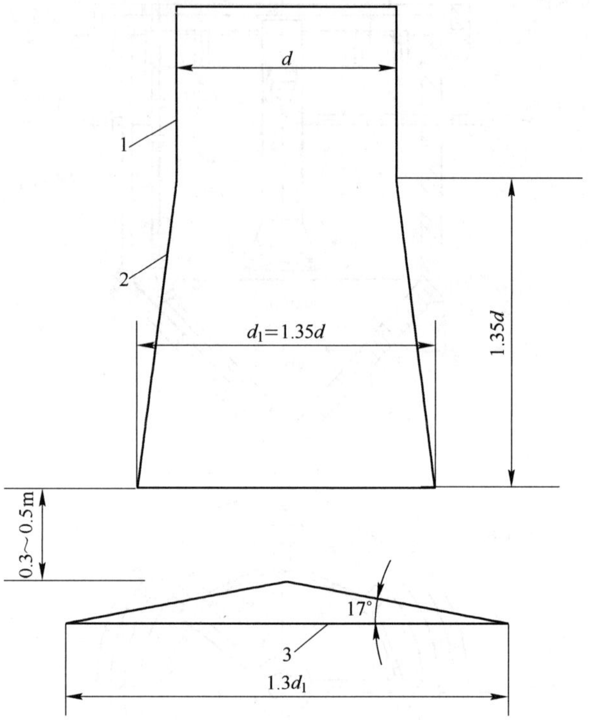

图 3-21　中心管及反射板的结构尺寸

1—中心管;2—喇叭口;3—反射板

竖流沉淀池的设计计算内容如下:

(1) 中心管的断面 A_1(m^2)和直径 d(m)由单池流量 Q/n(m^3/h)及中心管流速 v_0(m/h)计算,其中 Q 为废水流量(m^3/h),n 为池数。

(2) 由表面负荷 q(m^3/(m^2·h))及单池流量计算沉淀区断面积 A_2(m^2)。

(3) 由 A_1 和 A_2 计算沉淀池表面积 A(m^2)和直径 D(m)。

(4) 由上升流速 v(m/h)和沉降时间 t(h)计算沉降区有效水深 h_2(m)。

(5) 由中心管出流速度 v_1(m/h)和喇叭口直径 d_1(m)计算喇叭口与反射板间高度 h_3(m)。

(6) 污泥体积 V_w 的计算同平流沉淀池,污泥斗实际体积 V_d(m^3)为:

$$V_d=\frac{\pi h_5}{3}(R^2+Rr+r^2) \tag{3-26}$$

式中　h_5——泥斗圆台部分高度,m;

R,r——分别为圆台上、下底半径,m。

(7) 沉淀池总高 H(m)按下式计算

$$H=h_1+h_2+h_3+h_4+h_5 \tag{3-27}$$

式中　h_1——保护高度,m;

h_4——缓冲层高度,m。

3.6.3　辐流沉淀池

辐流沉淀池(radial flow sedimentation tank)是一种直径较大的圆形池,其结构如图3-22所示。废水经进水管进入中心布水筒后,通过筒壁上的孔口和外围的环形穿孔整流挡板,沿径向呈辐射状流向池周,经溢流堰或淹没孔口汇入集水槽排出。沉于池底的泥渣,由安装于桁架底部的刮板以螺线形轨迹刮入泥斗,再借静压或污泥泵排出。

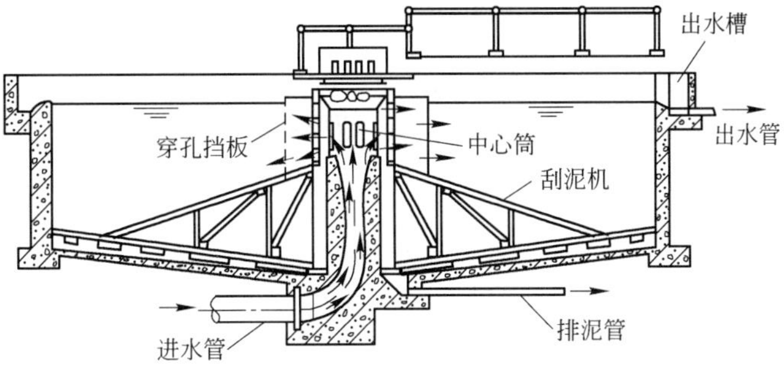

图3-22　辐流沉淀池

悬浮固体颗粒在辐流沉淀池中的沉降规律如图3-23所示。由于过流断面由中心向周边不断增大,水平分速逐渐减小,因此其沉降轨迹呈下垂曲线。如设中心筒半径为r_1,池半径为R,沉降区水深为H,那么在半径为r的任意点上,颗粒在$\mathrm{d}t$时间内在水平方向和竖直方向上的位移分别为$\mathrm{d}r=u\mathrm{d}t$和$\mathrm{d}H=u\mathrm{d}t$。由于$\mathrm{d}H/u=\mathrm{d}r/v$,故颗粒的分离条件为$\int_0^H\frac{\mathrm{d}H}{u}\leqslant\int_{r_1}^R\frac{\mathrm{d}r}{v}$。将$v=\frac{Q}{2\pi rH}$代入,整理后可得:

$$\frac{H}{u}\leqslant\frac{2\pi H}{Q}\times\frac{1}{2}(R^2-r_1^2)\quad 或\quad u\geqslant\frac{Q}{\pi(R^2-r_1^2)}=\frac{Q}{A}\tag{3-28}$$

可见,辐流沉淀池中颗粒的分离条件与平流沉淀池相同,总沉降效率仍为$E_T=[1-p_0+\sum u\mathrm{d}p/u_0]\times100\%$。

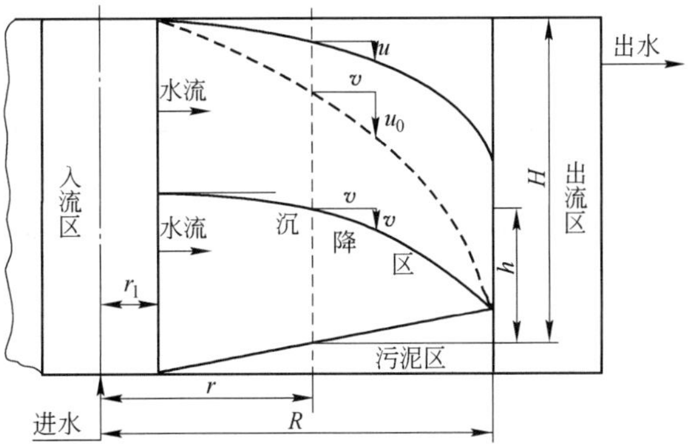

图3-23　固体颗粒在辐流沉淀池中的沉降规律

辐流沉淀池的直径一般为20～40 m,最大可达100 m。池中心深度为2.5～5.0 m,周边深度为1.5～3.0 m。池底以0.06～0.08的坡度坡向泥斗。这种沉淀池的缺点主要是中心进水口处流速较大,且呈紊流,容易影响初期沉降效果。为此,目前已出现了一些新的池型,如回转悬槽配水式和向心辐流式等。

辐流沉淀池的表面负荷 q 和沉降时间 t 应通过沉降试验确定,对生活污水,q 可取2.0～3.6 $m^3/(m^2 \cdot h)$,t 取1.5～2.0 h。有效水深 h_2 通常取池半径1/2处的深度值。池表面积和直径的计算与竖流沉淀池相同;泥渣体积和泥斗尺寸的计算与平流沉淀池相同,但排泥周期一般为4 h。沉淀池总高 H(m)按下式计算:

$$H = h_1 + h_2 + h_3 + h_4 + h_5 \tag{3-29}$$

式中　h_1——保护高度,取0.3 m;

h_3——缓冲层高度,计算方法同机械刮泥平流沉淀池;

h_4——泥斗上缘到池半径1/2处的高度,$h_4 = D_i/4$,i 为池底坡度;

h_5——污泥斗高度。

3.7　斜板和斜管沉淀池

斜板、斜管沉淀池是根据浅层沉降原理设计的新型沉淀池。与普通沉淀池比较,它有容积利用率高和沉降效率高的明显优点。

3.7.1　浅层沉降原理

设有一理想沉淀池,其沉降区的长、宽、深分别为 L、B 和 H,表面积为 A,处理水量为 Q,表面负荷为 q_0,颗粒沉速为 u_0,则由式(3-19),可得 $Q = u_0 A$。由此可见,在 A 一定的条件下,若增大 Q,则 u_0 成正比增大,从而使 $u \geq u_0$ 的颗粒所占分率$(1-p_0)$和 $u < u_0$ 的颗粒中能被除去的分率 u/u_0 都减小,总沉降效率 E_T 相应降低;反之,要提高沉降效率,则必须减小 u_0,结果 Q 成正比减小。以上分析说明,在普通沉淀池中提高沉降效率和增大处理能力相互矛盾,二者之间呈此长彼落的负相关关系。

但是,如果像图3-24那样,将沉降区高度分隔为 n 层,即 n 个高度为 $h = H/n$ 的浅层沉降单元,那么在 Q 不变的条件下,颗粒的沉降深度由 H 减小到 H/n,可被完全除去的颗粒沉降范围由原来的 $u \geq u_0$ 扩大到 $u \geq u_0/n$,沉速 $u < u_0$ 的颗粒中能被除去的分率也由 u/u_0 增大到 nu/u_0,从而使 E_T 值大幅度提高;反之,在 E_T 值不变,即沉速为 u_0 的颗粒在下沉了距离 h 后恰好运动到浅层

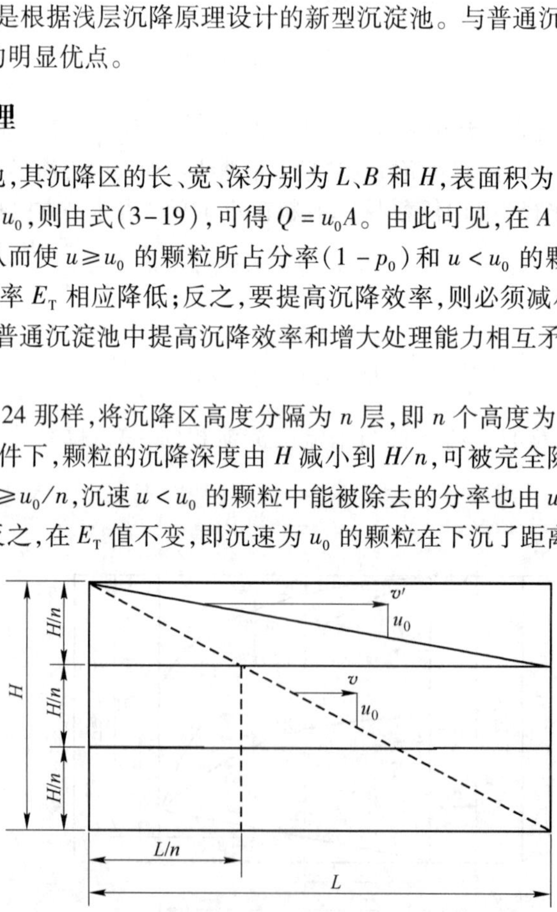

图3-24　浅层沉降示意图

的右下端点，那么由 $u/u'=h/L$ 和 $h=H/n$ 可得 $v'=nv$，即 n 个浅层的处理水量 $Q'=HBnv=nQ$，比原来增大了 n 倍。显然，分隔的浅层数愈多，E_T 值提高愈多或 Q' 值增加愈多。

此外，沉淀池的分隔还能大大改善沉降过程的水力条件，当水以速度 v 流过当量直径为 d_e 的断面时，雷诺数 $Re=d_e v\rho_1/\mu$，$d_e=4R$（R 为水力半径）。若原沉淀池内水流的雷诺数为 Re，则分隔为 n 个浅层后的雷诺数 $Re'=(B+H)Re/(nB+H)$。如果再沿纵向将池宽 B 也分为 n 格，即相当于 n^2 个管形沉降单元，那么其雷诺数 $Re''=Re/n$。显然，$Re''<Re'<Re$。实际上，普通沉淀池中，$Re=4.0\times10^3\sim1.5\times10^5$，水流处于紊流状态，而在斜板和斜管沉淀池内则可分别降至 500 和 100，远小于各自的层流临界雷诺数 10^3 和 2.0×10^3，可使颗粒在稳定的层流状态下沉降。其次，由于浅层和管形沉降单元的水力半径 R 很小，表征水流稳定性的弗劳德数 $Fr=v^2/(Rg)$ 可增大至 10^{-4} 以上。上述沉降面积增大和水力条件改善的双重有利因素，不但使斜板、斜管沉淀池能在接近于理想的稳定条件下高效率运行，而且也大大缩小了处理单位水量所需的池容。

3.7.2 斜板、斜管沉淀池的构造

将浅层沉降原理应用于工程实际时，必须解决沉泥从隔板上侧顺利滑入泥斗的问题。为此，要把隔板倾斜放置，而且相邻隔板之间要留有适当的间隔。一块隔板和它上面间隔中的空间就构成一个斜板沉降单元。如果再用垂直于斜板的隔板进行纵向分离，每个斜板单元就变为若干斜管沉降单元。斜板倾角 θ 通常按污泥的滑动性及滑动方向与水流方向是否一致取 30°～60°，为了安装和检修方便，通常将许多斜板或斜管预制成规格化的整体，然后安装在沉淀池内，就构成如图 3-25 所示的斜板或斜管沉淀池。图中，安装斜板或斜管的区域为沉降区，沉降区以下依次为入流区和污泥区，沉降区上面为出流区。沉淀池工作时，水从斜板之间或斜管内流过，沉落在斜板、斜管底面上的泥渣靠重力自动滑入泥斗。这种沉淀池常用穿孔整流墙布水，以穿孔管或淹没孔口集水，也可以池面上增设潜孔式中途集水槽使集水更趋均匀。集泥常采用多斗式，以穿孔管靠静压或泥泵排泥。沉降区高度大多为 0.6～1.0 m，入流区、出流区高度分别为 0.6～1.2 m 和 0.5～1.0 m。为防止水流短路，须在池壁与斜板或斜管体间隙处安装阻流板。

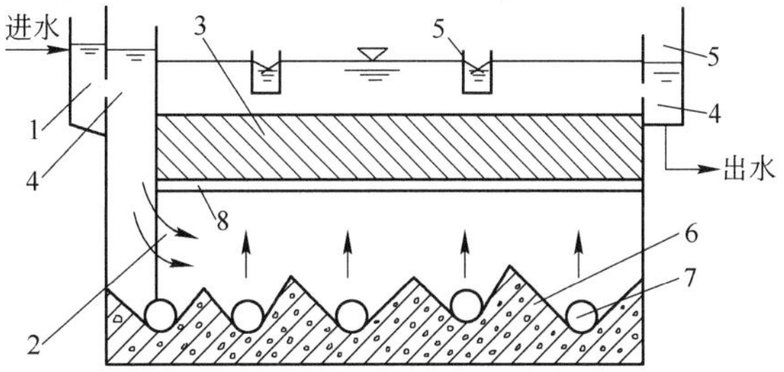

图 3-25 斜板斜管沉淀池
1—配水槽；2—整流墙；3—斜板或斜管；4—淹没孔口；5—集水槽；
6—污泥斗；7—穿孔排泥管；8—阻流板

根据沉降区内水流与污泥的相对运动方向，斜板、斜管沉淀池分为异向流、同向流和横向流三种。异向流可采用斜板或斜管单元，而同向流和横向流则只能采用斜板单元。目前主要采用异向流。

斜板和斜管体常用薄塑料板模压和粘结制成。斜板可用平板或波纹板。斜管断面有正六边形、菱形、圆形和正方形，其中以前两种最为常用。斜板断面与斜管断面并无严格的界限，若以 R 和 d 分别代表水力半径和断面高度，则当 $R>d/3$ 时称为斜板，而 $R\leqslant d/3$ 时则称为斜管。

3.7.3 斜板、斜管沉淀池的设计计算

异向流斜板、斜管沉淀池及同向流斜板沉淀池的设计参数如表3-8所示。

表3-8 斜板、斜管沉淀池的设计参数

类型 \ 参数	设计表面负荷 q /$m^3\cdot(m^2\cdot h)^{-1}$	安装倾角 θ /(°)	斜板斜管长度 l /m	斜板斜管断面高度 d /mm	入流区高度 h_4 /m	出流区高度 h_2 /m	斜板斜管利用系数 k
异向流斜板	4~6	50~60	0.8~1.2	80~100	0.6~1.2	0.5~1.0	0.9~0.95
异向流斜管	4~6	50~60	0.8~1.2	50~80	0.5~1.0	0.5~1.0	0.85~0.9
同向流斜板	10~15	上段30~40 下段50~60	上段1.5~2.0 下段0.5~0.8	50~80	0.6~1.2	0.5~1.0	0.8~0.9

固体颗粒在异向流、同向流和横向流斜板沉降单元内的沉降规律如图3-26所示。设斜板长为l,宽为w,倾角为θ,板间净距为d,单元内的水速为v,颗粒沉速为u_0,则颗粒的运动由v和u_0合成。由图3-26a中的几何关系,可得

$$\frac{v}{u_0}=\frac{1+\dfrac{d}{\sin\theta\cos\theta}}{d/\cos\theta}=\frac{l\sin\theta\cos\theta+d}{d\sin\theta} \tag{3-30}$$

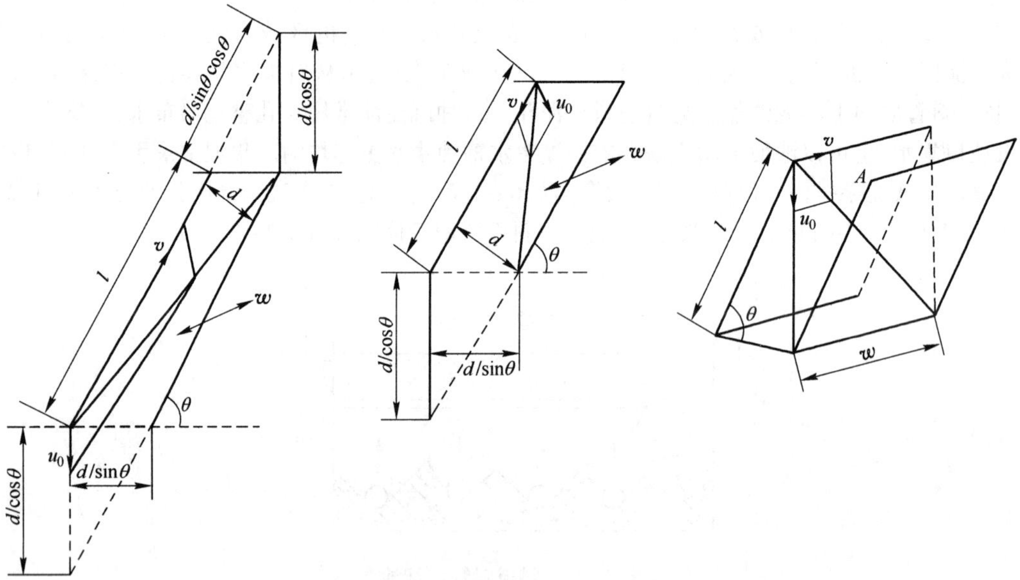

图3-26 固体颗粒在斜板单元内的沉降规律
(a)异向流;(b)同向流;(c)横向流

因通过每个沉降单元的流量$q=v\cdot d\cdot w$,即$v=q/d\cdot w$。将其代入上式,则可得:

$$u_0=\frac{q}{l\cdot w\cos\theta+dw/\sin\theta}=\frac{q}{a_f+a} \tag{3-31}$$

上式中的$lw\cos\theta$为一个沉降单元的斜板在水平方向上的投影面积,用a_f表示;$dw/\sin\theta$为沉降单元的水平底面积,用a表示。a_f+a即为一个沉降单元的总沉降面积。若沉降单元数为n,

斜板利用系数为 k,则有

$$u_0=\frac{nq}{n(a_f+a)k}=\frac{Q}{(A_f+A)k} \tag{3-32}$$

式中 Q——沉淀池设计流量;

A_f——所有沉降单元的斜板的总水平投影面积;

A——所有沉降单元的水平底面积。

同理可以证明,对同向流斜板沉淀池有

$$u_0=\frac{Q}{na_fk}=\frac{Q}{A_fk} \tag{3-33}$$

对横向流沉淀池有:

$$u_0=\frac{Q}{nak}=\frac{Q}{Ak} \tag{3-34}$$

由式(3-32)~式(3-34)可以看出:

(1) 斜板、斜管沉淀池的沉降面积远大于相同尺寸的普通沉淀池的表面积,因而可以大幅度提高沉降效率和单位池容的处理能力。

(2) 在颗粒沉速 u_0、沉降单元数 n 和倾角 θ 一定时,以异向流的处理能力最大,同向流居中,横向流最小。而在类型和尺寸满足设计参数允许值的条件下,n 值愈大(即单元高度 d 愈小),倾角 θ 愈小,则 A_f 值愈大。

(3) 流量 Q、沉降面积 A_f 和 A 与颗粒沉速 u_0 之间仍保持着 $u_0=Q/A$ 的关系。因此,在进行设计计算时,仍可先由沉降曲线上查到 u_0,再根据选定的其他设计参数计算 a_f 和 a 值,便可利用式(3-32)~式(3-34)确定所需的沉降单元数 n,并进而确定沉降区的整体尺寸。

(4) 沉降单元数为 n^2 或 $n\cdot m$ 的斜管的沉降面积与沉降单元数为 n 的斜板基本相等,因而仍可按斜板沉淀池的方法计算,只是设计参数有所不同。

例 3-3 现拟用异向流斜板沉淀池处理流量 $Q=300\ m^3/h$ 的某种废水。已知斜板长 $l=1.0$ m,宽 $w=2.0$ m,厚 $\delta=5$ mm,安装倾角 θ 取 60°,板间净距 d 取 80 mm,斜板利用系数 k 取 0.9,并查得颗粒沉速 u_0 为 1.5 mm/s(图 3-27)。试确定该沉淀池沉降区的整体尺寸。

解: 取池宽等于斜板宽 2.0 m,并作沉降单元断面图,按式(3-32)得:

$$n(a_f+a)k=Q/u_0=\frac{300}{3.6\times1.5}=55.56\ m^2$$

而

$$a_f=lw\cos\theta=1.0\times2.0\times\cos60°=1.0\ m^2$$

$$a=dw/\sin\theta=0.08\times2.0/\sin60°=0.185\ m^2$$

故有

$$n(1.0+0.185)\times0.9=55.56$$

沉降单元数,$n=55.6/1.185\times0.9=52.10$(个),取 53 个。斜板数 $n'=n+1=53+1=54$ 块

这样,沉降区整体尺寸为:

宽度 $B=w=2.0$ m

高度 $h_3=l\sin\theta=1.0\sin60°=0.866$ m

长度

$$\begin{aligned}L&=\frac{\delta}{\sin\theta}(n+1)+\frac{d}{\sin\theta}n+l\cos\theta\\&=\frac{0.005}{\sin60°}\times54+\frac{0.08}{\sin60°}\times53+1.0\cos60°=5.70\ m\end{aligned}$$

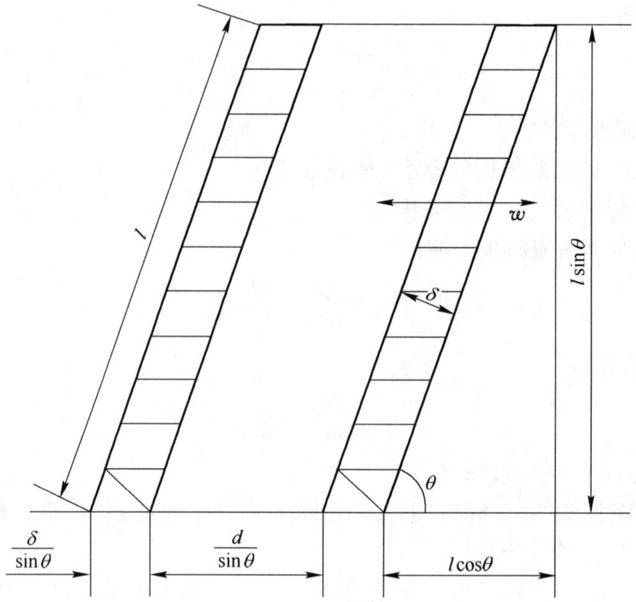

图3-27 沉降单元计算图

习题和思考题

3-1 今有一座沉砂池能除去水中直径为0.15 mm、相对密度为1.2的球形颗粒。试计算在相同理想条件下,该沉砂池对直径为0.08 mm,相对密度为1.5的球形颗粒的去除率是多少?

3-2 在有效高度为1.5 m的沉降柱中点取样,得到高炉煤气洗涤水的沉降试验结果如表3-8所示。试绘制该种废水的$E-t$、$E-u$和E_T-t、E_T-u沉降曲线,并比较用$H=\sum_{i=1}^{n}\frac{\Delta t_i}{t_n}(H_0-\Delta h_i)$和$H=H_0-\Delta h_i$计算工作水深的结果。

3-3 由原始水深为1.5 m的沉降柱中点,得到沉降试验的结果如表3-9所示。试确定表面负荷为200 $m^3/(m^2\cdot d)$的平流沉淀池对悬浮液中固体颗粒的沉降效率。

表3-9 沉降试验资料

沉降时间 t/min	0	5	10	30	60	90	120
累计水深下降高度 Δh/m	0	0.025	0.045	0.065	0.085	0.11	
水样中的残留SS浓度/$mg\cdot L^{-1}$	2775 2741	1586 1532	1250 1234	675 665	458 452	353 348	252 248

3-4 在一个设有三个取样口的沉降柱中对某种废水作絮凝沉降试验,得到表3-10所示的结果。试确定该废水在沉淀池中沉降25 min和50 min时,水中SS在2 m水深处所能达到的沉降效率E_t和总沉降效率E_T。

表3-10 沉降试验资料

沉降时间/min	SS去除率/%		
	1 m	2 m	3 m
10	30	18	16
20	60	48	40

续表 3-10

沉降时间/min	SS 去除率/%		
	1 m	2 m	3 m
30	62	61	60
40	70	63	61
60	73	69	65

3-5 以本章例题 3-2 的数据和图表为基础,绘制 1.5 m 水深处的 E_T-t 和 E_T-u 沉降曲线。

3-6 有一合流制下水道,雨季最大流量为 3.0 m^3/s,旱季最枯月的最大流量为 1.4 m^3/s。现用曝气沉砂池除砂,试计算其各部尺寸。

3-7 某钢铁厂高炉煤气洗涤水的平均流量为 360 m^3/h,原水中的 SS 平均浓度为 2758 mg/L。现拟用两座并联运行的设有刮泥机的平流沉淀池进行处理,并要求出水中的 SS 浓度不大于 500 mg/L。已知刮泥板高度为 0.25 m,沉渣含水率为 95%,容重为 1250 kg/m^3。试以题 3-2 的 $E-t$、$E-u$ 曲线为据,确定沉淀池的结构尺寸,并绘制沉淀池简图。

4 混凝澄清法

混凝澄清法(coagulation and clarification process),是指在混凝剂(coagulant)的作用下,使废水中的胶体和细微悬浮物凝聚为絮凝体(flocs),然后予以分离除去的水处理法。

胶体粒子(colloidal particle)和细微悬浮物的粒径分别为1~100 nm和100~1000 nm。由于布朗运动、水合作用,尤其是微粒间的静电斥力等原因,胶体和细微悬浮物能在水中长期保持悬浮状态,静置而不沉。因此,胶体和细微悬浮物不能直接用重力沉降法分离,而必须首先投加混凝剂来破坏它们的稳定性,使其相互聚集为数百微米以至数毫米的絮凝体,才能用沉降、过滤和气浮等常规固液分离法予以去除。

混凝(coagulation)就是在混凝剂的离解和水解产物作用下,使水中的胶体污染物和细微悬浮物脱稳并聚集为具有可离性的絮凝体的过程,其中包括凝聚(aggregation)和絮凝(flocculation)两个过程,统称为混凝。

混凝澄清法,是给水和废水处理中应用得非常广泛的方法。它既可以降低原水的浊度、色度等感观指标,又可以去除多种有毒有害污染物;既可以自成独立的处理系统,又可以与其他单元过程组合,形成联合处理系统。在联合处理系统中。混凝澄清可分别作为预处理、中间处理和最终处理过程,还经常用于污泥脱水前的浓缩过程。

4.1 胶体结构及其脱稳凝聚机理

4.1.1 胶体结构及其ζ电位

图4-1是胶体粒子的双电层结构及其电位分布示意图。粒子的中心,是由数百以至数万个分散相固体物质分子组成的胶核。在胶核表面,有一层带同号电荷的离子,称为电位离子层,电位离子层构成了双电层的内层,电位离子所带的电荷称为胶体粒子的表面电荷,其电性正负和数量多少决定了双电层总电位的符号和胶体粒子的整体呈现为电中性。为了平衡电位离子所带的表面电荷,液相一侧必须存在众多电荷数与表面电荷相等而电性与电位离子相反的离子,称为反离子。反离子层构成了双电层的外层,其中紧靠电位离子的反离子被电位离子牢固吸引着,并随胶核一起运动,称为反离子吸附层。吸附层的厚度一般为几纳米,它和电位离子层一起构成胶体粒子的固定层。固定层外围的反离子由于受电位离子的引力较弱,受热运动和水合作用的影响较大,因而不随胶核一起运动,并趋于向溶液主体扩散,称为反离子扩散层。扩散层中,反离子浓度呈内浓外稀的递减分布,直至与溶液中的平均浓度相等。

固定层与扩散层之间的交界面称为滑动面(sliding surface)。当胶核与溶液发生相对运动时,胶体粒子就沿滑动面一分为二,滑动面以内的部分是一个作整体运动的动力单元,称为胶粒。由于其中的反离子所带电荷数少于表面电荷总数,所以胶粒总是带有剩余电荷。剩余电荷的电性与电位离子的电性相同,其数量等于表面电荷总数与吸附层反离子所带电荷之差。胶粒和扩散层一起构成电中性的胶体粒子(即胶团)。

胶核表面电荷的存在,使胶核与溶液主体之间产生电位,称为总电位或ψ电位。胶粒表面剩余电荷,使滑动面与溶液主体之间也产生电位,称为电动电位或ζ电位。图4-1中的曲线AC和

BC 段分别表示出 ψ 电位和 ζ 电位随与胶核距离不同而变化的情况。ψ 电位和 ζ 电位的区别是：对于特定的胶体，ψ 电位是固定不变的，而 ζ 电位则随温度、pH 值及溶液中的反离子强度等外部条件而变化，是表征胶体稳定性强弱和研究胶体凝聚条件的重要参数。

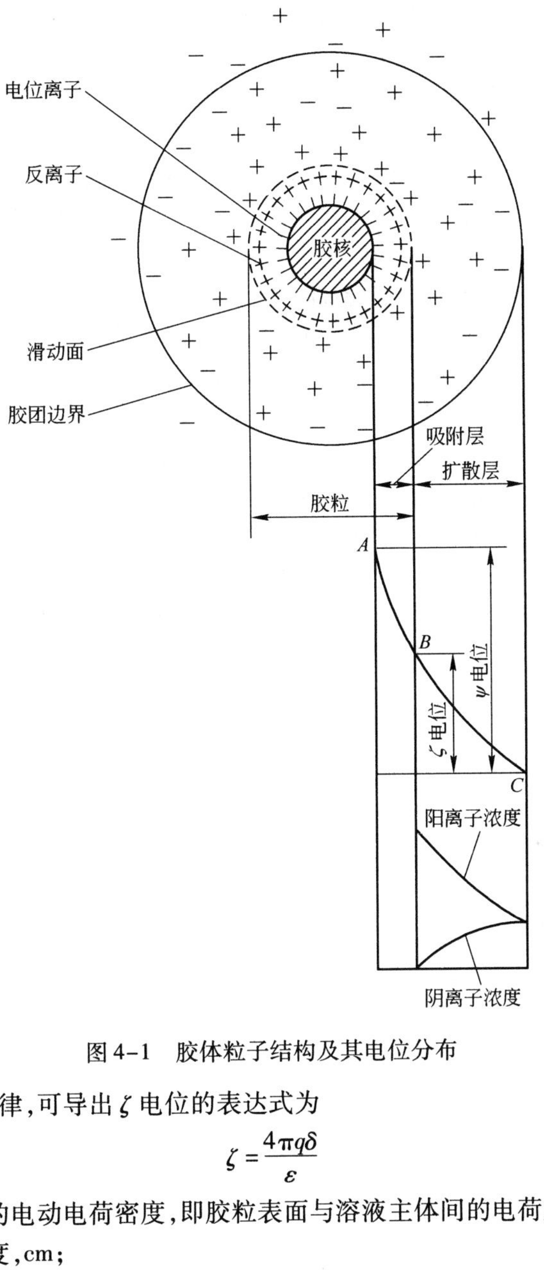

图 4-1 胶体粒子结构及其电位分布

根据电学的基本定律，可导出 ζ 电位的表达式为

$$\zeta = \frac{4\pi q\delta}{\varepsilon} \tag{4-1}$$

式中 q——胶体粒子的电动电荷密度，即胶粒表面与溶液主体间的电荷差(SC)；

δ——扩散层厚度，cm；

ε——水的介电常数，其值随水温升高而减小。

由式(4-1)可见，在电荷密度和水温一定时，ζ 电位取决于扩散层厚度 δ，δ 值愈大，ζ 电位也愈高，胶粒间的静电斥力就愈大，胶体的稳定性愈强。

4.1.2 胶体的脱稳和凝聚

胶体因 ζ 电位降低或消除，从而失去稳定性的过程称为脱稳(destabilization)。脱稳的胶粒相互聚集为微絮粒的过程称为凝聚。不同的化学药剂能使胶体以不同的方式脱稳和凝聚。按机理,脱稳和凝聚可分为压缩双电层、电性中和、吸附桥联和网罗卷带四种。

4.1.2.1 压缩双电层

压缩双电层(electronic double-layer compression)是指在胶体分散系中投加能产生高价反离子的活性电解质,通过增大溶液中的反离子强度来减小扩散层厚度,从而使 ζ 电位降低的过程。该过程的实质是新增的反离子与扩散层内原有反离子之间的静电斥力把原有反离子程度不同地挤压到吸附层中,从而使扩散层减薄。

如果从胶体间相互作用势能的角度进行分析,那么在胶粒间存在静电斥力的同时,总是存在着范德华引力,两种力的作用强度可分别用排斥势能和吸引势能来表述。胶体的视在稳定性就取决于上述两种势能中何者占主导地位。

理论分析说明,排斥势能和吸引势能都随与胶粒中心距的缩小而增大,不同的是吸引势能的变化幅度要比排斥势能陡峭,而且与溶液中的反离子强度无关,而排斥势能则能与反离子强度紧密相关。因此,对一种特定胶体只有一种吸引势能曲线,但随反离子强度的不同而有多种排斥势能曲线。将排斥势能 W_R 和吸引势能 W_A 叠加,可得作用于粒子上的总势能 W。胶粒间作用势能与中心距的关系可用图4-2所示的势能曲线表述。图中,$W_{R(1)}$ 表示低反离子强度下的高排斥势能曲线,$W_{R(2)}$ 表示高反离子强度下的低排斥势能曲线。如果对 W_R 和 W_A 进行几何叠加,可绘出相应的综合势能曲线 $W_{(1)}=W_{R(1)}+W_A$ 和 $W_{(2)}=W_{R(2)}+W_A$。由图可见,在 $d=(1\sim4)\delta$ 范围内,$W_{(1)}$ 曲线位于横轴上方,并在 $d=d_1$ 处出现一个极大值 W_{max};随着 d 值的增大,又逐渐变为负值,并在 $d=d_2$ 处出现一个极小值 W_{min},最后趋近于零。$W_{R(2)}$ 曲线则随 d 值由大变小而连续增大,并始终处于横轴下方。

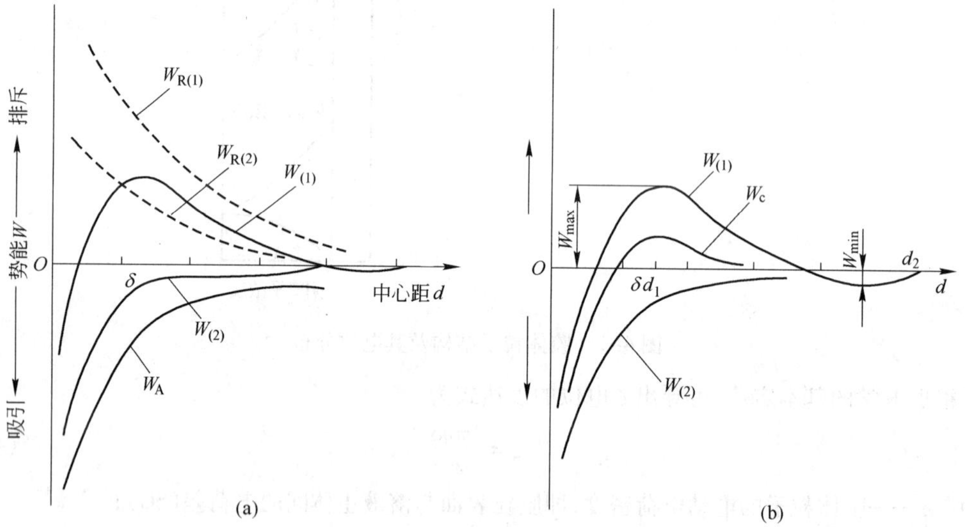

图4-2 胶粒势能曲线

上述 $W_{(1)}$ 曲线上的极大值 W_{max} 称为势能峰或势能垒,可看作胶粒接触碰撞所必须克服的"活化能",只有将它降低到小于胶粒的动能时,胶粒之间才能发生碰撞和凝聚。在稳定的胶体分散系中,胶粒的动能主要来自布朗运动,其值不超过 1.5kT(k 为玻耳兹曼常数,$k=1.38\times10^{-23}$ J/K,T 为绝对温度,K)而势能峰却高达数百以至数千 kT,因而胶粒始终不能超越势能峰的阻碍而发生凝聚。但是,如果向体系中投加电解质来压缩双电层,使 ζ 电位由 ζ_1 降低至 ζ_2,W_R 曲线由 $W_{R(1)}$ 降低至 $W_{R(2)}$。此时 W 曲线上的 W_{max} 值依次减小并向左移动。当 W 由 $W_{(1)}$ 降低至 W_C 时,胶粒开始脱稳;当 $\zeta=0$ 时,势能峰消失,W 曲线进一步降低至在所有 d 值范围内 W_A 都占主导的 $W_{(2)}$,胶粒的每次碰撞都促成聚集,胶体分散系便达到了快速凝聚状态。

4.1.2.2　电性中和

当投加的电解质为铁盐、铝盐时,它们能在一定条件下离解和水解,生成各种络离子,如 $[Al(H_2O)_6]^{3+}$、$[Al(OH)(H_2O)_5]^{2+}$、$[Al_2(OH)_2(H_2O)_8]^{4+}$ 和 $[Al_3(OH)_5(H_2O)_9]^{4+}$ 等。这些络离子不但能压缩双电层,而且能够通过胶核外围的反离子层进入固液界面,并中和电位离子所带电荷,使 ψ 电位降低,ζ 电位也随之减小,达到胶粒的脱稳和凝聚,这就是电性中和(charge neutralization)。显然,其结果与压缩双电层相同,但作用机理是不同的。

4.1.2.3　吸附桥联

如果投加的药剂是水溶性链状高分子聚合物并具有能与胶粒和细微悬浮物发生吸附的活性部位,那么它就能通过静电引力、范德华引力和氢键力等,将微粒搭桥联结为一个个絮凝体(俗称矾花),这种作用就称为吸附桥联(adsorption bridging)。聚合物的链状分子在其中起了桥梁和纽带的作用。

吸附桥联的凝聚模式如图 4-3 所示。显然,在吸附桥联形成絮凝体的过程中,胶粒和细微悬浮物并不一定要脱稳,也无需直接接触,ζ 电位的大小也不起决定作用。但聚合物的加入量及搅拌强度和搅拌时间必须严格控制,如果加入量过多,一开始微粒就被若干个高分子链包围,微粒再没有空白部位去吸附其他的高分子链,结果形成了无吸附部位的稳定颗粒。如果搅拌强度过大或时间过长,桥联就会断裂,絮凝体破碎,并形成二次吸附再稳颗粒。

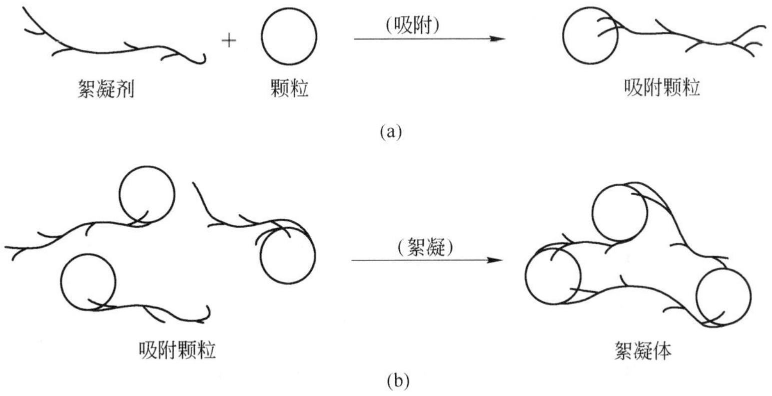

图 4-3　高分子絮凝剂对微粒的吸附桥联模式
(a) 初期吸附;(b) 絮凝体形成

4.1.2.4　网罗卷带

网罗卷带也称网捕(sweep flocculation)。当用铁、铝盐等高价金属盐类作混凝剂,而且其投加量和介质条件足以使它们迅速生成难溶性氢氧化物时,沉淀就能把胶粒或细微悬浮物作为晶核或吸附质而将其一起除去。

在实际水处理中，上述各种机理往往同时或交叉发挥作用，只是依条件的不同而以其中的某一种起主导作用而已。

4.2　混凝剂及其作用机理

在混凝处理中，主要是通过压缩双电层和电性中和机理起作用的，所用添加剂常称为凝聚剂；主要通过吸附桥联机理起作用的则称为絮凝剂；同时兼有以上功能的统称为混凝剂。

4.2.1　常用混凝剂及其性能

目前常用的混凝剂有无机金属盐类和有机高分子聚合物两大类。前者主要有铁系和铝系等高价金属盐，可分为普通铁、铝盐和碱化聚合盐；后者则分为人工合成的和天然的两类。表4-1中列出了常用铁、铝盐混凝剂的品种和主要性能，可供选用时参考。

表4-1　常用铁、铝盐混凝剂的品种和主要性能

名　称	代号	分子式	主要性能
三氯化铁	FC	$FeCl_3 \cdot 6H_2O$	混凝效果不受水温影响，最佳pH值为6.0~8.4，但在4.0~11范围内仍可使用。易溶解，絮体大而密实，沉降快，但腐蚀性大，在酸性水中易生成HCl气体而污染空气
聚合硫酸铁	PFS	$[Fe_2(OH)_n(SO_4)_{3-n/2}]_m$	用量小，絮体生成快，大而密实。腐蚀性比$FeCl_3$小，所需碱性助剂量小于PAC以外的铁铝盐。适宜水温10~50℃，pH值为5.0~8.5，但在4.0~11范围内仍可使用
精制硫酸铝	AS	$Al_2(SO_4)_3 \cdot 18H_2O$	$Al_2(SO_4)_3$含量为50%~60%。适宜水温20~40℃，pH为6.0~8.5。水解缓慢，使用时需加碱性助剂，卫生条件好，但在废水处理中应用较少，在循环水中易生成坚硬的铝垢
聚合氯化铝	PAC	$[Al_2(OH)_nCl_{6-n}]_m$	对水温、pH值和碱度的适应性强，絮体生成快且密实，使用时无需加碱性助剂，腐蚀性小。最佳pH值为6.0~8.5，性能优于其他铝盐
聚合硫酸铝	PAS	$[Al_2(OH)_n(SO_4)_{3-n/2}]_m$	使用条件与硫酸铝基本相同，但用量小，性能好。最佳pH值为6.0~8.5，使用时一般无需加碱性助剂
聚硫氯化铝	PACS	$[Al_4(OH)_{2n}Cl_{10-2n}(SO_4)]_m$	系新型品种，絮体生成快，大而密实。对水质的适应性强，脱色效果优良。最佳pH值为5.0~9.0，消耗水中碱度小于其他铁铝盐，无需加碱性助剂

铁和铝的聚合盐，是具有一定碱化度的无机高分子聚合物，与普通铁、铝盐相比，具有投加剂量小、絮凝生成快、对水质的适应范围广以及水解时消耗水中碱度少等一系列优点，因而应用日益广泛。它们的混凝效果除与水质有关外，主要取决于产品的盐基度（也称碱化度）和有效成分。盐基度是指产品分子中OH与金属原子的当量百分比，可用下式表示。

$$B=\frac{[OH]_n}{xR_m}\times 100\% \tag{4-2}$$

式中 B——盐基度,%;

n——单体分子中的 OH 个数;

R_m——单体分子中 Fe 或 Al 的原子个数;

x——Fe 和 Al 的化合价。

盐碱度的大小,直接决定着产品的化学组成、混凝效果及诸如聚合度、分子量、分子电荷数、凝聚值、稳定性和溶液的 pH 值等许多重要性质。一般说来,原水的浊度愈高,pH 值愈低,对 B 值的要求也相应增大;在原水水质一定时,B 值愈大,则混凝效果也相应提高。对聚合硫酸铁,要求 $B=10\%\sim13\%$。对聚合氯化铝,要求 $B=45\%\sim85\%$。聚合盐的有效成分用 Fe_2O_3 和 Al_2O_3 的质量分数表示,液体产品一般在 10% ~15%,固体产品为 30% ~40%。

混凝剂的凝聚能力常用凝聚值来衡量,其含义是使胶体开始脱稳凝聚所需要的最低混凝剂剂量。根据 Schulze-Hardy 法则,混凝剂所产生的反离子价数愈高,凝聚值就愈小,例如,使负电荷胶体凝聚所需的 Na^+、Ca^{2+} 和 Al^{3+} 的数量大体呈 $1:10^{-2}:10^{-3}$ 的比例递减。

人工合成的有机高分子絮凝剂都是水溶性的链状高分子聚合物,重复单元中含有较多能强烈吸附胶体和细微悬浮物的官能团,并且应有足够的分子长度和分子量。一般认为链长应大于 200 μm,分子量应在 10^6 以上;当所含基团的电性与胶粒电性相反时,分子量可降低到 5×10^5。

根据聚合物所带基团能否离解及离解后所剩离子的电性,有机高分子絮凝剂可分为阴离子型、阳离子型和非离子型三类。阴离子型主要是含有—COOM(M 为 H^+ 或金属离子)或—SO_3H 的聚合物,如部分水解聚丙烯酰胺(HPAM)和聚苯乙烯磺酸钠(PSS)等。阳离子型主要是含有—NH_3^+、—NH_2^+ 和—N^+R_4 的聚合物,如聚二甲基氨甲基丙烯酰胺(APAM)和聚乙烯吡啶盐等。非离子型是所含基团不发生离解的聚合物,如聚丙烯酰胺(PAM)、甲叉基聚丙烯酰胺(MPAM)和聚氧化乙烯(PEO)等,其中以 PAM 应用最为普遍。按性状,PAM 产品有胶状(含量为 5% ~10%)、片状(20% ~30%)和粉状(90% ~95%)三种,分子量在 $5\times10^5\sim1.2\times10^7$ 之间。PAM 在 pH 值大于 10 的 NaOH 溶液中水解,可得到 HPAM;而 PAM 加甲醛和二甲胺催化水解、聚合,便可得到 APAM。

天然高分子絮凝剂的应用远不如人工合成的广泛。主要原因是它们的电荷密度小,分子量较低,且容易发生降解而失去活性,其主要品种有淀粉、半乳甘露糖、纤维素衍生物、多糖和动物骨胶五大类。其他如海藻酸钠、丹宁等也有应用。

4.2.2 混凝剂的作用机理

铁盐和铝盐混凝剂的作用机理十分复杂,且颇为相似。现以 $Al_2(SO_4)_3$ 为例予以说明。

$Al_2(SO_4)_3$ 溶于水后,即离解为 Al^{3+} 和 SO_4^{2-}。Al^{3+} 很容易与极性很强的水分子发生水合作用,形成水合络离子 $Al(H_2O)_6^{3+}$。由于中心离子 Al^{3+} 带有很强的正电荷,促使水合膜中的 H—O 键极化,$Al(H_2O)_6^{3+}$ 便在不同 pH 条件下发生一系列水解反应,直至生成无定型 $Al(OH)_3(H_2O)_3$ 或 $[Al(OH)_3(H_2O)_3]_n$ 为止。

$$Al(H_2O)_6^{3+} \xrightleftharpoons{-H^+} [Al(OH)(H_2O)_5]^{2+} \xrightleftharpoons{-H^+}$$

$$[Al(OH)_2(H_2O)_4]^+ \xrightleftharpoons{-H^+} [Al(OH)_3(H_2O)_3]\downarrow$$

随着溶液 OH^- 浓度的提高,水解产物之间还发生羟基架桥聚合反应,生成不同聚合度的高电荷络离子:

$$[Al(OH)(H_2O)_5]^{2+} \xrightarrow{聚合} [Al_2(OH)_2(H_2O)_8]^{4+} \xrightarrow{聚合}$$

单体　　　　　　　　二聚体

$$[Al_3(OH)_4(H_2O)_{10}]^{5+} \xrightarrow{聚合} \cdots\cdots \xrightarrow{聚合} [Al_n(OH)_{2n-2}(H_2O)_{2n+4}]^{(n+2)+}$$

三聚体　　　　　　　　多聚体

与此同时,聚合物的水解反应也在进行,例如:

$$[Al_3(OH)_4(H_2O)_{10}]^{5+} + H_2O \rightleftharpoons [Al_3(OH)_5(H_2O)_9]^{4+} + H_3O^+$$

水解不断进行,产物电荷逐步降低,生成不同聚合度的低电荷络离子。

由于上述聚合和水解反应交错进行,因而其产物必然是多种形态的聚合铝络离子在一定条件下的混合平衡。略去配位 H_2O 分子以后的具体形态可能有 $[Al_6(OH)_{15}]^{3+}$、$[Al_7(OH)_{17}]^{4+}$、$[Al_8(OH)_{20}]^{4+}$ 及 $[Al_{13}(OH)_{34}]^{5+}$ 等。一般地说,低 pH 值下的主要形态是低聚合度的高电荷络离子;在高 pH 值下,主要为高聚合度的低电荷络离子。当 pH 值在 7 ~ 8 时,聚合度极大的中性 $[Al(OH)_3(H_2O)_3]_n$ 占绝对优势;当 pH > 8.5 时,则重新溶解为 $[Al(OH)_4]^-$、$[Al_6(OH)_{20}]^{2-}$ 等负离子。

由上述情况可见,从投加混凝剂开始到反应结束,必然是从简单到复杂的各种产物相继出现并交叉发挥作用的过程,其中包括低聚合度高电荷络离子的压缩双电层和电荷中和作用,高聚合度低电荷络离子的吸附桥联作用,以及 $Al(OH)_3(H_2O)_3$ 和 $[Al(OH)_3(H_2O)_3]_n$ 沉淀的网捕作用。因此,将上述混凝机理用于水处理实际时要注意以下问题:

(1) 混凝效果最佳,即出水浊度最低时,微粒的 ζ 电位并不一定为零,而通常在 −10 ~ +5 mV。

(2) 必须根据原水中形成浊度物质的性质控制相适宜的 pH 值。如主要是胶体,应将 pH 值控制在 4.5 ~ 6.0 的较低范围,以便充分利用低聚合度高电荷络离子的降低 ζ 电位作用;反之,当污染物主要是粗胶体和细微悬浮物,则应将 pH 值控制在 6.5 ~ 7.5 的较高范围,以便充分利用高聚合度低电荷产物的吸附桥联和网捕作用。

(3) 各种中间产物的存在时间是十分短暂的,为了充分发挥它们的各自作用,就必须在尽可能短的时间里把混凝剂均匀地混合到原水中。

聚合铁、铝盐的离解和水解与上述过程有所不同,主要表现在聚合盐在产品的制备阶段就已经按一定的要求控制 R^{3+}、OH^- 和 Cl^-(或 SO_4^{2-})的比例进行水解和聚合,因而在溶于水后,能排除外部可变因素的干扰,直接提供各种活性络离子,达到对各种水质的优异混凝效果。在铁、铝氯化物中引入 SO_4^{2-} 后,它能像 OH 和 O 一样,在简单水解产物之间产生架桥作用,从而使产品的聚合度增大,对水质的适应性增强。

有机高分子絮凝剂主要通过吸附桥联发挥作用,其效果取决于分子量、分子几何结构及活性基团的数量和类型。在一般情况下,不论絮凝剂为何种离子型,对不同电号的胶体和细微悬浮物都是有效的。但如为离子型,而且其电号与微粒电性相反,就能起降低 ζ 电位和吸附桥联的双重作用,絮凝效果可明显提高。其次,离子型絮凝剂所带的同电号基团间的静电斥力能使线性分子由蜷曲变形为伸展形,捕捉范围增大,活性基团也得到充分暴露,从而使絮凝剂分子与微粒之间发生吸附桥联的概率增大。

4.2.3 助凝剂

为了提高混凝效果,生成粗大、密实、易于分离的絮凝体,特别是在原水水质状况与混凝剂所要求的适宜条件不相适应的情况(如 pH 值的差异和有干扰物质存在等)下,就需要添加一些辅

助药剂。这些药剂统称为助凝剂,按其作用,助凝剂主要有以下三类:

(1) pH 值调整剂。在原水 pH 值不符合工艺要求,或在投加混凝剂后 pH 值发生较大变化时,就需要投加酸性或碱性物质予以调整。常用的 pH 值调整剂有 H_2SO_4、CO_2 和 $Ca(OH)_2$、NaOH、$NaCO_3$ 等。

(2) 絮体结构改良剂。其作用是加大絮体的粒径、密度和机械强度。这类物质有水玻璃、活性硅酸和粉煤灰、黏土等。前二者主要作为骨架物质来强化低温和低碱度下的絮凝作用;后二者则作为絮体形成核心来加大絮体密度,改善其沉降性能和污泥的脱水性能。

(3) 氧化剂。当原水中的有机物含量较高时,容易形成泡沫,不仅使感观性状恶化,絮凝体也不易沉降。此时,应投加 Cl_2、$Ca(ClO)_2$、NaClO 等氧化剂来破坏有机物。当用 $FeSO_4$ 作混凝剂时,则常用 O_2 和 Cl_2 将 Fe^{2+} 氧化为 Fe^{3+},以提高混凝效果。

4.3 混凝条件及混凝试验

由上述混凝机理可知,混凝过程是混凝剂与水及胶体和细微悬浮物之间相互作用的复杂物理化学过程。为了获得易于分离的絮凝体和尽可能低的出水浊度,就必须根据原水中胶体和细微悬浮物的性质、浓度和介质性状,正确控制过程的工艺条件。这些条件主要有水温、pH 值、混凝剂的种类和用量,以及搅拌强度和搅拌时间。

(1) pH 值。当铁盐、铝盐混凝剂加入水中,发生水解反应产生 H^+,降低了 pH 值,因此对混凝效果产生影响。pH 值对混凝过程影响非常大,而且是多方面的,这里讨论的 pH 值主要是加药后的 pH 值,而不是原水的 pH 值。

1) pH 值对混凝剂水解产物形态的影响。水合络离子的水解是不断放出质子(H^+)的过程,随 pH 值的变化水解的产物表现出不同形态,从而对混凝效果产生不同的影响。不同 pH 值所对应的铁盐、铝盐的水解产物如图 4-4 和图 4-5 所示。

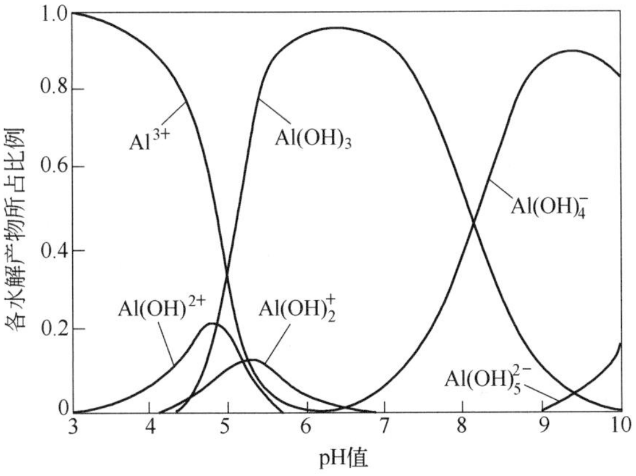

图 4-4 铝盐水解产物存在形态与 pH 值关系

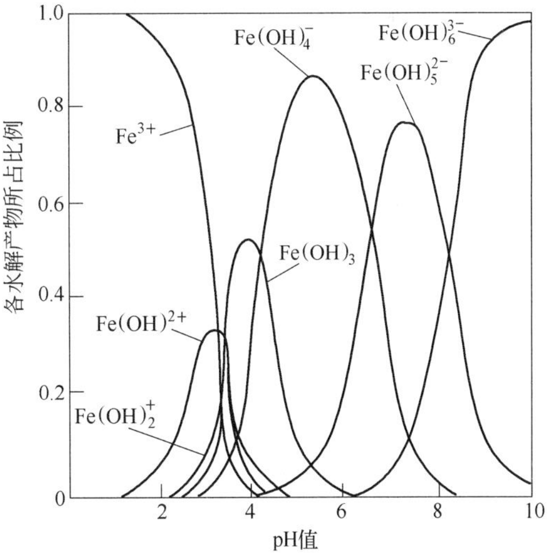

图 4-5 铁盐水解产物存在形态与 pH 值关系

当原水中有足够的碱度(例如 HCO_3^-)中和混凝剂水解反应产生的 H_3O^+ 时,水解反应可以继续进行下去。

$$HCO_3^- + H_3O^+ \longrightarrow 2H_2O + CO_2 \uparrow$$

当原水中碱度不足以中和混凝剂水解反应产生的 H_3O^+ 时，为了防止pH值急剧下降，常人为加碱以提高碱度，这个过程称为碱化，加碱量可按下式计算：

$$C_J = D_N + 0.4 - A \tag{4-3}$$

式中 C_J——需添加的碱量，mmol/L；

D_N——混凝剂投加量，mmol/L；

A——原水的碱度，mmol/L；

0.4——残留碱度，一般取0.3～0.5 mmol/L。

如果计算结果 C_J 为负值，则不需碱化。

混凝法去除浊度的最佳pH值6.5～7.5，对应混凝剂水解产物主要是低正电荷高聚合度的多核羟基络离子和氢氧化物。试验证实，在此pH值条件下，原水中胶粒仍具有一定的负电位，其值约为－10～－15 mV。因此混凝处理的关键是通过低正电荷高聚合度的多核羟基络离子的吸附架桥作用来实现的。

2）pH值对原水中有机物的影响。有机污染物不可避免地存在于天然水体中，因此，如何提高有机物的去除效率是混凝处理过程中重要问题之一。pH值对水中有机物存在形态有很大影响，因此直接影响混凝处理过程中有机物的去除效果。当水的pH值较高时，天然水中腐殖酸类有机物转化为腐殖酸盐类化合物，因而难于吸附到絮凝体上去除；当水的pH值较低时，天然水中腐殖酸类有机物质子化程度较高，此时易于吸附到絮凝体上通过共沉淀去除。试验表明，水中腐殖酸类有机物在弱酸性的条件下去除率较高，最佳pH值一般为6.0±0.5。当然对含有以有机胺类碱性有机物为主的水，混凝pH值偏碱条件下，去除率会高一些。对某一具体水质混凝处理最佳pH值最好通过模拟混凝处理试验来求得。在混凝处理过程中，水中有机物去除率与混凝pH值及有机物种类、形态有很大关系，一般可以达到20%～60%。

（2）混凝剂剂量。混凝剂的剂量是影响混凝效果的主要因素之一，它与出水剩余浊度之间的关系如图4-6所示。曲线分为四个区域，在第一区域，因剂量不足未起到脱稳作用，故剩余浊度较高；在第二区域，因剂量适当，产生了较好的凝聚，出水剩余浊度急剧下降；在第三区域，剂量继续增加，由于胶粒吸附了过量的混凝剂水解中间产物，而引起胶粒电性改变，产生再稳定现象，水剩余浊度重新增加；在第四区域，进一步加大剂量，生成大量难溶氢氧化物沉淀，通过吸附、网捕、卷扫等作用，引起再次凝聚，出水剩余浊度再次下降。工业上一般水的混凝，混凝剂用量均在第二区域。

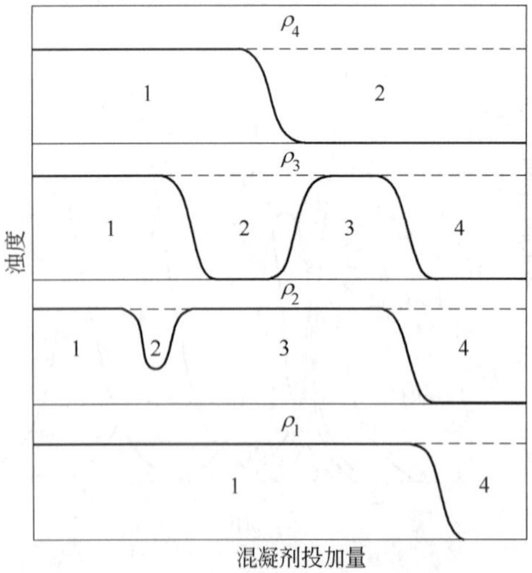

图4-6　混凝剂量对混凝效果的影响

（ρ_1～ρ_4 分别为胶体浓度，$\rho_4 > \rho_3 > \rho_2 > \rho_1$）

混凝过程是一个相当复杂的物理化学过程，很难根据计算来求得所需的加药剂量。对某一具体水源而言，应通过混凝剂量试验求得最佳剂量。根据运行试验，天然水的混凝剂量一般为0.3～0.7 mmol/L，各种混凝剂的加药量可参考下列数据：

聚合铝5～10 mg/L（以 Al_2O_3 计）；

三氯化铁 25 ~ 60 mg/L（以 $FeCl_3 \cdot 6H_2O$ 计）；

硫酸铝 35 ~ 80 mg/L（以 $Al_2(SO_4)_3 \cdot 18H_2O$ 计）；

聚合铁 5 ~ 8 mg/L（以 Fe^{3+} 计）。

（3）水温。水温对混凝效果有明显影响，对不同种类混凝剂影响程度不同，具体如图 4–7 所示。在低水温条件下，絮凝体形成速度缓慢，絮凝颗粒细小、松散、沉降性能差，因此即使加大混凝剂量也难获得良好的混凝效果。其原因主要有以下几方面：

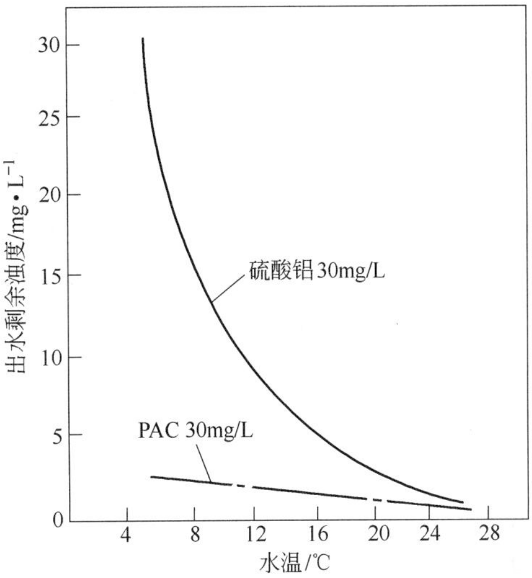

图 4–7　水温对出水剩余浊度的影响

1）无机盐混凝剂水解是吸热反应，低温时混凝剂水解困难，特别是硫酸铝，当水温在 5℃左右时，其水解速度极其缓慢。

2）低温水的黏度大，使水中杂质颗粒的布朗运动强度减弱，颗粒间碰撞概率减少，不利于胶粒的脱稳凝聚，另外水的黏度大时，水流阻力增大，影响絮凝体的成长。

3）胶粒的水化作用在低温时增强，妨碍胶体凝聚。

为了提高低温水的混凝效果，通常可采用方法有：

1）增加混凝剂量并投加絮凝剂。

2）采用受水温影响小的铁盐混凝剂。

3）采用加热原水改善混凝效果。

（4）原水水质。原水水质也是影响混凝效果的重要因素，其机理主要表现在以下两方面：

1）水中微粒的浓度。水中细小颗粒脱稳后必须有较高的有效碰撞概率才能聚集成长为较大絮凝体从水中分离出来，当水中微粒浓度较小时，这种碰撞概率就较小，凝聚作用较差，甚至不能进行。因此，当水中颗粒浓度较低时，除选择合适的混凝剂外，可通过大幅度地提高混凝剂剂量来产生大量的氢氧化物沉淀，或通过添加一些黏土类颗粒杂质来改善混凝效果。

2）水中有机物。水中有机物的形态可分为两大类——颗粒态有机物（包括悬浮态和胶态有机物）和溶解态有机物。颗粒态有机物包括包裹在无机颗粒表面的有机物，这部分有机物的存在通常会阻碍水中微粒的脱稳凝聚，且随着有机物含量升高，这种作用越为明显。为改善混凝效果，要按有机胶体要求改善混凝条件，比如调节 pH 值方法等。

（5）水力条件。整个混凝过程可分为两个阶段：混合和反应。混凝过程中的水力条件对絮凝体的形成影响极大，对这两个阶段的配合非常重要。

混合阶段为创造良好的水解和聚合条件，要求药剂迅速均匀地扩散到全部水中，使胶粒脱稳并借颗粒的布朗运动和紊动水流进行凝聚。混合要求快速和剧烈搅拌，在几秒钟或一分钟内完成。对高分子絮凝剂而言，混合作用主要是使药剂在水中均匀分散，混合反应可以在很短时间内完成，且不宜进行过分剧烈的搅拌。

反应阶段则要求已脱稳微粒通过碰撞作用，絮凝形成大的具有良好沉降性能的絮凝体。反应阶段的搅拌强度或水流速度应随着絮凝体的长大而逐渐降低，以免打碎已长大的絮凝体。

(6) 接触介质。当进行混凝或其他沉淀处理时,在水中保持一定数量的泥渣等起接触介质作用的物质,利用其巨大表面的活性,起吸附核心作用,从而使混凝过程进行得更完全,更快。目前许多混凝处理设备内设有泥渣层。

综上所述,混凝过程复杂,影响因素较多,目前尚无法用理论计算出所需混凝剂剂量,因此某一具体水质的最佳混凝处理条件只能通过模拟试验来确定。试验的基本设备包括盛水样的烧杯和搅拌器,称为混凝烧杯试验,简称烧杯试验(jar test)。

混凝试验的主要目的是获得最佳混凝剂量和最佳 pH 值。国内常用六联混凝搅拌器进行混凝试验。其试验方法简介如下:

(1) 最佳混凝剂剂量。基本操作步骤为:向 6 个容量为 1000 mL 的烧杯中分别注入水样 1000 mL,放下搅拌叶片,向 6 个小加药管中加入不同剂量的混凝剂,启动搅拌器,将转速控制在 120 r/min,同时向每个烧杯内加药,快搅 1 min,使混凝剂与水充分混合,然后将转速调到 30 r/min,持续搅拌 10 min 后停止搅拌,静止沉降 20 min,然后自液面下 2 cm 取样分析,根据取样分析结果及混凝过程中观察到的絮凝体生成情况确定最佳剂量。

(2) 最佳 pH 值。在求得最佳剂量条件下,向 6 个烧杯中加入不同量的 pH 值调节剂,调节成不同的 pH 值,按上述步骤进行混凝试验,对混凝效果最好的烧杯重新测其 pH 值,即为最佳 pH 值。

4.4 混合反应器和澄清设备

完成混凝剂与原水混合的设备称为混合器;完成反应过程的设备叫做反应池;澄清设备是指完成水与絮凝体分离的沉降池或同时兼有以上三种功能的澄清池。

4.4.1 混合器

对混合器的基本要求是,在强烈的水流紊动中迅速完成混凝剂和原水的均匀混合。按动力来源的不同,混合器可分为水力混合器和机械搅拌混合槽两类。混合器的结构形式主要有以下 3 种。

(1) 水泵混合。将混凝剂溶液在输水泵的吸入管加入,利用叶轮旋转产生的涡流达到混合。这种方式简便易行,能耗低,且混合均匀。但水泵离反应器不能太远,否则容易在输水管内形成细碎絮凝体。

(2) 管道混合。将混凝剂溶液加入压力管,利用管内紊流使药剂扩散于水中。管道混合的结构有 4 种,如图 4-8 所示。管内水速宜采用 1.5 ~ 2.0 m/s,投药后的管内水头损失不小于 0.3 ~ 0.4 m。为了提高混合效果,可在管内增设孔板或 2 ~ 3 块交错排列的挡板(图 4-8c、d)。管道混合无活动部件,结构简单,安装使用方便。

(3) 机械搅拌混合槽。这种混合槽由搅拌桨快速旋转造成的紊流完成混合,槽体结构如图 4-9 所示,槽体与搅拌桨的比例尺寸如表 4-2 所示。为了提高混合效果,槽内宜设壁挡板。当混合与反应在同一槽内完成时,为了控制物料流向和一定的回流比,还应增设导流筒。壁挡板和导流筒的比例尺寸如表 4-3 所示。

槽体有效容积按水力停留时间为 10 ~ 30 s 计算,有时还乘以 1.2 的放大系数。桨叶外缘线速度,若为桨式取 1.5 ~ 3.0 m/s,推进式取 5 ~ 15 m/s。机械传动功率的计算可查有关设计手册。

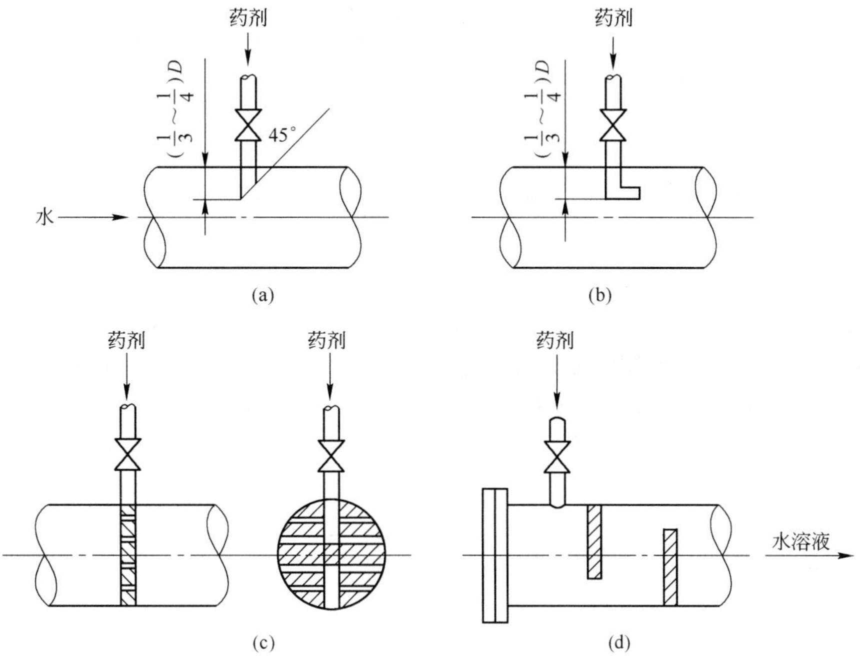

图 4–8　管道混合的 4 种结构

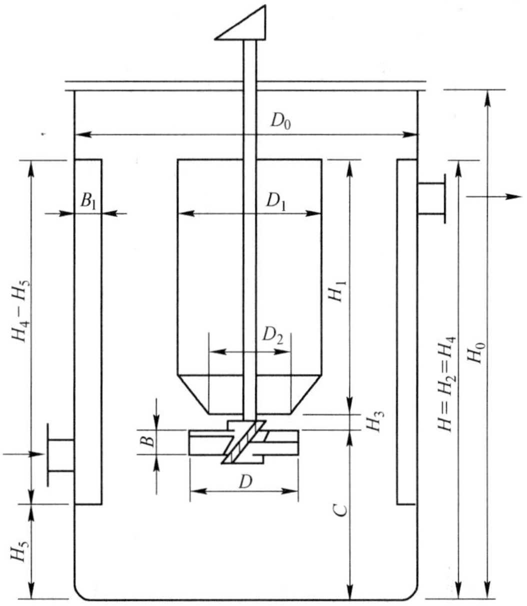

图 4–9　机械搅拌混合槽的结构尺寸

表 4–2　槽体与搅拌桨的比例尺寸

槽　体			搅 拌 桨				
内径	总高 H_0	静液面高 H	直径 D	桨叶宽 B	搅拌桨与槽底距离 C	叶片倾角 θ	层数
D_0	$(1.2\sim1.4)D_0$	$0.8H_0$	$(1/4\sim1/3)D_0$	$(1/4\sim1/5)D$	$(0.5\sim0.7)D$	45°	四叶单层

表 4-3　壁挡板及导流筒的比例尺寸

壁挡板			导流筒				
挡板宽 B_1	上缘与槽底距离 H_4	下缘与槽底距离 H_5	直径 D_1	高度 H_1	下部收缩口直径 D_2	上缘与槽底距离 H_2	下缘与搅拌桨间距 H_3
$(1/12\sim1/10)D_0$	$H_4=H$	$D_0/4-(20\sim30)$ mm	$(0.4\sim0.5)D_0$	$(0.4\sim0.6)H$	$0.9H$	$H_2=H$	$0.05D_0$

4.4.2　反应池

混凝反应池分为机械搅拌(mechanical stirring)池和水力搅拌(hydraulic stirring)池两类。

机械搅拌池多为长方形,用隔板分为数格,每格装一搅拌叶轮,叶轮半径中点线速由第一格的 0.5 ~ 0.6 m/s 依次递减到最后一格的 0.1 ~ 0.2 m/s。每台叶轮上的桨板面积为过水断面积的 15% ~20% ,桨板长度不大于叶轮直径的 75% ,宽度取 100 ~ 300 mm。桨轴可水平或竖直安装(图 4-10)。

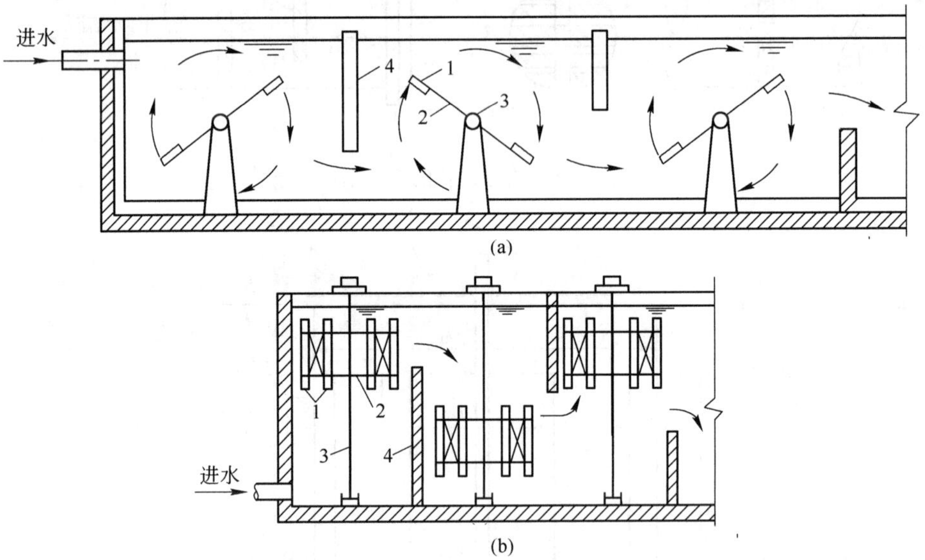

图 4-10　机械搅拌反应池

(a) 水平轴式; (b) 竖直轴式

1—桨板; 2—叶轮; 3—转轴; 4—隔板

有效池容按水力停留时间为 15 ~ 30 min 计算;池体分 2 ~ 4 格,每格长宽比为 1.0 ~ 1.2,留有 0.4 m 的超高。

水力搅拌反应池的类型很多,如隔板反应池、旋流反应池、微涡流隔网反应池、穿孔旋流反应池等。在废水处理中用得较多的是隔板反应池和旋流反应池,二者分别用于大、小流量的处理厂(站)。隔板反应池中隔板的布置方式和相应的水流方向有两种,如图 4-11 所示。池中的水头损失需分廊道按下式进行计算,然后求和:

$$h=\xi\frac{v_r^2}{2g}+\frac{v_0}{K_f R}L \tag{4-4}$$

式中　h——某一廊道中的水头损失,m;

v_0, v_r——分别为廊道中和转弯处的水流速度,m/s;

ξ——转弯处的局部阻力系数,取3;

L——廊道长度,m;

R——廊道过水断面水力半径,m;

K_f——流量系数,由有关水力计算图查取。

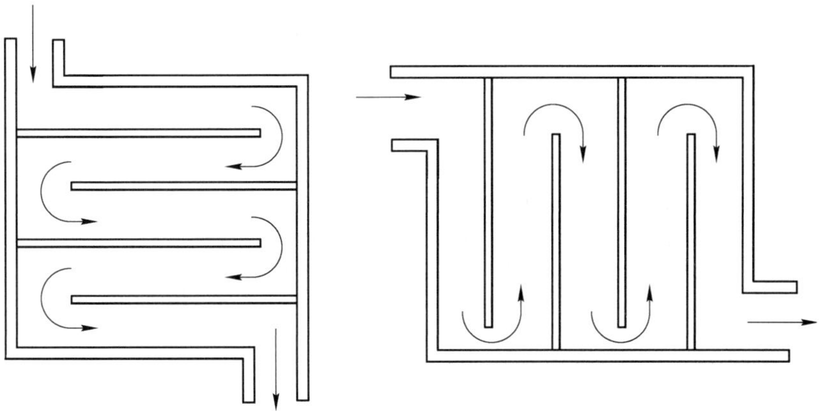

(a) (b)

图4-11 隔板反应池中隔板的布置方式

(a) 水平往复;(b) 竖直往复

通常,起始端 v_0 取0.5~0.6 m/s,末端取0.15~0.2 m/s,转弯处过水面积为廊道的1.2~1.5倍;隔板间距应大于0.5 m,池底以0.02~0.03的浊度坡向出水端,池顶有0.3 m的超高。

采用水力搅拌时,单位体积水流所需功率 P 为

$$P=\frac{Q\rho gh}{V} \tag{4-5}$$

式中 Q——设计流量,m^3/s;

ρ——水的密度,kg/m^3;

g——重力加速度,kg/s^2;

h——水流过反应池的水头损失,m;

V——反应池有效容积,m^3。

速度梯度 G 按下式计算(动力黏度 μ 的单位为 Pa · s)

$$G=\sqrt{\frac{\gamma h}{\mu t}} \tag{4-6}$$

然后校核 Gt 值,如不符合要求,应调整水头损失 h 或停留时间 t。

4.4.3 澄清池

澄清池通常是指同时完全混合、反应和絮体沉降过程的构筑物。废水在池中的净化是由混凝剂对原水中微粒的混凝、料浆中的悬浮泥渣对微絮粒的接触絮凝以及泥渣的沉降分离等过程来完成的。当水中微粒与混凝剂作用生成的微絮粒一旦在运动中与相对巨大的泥渣颗粒接触碰撞,就被吸附于泥渣颗粒上而被迅速除去。因此,保持悬浮状态的、浓度均匀稳定的泥渣区,就成为决定澄清池处理效果的关键,也是所有澄清池的共同特点。

按照泥渣与废水接触方式的不同,澄清池可分为泥渣循环分离型和悬浮泥渣过滤型两大类。前者是让泥渣在竖直方向上不断循环,在运动中捕集水中的微絮粒,并在分离区加以分离;后者

是靠上升水流的能量在池内形成一层悬浮状态的泥渣，当水流自下而上通过泥渣层时，其中的絮体就被截留下来。在常用的澄清池中，属于泥渣循环分离型的有机械加速澄清池和水力循环澄清池；属于悬浮泥渣过滤型的有普通悬浮澄清池和脉冲式澄清池。在废水处理中，以机械加速澄清池应用最广。

机械加澄清池的结构如图4-12所示，整个池体可分为混合室、反应室、导流室和分离室四个功能区。在池中心的混合室与反应室之间设有涡轮搅拌桨。搅拌桨由电机经减速器驱动，以5～15 r/min的转速旋转。

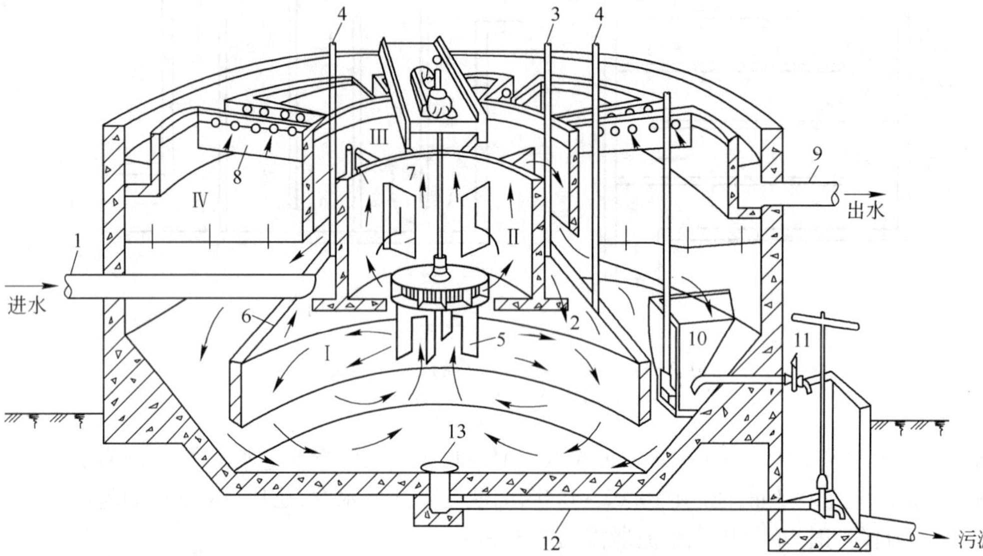

图4-12　机械加速澄清池结构透视图

Ⅰ—混合室；Ⅱ—反应池；Ⅲ—导流室；Ⅳ—分离室

1—进水管；2—三角配水槽；3—排气管；4—投药管；5—搅拌桨；6—伞形罩；7—导流板；

8—集水槽；9—出水管；10—泥渣浓缩室；11—排泥管；12—排空管；13—排空阀

原水进水管1导入环形三角配槽2，并由投药管4在此加入药剂溶液后，由槽底的配水孔进入混合室Ⅰ中，在此进行水与药剂和回流污泥的混合。混合后的泥水搅拌桨上部的涡轮提升到反应室Ⅱ进行混凝反应，随后溢入导流室Ⅲ，并沿伞形罩6进入分离室Ⅳ。此时，由于过流断面突然增大，流速减小，泥渣便靠重力下沉，其中少部分进入泥渣浓缩室10，定期由排泥管排出；大部分则在涡轮的抽吸下沿分离室底部的回流缝返回混合室。分离区上部的澄清水，由径向集水槽8收集后汇入池周的环形干渠，由出水管9连续排出。在反应室内，有竖向导流板7，其作用是消除涡轮提升产生的旋流，以改善分离室内的泥水分离条件。有的还在分离室内增设斜板或斜管来提高分离效果。加药管还可以根据药剂与水所需要的混合时间或几种药剂不同的投加顺序，接在进水管和反应室等处。排气管3的作用，是将原水带入的空气排出，防止它对泥水分离的干扰。

加速澄清池可以通过调节搅拌桨的转速和开启度（涡轮底面与反应室底板间的距离）来改变泥水混合和泥渣悬浮条件，并有导流板、伞形罩起稳流作用，同时还有数倍于原水流量的泥浆不断循环于分离室和混合室之间，因而不仅有较好的接触絮凝和泥水分离条件，而且对水量和水质的变化有很强的适应能力。澄清池的处理效果除与池体各部分的结构尺寸是否合理有关外，主要取决于搅拌强度、泥渣回流量及泥渣浓度。搅拌强度的大小以使水与药剂及泥渣混合充分又不打碎絮体为度。回流量通常控制在进水量的 3 ~5 倍。泥渣浓度则是以控制反应室的泥渣沉降比在 15% ~20% 为宜。

水力循环澄清池的工作原理与机械加速澄清池相似。不同的是前者泥渣循环是靠进水压力和速度头产生的射流来完成的。

澄清池的设计计算可参照有关手册,但应注意的是,将它们用于废水处理时,其处理能力只相当于用于给水处理的 60% ~70% ,即在确定设计流量时,应考虑 1.4 ~1.7 的裕量系数。

习题和思考题

4-1　简述胶体的双电层结构及稳定性机理。

4-2　简述压缩双电层和电性中和的脱稳凝聚机理。

4-3　实现吸附桥联和网捕絮凝的基本条件各有哪些?

4-4　试述 $FeCl_3$ 在水中的离解、水解和聚合反应过程。

4-5　混凝过程的混合阶段和反应阶段对搅拌强度和搅拌时间的要求有何不同,为什么?

4-6　加速澄清池为什么能加速废水的澄清过程,并对水量水质有较强的适应能力?

4-7　已知待处理废水的流量为 400 m^3/h,总碱度为 $0.5 \times 10^{-3} n^{-1}$ mol/L。经试验,宜采用精制硫酸铝为混凝剂,剂量为 25 mg/L,以生石灰为 pH 值调整剂,其活性 CaO 含量为 60% 。试估算每天的硫酸铝和生石灰实物用量各为多少?

5　浮力浮上法

浮力浮上法(flotation)是对不溶态污染物的一种分离技术,指借助于水的浮力,使水中不溶态污染物浮出水面,然后用机械加以刮除的水处理方法。根据分散相物质的亲水性强弱和密度大小,以及由此而产生的不同处理机理,浮力浮上法可分为自然浮上法(flotation)、气泡浮升法(air flotation)和药剂浮选法(chemical additive flotation)三类。

如果水中的粗分散相物质是相对密度小于1的强疏水性物质,可以依靠水的浮力使其自发地浮升到水面,这就是自然浮上法。自然浮上法主要用于粒径大于50~60 μm的可浮油的分离,因而又称为隔油,主要设备是隔油池。如果分散相物质是乳化油或弱亲水性悬浮物,就需要在水中注气,产生细微气泡,使分散相粒子粘附于细微气泡上一起浮升到水面,这就是气泡浮升法,简称气浮,主要设备有加压泵、溶气罐、释放器和气浮池等。如果分散相物质是强亲水性物质,就必须首先投加浮选药剂,使亲水粒子的表面性质由亲水性转变为疏水性,降低水的表面张力,提高气泡膜的弹性和强度,使细微气泡不易破裂,然后再用气浮法加以除去,这就是药剂浮选法,简称浮选。

5.1　隔　　油

5.1.1　油粒上浮速度

油粒在静水中的上浮速度可用修正后的斯托克斯公式表示为

$$u_0 = \frac{\beta g}{18\mu}(\rho_1 - \rho_0)d_0^2 \tag{5-1}$$

式中　u_0——油粒的上浮速度;

ρ_1,ρ_0——分别为水和油粒的密度;

d_0——油粒直径;

μ——水的动力黏度;

β——考虑水中悬浮固体对油粒的吸附而引入的修正系数,一般可按水中SS浓度的高低取0.9~0.95。

与静置沉降一样,对油粒的上浮也可通过静浮试验取得上浮曲线,即去除效率与上浮时间及上浮速度的关系曲线,但工作水深是从柱底算起。实测的油粒上浮速度(图5-1曲线b)与

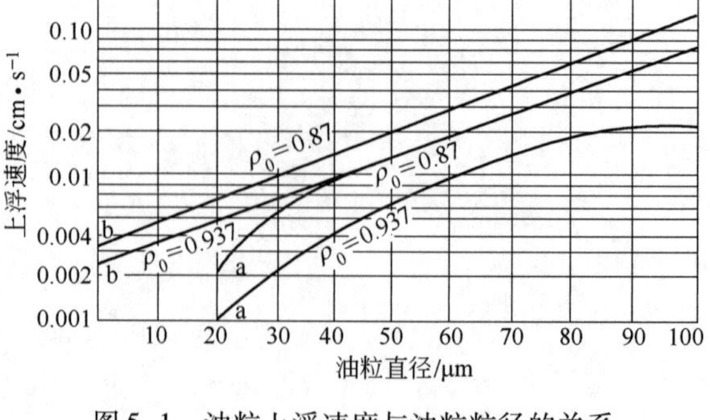

图5-1　油粒上浮速度与油粒粒径的关系

按式(5-1)计算的上浮速度(曲线 a)存在一定的差异。

5.1.2 隔油池

用自然浮上法去除可浮油的构筑物,称为隔油池(grease trap)。常用的隔油池有平流式隔油池和斜板式隔油池两类。

5.1.2.1 平流式隔油池

图5-2是平流式隔油池的结构图。废水由进水管流入配水槽后,通过布水隔墙上的进水孔从挡油板的下方进入池内。在流经隔油池的过程中,因流速降低,密度小于1且粒径较大的可浮油上浮到水面,密度大于1的重质油和可沉固体则沉于池底。处理水从挡油板下流过,经集水槽由出水管排出。为了刮除浮油和沉渣,池内装有回转链带式刮油刮泥机。当链带以0.01~0.05 m/s的速度运动时,就把池底沉渣刮向池首的泥斗中,经排泥管适时排除;同时将水面上的浮油推向设在池尾挡板内侧的集油管。集油管采用直径为200~300 mm的钢管沿长度开60°角的纵向切口制成,可以绕轴线转动。平时,切口向上位于水面以上,当油层达到一定厚度后,将切口转向油层,浮油即溢入管内,并由此排出和收集。

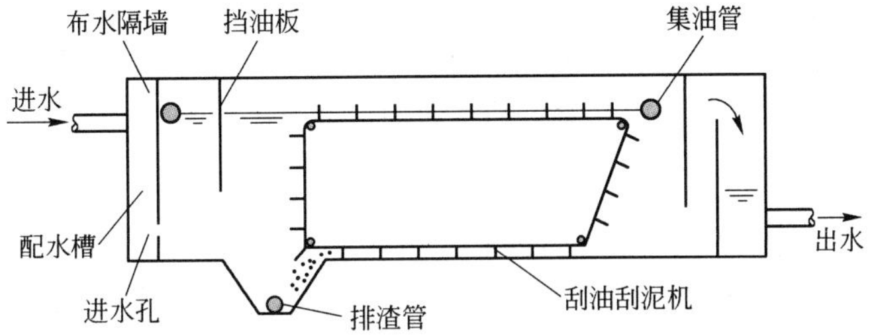

图5-2 平流式隔油池

平流式隔油池具有构造简单、运行管理方便、油水分离效果稳定的优点,但池体较大,占地多。根据国内外的运行资料,污水在这种隔油池内的停留时间为90~120 min,池内水流流速 v 一般为2~5 mm/s,可以除去的油粒粒径一般不小于100~150 μm,相应的上升速度不高于0.9 mm/s,除油效率在70%以上。

平流式隔油池的设计计算方法有两种,简述如下:

(1) 按上浮速度计算。此法的基本参数是油粒的上浮速度,据此计算隔油池的表面积 A (m^2):

$$A = \alpha \frac{Q}{u_0} \tag{5-2}$$

式中 Q——废水设计流量,m^3/h;

u_0——油粒上浮速度,m/h,可由上浮曲线查得,或按式(5-1)计算,当缺乏有关资料时,也可取0.3~0.35 mm/s;

α——与池容积利用率和水流紊动状况有关的修正系数,按水速 v 与上浮速度 u_0 之比由表5-1查取,一般要求 $v \leqslant 15u_0$,且 v 不大于54 m/h。

表5-1 α 与速度比 v/u_0 的关系

速度比 v/u_0	20	15	10	6	3
α 值	1.74	1.64	1.44	1.37	1.28

隔油池宜分为数格，分格数n通常为2～4。废水进入隔油池前应避免剧烈搅动，宜自流进入隔油池。需要提升时，宜采用容积式泵，不宜采用离心泵。因为离心泵的搅动不仅使油珠粒径变小，而且使油珠形成水包油的乳化液。如采用机械刮油，单格宽度b必须与刮油机的跨度规格相匹配，一般为6.0 m、4.5 m、3.0 m、2.5 m和2.0 m，刮油刮泥机的刮板移动速度一般不大于50 mm/s；采用人工刮油时，b不宜大于3.0 m。为了保证较好的水力条件，要求隔油池工作水深h一般不大于2.0 m，一般采用1.5～2 m，有效水深与池宽之比一般为0.3～0.5。显然，过流断面面积$F=Q/v=nhb$。

隔油池的有效长度L(m)按下式计算：

$$L=\alpha\left(\frac{v}{u_0}\right)h=\frac{A}{nb} \tag{5-3}$$

隔油池单格有效长度与有效宽度之比不小于4.0，有效水深与有效长度之比一般采取1/10左右。

(2) 按废水停留时间计算。根据停留时间t为1.5～2.0 h和水平流速v为2～5 mm/s计算。

平流式隔油池的入流装置通常采用穿孔整流墙加挡油板；出流装置采用挡油板加溢流堰，或在接近池底处安装穿孔集水管。水面以上保护高度不应小于0.4 m，池底以0.01～0.02的坡度坡向泥斗，泥斗壁倾角取45°～60°，排泥管的直径不宜小于ϕ200 mm，并且在排泥管的起始端应设置压力水冲洗设施。泥斗容积由泥渣量和排泥周期确定。此外，隔油池需加防火防雨罩，寒冷地区还应在池内设置蒸汽加热管防冻。

5.1.2.2 斜板式隔油池

斜板隔油池是根据浅层沉降原理设计，包括多种形式，常见的有平行板式(parallel-plate interceptor, PPI)和波纹板式(corrugated plate interceptor, CPI)两种。

PPI型隔油池实际上是在分离区沿纵向装设了斜板的平流式隔油池。斜板间距为100 mm，安装倾角为45°。被分离的油粒沿斜板之间由池首水平流向池尾，经溢流堰汇入出水槽。由于分离面积增大和水力条件的改善，这种隔油池可除去粒径大于60 μm的油粒。

CPI型隔油池(图5-3)内设波纹状斜板，废水由穿孔墙进入，然后自上而下通过斜板区，属异向流分离装置。被分离的油粒沿波纹斜板的波峰底侧上浮，而泥渣则沿波谷向池底滑落，水面上的油层由集油管收集并送入油回收池，处理水则汇入集水槽后排出。CPI型隔油池可以分离粒径为60 μm以上的油粒，单位处理能力的池容只相当于平流式隔油池的1/4～1/2，相应的，占地面积可减少2/3。

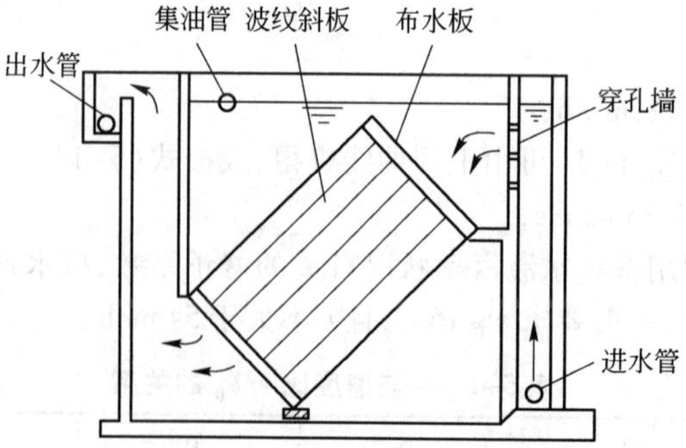

图5-3 CPI型波纹斜板式隔油池

隔油池的设计参数如表 5-2 所示。

表 5-2 平流式、平行板式和波纹板式型隔油池的设计参数

项目 池型	水流平均流速 /$m \cdot min^{-1}$	停留时间 /min	油粒上浮速度 /$mm \cdot s^{-1}$	去除油粒直径 /μm	除油效率 /%	占地面积	板间净距 /mm
平流式	2 ~ 5	90 ~ 120	0.9	100 ~ 150	60 ~ 70	1	—
平行板式	0.6	12	0.2	60	70 ~ 80	1/2	100
波纹板式	0.3	30	0.2	60	70 ~ 80	1/3 ~ 1/4	20 ~ 40

5.1.2.3 小型隔油池

用于处理小水量的含油废水时也可采用小型隔油池,常见的池型有以下两种(图 5-4)。其中图 5-4a 用于公共食堂、汽车库及其他含有少量油脂的废水处理,这种形式已有标准图集。池内水流流速一般为 0.002 ~ 0.01 m/s,食用油废水一般不大于 0.005 m/s,停留时间为 0.5 ~ 1.0 min。废油和沉淀物定期以人工清除。图 5-4b 用于处理含汽油、柴油、煤油等废水。废水经隔油后,再经焦炭过滤器进一步除油。池内设有浮子撇油器排除废油,池内水平流速为 0.002 ~ 0.01 m/s,停留时间为 2 ~ 10 min,排油周期一般为 5 ~ 7d。

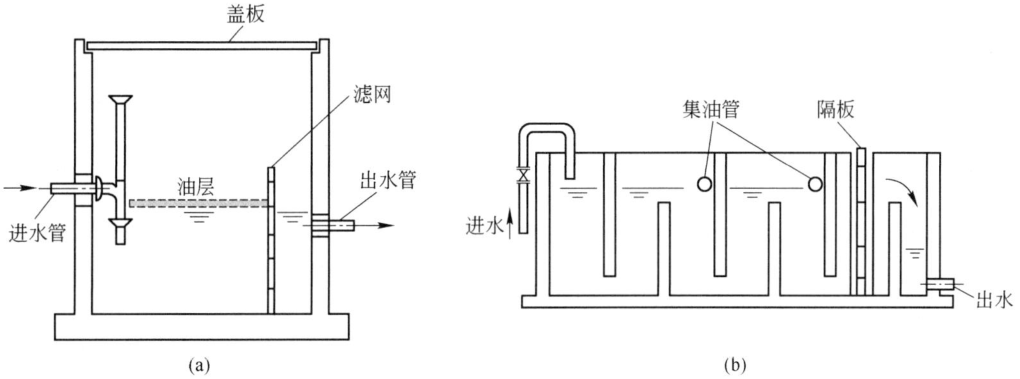

图 5-4 典型的小型隔油池示意图
(a) 适用于食堂等少量油脂废水;(b) 适用于含汽油、柴油、煤油等废水

5.2 气浮和浮选原理

5.2.1 气浮和浮选

气浮过程中,细微气泡首先与水中的悬浮粒子相粘附,形成整体密度小于水的“气泡 - 颗粒”复合体,使悬浮粒子随气泡一起浮升到水面。由此可见,实现气浮分离必须具备以下三个基本条件:一是必须在水中产生足够数量的细微气泡;二是必须使待分离的污染物形成不溶性的固态或液态悬浮体;三是必须使气泡能够与悬浮粒子相粘附。这里着重讨论细微气泡的形成以及它与悬浮粒子的粘附。

5.2.2 空气的溶解、释放及气泡性质

5.2.2.1 空气的溶解

空气对水属于难溶气体,它在水中的传质速率受液膜阻力所控制,此时,空气的传质速率可

表示为：

$$N = K_L(C^* - C) = K_L \Delta C \tag{5-4}$$

式中 N——空气传质速率，$kg/(m^2 \cdot h)$；

K_L——液相总传质系数，$m^3/(m^2 \cdot h)$；

C^*，C——分别为空气在水中的平衡浓度和实际浓度，kg/m^3。

由式(5-4)可见，在一定的温度和溶气压力下(即 C^* 为定值时)，要提高溶气速度，就必须通过增大液相流速和紊动程度来减小液膜厚度和增大液相总传质系数。增大液相总传质系数，强化溶气传质的途径是采用高效填料溶气罐，溶气用水以喷淋方式由罐顶进入，空气以小孔鼓泡方式由罐底进入，或用射流器、水泵叶轮将水中空气切割为气泡后由罐顶经喷头或孔板通入。这样，就能在有限的溶气时间内使空气在水中溶解量尽量接近饱和度。当采用空罐时，也应采用上述的布气进水方式，而且应尽可能提高喷淋密度。

在水温一定而溶气压力不很高的条件下，空气在水中的溶解平衡可用亨利定律表示为：

$$V = K_T p \tag{5-5}$$

式中 V——空气在水中的溶解度，L/m^3；

K_T——溶解度系数，$L/(kPa \cdot m^3)$，K_T 与温度的关系见表5-3；

p——溶液上方的空气平衡分压，kPa(绝压)。

表5-3 不同温度下空气在水中的溶解度系数

温度/℃	0	10	20	30	40	50
K_T 值/$L \cdot (kPa \cdot m^3)^{-1}$	0.285	0.218	0.180	0.158	0.135	0.120

由式(5-5)可见，空气在水中平衡溶解量与溶气压力成正比，且与温度有关。在实际操作中，由于溶气压力受能耗的限制，而且空气溶解量与溶气利用率相比并不十分重要，因而溶气压力通常控制在490 kPa(表压)以下。

溶解于水中的空气量与通入空气量的百分比，称为溶气效率。溶气效率与温度、溶气压力及气液两相的动态接触面积有关。为了在较低的溶气压力下获得较高的溶气效率，就必须增大气液传质面积，并在剧烈的湍动中将空气分散于水中。在20℃和290～490 kPa(表压)的溶气压力下，填料溶气罐的平均溶气效率为70%～80%，空罐为50%～60%。

在一定条件下，空气在水中的实际溶解量与平衡溶解量之比，称为空气在水中的饱和系数。饱和系数的大小与溶气时间及溶气罐结构有关。在2～4 min的常用溶气时间内，填料罐的饱和系数为0.7～0.8，空罐为0.6～0.7。不同溶气压力下，空气在水中的实际溶解量与溶气时间的关系如图5-5所示。大气压下空气在水中的平衡溶解量如表5-4所示。

表5-4 大气压下空气在水中的平衡溶解量

温度/℃		0	5	10	15	20	25	30
平衡溶解量	mg/L	37.55	32.48	28.37	25.09	22.40	20.16	18.14
	mL/L	29.18	25.69	22.84	20.56	18.68	17.09	15.64

5.2.2.2 溶解空气的释放

溶气水的释气过程是在溶气释放器内完成的。现以图5-6所示的TS型释放器为例加以说明，当带压溶气水由接管1进入中孔5时，过流断面突然缩小，随即进入孔盒3时，断面又突然扩大。水流在孔室6内剧烈碰撞，形成涡流。当它反向急速转入平行狭缝7沿径向迅速扩散时，过

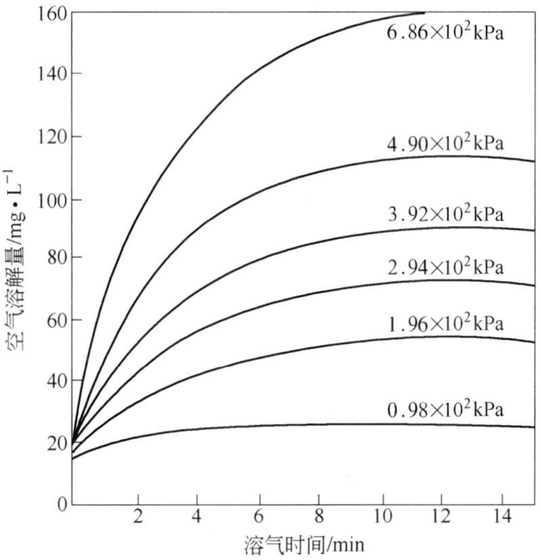

图5-5 空气在水中的溶解量与溶气时间的关系(水温20℃)

流断面再次收缩,流态骤变,紊动更为剧烈。在上述过程中,绝大部分空气分子从水中释放,并在分子扩散和紊流扩散中逐级并大为超微气泡。当水、气混合流通过出水孔8进入辅消能室9时,过流断面又突然扩大,溶气水的剩余静压能继续在此转化,过饱和空气几乎全部释出,同时超微气泡在紊流扩散作用下,同向并大为10 μm级的细微气泡出流,释气过程结束。可见,释气过程是在溶气水流经过反复地收缩、扩散、撞击、反流、挤压、辐射和旋流中完成的,整个过程历时不到0.2 s。

释放器的性能往往因结构不同而有很大的差异。高效释放器都有一个共同特点,就是使溶气水在尽可能短的时间内达到最大的压力降,并在主消能室(即孔盒内)具有尽可能高的紊流速度梯度。

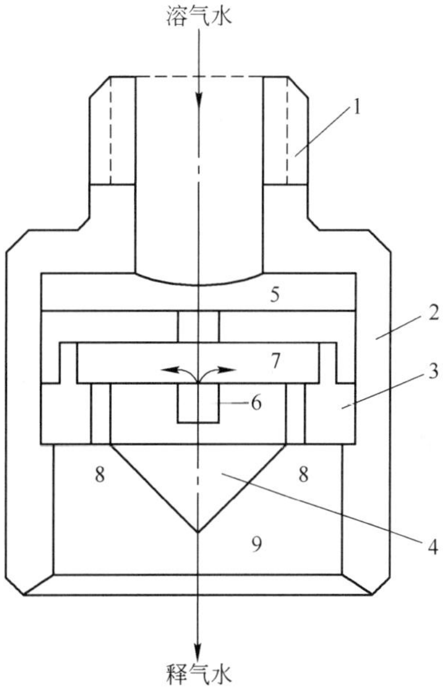

图5-6 溶气释放器结构及其释气原理示意图

1—接管;2—壳体;3—孔盒;4—导流锥;
5—中孔;6—孔室;7—平行狭缝;
8—出水孔;9—辅消能室

5.2.2.3 细微气泡的性质

气浮法的净水效果,只有在获得直径微小、密度高、均匀性好的大量细微气泡的情况下,才能得到良好的气浮效果。

(1) 气泡直径。气泡直径愈小,其分散度愈高,对水中悬浮粒子的粘附能力和粘附量也就愈大。

(2) 气泡密度。气泡密度是指单位体积释气水中所含微气泡的个数,它决定气泡与悬浮粒子碰撞的概率。由于气泡密度与气泡直径的3次方成反比,因此,在溶气压力受到限制的条件下,增大气泡密度的主要途径是缩小气泡直径。

(3) 气泡的均匀性。气泡均匀性的含义,一是指最大气泡与最小气泡的直径差;二是指小直径气泡占气泡总量的比例。大气泡数量的增多会造成两种不利影响:一是使气泡密度和表面积大幅度减小,气泡与悬浮粒子的粘附性能和粘附量相应降低;二是大气泡上浮时会造成剧烈的水力扰动，不仅加剧了气泡之间的兼并，而且由此产生的惯性撞击力会将已粘附的气泡撞开。

（4）气泡稳定时间。气泡稳定时间，是将溶气水注入1000 mL量筒，从满刻度起到乳白色气泡消失为止的持续时间。优良的释放器释放的气泡稳定时间应在4 min以上。

溶气利用率，是指能同悬浮粒子发生粘附的气泡量占溶解空气量的百分比。常规压力溶气气浮的溶气利用率通常不超过20%，其原因在于释放的空气大部分以大直径的无效气泡逸散。在这种情况下，即便提高溶气压力，也不会明显提高气浮效果。相反，如能用性能优良的释放器获得性质良好的细微气泡，就完全能够在较低的溶气压力下使溶气利用率大幅度提高，从而实现气浮工艺所追求的"低压、高效、低能耗"的目标。

5.2.3 悬浮粒子与气泡的粘附

在细微气泡性质已定的条件下，悬浮粒子能否自动与气泡粘附，主要取决于粒子的表面性质。一般的规律是，疏水性粒子容易与气泡粘附，而亲水性粒子则不易与气泡粘附，亲水性愈强，粘附就愈困难。因此，如果水中的悬浮粒子是强亲水性物质，就必须首先投加浮选药剂，将其表面转变为疏水性，才能用气浮法去除。这种把投加浮选药剂与气浮结合起来的水处理方法就是浮选。

水中悬浮粒子粘附于气泡的机理涉及气泡、溶液和粒子三者的关系。当气泡与分散相粒子共存于水中时，就依粒子的不同润湿性构成了图5-7所示的"气泡－水－颗粒"三相体系及不同的气泡与粒子的粘附情况。

气、液两相接触时，液体的表面张力使液体表层分子比内部分子具有更多的能量。这种能量称为表面能或气、液界面能。实际上，任何两相之间都有界面张力和界面能。界面能和表面能一样，都有降低到最小的趋势。细微气泡具有巨大的表面能，是热力学不稳定体系。当它们与悬浮粒子在水中相遇时，就彼此挤开对方的外层水膜，使气泡内膜紧靠粒子的疏水部位，并通过范德华引力发生粘附，以降低气泡与粒子间的界面能。这种粘附能否实现，则取决于该种粒子的润湿性。

水对各种粒子的润湿性大小，可用接触角 θ（图5-7）来衡量。接触角 $\theta<90°$ 者称为亲水性物质，$\theta>90°$ 者称为疏水性物质；θ 愈大，疏水性愈强。物质的亲、疏水性也可从图5-7中粒子的接触面积的大小看出。

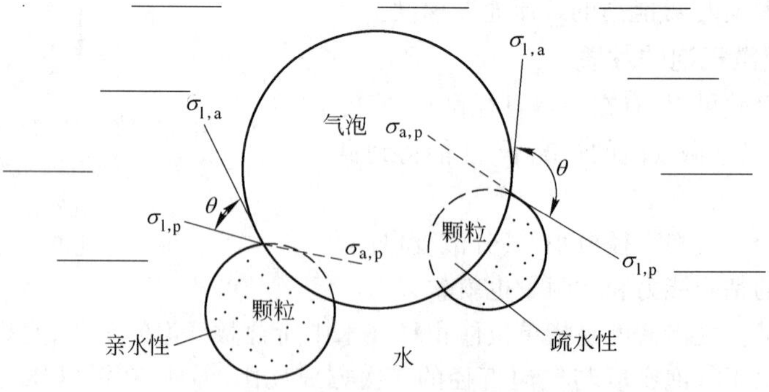

图5-7 不同润湿性颗粒与气泡的粘附情况

若将气泡、溶液和粒子分别用a、l和p表示，而作用于三相界面的界面张力分别表示为：液/气－$\sigma_{l,a}$，液/粒－$\sigma_{l,p}$，气/粒－$\sigma_{a,p}$（单位均为 10^{-5}N）。那么，可以根据界面张力平衡原理，导出粒子与气泡粘附后界面能的降低值 $\Delta W(10^{-7}\text{J})$ 的表示式为：

$$\Delta W = \sigma_{1,a}(1 - \cos\theta) \tag{5-6}$$

当粒子润湿性很好时，$\theta \to 0°$，$\cos\theta \to 1$，$\Delta W = 0$，即界面能并未减小，说明粒子不能与气泡粘附；反之，当粒子润湿性很差时，$\theta \to 180°$，$\cos\theta \to -1$，$\Delta W \to 2\sigma_{1,a}$，说明粒子与气泡能紧密粘附，易于用气浮法除去。

浮选剂是浮选中所用药剂的总称，按功能的不同可分为捕收剂、调整剂和起泡剂三类。它们大多是链状有机表面活性剂。其主要特征是分子结构的不对称性，属于极性－非极性分子。分子的一端含有极性基（如—OH、—COOH、—SO_3H、—NH_3、≡N 等），显示出亲水性，称为亲水基；另一端为非极性基（如—R、R——等），显示出疏水性，称为疏水基。当在分散相为亲水性粒子的水中投加浮选剂时，在有大量细微气泡造成的大面积气水界面上，亲水粒子就强烈吸附浮选剂的亲水基，而迫使疏水基伸向水。结果在粒子周围形成亲水基向粒子而疏水基向水的定向排列，从而使亲水性粒子的表面性质由亲水性转变为疏水性（图 5-8）。此外，这类表面活性剂还能显著降低水的表面张力，提高气泡膜的弹性和强度，使细微气泡不易破裂和合并变大。这种功能特别显著的浮选剂常称为起泡剂。

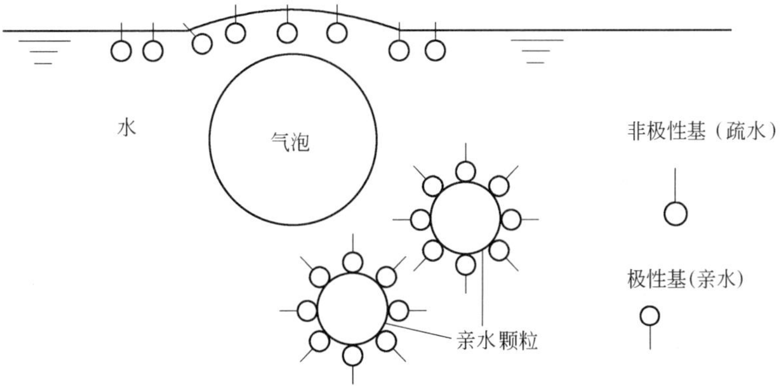

图 5-8　浮选药剂对改变亲水性粒子表面性质的作用

浮选剂的种类很多，属于捕收剂的有松香油、煤油、黄药、黑药、氧化石蜡、十八胺等；属于稳泡剂的有十二烷基磺酸钠、十二烷基苯磺酸钠、月桂酸二乙醇酰胺、月桂醇硫酸酯钠等。浮选剂的性能与其分子结构密切相关，疏水基的分子量愈大，它与气泡的粘附性就愈强。因此，应选择那些疏水基碳链较长的品种，其投加量以控制在稍高于临界胶束浓度（critical micell concentration，CMC）为宜。

细微气泡与悬浮粒子的粘附形式有多种。按二者碰撞动能的大小和粒子疏水性部位的不同，气泡可以粘附于粒子的外围，形成外围粘附；也可以挤开孔隙内的自由水而粘附于絮体内部，形成粒间裹夹。如果溶气水是加在投加了混凝剂并处于胶体脱稳凝聚阶段的初级反应水中，那么超微气泡就先与微絮粒粘附，然后在上浮过程中再共同长大，相互聚集为带气絮凝体，形成粒间裹夹和中间气泡架桥粘附兼而有之的“共聚粘附”。共聚粘附具有药剂省、设备少、处理时间短和浮渣稳定性好等优点，但必须有相当密集的超微气泡与之配合。

5.2.4　乳化和破乳

当含油废水中存在起乳化作用的表面活性剂时，乳化剂的疏水基便伸入油粒，亲水基伸向水，从而在油粒表面形成定向排列并具有双电层结构的亲水性保护膜。保护膜所带的同号电荷互相排斥,使油粒不能接触碰撞和积聚变大,从而形成稳定的水包油型浑浊乳状液。

废水中的乳化油,有的是为了满足某种工艺需要而配制的乳化液,有的则是水中的油粒在水流搅动下吸附了表面活性剂或细微固体颗粒而自然形成的乳化油。前者由于乳化充分,具有强烈的亲水性,必须在破乳后才能上浮分离;后者由于乳化不充分,具有弱疏水性或弱亲水性,大多可用气浮法除去,少量的则需经破乳后才能分离。

破乳就是破坏油粒周围的保护膜,使油、水发生分离。破乳机理主要有两种:一种是使乳液微粒的双电层受到压缩或表面电荷得到中和,从而使微粒由排斥状态转变为能接触碰撞的并聚状态;另一种是使乳化剂界面膜破裂或被另一种不会形成牢固界面膜的表面活性物质顶替,使油粒得到释放和并聚。

破乳方法可分为物理法和化学法两类。物理法有高压静电法破乳,剧烈搅拌和震荡法破乳、高速离心法破乳以及加热或冷冻法破乳等。化学法破乳,就是在乳液中投加酸类、盐类、换型乳化剂、混凝剂以及各种专用有机高分子破乳剂。破乳方法的选择需依具体情况(如乳液的浓度、乳化程度、废水流量及回收利用价值等)而定。对含乳化油废水而言,目前较为有效而简便的方法是投加铁、铝混凝剂或有机高分子破乳剂。有机高分子破乳剂也是表面活性剂,但它们的疏水基的疏水性比乳化剂强,而亲水基的亲水性比乳化剂弱,因而能将乳化剂从油/水界面上顶替出来,而自身又不会形成牢固的界面保护膜,有的还具有电性中和及吸附桥联凝聚作用。

5.3 压力溶气气浮及其系统设计

5.3.1 压力溶气气浮的流程及供气方式

5.3.1.1 压力溶气气浮流程

压力溶气气浮是采用加压的方法将空气溶解于水,再在减压的条件下释放出微小气泡粘附于悬浮物上,使气泡悬浮物混合体的整体密度小于水而上浮于水面,然后通过机械装置予以刮除,从而实现固液快速分离。

按照加压水(即溶气水)的来源和数量,压力溶气气浮包括全部进水加压、部分进水加压和部分回流水加压三种基本流程。三种流程都由加压泵、溶气罐、释放器和气浮池等基本设备组成。

全部进水加压时,投加了混凝剂的原水由加压泵加压,与压力管通入的压缩空气一起进入溶气罐内,停留2~4 min,使空气溶于水。溶气水由罐底引出,通过释放器减压后进入气浮池。此时,水中溶解的过饱和空气便以细微气泡逸出,与水中的悬浮物粒子粘附而浮升到水面。浮渣由刮渣机定期刮入气浮池尾(首)的浮渣槽排出。处理水则由设于池尾的溢流堰和集水槽或靠近池底的穿孔集水管排出池外。这种流程虽有溶气量大的优点,但动力消耗大,絮凝体容易在加压和溶气过程中破碎,水中的悬浮粒子容易在溶气罐填料上沉积和堵塞释放器。全部进水加压溶气气浮工艺流程见图5-9。

部分进水加压,是从原水总量中抽出10%~30%作为溶气用水,其余大部分先进行混凝处理,再通入气浮池中与溶气水混合进行气浮。这种流程的气浮池常与隔板混凝反应池合建。它虽然避免了絮凝体容易破碎的缺点,但仍有溶气罐填料和释放器易被堵塞的问题。部分进水加压溶气气浮工艺流程见图5-10。

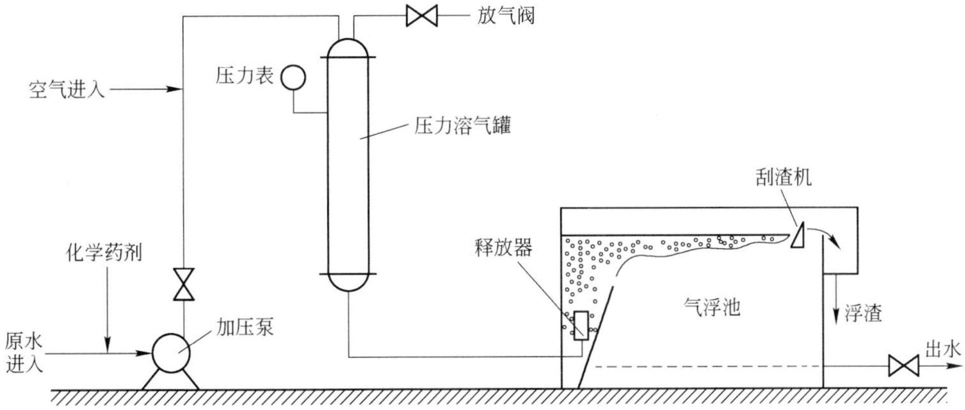

图 5-9　全部进水加压溶气气浮工艺流程

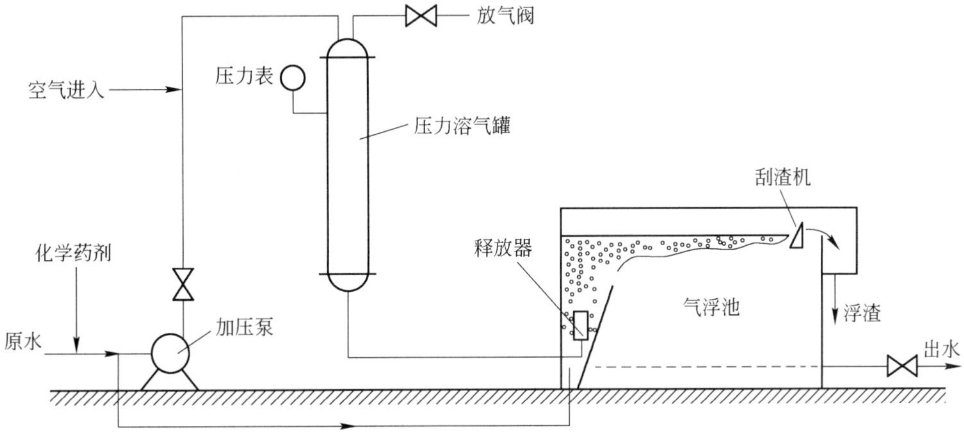

图 5-10　部分进水加压溶气气浮工艺流程

部分回流水加压，是从处理后的净化水中抽出10% ~30%作为溶气用水，而全部原水都进行混凝处理后进行气浮。这种流程不仅能耗低，混凝剂利用充分，而且释放器不易堵塞，操作稳定，因而应用也最为普遍。图5-11 为部分回流水加压气浮处理工艺流程。原水经投加絮凝剂后，由原水泵3 提升进入絮凝池4。经絮凝后的水，自池底部进入气浮池接触室5，并与溶气释放器13 释放出的含微气泡水相遇，絮粒与气泡粘附，即在气浮分离室6 进行渣、水分离。浮渣布于池面，定期刮(溢)入排渣槽7；清水由集水管8 引出，进入后续处理构筑物。其中部分清水，则经回流水泵9 加压，进入压力溶气灌10；与此同时，空气压缩机11 将压缩空气压入压力容器罐，在溶气罐内完成溶气过程，并由溶气水管12 将溶气水输往溶气释放器13，供气浮用。

5.3.1.2　压力溶气气浮的供气方式

压力溶气气浮的供气方式可分为空压机供气、射流进气和泵前插管进气三种(图5-12)。空压机供气的优点是气量、气压稳定，并有较大的调节余地，但噪声大，投资较高。射流进气是以加压泵出水的全部或部分作为射流器的动力水，当水流以30 ~40 m/s 的流速从喷嘴喷出，并穿过吸气室进入混合管时，便在吸气室内造成负压而将空气吸入。气水混合物在混合管(喉管)内剧烈紊动、碰撞、剪切，形成乳化状态。进入扩散管后，动能转化为压力能而使空气溶于水，随后进入溶气罐。这种供气方式设备简单，操作维修方便，气水混合溶解充分，但由于射流器阻力损失

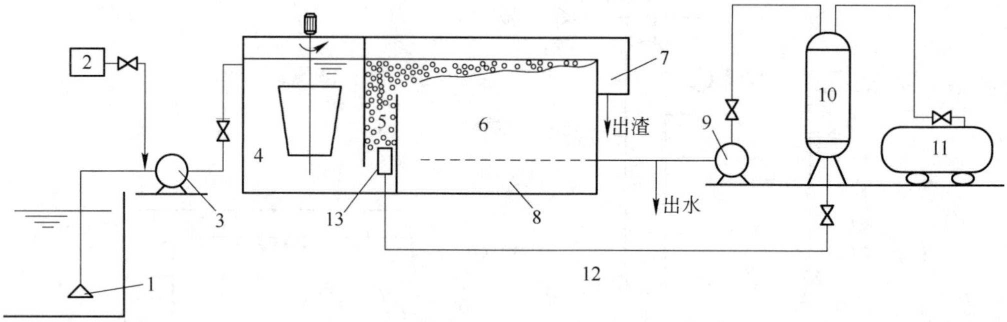

图5-11 部分回流水加压溶气气浮工艺流程

1—原水取水口;2—絮凝剂投加设备;3—原水泵;4—絮凝池;5—气浮接触室;6—气浮分离室;
7—排渣槽;8—集水管;9—回流水泵;10—压力溶气罐;11—空气压缩机;
12—溶气水管;13—溶气释放器

大(一般为加压泵出口压力的30%)而使能耗偏高。泵前插管进气,是在加压泵的吸水管上设置一个膨胀的插管管头,在管头轴线上沿水流方向插入1~3支90°的进气管。水泵运行时,叶轮旋转产生的负压将空气从进气管吸入,并与水一起在泵内增压、混合和部分溶解。这种供气方式简便易行、能耗低,但气水比受到一定限制,一般为5%~8%,最高不能超过10%,而且加压泵叶轮易受气蚀。

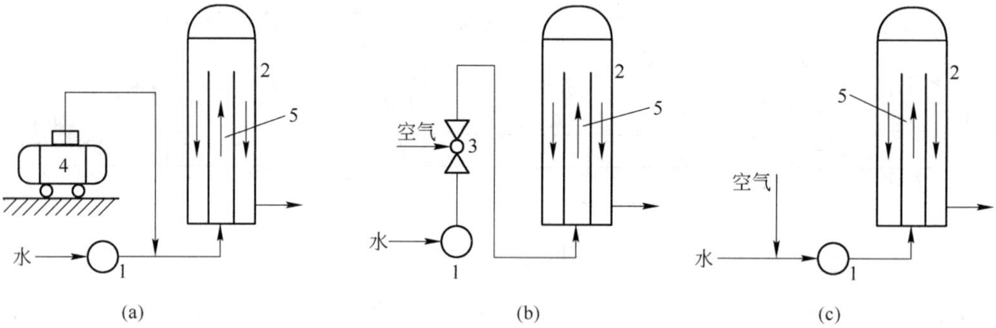

图5-12 压力溶气的三种供气方式

(a)空压机供气;(b)射流进气;(c)泵前插管进气

1—加压泵;2—溶气罐;3—射流器;4—空压机;5—套筒

以上三种供气方式的选择应视具体情况而定。一般在采用填料溶气罐时,以空压机供气为好;反之,当受水质限制而采用空罐时,为了保证较高的溶气效率,宜采用射流进气;而当有高性能的溶气释放器能保证较高的溶气利用率,且处理水量较小时,则以泵前插管进气较为简便、经济。

5.3.1.3 其他溶气气浮流程

内循环式射流压力溶气是在射流进气的基础上发展的一种新型气浮处理流程(图5-13)。这种溶气系统除保持了射流进气的气、水混合充分和溶气效率高的特点外,还能充分利用溶气罐内尚未溶解的压力空气,因而可比一般的射流进气节约30%以上的能耗,而且可用普通截止阀作为溶气释放器,对废水中的悬浮固体浓度有较大的适应能力,也能在较大的范围内调节溶气水的压力和流量,以适应不同条件的运行要求。

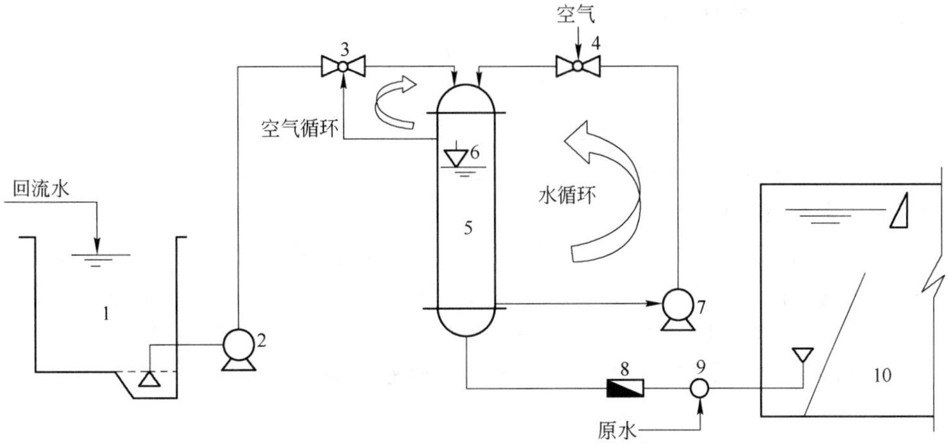

图 5-13 内循环式射流压力溶气气浮系统

1—清水池;2—加压泵;3—工作射流器;4—加气射流器;5—空气分离及饱和罐;6—水位自控器;7—循环加气水泵;8—溶气释放器;9—混合器;10—气浮池

浅池气浮(air flotation device with shallow tank)为一种新型高效气浮装置。池体为圆形,利用旋转布水器布水,水从管内反向喷出,当水流速率与旋转速率相同时,水流相对池壁速度为零,使得水中的颗粒在静态下上浮,同时气浮池的有效水深仅为 400 ~ 500 mm,因此,不仅分离时间可大为缩短(停留时间 2 ~ 3 min),分离效率也可提高。对浅池气浮装置的技术要求可参考相关的环境保护装备标准。

5.3.2 压力溶气气浮的主要设备及其设计计算

压力溶气气浮装置由水泵、空气压缩机(射流溶气气浮装置为射流器)、压力溶气罐、溶气水释放控制阀、释放器、刮渣机、电气控制箱、流量计和气浮池等构成。下面就主要设备的设计计算进行介绍。

5.3.2.1 实际供气量及空压机选型

气浮过程所需释气量取决于废水中的悬浮物性质和浓度。由气固比 A/S 的定义可得下式所示的关系:

$$\frac{A}{S}=\frac{Q_r C_s(fp-1)\times 1000}{QS_a} \tag{5-7}$$

式中 A/S——气固比,L(空气)/kg(SS);

Q,Q_r——分别为入流废水和溶气用水流量,m^3/h;

C_s——98 kPa 压力和指定温度下空气在水中的平衡溶解量,mL/L;

f——溶气水中的空气饱和系数;

p——溶气绝对压力,kPa;

S_a——入流废水中的 SS 浓度,mg/L。

由式(5-7)可求得加压溶气用水的需用量 Q_r,并按下式计算实际供气量 Q_a(L/h):

$$Q_a=\frac{Q_r K_T p}{\eta} \tag{5-8}$$

式中 K_T——空气在水中的溶解度系数,$L/(kPa\cdot m^3)$;

η——溶气效率,%。

空压机所需额定气量 Q'_a(m^3/min)为

$$Q'_a = \psi \frac{Q_a}{60 \times 1000} \tag{5-9}$$

式中 ψ——空压机安全效率系数,一般取1.2~1.5。

按 Q'_a 和溶气压力及输气管路阻力降,即可进行空压机选型。

5.3.2.2 溶气释放器

目前国内常用的溶气释放器为TS型、TJ型、TV型、SV型、SD型和GTV型等高效溶气释放器(图5-14)。这些释放器具有释气完善、能在较低压力下工作、释出的气泡微细等特点。溶气压力在0.15 MPa以上时,可释出溶气量的99%左右;在溶气压力0.2 MPa以上时,即能取得良好的处理效果。释放的气泡平均直径为20~40 μm,气泡密集,附着性能良好。

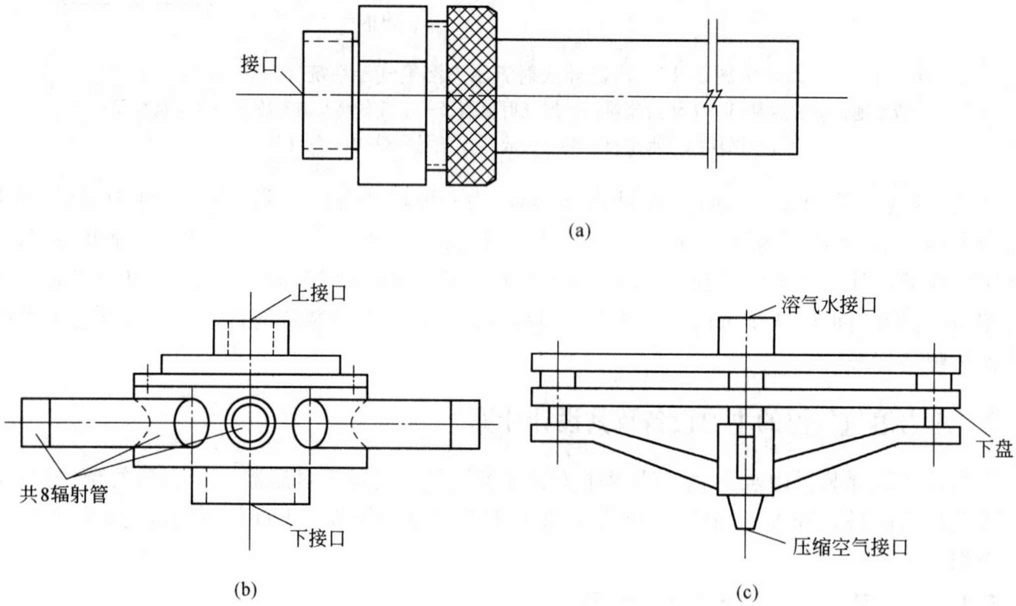

图5-14 溶气释放器

(a) TS型;(b) TJ型;(c) TV型

5.3.2.3 射流器

射流器由几个不同长度的锥管连接而成(图5-15)。各部分尺寸计算如下。

(1) 喷嘴。喷嘴直管段直径 d'_0(m)按管内水速为2.5~3.5 m/s计算。直管段长度以满足安装要求为限。

由 $Q_a=\mu W_0\sqrt{2gh}$,故可求得喷嘴口截面积 W_0(m^2)。μ 为流量系数,取0.95;h 为管嘴阻力降(10 kPa),如取水压为400~450 kPa(表压),吸气室压力为50 kPa(绝压),则 h 为450~500 kPa(绝压)。进而由 W_0 计算 d_0(m)。喷口处应有 $\delta=d_0/2$ 的直管段,作为喷嘴与收缩管之间的间隙。

如喷嘴锥角 α_0 取75°,则喷嘴锥管段长 $L_0(\text{m})=(d'_0-d_0)/2\cot\alpha_0$。

(2) 混合管(喉管)。喉管截面积 W_2 与 W_0 之比为2:1,则喉管直径 $d_2=\sqrt{2}\,d_0$。其长度 L_2(m)按 $L_2=Kd_2$ 计算,系数 K 取10~20。

(3) 收缩管。喷嘴锥管端至喉管口的距离应等于喷嘴的喷射长度,此长度 $L'=\delta+L_1=$

0.5$d_0\cot\alpha_0$，故收缩长度 $L_1=0.5d_0(\cot\alpha_0-1)$。设收缩管锥角为 α_1，则收缩口直径 $d_1=2L_1\tan\alpha_1+d_2$，α_1 取 30°。

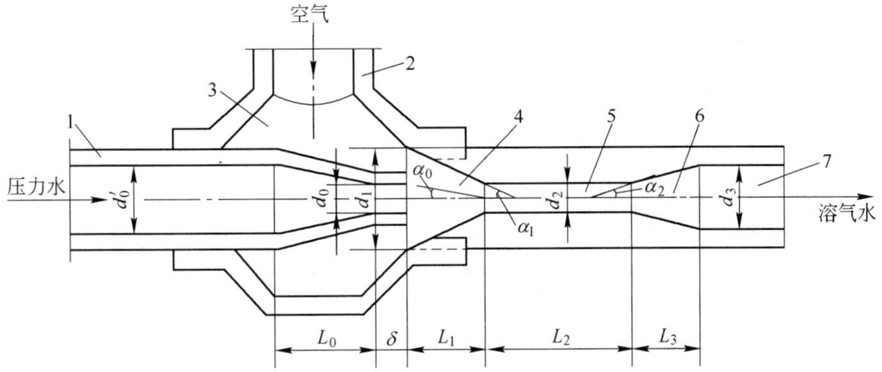

图 5-15　射流器的结构尺寸

1—喷嘴；2—吸气管；3—吸气室；4—收缩管；5—混合管；6—扩散管；7—尾管

（4）扩散管。设扩散管锥角为 α_3，其截面积 W_3 与 W_2 之比为 3:1，则其直径 $d_3=\sqrt{3}d_2$，其长 $L_3=\dfrac{d_3-d_2}{2\cot\alpha_3}$，$\alpha_3$ 取 15°。

5.3.2.4　泵前插管接头

泵前插管进气的吸气管头常设计为图 5-16 所示的结构。图中尺寸数值为处理量 3000 m^3/d，回流比为 30% 的气浮处理系统所使用的管头尺寸。对于其他规模，在已知水泵吸入口直径 D 后，取膨胀段直径为 $(2\sim3)D$ 即可。在进气量 Q_a、气速 v 和进气管数目 n 确定后，进气管直径由 $d=\sqrt{4Q_a/n\pi v}$ 计算，n 常取 2～3（根）。

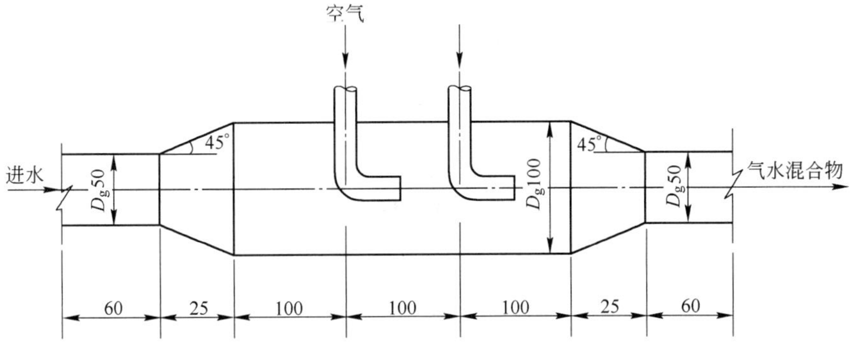

图 5-16　泵前插管吸气管头结构尺寸

5.3.2.5　溶气罐

压力溶气罐的直径 D（m）可按下式计算。

$$D=\sqrt{\frac{4Q_r}{\pi I}} \tag{5-10}$$

式中　Q_r——溶气水量，m^3/h；

I——溶气罐的水力负荷，$m^3/(m^2\cdot h)$，对填料罐一般取 100～200 $m^3/(m^2\cdot h)$。

压力溶气罐高度 Z(m)的计算为：

$$Z = 2Z_1 + Z_2 + Z_3 + Z_4 \tag{5-11}$$

式中 Z_1——罐顶、底的封头高度(m)；

Z_2——布水区高度(m)，一般取0.2～0.3 m；

Z_3——贮水区高度(m)，一般取1.2～1.4 m；

Z_4——填料层高度，当采用阶梯环时，可取1.0～1.3 m。

目前，溶气罐已有若干系列的定型产品供选用。为了保证溶气罐的稳定运行和减轻操作强度，溶气罐应设液位自动控制装置。底部设置排水口，同时设置水位计和溶气水取样口。溶气罐的压力及回流比，应根据原水气浮试验情况或参照相似条件下的运行经验确定，压力溶气罐的工作压力一般为0.25～0.4 MPa；回流比可采用5%～10%。溶气释放器的型号及个数应根据单个释放器在选定压力下的流量及作用范围确定。

5.3.2.6 气浮池

气浮池(flotation tank)可分为平流式和竖流式两种基本形式(图5-17)。二者都用隔墙分为接触室和分离室两个区域。接触室也称捕捉区，是溶气水与废水混合、微气泡与悬浮物粘附的区域。分离室也称气浮区，是悬浮物以微气泡为载体上浮分离的区域。平流式气浮池是目前采用较多的一种形式，其特点是池深浅、造价低、管理方便，但与后续滤池在高度上不易匹配；竖流式气浮池池体高度较大，接触室位于池体中心部位，水流向四周扩散，水流条件比平流式的单侧出流要好，在高程上也容易与后续滤池相配合。下面以平流式气浮池为例，介绍其设计计算方法。

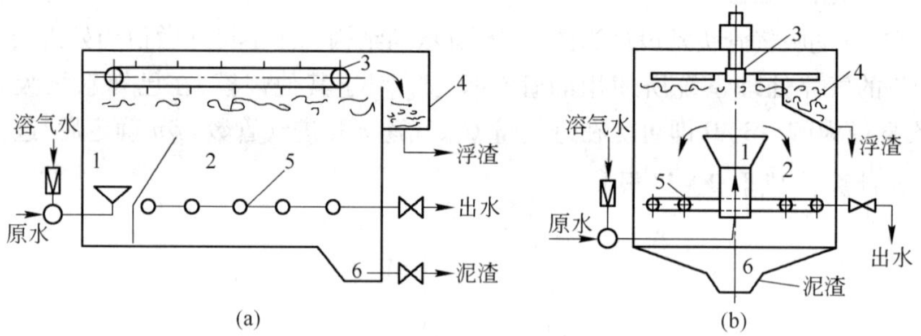

图5-17 气浮池结构

(a) 平流式；(b) 竖流式

1—接触室；2—分离室；3—刮渣机；4—浮渣槽(室)；5—集水管；6—集泥斗(坑)

(1) 接触室平面面积 A_c(m^2)按下式计算：

$$A_c = \frac{Q + Q_r}{v_c} \tag{5-12}$$

式中 Q——气浮池设计流量，m^3/s；

Q_r——溶气水流量，m^3/s；

v_c——接触室内水流上升平均速度，m/s，一般取10～20 mm/s。

水流在接触室内的停留时间不宜小于60 s；

(2) 分离室表面积 A_s(m^2)按下式计算：

$$A_s = \frac{Q + Q_r}{v_s} \tag{5-13}$$

式中 v_s——分离室内水流向下平均速度，m/s，一般取1.5～2.0 mm/s。

（3）水深 H(m)按下式计算：

$$H = v_s t \tag{5-14}$$

气浮池的有效水深一般取2.0～3.0 m,池中水力停留时间一般为15～30 min;气浮池个数以2～4座为宜,以并联方式运行。气浮池的长宽比无严格要求,一般以单格宽度 B 不超过10 m,池长 L 不超过15 m为宜。为避免打碎絮体,絮凝池宜与气浮池连建。进入气浮接触室的水流尽可能分布均匀,流速一般控制在0.1 mm/s。气浮池宜采用刮渣机排渣,池宽应与刮渣机的跨度相匹配,刮渣机的行车速度不宜大于5 m/min。

（4）气浮池总高 H(m)按下式计算：

$$H = h_1 + h_2 + h_3 \tag{5-15}$$

式中　h_1——保护高度,取0.4～0.5 m;

h_2——有效水深,m;

h_3——池底安装集水管所需高度,取0.4 m。

气浮池底应以0.01～0.02的坡度坡向排污口(或由两端坡向中央),排污管进口处应设集泥坑。浮渣槽应以0.03～0.05的坡度坡向排渣口。穿孔集水管常用 ϕ200的铸铁管,管中心线距池底250～300 mm,相邻两管中心距为1.2～1.5 m,沿池长方向排列。每根集水管应单独设出水阀,以便调节出水量和在刮渣时提高池内水位。

习题和思考题

5-1　按照水中悬浮物的性质,浮力浮上法有哪几种具体的处理方法?试述它们各自的特点和适用对象。

5-2　试比较压力溶气气浮三种供气方式的优缺点和适用场合。

5-3　什么是微气泡与微絮粒的共聚粘附,如何实现共聚粘附?

5-4　今拟用平流式隔油池处理流量为60 m^3/h的某含油废水。已知废水在池内的流速为12 mm/s,要求除去废水内粒径大于60 μm的可浮油,浮油密度为0.87 g/cm^3。试确定该隔油池上浮区的结构尺寸。

5-5　今用部分回流水加压溶气气浮流程处理某厂纸浆白水。已知废水流量为160 m^3/h,原水中纸浆纤维SS为160 mg/L,处理后要求不大于10 mg/L。经技术经济比较,确定采用空压机供气和折流板空罐溶气,溶气罐的水力负荷为60 m^3/(m^2·h),溶气压力为294 kPa(表压)。气固比 A/S = 20 L/kg(SS),水温为20℃。试计算:(1)空压机额定供气量;(2)溶气罐结构尺寸;(3)气浮池结构尺寸。

6 不溶态污染物的其他分离方法

6.1 阻力截留法

阻力截留法是指利用处理设施对悬浮污染物形成的机械阻力，将悬浮物从水中截留下来的处理方法。它包括格栅(grid)截留、筛网(screen)阻隔和微孔过滤(micropore filtration)。

6.1.1 格栅

格栅是用一组平行的刚性栅条制成的框架，可以用它来拦截水中的大块漂浮物。格栅通常倾斜架设在其他处理构筑物之前或泵站集水池进口处的渠道中，以防漂浮物阻塞构筑物的孔道、闸门和管道或损坏水泵等机械设备。因此，格栅起着净化水质和保护设备的双重作用。

格栅的栅条多用50 mm×10 mm或40 mm×10 mm的扁钢或ϕ10 mm的圆钢制作。扁钢的特点是强度大，不易弯曲变形，但水头损失较大；而圆钢则正好相反。栅条间距随被拦截的漂浮物尺寸的不同，分为细、中、粗三种。细格栅的栅条间距为3～10 mm，中格栅和粗格栅分别为10～25 mm和50～100 mm。

被拦截在栅条上的栅渣有人工和机械两种清除方式。小型水处理厂采用人工清渣时，格栅的面积应留有较大的裕量，以免操作过于频繁。在大型水处理厂中采用的大型格栅，则必须采用机械自动清渣。每日栅渣量大于1t的格栅，还应附设破碎机，以便将栅渣就地粉碎后再与污泥一并处理。

图6-1是一种链条式机械清渣格栅。链条用电动机经减速机驱动作回转运动。齿耙固定在两排链条之间，耙齿伸入栅条间隙内将栅渣上提，再由刮渣器刮至料斗或输送带。

格栅设计的主要内容是确定格栅及其所架设的渠段的各部尺寸。

(1) 格栅间隙数n按下式计算：

$$n=\frac{Q\sin\theta}{bvh} \tag{6-1}$$

式中 Q——废水设计流量，m^3/s；

θ——格栅安装倾角，一般取60°～75°；

h——格栅前渠内水深，m，一般为0.3～0.5 m；

b——栅条间隙宽度，m，人工清渣时取0.025～0.04 m，机械清渣时取0.01～0.025 m；

v——水流过栅流速，m/s，一般取0.6～1.0 m/s。

(2) 栅渠尺寸。为了防止栅前渠道内出现阻流回水现象，架设格栅的渠段宽度应由进水渠的B_1加宽至B_2(图6-2)，并在栅前、栅后分别保持0.5 m和1.0 m的直线距离。栅渠前有扩大段L_1，栅渠后有收缩段L_3，渐宽部分展开角α取20°～30°。

栅渠格栅段宽度B_2(m)按下式计算：

$$B_2=S(n-1)+nb \tag{6-2}$$

式中 S——栅条宽度或直径，m，一般取10～20 mm。

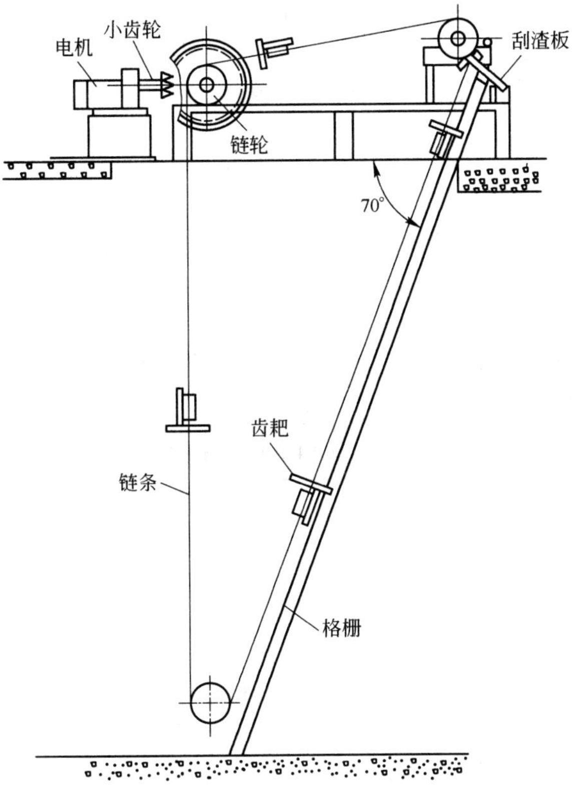

图 6-1 链条式机械清渣格栅

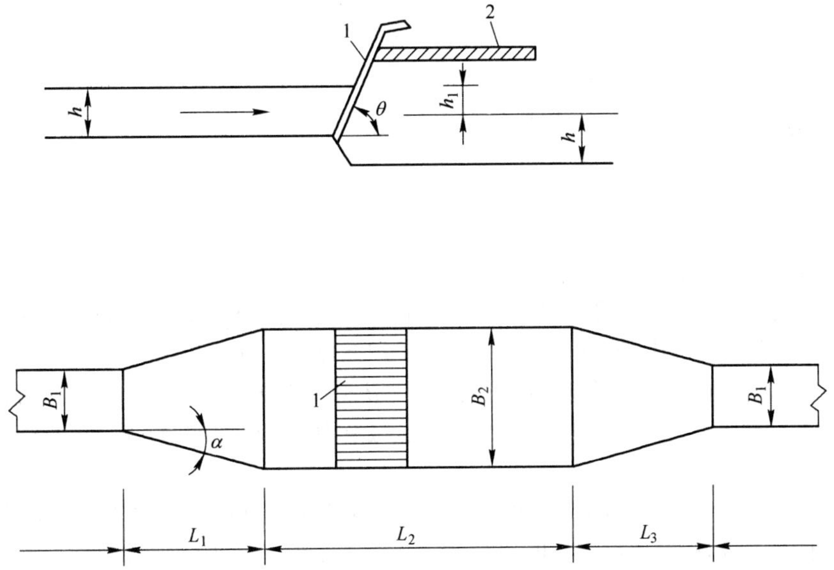

图 6-2 格栅结构尺寸

栅前扩大段长 L_1（m）按下式计算：

$$L_1 = \frac{B_2 - B_1}{2\tan\alpha} \tag{6-3}$$

式中　B_1——进水水渠宽，m，由渠内水速0.4～0.9 m/s及水深 h 计算，一般为0.3～0.5 m。

栅后收缩段长 $L_3=0.5L_1$。

(3) 水通过格栅的水头损失 h_1(m)按下式计算：

$$h_1=Kh_0=K\xi\frac{v^2}{2g}\sin\theta \tag{6-4}$$

式中　h_0——计算水头损失，m；

K——格栅被栅渣阻塞而使水头损失增大的系数，一般取3，或按 $K=(3.36v-1.32)$ 求定；

g——重力加速度，m/s^2；

ξ——格栅局部阻力系数，其值按表6-1所列公式和数据计算。

表6-1中 β 为栅条形状系数；ε 为收缩系数。

表6-1　格栅局部阻力系数 ξ

栅条断面形状	ξ 的计算公式	β 和 ε 取值
锐边矩形 迎水面为半圆的矩形 圆形 迎、背水面均为半圆的矩形	$\xi=\beta\left(\frac{S}{b}\right)^{4/3}$	$\beta=2.42$ $\beta=1.83$ $\beta=1.79$ $\beta=1.67$
正方形	$\xi=\left(\frac{b+S}{\varepsilon b}-1\right)^2$	$\varepsilon=0.64$

(4) 湿栅渣量 W(m^3/d)按下式计算：

$$W=\frac{QG_s\times86400\times100}{K_f(100-p)\gamma\times10^3} \tag{6-5}$$

式中　G_s——废水中可被格栅拦截的漂浮物量，kg/m^3；

K_f——废水流量变化系数；

p——湿栅渣含水率，%，一般取80%；

γ——栅渣容重，kg/m^3，可取960 kg/m^3。

6.1.2　筛网

筛网主要用于截留粒度在数毫米至数十毫米的细碎悬浮态杂物，尤其适用于分离和回收废水中的纤维类悬浮物和食品工业的动、植物残体碎屑。这类污染物容易堵塞管道、孔洞或缠绕于水泵叶轮。用筛网分离，则具有简单、高效、运行费用低廉等优点。

筛网通常用金属丝或用化学纤维编织而成，其形式有转鼓或转盘式、振动式、回转帘带式和固定式斜筛等多种。不论何种形式，其结构要既能截留污物，又便于卸料和清理筛面。筛孔尺寸可根据需要由0.15 mm至1.0 mm不等。

图6-3为一种水力回转筛的结构示意图，它由旋转锥筒筛和固定筛组成。旋转筛的小头端用不透水的材料制成，内壁装设固定的导水叶片。当进水射向导水叶片时，便推动锥筒旋转，悬浮物被筛网截留，并沿斜面卸到固定筛上进一步脱水。水则穿过筛孔，流入集水槽。图6-4所示为从纸机白水中回收纸浆纤维的固定式斜筛。筛面用0.37～0.8 mm尼龙丝网或铜丝网张紧在金属框架上制成，以60°～75°的倾角架设在支座上。白水经沉砂槽除去泥砂后，由配水槽经溢流堰均匀地沿筛面流下。水中的纸浆纤维被截留于筛面，并沿筛面落入滤水槽滤水后作为“良浆”回收，水则穿过筛孔经集水槽去气浮处理。筛面用人工或机械定期清洗。

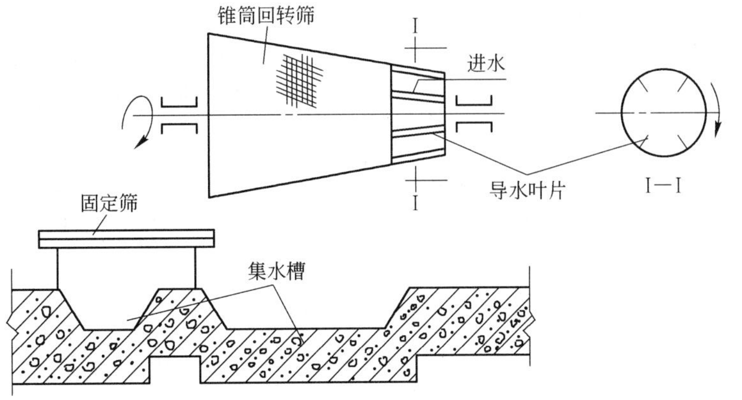

图 6-3　水力回转筛结构示意图

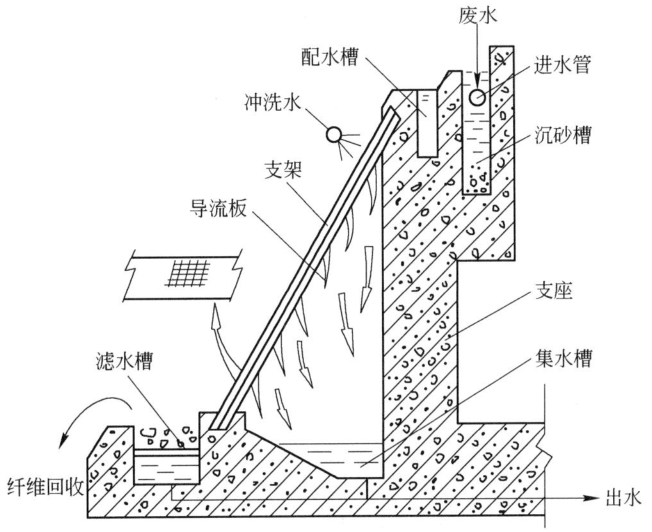

图 6-4　固定式斜筛

6.1.3　微滤

微滤是微孔介质过滤的简称。它是一种用多孔材料制成的整体型微孔管或微孔板来截留水中的固态细微悬浮物的水处理方法。

目前常用的微孔滤料有多孔陶瓷、多孔聚氯乙烯树脂及多孔泡沫塑料等。过滤机所使用的呢绒、帆布等也属于微孔滤料的范畴。微孔滤料适用于截留没有絮凝性的无机杂质。

微孔过滤的方式有加压过滤和减压过滤两种。滤管和滤板一般按废水流量大小装配成组。废水可由里向外或由外向里流动，处理负荷一般在 1 ~ 2 $m^3/(m^2 \cdot h)$。滤饼用压缩空气吹脱，空气和反洗水压力为 196 ~ 294 kPa。

6.2　离心力分离法

6.2.1　离心力分离原理

物体高速旋转时，产生离心力场。利用离心力分离废水中密度与水不同的悬浮物的处理方法，就是离心力分离法（centrifugal separation）。

使废水作高速旋转时，密度大于水的悬浮固体被抛向外围，而密度小于水的悬浮物（如乳化油）则被推向内层。如将水和悬浮物从不同的出口分别引出，即可使二者得以分离。废水在高速旋转过程中，悬浮颗粒同时受到两种径向力的作用，即离心力和水对颗粒的向心推力。设颗粒和同体积水的质量分别为 m_p 和 m_1（kg），旋转半径为 r（m），角速度为 ω（rad/s），则颗粒受到的离心力和径向推力分别为 $m_p\omega^2r$ 和 $m_1\omega^2r$（N）。此时，颗粒所受的净离心力 F_c（N）为二者之差，即

$$F_c=(m_p-m_1)\omega^2r \tag{6-6}$$

而该颗粒在水中的净重力 $F_g=(m_p-m_1)g$。若以 n 表示转速（r/min），并将 $\omega=2\pi n/60$ 代入上式，以 f 表示颗粒所受离心力与重力之比，则有

$$f=\frac{F_c}{F_g}=\frac{\omega^2r}{g}\approx\frac{rn^2}{900} \tag{6-7}$$

式中，f 称为（离心设备的）分离因素，是衡量离心设备分离性能的基本参数。在旋转半径 r 一定时，f 值随转速 n 的平方急剧增大，例如，当 $r=0.2$ m，$n=500$ r/min 时，$f\approx56$；而当 $n=3000$ r/min 时，则 $f\approx2000$。可见，在离心分离中，离心力对悬浮颗粒的作用远远超过了重力，从而极大地强化了分离过程。

另外，根据颗粒随水旋转时所受到的向心力与水的反向阻力平衡的原理，可导出粒径为 d_p（m）的颗粒的稳定分离速度 u_c（m/s）为

$$u_c=\frac{\omega^2r(\rho_p-\rho_1)d_p^2}{18\mu} \tag{6-8}$$

式中 ρ_p，ρ_1——分别为颗粒和水的密度，kg/m³；

μ——水的动力黏度，Pa·s。

式（6-8）中，$\rho_p>\rho_1$ 时，μ_c 为正值，颗粒被抛向周边；当 $\rho_p<\rho_1$ 时，颗粒推向中心。在离心分离设备中，能进行离心沉降和离心浮上两种操作。

6.2.2 离心分离设备及其设计计算

按照产生离心力的方式不同，离心分离设备可分为水旋和器旋两类。前者如水力旋流器、旋流沉淀池，其特点是器体固定不同，而由沿切向高速进入器内的物料产生离心力；后者指各种离心机，其特点是由高速旋转的转鼓带动物料产生离心力。

6.2.2.1 水力旋流器

水力旋流器（hydrocyclone）简称水旋器，有压力式和重力式两种。压水式水力旋流器是借进水压能和速度头产生离心力。水力旋流器由钢板或其他耐磨材料制成，其构造如图 6-5 所示。上部是直径为 D 的圆筒，下部是锥角为 θ 的截头圆锥体。进水管以渐收方式与圆筒以切向连接。

当物料借水泵提供的能量以 6～10 m/s 的流速切向进入圆筒后，沿器壁形成向下作螺旋运动的一次涡流，其中直径和相对密度较大的悬浮固体颗粒被甩向器壁，并在下旋水流推动和重力作用下沿器壁下滑，在锥底形成浓缩液连续排除。其余液流则向下旋流至一定程度后，便在愈来愈窄的锥壁反向压力作用下改变方向，由锥底向上作螺旋形运动，形成二次涡流，经溢流管进入溢流筒后，从出水管排除。另外，在水旋器中心，还形成一束绕轴线分布的自下而上的空气涡流柱。流体在器内的上述流动状态如图 6-6 所示。

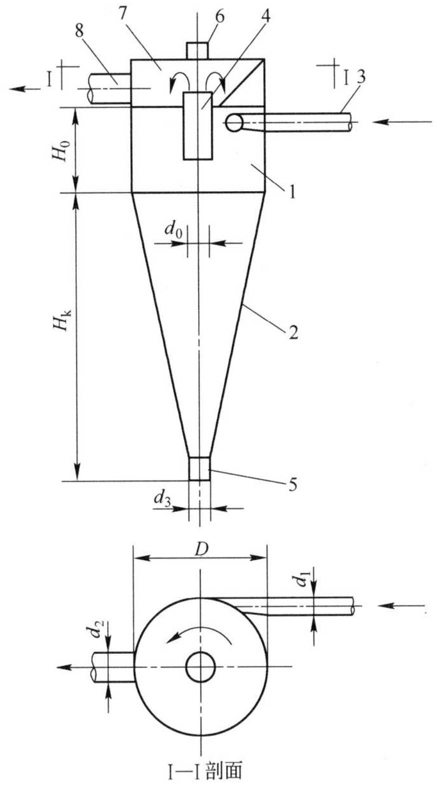

图 6-5　水力旋流器的构造

1—圆筒;2—圆锥体;3—进水管;4—溢流管;5—排渣口;
6—通气管;7—溢流筒;8—出水管

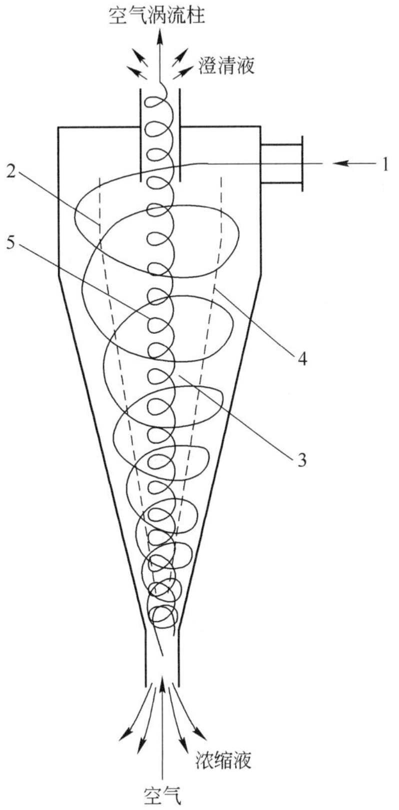

图 6-6　物料的水力旋流器内的流动情况

1—入流;2—一次涡流;3—二次涡流;
4—零锥面;5—空气涡流柱

水力旋流器计算设计的一般程序是:首先确定各部结构尺寸,然后求出处理水量和极限粒径,最后根据水的处理量确定设备台数。

(1) 确定各部结构尺寸。各部尺寸的相对关系对分离效果有决定性影响。一般以圆筒直径和锥体锥角作为基本尺寸,再按以下关系确定其他尺寸:设圆筒直径为 D,则圆筒高度 $H_0 = 1.70D$;锥体锥角 θ 取 $10° \sim 15°$;中心溢流管直径 $d_0 = (0.25 \sim 0.3)D$;锥底直径 $d_3 = (0.5 \sim 0.8)d_0$;锥体高度 $H_k = (D - d_3) / 2\tan\theta$;进水管直径 $d_1 = (0.25 \sim 0.4)D$;出水管直径 $d_2 = (0.25 \sim 0.5)D$。水旋器的圆筒直径不宜超过 500 mm。如果处理水量较大,应设多台并联使用。

水力旋流器的设计还应注意以下细节:进水口应紧贴器壁,并制作为高宽比为 1.5 ~ 2.5 的矩形;进水管轴线应下倾 3° ~ 5°,以加强水流的下旋运动;溢流管下缘与进水管轴线的距离以等于 $H_0/2$ 为佳;为保持空气柱内稳定的真空度,排水管不能满流工作,因此,应使 $d_2 > d_0$,并在器顶设置通气管,以平衡器内压力和破坏可能发生满流时的虹吸作用;排渣口径宜取小值,以利提高浓缩液浓度;进口易被磨损,应用耐磨材料制作,且能快速更换,以便调节口径和检修。

(2) 水处理量计算。水旋器的处理水量按下式计算:

$$Q = K_f D d_0 \sqrt{\frac{\Delta p}{10}} \tag{6-9}$$

式中　Q——处理水量,L/min;

K_f——流量系数，按 $K_f = 5.5d_1/D$ 计算；

D, d_0——分别为圆筒和中心溢流管直径，cm；

Δp——进出口水压差，kPa，一般取 98～196 kPa。

（3）被分离颗粒的极限尺寸。水旋器的分离效率与设备结构、颗粒性质、进水水压及黏度等一系列因素有关。在其他条件基本不变的情况下，分离效率随颗粒直径的增大而急剧增大。分离效率为50%时能被分离的最小颗粒的直径为极限直径，它是衡量水旋器分离效果的重要指标之一。极限尺寸愈小，说明分离效果愈好，达到一定分离效率时的处理水量也愈大。

当悬浮固体颗粒以较小的速度（$Re < 1$）作径向运动时，被分离颗粒的极限直径 d_c（cm）可由下式计算：

$$d_c = 0.75\frac{d_1^2}{\varphi}\sqrt{\frac{0.1\pi\mu}{Qh(\rho_s - \rho_1)}} \tag{6-10}$$

式中　d_1——进水管直径，cm；

μ——水的动力黏度，Pa·s；

φ——水流切向速度变化系数，其值按 $\varphi \approx 0.1D/d_1$ 计算；

h——中心流束的高度，cm，其值约为水旋器锥体高度的2/3，即 $h = (D - d_3)/3\tan\theta$；

Q——水旋器进水流量，cm^3/s；

ρ_s, ρ_1——分别为颗粒和水的密度，g/cm^3。

当固体颗粒以较大的速度（$Re = 1 \sim 30$）运动且空气柱直径为 d（cm）时，d_c 值可按下式计算：

$$d_c = \frac{0.83}{h}\sqrt[3]{\frac{0.1d^8\mu\rho_1}{\varphi^4 Q(\rho_s - \rho_1)}} \times \frac{d_0^{5/3} - d^{5/3}}{d_0 - d} \tag{6-11}$$

水力旋流器具有体积小、结构简单、处理能力大、便于安装检修等优点，因而很适用于各类小流量工业废水和高浊度河水中氧化铁皮、泥砂等相对密度较大的无机杂质的分离。

用重力式水力旋流器（又称水力旋流沉淀池）处理废水时，废水也是切向进入器内，并借助进、出水的压力差在器内作旋转运动。在这种旋流器中，离心力的作用并不重要，颗粒的分离基本上是由重力决定的。

旋流沉淀池有周边旋流配水和中心筒旋流配水两种。图6-7为处理轧钢废水的周边配水式旋流沉淀池的一个例子。废水经进水管沿切向进入沉淀池底部，并以螺线形上升，在重力和离心力的作用下，水中的氧化铁皮被抛向池壁并滑向池底，定期由抓斗卸出。上升的废水绕过挡油板，经溢流堰排至环形吸水井，并由吸水泵输出。水中的浮油由吸油器经油泵抽入贮油槽，或直接送往回收设备。

周边配水式水力旋流沉淀池的计算方法有以下两种：

（1）经验公式计算法。水流上升速度 u（m/s）按下式计算：

$$u = B(30.5 - 5\lg 0.134Q) \times (1 + 12\Delta E_s) \tag{6-12}$$

式中　Q——废水流量，m^3/h；

B——水量分配不均匀系数，取0.9；

E_s——SS去除率，$\Delta E_s = 0.95 - E_s$。

求得 u 值后，按 $A = Q/u$ 计算沉淀池表面积 A，再按图6-7所示比例确定其余各部结构尺寸。

（2）表面负荷计算法。取表面负荷 q 值为 25～30 $m^3/(m^2 \cdot h)$，再按 $A = Q/q$ 计算表面积 A。

旋流沉淀池的有效水深 H_0（即进水管轴线到溢流堰顶的高度）通常按停留时间为15～

20 min计算，也可按 $H_0=(0.8\sim1.2)D$ 计算（D 为沉淀池直径）。沉淀池的缓冲高度（即进水管与沉渣面之间的距离）采用0.8 ~1.0 m。进水管向下倾斜1° ~ 5°，管嘴流速 $v=0.9\sim1.1$ m/s。

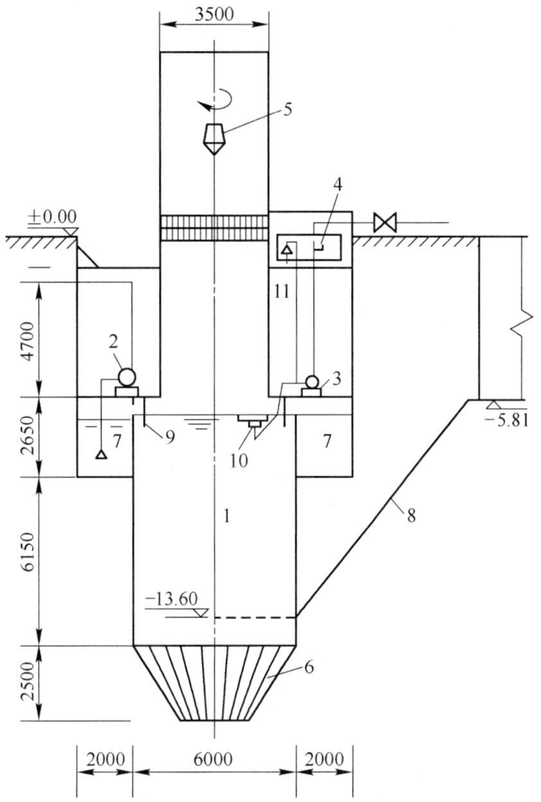

图6-7　周边配水式旋流沉淀池

1—池体；2—水泵；3—油泵；4—贮油池；5—抓斗；6—护底钢轨；7—吸水井；8—进水管；9—挡油板；10—吸油器；11—回水器

中心筒旋流配水式沉淀池的结构与竖流式沉淀池相似。废水切向进入中心旋流筒后，从底部配入沉淀池。沉淀池直径较大时，需设径向集水槽。

水力旋流沉淀池被广泛用于回收轧钢废水中的氧化铁皮和可浮油，回收率可达90% ~95%，出水可循环使用。

6.2.2.2　离心机

离心机（centrifuge）的种类和形式很多。按分离因素的大小，可分为高速离心机（$f>3000$）、中速离心机（$f=1000\sim3000$）和低速离心机（$f<1000$），中、低速离心机（又统称常速离心机）；按转鼓几何形状的不同，可分为转筒式、管式、盘式和板式离心机；按操作过程可分为间歇式和连续式离心机；按转鼓的安装角度，则分为立式和卧式离心机。中、低速离心机多用于分离纤维类悬浮物和污泥脱水等液固分离，而高速离心机则适用于分离乳化油和蛋白质等密度较小的细微悬浮物。

（1）常速离心机。用常速离心机进行液固分离的基本要求是悬浮物与水有较大的密度差。其分离效果主要取决于离心机的转速及悬浮物密度和粒度的大小。国内某些厂家采用转筒式连续离心机进行污泥脱水或从废水中回收纤维类物质，可使泥饼的含水率降低到80%左右，纤维回收率可达60% ~70%。

常速离心机还有一类间歇式过滤离心机。其转鼓壁上钻有小孔,鼓内壁衬以滤布。转鼓旋转时,注入鼓内的废水在离心机的作用下被甩向鼓壁,并透过滤布从圆孔溢出鼓外,而悬浮物则被滤布截留,从而以离心分离和阻力截留的双重作用完成液固分离过程。

(2) 高速离心机。高速离心机有管式和盘式等类型,主要用于分离乳浊液中的有机分散物质和细微悬浮固体,如从洗毛废水回收羊毛脂,从淀粉麸质水中回收玉米蛋白质等。

图6-8 为一种盘式离心机的转筒结构示意图。它是在转鼓中加设一组锥角为30° ~50°的圆锥形金属盘片,盘片之间形成0.4 ~1.5 mm 的窄缝。这样不但增大了分离面积,缩短了悬浮物分离时所需的移动距离,而且有减少涡流形成的作用,从而提高了分离效率。离心机运行时,乳浊液沿中心管自上而下进入下部的转鼓空腔,并由此进入锥形盘分离区。在5000 r/min 以上的高速离心机作用下,乳液中的重组分(水)被甩向器壁,汇集于重液出口排出;轻组分则沿盘间锥形环状窄缝上升,汇集于轻液出口排出。

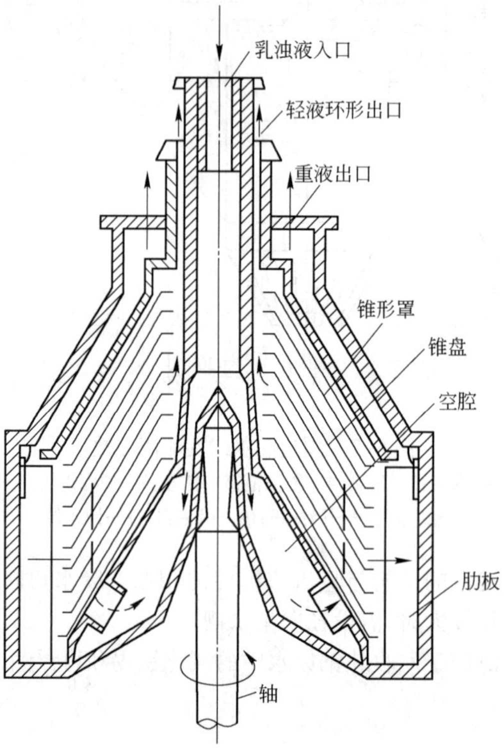

图6-8 盘式离心机的转筒结构

6.3 磁力分离法

磁力分离(magnetic separation),是借助外加非均匀磁力将水中的磁性悬浮物吸出而分离的水处理方法。与传统的液固分离方法相比,磁力分离具有处理能力大、效率高和设备紧凑等优点。它不但已成功地应用于钢铁工业废水中磁性悬浮物的分离,而且经过适当的辅助处理之后,还能用于其他工业废水、城市污水和地面水的处理。

6.3.1 磁力分离原理

磁体磁力作用的空间称为磁场(magnetic field)。磁场的强弱用磁场强度 H(A/m)或磁感应强度 B(T)来衡量。磁场有均匀磁场和非均匀磁场之分。磁场的不均匀性用磁场梯度 $\mathrm{d}H/\mathrm{d}l$ 或 $\mathrm{d}B/\mathrm{d}l$ 表示,其意义是磁场强度或磁感应强度在单位长度上的变化率(A/m^2)。

物质在外磁场的作用下会被磁化而产生附加磁场,其磁场强度 H' 与磁场强度 H 的向量和即为磁介质内部的磁场强度或称磁感应强度,H' 的方向与 H 相同,也可以相反。H' 与 H 方向相同的物质称为顺磁性物质,相反的称反磁性物质。顺磁性物质中,铁、钴、镍等及其合金的 H' 要比 H 大得多,且附加磁场强度不随外磁场的消失而立即消失,这类物质称为铁磁性物质。由于物质的磁化强度 I 与外磁场强度 H 和该物质的磁化率 K_m 之间有 $J = K_m \cdot H$ 的关系,因此可将磁化率作为衡量物质磁化难易程度的物理量。铁磁性物质的 K_m 值都很大,它们不但很容易被磁化,而且能使原有磁场显著增强,因而在磁分离器中常作为磁化物质使用。如果废水中的悬浮物是铁磁性物质,最适于用磁力分离法去除。其余顺磁性物质的 K_m 值很小,在外磁场强度较弱时不能被明显磁化,只有采用高梯度磁分离法才能除去。反磁性物质本身的分子磁矩为零,附加磁矩又与外磁场反向,因此不能直接用磁力分离除去。

磁性粒子在外磁场中受到两种基本力,一种是磁力,另一种是机械力,其中磁力 F_m(N)为:

$$F_m = K_m VH \frac{\mathrm{d}H}{\mathrm{d}l} \tag{6-13}$$

式中 K_m——颗粒磁化率;

V——颗粒体积,m^3;

H——外磁场强度,A/m;

$\frac{\mathrm{d}H}{\mathrm{d}l}$——磁场强度,$A/m^2$。

由上式可见,增大磁力的途径是:使悬浮粒子与磁性粒子团聚,以增大 K_m 和 V;提高磁场强度和磁场梯度。在磁场强度受电耗限制的情况下,最好的方法是采用高梯度磁分离器。这种磁分离器用直流电通过激磁线圈产生背景磁场,并在分离区内装填纤维状不锈钢作为磁化物质,使磁力线在极不规则的钢毛周围发生紊乱的密集和散发,从而产生高达数百以至数千 10^{-4} T/μm 的磁场梯度,能产生比永磁分离器高几个数量级的磁力。因此,它不仅能轻易地分离铁磁性和顺磁性悬浮物,而且使磁种与悬浮物形成絮凝体后,还能有效地分离反磁性物质。

颗粒所受的机械力包括水流阻力、重力、摩擦力、惯性力和范德华引力等,其中,最主要的是水流阻力 F_d(N),$F_d = 3\pi\mu v d_s$。但在水的动力黏度 μ(Pa·s)基本不变,且水速 v(m/s)不大,颗粒直径 d_s(m)很小的情况下,始终有 $F_m > F_d$,从而能使分离过程顺利进行。

6.3.2 磁力分离设备及分离流程

按产生外磁场的方法不同,磁分离设备可分为永磁型、电磁型和超导型三类。永磁型(即普通型)应用较多的是磁盘分离机,图6-9 是该机永磁磁盘的结构示意图。磁盘底板用不锈钢板制成,直径为 800 ~ 1000 mm。在底板的两面,按极性交错、单层密排的方式粘结数百至上千块永久磁块,然后再用铝板或不锈钢板覆面。磁块的层数根据盘面场强的不同要求,常为 2 ~4 层。磁盘转动时,盘面下部浸入水中,磁性颗粒被吸到盘面上,当这部分盘面转出水面后,上面的泥渣由刮刀刮下,落入 V 形槽中送走。

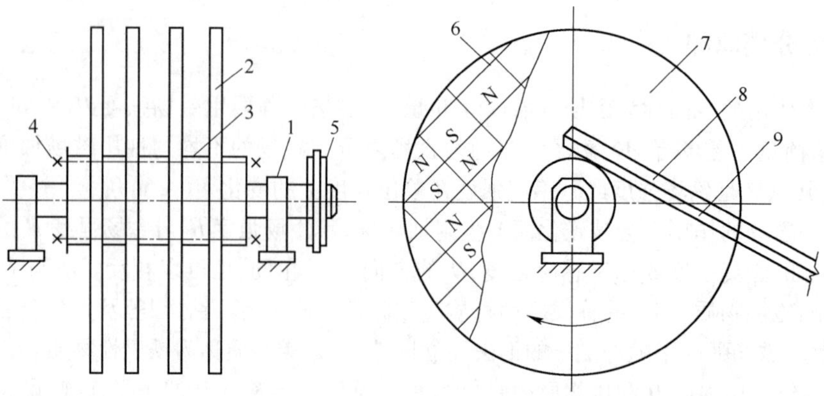

图6-9　磁盘分离机的永磁磁盘结构

1—轴承座;2—磁盘;3—铝挡圈;4—紧固螺栓;5—皮带轮;
6—永磁块;7—铝板覆面;8—刮泥刀;9—V形输泥槽

图6-10是一种投药絮凝和预磁磁聚相结合的磁盘分离流程。在混合槽中投入HPAM絮凝剂,使废水中的磁性与非磁性粒子结合为微絮粒,通过预磁器进行瞬时充磁,使微絮粒磁化,然后进入反应室,在进一步絮凝的同时,借助剩磁使颗粒与微絮粒之间产生磁聚,形成絮凝－磁聚复合体,最后在磁盘水槽中被磁盘除去。这种流程主要用于钢铁工业废水中磁性和非磁性混合悬浮物的分离。

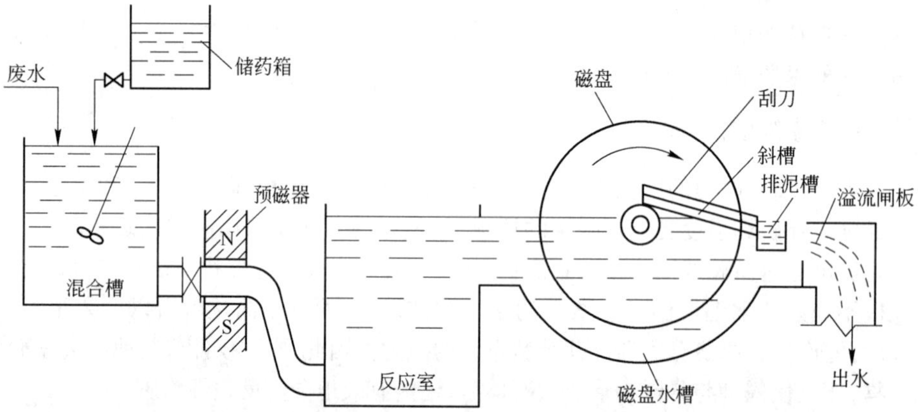

图6-10　絮凝－磁聚磁盘分离处理流程

高梯度磁力过滤器的结构如图6-11所示。其主要部件是激磁线圈和装填不锈钢毛的过滤框。在激磁线圈中通直流电,便在不锈钢毛周围形成很高的磁场梯度。过滤器的场强可按需要调节。冷却水由单独的净环系统供给,并有液流信号器进行缺水保护。反冲洗采用气、水混合脉冲式。运行程度用气动或电动阀自控转换。

用高梯度磁分离法(high gradient magnetic separation)处理钢铁废水的工艺参数实例如表6-2所示。所用的高梯度磁过滤器的直径为0.75~2.1 m,滤框高0.15 m,不锈钢毛直径10~100 μm,填充率5%~10%,SS堆积量为(0.5~5)$\times 10^3$ kg/m^3,对1 μm以上的磁性SS去除率为95%~99%。

当用高梯度磁分离法处理电镀废水、有色冶炼废水等含重金属离子废水时,需先用化学沉淀池、铁氧体法、铁盐共沉法等将金属离子转化为沉淀物。在使用化学沉淀法时,还需投加磁种和絮凝剂。国内外研究和生产实践表明，用上述方法处理含 Hg^{2+}、Cd^{2+}、Cr^{6+}、Pb^{2+}、Cu^{2+} 和 Zn^{2+} 的废水，分离效率都在 95% 以上。

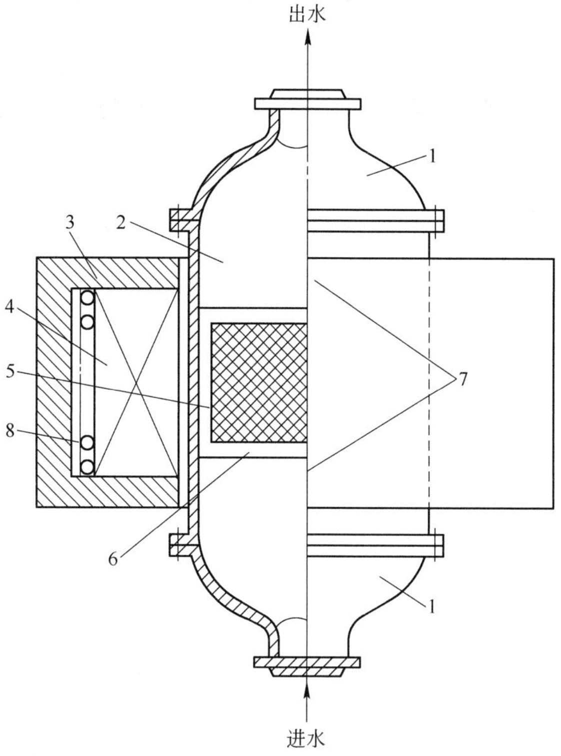

图 6-11　高梯度磁过滤器的结构

1—上、下封头；2—过滤筒；3—轭铁；4—激磁线圈；5—不锈钢毛；
6—过滤框；7—上、下磁极；8—冷却水管

超导型磁分离器的工作原理与普通电磁分离基本相同，只是其载流导线是用超导材料制成，导线中容许通过的电流密度要比普通导体高 2～3 个数量级，因此只需很小的体积就能产生 2T 以上磁场强度，并大大节省了电能。目前，超导磁分离器虽然尚处于试验阶段，但随着新型超导磁体的不断开发和零电阻温度的迅速提高，进入实用性阶段已为期不远，前景十分广阔。

表 6-2　高梯度磁分离处理钢铁工业废水的工艺参数实例

项目 \ 废水种类	高炉煤气洗涤水	转炉烟气净化废水	热轧废水	连铸废水
悬浮物主要成分	Fe_2O_3，Fe_3O_4，C 粒	Fe_3O_4，Fe_2O_3，FeO	Fe_3O_4，Fe_2O_3，FeO，油	Fe_3O_4，Fe_2O_3
悬浮颗粒直径/μm	1～40	5～20	200～1000	100～1000
SS 磁化强度/$T \cdot g^{-1}$	32.10×10^{-4}	57.70×10^{-4}		
SS 比磁化系数/$cm^3 \cdot g^{-1}$	0.031	0.043		
原水 SS 浓度/$mg \cdot L^{-1}$	200	150～200	100～150	150～200
处理水 SS 浓度/$mg \cdot L^{-1}$	10	<15	15～20	5
磁场强度/$kA \cdot m^{-1}$	>28.8	>28.8	>28.8	>9.6
过滤速度/$m \cdot h^{-1}$	500	200	500～600	900
过滤器电耗/$kW \cdot h \cdot m^{-3}$		0.25	0.025	

习题和思考题

6-1　格栅和筛网的功能各是什么，它们各适用于什么场合？

6-2　用离心分离法进行固-液或液-液分离的基本原理是什么，其分离效果与哪些因素有关？

6-3　磁力分离的原理如何，怎样提高其分离效率？

6-4　已知某种工业废水的流量为160 m^3/h，水温为30℃。现选用直径为500 mm的压力式水力旋流器进行预处理。如被分离砂质颗粒的密度为2.25 g/cm^3。试计算此旋流器的各部结构尺寸、单台处理能力、所需台数和被分离颗粒的极限尺寸。

第3篇　污染物的生物化学转化技术

7　活性污泥法

7.1　废水生物处理

7.1.1　废水生物处理原理

废水处理的目的之一是要消除废水中环境不稳定物质和有害物质，使排放水在环境中是“稳定”的、不再使受纳水体产生污染现象或对水生生物产生毒害；目的之二就是通过废水处理使废水净化，从而使废水的水质达到可以满足工农业或景观使用的要求。废水处理采用的技术手段可以是将污染物从水中分离出来，也可以是将污染物转化为“稳定”的物质。因此从污染物形态变化的角度出发，废水处理技术可以划分为分离和转化两大类。前者包括沉淀和过滤等；后者包括化学和生物转化。化学转化是借助于化学反应实现污染物的转化；生物转化是借助生物体的生物化学作用实现污染物的转化。

废水中的污染物主要是有机物。有机物通常以悬浮颗粒、胶体颗粒和溶解态的形式存在于废水中。采用单纯的化学法很难将废水中的这些各类有机物同时转化而去除，因此在工程上常采用微生物对这些污染物进行转化（个别情况下采用微生物将这些污染物从水中分离出来）。在工艺上将利用微生物进行的废水处理方法称为生物处理（biological treatment）。

废水生物处理是通过微生物（microorganism）的新陈代谢作用（metabolism），将废水中污染物转化或者分离的过程。在废水生物处理过程中，污染物首先被微生物吸附或吸收进细胞内。大分子有机污染物则首先要被微生物的酶水解为小分子物质，然后才能被吸收。在细胞内这些物质一部分是被微生物同化为细胞质，另一部分被氧化分解。微生物从物质氧化中获得能量、进行生长繁殖。最终微生物形成特殊的形式如活性污泥、颗粒污泥或生物膜，实现水与微生物的分离。增殖的微生物被从处理系统中取出，进行进一步的处理，大部分微生物被重新投入系统进行新一轮的净化。

生物处理系统，包括三个基本要素，即作用者、作用对象和环境条件。

生物处理的作用者，主要是形体微小的微生物，个别处理工艺中也包括形体较大的植物和动物。这些微生物主要是细菌，除此之外还有放线菌、真菌、原生动物、微型后生动物和藻类等。

在绝大多数情况下，生物处理的主要作用对象是废水中可以充作微生物营养物的物质，如有机物和一些无机盐，包括氨、硝酸盐、亚硝酸盐和磷酸盐；仅在个别情况下，生物处理的对象是不能充当生物营养物的无机物，如重金属离子和无机悬浮颗粒（常见于生物吸附或生物分离过程）。

微生物在活着的状态下才进行新陈代谢，因此在生物处理工程中就必须创造和保持微生物正常代谢所需要的环境条件。在这些环境条件中，除了废水中要含有微生物所需的充足营养外，还要保证存在微生物呼吸作用所需的氢受体,以便微生物能正常进行呼吸作用。微生物的呼吸作用有好氧呼吸和厌氧呼吸两大类。好氧呼吸必须有分子氧存在;厌氧呼吸不得有分子氧和硝酸盐存在。根据在废水生物处理中是否需要氧气,废水生物处理分为好氧生物处理(aerobic biological treatment)和厌氧生物处理(anaerobic biological treatment)两大类。好氧生物处理法主要依赖好氧菌和兼性厌氧菌的生化作用来完成污染物的降解和转化,而厌氧生物处理法主要依赖厌氧菌和兼性厌氧菌。好氧生物处理必须充分供应微生物生化反应所必需的溶解氧;而厌氧生物处理过程则必须减少或隔绝微生物与氧的接触。由于受氧的传递速率的限制,微生物进行好氧生物处理时有机物浓度不能太高。所以有机固体废弃物、有机污泥、有机废液及高浓度有机废水的生物处理,多是在厌氧条件下完成的。在厌氧生物处理中微生物进行厌氧呼吸(anaerobic respiration)。

在废水生物脱氮(biological nitrogen removal)和生物除磷(biological phosphorus removal)处理中,既存在需要氧气的阶段也存在不需要氧气的厌氧或缺氧阶段,所以很难简单将其归为好氧生物处理或厌氧生物处理,可以将这类处理视为好氧和厌氧生物处理的混合处理工艺。

7.1.1.1 好氧生物处理

在废水好氧生物处理过程中,氧是有机物氧化时的最后氢受体,正是由于这种氢的转移,才使能量释放出来,成为微生物生命活动和合成新细胞物质的能源,所以必须给微生物不断地供给足够的溶解氧。

好氧生物处理时,有机物被微生物吸收后,一部分被氧化分解成简单无机物,如有机物中的碳和氧原子被转变成二氧化碳、氢原子被氧分子氧化成水,有机物中的氮原子被转变为氨或被进一步氧化成亚硝酸盐和硝酸盐,有机物中的磷原子则转变为磷酸盐,有机物中的硫原子被转变为硫化氢或被氧化成硫酸盐等。有机物被氧化分解时释放出能量,可被微生物用作生命活动的能源。部分有机物作为微生物生长繁殖所需要的构造物质、合成新的细胞物质。这种氧化分解和同化合成过程可以用下列生化反应式示意。

有机物的氧化分解(有氧呼吸):

$$(\text{CHONP}) + O_2 \xrightarrow{\text{酶}} CO_2 + H_2O + NH_4^+ + PO_4^{3-} + \text{能量} \tag{7-1}$$

细胞质的同化合成(以氨为氮源,以磷酸盐为磷源):

$$(CH_2O) + NH_4^+ + PO_4^{3-} \xrightarrow[\text{能量}]{\text{酶}} C_5H_7NO_2P \tag{7-2}$$

细胞质的氧化分解(内源呼吸):

$$C_5H_7NO_2P + 5O_2 \xrightarrow{\text{酶}} 5CO_2 + 2H_2O + NH_3 + PO_4^{3-} + \text{能量} \tag{7-3}$$

当废水中微生物的营养物质充足时,微生物既能获得足够的能量,又能大量合成新的细胞质时,微生物就不断增长;当废水中营养物质缺乏时,微生物只能依靠分解细胞内贮藏的物质,甚至把细胞质也作为营养物质利用,以获得生命活动所需的最低限度的能量,即内源呼吸(endogenous respiration)。这种情况下,微生物无论重量还是数量都在不断减少。

在好氧处理过程中,有机物用于氧化与合成的比例,随废水中有机物性质而异。对于生活污水或与之相类似的工业废水,BOD_5 有 50% ~60% 转化为新的细胞物质。好氧生物处理时,有机物的转化过程如图 7-1 所示。

在好氧生物处理中有机物可以被彻底氧化分解为二氧化碳和水。由于微生物从有机物的好氧氧化中可以得到较多的能量,因此好氧生物处理通常对废水中的有机物氧化分解彻底且速率快。

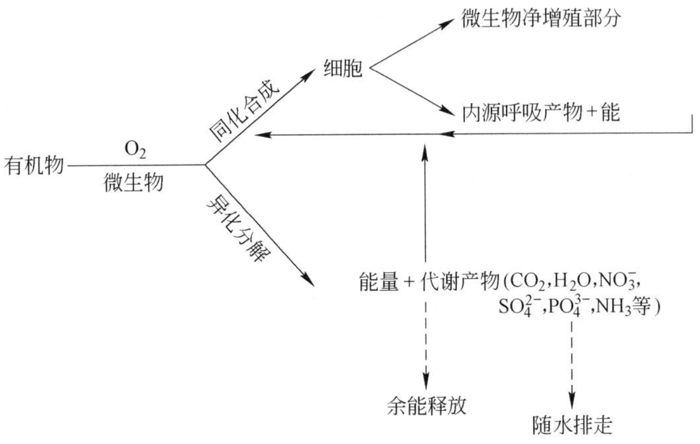

图 7-1 有机物的好氧分解过程

7.1.1.2 厌氧生物处理

在典型的厌氧生物处理中,有机物的生物氧化表现出明显的阶段性。有机物的厌氧分解过程至少分为三个阶段。在第一阶段中,发酵细菌(产酸细菌)将废水中的复杂有机物转化成简单有机物(如有机酸、醇类等)和 CO_2、NH_3、H_2S 等无机物。在第二阶段中,产氢产乙酸菌将简单有机物转化成氢和乙酸;在第三阶段甲烷细菌将乙酸(以及甲醇、甲酸和甲胺)、CO_2 和 H_2 转化成 CH_4 和 CO_2 等。厌氧分解过程可用图 7-2 的简单图式来说明。

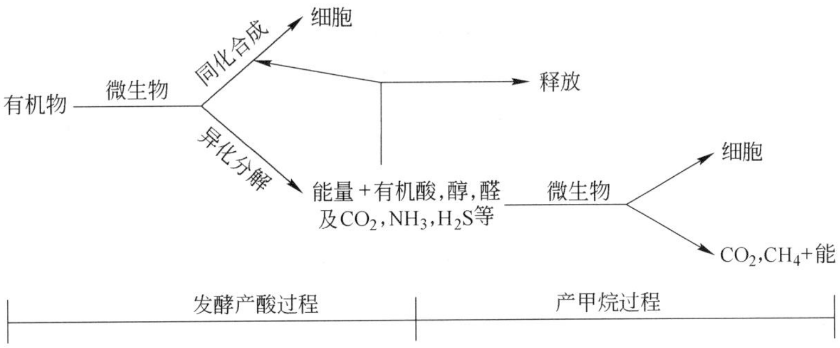

图 7-2 有机物厌氧分解图式

厌氧分解过程中,有机物分解不彻底,代谢产物中包括各种简单有机物和氨、硫化氢等致臭物质。

厌氧生物处理的典型代表是有机物厌氧甲烷发酵。在现代废水生物处理中,在没有分子氧和含氧酸根存在下,存在着许多这样的厌氧生物处理过程。

7.1.1.3 好氧生物处理与厌氧生物处理的区别

(1) 参与的微生物群不同。好氧生物处理可以是由一大类群好氧微生物一次完成,而厌氧生物处理是由数群代谢特征差异很大的厌氧和兼性厌氧微生物接替完成。

(2)代谢产物不同。好氧生物处理中,有机物被转化成 CO_2、H_2O、NH_3、PO_4^{3-}、SO_4^{2-} 等无机物。厌氧生物处理中,有机物依次被转化为为数众多的中间有机物,以及 CO_2、H_2、H_2S、NH_3 及 CH_4 等最终产物,产物成分复杂,有异臭。一些气态产物如 CH_4 可作燃料。

(3) 反应速率不同。好氧生物处理由于以氧作为氢受体,有机物转化速率快,处理单位废水所需处理设备较小;厌氧生物处理反应速率慢,处理单位废水所需设备较大。

(4) 对环境条件要求不同。好氧生物处理要求充分供氧,对其他环境条件要求不大严格;厌氧生物处理要求绝对厌氧环境,对其他环境条件(如 pH 值、温度等)要求甚严。

好氧生物处理和厌氧生物处理都能完成对有机污染物的稳定化,但在实际中究竟采用哪种方法需要视具体情况而定。一般废水中有机物浓度若低于 1000 mg/L,比较适于好氧生物处理;浓度更高时,多考虑采用厌氧生物处理。

7.1.2　生物处理方法分类

按照是否需要氧气,可将废水生物处理划分为好氧生物处理、厌氧生物处理和混合生物处理。另外在废水生物处理中微生物的生长状态有两种:悬浮生长和附着生长,这两种不同生长状态的微生物可分别形成活性污泥和生物膜,对应的方法为活性污泥法(active sludge process)和生物膜法(biofilm process)。

目前较常用的生物处理方法可归纳如下:

- 生物处理法
  - 好氧处理
    - 自然条件下
      - 水体自净——好氧稳定塘
      - 土壤自净——土地处理
    - 人工条件下
      - 活性污泥法——曝气池、氧化沟
      - 生物膜法——生物滤池及生物转盘
  - 混合生物处理
    - 活性污泥、生物膜 → 生物脱氮、除磷
  - 厌氧处理
    - 自然条件下
      - 堆肥
      - 厌氧稳定塘
    - 人工条件下——化粪池、厌氧消化池及厌氧污泥床

由于人工条件下的废水生物处理速率较自然条件下快,目前各种人工废水生物处理承担了主要废水处理任务。在各种人工废水生物处理中,活性污泥法以其高效、快捷而得到了广泛应用,大型城市污水处理厂几乎全部是采用活性污泥系统。

7.2　活性污泥法基本原理

7.2.1　活性污泥与活性污泥法

1912 年英国 Clark 和 Gage 发现,有机废水经过一段时间的曝气后,会产生一种絮状物。静置时,这种絮状物可以缓慢沉淀下来,形同污泥。因为这种絮状物内含有大量活性微生物,所以 Arden 和 Lockett 将之称为活性污泥(active sludge),这一称呼沿用至今。

活性污泥是由多种好氧微生物与兼性厌氧微生物(某些情况下还可能有少量厌氧微生物)与废水中的有机的和无机的固体物混凝交织在一起,形成的絮状体(floc)。活性污泥的结构和功能中心是细菌形成的菌胶团,在其上生活着放线菌、真菌、原生动物和微型后生动物等多种微生物。此外活性污泥还凝聚和吸附有一些无机物、未被微生物分解的有机物和微生物自身代谢的残留物。活性污泥中的微生物群落与非生物体构成了一个小的生态系统。巴特菲尔德(Butterfield)、麦金尼(Mckinney)和迪亚斯(Dias)研究表明可以凝聚形成絮体、构成活性污泥核心的细菌种群有动胶菌属、丛毛单胞菌属、假单胞菌属、产碱杆菌属、微球菌属、棒状杆菌属、黄杆菌属、无色杆菌属、芽孢杆菌属、小球菌属、螺菌属和大肠杆菌等。构成活性污泥的微生物种群随着废水(种类、化学组成和浓度,即微生物可获得的营养)、温度、溶解氧浓度、pH 值等环境条件以及反应器运行条件的变化而变化。其中丝状细菌数量的变化对活性污泥的沉降性

能有很大的影响。

显微镜下，正常的活性污泥絮体较大，直径约 0.02 ~ 0.2 mm，颜色呈茶褐色。絮体边缘清晰，呈现出一定的形态；絮体的主体是细菌的菌胶团，穿插生长着少量的一些丝状菌；絮体上还有微型动物。主要以固着类纤毛虫如钟虫、盖纤虫、累枝虫等为主；包含少量的游动纤毛虫和轮虫。

通常活性污泥的含水率在 99% 左右，密度为 1.002 ~ 1.006 g/m^3。活性污泥结构疏松，表面积很大，对有机污染物有着强烈的吸附和氧化或分解能力。活性污泥还具有良好的自身凝聚和沉降性能。从废水处理角度来看，这些特点都是十分可贵的。

活性污泥法（activated sludge process）是在人工充氧的曝气池中，利用活性污泥去除废水中的有机物，然后在二沉池使污泥与水分离，大部分污泥再回流到曝气池，多余部分则排出。普通活性污泥法处理系统（图 7-3）由以下几部分组成：

（1）曝气池（aeration tank）。使活性污泥与废水中的有机污染物充分接触、吸附和氧化分解有机污染物。

（2）曝气系统。向曝气池中微生物供给氧气，并起混合搅拌作用。

（3）二次沉淀池（settling tank）。用以分离曝气池出水中的活性污泥，它是相对初沉池而言的（初沉池设于曝气池之前，用以去除废水中粗大的悬浮物）。

（4）污泥回流系统。将二次沉淀池中的一部分沉淀污泥回流到曝气池，以供应曝气池赖以进行生化反应所需的微生物。

（5）剩余污泥排放系统。曝气池内污泥不断增殖，增殖的污泥作为剩余污泥（wasted activated sludge）从剩余污泥排放系统排出。

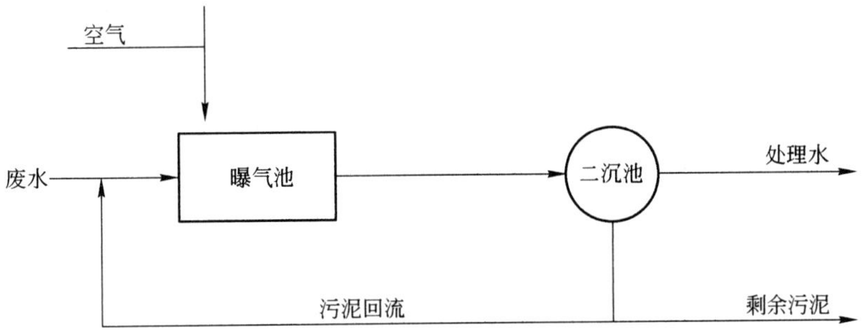

图 7-3 普通活性污泥法处理系统示意图

活性污泥法净化废水的能力强、效率高、占地面积少、臭味轻微，但产生剩余污泥量大，另外需要消耗一定的电能来向废水中不断供氧。

7.2.2 活性污泥法分类

活性污泥法可根据不同特征进行分类

（1）根据曝气池内的流态。可分为推流活性污泥法（plug flow activated sludge process）和完全混合活性污泥法（complete mixed activated sludge process）。

（2）根据曝气方法。可分为鼓风曝气活性污泥法、机械曝气活性污泥法和鼓风 - 机械联合曝气活性污泥法。

（3）根据主要去除污染物。可分为以去除有机物为主的二级处理活性污泥法和去除有机物外还具有较强的脱氮除磷功能的强化处理活性污泥法。

7.2.3 活性污泥增长特点与净化作用

活性污泥中复杂的微生物与废水中的有机营养物形成了复杂的食物链。尽管如此，活性污泥的增长曲线仍与纯种细菌增长曲线颇为相似。图7-4为批式处理中污泥增长曲线。

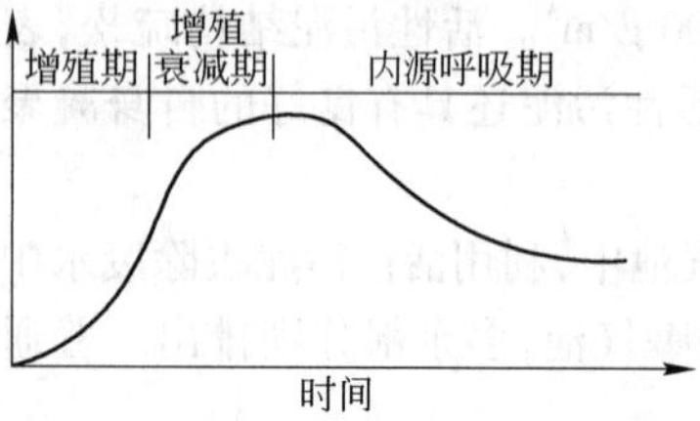

图7-4 污泥增长曲线

在批式处理中，废水中有机物（即食料）和活性污泥（即微生物）的初期比值（也称为污泥负荷）一定，活性污泥经历了对数增殖期、衰减期和内源呼吸期三个阶段。在未充分适应基质条件时，开始还会有一个迟缓期。对数增殖期微生物不受营养条件的限制，但此时凝聚性能差，分离效果不好，因而处理效果差，这种情况出现在高负荷活性污泥系统。在衰减期，由于营养条件，活性污泥的增长受到限制，因而增殖速率逐渐下降，这种情况下，污泥的凝聚沉降性能较好。在内源呼吸期，由于营养缺乏，微生物开始代谢自身细胞质。传统活性污泥法主要运行的负荷范围选定在微生物衰减阶段。

活性污泥净化废水是由吸附和氧化两个阶段组成。在废水处理中，要使活性污泥保持良好状态，吸附凝聚和氧化分解应保持适当的平衡。只要条件适当，活性污泥在与废水初期接触的20～30 min内，就可以去除75%以上的BOD，这种现象称为活性污泥的初期吸附或生物吸附（biological adsorption）。初期吸附的基本原因，在于活性污泥具有巨大的表面积（2000～10000 m^2/m^3 混合液），且其表面具有多糖类黏液层。如果废水中悬浮的或胶体的有机物多，则这种初期吸附去除的比率就大。此外，还与污泥的状态有关：如果吸附与氧化分解失去适当的平衡，原吸附的有机物未氧化分解完全，则初期吸附量就小；如果原吸附于污泥上的有机物代谢彻底，则二次吸附时的吸附量就大。但若回流污泥经历了长时期曝气，使微生物进入了内源呼吸期，活性降低，则再吸附能力也降低，即初期吸附量也就低。

活性污泥的作用主要是氧化分解在吸附阶段吸附的有机物，同时也继续吸附残余物质。相对吸附过程，有机物氧化分解作用进行得慢，所需时间长。曝气池的大部分容积是用于微生物进行有机物的氧化和细胞质的合成。

当有机营养物质和氧气充足时，活性污泥以合成为主。在新细胞合成的同时，还进行着部分老细胞物质的氧化分解。在有机营养缺乏时，自身分解成为主要的获能方式，生物处理的内源呼吸也就是指的这种情况。

活性污泥吸附基质、代谢、自身繁殖以及消耗水中溶解氧的变化关系见图7-5。对数增殖期由于营养充分，污泥以最大的速度分解有机物、使耗氧速度不断增加。随着基质的被摄取与分解，进入了衰减期，此时的总耗氧速度也下降。在内源呼吸期内，氧的消耗仅用于分解细胞自身，所以总消耗速度非常低，但维持时间很长。

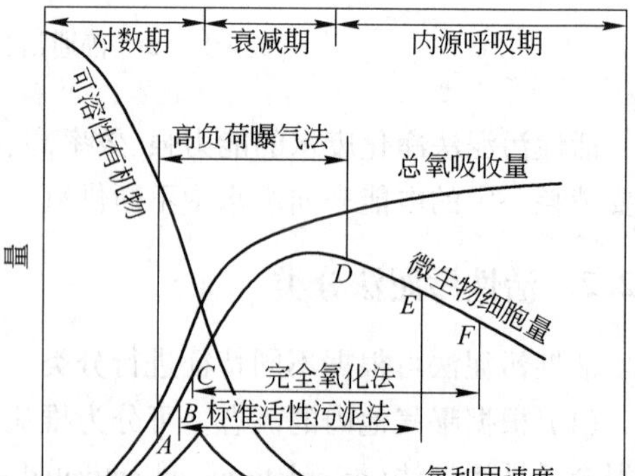

图7-5 有机物、活性污泥微生物及耗氧速度的变化关系

图7-5还注明了几种主要活性污泥法的适应范围。经过活性污泥微生物的分解作用，虽使一部分有机物无机化了，但是转化为细胞物质的有机物仅仅是改变了存在状态，就净化废水的意义来讲，问题并未完结，只有将其与水分离，才算达到净化目的。因此可以说污泥沉淀、与水的分

离效果的好坏是处理成败的关键。

尽管细菌的菌体略大于胶体颗粒，但在废水处理反应器中常稳定悬浮在水中，难以沉淀下来。只有当细菌凝聚为絮凝体以后，才能有效地沉淀下来。

在营养水平高的条件下，由于细菌活力强，难以形成絮凝体。只有在营养相对不足和能量水平较低的情况下，细菌活力低、运动能力弱，彼此才易结合成絮凝体。在活性污泥混合液中，如果污泥负荷高，微生物处于对数增殖期，能量水平高，污泥凝聚性能差；反之，污泥负荷低，微生物处于衰减期或其后期，此时由于能量水平低，故易于凝聚。普通活性污泥法曝气池的末端即呈现后一状态。

7.2.4 活性污泥的性能指标

活性污泥的性能决定着净化效果的好坏。在吸附阶段要求污泥颗粒松散、表面积大、易于吸附有机物；在氧化分解阶段要求污泥的代谢活性高，可以快速分解有机物；在泥水分离阶段，则希望污泥有好的凝聚与沉降性能。反映活性污泥性能的指标有混合液悬浮固体浓度（污泥浓度）、耗氧速率、污泥沉降比、污泥体积指数和密度指数。

7.2.4.1 混合液悬浮固体（mixed liquor suspended solid, MLSS）

混合液悬浮固体是指曝气池中废水和活性污泥的混合液体的悬浮固体浓度。工程上往往以 MLSS 作为间接计量活性污泥微生物量的指标。

混合液悬浮固体的有机物量称为混合液挥发性悬浮固体（mixed liquor volatile suspended solid, MLVSS），用它表示活性污泥微生物量比用 MLSS 更为切合实际。对一定的废水而言，MLVSS 与 MLSS 有一定的比值，例如城市污水处理系统曝气池污泥两者的比值为 0.7 左右。

7.2.4.2 耗氧速率（oxygen utilization rate, OUR）

耗氧速率指污泥氧化基质时对溶解氧的摄取速率。该值可以反映出活性污泥对基质的氧化活性。相同污泥浓度和有机物或氨氮浓度下（即污泥负荷相同），污泥的耗氧速率高则表明污泥的氧化活性高。

7.2.4.3 污泥沉降比（sludge volume, SV）

污泥沉降比是指曝气池混合液在 100 mL 量筒中，静置沉降 30 min 后，沉降污泥与混合液的体积比（%）。正常污泥在静置 30 min 后，一般可达到它的最大密度，所以沉降比可以反映曝气池正常运行的污泥数量，用于控制剩余污泥的排放，还能反映出污泥膨胀等异常情况。由于 SV 测定简单，便于说明问题，所以是评价活性污泥特性的重要指标之一。一般城市污水处理系统曝气池活性污泥的 SV 值在 15% ~30% 左右，污泥沉降比超过正常运行范围，则要分析原因。若是污泥浓度过大，则要排除部分污泥；若是污泥凝聚沉降性差，则要结合污泥指数情况，查明原因，采取措施。

7.2.4.4 污泥指数

（1）污泥体积指数 SVI（sludge volume index, SVI）。曝气池出口处的混合液在静置 30 min 后，每克悬浮固体所占有的体积（mL）称为污泥体积指数（mL/g），其值按下式计算：

$$\mathrm{SVI}=\frac{10^4\mathrm{SV}}{X} \tag{7-4}$$

例如，某曝气池污泥沉降比 SV = 30%，混合液悬浮固体浓度为 X = 3000 mg/L，则 $\mathrm{SVI}=\frac{10^4\times30}{3000}=100$ mL/g。

（2）污泥密度指数（sludge density index, SDI）。曝气池混合液在静置 30 min 后，含于 100 mL

沉降污泥中的活性污泥悬浮固体的克数，称为污泥密度指数(SDI)，它和SVI的关系为：

$$SDI = \frac{X}{100SV} = \frac{100}{SVI} \tag{7-5}$$

前例中的 SDI = 3000/100 × 30 = 1

污泥指数是表示活性污泥的凝聚沉降和浓缩性能的重要指标。SVI 低时，沉降性能好，但吸附性能差。SVI 高时，沉降性能差，即使有良好的吸附性能，也不能很好控制泥水分离，一般认为：

SVI < 100　　　　污泥沉降性能好

100 < SVI < 200　　污泥沉降性能一般

SVI > 200　　　　污泥沉降性能不好

正常情况下，城市污水处理系统曝气池活性污泥的 SVI 值在 50 ~ 150 之间。SVI 大小与水质有关。当工业废水中溶解性有机物含量高时，正常的 SVI 值偏高；而当无机物含量高时，正常的 SVI 值可能偏低。影响 SVI 值的因素还有温度、污泥负荷等。

从微生物组成方面看，活性污泥中固着型纤毛类原生动物（如钟虫、盖纤虫等）和菌胶团占优势时，吸附氧化能力较强，出水有机物浓度较低，污泥比较容易凝聚。

7.2.5 影响活性污泥性能的环境因素

7.2.5.1 溶解氧

供氧是活性污泥法高效运行的重要条件，供氧多少一般用混合液溶解氧的浓度控制。一般说，好氧生物处理过程溶解氧浓度以不低于 2 mg/L 为宜。

7.2.5.2 水温

好氧生物处理时，温度宜在 15 ~ 25℃ 的范围内。温度再高时，气味明显，而低温会降低 BOD 等的去除速率。

7.2.5.3 营养料

各种微生物体内含的元素和需要的营养元素大体一致。细菌的化学组成实验式为 $C_5H_7O_2N$，霉菌为 $C_{10}H_{17}O_6N$，原生动物为 $C_7H_{14}O_3N$，所以在培养微生物时，可按菌体的主要成分比例供给营养。微生物赖以生活的外界营养为碳（有机物）和氮（氨氮或有机氮），通常称为碳源和氮源。此外，还需要微量的钾、镁、铁、维生素等。

许多学者研究了废水处理中微生物对基质（BOD）与氮、磷的要求，得出了有参考价值的比例关系（表 7-1），可作为生物处理中重要的控制条件之一。

表 7-1 营养物的比例

研究者	m(BOD)∶m(N)∶m(P)	研究者	m(BOD)∶m(N)∶m(P)
Sawyer	100∶4.3∶1	Mckinney	80∶5.0∶1
Simpson	90∶5.3∶1	Eekenfelder	100∶5.0∶1

一般地说，废水中的 BOD_5 最少应不低于 100 mg/L。但 BOD_5 浓度也不应太高，否则，氧化分解时会消耗过多的溶解氧，一旦耗氧速度超过溶氧速度，就会出现厌氧状态，使好氧过程破坏。好氧生物处理中 BOD_5 最大为 500 ~ 1000 mg/L，具体视充氧能力而定。

生活污水及与之性质相近的有机工业废水中，含有上述各种营养物质，但许多工业废水中往往缺乏氮源和磷、钾等无机盐，故在进行生物处理时，必须补充氮、磷、钾。投加方法有二：其一是与营养丰富的生活污水混合处理；其二是投加化学药剂，如硫酸铵、硝酸铵、尿素、磷酸氢二钠等。投加比例多采用 $m(BOD_5):m(N):m(P)=100:5:1$，根据不同情况，氮变化于 4～7 之间，磷变化于 0.5～2 之间。

7.2.5.4 有毒物质

主要毒物有重金属离子（如锌、铜、镍、铅、铬等）和一些非金属化合物（如酚、醛、氰化物、硫化物等）。油类物质数量也应加以限制。

7.2.6 活性污泥法主要设计和运行参数

7.2.6.1 BOD 负荷与水力停留时间

BOD 负荷有污泥负荷和容积负荷两种不同的表示方法：

（1）污泥负荷（sludge load）L_s 指单位重量活性污泥（如 MLSS）在单位时间内所承受的有机污染物（如 BOD_5）量，单位是 kg/(kg·d)。

（2）容积负荷（volumetric load）L_V 指单位曝气池有效容积在单位时间内所承受的有机污染物（如 BOD_5）量，单位是 kg/(m³·d)；L_s 和 L_V 及其相互关系式如下：

$$L_s=\frac{QS_0}{VX} \tag{7-6}$$

$$L_V=\frac{QS_0}{V} \tag{7-7}$$

$$L_V=L_sX \tag{7-8}$$

式中 S_0——曝气池入流废水的 BOD_5 浓度，kg/m³；

V——曝气区容积，m³；

X——曝气池 MLSS 浓度，kg/m³；

Q——废水流量，m³/d。

污泥负荷即 F/M 比，F 为营养（food），M 为微生物（microbe）量。实践证明，它是影响活性污泥增长速率、有机物去除速率、氧的利用速率以及污泥吸附凝聚性能的重要因素。在 $F/M\geqslant 2.2$ 时，活性污泥微生物处于对数增长期，有机物能以最大的速率被去除，但污泥呈分散状而不易凝聚沉降。通常希望曝气池活性污泥处于减速增长期，以营养控制污泥增长，这时，细菌会因活力小而结合成絮状物。当曝气池中营养物质几乎耗尽，F/M 值很小，并维持一常数值时，即进入内源呼吸期。此时微生物明显代谢自身细胞物质，会在维持生命过程中逐渐死亡；同样由于活力甚低，形成絮凝体的速率剧增，加之溶解氧水平高，原生动物大量吞食细菌，故可得到澄清的处理水。

水力停留时间（hydraulic retention time, HRT）表示废水在反应池内的停留时间，用下式表示：

$$t=\frac{V}{Q} \tag{7-9}$$

式中 t——反应池水力停留时间，d。

L_s，L_V 及 t 之间的关系如下：

$$L_V=\frac{QS_0}{V}=\frac{1}{t}S_0 \tag{7-10}$$

$$L_s=\frac{QS_0}{XV}=\frac{L_V}{X\cdot 10^{-3}}=\frac{S_0}{X}\ \frac{1}{t} \tag{7-11}$$

从上两式可知，L_s 和 L_V 与 t 成反比关系。

可见，欲得良好的处理结果，就应很好地控制 BOD 负荷。在完全混合曝气池中，L_s 与去除率

η 及处理水浓度 S_e 的关系为：

$$L_s = \frac{1}{1-\eta} \times \frac{Q}{V} \times \frac{S_e}{X} = \frac{1}{1-\eta} \times \frac{1}{t} \times \frac{S_e}{X} \tag{7-12}$$

式中 t——曝气时间。

在 t 和 η 一定时，可根据要求的 S_e 和适宜的 X 求得 BOD 负荷。

根据统计资料，在处理生活污水的推流式曝气池内，L_s 与 S_e 之间存在以下关系：

$$L_s = KS_e^n \tag{7-13}$$

式中 $K=0.01295$，$n=1.1918$，但当采用活性污泥法处理特殊有机污水时，应首先进行试验，以确定 L_s 与 S_e 之间的关系。

污泥负荷在0.2～0.5 kg/(kg·d)范围内时，SVI 控制在100左右比较合适。在曝气系统运行中，有时会出现污泥指数增高和污泥膨胀的现象，其原因虽然很多，但主要与污泥负荷有关，处理工业废水时，还与水质特性有关。Orford 认为，当 BOD-SS 负荷在0.17～3.07 kg/(kg·d)范围时，L_s 与 SVI 的关系为：

$$\text{SVI} = 353L_s^{0.983} \tag{7-14}$$

7.2.6.2 污泥平均停留时间 t_s(SRT)

活性污泥在反应池、二沉池和回流污泥系统内的停留时间称为污泥平均停留时间(solids retention time, SRT)，也称为污泥龄。可用下式表示：

$$\text{SRT} = \frac{\text{系统内活性污泥量(kg)}}{\text{每天从系统内排出的活性污泥量(kg/d)}}$$

如忽略二沉池和回流污泥系统内的活性污泥量，污泥平均停留时间可用下式表示：

$$t_s = \frac{VX}{(Q-Q_W)X_e + Q_W X_r} \tag{7-15}$$

式中 Q_W——剩余污泥排出量，m^3/d；

X_e——净化水的污泥浓度，mg/L；

X_r——回流污泥浓度，mg/L。

由于 X_e 很小，可忽略不计，此时：

$$t_s = \frac{VX}{Q_W X_r} \tag{7-16}$$

由式7-16知，$1/t_s = \mu$（μ 为活性污泥微生物比增殖速度），说明污泥平均停留时间和增殖的关系密切，用 t_s 控制剩余污泥量，是活性污泥系统控制的一种重要方法。t_s 较小时，世代周期长的微生物在系统中将被逐渐淘汰，所以要达到预期效果，必须使 t_s 值适当，使活性污泥中净化微生物得到充分的增殖。t_s 长，吸附的有机物被氧化掉的多，需氧量就大，增加的污泥量就少；反之，吸附的有机物被氧化的量就少，一部分来不及氧化的有机物就作为剩余污泥排出系统，需要的氧量相应就少些。延时曝气法的 t_s 长，剩余污泥量少，需氧量比普通活性污泥法大一倍左右。

7.2.6.3 活性污泥微生物浓度

活性污泥法是靠活性污泥中的微生物来处理废水的，因此参与处理的微生物浓度是很重要的设计和运行参数。

活性污泥的组成十分复杂，因此很难测定其中的微生物的准确浓度。进入曝气池的物质的归宿与活性污泥组分之间存在必然联系(图7-6)，因此，工程上一般用混合液悬浮固体(MLSS)浓度或混合液挥发性悬浮固体浓度(MLVSS)间接表示活性污泥微生物浓度。由于进水水质、污泥负荷和SRT不同，MLVSS与MLSS之比也不同。

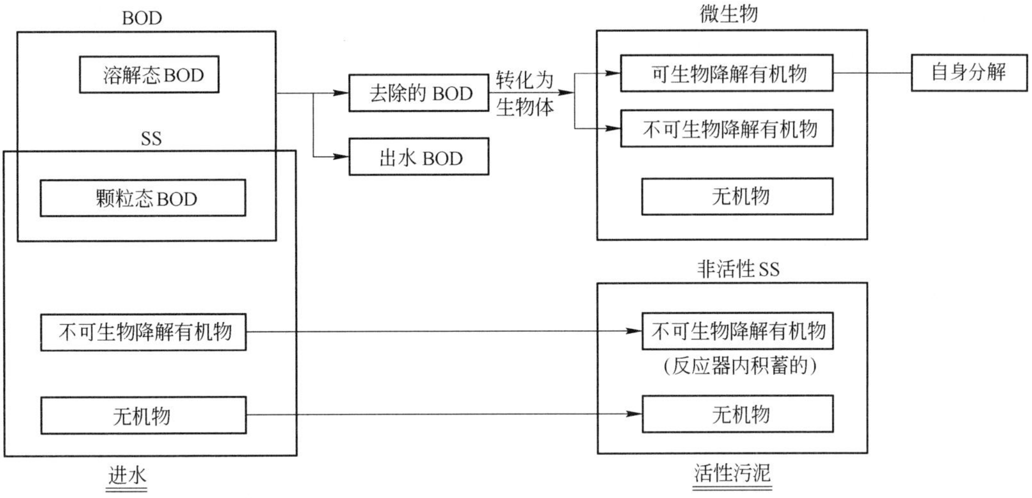

图7-6　进入曝气池的物质的归宿与活性污泥组分的构成关系

活性污泥系统运行时，为了保持一定的SRT或污泥负荷，MLSS必须保持基本恒定，就应按回流污泥悬浮固体浓度改变回流污泥量或回流污泥比。

对曝气池的物料进行平衡计算得：

$$Q(X_0 + RX_r) = Q(1 + R)X \tag{7-17}$$

或

$$X = \frac{X_0 + RX_r}{1 + R} \tag{7-18}$$

式中　X——混合液悬浮固体浓度MLSS浓度，mg/L；

R——污泥回流比。

一般冬季活性污泥的沉降性能和压实性变差，导致回流污泥浓度降低，此时污泥回流比就需要比夏季高；另外，当污泥发生膨胀时，回流污泥浓度会急剧下降。

7.2.6.4　溶解氧浓度（DO）

考虑到进入曝气池的废水在水质和水量方面都会存在一定的波动，为稳妥达到净化效果，反应池出水的溶解氧的浓度最好维持在2～3 mg/L的范围。对要求废水进行硝化处理的污水厂，除需供去除有机物所需的溶解氧外，还需供硝化所需的溶解氧。混合液中DO浓度低于1 mg/L，硝化反应速度下降。

7.3　活性污泥降解有机物的规律

活性污泥对有机物的转化过程，也就是生物代谢过程，包括微生物细胞物质的合成（活性污泥的增长）、有机物的氧化分解（包括部分细胞物质的分解）以及溶解氧的消耗等。所以基质BOD浓度与其去除速度、污泥的增殖与BOD去除速度、耗氧速度与BOD去除速度之间的关系，是研究净化理论的核心。

7.3.1　生物处理动力学模型

7.3.1.1　米氏方程式

米切里斯和门坦（Michaelis and Menten）于1913年前后，在前人工作的基础上，采用纯酶做了大量研究，并根据中间产物学说，提出了生物反应过程中底物浓度与酶促反应速度之间的关系式，称米切里斯－门坦方程式，简称米氏方程式，即：

$$v=\frac{v_{max}S}{K_m+S}=v_{max}\frac{S}{K_m+S} \tag{7-19}$$

式中 v——酶反应速度；

v_{max}——最大酶反应速度；

S——底物浓度；

K_m——米氏常数。

上式表明，当 v_{max} 和 K_m 已知时，酶反应速度和酶底物浓度之间的定量关系。

由式(7-19)得：

$$K_m=S\left(\frac{v_{max}}{v}-1\right) \tag{7-20}$$

当 $v=\frac{1}{2}v_{max}$ 时，$K_{max}=S$，即 K_m 是 $v=\frac{1}{2}v_{max}$ 时的底物浓度，故又称半速度常数。

由式(7-19)可见：(1)当底物浓度 S 很大时，$S>>K_m$，$S+K_m\approx S$，酶反应速度达最大值，$v=v_{max}$，呈零级反应，此时，再增加底物浓度，对酶反应浓度无任何影响，因为酶已被底物所饱和，在这种情况下，只有增加酶浓度，才有可能提高反应速度；(2)当底物浓度 S 较小时，即 $S<<K_m$，$S+K_m\approx K_m$，酶反应速度和底物浓度呈正比例关系，即 $v=\frac{v_{max}}{K_m}S$，呈一级反应。此时，由于酶未被底物所饱和，故增加底物浓度，可以提高酶反应速度。但随着底物浓度的增加，酶反应速度不再按正比关系上升，呈混合级反应，是一级反应到零级反应的过渡阶段。

7.3.1.2 莫诺特方程

莫诺特方程(Monod equation)类似于以酶促反应为基础的米切里斯－门坦关系式。它以微生物生理学为基础，说明了微生物增长与基质降解之间的关系。莫诺特方程的表达式如下：

$$\mu=\frac{\mu_{max}S}{K_s+S} \tag{7-21}$$

式中 μ——微生物比增长速度，d^{-1}，即单位微生物的增长速度$\frac{1}{X}\frac{dS}{dt}$，X 为微生物浓度；

μ_{max}——在饱和浓度中微生物的最大比增长速度，d^{-1}；

K_s——饱和常数，其值为 $\mu=\mu_{max}/2$ 时的基质浓度，mg/L；

S——基质浓度，mg/L。

莫诺特方程仅适用于无毒性的基质，对于有毒性的基质，当其浓度达到一定数值时，微生物生长将受到抑制。Andrews 于 1968 年提出莫诺特的修正式：

$$\mu=\frac{\mu_{max}}{1+\frac{K_s}{S}+\frac{S}{K_i}} \tag{7-22}$$

式中 K_i——抑制系数；

根据式(7-22)也可写出同比增长速度 μ 相对应的基质比去除速度 v 与有毒基质浓度的关系式，如下：

$$v=\frac{v_{max}}{1+\frac{K_s}{S}+\frac{S}{K_i}} \tag{7-23}$$

7.3.1.3 艾肯菲尔德方程(Eckenfelder equation)

此模式是 Eckenfelder 对间歇试验反应器内微生物的生长情况进行观察后于 1955 年提出的。批式培养下微生物的生长曲线如图 7-7 所示。

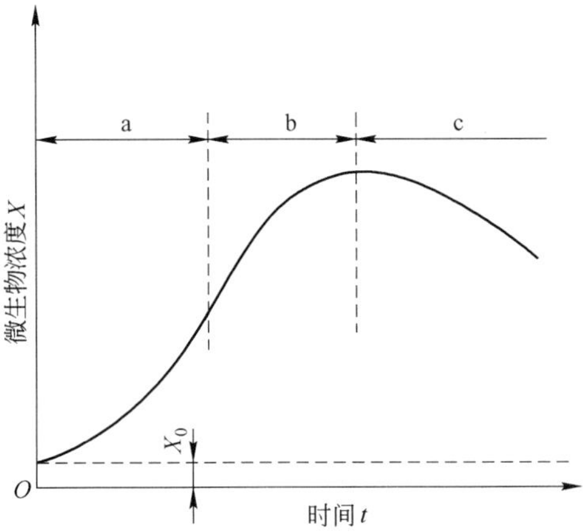

图 7-7 微生物生长曲线

a—生长率上升阶段(对数增长阶段);b—生长率下降阶段(减速增长阶段);c—内源代谢阶段

A 生长率上升阶段(对数生长阶段)

在此阶段,由于基质浓度高,微生物生长不受基质浓度限制,只受自身生理机能的限制。这一阶段的微生物增长过程可用下式表示:

$$\frac{\Delta(X-X_0)}{\Delta t}=K_1X \tag{7-24}$$

即

$$\frac{\mathrm{d}X}{\mathrm{d}t}=K_1X \tag{7-25}$$

式中 X_0——微生物起始浓度,mg/L;

X——t 时刻微生物浓度,mg/L,t 以 d 计;

K_1——对数增长速度常数,d^{-1},在活性污泥法中 K_1 为 2 ~7 d^{-1}。

积分后,得

$$\ln\frac{X}{X_0}=K_1t \tag{7-26}$$

或

$$\ln\frac{X_0+Y_0S_r}{X_0}=K_1t \tag{7-27}$$

式中 S_r——去除的基质浓度,mg/L,$S_r=S_0-S$(S_0 和 S 分别表示起始浓度和残余浓度);

Y_0——表观产率,即单位基质中微生物的产出率,mg/mg,$Y_0=-\frac{\mathrm{d}X}{\mathrm{d}S}$。

B 生长率下降阶段(减速生长阶段)

此阶段,微生物生长受基质浓度的影响,微生物增长与基质浓度的降解遵循一级反应关系。

$$\frac{\Delta(X-X_0)}{\Delta t}=k'_2X \tag{7-28}$$

即

$$\frac{\mathrm{d}X}{\mathrm{d}t}=k'_2S \tag{7-29}$$

因为$\frac{\mathrm{d}X}{\mathrm{d}t}=-Y_0\frac{\mathrm{d}S}{\mathrm{d}t}$,所以$\frac{\mathrm{d}S}{\mathrm{d}t}=-\frac{k'_2}{Y_0}S$

令 $-\frac{k'_2}{Y_0}=K'_2$，则

$$\frac{dS}{dt}=-K'_2 S \tag{7-30}$$

考虑了微生物浓度的影响，以比基质反应速度表示，则

$$\frac{dS/dt}{X}=-K_2 S \tag{7-31}$$

即

$$\frac{dS}{dt}=-K_2 XS \tag{7-32}$$

式中 K_2——减速增长速度常数，$mg^{-1}\cdot d^{-1}$，$K_2=K'_2/X$，在活性污泥法中，K_2 值一般为 0.003 ~ 0.02 $mg^{-1}\cdot d^{-1}$。

C 内源代谢阶段

此阶段，由于微生物缺乏基质而逐渐减少。

$$\frac{dX}{dt}=K_3 X \tag{7-33}$$

式中 X——生长率下降阶段末的微生物浓度，mg/L；

K_3——衰减常数，d^{-1}，在活性污泥法中 K_3 平均值约为 0.06 d^{-1}；

此外，除了以上几种模式外，劳伦斯 - 麦卡蒂（Lawrence-Mccarty）以微生物增殖和对底物的利用为基础，于 1970 年建立了活性污泥反应动力学方程式：

$$\frac{1}{\theta_c}=Yq-K_d \tag{7-34}$$

式中 θ_c——污泥龄，即生物固体平均停留时间（t_s）；

Y——微生物产率，mg（微生物量）/mg（被微生物利用的有机底物）；

K_d——衰减系数，即微生物自身氧化率，d^{-1}；

q——常数，表示单位微生物量的底物利用率，按下式计算：

$$q=\frac{\left(\frac{dS}{dt}\right)_u}{X_a}$$

X_a——单位微生物量；

$\left(\frac{dS}{dt}\right)_u$——微生物对有机底物的利用（降解）速度，按下式计算：

$$\left(\frac{dS}{dt}\right)_u=\frac{KX_aS}{K_s+S} \tag{7-35}$$

S——微生物周围的底物浓度，mg/L；

K_s——系数，其值等于 $q=\frac{1}{2}K$ 时的有机底物浓度，因而又称半速度常数；

X_a——反应器内微生物浓度，即活性污泥浓度，mg/L。

7.3.2 动力学模型的应用

7.3.2.1 基质浓度与其去除速度的关系

在废水生物处理过程中，整个微生物群体对污染物的转化可以被看作是“单一”的酶促反

应，"底物"浓度就是污染物（BOD）的浓度，"酶"的浓度用污泥的浓度（VSS）来反映，那么单位污泥降解有机物的速度（v），根据 Michaelis-Menten 酶反应关系，可用下式表示：

$$v=-\frac{1}{X}\frac{\mathrm{d}S}{\mathrm{d}t}=\frac{KS}{K_s+S} \tag{7-36}$$

式中 X——以 VSS 表示的活性污泥浓度，mg/L；

S——以 BOD 表示的基质浓度，mg/L；

K——最大反应速度常数；

K_s——常数，其值等于基质去除速度为最大值的一半时的基质浓度。

由此可知，基质浓度很高时（$S \gg K_s$），基质去除速度和其浓度无关，即 $v=K$，达到最大值。当基质浓度很低（$S \ll K_s$）时，基质去除速度为一级反应，图 7-8 即反映了基质降解速度与其浓度的关系。从图中看出，污泥浓度越小，对应的 K_s 越小，则 $1/K_s$ 越大，直线斜率也越大，即去除速度大，因而将 $1/K_s$ 视为污泥与基质结合的亲和力。

式（7-36）可变换为$\frac{1}{v}$与$\frac{1}{S}$的直线式，按各时刻基质平衡浓度 S 和单位活性污泥反应速度 v 的一系列实验数据，用图解法求得 K 和 K_s。

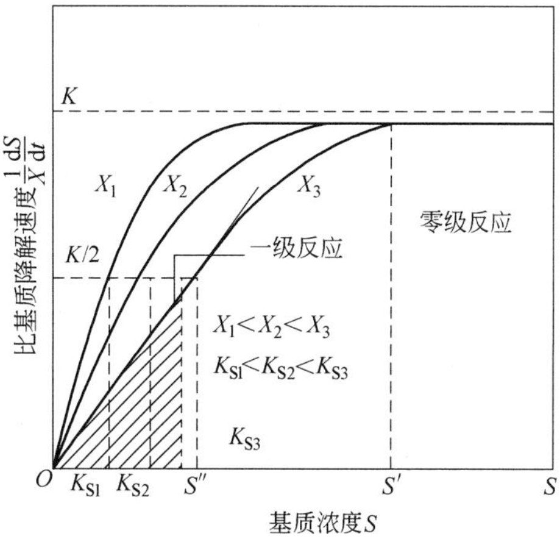

图 7-8 基质降解速度与基质浓度的关系
X—活性污泥浓度；K—常数

Eckenfelder 等人则将基质降解按高浓度相与低浓度相分别予以表示。在高浓度下，微生物处于生长率上升阶段（对数增长阶段），BOD_5/VSS 达 2 以上，活性污泥增长速度与残存基质浓度无关，仅与活性污泥浓度呈一级反应，由式（7-20）有：

$$\frac{\mathrm{d}X}{\mathrm{d}t}=K_1X \tag{7-37}$$

式中，X 为 t 时刻的污泥浓度，$X=X_0+aS_r$，X_0 为 $t=0$ 时的活性污泥微生物浓度，a 为去除每千克 BOD_5 所产生的污泥量（kg），S_r 为去除的 BOD_5（kg），K_1 为高基质浓度时的污泥增长常数。积分式（7-37），并代入 X 与 X_0 的关系，得：

$$S_r=\frac{X_0}{a}(\mathrm{e}^{K_1}-1) \tag{7-38}$$

由式（7-38）看出，在基质浓度高的时候，BOD_5 去除浓度 S_r 和残余浓度 S 并无关系。在活性污泥法中，由于高基质浓度时污泥絮体分散，所以这种情况仅用于预处理，使其浓度降低。

在低基质浓度（$S_0<300$ mg/L）下，微生物处于生长速率下降阶段（减速增长阶段）BOD 去除速度与残余浓度呈一级反应关系，考虑到污泥浓度 X 的影响，由式（7-32）有：

$$-\frac{\mathrm{d}S}{\mathrm{d}t}=K_2XS \tag{7-39}$$

式中，K_2 为低基质 BOD 浓度时速度常数，$K_2=(2.62\sim5.49)\times10^{-4}$ L/(h · mg)，代入关系式 $S_0=S+S_r$，得：

$$S_r=(\mathrm{e}^{K_2Xt}-1)S \tag{7-40}$$

由此看出，基质浓度低时，在 X、t 一定的情况下，BOD 去除浓度与残余 BOD 浓度 S 成比例。

对式（7-36）讨论看出，引入适当条件，则和 Eckenfelder 等的理论是一致的。

7.3.2.2　活性污泥的增长与BOD去除的关系

活性污泥法处理过程中，微生物量的增加是同化合成和内源分解两种作用的共同结果，也就是说活性污泥的净增殖量，是这两项作用的差值。则活性污泥的增长和BOD去除之间的关系为：

$$-\frac{dX}{dt}=a\frac{dS_r}{dt}-bX \tag{7-41}$$

$$\frac{1}{X}\frac{dX}{dt}=a\frac{1}{X}\frac{dS_r}{dt}-b \tag{7-42}$$

式中　dX/dt——活性污泥增殖速度，即单位时间内单位体积中所增殖的以VSS计的微生物量，$kg/(m^3\cdot d)$；

a——产率系数，即平均去除单位重量的BOD所增殖的微生物量，kg/kg；

dS_r/dt——活性污泥去除BOD速度，$kg/(m^3\cdot d)$；

b——活性污泥自身分解系数，d^{-1}；

X——活性污泥浓度，kg/m^3；

$\frac{1}{X}\frac{dX}{dt}$——活性污泥比增殖速度，$kg/(kg\cdot d)$，常以μ表示。

由以上两式可知，污泥增殖是微生物去除基质BOD的必然结果。增殖速度与营养的丰富程度有关。确定污泥增殖量对控制曝气池的污泥量以及确定污泥处理设施是极为重要的。

由式(7-41)可以得出曝气池每日污泥增量ΔX(kg/d)为：

$$\Delta X=aQS_r-bVX \tag{7-43}$$

式中　Q——处理废水量，m^3/d；

V——曝气池容积，m^3。

a与b由下式通过试验求得：

$$\frac{\Delta X}{VX}=a\frac{QS_r}{VX}-b \tag{7-44}$$

式中　$\Delta X/(VX)$——污泥微生物平均停留时间t_s的倒数，即$1/t_s$；

$QS_r/(VX)$——以去除的基质为基准的污泥负荷。

以$QS_r/(VX)$为横坐标，$\Delta X/(VX)$为纵坐标，可用图解法求得a和b。

一些废水的a和b值见表7-2。

表7-2　不同废水的污泥产率系数(a)与自身分解系数(b)

废　水	a	b
家庭污水	0.73	0.075
石油精制	0.49～0.62	0.1～0.16
化学、石油化学	0.31～0.72	0.05～0.08
酿　造	0.56	0.10
制　药	0.72～0.77	
牛皮纸浆	0.50	0.08

此外，有机负荷、基质浓度、曝气时间、处理水温度等，对污泥增长也有影响。在冬季水温低时，虽然污泥转换率低，但由于b非常小，所以污泥量可能还会有所增加。

实际曝气池的污泥增加量，比上述计算值要大。这是因为除BOD转换而增加的污泥量外，其他悬浮固体被吸附后，也构成了增殖污泥的一部分。如果废水中诸如无机物、纤维等无活性的SS具有相当比例，则比较接近实际的计算应考虑上述两方面的因素。有的学者认为采用两者之和偏大,采用前者加后者的平均值,比较切合实际。

7.3.2.3 耗氧速度与基质 BOD 去除的关系

被去除的 BOD 中,一部分被氧化分解以取得能量,另一部分被转化为新的原生质和贮藏物质。前者消耗溶解氧,后者在内源呼吸时也消耗溶解氧,由此可得曝气池需氧量 R_0(kg/d):

$$R_0 = a'QS_r + b'VX \tag{7-45}$$

式中 a'——平均转化 1 kg 的 BOD 的需氧量,kg/kg;

b'——微生物(以 VSS 计)自身氧化的需氧量,kg/(kg·d)。

式(7-45)可变为:

$$\frac{R_0}{VX} = a'\frac{QS_r}{VX} + b' \tag{7-46}$$

$$\frac{R_0}{QS_r} = a' + b'\frac{VX}{QS_r} \tag{7-47}$$

式中 $R_0/(VX)$——氧的比消耗速度,即每千克活性污泥(以 VSS 计)平均每天的耗氧量,kg/(kg·d),常用 K_r 表示;

$R_0/(QS_r)$——比需氧量,即去除 1 kg 的 BOD 的需氧量,kg/kg。

根据式(7-46)和式(7-47),可用图解法求得 a'、b'。图 7-9 是城市污水的 a'、b'值。表 7-3 列出了一些废水的 a'和 b'值。

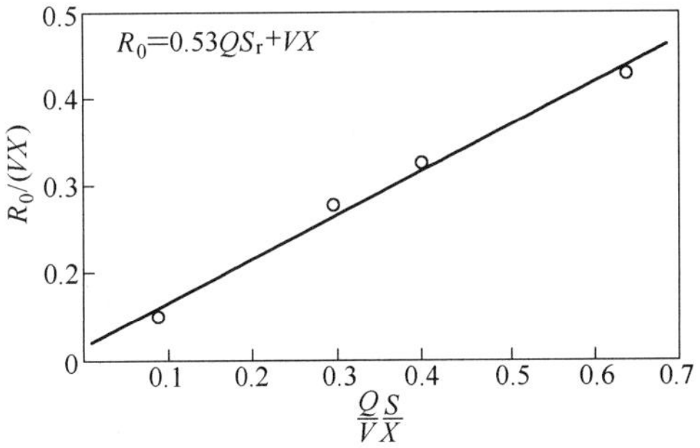

图 7-9 城市污水的 a'、b'值

表 7-3 几种废水的 a'、b'值

废 水 名 称	a'	b'
石油化工废水	0.75	0.160
含酚废水	0.56	
合成纤维废水	0.55	0.142
漂染废水	0.5~0.6	0.065
炼油废水	0.50	0.12
酿造废水	0.44	
制药废水	0.35	0.354
亚硫酸浆废水	0.40	0.185
制浆造纸废水	0.38	0.092
生活污水	0.12~0.53	0.188~0.110

当废水进行包括硝化在内的完全氧化处理时,氨氧化为硝酸尚需氧。故曝气池需氧量为:

$$R_0 = a'QS_r + b'VX + 4.6N_r \tag{7-48}$$

式中 N_r——被转化的氨氮量,kg/d;

4.6——1 kg 氨氮转化成硝酸盐所需氧量,kg。

7.3.3　净化理论在活性污泥法中的应用

在连续流完全混合式活性污泥法系统中(图 7-10),曝气池内处于稳定状态,出水中的基质浓度以 S_e 表示,对图 7-10 进行基质的物料衡算,可得:

$$QS_0 - QS_e = VXv \tag{7-49}$$

将

$$v = -\frac{1}{X}\frac{dS_e}{dt} = K_2 S_e$$

代入式(7-49),得:

$$K_2XS_e = \frac{Q(S_0 - S_e)}{V}$$

将 $t = \frac{V}{Q}$ 代入变换得:

$$\frac{S_e}{S_0} = \frac{1}{1 + K_2Xt} \tag{7-50}$$

由于 $S_r = S_0 - S_e$,故 BOD 去除率 η 为:

$$\eta = \frac{S_r}{S_0} = \frac{K_2Xt}{1 + K_2Xt} \tag{7-51}$$

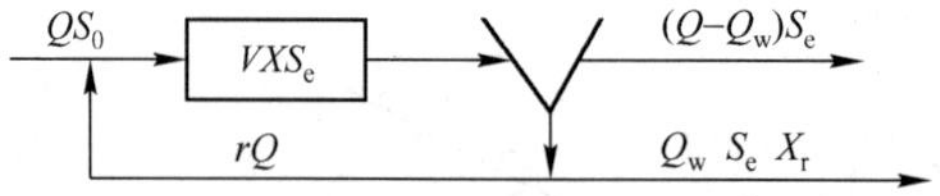

图 7-10　连续流完全混合式活性污泥法系统物料示意图

由于曝气池内的吸附时间甚短,此时间内污泥的增殖和 BOD 的流出可略而不计,以活性污泥氧化能力(BOD 去除)为基准的污泥负荷率 L_s 和容积负荷率 L_V 为:

$$L_s = \frac{Q(S_0 - S_e)}{VX} = \frac{S_0 - S_e}{Xt} = K_2S_e \tag{7-52}$$

$$L_V = \frac{Q(S_0 - S_e)}{V} = \frac{S_0 - S_e}{t} = K_2XS_e \tag{7-53}$$

K_2 值可通过实验取得几组 $(S_0 - S_e)/Xt$ 与 S_e 值后,用图解法求得。

在推流式曝气池内,BOD 去除率按下式计算:

$$\eta = 1 - \frac{S_e}{S_0} = 1 - e^{-K_2Xt} \tag{7-54}$$

例 7-1　流量为 5000m^3/d 的废水,其水质为:BOD_5 为 210 mg/L,SS 为 140 mg/L。去除反应为一级反应,反应常数 $K_2 = 3.2\times10^{-4}$,$a = 0.64$,$b = 0.085$。拟用活性污泥法处理,若取水力停留时间为 4 h,污泥回流率为 25%,MLVSS 为 $X = 2000$ mg/L,求 BOD 去除率。如果要求 SS 的去除率为 90%,问污泥生长量为多少?

解: (1) 若采用活性污泥曝气池用连续流完全混合式,则据式(7-51)去除率为

$$\eta = \frac{S_r}{S_0} = \frac{K_2Xt}{1 + K_2Xt} = \frac{3.2\times10^{-4}\times2000\times4}{1 + 3.2\times10^{-4}\times2000\times4} = 0.719$$

通过曝气池的水量包括废水水量和污泥回流量,由此得曝气池容积为:

$$V=\frac{(1+0.25)\times5000}{24}\times4=1041.7\ \mathrm{m^3}$$

据式(7-21),可求得按BOD去除量计算的污泥增量为:

$$\begin{aligned}\Delta X_1&=aQS_r-bVX\\&=0.64\times5000\times210\times10^{-3}\times0.719-0.085\times1041.7\times2000\times10^{-3}\\&=306.01\ \mathrm{kg/d}\end{aligned}$$

据流入悬浮物去除来计算的污泥增量为:

$$\Delta X_2=5000\times140\times10^{-3}\times0.9=630\ \mathrm{kg/d}$$

则污泥增量最大为:

$$\Delta X=306.01+630=936.01\ \mathrm{kg/d}$$

(2) 若采用推流式活性污泥曝气池,则据式(7-54)得去除率为

$$\eta=1-\frac{S_e}{S_0}=1-\mathrm{e}^{-K_2Xt}=1-\mathrm{e}^{-3.2\times10^{-4}\times2000\times4}=0.923$$

通过曝气池的水量包括废水水量和污泥回流量,由此得曝气池容积为:

$$V=\frac{(1+0.25)\times5000}{24}\times4=1041.7\ \mathrm{m^3}$$

据式(7-21),可求得按BOD去除量计算的污泥增量为:

$$\begin{aligned}\Delta X_1&=aQS_r-bVX\\&=0.64\times5000\times210\times10^{-3}\times0.923-0.085\times1041.7\times2000\times10^{-3}\\&=443.2\ \mathrm{kg/d}\end{aligned}$$

据流入悬浮物去除来计算的污泥增量为:

$$\Delta X_2=5000\times140\times10^{-3}\times0.9=630\ \mathrm{kg/d}$$

则污泥增量最大为:

$$\Delta X=443.2+630=1073.2\ \mathrm{kg/d}$$

通过上述计算示例,可见在其他条件一样下,连续流完全混合式活性污泥与推流式活性污泥法在BOD去除效率和剩余污泥产量上的差别。

7.4 活性污泥法运行方式

最早的活性污泥法是图7-3介绍的普通活性污泥法系统。经过长期的研究和实践,传统活性污泥法在曝气池的混合反应形式、运行方式、进水点的位置、污泥负荷率和曝气技术等方面得到了改进和发展,形成了许多新的类型,现概述如下。

7.4.1 曝气池混合反应形式

曝气池混合形式有推流式和完全混合式两大类型。

推流式为长方形的曝气池,它有如下特点:

(1) 沿曝气池的长度方向上微生物的生活环境不断发生变化,即废水在流经曝气池的过程中,由于有机营养物被微生物所摄取,因而不断减少,甚至在池尾达到微生物内源呼吸的营养水平。

(2) 在曝气池废水入流端,微生物对氧的消耗量大、利用速率很高,而流出端氧的利用速率很低。

(3) 由于高负荷集中在废水入流端,因而对水质、水量、浓度等变化适应性较弱。

(4) 水质、水量等比较稳定时,可获得质量较好的处理水。

完全混合式(简称全混式)是废水与回流污泥一起进入曝气池后,就立即混合均匀,使有机物浓度因稀释而立即降低。它具有以下特点:

(1) 整个曝气池的环境条件一定,可有效地进行处理。

(2) 整个曝气池氧利用速度一定,供入氧气可以得到有效的溶解和利用。

(3) 对入流水质、水量、浓度等变化有较强的缓冲能力,所以对 BOD 浓度较高的废水,也能获得稳定的处理效果。

(4) 和推流式比较,发生短流的可能性大。

(5) 受曝气池池型和曝气方法的限制,池体不能太大。

7.4.2 各种活性污泥法系统

7.4.2.1 普通(或标准)活性污泥法(conventional activated sludge process)

普通活性污泥法是以推流式曝气池为核心的活性污泥系统,其流程见图7-3。

经初次沉淀池去除粗大悬浮物的废水,在曝气池内与污泥混合,呈推流式从池首向池尾流动,活性污泥微生物在此过程中连续完成吸附和代谢过程。曝气池混合液在二沉池去除活性污泥悬浮固体后,澄清液作为净化水流出。沉淀的污泥一部分以回流形式返回曝气池,再起净化作用;另一部分作为剩余污泥排出。普通活性污泥法的 BOD 负荷是 0.2 ~ 0.4 kg/(kg · d),一般在 0.3 左右。净化效果和沉降性能均甚好。污泥回流率一般为 10% ~ 30%,剩余污泥量约为入流废水量的 1.5%。入流的 BOD 含量越高,则剩余污泥量也越多。

7.4.2.2 渐减曝气法和逐步曝气法(step aeration activated sludge process)

普通活性污泥法的需氧率沿池长逐渐降低,而氧气却沿池长均匀供给,造成了浪费。由此产生了沿池长渐减的供气方式,以达到供氧与需氧的均衡,这就是渐减曝气法(图 7-11a),其供氧需氧的特点如图 7-11b 所示。

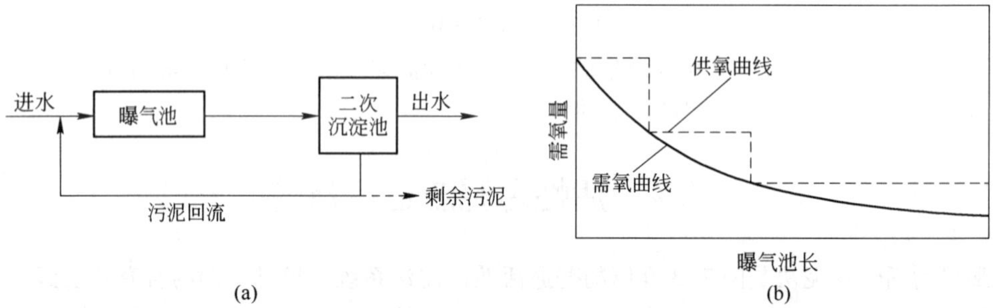

图 7-11 渐减曝气法流程与特点

针对普通活性污泥法的 BOD 负荷在池首过高的缺点,将废水沿曝气池长分数处注入,即形成逐步曝气法(图 7-12)。这种方法除了能平衡曝气池供气量外,还能使微生物营养供应均匀;另一个特点是污泥浓度沿池长是变化的,曝气池前段污泥浓度高于平均浓度,后段低于平均浓度,曝气池出流混合液浓度降低,对二沉池工作有利。

采用逐步曝气法时,池内各点的活性污泥浓度、回流污泥浓度及回流速率按下列公式计算:

$$X_x = \frac{rQX_r + Q_x \cdot X_0}{rQ + Q_x} \tag{7-55}$$

$$X_r = \frac{(1+r)X - X_0}{r} \tag{7-56}$$

式中 X_x——池内任一点处的污泥浓度,mg/L;

Q——入流废水量,m^3/d;

Q_x——流到 x 点的废水量,m^3/d;

X_r——回流污泥浓度,mg/L;

X_0——入流废水的 SS 浓度,mg/L;

X——曝气池出口处的活性污泥浓度,mg/L;

r——污泥回流率,%。

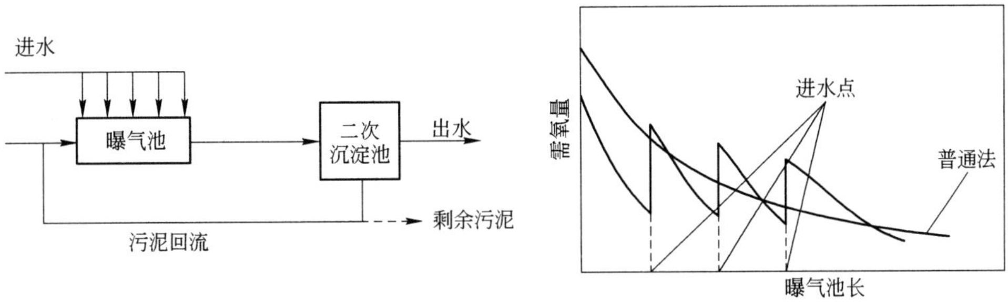

图 7-12 逐步曝气法流程与特点

和普通活性污泥法相比,在相同的 BOD 负荷条件下,逐步曝气法的 BOD 容积负荷可明显增大,去除一定量的 BOD,曝气池容积仅为普通法的一半。但逐步曝气法的平均污泥浓度是有一定限度的,分散进水的点数一般为 3 ~4 处,若再增加,污泥浓度并不能按比例增加。

7.4.2.3 吸附再生法(contact stabilization activated sludge process)

普通活性污泥法把活性污泥对基质的吸附凝聚和氧化分解混在同一曝气池内进行,适于处理溶解的 BOD。对含有大量胶体的和悬浮性的混合基质的废水,因初期吸附量大,以及吸附的有机固体物在生物酶作用下变成可溶性物质再向水中扩散,遂产生了把吸附凝聚和氧化分解分别在两个曝气池中进行的构想,从而出现了吸附再生法或称接触稳定法。实践证明,良好的活性污泥完成吸附时间相当短,所以合理控制吸附时间十分重要。图 7-13 反映了活性污泥对不同形态 BOD 的去除特点。

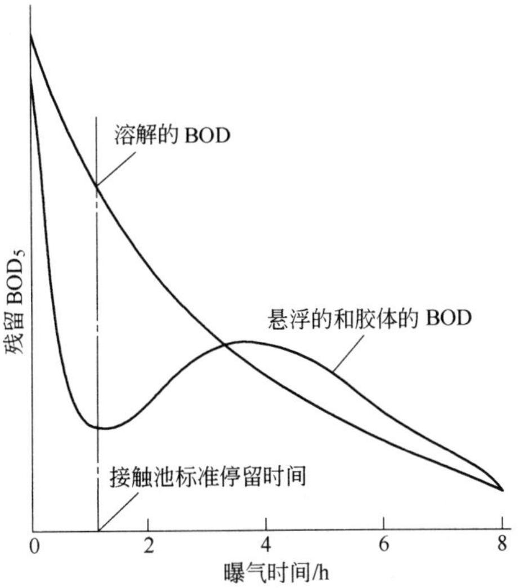

图 7-13 有机物与活性污泥接触后的特性曲线

吸附再生法流程如图7-14所示，有分建与合建两种形式。废水先进入吸附池，将基质吸附于活性污泥，再进入二沉池。分离出的活性污泥上附着有大量有机物，其中的回流部分送入再生池继续曝气，使其恢复活性，然后再返回吸附池。

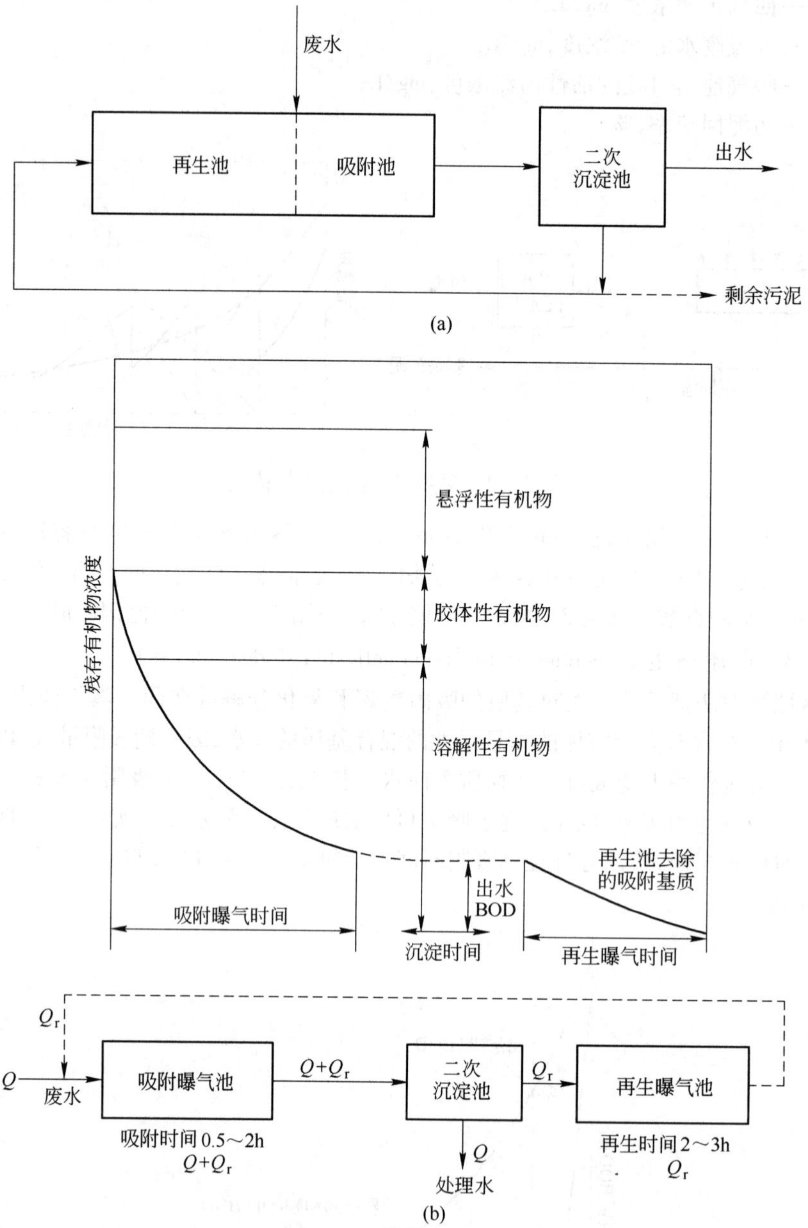

图7-14 吸附再生法流程与BOD去除特点

(a) 合建式系统;(b) 分建式系统

由于再生池仅对回流污泥进行曝气(剩余污泥不必再生)，故节约空气量，且可缩小池容。经过再生的活性污泥处于营养不足状态，因而吸附活性高。再则，再生池的污泥微生物很快在池末端遇到营养不足环境，丝状菌不适应这样的空曝环境，所以其繁殖受到限制，有利于防止污泥膨胀。在使用上，吸附再生法具有很大的灵活性。

吸附再生法一般用推流式鼓风曝气，但也可用叶轮曝气。

7.4.2.4　完全混合法(complete mix activated sludge process)

完全混合法中的入流废水进入曝气池后，即与池内废水完全混合，曝气池内营养和耗氧率都是均匀的，微生物接触的是浓度与出水浓度一样的废水，故可承受一定的冲击负荷。

完全混合法的曝气池与沉淀池有分建(图7-15)与合建(图7-16)两种类型。

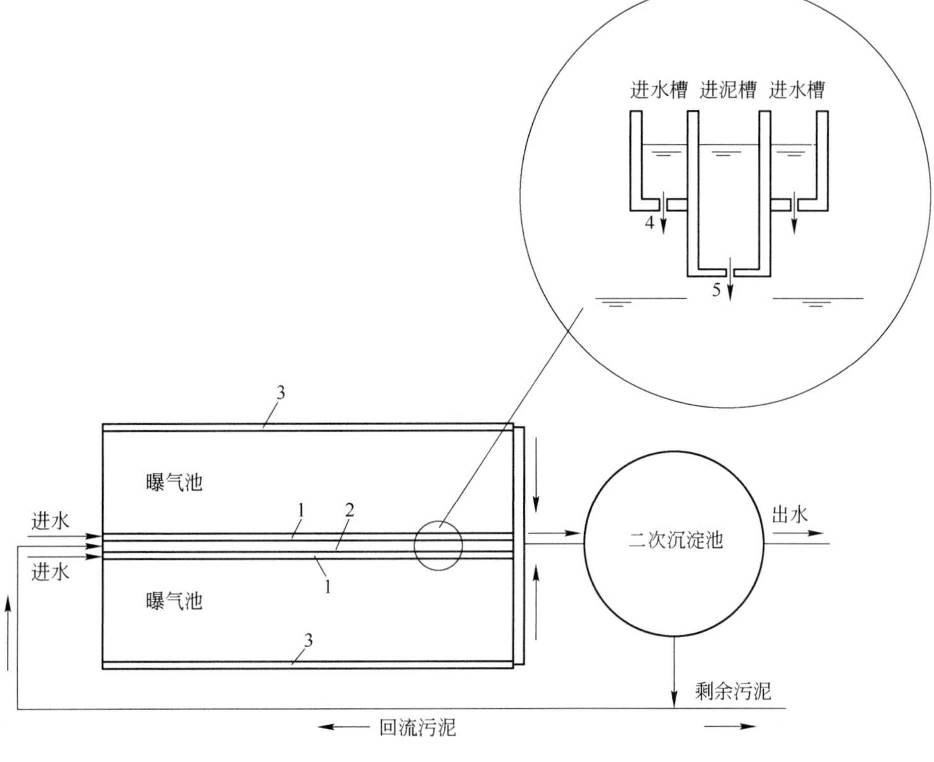

图7-15　曝气池与沉淀池分建的完全混合系统
1—进水槽；2—进泥槽；3—出水槽；4—进水孔；
5—进泥孔(进水孔和进泥孔沿池长分布)

7.4.2.5　延时曝气系统(extended aeration system)和氧化沟(oxidation ditch, OD)

延时曝气法属于长时间曝气法，其特点是负荷低、水力停留时间长(16～24 h)。不但能去除废水中的有机污染物，而且还能氧化分解转移到污泥中的有机物质和合成的细胞物质，它的处理效果稳定、出水水质好、剩余污泥量少。

氧化沟又称连续循环式反应池，因其构筑物呈封闭的沟渠型而得名，故有人称其为“无终端的曝气系统”。氧化沟污水处理技术是延时曝气法的一种，一般由沟体、曝气设备、进出水装置、导流和混合设备组成，污水和活性污泥混合液在闭合式曝气渠道中连续循环，平均流速通常要大于0.3 m/s。

氧化沟的形式目前主要有普通氧化沟、卡鲁塞尔氧化沟(carrousel)(图7-17)、交替工作式氧化沟(DE oxidation ditch)、奥贝尔(Orbal)氧化沟、一体式氧化沟(integrated oxidation ditch)等。普通氧化沟采用横轴转刷曝气，推动水流，能耗小，沟中水深1～1.5 m，循环流量为设计流量的30

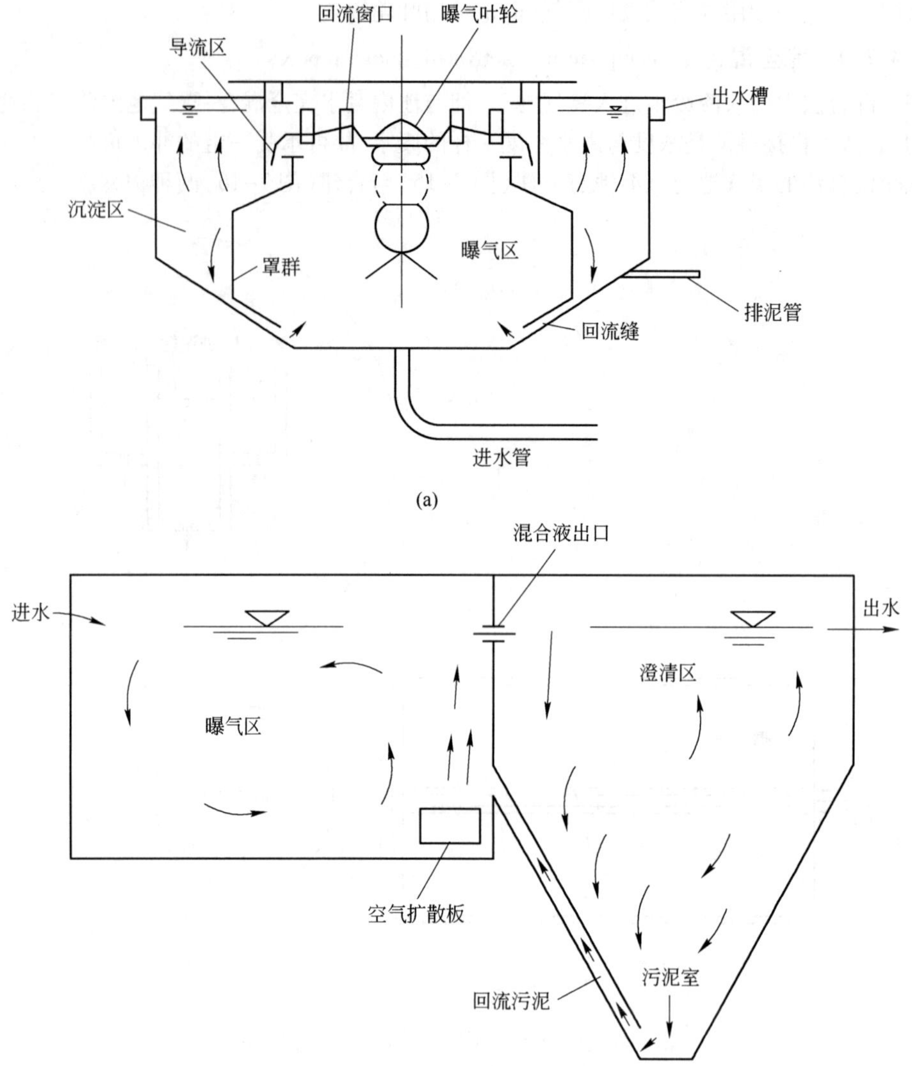

图 7-16 合建式完全混合法系统

(a) 加速曝气池;(b) 曝气沉淀池

~60 倍,循环周期为 5 ~ 20 min。卡鲁塞尔氧化沟采用竖轴表面叶轮曝气,曝气叶轮安装在池的一端,除起曝气作用外,同时使槽中产生紊流,使污泥悬浮。

氧化沟一般不设初沉池,或同时不设二沉池,因而简化了流程。进水在氧化沟内与大量的混合液的混合特征,既具有完全混合式的特征,又具有推流式的某些特征,因而忍受冲击负荷能力和降解能力都强。

7.4.2.6 短时高效曝气法

短时高效曝气法分两种:一种是采用低污泥浓度、短曝气时间,使微生物维持在对数增长期,以 BOD 的高速去除为特征,去除率低,在 70% ~80% 之间;二是采用高污泥浓度、短曝气时间,使微生物维持在衰减增长期,一般去除率在 80% ~90% 之间。

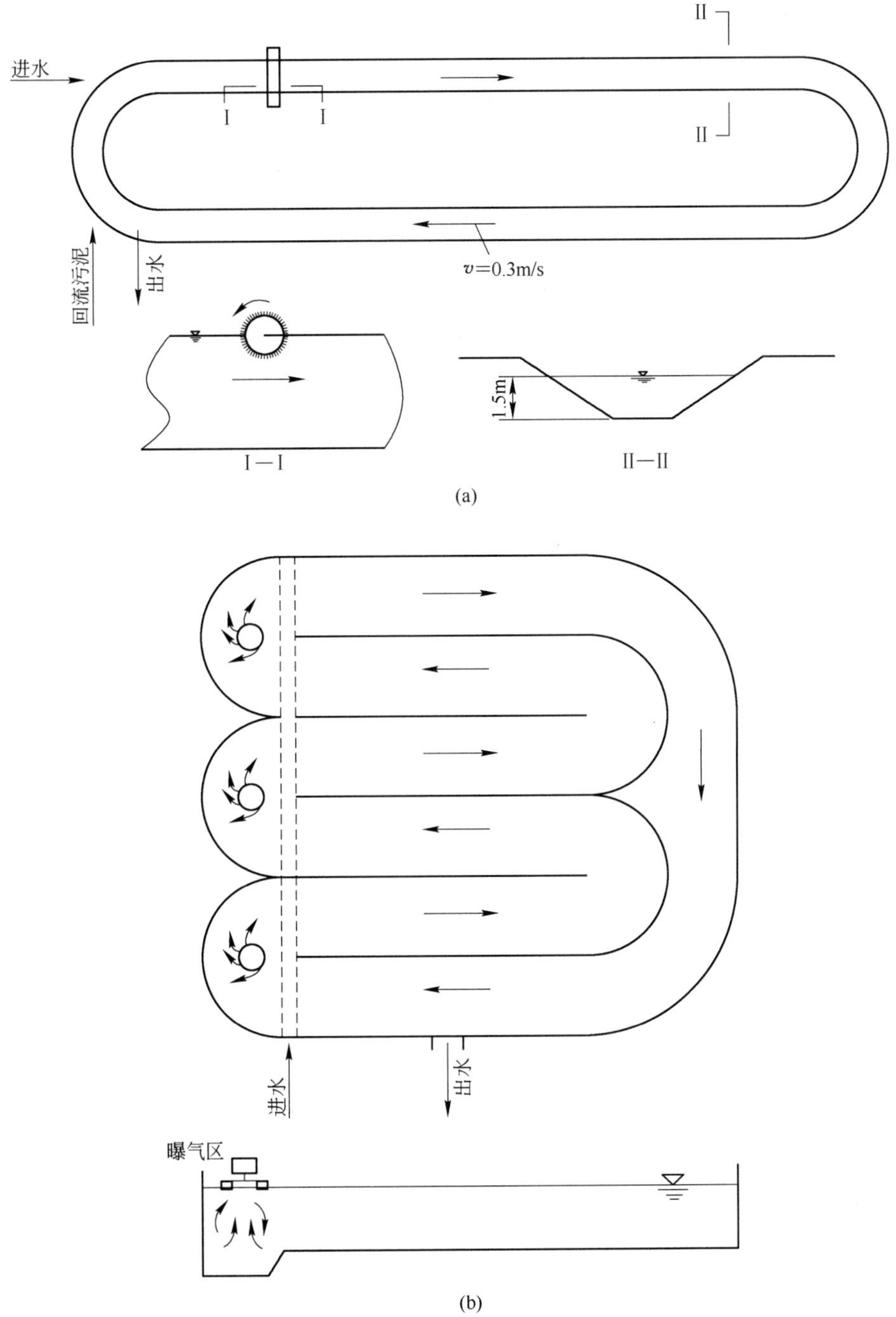

图 7-17　氧化沟

(a) 普通氧化沟；(b) 卡鲁塞尔氧化沟

近年来，有综合上述两种方法的特点，探求高污泥浓度、高负荷和短时间曝气的高效法。其污泥负荷 $L_s=1\sim5$ kg/(kg·d)，$L_V=10\sim20$ kg/(m^3·d)。污泥平均停留时间短，菌体增长在对数期，故增殖显著。由于增殖缓慢的丝状菌被排除在体系以外，在一定程度上可控制污泥膨胀。由于曝气时间短(1~1.5 h)，故曝气池容积小。其缺点是有机物去除不充分(70%~80%)，增殖污泥量大($a\approx0.7$);对水质水量变化适应性差。由于氧的利用速率大,因而氧的供应成了控制因素。

为克服上述问题,产生了将生物处理与凝聚沉淀组合在一起的方法,从而改善了出水水质,其工艺流程见图7-18。

这种工艺特点为:

(1) 污泥负荷在1~6 kg/(kg·d),污泥体积指数(SVI)在100或更低,一般不产生污泥膨胀。

(2) 剩余污泥虽多,但由于进行好氧消化,污泥量可减小。

(3) 剩余污泥好氧消化2 d后,其上清液可回流到曝气池,可节约补充的氮和磷。

(4) BOD基质主要用于合成,作为能量利用的比率小,故需氧量少。

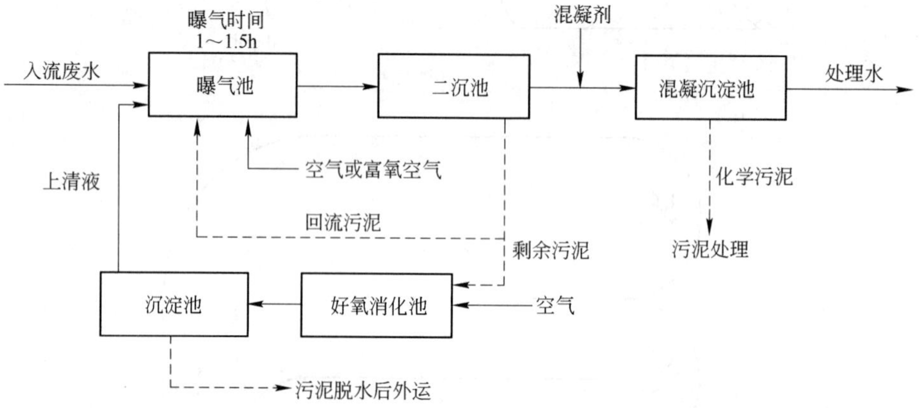

图7-18 高效曝气法简图

7.4.2.7 AB法(adsorption biodegradation process)

AB法即吸附生物降解法,其工艺流程见图7-19。A段污泥负荷达2~6 kg/(kg·d),约为普通法的10~20倍,污泥平均停留时间短(0.3~0.5 d),水力停留时间约为30 min。A段的活性污泥全部是繁殖快、世代时间短的细菌,以控制溶解氧含量(一般为0.2~0.7 mg/L),使其按好氧或兼性方式运行,所以污泥产率高。B段负荷为0.15~0.3 kg/(kg·d),污泥平均停留时间为15~20 d,水力停留时间为2~3 h,溶解氧含量为1~2 mg/L。

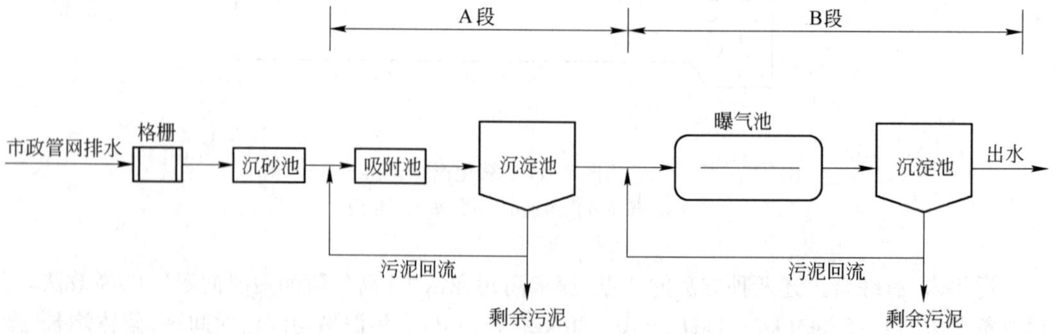

图7-19 AB法处理城市污水工艺流程

AB 法的基本特点是：

(1) 微生物群体完全分开为两段系统，A 段负荷高，抗冲击负荷能力强，经 A 段后使 B 段可生化性提高，因而取得更佳更稳定的效果。

(2) 废水连续直接流入 A 段，带入了繁殖能力强、抗环境变化的短世代原核微生物，使工艺稳定性提高；A 段去除率一般为 40% ~70%，除磷效果较好，且为 B 段硝化作用创造了条件。

7.4.2.8　序批式活性污泥法(sequencing batch reactor, SBR)

SBR 法是从充排式(fill & draw)反应器发展而来的一种间歇式运行的改良的活性污泥法。在连续流活性污泥法产生之前的充排式反应器，采用多个反应池交替运行，要求具备一定的自动化控制技术和相关设备，在当时由于技术等方面限制，难以普及和发展。随着自动化控制技术的提高以及相关设备的开发，诞生了 SBR 工艺。目前 SBR 法已成为城市污水处理的重要方法之一。

SBR 法与活性污泥法相比，具有以下突出优点：

(1) 不需要二沉池和污泥回流设备，布置紧凑，占地少，节省基建投资及运行费用低。

(2) SVI 值较低，污泥易于沉淀，不易发生污泥膨胀。

(3) SBR 系统各反应器相互独立，每个 SBR 池可根据进水水质、水量的不同适当调整运行参数，比其他生化处理系统更易维护，运行方式灵活方便。

(4) 耐冲击负荷。在物理空间上，SBR 具有典型的完全混合特征；在时间上，它又是理想的推流式处理，因此尽管 SBR 进水初期底物浓度非常高，但水质、负荷波动和毒物对 SBR 影响相对较小。

序批式活性污泥法中“序批式”包括两层含义：一是运行操作按间歇的方式进行，由于污水大都是连续或半连续排放，处理系统中至少需要两个或多个反应器交替运行，因此，从总体上污水是按顺序依次进入不同反应器，而各反应器互相协调作为一个有机的整体完成污水净化功能，但对每一个反应器则是间歇进水和间歇排水；二是每个反应器的操作分阶段、按时间顺序进行。典型 SBR 工艺的一个完整运行周期由五个阶段组成，依次为：进水阶段—加入基质；反应阶段—基质降解；沉淀阶段—泥水分离；排水阶段—排出上清液；闲置阶段—等待下一次进水。

在进水阶段，反应池在短时间内接纳需要处理的污水，此阶段可曝气或不曝气。反应阶段是停止进水后的生化反应过程，根据需要可以在好氧或缺氧条件下进行，也可以在两种或以上条件下交替进行。沉淀阶段停止曝气，进行泥水分离。经过一定时间的沉淀，进入排水阶段。排水结束后进入闲置阶段。这一阶段曝气或不曝气均可，此时通常不进水，微生物处于内源呼吸状态。通过内源呼吸作用可使微生物处于“饥饿”状态，为下一运行周期创造良好的初始条件。

SBR 用特别设计的浮动式滗水器排水，以防浮渣或沉降污泥排除影响出水水质，SBR 系统的滗水器应具备两个功能：一是防止浮渣排出，上层清液排出口应离水面 10 cm 以下；二是排放均匀，滗水器下沉速度应与液面下降速度一致。排出口应分布均匀，以免导致水力扰动使污泥排出。浮动式滗水器的类型主要有气动浮箱和机械驱动两种，前者靠压缩空气调节浮箱的浮力控制排水，后者靠机械驱动排水。滗水器以软管或万向节与 SBR 池壁上固定的排水管相连，靠池内外液面高差产生虹吸而排水。

在每一运行周期内，各阶段的运行参数都可以根据污水水质和出水指标进行调整，并且可根据实际情况省去其中的某一阶段(如闲置阶段)，还可以把反应期与进水期合并，或在进水阶段同时曝气等,系统的运行方式十分灵活。

SBR 一个工作周期典型的运行模式见图 7-20。

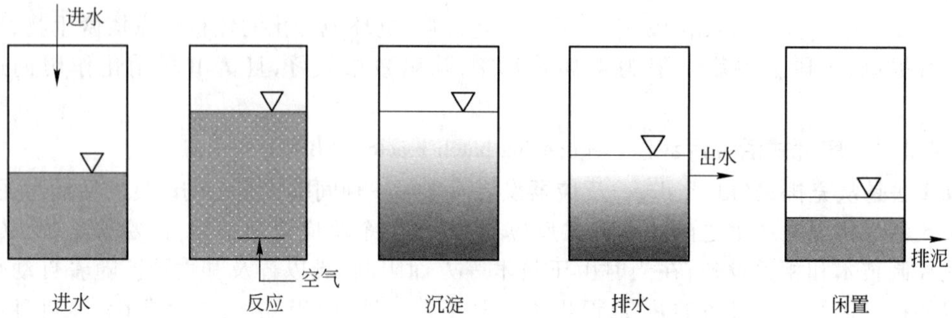

图 7-20 SBR 工作周期示意图

各种活性污泥法操作条件归纳为表 7-4。

表 7-4 活性污泥法运行条件综合

处理方法	操作条件								
	BOD 负荷		混合渣悬浮固体浓度(MLSS)/mg·L^{-1}	污泥平均停留时间/d	送气量/m^3·m^{-3}	曝气时间/h	回流比/%	污泥指数/mL·g^{-1}	BOD 去除率/%
	BOD-SS 负荷 L_s/kg·(kg·d)$^{-1}$	BOD 容积负荷 L_V/kg·(m^3·d)$^{-1}$							
普通活性污泥法	0.2~0.4	0.3~0.8	1500~2000	2~4	3~7	6~8	20~50	60~120	95
逐步曝气法	0.2~0.4	0.4~1.4	2000~3000	2~4	3~7	3~6	20~30	100~200	95
吸附再生法	0.2	0.8~1.4	2000~8000	4	12 以上	5 以上	50~100	50~100	90
延时曝气法	0.03~0.05	0.15~0.25	3000~6000	15~30	15 以上	16~24	50~150	40~60	75~90
氧化沟	0.05~0.15	0.2~0.4	2000~6000	15~30		24~48	50~150		90~95
高速曝气法	1.5~3.0	0.6~2.4	400~800	0.3~0.5	2~4	2~3	5~15	50	70
加速曝气法	0.2~0.4	0.6~2.4	3000~6000	2~4	5~8	2~3	50~150		90
SBR	0.04~0.1	0.1~0.3	2000~5000	10~30		2~6			90~95

7.5 曝气原理与曝气池构造

7.5.1 曝气的作用与方法

在活性污泥法系统中,曝气的作用是向液相供给溶解氧,并起搅拌和混合作用。根据活性污泥法的基本理论,向废水供给溶解氧是必需的操作,而搅拌混合则可促使活性污泥处于悬浮状态,有利于污泥固体、污染物和溶解氧更有效地接触。

通常采用的曝气方法有鼓风曝气、机械曝气以及二者联合使用的混合曝气,某些情况下也采用射流曝气。鼓风曝气是将压缩空气通过管道系统送入池内的散气设备,以气泡形式分散进入混合液。机械曝气则利用装设在曝气池内的叶轮的转动,剧烈地搅动水面,使液体循环流动,不断更新液面并产生强烈水跃,从而使空气中的氧与水滴或水气的界面充分接触,转入液相中去。射流曝气则是利用水射流泵将空气吸入,使空气与水充分混合并溶解的曝气方式。

鼓风曝气设备的关键部件是浸于混合液中的扩散器。根据分散气泡的大小,扩散器又可分成:

(1) 小气泡扩散器。它包括由微孔材料(陶瓷、砂粒、塑料)制成的扩散板和扩散管等,其特点是气泡小(直径在1.5 mm以下),氧利用率高(在11%左右),但阻力大,易堵塞。

(2) 中气泡扩散器。常用穿孔管,它的孔眼直径为2~3 mm,孔眼气体流速不小于10 m/s,以防堵塞,其特点是氧利用率低,但空气压力损失较小。

(3) 大气泡扩散器。常用的是曝气竖管,直径为15 mm左右,底口敞开,其特点是气泡大(直径3 mm以上),分布不匀,氧利用率低,不易堵塞。

(4) 微气泡扩散器。气泡直径在100 μm左右,可以采用射流曝气器或者刚玉、橡胶等制成的微孔曝气板来实现。射流曝气器通过混合液的高速射流,将鼓风机引入的空气切割粉碎为微细气泡,与混合液充分接触混合,促进氧的传递。

图7-21是几种扩散器简图。

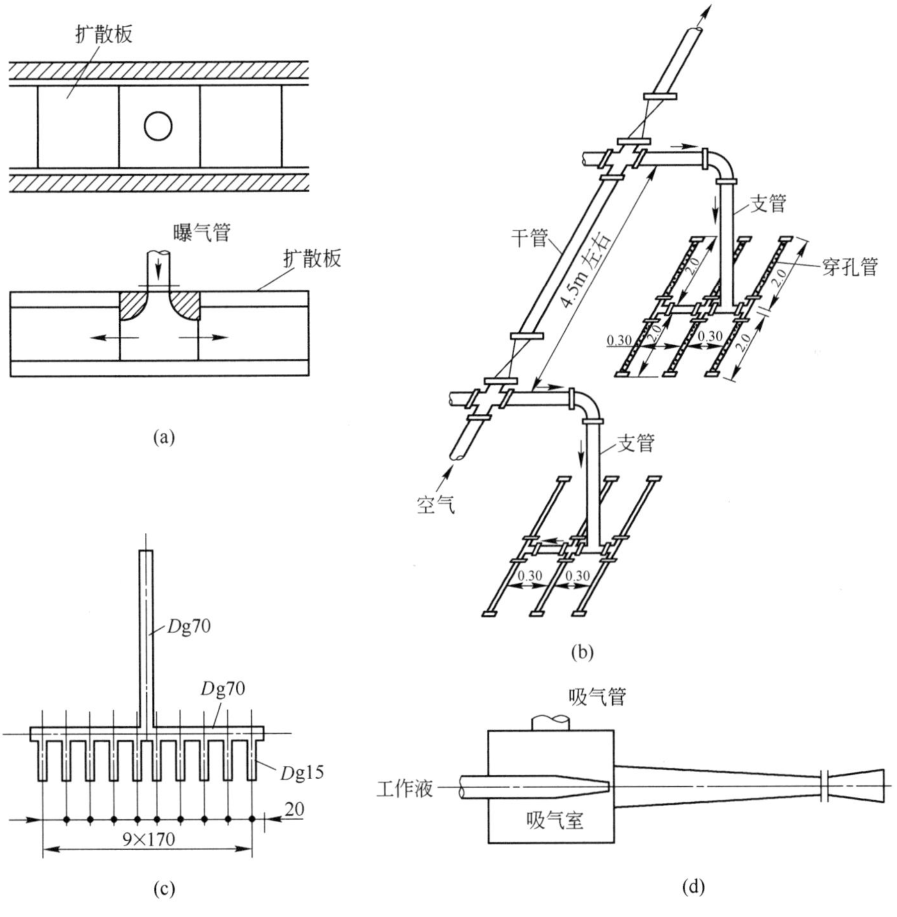

图7-21　几种扩散器简图

(a) 扩散板曝气;(b) 穿孔管曝气;(c) 竖管曝气;(d) 射流曝气

鼓风曝气系统采用氧吸收率(E_A)来比较设备效率,其意义用下式表示:

$$E_A = \frac{\text{吸收氧量}}{\text{供氧量}} \times 100\% \tag{7-57}$$

为便于比较各种鼓风曝气扩散器(除射流曝气器),将其装于水深1 m处,以亏氧量1 mg/L时的E_A值作为互相比较的指标。E_A值愈高,曝气装置效率愈高。表7-5列有各种鼓风曝气扩散器的性能资料。

表7-5 鼓风曝气设备性能资料

气泡大小/mm	氧传递率/mg·(L·h)$^{-1}$	氧吸收率/%	动力效率/kg·(kW·h)$^{-1}$
小气泡(<1.5)	40~60	11~12	1.6~2.6
中气泡(1.5~3)	20~30	6.2~7.9	1.0~1.6
大气泡(>3)	10~20	6.2~7.1	0.6~1.2
微气泡(<0.1)	40~120		1.2~2.4

衡量曝气设备性能的指标还有氧传递速率和充氧动力效率。氧传递速率的单位为mg/(L·h);充氧动力效率是指消耗1 kW·h动力传递到水中的氧量。

主要的机械曝气设备有泵型叶轮抽吸式曝气机、曝气转盘和曝气转刷等。各机械曝气设备见图7-22。

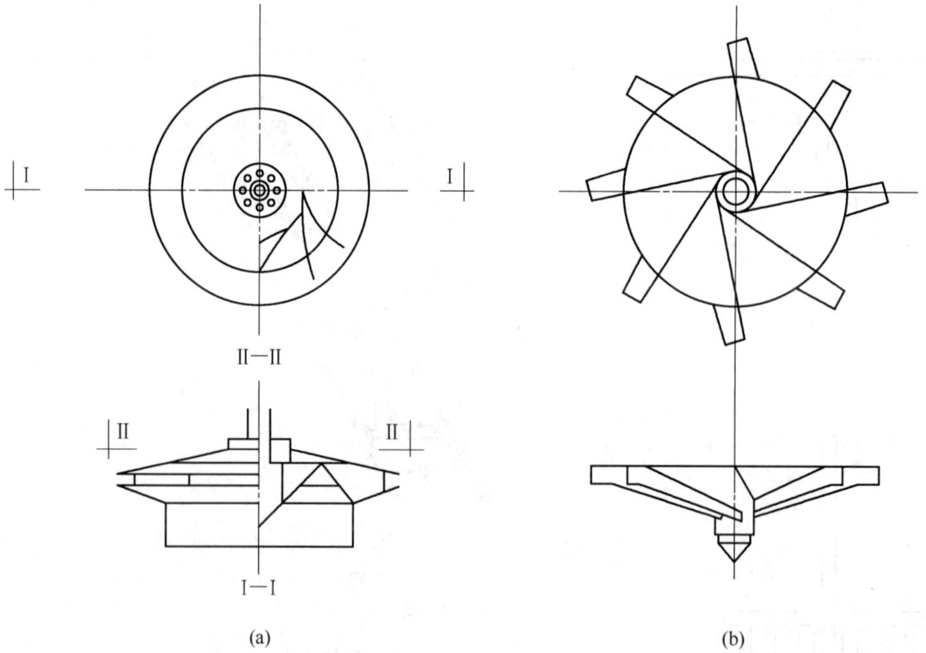

图7-22 机械曝气器简图
(a) 泵型;(b) 倒伞型

(1) 泵型叶轮曝气机。泵型叶轮的构造和离心泵叶轮十分相似,叶片呈弧形,上下有盖板,提升能力强。根据在大型曝气池中实际测定结果,泵型曝气叶轮直径为1200~1800 mm时,动力效率为2.39～3.38 kg/(kW·h)。

（2）抽吸式曝气机。它的工作原理是:空气被吸入水面以下并且被高速旋转的叶轮搅碎，中空的螺旋桨驱动轴顶端连接着电机轴，其底端与螺旋桨和扩散器连在一起。驱动轴上部有孔洞，空气通过它得以进入水下。螺旋桨在水下高速旋转形成负压并产生液体流，在压力差的作用下，空气通过空心驱动轴进入水中。螺旋桨形成的水流将空气转化成细微、均匀的气泡，其平均直径2 mm，达到美国环保组织为优秀的空气扩散器制定的2.2 mm的标准。在与水的接触中，氧气被水和水生生物吸收。这些气泡扩散得较远，从而与水接触的时间较长，氧利用效率非常高。

（3）曝气转盘。曝气转盘是用于Orbal氧化沟的专用曝气装置，它起着充氧、混合、推动水流作循环流动和防止活性污泥沉淀等作用。近年我国引进了美国先进的曝气转盘生产模具，制造出材料为高强轻质塑料的新型曝气转盘，其主要技术参数为：曝气转盘直径为1400 mm；适用转速为43～55 r/min；适用浸没水深为400～530 mm。与同类曝气设备相比，曝气转盘具有浸没水深大、充氧能力大、充氧效率高、混合能力强以及结构简单、组装灵活、使用寿命长、安装维修方便等特点。

（4）曝气转刷。曝气转刷主要有Kessener转刷、笼型转刷和Mammoth转刷三种。

Kessener转刷曝气机的转刷直径一般为400～800 mm，浸没深度小于0.1 m，转速为50～70 r/min，动力效率可达2 kg/(kW·h)。Mammoth转刷是为增加单位长度的推动力和充氧能力而开发的。叶片通过彼此连接直接紧箍在水平轴上，沿圆周均布成一组，每组叶片之间有间隔，叶片沿轴长呈螺旋状分布，在旋转过程中叶片顺序进入水中，以保证运行的稳定性并可减少噪声。

此外，新型机械曝气设备还有平板型叶轮、倒伞型叶轮、BSK叶轮曝气机、辛普莱克斯（Simplex）曝气器、自吸式螺旋曝气机、自吸式射流曝气机、供气式射流曝气机等。

常见的鼓风曝气扩散器有以下几种：

（1）微孔曝气板。微孔曝气板是一种能产生直径1 mm超微泡的高效率曝气设备。微孔曝气板是在PVC制基板上，紧绷开有微孔的特殊聚氨酯薄膜，并用不锈钢制槽钢及框架来加固。标准件的尺寸为1.2 m×3.6 m、质量105 kg，3～4人即可搬运及安装一张曝气板。该特殊聚氨酯薄膜厚约1 mm，弹性极大且耐久性卓越。同时，该特殊聚氨酯薄膜的表面光滑，很难附着生物膜，即使万一附着上生物膜时，也极易剥离。因此，它是适用于曝气的优秀材料。

（2）可变微孔曝气器。可变微孔曝气器是以ABS工程塑料为底盘、托板及压盖，补气板由特殊合成橡胶制成，表面布满细微的小孔。曝气器在充氧曝气时，布气板上的可变微孔在气体的作用下能自动鼓胀且微孔挣开，以确保气体从可变微孔中通过。在静止状态时，布气板上的可变微孔呈封闭状态，由于布气板的变形及可变微孔自行扩张和收缩，避免以往曝气器微孔受堵现象。其次，在曝气器的底盘设有气阀装置，当管道系统停止供气时阻止混合液进入布气管，这样，可避免支管混合液进入而被堵塞。可变微孔曝气器氧传递的动力效率为4.0～6.0 kg/(kW·h)。

（3）橡胶膜曝气头。微气泡橡胶膜曝气头采用EPDM等多种材料制造，可适用于不同应用场合。其动力效率为3.0～4.5 kg/(kW·h)，直径250 mm，高度60 mm。富有弹性的橡胶膜上有4500个通气孔，固定在乙烯或不锈钢底盘上，空气或氧气通过底盘后经橡胶膜形成微气泡。膜孔由气流控制开闭，可阻止水流进入管网，特别适合于间歇式曝气工艺。

7.5.2 曝气池

7.5.2.1 鼓风曝气与长廊式曝气池

鼓风曝气多用于长廊式曝气池。推流式曝气系统即属于此类，其廊道形式如图7-23所示，一般为1~4个廊道。大多数推流式系统从池首引入废水和活性污泥，只有逐步曝气系统是沿池长分数处进水。为防止废水与污泥在池面扩散形成短流，一般进口设于水下。进水用闸板控制。出水用溢流堰或淹没孔控制。

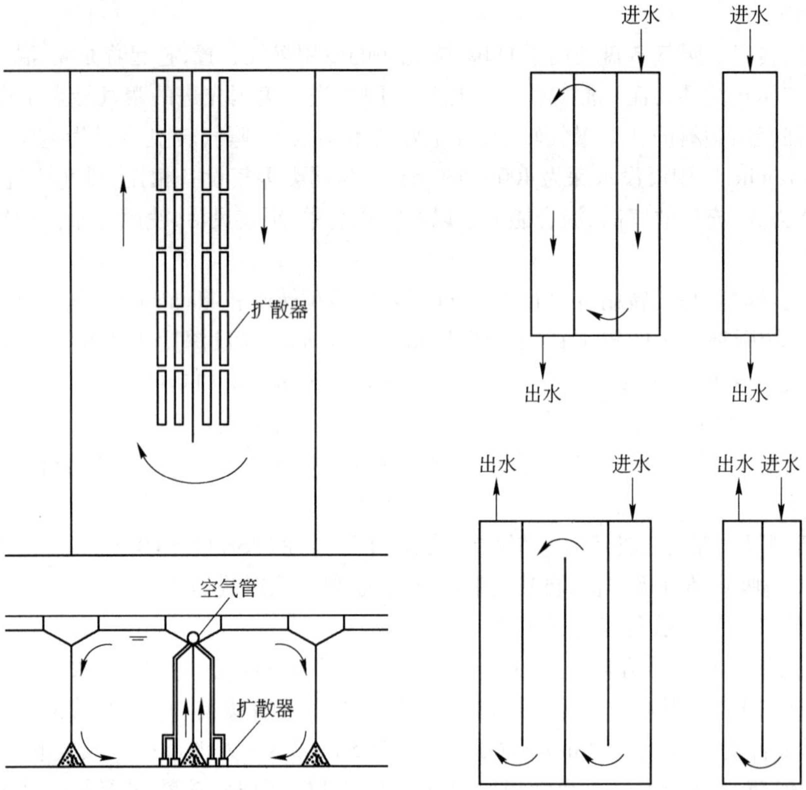

图7-23 曝气池廊道形式

为了满足空气搅拌的需要，廊道宽深比不大于2。深度大对氧的溶解有利，但基建费与运转费较高，故深度常为3~5 m。为防止短流，廊道长宽比应大于4~5，有的甚至大于10。

鼓风曝气系统由空气净化器、鼓风机、空气输配管系统和扩散器组成。空气输配管系统包括输气管、曝气池上的管网，管网包括干管和支管。干管常架设于相邻两廊道的公用墙上，向两侧廊道引出支管，伸入水下，其端头装设扩散器。扩散器装于靠公用墙侧，压出的气泡上升时，带动废水作横向环流，实现废水与污泥的充分混合与充氧。

近年来，为减小空气压力，出现了浅层曝气，就是把栅状穿孔管悬挂在池子一侧的水面下0.6~0.8 m处(图7-24)。其理论根据是：气泡在形成时，由于浓度差大，氧转移率比穿过水层逸升时高达数倍，即气泡形成时水中氧的转移率为最大，半秒钟后降到1/10。在氧转移率相同的情况下，浅层曝气耗电省。一般在曝气池中设垂直导流板，上缘与布气管齐，下缘距池底0.6~0.8 m。曝气时混合液绕导流板循环流动，浅层曝气的供气量为30~40 $m^3/(m^3 \cdot h)$。风压约1 kPa，动力效率2.3~2.9 kg/(kW·h)。

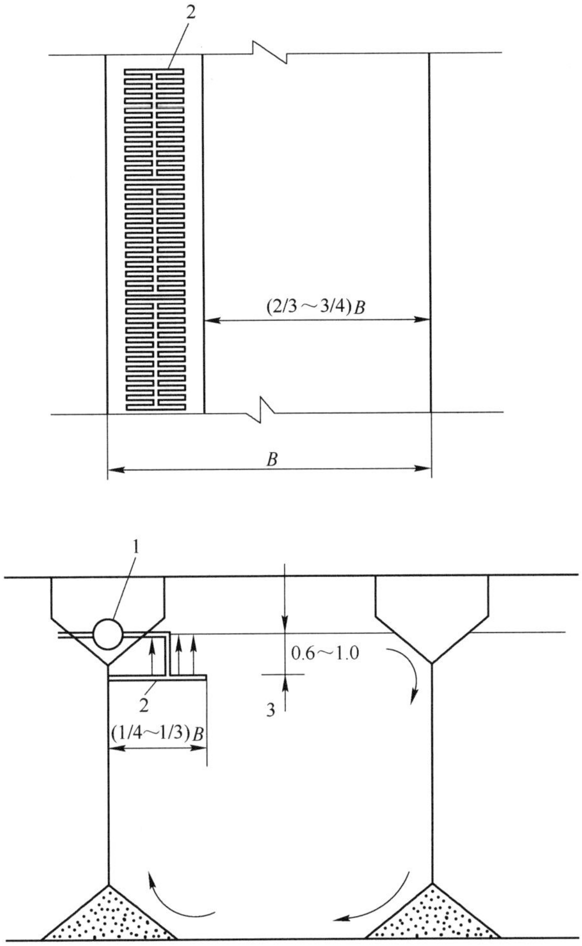

图 7-24 浅层曝气(单位:m)

1—空气管;2—多孔管;3—导流板

浅层曝气池与一般曝气池相比,空气量增大了,而风压仅为一般曝气池的 1/4 ~ 1/3,电耗略有下降,适于中小型污水厂采用。

根据长期经验和多方面的技术经济比较,曝气池的经济深度为 4 ~ 5 m,但随着用地的日益紧张,又发展了深水曝气法。深水曝气池一般水深达 10 ~ 20 m。20 世纪 70 年代以来,又发展了超深水曝气池(称为深井曝气),节约了用地,促进了氧传递速率。

深井曝气法的井管直径为 1.0 ~ 6.0 m,深度达 50 ~ 150 m,井中分成下降管和上升管。废水和污泥从下降管导入,由上升管排出。在靠近井颈部分局部扩大,以排除部分气体。经处理后的混合液,先脱气,再进行固液分离。图 7-25a 为深井曝气法处理流程,图 7-25b 为深井曝气简图。

操作中利用空气作为动力,促进液流循环。启动时在上升管上层较浅部位输入空气,待液流完全循环后,再在下降管中逐步供给空气。液流在下降管中与输入空气一起,经井底流入上升管。促使液流保持不断循环的动力是下降管和上升管的气液混合物存在的密度差。下降管中的空气溶入,上升管中的空气析出,故前者的密度大于后者。

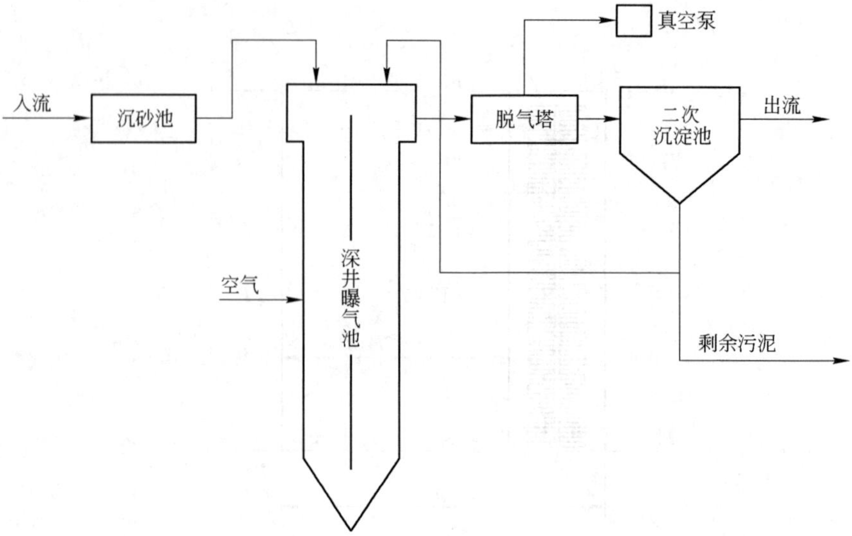

(a)

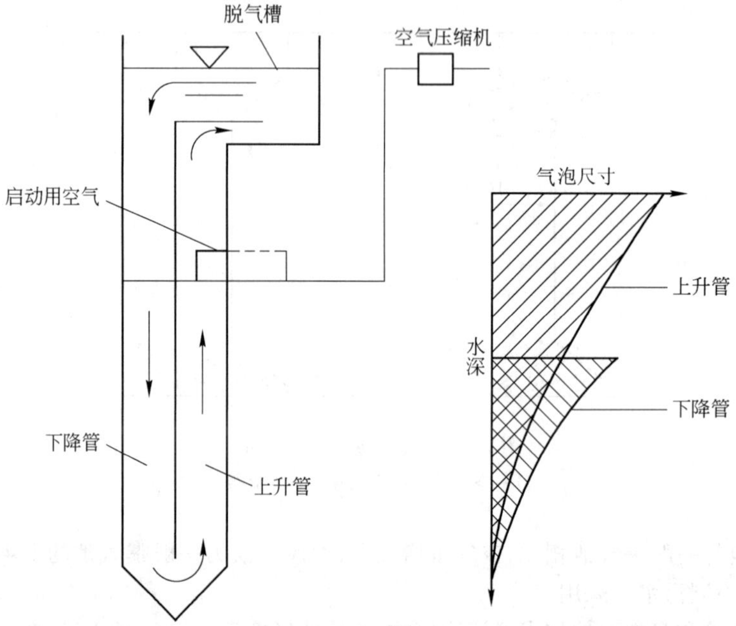

(b)

图 7-25 深井曝气处理流程与曝气简图

在深井曝气系统运行中发现，深井曝气系统的 CO_2 量比常规曝气的多 30%，说明能量消耗大、合成量小、污泥产量低。由于深井曝气池内，气液紊流大、液膜更新快、且气液接触时间长，故溶解氧饱和度高，但应注意井壁渗漏对地下水的污染。

7.5.2.2 叶轮曝气与圆形（或方形）曝气池

完全混合式曝气法采用圆形（或方形）池和叶轮曝气。

鼓风曝气与叶轮曝气各有其优缺点和适用条件。一般地说，表面机械曝气的氧吸收率高（为 15% ~25%），鼓风曝气低（仅为 6% ~10%），所以前者耗电较后者少。鼓风曝气所用设备较多，包括鼓风机及空气输送管等,表面曝气仅在池上设置一个电机及变速装置和叶轮即可。但是当废水量很大,曝气池需要设置相当多的曝气叶轮时,则费用剧增,超过鼓风曝气。因此,叶轮曝气适用于水量较小的小型曝气池,鼓风曝气适用于大水量的大型曝气池。

当废水中存在大量产生泡沫的物质(如表面活性剂、碱等)时,曝气过程中会有大量泡沫层覆盖池面,影响表面曝气池的充氧效果,若无有效的消沫措施,则不宜采用表面曝气。

安装曝气叶轮时,安装深度要适当。浸没深度过小,水面扰动虽然剧烈,但提升作用小;浸没深度过大,其结果正好相反,两者均要降低充氧效果。叶轮的周边线速度一般为 3 ~ 6 m/s,线速度过小,充氧能力减弱;线速度过大,易破坏污泥絮体,影响沉降分离。

7.5.3 氧的传递理论

氧由气相转入液相的机理常用双膜理论来解释。双膜理论是基于在气液界面存在着两层膜(气膜和液膜)的物理模型。气膜和液膜对气体分子的转移产生阻力。氧在膜内总是以分子扩散方式转移的,其速度总是慢于在混合液内发生的对流扩散的转移方式。氧是难溶气体,阻力主要来自液膜内,其转移速度 dm/dt(kg/h)为:

$$\frac{\mathrm{d}m}{\mathrm{d}t}=D_{\mathrm{L}}A\frac{c_{\mathrm{s}}-c}{\delta_{\mathrm{L}}}=K_{\mathrm{L}}A(c_{\mathrm{s}}-c) \tag{7-58}$$

式中 D_{L}——液膜的扩散系数,m^2/h;

A——气液界面接触面积,m^2;

δ_{L}——液膜厚度,m;

c_{s}——液相氧的饱和浓度,kg/m^3;

c——液相内氧的实际浓度,kg/m^3;

K_{L}——液膜氧转移系数,m/h。

在上式两边同除以液体的体积 V,并令 $a=\frac{A}{V}$,是:

$$\frac{1}{V}\times\frac{\mathrm{d}m}{\mathrm{d}t}=\frac{\mathrm{d}c}{\mathrm{d}t}=K_{\mathrm{L}}\frac{A}{V}(c_{\mathrm{s}}-c)=K_{\mathrm{L}}a(c_{\mathrm{s}}-c) \tag{7-59}$$

式中 $\mathrm{d}c/\mathrm{d}t$——单位体积的氧转移速率,$kg/(m^3\cdot h)$;

$K_{\mathrm{L}}a$——液相中以浓度差为动力的总转移系数,h^{-1},对一定气体而言,混合越强,紊动越剧烈,则气体传递速率越大。

对式(7-59)进行积分得

$$K_{\mathrm{L}}a=2.3\frac{1}{t_2-t_1}\cdot\lg\frac{c_{\mathrm{s}}-c_1}{c_{\mathrm{s}}-c_2} \tag{7-60}$$

式中 c_1,c_2——分别为 t_1、t_2 时刻所测得的溶解氧浓度,kg/m^3。

K_{L}、a 与 c_{s} 通常在净水中试验确定。但是,由于曝气池中废水的物理化学性质不同于净水。因此,必须对 $K_{\mathrm{L}}a$ 和 c_{s} 加以修正,方可应用于废水。单位体积废水中氧的转移速率可用下式表示:

$$\frac{\mathrm{d}c}{\mathrm{d}t}=\alpha K_{\mathrm{L}}a(\beta c_{\mathrm{s}}-c) \tag{7-61}$$

式中

$$\alpha=\frac{K_{\mathrm{L}}a_{(\mathrm{w})}\text{(废水中氧的总转移系数)}}{K_{\mathrm{L}}a\text{(净水中氧的总转移系数)}}$$

$$\beta=\frac{c_{\mathrm{sw}}\text{(废水中氧的饱和溶解度)}}{c_{\mathrm{s}}\text{(净水中氧的饱和溶解度)}}$$

一些废水的 α、β 值见表7-6。

表7-6 一些废水的 α 及 β 值

废水名称	α	β
纸板废水	0.53～0.64	
牛皮纸浆	0.45～0.79	
木纸浆废水	0.6	
漂染废水	0.3～0.5	
印染废水	0.5	0.8～0.85
炼油废水	0.72	
生活污水(新鲜)	0.26～0.46	
生活污水(腐化)	0.16～0.19	0.9(一般生活污水)

用同一曝气装置在同样的容器中分别测定废水和清水的 K_La 值，其比值是 α 值。因 c_s 受水质影响大，故测定 β 值时，c_s 值应实测。用空气曝气，测氧仪的读数随即上升，至再不上升时的 c 值为 c_s 值。

溶解在水中的憎水性有机物影响 K_La 值。温度同时影响 K_La 和 c_s 值，温度上升，K_La 值上升，而 c_s 值下降，但因活性污泥法的操作温度大约在10～30℃范围内，温度的升降对氧的传递速率影响不显著。

7.6 活性污泥法系统的工艺设计

活性污泥法系统的工艺设计包括：流程选择、曝气池容积的确定、供氧设备的设计，二次沉淀池澄清区与污泥区容积的确定和剩余污泥的处置。

对生活污水采用活性污泥法处理，已经总结出了一套较为成熟的设计数据。对于工业废水往往要通过试验，才能确定一些有关的设计数据。通过试验提供的资料，主要包括下列各项：

(1) 废水水质资料，主要是曝气池进水的有机物和毒物的容许浓度，以及二次沉淀池出水的有机物和毒物的浓度。

(2) 有毒和有害物质浓度急剧变化对处理效果的影响。

(3) 水温对处理效果的影响。

(4) 曝气池污泥浓度和污泥回流比。

(5) 污泥负荷和曝气时间。

(6) 有关补充营养，如氮、磷等的资料。

(7) 空气用量(如采用鼓风曝气)或充氧量(如采用机械曝气)的资料。

此外，对于二次沉淀池的沉降速度和剩余污泥量等也应进行观察和测定。

7.6.1 工艺流程选择

活性污泥系统主要由曝气池、曝气系统、二沉池、污泥回流系统和剩余污泥排放系统组成。

7.6.2 曝气时间与曝气池容积

7.6.2.1 曝气时间

活性污泥法的曝气时间有考虑回流量和不考虑回流量两种。现以 t_1(h)表示前者，以 t_2(h)表示后者，则有：

$$t_1 = \frac{24V}{Q + Q_r}$$

$$t_2 = \frac{24V}{Q} \tag{7-62}$$

式中 Q,Q_r——分别表示废水量和回流污泥量，m^3/d，$Q_r = rQ$；

V——曝气池容积，m^3。

一般所指的曝气时间均为后者。

7.6.2.2 曝气池容积

活性污泥曝气有多种运行方式，各种运行方式及设计参数见表7-7。

表7-7 曝气池主要设计数据

类 别	污泥负荷 /kg·(kg·d)$^{-1}$	污泥浓度 /g·L^{-1}	容积负荷 /kg·(m^3·d)$^{-1}$	污泥回流比 /%	总处理效率 /%
普通曝气	0.2~0.4	1.5~2.5	0.4~0.9	25~75	90~95
阶段曝气	0.2~0.4	1.5~3.0	0.4~1.2	25~75	85~95
吸附再生曝气	0.2~0.4	2.5~6.0	0.9~1.8	50~100	80~90
合建式完全混合曝气	0.25~0.5	2.0~4.0	0.5~1.8	100~400	80~90
延时曝气(包括氧化沟)	0.05~0.1	2.5~5.0	0.15~0.3	60~200	95以上
高负荷曝气	1.5~3.0	0.5~1.5	1.5~3	10~30	65~75

曝气池(或合建式的曝气区)容积的计算公式和方法有多种，这里主要介绍运用简便也比较符合实际的BOD负荷计算法。根据式(7-6)、式(7-7)可得曝气池容积为：

$$V = \frac{QS_0}{L_s X} \quad 或 \quad V = \frac{QS_0}{L_V} \tag{7-63}$$

在计算曝气池容积时，要正确确定 L_s 和 X。

(1) 确定恰当的污泥负荷 L_s。确定 L_s 时既要考虑处理水质的要求，同时也应考虑污泥的沉降性能。要使 L_s 值对应的污泥指数SVI在正常运行范围内。一般欲得90%以上的去除率，SVI若在80~150范围内，污泥负荷应在0.2~0.5 kg/(kg·d)范围内。

(2) 恰当地确定混合液悬浮固体浓度(X)。X 值一般指曝气池污泥浓度。$X = \frac{R}{1+R}X_r$，其中在吸附再生法里，是指吸附池和再生池污泥浓度的平均值。

L_s 和 X 的设计值采用得大些，曝气池需要的容积就可以小些，确定污泥负荷时要考虑它对处理效率的影响。作为高级处理，L_s 一般不大于0.5 kg/(kg·d)。要求氮素达到硝化阶段时，则 L_s 常采用0.3 kg/(kg·d)；污泥浓度(MLSS)随运行方式而异，一般采用2~6 g/L(表7-4)。

采用较高的污泥浓度可以缩小曝气池容积，但要使浓度保持在较高的水平，至少要考虑曝气系统和污泥回流系统能否满足要求。污泥浓度的提高将相应地提高氧的消耗速率，所以，在一个已定系统中，污泥浓度实际上存在最高的限制，以保证运行质量。换言之，曝气系统必须要有足够的供氧能力保持较高的污泥浓度。一般说纯氧曝气有助于污泥浓度的提高。此外，曝气池的悬浮固体不可能高于回流污泥的悬浮固体，若两者愈接近，回流比就愈大，故从这方面看混合液的污泥浓度显然也有一个最大限值。限制此浓度的主要因素是回流污泥浓度。要提高混合液的污泥浓度也必须提高二沉池的浓缩能力及污泥回流设备的能力。

除采用上述污泥负荷计算曝气池容积外，也有采用曝气池容积负荷 L_V(kg/(m^3·d))及曝气时间 t(h)作为设计参数的。这些参数使用较为方便，但没有反映出对净化水质起主要作用的活性污泥量。因此,采用 L_V 及 t 设计时,应注明曝气池混合液所需维持的污泥浓度,因为浓度的高低会影响处理效果。采用曝气时间作为设计参数时,还应注明是否包括回流污泥量。

7.6.3 回流污泥量及污泥回流设备

回流污泥量的大小,直接影响曝气池污泥浓度和二次沉淀池的沉降性能。根据曝气池中活性污泥悬浮固体的平衡关系,可得污泥回流率 r 为:

$$r=\frac{X-X_0}{X_r-X} \tag{7-64}$$

式中 X_0,X_r,X——分别为流入曝气池的废水、回流污泥和曝气池混合液的悬浮固体浓度,mg/L。

由于 $X_0 \ll X$,所以

$$r=\frac{1}{\frac{X_r}{X}-1} \quad 或 \quad r=\frac{1}{\frac{10^6}{\mathrm{SVI}\cdot X}-1} \tag{7-65}$$

由此得曝气池混合液悬浮固体浓度 X 为:

$$X=\frac{r}{1+r}X_r=\frac{r}{1+r}\times\frac{10^6}{\mathrm{SVI}} \tag{7-66}$$

例 7-2 已知 BOD-SS 负荷量为 0.47 kg/(kg · d),计算污泥回流量。

解:据式(7-11)此时污泥体积指数为:

$$\mathrm{SVI}=353\times0.47^{0.983}=168$$

取 $X=2000$ mg/L,得

$$r=\frac{1}{\frac{10^6}{\mathrm{SVI}\cdot X}-1}=\frac{1}{\frac{10^6}{168\times2000}-1}\approx0.5$$

污泥回流设备应与剩余污泥排放设备结合起来考虑。回流设备常采用空气提升器(图 7-26)或污泥泵。前者效率不如后者,但结构简单,便于管理,而且消耗的空气对补充活性污泥中的溶解氧有好处。在鼓风曝气时,可考虑采用。

图 7-26 空气提升器

污泥提升井设在二次沉淀池排泥沟渠和曝气池回流管道之间。井中设污泥提升管(d=150~200 mm),管底深入污泥面下一定深度。压缩空气管伸入管下口。图中 h_1 为淹没深度,h_2 为提升高度,一般 $h_1 \geqslant h_2$。空气提升器所需空气量,一般取回流污泥量的3~5倍。

另外,给出污泥龄 θ_c、水温与出水 BOD 浓度 S_e 的相关关系式,根据多个污水处理厂运行数据,采用曲线拟合法得出他们之间的相关关系方程为:

温度大于25℃时,有 $S_e = 11.54\theta_c^{-0.744}$(相关系数 $r=0.74$)

温度为20~25℃时,$S_e = 9.75\theta_c^{-0.674}$($r=0.60$)

温度为15~20℃时,$S_e = 10.42\theta_c^{-0.519}$($r=0.55$)

温度小于15℃时,$S_e = 13.73\theta_c^{-0.554}$($r=0.64$)

7.6.4 需氧量、供氧量与曝气设备的确定

7.6.4.1 需氧量

单位时间内曝气池活性污泥微生物代谢所需的氧量称为需氧量 R_0(kg/h),其值等于单位时间内废水所去除的 BOD_5 量(kg/h)和去除单位 BOD_5 所需氧量(kg/kg)的乘积(其中包括污泥自身氧化需氧量)。

活性污泥处理系统的需氧量与污泥平均停留时间有关。一般地讲,污泥平均停留时间长,需氧量就大些。需氧量的计算有估算法和公式计算法两种。估算法是按去除1 kg 的 BOD_5 需氧1 kg 估算的,为了留有余地,取1.5~2.0 kg。另外,也可按污泥负荷根据经验资料确定需氧量(表7-8)。公式计算法就是根据式(7-25)计算需氧量。当得知去除每1 kg BOD_5 所需氧量后,即可求出整个曝气池的需氧量(kg/h)。

表7-8 污泥负荷与需氧量之间的关系

L_s/kg·(kg·d)$^{-1}$	需氧量/kg·kg^{-1}	最大需氧量/平均需氧量	最小需氧量/平均需氧量
0.10	1.60	1.5	0.5
0.15	1.38	1.6	0.5
0.20	1.22	1.7	0.5
0.25	1.11	1.8	0.5
0.30	1.00	1.9	0.5
0.40	0.88	2.0	0.5
0.50	0.79	2.1	0.5
0.60	0.74	2.2	0.5
0.80	0.68	2.4	0.5
>1.00	0.65	2.5	0.5

7.6.4.2 供氧量

单位时间内曝气设备供给曝气池混合液的氧量称为供氧量。供氧量只有一部分直接转移到废水中去,称为吸氧量。在供氧量与吸氧量之间存在着转移效率。所以废水实际所吸收的氧量与供氧设备的性能、形式以及废水的水质和水温等因素有关。为了使氧的转移速率公式(即式(7-39))能够普遍应用,尚需进一步解析。

(1) 水温对 K_La 和 c_s 的影响。水温对 K_La 的影响如下式所示:

$$K_La_{(\theta)} = K_La_{(20)} \times 1.024^{\theta-20} \tag{7-67}$$

式中 $K_La_{(\theta)}$,$K_La_{(20)}$——分别为温度为 θ℃和20℃时的氧的总转移系数;

θ——计算温度。

饱和溶解度 c_s 随温度而变，θ℃时的值为 $c_{s(\theta)}$。水温愈高时，$c_{s(\theta)}$ 值下降，这一点与水温对 K_La 的效应相反。

（2）分压力对 c_s 的影响。当氧的分压力降低时，c_s 值也降低，变化程度可用修正系数 ρ 予以反映：

$$\rho=\frac{\text{所在地实际大气压力(Pa)}}{101325}=\frac{\text{实际 }c_s\text{ 值}}{\text{标准大气压下的 }c_s\text{ 值}} \tag{7-68}$$

（3）水深对 c_s 的影响。在鼓风曝气池内，增加扩散器的装设深度，形成的气泡中氧的分压增大，所以氧的饱和溶解度也增大。曝气池中氧的平均饱和浓度 c_{sm}（mg/L），一般指放气口至水面距离的一半处的值，按下式计算：

$$c_{sm}=\frac{c_s}{2}\left(\frac{p_b}{0.1013}+\frac{Q_t}{21}\right) \tag{7-69}$$

式中 p_b——曝气设备装设深度 H(m)处的绝对气压，MPa，$p_b=p_0+0.01H$；

p_0——当地大气压力，MPa；

Q_t——空气离开池子时的含氧百分浓度，按下式计算：

$$Q_t=\frac{21(1-E_A)}{79+21(1-E_A)} \tag{7-70}$$

式中 E_A——扩散器的氧转移效率。

综上所述，废水中氧的转移速率方程修正为：

$$\frac{dc}{dt}=\alpha K_La_{(20)}(\beta\rho c_{sm(\theta)}-c)\times 1.024 \tag{7-71}$$

如果以 N 表示单位时间内转移到整个曝气池的氧量；以 N_0 表示20℃时单位时间内转移到曝气池脱氧净水的氧量；以 $c_{sw(\theta)}$ 表示废水在运转温度下的饱和溶解度 $\beta\rho c_{sw(\theta)}$，则得：

$$N=\alpha N_0\frac{c_{sw(\theta)}-c}{c_{sm(20)}}1.024^{\theta-20} \tag{7-72}$$

实际曝气池中氧转移量的计算法有以下几种：

（1）氧转移量法。实际曝气池中，在氧从气相向液相转移的同时，曝气池还不断耗氧，所以实际溶于水中的氧量为：

$$\frac{dc}{dt}=\alpha K_La_{(\theta)}(c_{sw(\theta)}-c)1.024^{\theta-20}-r \tag{7-73}$$

式中 r——耗氧速度，kg/(m³·h)，$r=R_0/V$。

如果BOD-SS负荷适当，曝气池各点的氧浓度可保持稳定状态，此时 $\frac{dc}{dt}=0$，即单位时间内转移到曝气池中的氧量与需氧量相等，从而有：

$$N=\alpha N_0\frac{c_{sw(\theta)}-c}{c_{sm(20)}}1.024^{\theta-20}=rV \tag{7-74}$$

由于 $rV=R_0$，则曝气设备转移到脱氧净水中的氧量为：

$$N_0=\frac{R_0c_{sm(20)}}{(c_{sw(\theta)}-c)\times 1.024^{\theta-20}\alpha} \tag{7-75}$$

式中，R_0 为活性污泥需氧量，是可以计算的。通过上式把废水需氧量和设备在脱氧净水中氧转移量联系起来了，所以，可根据废水特性选用散气设备。

一般来说，实际供给废水的氧量远大于氧转移量 N_0，这就涉及到氧的转移效率或利用效率

(E_A)问题。若用 S 表示实际供氧量(kg/h),G_s 表示供给曝气池的空气量(m^3/h),氧气容重为 1.43 kg/m^3,则有

$$G_s=\frac{S}{1.43\times 0.21}=\frac{N_0}{0.3E_A} \tag{7-76}$$

机械曝气时,各种叶轮在标准状态下的充氧量与叶轮直径、线速度的关系,也是在脱氧净水中测定的。对泵型叶轮而言,具有下列关系:

$$Q_s=0.379v^{0.28}D^{1.88}K \tag{7-77}$$

式中 Q_s——20℃下叶轮在脱氧净水中的充氧量,kg/h;

v——叶轮线速度,m/s;

D——叶轮直径,m;

K——池型结构系数,对合建式圆池,可取 0.85 ~ 0.98,对分建式圆池可取 1。

(2) 经验数据法。根据国内污水厂的运行经验,当曝气池水深为 2.5 ~ 3.5 m 时,去除 1 kg BOD_5 供氧量为:

穿孔管曝气时 80 ~ 140 m^3(空气)/kg(BOD_5)

扩散板曝气时 40 ~ 70 m^3(空气)/kg(BOD_5)

(3) 空气利用率计算法。1 m^3 空气中有氧 209.4L。在 100 kPa 的压力和温度为 0℃ 及 20℃ 时,1 m^3 空气质量分别为 1294 g 和 1221 g,含氧量分别为 300g 和 280g。按去除 1 kg 的 BOD_5 需氧 1 kg 计算,需空气量分别为 3.33 m^3 和 3.57 m^3。气泡曝气时氧的利用率一般 5% ~ 10%(穿孔管取低值,扩散板取高值),故在氧利用率为 5% 时,去除 1 kg 的 BOD_5 需供空气 72 m^3(20℃);在氧利用率 10% 时,供空气量为 36 m^3(20℃)。

例 7-3 某漂染废水处理站,有两座完全混合式曝气池,每座容积 350 m^3,污泥浓度 4000 mg/L。处理废水量为 5000 m^3/d,最大时变化系数为 1.3。进水平均 BOD_5 为 250 mg/L,水温 30℃,要求 BOD_5 去除 90%。求需氧量与供氧量。

解: (1) 需氧量。据式(7-23)计算需氧量为

$$R_0=a'QS_r+b'VX$$

参考表 7-3,取 $a'=0.6$,$b'=0.07$。要去除的 BOD_5 量为:

$$QS_r=5000\times 0.25\times 0.9=1125\ \text{kg/d}$$

每座池子去除的 BOD_5 量为 562.5 kg。每座池子平均需氧量为:

$$R_0=\frac{0.6\times 562.5+0.07\times 4000\times 350\times 10^{-3}}{24}=18.15\ \text{kg/h}$$

(2) 供氧量。按最大供氧量计算,按平均供氧量复核。由于 $c_{s(20)}=9.2$ mg/L,$c_{sw(\theta)}=\beta\rho c_{s(30)}=0.85\times 1\times 7.6=6.46$ mg/L,α 取 0.5,曝气池中溶解氧在平均流量时保持 2 mg/L,最大流量时不低于 1.0 mg/L,根据式(7-53),可得选用设备最大供氧量 N_0 为:

$$N_0=\frac{R_{0M}c_{sm(20)}}{\alpha(c_{sw(\theta)}-c)\times 1.024^{\theta-20}}=\frac{22.36\times 9.2}{0.5(6.46-1.0)\times 1.024^{30-20}}$$
$$=59.4\ \text{kg/h}$$

在平均时曝气池内溶解氧为:

$$c=c_{sw(\theta)}-\frac{R_0\cdot c_{sm(20)}}{N_0\alpha\times 1.024^{\theta-20}}=6.46-\frac{18.15\times 9.2}{59.4\times 0.5\times 1.27}$$
$$=2.03>2\ \text{mg/L}$$

7.6.4.3　曝气设备的选择和计算

A　鼓风曝气设备

鼓风曝气设备的设计内容包括：空气扩散器的选择及其布置；空气管路布置及其计算；选择鼓风机并计算需要的台数。扩散器按需氧量要求的氧转移量选择，鼓风机台数及管路计算都是根据供气量确定的。

管路计算包括：布置管道系统，确定每段最大输气量；根据流量和经济流速计算管径；计算压力损失。

从鼓风机房到曝气池上的空气干管，可按经济流速为10～15 m/s计算管径。通向扩散设备的支管，按空气流速为4～5 m/s计算管径。计算简图见图7-27。

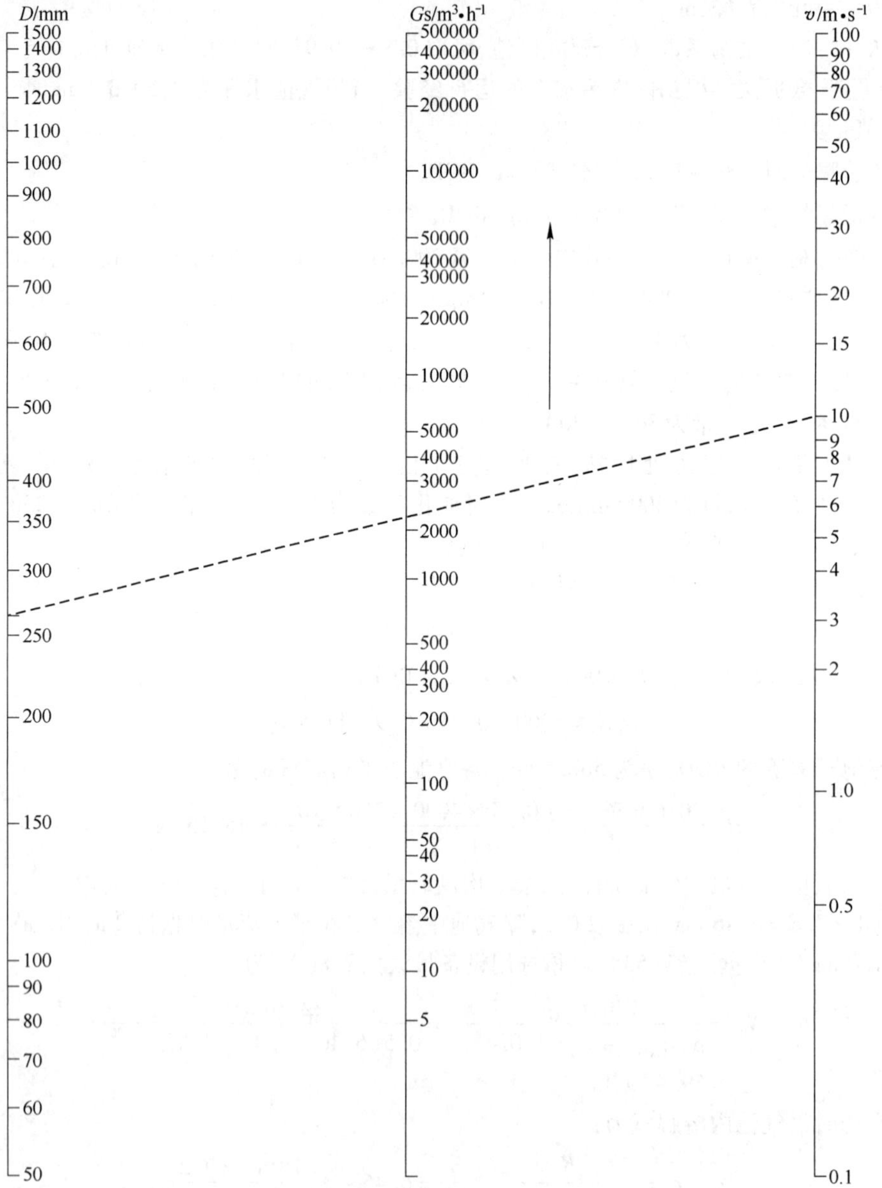

图7-27　空气管管径计算简图

空气管道的压力损失包括摩擦损失和局部损失两部分。摩擦损失根据直管长度及流速按图 7-24 进行计算，计算时必须按管内温度和该段内压力进行修正。局部损失应根据各配件特征，换算成相应的折算长度，再按图 7-28 计算。不同管材的压力损失修正系数见表 7-9。

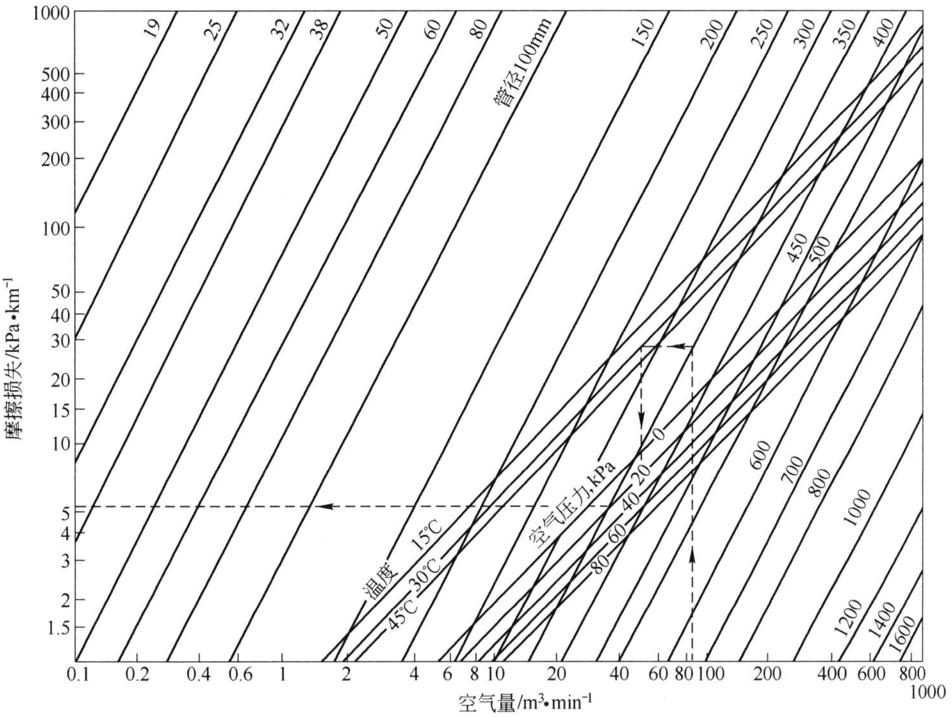

图 7-28　摩擦损失计算图

表 7-9　不同管材的压力损失修正系数

管材种类	管径/mm		
	20～65	80～800	>800
无缝钢管	0.80～0.95	0.84～0.93	0.82～0.92
镀锌管	1.00		
铸铁管(粗糙的)		1.18～1.10	1.16～1.10
铸铁管(沥青涂面)		1.00	1.00

各配件的折算长度 L_0 按下式计算：

$$L_0 = 55.5KD^{1.2} \tag{7-78}$$

式中　D——配件的直径，m；

K——折算系数(表 7-10)。

表 7-10　长度折算系数

配件名称	等径直流三通	异径直流三通	转弯三通	弯头	大小头	球阀	角阀	闸阀
K 值	0.33	0.42～0.67	1.33	0.4～0.7	0.1～0.2	2.0	0.9	0.25

例 7-4 已知曝气池的供气量 $G_s=5040\ m^3/h$，鼓风机房至曝气池干管总长 44 m，管段上有弯头 5 个，闸阀 2 个，计算输气干管的直径和压力损失。

解： 干管上无支管，故采用同一直径。查图 7-26，通过 $G_s=5040\ m^3/h$ 和 $v=15\ m/s$，两点作一直线，交管径线于一点，得管径为 350 mm。配件折算长度为：

$$\begin{aligned}L_0&=55.5\times(5\times0.6+2\times0.25)\times0.35^{1.2}\\&=194\times0.284\\&=55.2\ m\end{aligned}$$

故干管计算长度为：44 + 55.2 = 99.2(m)。计算水温为 30℃，管内空气压力为 60 kPa，查图 7-27，空气量 84 m³/min→管径 350 mm→温度 30℃→空气压力 60 kPa→摩擦损失 h，得 $h=5.3$ kPa/1000 m。故管道压力损失：

$$\begin{aligned}H_{损}&=Lh=99.2\times5.3\times10^{-3}\\&=0.526\ kPa\end{aligned}$$

支管的计算可仿照干管的计算步骤进行。

一般希望管道及扩散设备的总压力损失不大于 15 kPa，其中管道损失控制在 5 kPa 内，其余为扩散设备的压力损失。

鼓风曝气用鼓风机供应压缩空气，常用罗茨鼓风机和离心式鼓风机。罗茨鼓风机适用于中小型污水厂，但噪声大，必须采取消音、隔音措施。离心式鼓风机噪声小，且效率高，适用于大中型污水厂，但产品规格和使用经验尚不多。选择风机的依据是风量和风压，并考虑必需的储备量。风压可按下式估算：

$$P=15+H \tag{7-79}$$

式中 H——扩散设备的浸水深度，m；

15——估算的管路压力损失及扩散设备压力损失之和，kPa。

鼓风机台数不少于 2 台，其中一台备用，以适应负荷的变化。

B 机械曝气设备

设计内容包括选择叶轮形式、确定叶轮直径和构造尺寸、确定安装尺寸、选择传动机构。

叶轮形式的选择可根据叶轮的充氧能力、动力效率以及加工条件等考虑。一般而言，泵型叶轮的充氧能力及充氧动力效率和平板叶轮差不多，但加工困难。泵型叶轮提升能力较大；伞型叶轮的动力效率一般高于平板叶轮，而充氧能力则稍低，适用于延时曝气。

叶轮直径的确定主要取决于曝气池混合液的需氧量，同时还需考虑与曝气筒直径(方池为边长)的正确比例。叶轮太大，则水流剪力过大而破坏污泥絮体；太小则充氧不足。一般认为，平板叶轮和伞型叶轮的直径与曝气筒直径之比为 1/3 ~ 1/5 左右为宜，泵型叶轮直径与曝气筒直径之比应为 1/4 ~ 1/7 左右。通常先确定叶轮直径，再按比例确定曝气筒直径。此外，叶轮直径与水深之比为 1/4 ~ 2/5，否则，池子过深，下部水不易上翻，易形成局部死水区。

平板叶轮和泵型叶轮的计算按图 7-29 进行。例如：若要求平板叶轮的充氧能力 $Q_s=10$ kg/h，则由图 7-29a 查得需要的直径 $D=1$ m，叶轮轴功率 $N_{叶}=4.1$ kW。叶轮构造查图 7-29b，由 $D=1$m 知，平板上的开孔直径 $d=37$ mm，叶轮边缘距池壁最小距离 $J=800$ mm，叶轮高度 $H=110$ mm，叶轮片数 $n=26$，支架底与叶轮顶间最小距离 $G=800$ mm，叶轮浸没深度 $h_s=75$ mm。图 7-29c 为安装略图。图 7-29d 是线速度为 4.5 m/s 的泵型叶轮计算图，查图步骤为 $Q_s\rightarrow D$，$D\rightarrow N_{叶}$。

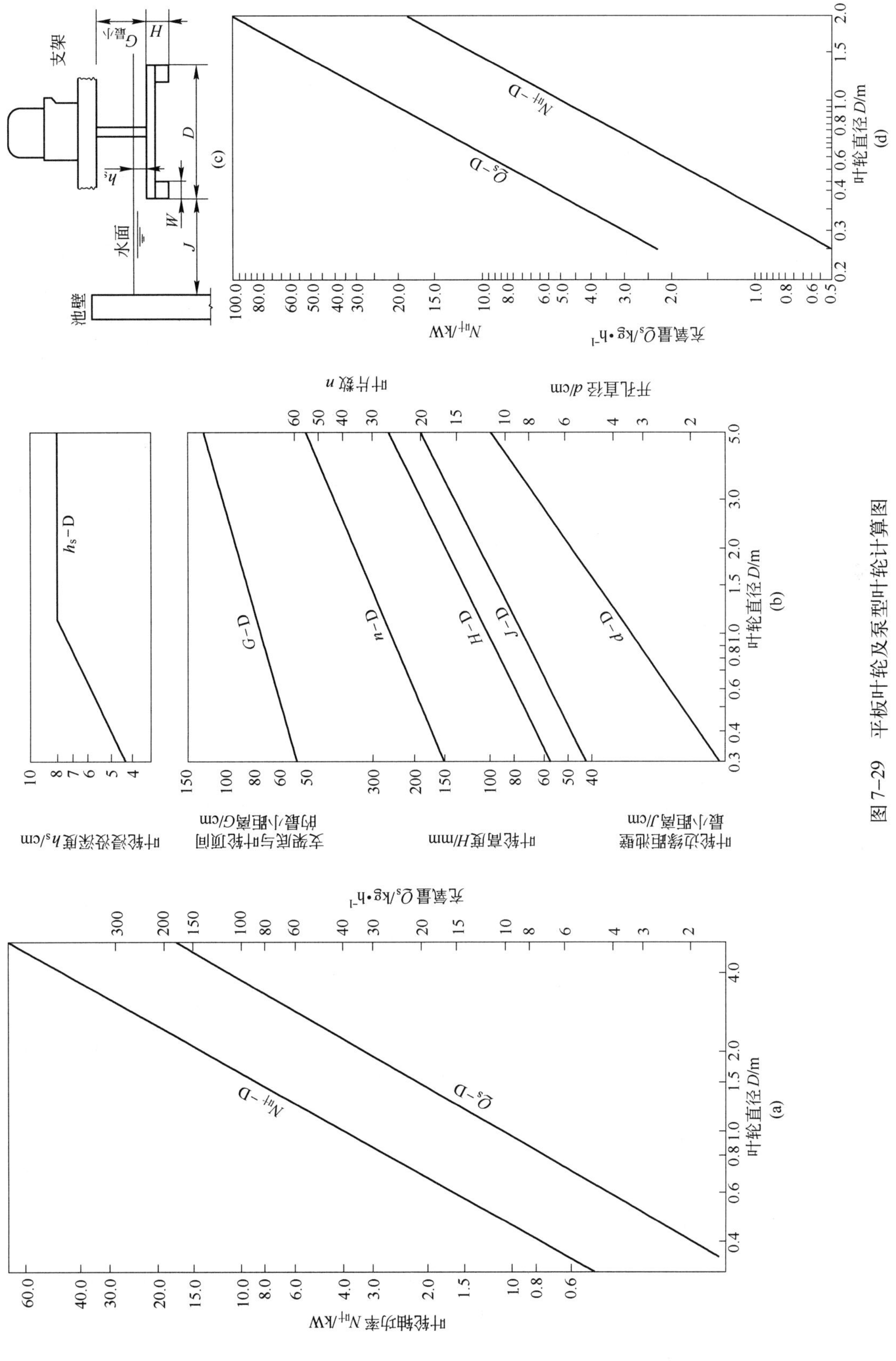

图 7-29 平板叶轮及泵型叶轮计算图

7.6.5 二次沉淀池的设计

二次沉淀池的工作性能好坏,直接影响整个系统的运行和处理效果。沉淀效果不好,不但影响出水水质,而且会降低回流污泥浓度,其结果是:要保证曝气池的设计污泥负荷,就得大回流比,如果保证原定的回流比不变,就会降低曝气池混合液浓度。增大回流比的结果,减小了废水在曝气池内的停留时间;降低混合液浓度的结果,增大了污泥负荷。可见沉淀效果将从各方面影响到出水水质。

分建的二次沉淀池有平流式、竖流式及辐流式三种。最近也有在沉淀池上安装斜板、斜管的,但由于微生物能在板面上附着,以及水中悬浮颗粒大、浓度高等原因,斜板间距应取较大值。

竖流式沉淀池由于能获得较大的污泥浓度,并有占地少以及排泥方便等优点,因而应用较广。流量较大时,可采用辐流式沉淀池。圆形辐流式沉淀池多采用机械排泥,方形辐流式沉淀池常用多斗静压排泥。

二次沉淀池的构造和初次沉淀池相似,但其工作情况比初沉池复杂得多,因此应注意:进水要布水均匀,利于泥花结大;限制出流堰流速不超过10 $m^3/(m^2 \cdot h)$,防止挟走污泥絮体;污泥斗要考虑污泥浓缩要求,停留时间不超过2 h,防止缺氧时间过长产生反硝化,造成污泥上浮。所以较常采用的沉淀时间为1.5~2.0 h,水力表面负荷为1.1~1.8 m/h,污泥浓度高时用低值。一般按沉淀时间计算容积,然后确定池水深度,如果采用平流式沉淀池,水平流速最大值比初沉池小一半,原因是异重流导致有效过水断面减小。为了增大有效沉降区,二沉池的出水堰应当离开池子终端,增大堰长,减小单位堰长出水量,使得单位堰长出水量不超过5~8 $m^3/(m^2 \cdot h)$。

二沉池下部污泥斗容积按下式计算:

$$V=\frac{(1+r)QtX}{0.5(X+X_r)} \tag{7-80}$$

式中,分子部分反映了在贮留时间 t 内被截留的全部固体量(假定进入二沉池的混合液悬浮固体全部被截留),分母部分是贮泥的平均浓度。

合建式曝气沉淀池污泥区容积取决于构造,在池深和沉淀区面积决定以后,污泥区容积就定了,而且一般能满足设计要求。

静压排泥时的静压头不应小于0.9 m,泥斗圆锥体倾角为60°,不应小于50°。

二次沉淀池必须具备既能澄清水,又能浓缩污泥的能力,所以国外则有按澄清能力用极限表面溢流率(高峰流量时的溢流率)为基准,浓缩能力用极限固体负荷(按固体通量曲线或选用经验数字)为基准确定沉淀池的表面积,采用以上两者中较大值。

一般小型处理厂常用合建的完全混合式曝气池,由于受叶轮搅拌能力和充氧能力的限制,池子直径一般不大于20 m,深度一般为4.0~4.5 m。直径小于10 m的曝气池,深度为3.0~3.5 m。水深一般不超过叶轮直径的3.5倍。沉淀区水深由上升流速和沉淀时间的乘积确定,一般不小于1.5 m。上升流速一般为0.3~0.5 mm/s,回流缝流速取100~200 mm/s,导流区流速应小于10~15 mm/s,其宽度不应小于30 cm,为便于施工,最好采用60 cm。池底直径大约为池径的0.6~0.7倍,回流缝长0.4~0.6 m,缝宽按流速为30~40 mm/s确定。

7.6.6 设计计算举例

例7-5 某居住区人口9000人,每人每日平均排污水量300 L。每人每日排出BOD_5量60 g,SS为75 g。用活性污泥法处理,试设计曝气池。

解:(1)污水量变化见表7-11。

表 7-11 某居住区生活污水量变化情况

项目	污水量		
	m^3/d	m^3/h	m^3/s
日平均污水量	2700	112.5	0.03125

（2）污水的 BOD_5 浓度 $=\dfrac{60}{0.30}=200$ mg/L。污水的 SS 浓度 $=\dfrac{75}{0.30}=250$ mg/L。去除率及水质见表 7-12。

表 7-12 去除率及水质统计表

项目	去除率/%			水质/$mg\cdot L^{-1}$		
	初沉池	曝气池二沉池	总合	原水	初沉池出水	处理水
BOD_5	25	90	92.5	200	150	15
SS	30	80	86	250	175	35

（3）采用推流式曝气池，曝气池 BOD 负荷按式(7-13)计算：

$$L_s=KS_e^n=0.01295\times15^{1.1918}=0.327\ \text{kg/(kg}\cdot\text{d)}$$

根据式(7-14)可得：

$$SVI=353L_s^{0.983}=353\times0.327^{0.983}=118$$

取 $X=2000$ mg/L，则回流比 r 为：

$$r=\frac{1}{\dfrac{10^6}{SVI\cdot X}-1}=\frac{1}{\dfrac{10^6}{118\times2000}-1}=0.31$$

回流污泥量：

$$Q_r=rQ=2700\times0.31=837\ \text{m}^3/\text{d}$$

回流污泥浓度：

$$x_r=\frac{10^6}{SVI}=\frac{10^6}{118}=8474.6\ \text{mg/L}，取\ x_r=8470\ \text{mg/L}。$$

（4）曝气池容积根据式(7-41)计算：

$$V=\frac{QS_0}{L_sX}=\frac{2700\times150}{0.327\times2000}=619.3\approx620\ \text{m}^3$$

曝气池有效水深取 3 m，则曝气池表面积为：

$$F=\frac{V}{H}=\frac{620}{3}\approx207\ \text{m}^2$$

宽取 3.5 m，则池长 $L=207/3.5=59.1$ m。采用三廊道，则每廊道长 $=59.1/3=19.7$ m，所以，曝气池尺寸为：19.7 m×3.5 m×3 m，共三个。

（5）曝气时间为：

对原废水 $$t=\frac{620}{2700}=0.23(\text{d})=5.5\ \text{h}$$

对混合液 $$t_1=\frac{620}{2700+837}=0.175(\text{d})=4.2\ \text{h}$$

（6）污泥量。二沉池去除的 SS 量为：

$$2700\times250\times(1-0.3)\times0.8\times10^{-3}=378\ \text{kg/d}$$

曝气池去除BOD_5而增殖的污泥量根据式(7-21)及表7-2,取$a=0.73$,$b=0.075$,MLVSS/MLSS$=0.8$,则

$$\begin{aligned}\Delta X &= aQS_r - bVX \\ &= 0.73\times2700\times0.15\times0.9-0.075\times620\times2\times0.8 \\ &= 266.1-74.4=192\ \text{kg/d}\end{aligned}$$

污泥最大增量为: $378+192=570$ kg/d

由于回流污泥浓度$X_r=8470$ mg/L,则产生污泥体积为:

$$\frac{870}{8470}\times10^3=67.3\ \text{m}^3/\text{d}$$

(7) 据表7-3,$\alpha'=0.5$,$b'=0.12$,曝气系统平均需氧量为:

$$\begin{aligned}R_0 &= a'QS_r+b'VX \\ &= 0.5\times2700\times0.15\times0.9+0.12\times620\times2\times0.8 \\ &= 182.3+119=301.3\ \text{kg/d} \\ &= 12.6\ \text{kg/h}\end{aligned}$$

在穿孔管距池底0.3 m,即淹没水深2.7 m,水温20℃时,$c_s=9.2$ mg/L。实际水温20℃。穿孔管出口处绝对压力$p_b=0.1013+0.027=0.1283$ MPa,在$E_A=6\%$,空气离开液面时的含氧百分比为:

$$Q_t=\frac{21(1-E_A)}{79+21(1-E_A)}\times100\%=\frac{21(1-0.06)}{79+21(1-0.06)}\times100\%=20\%$$

污水中的饱和浓度$c_{sw(\theta)}$为:

$$c_{sw(20)}=c_{s(20)}\left(\frac{p_b}{0.2026}+\frac{Q_t}{42}\right)=9.2\left(\frac{0.1283}{0.2026}+\frac{20}{42}\right)=10.20\ \text{mg/L}$$

取$\alpha=0.5$,$\beta=0.9$。则$c_{sw(\theta)}=0.9\times10.20=9.18$(mg/L)(设$\theta=20$℃)。如果平均需氧时,曝气池中保持DO=2 mg/L以上,所以脱氧清水中的最大需氧量(N_0)为:

$$N_0=\frac{R_0c_{sm(20)}}{(c_{sw(\theta)}-c)1.024^{\theta-20}\alpha}=\frac{12.6\times10.20}{(9.18-2)\times0.5}=35.8\ \text{kg}(O_2)/\text{h}$$

这样,按需氧量供给,可以保证平均需氧时水中溶解氧要求。所以供气量为:

$$G_s=\frac{N_0}{0.3E_A}=\frac{35.8}{0.3\times0.06}=1989\ \text{m}^3/\text{h}$$

例7-6 某废水计划用加速曝气池进行生物处理。设计处理水量为450 m³/h,BOD_5为200 mg/L,初沉池BOD_5去除率30%。据试验:(1) 曝气池污泥负荷为0.4 kg/(kg·d);(2) MLSS为4000 mg/L;(3) 回流比为5;(4) 沉淀时间为1.5 h,沉淀区上升流速0.3 mm/s。计算曝气池主要尺寸。

解:(1) 流入曝气池的污水量与水质:

水量 $Q=450\times24=10800\ \text{m}^3/\text{d}$

BOD_5 $S_0=200\times(1-0.3)=140$ mg/L

(2) 曝气区总容积:

$$V=\frac{QS_0}{L_sX}=\frac{10800\times140}{0.4\times4000}=945\ \text{m}^3$$

(3) 沉淀区总面积(F)及总容积(V')：

$$F=\frac{Q}{u}=\frac{450}{0.3\times3.6}=416.7\ \text{m}^2$$

$$V'=450\times1.5=675\ \text{m}^3$$

(4) 设4个曝气池，则每池有效容积为：

$$\frac{V+V'}{4}=\frac{1620}{4}=405\ \text{m}^2$$

每池沉淀面积：　$A_2=416.7/4=104\ \text{m}^2$

沉淀区有效深度：　$h_2=0.3\times1.5\times3.6=1.62\ \text{m}$

(5) 曝气池尺寸计算(图7-30)：曝气区面积 $A_1=\frac{V/4}{H}$，取池深 $H=4$ m，则 $A_1=59\ \text{m}^2$。

曝气池直径：

$$D=\sqrt{\frac{(A_1+A_2)\times4}{\pi}}=\sqrt{\frac{59+104}{0.785}}=14.4\ \text{m}$$

曝气区直径(包括导流区)

$$D_1=\sqrt{\frac{A_1}{0.785}}=\sqrt{\frac{59}{0.785}}=8.7\ \text{m}$$

导流区流速取10 mm/s，则层流区面积 A_3 为：

$$A_3=\frac{Q(1+r)}{10\times3.6\times4}=\frac{450(1+5)}{10\times3.6\times4}=15.63\ \text{m}^2$$

曝气筒直径 D_2 为：　$\frac{1}{4}\pi D_2^2=A_1-A_3$，$D_2=7.4$ m

曝气池底直径：　$D_3=0.6D=8.6$ m

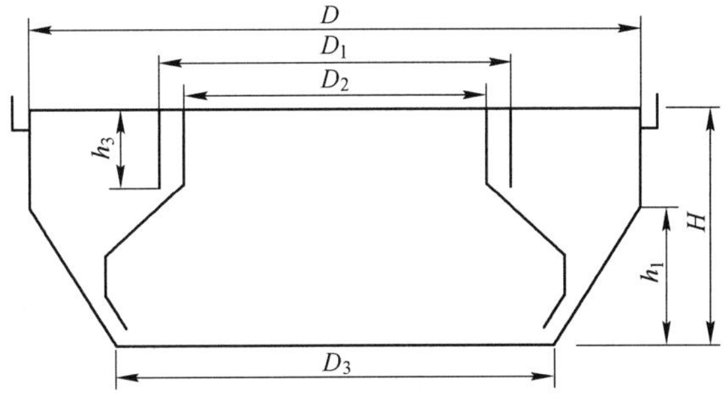

图7-30　曝气池主要尺寸

7.6.7　序批式活性污泥法工艺设计

上面介绍的是典型连续流活性污泥工艺的设计。对于序批式活性污泥处理法，由于其操作和工作特性的不同，其工艺设计也不相同，简要介绍如下。

(1) 运行周期及各阶段运行时间。SBR的运行周期(T_C)包括进水(T_F)、反应(T_R)、沉淀(T_S)、排水(T_D)和闲置(T_I)，即：

$$T_C=T_F+T_R+T_S+T_D+T_I \tag{7-81}$$

运行周期(T_C)与一天之内运行的周期数(N)存在如下关系：

$$N\cdot T_C=24 \tag{7-82}$$

进水时间主要由反应池的个数(n)和周期数(N)决定,即:

$$T_F = \frac{24}{nN} \tag{7-83}$$

SBR 处理系统反应池的个数至少为2个(≥2)。进水时间和反应、沉淀、排水、闲置时间之间还需同时满足如下关系:

$$T_F = (T_R + T_S + T_D + T_I)/(n-1) \tag{7-84}$$

根据 SBR 的工程实践经验,一个周期的反应时间 T_R 不宜小于2 h。沉淀时间 T_S 和 T_D 一般不小于0.5 h。闲置时间主要为满足多池配合之用,应尽量地短,以提高反应池的利用效率。在以上条件下($T_I=0$),当 $n=2$ 时,进水时间 T_F 为3 h,最小周期长 T_C 为6 h,最大周期数 N 为4;当 $n=3$ 时,进水时间 T_F 为1.5 h,最小周期长 T_C 为4.5 h,最大周期数 N 为5.4;当 $n=4$ 时,进水时间 T_F 为1 h,最小周期长 T_C 为4 h,最大周期数 N 为6。

(2) 反应池容积。单个 SBR 反应池容积(V)为进水体积(V_F)和排水结束后反应池内的剩余体积(V_S)之和(图7-31):

$$V = V_F + V_S \tag{7-85}$$

进水填充率 α 定义为:

$$\alpha = V_F/V \tag{7-86}$$

通常 α 的取值范围为20%~50%。

在确定了进水时间 T_F 后,即可求得进水容积 V_F:

$$V_F = QT_F \tag{7-87}$$

依据选择的 α,由式(7-86)可计算单个反应池的容积 V,然后根据反应池个数 n,最终确定整个系统所需的反应池的总容积 V_T:

$$V_T = nV \tag{7-88}$$

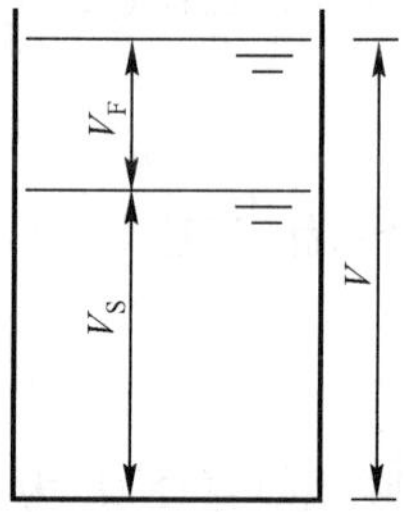

图7-31 SBR 反应池容积和进水体积的关系

(3) 反应池面积。单个反应池面积(F)按下式计算:

$$F = V/H \tag{7-89}$$

式中 H——反应池的工作水深,一般为4~6 m。

同时,还要依据曝气量对反应池面积进行复核。SBR 通常采用微孔曝气,依据曝气量在反应池底均匀布置曝气盘。

(4) 剩余污泥量。SBR 中剩余污泥的排放一般在排水完成后进行。排放方式为直接将污泥泵安装在池底,排泥量(Q_W)由污泥龄(t_S)和剩余污泥浓度(X_r)决定。由式(7-16)得:

$$Q_W = \frac{VX}{t_S X_r} \tag{7-90}$$

剩余污泥浓度可按排水完成后的 SBR 池内的平均浓度计算:

$$X_r = \frac{VX}{V_S} \tag{7-91}$$

在确定了污泥龄和池内污泥浓度后,依据式(7-90)可求得相应的剩余污泥排放量,并依此选择排泥泵。

(5) 污泥负荷校核。按照以上方法完成了 SBR 池的工艺设计后,还需对其污泥负荷进行校核,以保证 SBR 池的设计在正常的范围内。SBR 仅在反应期间进行生物反应,因此,对应的平均污泥负荷为:

$$R = \frac{QT_F}{XVT_R} \tag{7-92}$$

如果负荷值较高，超过了常规的范围，可通过减小填充比、增大反应时间或延长污泥龄进行调整，反之，应增大填充比、减小反应时间或缩短污泥龄，并重新进行设计，直至达到要求为止。

(6) 需氧量与供气量。需氧量、供气量的计算方法与步骤与传统活性污泥工艺相同，只是对于 SBR 反应池，由于间歇曝气，需要进一步计算单池小时供气量：

$$(G_S)_{ih} = \frac{G_S}{n \cdot N \cdot T_R} \tag{7-93}$$

式中 $(G_S)_{ih}$——单池小时供气量，m^3/h；

G_S——全厂每日供气量，m^3/d；

T_R——每周期曝气时间，h。

以上简要介绍了 SBR 的工艺设计，详细的结构及设备(如滗水器等)设计，可参考有关的设计手册。

7.7 活性污泥法系统的运行管理

7.7.1 活性污泥的培养与驯化

7.7.1.1 活性污泥的培养

对城市污水或与之类似的工业废水，由于营养和菌种都已具备，可采用该废水直接培养。方法为将废水直接注入曝气池并进行连续曝气，一般在 15 ~ 20℃ 下经一周左右就会出现活性污泥絮体。培养过程中要及时适当地换水和排放剩余污泥，以补充营养和排除代谢产物。换水的方法分间歇换水和连续换水。

(1) 间歇换水。从曝气到开始出现活性污泥絮体后，即停止曝气，静止沉淀 1 ~ 1.5 h，排放上清液，然后进水并继续曝气，以此循环往复。当曝气池中混合液的污泥沉降比大于 30% 时，说明池中污泥浓度已满足要求，培养成功。此时，污泥具有良好的凝聚和沉降性能，含有大量的菌胶团和纤毛虫类原生动物，BOD_5 去除率达 90% 左右。

(2) 连续换水。当池容积大采用间歇换水有困难时，可改用连续换水。即当池中出现活性污泥絮体后，可连续进水和污泥回流，由于起始阶段污泥量少，因此，污泥回流比也应减小，待污泥浓度逐渐增加时，适当加大回流污泥量，直至达到设计值。当水温在 15 ~ 20℃ 时，污泥经两周左右即可培养成功。

7.7.1.2 活性污泥的驯化

如果工业废水的性质与生活污水相差很大时，用生活污水培养的活性污泥应用工业废水进行驯化。驯化的方法是在进水中逐渐增加工业废水的比例，直到达到满负荷。

为了缩短培养和驯化的时间，可将两个阶段合并起来进行，即在培养过程中不断地加入少量的工业废水，使微生物在培养过程中逐渐适应新的环境。

7.7.2 活性污泥法运行中常见的问题

7.7.2.1 污泥膨胀

在二次沉淀池或加速曝气池的沉淀区，有时出现污泥的膨胀与上浮现象。这时，污泥结构松散，沉降性差，造成污泥上浮而随水流失。这样不仅影响出水水质，而且由于污泥大量流失，使曝气池中混合液浓度不断降低，严重时甚至破坏整个生化处理过程。

广义地把活性污泥的凝聚性和沉降性恶化，以及处理水混浊的现象总称为活性污泥膨胀

(sludge bulking)。就字面看,活性污泥的膨胀是指污泥体积增大而密度下降的现象。描述污泥膨胀程度的指标有30 min 沉降比、污泥体积指数和污泥密度指数。一般认为曝气池混合液的SVI在100~200之间属于正常;SVI大于300时,说明污泥已经膨胀;而SVI在200~300之间,说明污泥即将膨胀。

引起污泥膨胀的原因很多,除了理化、生物及生化方面的原因外,还有运行管理和构筑物结构形式等方面的因素。

污泥膨胀可大致区分为丝状膨胀和非丝状膨胀两种。大多数污泥膨胀属于丝状膨胀,这是由于丝状微生物的过量繁殖,菌胶团的繁殖生长受到抑制的结果。实际上,丝状菌对活性污泥絮体起骨架作用,如果没有足够的丝状菌,形成的活性污泥絮体结构不密实,在曝气池紊动水流的冲击下,容易破碎成细小的小絮体。这时,虽然污泥沉降快,SVI低,但出水混浊,这叫做非丝状膨胀。

当丝状菌过多,长出絮体的边界而伸入混合液时,其架桥作用妨碍了絮体间的密切接触,致使沉降较慢,密实性差和SVI高,但这时的上清液可能很清澈。

当丝状菌存在的数目足以形成适宜的絮体骨架又无大量伸入溶液时,絮体大而浓密、沉降性好、SVI低、上清液清澈,这是活性污泥的正常状态。

导致丝状菌过量繁殖的原因有:

(1) 溶解氧浓度。曝气池内溶解氧在0.7~2.0 mg/L范围内,虽然都可能出现丝状微生物,但在低溶解氧条件下却能生长良好,甚至能在厌氧条件下残存而不受影响。所以城市污水厂的曝气池溶解氧最低应保持在2 mg/L左右。

(2) 冲击负荷 如果曝气池内有机物超过正常负荷,污泥膨胀程度提高,使絮体内部溶解氧消耗提高,在菌胶团内部产生了适宜于丝状菌生长的低溶解氧条件,从而促使丝状微生物的分枝超出絮体,伸入溶液。丝状菌的分枝为细菌的聚合和较大絮体的形成提供了延伸的骨架,加剧了氧的渗透困难,从而又导致了内部丝状菌的发展。

(3) 进水化学条件的变化-首先是营养条件变化,一般细菌在营养为$m(BOD_5):m(N):m(P)=100:5:1$的条件下生长,但若磷含量不足,C/N升高,这种营养情况适宜丝状菌生活。其二是硫化物的影响,过多的化粪池的腐化水及粪便废水进入活性污泥设备,会造成污泥膨胀。含硫化物的造纸废水,也会产生同样的问题。一般是加5~10 mL/L氯加以控制或者用预曝气的方法将硫化物氧化成硫酸盐。其三是碳水化合物过多会造成膨胀。其四是有毒重金属的冲击负荷可抑制丝状菌,但不能使丝状菌消失并产生针点絮体,造成出水悬浮物提高和SVI降低。还有pH值和水温的影响,丝状菌宜在高温下生长繁殖,而菌胶团则要求温度适中;丝状菌宜在酸性环境(pH值为4.5~6.5)中生长,菌胶团宜在pH值为6~8的环境中生长。

抑制污泥膨胀的方法有多种,概括起来就是预防和抑制。预防就是要加强管理,及时监测水质、曝气池污泥沉降比、污泥指数、溶解氧等,发现异常情况应及时采取措施。污泥发生膨胀后,要针对发生膨胀的原因,采取相应的抑制措施:当进水浓度大和出水水质差时,应加强曝气提高供氧量,最好保持曝气池溶解氧在2 mg/L以上;加大排泥量,提高进水浓度,促进微生物新陈代谢过程,以新污泥置换老污泥;曝气池中含碳高而使碳氮比失调时,投加含氮化合物;加氯可以起凝聚和杀菌双重作用,在回流污泥中投加漂白粉或液氯可抑制丝状菌生长(加氯量按干污泥的0.3%~0.4%估计)。

7.7.2.2 污泥上浮

(1) 污泥脱氮上浮。在曝气池负荷小而供氧量过大时,出水中溶解氧可能很高,使废水中氨氮被微生物转化为硝酸盐,这种混合液若在二沉池中经历较长时间的缺氧状态(DO在0.5 mg/L

以下)，则活性污泥会使硝酸盐转化成氮气。当活性污泥上氮气吸附过多时，由于比重降低，污泥就随气体浮上水面。

防止此种污泥上浮，可以采取减少曝气、防止氨氮被微生物氧化为硝酸盐；及时排泥，增加回流量，减少污泥在沉淀池中的停留时间；减少曝气池进水量，以减少二沉池中的污泥量等措施。

(2) 污泥腐化上浮。在沉淀池内污泥由于缺氧而腐化(污泥产生厌氧分解)，产生大量甲烷及二氧化碳气体附着在污泥体上，使污泥比重变小而上浮，上浮的污泥发黑发臭。

造成污泥腐化的原因有：二沉池内污泥停留时间过长；局部区域污泥堵塞。解决腐化的措施是加大曝气量，以提高出水溶解氧含量；疏通堵塞，及时排泥。

此外，曝气池结构尺寸不合理，也能引起污泥上浮，主要是污泥回流缝太大，使大量微气泡从缝隙中窜出，携带污泥上浮；还有导流区断面太小，气水分离较差，影响污泥沉淀。

7.7.2.3 污泥的致密与减少

污泥体积指数减少会使污泥失去活性。在运行中，虽不及前一问题重要，但也应引起足够重视。

引起污泥致密、活性降低的原因有：进水中无机悬浮物突然增多；环境条件恶化，有机物转化率降低；有机物浓度减小。

造成污泥减少的原因有：有机物营养减少；曝气时间过长；回流比小而剩余污泥排放量大；污泥上浮而造成污泥流失。

解决上述问题的方法有：投加营养料；缩短曝气时间或减少曝气量；调整回流比和污泥排放量；防止污泥上浮，提高沉淀效果。

7.7.2.4 泡沫

当废水中含有合成洗涤剂及其他起泡物质时，就会在曝气池表面形成大量泡沫，严重时泡沫层可高达 1 m 多。

泡沫的危害表现为：表面机械曝气时，隔绝空气与水接触，减小以至破坏叶轮的充氧能力；在泡沫表面吸附大量活性污泥固体时，影响二沉池沉淀效率，恶化出水水质；有风时随风飘散，影响环境卫生。

抑制泡沫的措施有：在曝气池上安装喷洒管网，用压力水(处理后的废水或自来水)喷洒、打破泡沫；定时投加除沫剂(如机油、煤油等)以破除泡沫。油类物质投加量控制在 0.5 ~ 1.5 mg/L 范围内(油类也是一种污染物质，投加过多会造成二次污染，且对微生物的活性也有影响)；提高曝气池中活性污泥的浓度，这是一种比较有效的控制泡沫的方法。

活性污泥曝气池表面出现的另一类泡沫为生物泡沫，类似污泥膨胀，这类泡沫是由污泥中一些微生物引起的。出现这类泡沫，较难消除，需要从控制引发泡沫的微生物的生长方面考虑相应的措施。

7.7.3 活性污泥法运行中需要测定的主要项目

(1) 反映污泥沉淀性能的项目。包括：

1) 污泥沉降比。应至少每天测定一次，一般而言，以 $SV < 30\%$ 为好。

2) 污泥指数。在标准活性污泥法里，以 SVI = 50 ~ 150 为理想，达到 200 以上则认为污泥可能膨胀。

3) 曝气池混合液悬浮固体浓度 MLSS 或 MLVSS。标准活性污泥法中，通常 MLSS = 1500 ~ 2000 mg/L。

4）生物相的显微镜观察。好的活性污泥在显微镜下看不到或很少看到分散在水中的细菌，看到的是一团团结构紧密的污泥块；不太好的活性污泥，在显微镜下可以看到丝状菌，也可看到一团团污泥块；很差的活性污泥，则丝状菌很多。鞭毛虫和游动型纤毛虫只能在有大量细菌时才出现；固着型纤毛虫（如钟虫），存在于有机物很少，BOD_5 在 5 ~ 10 mg/L 左右的废水中；轮虫在水质十分稳定、溶解氧充分时才出现。

（2）反映微生物增长状态的项目。污泥中微生物的增长状态主要由基质和营养水平决定，相关的测定项目有：BOD_5、出水氨氮（至少 1 mg/L）、出水磷（至少 1 mg/L）、溶解氧（不低于 1 ~ 2 mg/L）；二沉池出水中 DO 不低于 0.5 mg/L。

（3）反映微生物环境条件及处理效果的项目。主要有水温、pH 值、生化需氧量、化学需氧量及有毒物质等。

习题和思考题

7-1 活性污泥降解有机污染物的规律包括哪几种主要关系？试从理论予以推导和说明。

7-2 试比较推流式曝气池和完全混合式曝气池的优缺点。

7-3 试比较普通活性污泥法、吸附再生法和完全混合法各自的特点。

7-4 若曝气池中的污泥浓度为 2200 mg/L，混合液在 100 mL 量筒内经 30 min 沉淀的污泥量为 18 mL，计算污泥指数、所需回流比和回流污泥浓度。

7-5 某曝气池的污泥负荷为 0.3 kg/(kg · d)，已知 $a = 0.6$，$b = 0.07$，MLVSS/MLSS = 0.8，去除率为 90%，求污泥的平均停留时间。

7-6 某城市污水设计流量 $Q = 10\ 000\ m^3/d$，进水 BOD_5 平均浓度为 300 mg/L，若用 4 座完全混合曝气池，去除率 90%，求每个曝气池容积和平均需氧量。取 $L_s = 0.5$ kg/(kg · d)，MLSS = 4000 mg/L，MLVSS/MLSS = 0.76，$a' = 0.6$，$b' = 0.07$。

8 生物膜法

8.1 概 述

生物膜法(biofilm precess)是与活性污泥法并行发展的污水生物处理工艺,两者都依靠微生物的自凝聚实现对污水的处理。但活性污泥法中微生物是以絮体的形式悬浮于液体中,而生物膜法中微生物则以生物膜的形式附着于固体介质的表面,因此微生物在两种系统中累积和停留的平均时间不同。另外,生物膜一般具有一定的厚度,因此操作过程的一个显著特征是存在基质的扩散限制,即电子受体和电子供体的利用只能发生在一定厚度的生物膜中,不像活性污泥法中的动力学特征可简单地通过液相浓度来刻画,生物膜系统的总去除率是生物膜不同位置扩散速率和电子受体及电子供体浓度的函数。当考虑生物膜反应器中可测量液相溶解氧浓度对生物反应速率的影响时,扩散限制概念特别重要,溶解氧浓度2 ~ 3 mg/L时一般可满足大多数悬浮生长过程,但在生物膜反应器中往往会成为限制浓度。

一般认为,生物膜法具有以下优点:

(1) 微生物种群多样化,食物链长,并能存活世代时间较长的微生物。

(2) 微生物量大,处理能力强,净化效率高。

(3) 剩余污泥量小,污泥处理和处置费用低。

(4) 不存在污泥膨胀问题,易于运行管理。

(5) 具有硝化反硝化功能。

但是生物膜法在应用过程中,也存在以下问题:

(1) 建设投资大(由于增加了填料引起)。

(2) 启动周期长。

(3) 反应器内的生物量较难控制。

生物膜法分为以下三类:

(1) 润壁型生物膜法。废水和空气沿固定的或转动的接触介质表面的生物膜流过,如生物滤池和生物转盘等。

(2) 浸没型生物膜法。接触滤料固定在曝气池内,完全浸没在水中,采用鼓风曝气,如接触氧化法。

(3) 流动床型生物膜法。使附着有生物膜的活性炭、砂等小粒径接触介质悬浮流动于曝气池内。

由于生物膜法简单可靠,在污水生物处理的初期,生物滤池曾广泛应用于中小城市的污水处理厂,然而由于出水标准的提高,生物滤池逐渐被活性污泥法取代。20世纪50年代以后,随着塑料工业的发展及塑料填料的开发,许多新型的生物膜法应运而生。70年代以后,随着以提高生物膜中传质速率为目的的新型生物膜反应器的出现,生物膜法开始大量应用于分散式工业废水的处理。

本章首先介绍有关生物膜系统的基础理论,然后重点介绍几种典型生物膜反应器的工作原理、构造、设计及运行管理。

8.2 基本原理

为了方便理解和研究生物膜反应器,Wilderer 和 Characklis 提出了生物膜系统这一概念。生物膜系统是包含生物膜、生物膜附着的介质(填料)以及生物膜生长的环境(如液体、潮湿空气等)的总和,是宏观的生物膜反应器的最小单元(图8-1)。生物膜体积要素一般则指生物膜的化学成分及生物成分,它是生物膜法处理污水的基础。因此,通过生物膜系统概念,可以将宏观的生物膜反应器和微观的生物膜体积要素联系起来。下面分别介绍生物膜系统的各组成部分。

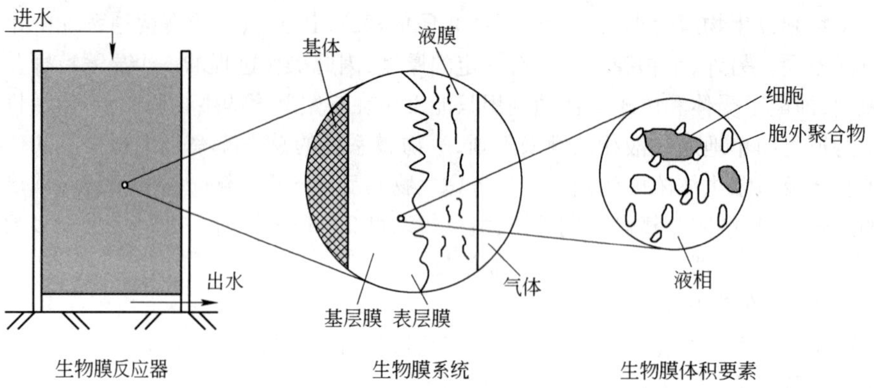

图8-1 生物膜反应器、生物膜系统及生物膜体积要素示意图

8.2.1 生物膜附着的基体——填料

填料也称为生物填料或生物载体(medium),是生物膜法中微生物附着的介质,它不仅影响着微生物的生长、繁殖和脱落过程,而且决定着反应器内的微生物量,因此,填料的性能直接影响和制约着处理效果。

填料在生物膜反应器中的作用具体如下:

(1) 它是微生物附着的介质,为微生物提供栖息和繁殖的稳定环境,保持系统较高的微生物量。

(2) 它是反应器中生物膜与废水接触的场所,可促进废水在反应器内均匀分布。

(3) 好氧处理时,填料对空气泡有重复切割作用,可提高溶解氧的利用效率。

(4) 可以截留一部分悬浮物质,减少反应器中出水悬浮物浓度。

应用于生物膜反应器的填料种类很多,依据填料密度分为重质填料和轻质填料。重质填料多为无机材料,密度一般大于水;轻质填料多为有机材料,密度一般小于或等于水。填料选择的基本要求是:

(1) 填料的比表面积大。

(2) 孔隙率高。

(3) 材质轻而强度高。

(4) 物理化学性质稳定,对微生物的增殖无危害作用。

(5) 价格低廉,取材方便。

8.2.2 生物膜

生物膜形成条件差异较大,生物膜的性状也不尽相同,因此,对生物膜的界定比较宽泛,目前为止尚没有统一的概念。但研究者从不同的角度对生物膜进行了描述,如 Siebel 和 Characklis 认为生物膜是微生物细胞在水环境中适宜的介质表面附着并在其上生长和繁殖形成的一种纤维状的结构。美国学者 Levine 定义生物膜是每一个细胞都被一个薄膜所包围的、能够灵敏地调整细胞与环境之间的化学物质与能量流的生物体。从以上描述可以看出:生物膜是与活性污泥不同的附着微生物群,其形成为微生物与外界进行物质和能量交换营造了一个相对独立的微环境。

近年来,新技术的开发和应用,使人们对生物膜的理解进一步加深,下面主要从组成、结构、形成过程等方面对生物膜进行介绍。

8.2.2.1 生物膜组成

生物膜主要由细菌细胞、胞外聚合物、各种盐分以及水分组成。

水是生物膜的主要组分,除了一小部分是细胞内水分外,大多数都结合在胞外聚合物中。由于水的黏性和可移动性,其对基质和产物的输送有很大影响。

胞外聚合物(extracellular polymer substance,EPS)是生物膜凝聚的结构物质,对生物膜的吸附起实质性作用,EPS 可保护细菌免受环境中 pH 值、水质、水压变化的影响。一般认为,EPS 决定着生物膜的许多特性,如密度、空隙率、扩散性、强度、弹性、代谢活性等。

生物膜是由不同种群的微生物体所组成,这些微生物在同一环境中共栖,同时竞争空间和基质。不同基质和不同环境下,生物膜中微生物的组成差异较大。相同基质,不同负荷率时生物膜上的微生物也不同。

8.2.2.2 生物膜结构

生物膜结构分为连续均匀结构和不均匀结构两种:

(1) 连续均匀结构。生物膜由基层膜和表层膜两个区域组成(图 8-2),基层膜和表层膜的相对厚度不仅与系统的水力条件有关,而且与生物膜中微生物的种类有关。基层膜一般具有明显的边界,其中的物质传输主要为分子扩散,物质传输遵从 Fick 定律。表层膜无明显边界,且厚度变化较大。

在大部分生物膜动力学模型中,都假定表层膜的作用可以忽略,而只考虑基层膜,因此,均假定生物膜厚度均匀、表面光滑、结构一致,即所谓的连续均匀结构。

(2) 不均匀结构。连续均匀结构易于生物膜动力学分析和模型的建立,但不能模拟自然界中大多数生物膜的形态,最新的研究发现各向异性的不均匀结构更接近实际生物膜的微观结构。这种不均匀不仅表现为生物膜内生物体的分布不均匀,而且孔隙率和密度分布也不均匀。

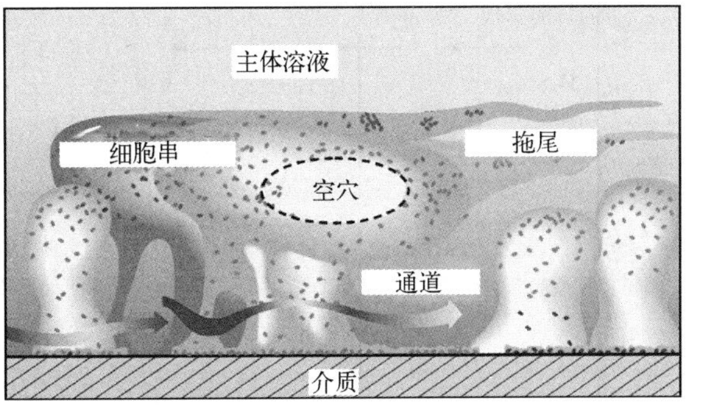

图 8-2 生物膜各向异性不均匀结构模型

8.2.2.3　生物膜形成过程

生物膜形成过程可用 Espinosa 和 Ramos 提出的生物膜六阶段学说表示(图 8-3)。

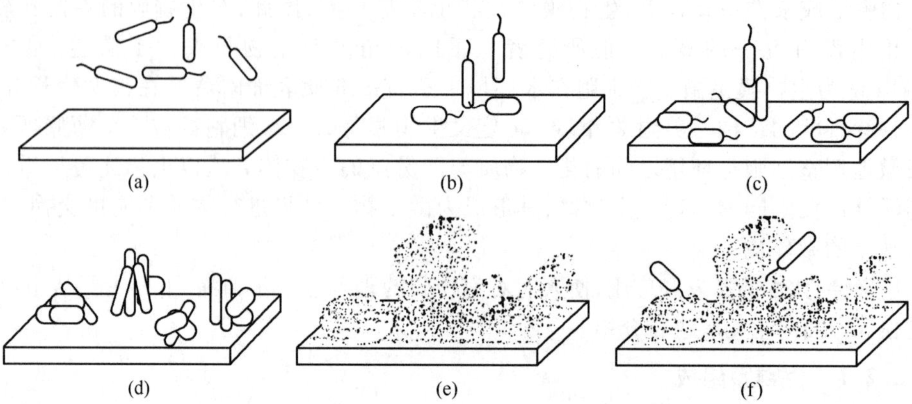

图 8-3　Espinosa 和 Ramos 提出的生物膜六阶段模型

(a) 微生物处于浮游状态;(b) 起初个别细菌的附着;(c) 单层细菌的形成

(d) 微群落的形成;(e) 成熟生物膜的形成;(f) 脱附

从图 8-3 可以看出:在生物膜形成的初期,首先是单个细菌感应到环境信号而运动到填料表面(图 8-3b);由于填料表面的结构和细胞壁的作用引起个别细菌以及单层细菌的附着(图 8-3c);然后附着细菌表面蛋白质引起细菌之间相互作用形成了微群落(图 8-3d),这种趋势继续发展并在多聚糖的作用下形成成熟的生物膜(图 8-3e);最终由于环境条件改变不再适合生物膜的维持时发生脱附,细菌离开填料表面再次处于浮游态,开始生物膜更新的另一周期。

8.2.3　生物膜中的物质迁移

由于生物膜的吸附作用,在其表面有一层很薄的水层,称为附着水层(图 8-4)。附着水层内的有机物大多已被氧化,其浓度比生物膜反应器进水的有机物浓度低很多。因此,进入池内的废水沿膜面流动时,由于浓度差的作用,有机物会从废水中转移到附着水层中去,进而被生物膜所吸附。同时,空气中的氧首先溶入废水,继而扩散进入生物膜。在此条件下,微生物对有机物进行氧化分解和同化合成,产生的二氧化碳和其他代谢产物一部分溶入附着水层,一部分析出到空气中去,如此循环往复,使废水中的有机物不断减少,从而得到净化。

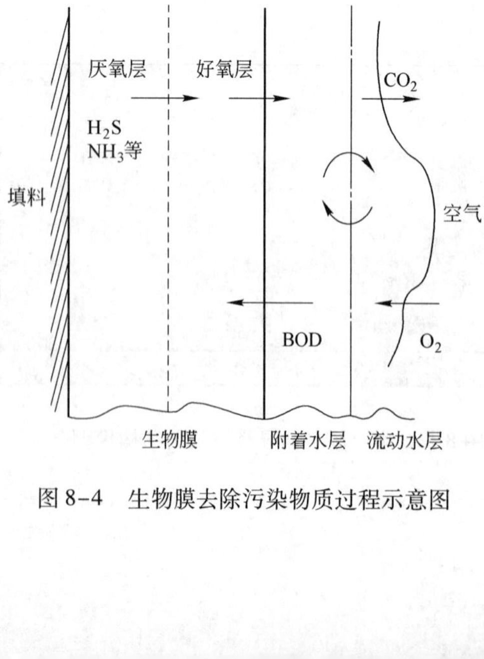

图 8-4　生物膜去除污染物质过程示意图

在向生物膜供氧的过程中,由于存在着气-液膜阻抗,因而速度很慢。所以随着生物膜厚度的增大,废水中的氧将迅速地被表层的生物膜所耗尽,致使其深层因氧不足而发生厌氧分解,积蓄了 H_2S、NH_3、有机酸等代谢产物。但当供氧充足时,厌氧层的厚度十分有限,此时产生的有机酸等能被异养菌及时地氧化成 CO_2 和 H_2O,而 NH_3 和 H_2S 被自养菌氧化成 NO_2^-、NO_3^- 和 SO_4^{2-} 等,仍然维持着生物膜的活性。

若供氧不足，从总体上讲，厌氧菌将起主导作用，不仅丧失好氧生物分解的功能，而且将使生物膜发生非正常的脱落。

8.2.4 生物膜净化废水的原理

生物膜呈蓬松的絮状结构，微孔多，表面积大，具有很强的吸附能力。生物膜微生物以吸附和沉淀于膜上的有机物为营养料进行氧化分解并自身增殖，当生物膜达到一定厚度后，生物膜脱落并进入废水，在二次沉淀池中被截留下来，成为污泥。如果有机物负荷比较高，生物膜吸附的有机物来不及氧化分解时，能形成不稳定的污泥，这类污泥需要进行再处理，其处理水的 NO_3^- 可在 2 mg/L 左右，BOD_5 去除率为 60% ~90%。若负荷低，废水经过处理后，BOD_5 可以降到 25 mg/L 以下，硝酸盐（NO_3^-）含量在 10 mg/L 以上。

8.3 普通生物滤池

生物滤池（biological filter）是出现最早的人工生物处理构筑物，按其工艺、构造和净化功能可分为普通生物滤池、高负荷生物滤池和塔式生物滤池。普通生物滤池又称为滴滤池（trickling filter）。

8.3.1 构造与特征

8.3.1.1 生物滤池的构造

生物滤池的一般构造如图 8-5 所示，包括五个主要部分：填料床层、池体、布水系统、集水系统和通风系统。

（1）填料床层。填料床层为微生物生长提供表面，填料的选择包括碎石、矿渣、碎砖、焦炭等天然块状滤料，陶瓷环等人工块状滤料，木板、纸板和塑料板等板状滤料，软性塑料等纤维状填料。已建成的普通生物滤池，其填料床层的深度范围很大。采用碎石填料时，典型的深度范围为 1 ~2.5 m，一般为 2 m。采用轻质塑料填料的普通生物滤池深度已高达 12 m，但考虑到填料的结构情况，常使用的填料床层深度为 6 ~7 m。

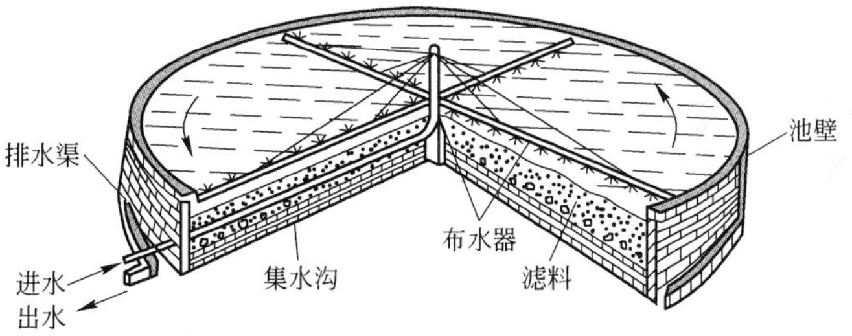

图 8-5 生物滤池的一般构造

（2）池体。池体用于固定填料，并且控制风的影响。池体通常用砖、毛石、混凝土或预制砌块等筑成。

（3）布水系统。布水系统将废水均匀地分布在填料床层上。均匀布水可确保所有填料润湿，才能充分发挥全部滤料的净化作用。

布水设备有固定式和可动式两种。固定式布水装置为间歇布水，需设置配水池，配水所需的水头高，故目前应用较少。

常用的可动式布水装置是旋转布水器（图 8-6），它由进水竖管和可旋转的布水横管组成。竖管固定不动，通过轴承和外部配水短管相连。横管上开有布水小孔，可用机械驱动和水力驱动而旋转。目前应用最多的是水力驱动，它是在布水横管的一侧水平开设布水小孔，当废水以一定的速度从小孔喷出时，在未开孔的管壁上产生反向水压力，迫使布水横管绕中心竖管反向转动。横管数目常取2~4根，多者可达8根。当滤池直径较大时，为了满足布水的最大需要，也可在横管上再设分叉支管。布水小孔的直径约10~15 mm。由于喷洒面积随着与水池中心距离的增大而增大，因而孔间距应随着与池中心距离的增大而减小，以满足均匀布水的要求。为了布水均匀，相邻两根横管上的小孔位置在水平方向上应错开。布水横管距滤料表面的高度为0.15~0.25 m，喷水旋转所需的水头为2.5~10 kPa。

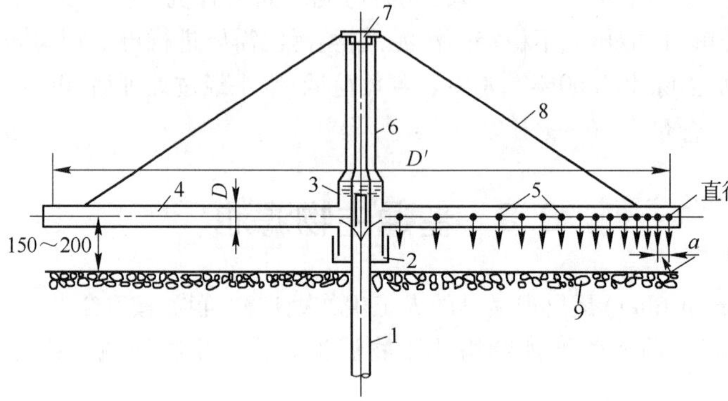

图8-6　旋转布水器

1—进水竖管；2—水封；3—配水短管；4—布水横管；5—布水小孔；6—旋转竖管；7—上部轴承；8—钢丝拉绳；9—滤料

旋转布水器的优点是布水比较均匀，淋水周期短，水力冲刷作用强；缺点是喷水孔易堵塞，低温时要采取防冻措施，仅适用于圆形滤池。

（4）集水系统。集水系统包括滤池底面及开设于其上的沟渠。滤池底面应有一定的坡度（0.01~0.03），使过滤的出水汇集于排水支沟；排水支沟的坡度可采用0.005~0.02。最后，废水经排水总渠汇集排出池外，总渠坡度可采用0.003~0.005。设计排水渠道时，渠内流速应大于不淤流速（0.6 m/s）。

集水渠穿过池壁的地方，应设排水和通风孔洞，通风面积应不小于过水断面。集水口可设于池壁的一侧或数侧，但通风口必须均匀分布于池壁的两对边或四周。

（5）通风系统。普通生物滤池通常采用自然方式或机械方式供氧，以保证空气垂直流过填料层，提供微生物代谢所需要的氧气。特殊情况下也可以采用机械通风方式供氧。通风除了供氧外，还起着及时排除挥发性物质和气体代谢产物的作用。

8.3.1.2　生物滤池的特点

与活性污泥法相比，生物滤池具有以下优点：能耗低；无污泥回流，操作简单；二沉池无污泥膨胀问题；污泥浓缩脱水性能好；抗冲击负荷能力强。在具体的运行过程中，普通生物滤池也常存在以下问题：出水水质较差；对低温有较强的敏感性；产生气味；生物膜脱附难以控制。

8.3.2　负荷

负荷是生物滤池设计、运行和管理的重要参数。生物滤池的负荷分为有机负荷和水力负荷两种。此外，在处理工业废水时，还应考虑毒物负荷。

8.3.2.1　有机负荷

有机负荷可分为总有机负荷（total organic loading，TOL）和表面有机负荷（surface organic loading,SOL)。总有机负荷等于进水中可生物降解有机物的质量流量与填料总体积 V_M 之比,以 N_T 表示,单位是 kg/(m^3·d)。表面有机负荷是指单位时间供给单位面积滤料的 BOD 量,以 N_s 表示,单位是 kg/(m^2·d)。它们的表达式分别为式(8-1)和式(8-2),它们可通过填料比表面积 a_s 相关联。

$$N_T = \frac{Q(S_{S0} + X_{S0})}{V_M} \tag{8-1}$$

$$N_s = \frac{N_T}{a_s} = \frac{Q(S_{S0} + X_{S0})}{A_s} \tag{8-2}$$

式中,A_s 为用于生物膜生长的填料润湿表面积;S_{S0} 为溶解性基质浓度;X_{S0} 为悬浮态基质浓度;Q 为废水流量。

理论上讲,采用 SOL 作为生物膜工艺负荷比 TOL 更为优越,这是因为生物膜反应器一般受传质的限制,总反应速率是生物膜表面积的函数。但对于生物滤池而言,由于填料阻塞、未充分浸湿、废水中存在胶体有机物等因素的影响,采用 TOL 描述生物滤池的性能比 SOL 更好。

因为处理程度通常由总有机负荷决定,所以总有机负荷可作为处理程度的一个定量指标。表 8-1 给出了生物滤池在不同处理目的时的总有机负荷范围。

表 8-1 生物滤池在不同处理目的时的总有机负荷范围

目　的	进水来源	TOL/kg·(m^3·d)$^{-1}$
粗滤池	筛滤后废水或一级出水	1.5～3.5
碳氧化	筛滤后废水或一级出水	0.7～1.5
碳氧化和硝化组合工艺	筛滤后废水或一级出水	<1.0
分段硝化	二级出水	NA①

① 不能应用于处理 TOL。

8.3.2.2 水力负荷

水力负荷即单位面积的滤池或者单位体积的滤料每天处理的废水量。前者称为水力表面负荷,以 q_F 表示,单位是 m^3/(m^2·d);后者称为水力体积负荷,以 q_V 表示,单位是 m^3/(m^3·d)。水力表面负荷又称平均滤率(m/d)。

显然,表面负荷与体积负荷的比值为滤料层的高度 H(m),即 $q_F : q_V = H$。一般而言,水力负荷是根据洒水强度和 BOD 负荷确定的。

为了使滤池能有效地处理废水,希望布在滤池上的水将滤料包起来流下,为此,q 不能太小;此外,q 太小了,不能保证生物膜的冲刷作用。对于高速率塑料填料的普通生物滤池来说,最小的水力负荷值大约为 1.8 m/h 左右。如果 q 太大,则流量大,停留时间短,净化效果差。

生物滤料的净化效率与负荷的关系甚为密切。净化效率 E 用下式表示:

$$E = \frac{S_0 - S_e}{S_0} \times 100\% \tag{8-3}$$

式中 S_0——原废水的 BOD_5 浓度;

S_e——二次沉淀池出水的 BOD_5 浓度。

水力负荷、总有机负荷和净化效率是全面衡量生物滤池工作性能的三个重要指标。它们之间的关系是:

$$N = \frac{Q}{V} S_0 = q_V \frac{S_e}{1-E} = \frac{q_F}{H} \times \frac{S_e}{1-E} \tag{8-4}$$

式中,E 以分数表示。

由式(8-4)可得以下结论:

（1）当进水浓度 S_0 和净化效率 E 一定时，S_e 也一定，则水力体积负荷（q_V）与 BOD 负荷（N）成正比。BOD 负荷由滤料的表面积、孔隙率、通风能力以及温度等一系列因素所决定。滤料允许承受的 BOD 负荷愈大，单位体积滤料所能处理的废水量也愈多。

（2）当出水浓度 S_e 和体积负荷 q_V 一定时，净化效率 E 与 BOD 负荷 N 有关。由此可知，BOD 负荷是生物滤池中起决定性的工作指标。滤料允许承受的 BOD 负荷高时，既能增大处理水量，又能提高净化效率。

8.3.3 耗氧与供氧

计算生物滤池的耗氧量和供氧量时，要考虑以下几方面。

（1）生物膜量。普通生物滤池的生物膜污泥量为 4.5 ~ 7 kg/m^3，高负荷生物滤池为 3.3 ~ 6.5 kg/m^3。好氧层的厚度约 2 mm，2 mm 以上的内层为厌氧层。

（2）生物膜的耗氧量。生物滤池耗氧量 m_{O_2} 可按下式估算：

$$m_{O_2} = a'\mathrm{BOD_r} + b'P_f \tag{8-5}$$

式中 $\mathrm{BOD_r}$——每立方米滤料每天去除的 BOD_5 量，kg/(m^3·d)；

a'——系数，表示每 1 kg BOD_5 完全降解所需要的氧量，一般城市污水及多数有机废水 a' 的值在 1.46 左右；

P_f——单位体积滤料上的活性生物膜量，kg/m^3；

b'——单位质量活性生物膜的自身氧化需氧量系数，其值为 0.18 kg/(kg·d)。

（3）生物滤池的供氧量。生物滤池通常采用自然通风方式供氧，特殊情况下也可以采用机械通风方式供氧。通风除了供氧外，还起着及时排除挥发性物质和气体代谢产物的作用。

自然通风是依靠池内外空气柱的重量差所造成的环流而进行的。池内外空气柱的重量差愈大（即温度差愈大）滤池的气流阻力愈小（即滤料粒径大，孔隙率大），通气量也就愈大。池内的气温和水温有密切关系，一般接近于水温。很多废水的温度比较稳定，在一年内变化幅度不大。池外气温在一年内随季节的转换而有很大的变化，而且在一日内也有较大的变化。所以，生物滤池的通风量随时都在变化着。当池内温度大于池外温度时，池内的气流是由下朝上；反之，气流方向由上朝下；当池内外气温比较接近时，通风量近于零。废水中的溶解氧是来自流动的空气，气流速度愈大，氧的溶解速度也愈大，供氧条件也愈好。当气流速度接近于零时，溶解氧仅靠静止空气中氧分子的扩散作用而取得，由于氧的浓度梯度逐渐减小，其溶解速度也愈来愈小，以致满足不了对氧的需求。

入流废水有机物浓度较高时，供氧条件可能成为影响生物滤池工作的主要因素。当有机物浓度 COD 大于 400 ~ 500 mg/L 时，生物滤池供氧不足，生物膜好氧层厚度较小，故一般认为进水 COD 应小于 400 mg/L，否则宜采用回流方法降低有机物浓度以保证供氧充足。

滤池内外的温度差 $\Delta\theta$ 与空气流动速度 v（m/min）的经验关系为：

$$v = 0.075\Delta\theta - 0.15 \tag{8-6}$$

还有一种需氧量与供氧量的粗略估算，认为氧化 1 kg 的 BOD_5，耗氧 1 kg，由此可得需气量 q（m^3/m^3）：

$$q = \frac{S_0 - S_e}{209.9\gamma n} \tag{8-7}$$

式中 S_0——生物滤池进水 BOD_{20} 浓度，mg/L；

S_e——二次沉淀池出水 BOD_{20} 浓度，mg/L；

γ——氧的容重，在标准大气压下为 1.429 g/L；

n——生物滤池的氧利用率，一般生活污水取5%～8%，即 $n=0.05\sim0.08$；

209.9——空气含氧率。

例 8-1 生物滤池的水力面积负荷 $q_F=5\ \text{m}^3/(\text{m}^2\cdot\text{d})$，进水 BOD 浓度 $S_0=220\ \text{mg/L}$，二沉池出水 BOD 浓度 $S_e=20\ \text{mg/L}$，滤池氧的利用率 $n=70\%$，设生物滤池直径为10 m，深度为2 m，求需要的空气量。

解： 按方法1，根据已知条件，水力体积负荷为：$q_V=q_F/H=5/2=2.5\ \text{m}^3/(\text{m}^3\cdot\text{d})$。又根据测定，滤池表层生物膜量为3.2 kg/m³，深层滤料生物膜量为0.8 kg/m³，则滤料层生物膜平均含量为：$(3.2+0.8)/2=2\ \text{kg/m}^3$，所以单位体积滤料每日需氧量可按式(8-5)求得：

$$m_{O_2}=1.46(0.22-0.02)\times2.5+0.18\times2=0.73+0.36=1.09\ \text{kg}/(\text{m}^3\cdot\text{d})$$

供氧量为：

$$1.09\div7\%=15.57\ \text{kg}/(\text{m}^3\cdot\text{d})$$

设温度为10℃，在此温度下每1 m³ 空气的质量为1.25 kg，则每1 m³ 空气中氧的质量为：$1.25\times0.21=0.26$ kg，所以需供给空气量为：

$$15.57/0.26=59.9\ \text{m}^3/(\text{m}^3\cdot\text{d})$$

按方法2，由于10℃时每立方米氧的质量为：

$$\frac{1.429}{1+0.0036\times10}=1.38\ \text{kg}$$

由式(8-7)，供给每立方米废水的空气量为：

$$q=\frac{220-20}{209.9\times1.38\times7\%}=\frac{200}{20.27}=9.86\ \text{m}^3$$

供给单位体积滤料的空气量为：

$$qq_V=9.86\times2.5=24.65\ \text{m}^3$$

两种计算方法相比较可知，用方法2估算的需要供给的空气量小得多，其原因是后者未考虑生物滤池硝化阶段及污泥分解所消耗的氧量。

但是，如果 $\Delta\theta=4$℃，则空气流通速度为0.15 m/min = 216 m/d，即每平方米滤池每日通过空气量为216 m³。通过每立方米滤料的空气量为 $216/2=108\ \text{m}^3/(\text{m}^3\cdot\text{d})$。说明无论哪一种方法计算的需气量，用自然通风供氧，在 $\Delta\theta\geqslant4$℃时，都远远能满足要求。

8.3.4 处理效率

处理效率 E 由进出水的 BOD 值 S_0 和 S_e 计算而得，进出水 BOD 浓度之比值用下式表示：

$$\frac{S_e}{S_0}=10^{-K't} \tag{8-8}$$

式中 t——接触时间；

K'——BOD 去除率常数。

在滤池中的平均接触时间(t)与滤层深度(H)、滤料形状及水力表面负荷(q_F)有关，t 可表示为：

$$t=\frac{CH}{q_F^n} \tag{8-9}$$

因而式(8-8)可表示为：

$$\frac{S_e}{S_0}=10^{-K't}=10^{\left[-K\frac{H}{q_F^n}\right]} \tag{8-10}$$

式(8-9)及式(8-10)中的 C 及 K 均为常数。豪兰(Howland)提出的温度 θ(℃)对生物滤池降解常数 K 的影响可用下式表示：

$$K_{(\theta)} = K_{(20)} \times 1.035^{\theta-20} \tag{8-11}$$

对于生活污水,碎石滤料,20℃时,$K_{(20)} = 1.875d^{-1}$,$n = 0.6$,对于工业废水宜通过试验而定。

8.3.5 生物滤池的设计

生物滤池的设计内容包括:确定滤池的滤料体积;确定滤池的尺寸;核算表面负荷;布水系统及排水系统的计算;通风能力的核算。

8.3.5.1 确定滤池的滤料体积

生物滤池滤料体积可按负荷计算,也可按降解动力学公式计算,国内常采用前者:

$$V = \beta \frac{S_0}{N} Q \tag{8-12}$$

式中 V——滤料体积,m^3;

S_0——废水的 BOD_5 浓度,mg/L;

Q——废水量,m^3/d;

N——生物滤池的 BOD 负荷,g/(m^3(滤料)·d);

β——大于 1 的安全系数。

上式中 Q 是已知的。S_0 在无回流时为已知,在有回流时,应按式(8-3)推算 S_0 值,N 应通过试验确定或选择经验数据。

对于工业废水,如含有对微生物有毒的物质时,还必须用毒物负荷核算滤料体积,计算方法同上。最后的滤料体积采用两种方法中较大的一值。

8.3.5.2 确定滤池的尺寸

由 $V = HF$ 的关系式,确定滤料层的高度 H(m)和表面积 F(m^2)。对于低负荷生物滤池和高负荷生物滤池,可先根据常用的滤料层高度 H 来计算表面积 F。但是,较适宜的 H 和 F 值必须在核算表面负荷后才能确定。

8.3.5.3 核算表面负荷

滤池的实际表面负荷为 $q'_F = Q/F$,此 q'_F 值应与试验数据或经验数据的表面负荷 q_F 相等。但如 $q'_F > q_F$ 时,应通过减小池深 H 和增大表面积 F 的办法来减小 q'_F 值。但若 $q'_F < q_F$ 时,表明实际的表面负荷满足不了冲刷生物膜的要求,应适当增加滤料厚度,或采用回流出水的办法来加大表面负荷。水力负荷参见表 8-4。

8.3.5.4 布水系统的计算

最常采用的布水设备是旋转布水器,它的设计计算内容包括:确定工作水头、横管管径、喷水孔的大小和个数及开孔位置。

旋转布水器所需工作水头,就是布水横管始端所需水压。工作水头 H(m)按下式近似计算:

$$H = h_1 + h_2 - h_3 \tag{8-13}$$

式中 h_1——废水由横管始端到最外一个喷水小孔间的沿程水头损失,m;

h_2——废水通过布水小孔的局部水头损失,m;

h_3——布水横管中的流速恢复水头,m,也即废水通过横管时,由于沿程出流,流速愈来愈小,由此而造成的压力恢复值。

在试验的基础上,得工作水头的计算公式如下:

$$H = q^2\left(\frac{294D'}{1000K^2} + \frac{256\times10^6}{m^2d^4} - \frac{81\times10^6}{D^4}\right) \tag{8-14}$$

式中 q——每条布水横管的废水流量,L/s;

D'——旋转布水器的洒水直径,mm,可近似等于滤池直径;

K——流量模数,L/s,K 值见表 8-2;

m——每一条布水横管上的小孔数;

d——喷水小孔的直径,mm,一般采用 $d = 10 \sim 15$mm;

D——布水横管的直径,mm。

由于孔口可能堵塞,实际采用的工作水头应比上式计算值增加 50% ~100%。

表 8-2 流量模数 K

D/mm	50	63	75	100	125	150	175	200	250
K/L·s^{-1}	6	11.5	19	43	86.5	134	209	300	560

工作水泵的扬程等于下列几部分之和:吸水井最低水位到布水横管的高差;吸水管和输水管的水头损失;布水横管的水头损失。

布水横管上出水孔的间距是根据每一小孔所负担的洒水面积都应相等的原则进行推算,所以,愈靠近池周的出水口,间距愈小。出水孔距池中心的距离 l(m)可按下式计算:

$$l = R'\sqrt{\frac{i}{m}} \tag{8-15}$$

式中 R'——布水横管长,m;

i——由中心管算起的某一出水孔的序号;

m——每一布水横管上的出水孔数目。m 可按下式计算:

$$m = \frac{1}{1-\left(1-\frac{2a}{D}\right)^2} \tag{8-16}$$

式中 a——最外两孔的间距,一般取 $a \geqslant 40$ mm。a 值愈小,布水愈均匀,但 a 值过小会造成加工困难。

当池子直径很大时,由以上公式推算的出水孔间距在靠近中心处有可能很大,造成布水不均匀,此时,应适当地减小出水孔直径,并相应地缩小孔距。

布水器的转速 n(r/min)按下式计算:

$$n = \frac{34.78\times10^6}{md^2D'}q_0 \tag{8-17}$$

式中 q_0——布水器设计流量,L/s。

8.4 生物滤池的类型与运行

8.4.1 生物滤池的类型

根据有机负荷和水力负荷及采用的回流比,生物滤池可分为低速滤池(普通生物滤池)、中速滤池、高速滤池和超高速滤池(塔式生物滤池),表 8-3 为各种类型生物滤池的运行特征。

表 8-3 不同类型生物滤池的运行特征

类　型	低速滤池	中速滤池	高速滤池		超高速滤池
填料类型	碎石	碎石	碎石	塑料	碎石/塑料
水力负荷/$m^3 \cdot (m^2 \cdot d)^{-1}$	1~4	4~10	10~40	10~75	40~200
BOD 负荷/$kg \cdot (m^3 \cdot d)^{-1}$	0.07~0.22	0.24~0.48	0.4~2.4	0.6~3.2	>1.5
循环比	0	0~1	1~2	1~2	0~2
飞　蝇	多	变化	少	少	很少
生物膜剥落	间歇	间歇	连续	连续	连续
滤层深度/m	1.8~2.4	1.8~2.4	1.8~2.4	3.0~12.2	0.9~6
BOD 去除率/%	80~90	50~80	50~90	60~90	40~70
硝化作用	良好	一般	负荷较低时有硝化		
能耗/$W \cdot m^{-3}$	2~4	2~8	6~10	6~10	10~20

由于有机负荷不同,以上滤池还有以下几点不同:

(1) 有机负荷高的滤池,生物膜增长快,对水力冲刷的要求也高。增大水力冲刷的主要途径是加大水力表面负荷,其办法有两种:一种是增加滤料层高度,另一种是将处理后的废水回流到生物滤池的进水。所以,低负荷生物滤池的滤料层高度通常只有 2~3 m,而且多不采用回流措施;塔式滤池的高度达 20 m 之多,而且常采用回流措施。

(2) 有机负荷高的滤池,要求通风条件好,在采用自然通风的条件下,就要求滤料的孔隙率大和阻力小。所以,低负荷滤池的滤料粒径较小(25~70 mm),高负荷滤池的滤料粒径较大(40~100 mm),对于塔式生物滤池,最好采用塑料滤料。

(3) 有机负荷低的生物滤池的氧化分解程度高,污泥量少而稳定,出水中有较高的溶解氧和一定浓度的硝酸盐,BOD_5 浓度可低于 20 mg/L;高负荷生物滤池的氧化分解程度低,污泥量多而不稳定,出水中溶解氧低,没有或很少有硝酸盐,BOD_5 浓度高于 30 mg/L,塔式生物滤池的情况可能更差些。

8.4.2 生物滤池运行流程

生物滤池系统由初沉池、生物滤池、二次沉淀池组合而成,其组合形式有单级运行系统和多级运行系统。

单级运行系统如图 8-7 所示;图 8-7a 为单级直流系统,多用于低速生物滤池;图 8-7b、c、d 均为单级回流系统,多用于高速生物滤池。图 8-7b 的处理水回流至生物滤池前,用以加强水力表面负荷,又不加大初沉池的容积,但二次沉淀池要适当大些。图 8-7c 是生物滤池出水直接回流到生物滤池前,可加大水力表面负荷,又利用生物接种,促进生物膜更新,这个系统的两个沉淀池都比较小。图 8-7d 是不设二次沉淀池,滤池出水回流到初沉池前,加强初沉池生物絮凝作用,促进沉淀效果。

多级运行系统如图 8-8 所示。根据实验和分析,在多级运行系统中,第一级生物滤池处理效率可达 70%,第二级效率可达 20%,第三、四级的处理效率很低,在 5% 左右。所以,一般取两级。图 8-8a、b 均为二级直流系统。二级串联工作的生物滤池的优点是:滤层深度可适当减小,通风条件好,两次洒水充氧,出水水质较好些。缺点是增加了提升泵,加大了占地面积,一般第一级生物滤池采用粒径较大的滤料,后一级采用粒径较小的滤料。图 8-8c、d 是二级回流系统。

采用生物滤池处理废水时,应该做好滤池类型和运行系统的选择。一般来说,低负荷生物

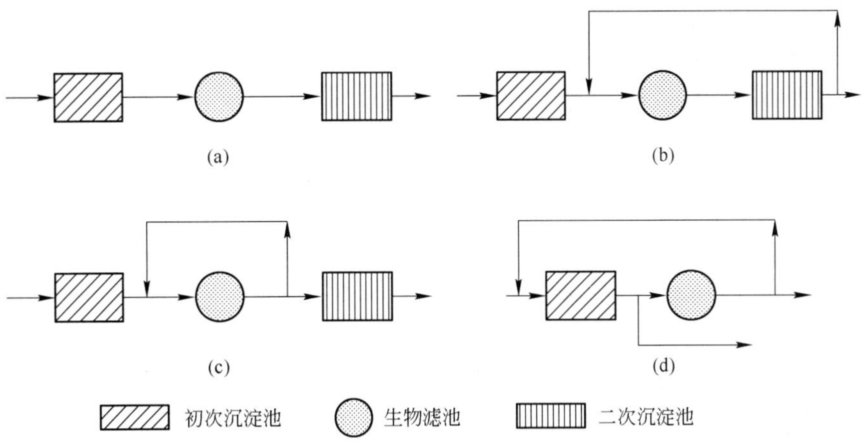

图 8-7 生物滤池的单级运行系统

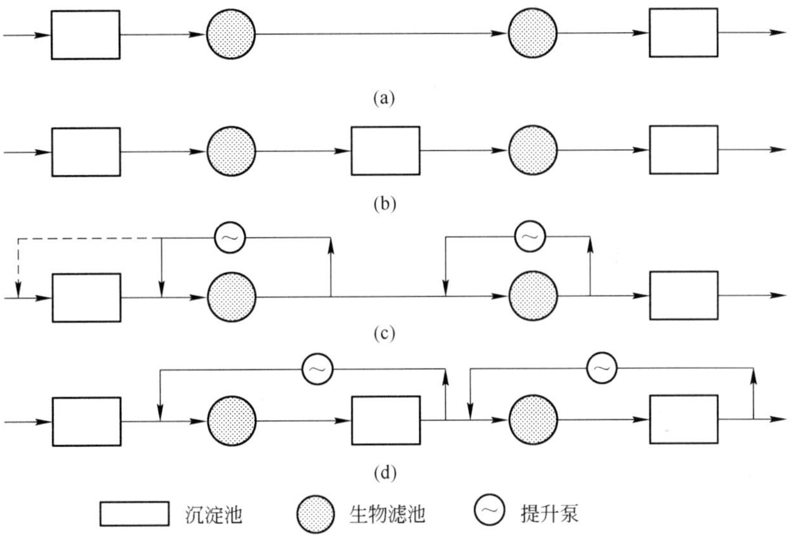

图 8-8 生物滤池的多级运行系统

滤池的体积大、占地多、滤料要量大、易堵塞、常出现池蝇和臭味，目前较少采用，仅在水量小的场合选用。目前大多数生物滤池采用高负荷生物滤池。

确定流程时，应该决定是否采用初次沉淀池，采用几级过滤，采用回流与否、选择回流方式及回流比等问题。

是否采用初次沉淀池、视原水质而定，对含悬浮物较高的废水，应设置初沉池。

塔式生物滤池一般为单级，可以是多级进水。回流式生物滤池可以是单级，也可以是两级。两级回流式生物滤池处理效率较高，运行上比较灵活，但运行费及建设费都比较高。在国内，塔式生物滤池已被较好地用于工业有机废水的处理。

8.4.3 回流

回流是将滤池出水在二沉池之前或之后返回到滤池进水。回流的主要目的是解决水力负荷和有机负荷之间相互影响的问题。回流多用于高速生物滤池。采用回流的优点是：

(1) 增大水力负荷、促进生物膜的脱落、防止堵塞。

(2) 对原水进行稀释,降低基质浓度,使滤池负荷更均匀。

(3) 对生物滤池连续接种,促进生物膜的生长。

(4) 提高进水的溶解氧。

(5) 增加进水量,有可能采用水力旋转布水器进行布水。

(6) 防止滤池滋生蚊蝇。

但同时回流也带来了水中难降解的物质会产生积累,以及冬天使池中水温降低等问题。

单级回流的回流比 r 按以下平衡式计算:

$$S_0Q + S_e rQ = S'(Q + rQ) \qquad (8-18)$$

式中,Q 和 rQ 分别为废水量和回流量;S_0 和 S_e 分别为入流和出流废水 BOD_5 浓度;S' 为混合水 BOD_5 浓度。据城市污水运行经验,以 $S_e = S'/3$ 为宜,故得:

$$r = \frac{1}{2} \times \frac{S_0}{S_e} - 1.5 \qquad (8-19)$$

若去除率为90%,则 $S_0/S_e = 10$,所以,回流比为3.5。

高负荷生物滤池的回流比,应与原水BOD浓度相适应,表8-4的数据可供设计时参考。

表8-4 高负荷生物滤池的回流比

原水 BOD_5/mg·L^{-1}	回流			回流情况下,沉淀池设计系数	
	一级		二级	一级	三级
	中级处理	高级处理	各级		
150	1.0	0.75	0.5	1.75	1.5
150~300	2.0	1.5	1.0	2.5	2.0
300~450	3.0	2.25	1.5	3.25	2.5
450~600	4.0	3.0	2.0	4.0	3.0
600~750	5.0	3.75	2.5	4.75	3.5
750~900	6.0	4.5	3.0	5.5	4.0

8.4.4 生物滤池的运行

8.4.4.1 生物膜的培养与驯化

生物滤池投入运行后,首先需对滤池中的滤料进行生物膜的培养(又称为挂膜)。培养的目的是使洁净的滤料表面逐渐生长出具有降解污染物功能的生物膜,相应的,滤池的处理能力和效率将不断提高,直至达到正常运行的水平。培养的方法是创造微生物附着和增值的最佳条件,以使生物膜尽快地形成和成熟。当基质、温度等条件适宜时,生物膜的培养历时约一周。

处理含有毒物质的工业废水时,在滤池正常运行前,要有一个让微生物适应新环境同时获得降解有毒物质能力的阶段,称为"驯化"。驯化有两种方式:一种方式是驯化与培养相结合(又称同步启动);另一种方式是先培养后驯化(又称异步启动)。前者的操作方式为取来数量充足的污泥同工业废水、清水和养料按适当比例混合,喷灌生物滤池,出水进入二沉池,再用二次沉淀池的污泥和部分出水同工业废水和养料混合,喷灌生物滤池。在滤床明显出现生物膜迹象后,以二次沉淀池出水水质为参考,在循环中逐步调整工业废水和出水的比例,直到不用出水和回流污泥。这时,培养和驯化结束,运行进入正常状态。这种方式特别适用于试验性装置,但是,对大型生物滤池,由于需要的活性污泥量太多,这种方式不现实。后者的操作方式是先用生活污水或城市污水进行运行和培养,待生物膜培养成功后,再引入工业废水,逐渐进行驯化。

8.4.4.2 运行管理

生物滤池运转正常后，关键的是要尽量保持微生物生长的良好环境，包括控制进入滤池的水量水质，保证微生物必要的营养料，防止过多的悬浮物堵塞滤池，防止过多的有机物使生物滤池超负荷，以及保证滤池的均匀布水，保证滤池良好的通风，防止冬季滤池内温度降低过多等。

布水系统和排水系统要经常清洗，保持畅通。当生物滤池超负荷，废水处理不充分或生物膜工作不正常时，容易发生滤料堵塞的现象。此时必须及时把表层约 0.15m 的滤料耙松，或用高压水冲洗，使堵塞滤料的生物膜排出池外。在温暖的季节里，可以让生物滤池停止工作 5～10 d，使滤料晒干，滤膜脱落，这不仅可以清除堵塞，而且对提高生物滤池的工作效率也有好处。也可以在处理前的废水中加少量氯或漂白粉，以破坏滤料中由细菌和霉菌形成的薄膜，还能减少废水的臭气。

灰蝇对滤池周围的环境卫生有不良的影响，可以用投药的办法杀死灰蝇，也可以有意识地让生物滤池处于淹没状态，以达到消灭灰蝇的目的。当滤池水力负荷很高时，灰蝇一般不生长。

在生物滤池的运转过程中，必须经常进行微生物观察，以便深入地了解生物滤池的工作情况。一般当固着型原生动物（如钟虫、盖纤虫、等枝虫等）数量较多时，滤池管理情况良好。相反，如游泳型原生动物增多，则说明滤池工作有超负荷和不稳定的现象。

8.5 生物转盘

8.5.1 构造

生物转盘（rotating biological contactors，RBC）是一种润壁型旋转式处理设备，以生物膜附着在一组转动着的圆盘上而得名。它主要由三部分组成：转动部分、固定部分和传动部分，图 8-9 是其构造简图。

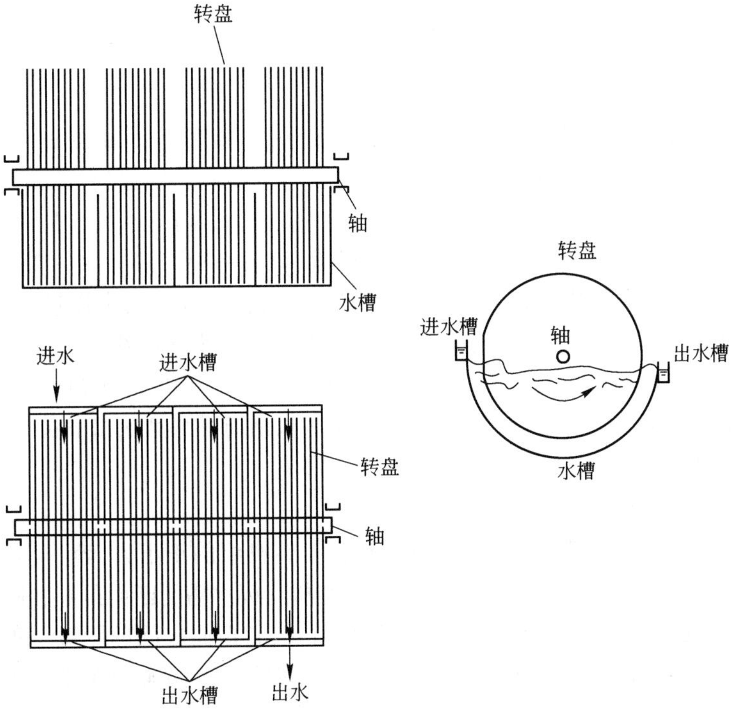

图 8-9 生物转盘的构造简图

8.5.1.1 转动部分

生物转盘的转动部分包括转动轴和固定在其上的圆盘组。

生物转盘的转动轴主要用于支持和旋转转盘。转动轴的安装有两种方式，一种为与水流方向平行(图8-10)，另一种为与水流方向垂直(图8-11)。

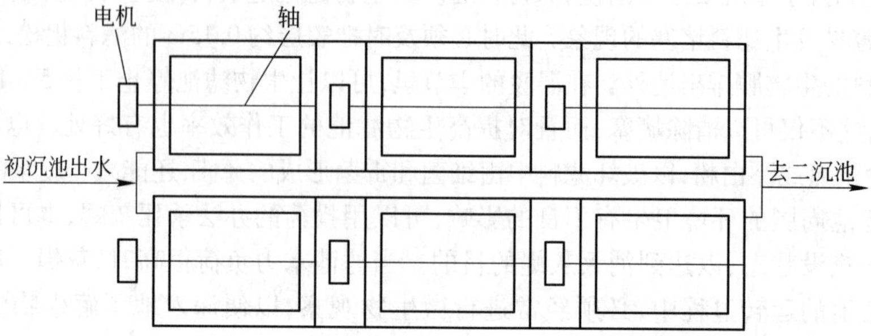

图8-10 转动轴与水流方向平行安装的生物转盘

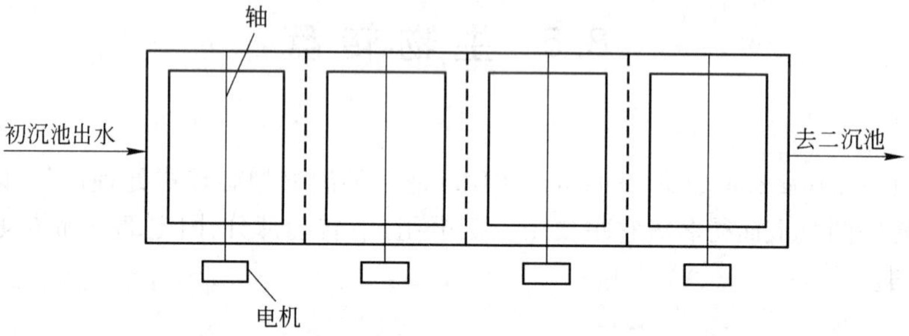

图8-11 转动轴与水流方向垂直安装的生物转盘

圆盘是生物转盘的主体，是挂膜介质。制作圆盘的材料有塑料板、玻璃钢板、铝板等，一般要求质轻、坚固、抗蚀和无毒。目前较多采用的是高密度聚乙烯材料制成的不同形状和皱纹形式的盘面。圆盘直径多为1～3 m，厚度为0.7～20 mm。直径过大，制作困难，且易挠曲变形。厚度过大，将占用过多的有效容积。圆盘组平行安装于轴上，盘间净距一般为15～25 mm。净距过小，两盘面的生物膜有可能互相搭接，妨碍正常的通风；净距过大，同样会占用过多的有效容积。多级处理时，前面两级的盘间净距可以较大些，在利用藻类进行废水高级处理的场合，为了有利于阳光透射盘面，盘间净距应加大到50～60 mm。圆盘直径越大，相应的净距也应适当加大。当直径大到易引起盘面变形时，应在盘面加设肋条，或用多根钢筋将圆盘互相串联固定。转轴必须坚固耐用，不产生弯曲变形。

8.5.1.2 固定部分

固定部分包括废水槽和进出水设备。废水槽位于转盘组的正下方，容积小时可用钢板制作或砖石砌筑，容积大时多采用混凝土或钢筋混凝土结构。废水槽的断面最好和圆盘相适应，采用半圆形，以防产生死角，造成局部淤积或水质腐化。转盘和槽面之间的距离一般为20～50 mm。槽内水面应维持在转轴以下15～20 mm处。水面超过转轴，会使靠轴处的盘面无法接触空气，水面过低，会减少转盘的有效挂膜面积。槽底应设放空管。进水槽可设于废水槽的一侧或一端，通过溢流堰控制槽内水位和出水的均匀。当采用单轴多级处理装置时，各级之间应有连接渠。

8.5.1.3 传动部分

传动部分包括电机和变速装置。圆盘的转速采用 0.8 ~ 3 r/min，最大线速以不超过 20 m/min 为宜。

8.5.2 工作过程

在转盘旋转过程中，当盘面某部分浸没在废水中时，盘上的生物膜便对废水中的有机物进行吸附；当其暴露于空气中时，氧气就溶入盘面的水层中。这样就为微生物的生长繁殖创造了良好条件，使之在盘面形成生物膜，使废水得以净化。

转盘上的生物膜也经历生长、增厚和老化脱落的过程。脱落的主要原因是水对盘面的剪切作用。脱落的生物膜转化为污泥，可在二次沉淀池中除去。

生活在转盘上的微生物种群随废水而异，一般城市污水、生物膜厚度为 1 ~ 3 mm，呈褐色，主要净化微生物是菌胶团、球衣菌、真菌、藻类及多种原生动物。

8.5.3 组合形式及处理流程

组合形式有：单轴单级、单轴多级和多轴多级。单轴单级处理时，废水从槽的一侧流入，平行于盘面流动，从槽的另一侧流出。单轴多级处理时，则前一级的出水流入后一级。多轴多级处理时，废水经第一轴转盘处理后，再进入第二轴生物转盘。

究竟采用哪种组合和布置方式，需视水质、水量、处理要求、场地条件等而定。经验表明，对同一废水，盘面总面积不变，如将转盘分成多级串联，可以提高出水水质和溶解氧含量。对于城市污水和印染废水，需 2 ~ 3 级串联，处理要求高的，至少得 4 级。

生物转盘处理废水的流程包括初次沉淀池、生物转盘、二次沉淀池，其中无需污泥回流。处理高浓度废水时，也可采用如下流程：初次沉淀池、一级转盘池、中间沉淀池、二级转盘池、二级沉淀池。处理后可使 BOD_5 由 3000 ~ 4000 mg/L 降至 10 mg/L。

8.5.4 处理特点

转盘上生长的微生物量很大，处理城市污水时，单位面积转盘上的微生物量最高可达 5 mg/cm²，折算成氧化槽（废水槽）混合液浓度大约为 10000 ~ 20000 mg/L，当 BOD 负荷为 10 ~ 20 g/(m^2（盘面）· d)，转盘水槽容积负荷达 1.5 ~ 3.0 kg/(m^3 · d)，高出活性污泥法一倍多。

另外，由于微生物浓度高，所以 F/M 值低（一般在 0.005 ~ 0.05），微生物基本处于内源呼吸期，脱落污泥量少。生物转盘对冲击负荷的适应力也很强，可适应 pH 值在 4.8 ~ 9.5 范围内的变化，但 pH 值若急剧变化，则会破坏转盘的工作。温度在 13 ~ 23℃范围内时，对处理效果影响不大；在此温度范围之外，若按正常条件设计，则盘片面积应乘以温度校正系数 f（见图 8-12）。

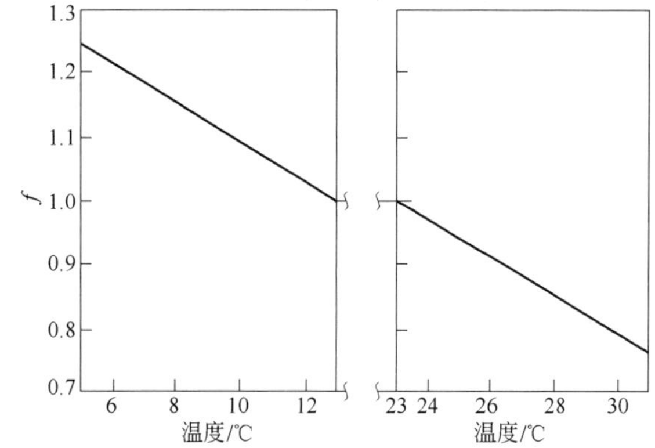

图 8-12 温度校正系数

此外，生物转盘还有工作可靠、不易堵塞、污泥不易膨胀、氧利用率高等特点，适于处理流量较小的工业废水。生物转盘的主要优点是动力消耗低、抗冲击负荷能力强、无需回流污泥、管理运行方便;缺点是占地面积大、散发臭气、寒冷地区保温困难影响处理效率。

8.5.5 设计

生物转盘目前尚无统一的计算方法,一般以 BOD 负荷或水力负荷进行估算,以停留时间进行校核。

(1) 转盘面积 F。转盘面积按下式计算:

$$F=\frac{Q(S_0-S_e)}{S_r} \tag{8-20}$$

式中 S_r——每平方米盘面上每天所能去除的 BOD 量,g/(m^2 · d)。

盘片面积也可按单位面积盘片有机物负荷(N_1)来计算:

$$F=\frac{QS_0}{N_1} \tag{8-21}$$

式中,N_1 与式(8-19)中的 S_r 的关系如下:

$$S_r=1.146N_1^{0.9043}\,(N_1<30\ \text{g/(m}^2\cdot\text{d)}) \tag{8-22}$$

$$S_r=5.37N_1^{0.446}\,(N_1=30\sim80\ \text{g/(m}^2\cdot\text{d)}) \tag{8-23}$$

以上各式适于原废水或沉淀废水。

(2) 转盘片数 m。转盘片数按下式计算:

$$m=0.636\frac{F}{D^2} \tag{8-24}$$

式中 D——转盘的直径,m,注意转盘工作面为两面。

(3) 废水槽的有效长度 L 按下式计算:

$$L=m(a+b)+b \tag{8-25}$$

式中 a——盘片厚度,m;

b——两盘片的净距,m。

(4) 废水槽的有效容积 W 按下式计算:

$$W=K(D+2\delta)^2L \tag{8-26}$$

式中,K 是系数,由转盘轴线与水面的距离 h 和转盘直径 D 的相对大小来确定:当 $h/D=0.1$ 时,$K=0.294$;当 $h/D=0.06$ 时,$K=0.355$。h 取 10 ~ 25 mm。δ 为转盘边缘到槽壁间的距离,一般取 $\delta=10\sim20$ mm。

(5) 转盘的最小转速 n(r/min)。转盘每分钟的转数 n 按下式计算:

$$n=\frac{6.36}{D}\left(0.9-\frac{1}{q_V}\right) \tag{8-27}$$

式中,q_V 是废水槽水力容积负荷(m^3/(m^3 · d))。一般认为,转盘的线速度以控制在 20 m/min 以内为宜。

(6) 停留时间 t(h)。t 按下式计算:

$$t=\frac{24W}{Q} \tag{8-28}$$

一般 t 不宜小于 0.2 h。

例 8-2 今有一废水 BOD 含量为 200 mg/L,水量为 500 m^3/d,现决定用生物转盘处理,盘片面积 5000 m^2,浸水面积 40%,试求处理水的 BOD 浓度和 BOD 降解率。

解：(1)生物转盘的 BOD 负荷量

$$N_1 = \frac{0.2 \times 500}{5000} = 0.02\ \mathrm{kg/(m^2 \cdot d)}$$

(2) 单位面积盘片去除的 BOD 量(S_r)

由于 $N_1 = 20\ \mathrm{g/(m^2 \cdot d)} < 30\ \mathrm{g/(m^2 \cdot d)}$，所以用式(8－21)即得：

$$S_r = 1.146 \times 20^{0.9043} = 1.146 \times 15.01 = 17.2\ \mathrm{g/(m^2 \cdot d)}$$

(3) 单位面积盘片上残留的 BOD 负荷(N_e)

$$N_e = 20 - 17.2 = 2.8\ \mathrm{g/(m^2 \cdot d)}$$

(4) 处理水 BOD 浓度

$$S_e = 200 \times \frac{2.8}{20} = 28\ \mathrm{mg/L}$$

(5) BOD 降解率

$$E = \frac{200 - 28}{200} \times 100\% = 86.0\%$$

8.5.6 生物转盘的实践

在我国，生物转盘主要用于处理工业废水，在化学纤维、石油化工、印染、皮革和煤气发生站等行业的工业废水处理方面均得到应用，效果良好，并取得一定的操作运行经验。表 8-5 为国内部分生物转盘处理工业废水的运行资料。

表 8-5 部分工业废水设计参数

废水类型	进水 BOD /mg·L^{-1}	进水 COD /mg·L^{-1}	水力负荷 /m^3·(m^2·d)$^{-1}$	BOD 负荷 /g·(m^2·d)$^{-1}$	COD 负荷 /g·(m^2·d)$^{-1}$	停留时间 /h	废水水温 θ/℃
含酚废水	酚 50～250 (152)	280～676 (495)	0.05～0.113 (0.070)		15.5～35.5 (22.8)	1.5～2.7 (2.6)	>15 (10.5)
印染废水	100～280 (158)	250～500 (392)	0.04～0.24 (0.12)	12～23.2 (16.2)	10.3～43.9 (28.1)	0.6～1.3	>10
煤气站含酚废水	130～765 (365)		0.019～0.1 (0.055)	12.2	26.40	1.3～4.0 (2.95)	>20
酚醛废水	442～700 (600)		0.031	7.15～22.6 (15.7)	11.7～24.5 (17.8)	3.0	24
酚氰废水	酚 40～90 CN20～40		0.1			2.0	
苯胺废水	苯胺 53		0.03			2.3	21～28
苎麻煮炼黑液	367	531	0.066			1.6	

注：括号内数值为平均值。

8.6 接触氧化法

接触氧化法(submerged filter, SF)是一种浸没型生物膜法，实际上是生物滤池和曝气池的综合体，又称“淹没式生物滤池法”或“接触曝气法”。它兼有活性污泥法和生物膜法的特点。这种工艺的兴起主要是由于该法具有容积负荷高、占地小、不需污泥回流、不产生污泥膨胀、运行费用低、便于维护管理等优点。

8.6.1 构造

生物接触氧化法的中心处理构筑物为接触氧化池，它是由池体、填料、布水布气装置等几部分组成。图8-13为生物接触氧化法的构造示意图。

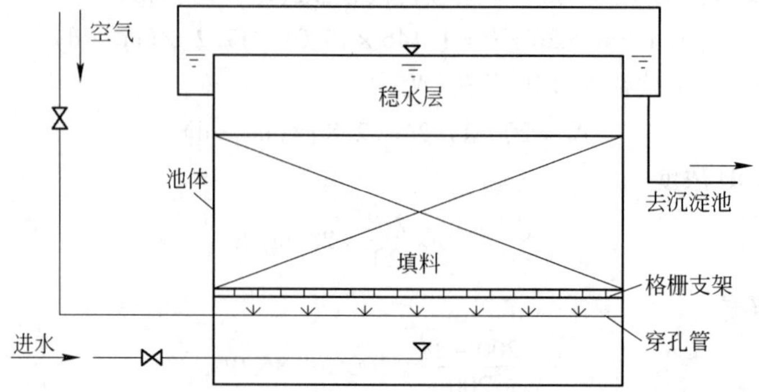

图8-13　生物接触氧化池

池体的作用除了提供污水净化的场所外，还要考虑填料，布水、布气等设施的安装。当池体容积较小时，可采用圆形钢结构，池体容积较大时可采用矩形钢筋混凝土结构。池体的平面尺寸以满足布水、布气均匀和填料安装、维护管理方便为准。池壁装有支承填料的支架。池体厚度根据结构强度要求计算。高度包括填料层、布水布气层、稳定水层以及超高，同时，还必须考虑到充氧设备的供气压力。一般总高度在3.5～6.0 m。

填料是接触氧化池的核心，直接影响着生物接触氧化处理的效率。目前在我国使用的填料有硬、软两种类型。硬质填料一般制成蜂窝状，简称蜂窝填料，所用材料有聚氯乙烯塑料、聚丙烯塑料、环氧树脂等。软质填料是近年来开发的新型填料，一般用尼龙、维纶、涤纶、腈纶等化学纤维编结成束，因此又称为纤维填料。纤维填料的特点为：密度小、强度高，物理和化学性能稳定；纤维束呈立体结构，比表面积大，污水与生物膜接触效率高；纤维束随水漂动，不易堵塞。纤维填料近年来已广泛用于化纤、印染、绢纺等工业废水处理中，实践证明，它特别适宜用于有机物浓度较高的污水处理。

布水布气区的作用是保证气水均匀，防止死区，以便使所有填料均能发挥作用。目前生产上常采用的布气方式有喷射器、穿孔管、曝气头等。布水方式分顺流和逆流两种。顺流时进水与供气同向，氧化池中水、气同向流动，此种工艺中填料不易堵塞，生物膜更新情况较好，较易控制；逆流时进水与供气方向相反，池内水、气逆向相对流动，气液接触条件好，增加了气水与生物膜的接触面积，因此去除效果好，但由于进水部分的水力冲刷作用较小，填料上的生物膜不易脱落更新。国内通常采用的是顺流工艺。

8.6.2 去除机理及特点

生物接触氧化法是一种介于活性污泥法与生物滤池之间的生物膜法工艺，其特点是在池内设置填料，采用与曝气池相同的曝气方法提供微生物所需的氧量。填料上长满生物膜，污水中的有机物被生物膜上的微生物降解，使污水得到净化。当生物膜生长至一定厚度后，填料表面的微生物会因缺氧而进行厌氧代谢，产生的气体及曝气形成的冲刷作用使生物膜脱落，脱落的生物膜随出水流出池外。同时，接触氧化池中的悬浮生物量也为填料上生物膜的形成提供再接种微生物。

与其他生物处理方法比较,生物接触氧化法具有以下优点:

(1) 生物浓度高,适应力强。一般活性污泥法的污泥浓度为2~3 g/L,而接触氧化法中的生物膜折算的污泥浓度可达10~20 g/L。因此,接触氧化池可承受较高的容积负荷,对进水冲击负荷的适应力强。

(2) 传质条件好,氧利用率高。与生物滤池相比,在接触氧化法中由于空气的搅动,整个氧化池的污水在填料之间紊动,使生物膜和水流之间产生较大的相对速度,加快了细菌表面的介质更新,增强了传质效果,加快了生物代谢速度。与活性污泥系统相比,接触氧化法的填料对气泡具有切割重新分配作用,因此氧利用率高。

(3) 不需要回流污泥,运行费用低。由于微生物是附着在填料上形成生物膜,生物膜的剥落与增长可以自动保持平衡,所以无需污泥回流,运行管理方便,费用低。

(4) 污泥产率低。接触氧化池中的生物膜上可生存大量的后生动物,甚至高等动物,生物链长,因此,与活性污泥系统相比,污泥产率低,剩余污泥量少,而且不存在污泥膨胀。

当然,填料及支架等导致接触氧化法的建设费用比常规的活性污泥法高。

8.6.3 处理流程

生物接触氧化法的处理流程通常有两种,即一段法(一次生物接触氧化)和二段法(即两次接触生物氧化)。

8.6.3.1 一段法

一段法也称一氧一沉法。原水先经调节池,再进入生物接触氧化池,最后流入二次沉淀池进行泥水分离。处理后的出水排放或作进一步处理,污泥从二次沉淀池定期排走。

这种流程虽然在氧化池中有时会引起短路,但全池填料上的生物膜厚度几乎相等,BOD负荷大体相同,具有完全混合的特点,营养物(F)与活性微生物(M)之比较低,微生物的生长处于减速增长期。此时微生物的增殖不再受自身生理机能的限制,而是由污水中营养物质的量起主导作用。

8.6.3.2 二段法

二段法也称二氧二沉法。采用二段法的目的,是为了增加生物氧化时间,提高生化处理效率,同时更适应原水水质的变化,使处理水质稳定。原水经调节池调节后,进入第一生物接触氧化池,然后流入中间沉淀池进行泥水分离,出水继续进入第二接触氧化池,最后流入二次沉淀池,再次泥水分离,出水排放,沉淀池的污泥定期排出。

在二段法流程中,第一段氧化池内 F/M 较高($F/M>2$),微生物的生长处于对数增长期。此时营养物远远超过微生物生长所需,微生物生长不受营养因素的影响,只受自身生理机能的限制。因而微生物繁殖很快,活力很强,吸附氧化有机物的能力较高,可以提高处理效率。在第二段氧化池 F/M 较低($F/M<0.5$),此时的微生物处于减速增长期或内源性呼吸期,以保证出水水质。由此可见,二段法流程的微生物工作情况与活性污泥AB法相似。

上面所述为两种基本流程。可以看出,一段法流程简单易行,操作方便,投资较省,但对BOD的降解能力不如二段法。二段法流程处理效果好,可以缩短生物氧化所需的总时间,但增加了处理装置和维护管理工作,投资也比一段法高。一般来说,当有机负荷较低,水力负荷较大时,采用一段法为好。当有机负荷较高时采用二段法或推流式更为恰当。

研究表明,二段法中的第一接触氧化池与第二接触氧化池容积比宜选用3∶7为好。在推流式流程中,既可按 BOD 变化的条件分格(第一格最大,以后逐渐减小),也可按水力负荷分格(每格为相等大小)。在一些工程中,有将接触氧化池分格,不设中间沉淀池,按推流型运行。氧化池分格后,可使每格的微生物与负荷条件更相适应,提高总的处理效率。

8.6.4 设计

生物接触氧化法设计包括接触氧化池和沉淀池两部分。本节主要介绍接触氧化池及填料的设计和计算。

8.6.4.1 接触氧化池

水量一般按日平均污水量设计,氧化池数量不应少于两座,按并联设计。平面形状宜采用矩形,沿水流方向池长不宜大于10 m,有效面积不宜大于100 m^2。长宽比宜采用1:1 ~2:1。氧化池由下至上应包括构造层、填料层、稳水层和超高。构造层主要用于布水布气,高度为0.6 ~1.2 m;填料层一般为2.5 ~3.5 m;稳水层为0.4 ~0.5 m;超高不宜小于0.5 m。

接触氧化池容积按下式计算:

$$V=\frac{QL_0}{N_w} \tag{8-29}$$

式中 V——生物接触氧化池有效容积, m^3;

Q——平均日废水流量,m^3/d;

L_0——生物接触氧化池进水 BOD_5 浓度,g/m^3;

N_w——BOD_5 容积负荷,kg/(m^3 · d),表8-6所示为生物接触氧化池的典型负荷。

有机负荷可参考表8-6给出的数值。对于可生化性较好的有机废水,如城市污水、食品工业废水等,有机负荷宜取1.0 ~1.8 kg/(m^3 · d);对于可生化性较差的废水,如印染废水,有机负荷0.6 ~1.2 kg/(m^3 · d)。

表8-6 生物接触氧化池的典型负荷

处理要求	工艺要求	容积负荷	
		BOD_5 容积负荷 /kg · (m^3 · d)$^{-1}$	NH_4^+ -N 容积负荷 /kg · (m^3 · d)$^{-1}$
碳氧化	高负荷	2 ~5	—
碳氧化/硝化	中负荷	0.2 ~2	0.1 ~0.4
硝 化	低负荷	<0.2	0.2 ~1.0

8.6.4.2 填料

(1) 填料体积。填料容积按下式计算:

$$V=\frac{24L_0Q}{1000F_r} \tag{8-30}$$

式中 V——接触氧化池的填料容积,m^3;

L_0——接触氧化池进水 BOD_5 浓度,g/m^3;

Q——接触氧化池的设计流量,m^3/h;

F_r——接触氧化池 BOD_5 填料容积负荷,kg/(m^3 · d)。

填料容积负荷通过实验来确定,当无试验资料且采用二段式系统,进入接触氧化系统进水 BOD_5 浓度为60 ~180 mg/L时,可按下式计算填料容积负荷:

$$F_r = 0.2881 L_e^{0.7246} \tag{8-31}$$

式中 L_e——接触氧化系统出水 BOD_5 浓度。

（2）污水与填料的接触时间。按下式计算：

$$t = \frac{24 L_0}{1000 F_r} \tag{8-32}$$

式中 t——污水与填料的接触时间，h，一般不得小于 0.5 h。

接触氧化法的处理效果与接触时间密切相关，在相同的进水水质条件下，接触时间愈长，则出水 BOD 愈低，处理效果愈好。

8.6.4.3 曝气系统

生物接触氧化池的曝气方式有机械曝气和鼓风曝气两种。曝气方式与填料的布置有关。机械曝气时，填料置于两侧，中部为曝气区；鼓风曝气时，填料置于中部，曝气设备位于池底。鼓风曝气均匀，氧转移率高，对生物膜搅动充分，生物膜的更新快，较为常用。曝气器有中微孔曝气软管、微孔曝气盘、穿孔管等。

生物接触氧化池曝气强度宜采用 10 ~ 20 $m^3/(m^2 \cdot h)$。也可按气水比进行设计，当进水 BOD_5 浓度为 60 ~ 180 mg/L，二段式系统的总气水比可采用 3∶1 ~ 7∶1，其中，一段氧化池的气水比为 2∶1 ~ 4∶1，二段氧化池的气水比为 1∶1 ~ 3∶1。

习题和思考题

8-1 影响生物滤池处理效率的因素有哪些，影响生物转盘处理效果的因素有哪些？

8-2 试比较生物膜法和活性污泥法的优缺点。

8-3 已知普通生物滤池滤料体积 600 m^3，滤池高 2 m，处理水量 $Q = 120\ m^3/h$，入流水 BOD200 mg/L，去除效率为 85%，求：

（1）水力负荷（q_F）；（2）体积负荷（q_V）；（3）有机负荷。

8-4 某生产废水 100 m^3/h，BOD 浓度 210 mg/L。小型生物转盘试验结果为：当转盘直径 0.5 m，废水流量 38 L/h，BOD 浓度 200 mg/L 时，出水 BOD 值为 30 mg/L，试根据试验结果设计生物转盘。

9 厌氧生物处理法

在隔绝空气的条件下,依赖兼性厌氧菌和专性厌氧菌的生物化学作用,对有机物进行生物降解的过程,称为厌氧生物处理法或厌氧消化法(anaerobic digestion, AD)。

若有机物的降解产物主要是有机酸,则此过程称为不完全的厌氧消化,简称为酸发酵或酸化。若进一步将有机酸转化为以甲烷为主的生物气(biogas),此全过程称为完全的厌氧消化,简称为甲烷发酵或沼气发酵(methanogenesis)。

厌氧生物处理法的处理对象为高浓度有机废水、城市污水处理厂的污泥、动植物残体及粪便等。早期的厌氧处理构筑物有双层沉淀池、普通消化池和高速消化池。近年来又发展了一些新型的工艺,如厌氧接触系统(anaerobic contactor,AC)、厌氧生物滤池(anaerobic filter,AF)、上流式厌氧污泥床(up-flow anaerobic sludge blanket,UASB)等。

厌氧生物处理有两种基本功能:

(1) 通过酸发酵为进一步生物处理提供易生物降解的基质。

(2) 通过甲烷发酵进一步降解有机物和生产气体燃料。

完全的厌氧生物处理工艺因兼有降解有机物和生产气体燃料的双重功能,因而得到了广泛的发展和应用。

9.1 厌氧消化原理

9.1.1 厌氧消化的生化阶段

复杂有机物的厌氧消化过程要经历数个阶段,由不同的微生物种群顺序接替协同完成。根据复杂有机物在此过程中的物态及物性变化,厌氧消化可分三个阶段(表9-1)。

表9-1 有机物厌氧消化过程

生化阶段		Ⅰ	Ⅱ		Ⅲ
物态变化		液化(水解)	酸化(1)	酸化(2)	气 化
生化过程		发酵产酸		产氢产乙酸	产甲烷
菌 群		发酵细菌		产氢产乙酸细菌	甲烷细菌
发酵工艺	甲烷发酵	最终产物为甲烷			
	酸发酵	最终产物为各类有机酸			

在第Ⅰ生化阶段(又称水解阶段),废水及污泥中的不溶性大分子有机物如蛋白质、多糖和脂肪等经发酵细菌水解后,分别转化为氨基酸、葡萄糖和甘油等水溶性的小分子有机物。紧接着是第Ⅱ生化阶段(即酸化阶段),该阶段包括两次酸化过程。在酸化(1)中,发酵细菌将小分子有机物进一步转化为以下两类简单有机物:第1类为能被甲烷细菌直接利用的有机物,如乙酸、甲酸、甲醇和甲胺等;第2类为不能被甲烷细菌直接利用的有机物,如丙酸、丁酸、乳酸、乙醇等。不完全厌氧消化或酸发酵到此结束。在第Ⅱ生化阶段的酸化

(2)中,产氢产乙酸菌将上述第2类有机物进一步转化为氢气和乙酸。在第Ⅲ生化阶段中,甲烷细菌把甲酸、乙酸、甲胺、甲醇和(CO_2+H_2)等基质通过不同的路径转化为甲烷,其中最主要的基质为乙酸和(CO_2+H_2)。

从发酵原料的物性变化来看,水解的结果使悬浮的不溶性固态有机物溶解,称之为"液化"。发酵细菌和产氢产乙酸细菌依次将水解产物转化为有机酸,使溶液显酸性,称之为"酸化"。甲烷细菌将乙酸等转化为甲烷和二氧化碳等气体,称之为"气化"。

从生物反应发生的场所看,水解阶段发生在细胞外,而产酸和产甲烷阶段发生在细胞内。

在水解和酸化阶段,由于产H_2和CO_2,废水中的BOD或COD值减小约20%～30%;在气化阶段,各类有机酸被转化为CO_2和CH_4,以气体的形式从溶液中逸出,废水中的BOD或COD值大幅度降低(约占60%～70%)。因此,从废水处理的角度,厌氧处理应以甲烷发酵为最终的反应目标。

参与厌氧消化的细菌,除以上三个种群外,还有一个同型产乙酸细菌种群。这类细菌可将中间代谢产物的H_2和CO_2(甲烷细菌能直接利用的一组基质)转化为乙酸(甲烷细菌能直接利用的另一种基质)。由于它是中间产物的横向转换,因而没有将它算作独立的有机物纵向降解的阶段。

参与厌氧消化的四个微生物种群和转化有机物的全过程见图9-1。

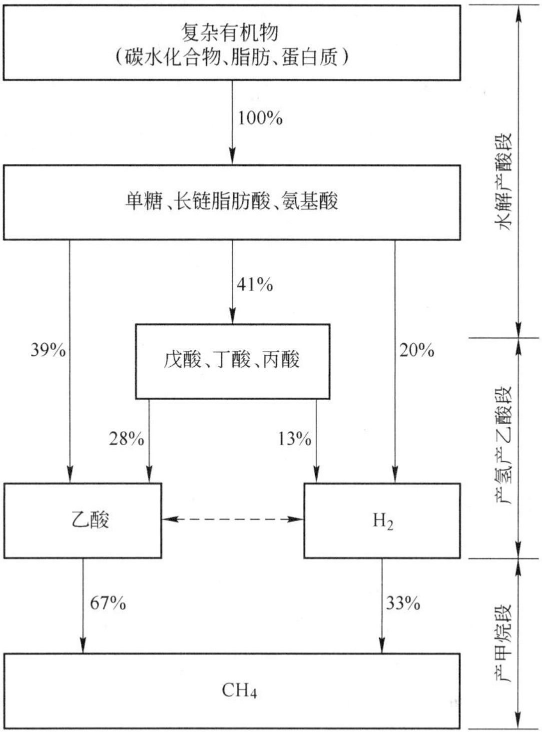

图9-1　厌氧消化图式
(图中数值为以COD计的转化率)

9.1.2　发酵的控制条件

以下重点讨论甲烷发酵的控制条件。酸发酵的控制条件参看9.2.5节两相厌氧消化系统。

9.1.2.1　营养与环境条件

废水、污泥及废料中的有机物种类繁多,只要未达到抑制浓度,都可作为厌氧微生物的基质进行厌氧生物处理。有机物浓度越高,单位废水的产气量和产泥量越高,越有利于厌氧生物处理。由于厌氧微生物的细胞产率较低,为了防止污泥流失,厌氧池内需维持稳定的微生物量,与好氧处理不同,厌氧处理时对废水中的COD要求不得低于某一浓度(最小浓度),以保证系统的稳定运行,一般认为该值为1000 mg/L。

和好氧生物处理一样,厌氧生物处理也要求供给全面的营养。但前者的污泥产率高(约50%～60%的BOD用于微生物增殖),故对氮和磷要求高;而后者的污泥产率低(仅5%～10%的BOD用于微生物增殖),故对氮磷要求低。一般认为厌氧处理合理的营养比为$m(COD):m(N):$

$m(P)=200:5:1$ 或 $m(C):m(N)=12\sim16$。

厌氧生物处理过程对环境条件的要求比较严格，主要的环境条件如下：

（1）氧化还原电位（ORP 或 Eh）。厌氧环境是厌氧消化过程赖以正常进行的最重要的条件。而厌氧环境主要以体系中的氧化还原电位来反映。

一般情况下，分子氧的存在是引起发酵系统的氧化还原电位升高的最主要和最直接的原因。除此之外，各类氧化剂或氧化态物质（如 Fe^{3+}、$Cr_2O_7^{2-}$、NO_3^-、SO_4^{2-} 以及 H^+ 等）均能使体系中的氧化还原电位升高，当其浓度达到一定程度时，同样会危害厌氧消化过程的进行。

不同的厌氧消化系统要求氧化还原电位值不尽相同。而同一系统中，不同细菌群要求的氧化还原电位也不尽相同。研究资料表明，高温厌氧消化系统适宜的氧化还原电位为 -500 ~ -600 mV；中温厌氧消化系统要求的氧化还原电位应低于 -300 ~ -380 mV。产酸细菌对氧化还原电位的要求不甚严格，甚至可在 +100 ~ -100 mV 的兼性条件下生长繁殖；而甲烷细菌最适宜的氧化还原电位为 -350 mV 或更低。

就大多数生活污水的污泥及性质相近的高浓度有机废水而言，只要严密隔断与空气的接触，即可保证必要的 ORP 值。

（2）温度。温度是影响微生物生命活动过程的重要因素之一。温度主要影响微生物的生化反应速度，因而与有机物的分解速率有关。

厌氧消化分为常温消化（psychrophiles）、中温消化（mesophiles）和高温消化（thermophiles），相应的温度范围为 4 ~ 15℃、20 ~ 40℃ 和 45 ~ 70℃，在这一范围内，厌氧微生物（主要是甲烷菌）的比增长速率最大，相应的产气率最高，即 COD 的转化率也较高，偏离这一温度范围，甲烷菌的比增长速率均大幅度降低（图 9-2）。实际上，在温度从常温向高温转化的过程中，厌氧微生物的种群也发生变化，不同的消化温度对应于不同的消化菌种群。

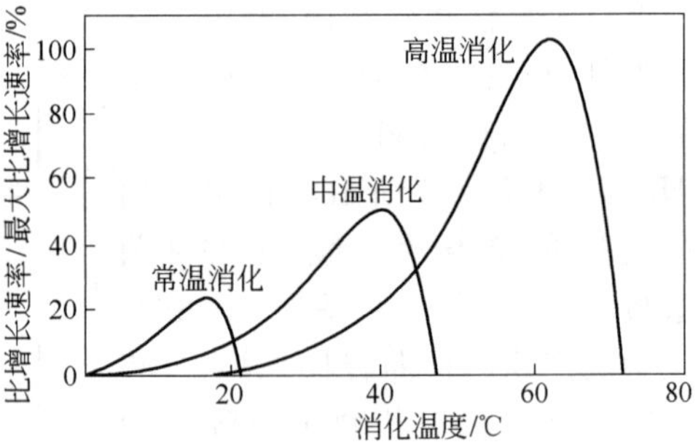

图 9-2 消化温度与甲烷菌的比增长速率关系

中温消化最佳的温度为 35℃，工程上控制的温度范围为 33 ~ 35℃；高温消化最佳的温度为 55℃，工程上控制的温度范围为 50 ~ 55℃。厌氧消化对温度的突变十分敏感，要求日变化小于 ±2℃。温度突变幅度太大，会招致系统的停止产气。

（3）pH 值及酸碱度。由于发酵系统中的 CO_2 分压很高（20.3 ~ 40.5 kPa），发酵液的实际 pH 值比在大气条件下的实测值为低。一般认为，实测值应在 7.2 ~ 7.4 之间为好。低于 7.0 时，pH 值并不稳定，有继续下降的趋势。低于 6.5 时，将使正常的处理系统遭到破坏。pH 值主要取决于三个生化阶段的平衡状态，与原水或污泥的 pH 值也有一定关系。如果有机物负荷太大，水解和产酸的速率超过气化速率，将导致挥发性脂肪酸的积累和 pH 值的下降，抑制甲烷细菌的生理机能。最终使气化速率锐减，甚至停止。如果原废水 pH 值高于 9 或低于 5，会导致处理系统的 pH 值很快偏移。一般希望原废水的 pH 值为 6 ~ 8。系统中挥发性脂肪酸浓度（以乙酸计）以不超过 3000 mg/L 为佳。

重碳酸盐及氨氮等物质是形成厌氧处理系统碱度的主要物质。较高的碱度具有较强的缓冲能力，对保持稳定的 pH 值有重要作用。一般要求消化液的碱度在 2000 mg/L 以上，氨氮浓度以介于 50 ~ 200 mg/L 为佳。

(4) 毒物。凡对厌氧处理过程起抑制或毒害作用的物质，都可称为毒物。一些研究表明，无机酸的浓度不应使消化液的 pH 值降到 6.8 以下；氨氮浓度不宜高于 1500 mg/L。其他化学物质的抑制浓度见表 9-2。一般来说，多数毒物对甲烷细菌的毒性比对其他细菌的毒性要大。

表 9-2 一些化学物质的抑制浓度 (mg/L)

物 质	抑制浓度	物 质	抑制浓度
S^{2-}	100	Al^{3+}	50
Cl^{-}	200	TNT	60
Cr^{6+}	3	$Na_2S_2O_3$	200
Cu^{2+}	100 ~ 250	去垢剂	100(阳离子型)
Cr^{3+}	25	去垢剂	500(阴离子型)
CN^{-}	2 ~ 10	$HCHO^{-}$	< 100

9.1.2.2 工艺操作条件

(1) 生物量。参与厌氧处理的微生物结成絮体存在于反应器内。当反应器内无填料时，生物絮体或聚积于池底或悬浮于消化液中。当有填料时，厌氧微生物将在填料表面形成生物膜；有时还以泥料形式截留于填料间隙。一般而言，消化液中的游离细菌为数较少。

生物量的大小以污泥浓度表示，它对消化装置处理能力的影响很大。一般而言，污泥浓度越高，对应的厌氧生物量越大，消化装置的处理能力也大。图 9-3 所示为酒精蒸馏废液的试验资料。由图可见，不论是高温消化还是中温消化，有机物的最大去除能力，在相当宽的范围内都和污泥浓度(以污泥体积沉降比表示)成正比。如果各种试样污泥沉降层中的含水率保持一定，则单位重量污泥固体能去除的有机物量为一常数。显然，污泥活性和环境条件好的消化装置，这一常数值较大。

图 9-3 中的折线表明，当污泥浓度超过某一限度后，单位重量污泥所能去除的有机物量就不再升高。这表明，消化池中存在着一个最大污泥浓度(该图中约为 20%)。各种反应器要求的污泥浓度不尽相同，一般介于 10 ~ 30 g/g 之间。

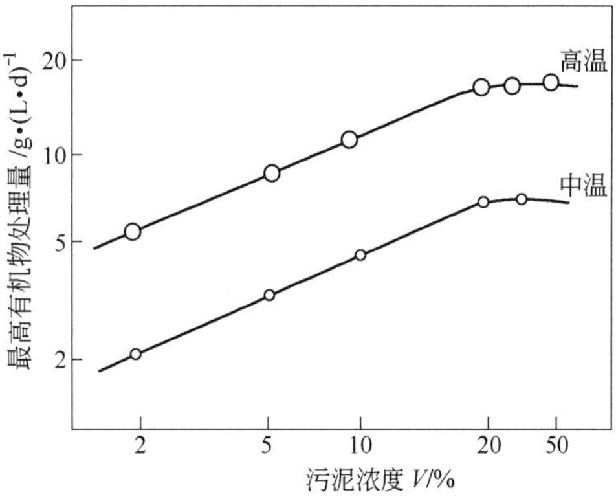

图 9-3 污泥浓度与处理量关系

为了保持反应器生物量不致因流失而减少，可采用多种措施，如安装三相分离器、设置挂膜介质、降低水流速度和回流污泥等。

(2) 负荷率。负荷率是表示消化装置处理能力的重要参数。负荷率有容积负荷率、污泥负荷率和投配率三种表示方法。反应器单位有效容积在单位时间内接纳的有机物量，称为容积负荷率，单位为 $kg/(m^3 \cdot d)$ 或 $g/(L \cdot d)$。有机物量可用 COD 或 BOD 表示。反应器内单位重量的污泥在单位时间内接纳的有机物量，称为污泥负荷率，单位为 $kg/(kg \cdot d)$ 或 $g/(g \cdot d)$。每天向单位有效容积投加的新料的体积，称为投配率，单位为 $m^3/(m^3 \cdot d)$。投配率的倒数为平均停留时间或消化时间，单位为 d。投配率有时也用百分数表示，例如，0.07 $m^3/(m^3 \cdot d)$ 的投配率也可表示为 7%。

负荷率既然反映有机物(基质)与微生物之间的供需平衡关系,因而最能直观和确切地表示这种供需关系的工艺参数当然是污泥负荷率。但是,要确切计量某些反应器内的污泥量(例如生物膜量)却并非易事,因而工程上常用"容积负荷率"这一参数。当进料的有机物浓度比较稳定时,多采用投配率,不但计量准确,而且操作方便。实际上,许多配制的进料都是折算成投配率后进行试验研究和操作的。

厌氧消化装置的负荷率是怎样确定的呢?一个重要的原则是:在两个转化(酸化和气化)速率保持稳定平衡的条件下,求得最大的处理目标(最大处理量或最大产气量)。

一般而言,厌氧消化微生物进行酸化转化的能力强,速率快,对环境条件的适应能力也强;而进行气化转化的能力相对较弱,速率也较慢,对环境的适应能力也较差。这种前强后弱的特征使两个转化速率保持稳定平衡颇为困难,因而形成了三种发酵状态。

当有机物负荷率很高时,由于供给产酸菌的基质相当充分,致使作为其代谢产物的有机物酸产量很大,超过了甲烷细菌的吸收利用能力,导致有机酸在消化液中的积累和pH值(以下均指大气压条件下的实测值)下降,其结果是使消化液显酸性($pH<7$)。这种在酸性条件下进行的厌氧消化过程称为酸性发酵状态,它是一种低效而又不稳定的发酵状态,应尽量避免。

当有机负荷率适中时,产酸细菌代谢产物中的有机酸基本上能被甲烷细菌及时地吸收利用,并转化为沼气,溶液中残存的有机酸量一般为每升数百毫克。此时,消化液中pH值维持在7~7.5之间,溶液呈弱碱性。这种在弱碱性条件下进行的厌氧消化过程称之为弱碱性发酵状态。该状态是厌氧处理的最佳状态,不但稳定,而且高效。

当有机物负荷率偏小时,供给产酸细菌的基质不足,产酸量偏少,不能满足甲烷细菌的需要。此时,消化液中的有机酸残存量很少,pH值偏高,在pH值偏高(大于7.5)的条件下进行的厌氧消化过程,称为碱性发酵状态。在该状态下,消化过程稳定,但效率较低。

(3) 加热。为把废水控制到要求的发酵温度,则必须加热。据估算,去除8000 mg/L的COD所产生的沼气,能使一升水升温10℃。可见进料温度低且浓度小时,需要外加能量,因而难以保证系统的经济运行。所以在废水温度较高以及必须严格消毒的场合,才采用高温消化法。其他情况下,宜用中温消化。以获取廉价能源为目的的农村沼气池,则用常温消化法。

加热的方法有池内蒸气喷射、废水预热、池内热水间接加热等。

(4) pH值控制。如果废水会导致反应器内混合液的pH值低于6.5或高于8.0时,则应对废水预先中和。当有机酸的积累而使混合液的pH值低于6.8~7时,应适当减小有机物负荷或毒物负荷,使pH值恢复到7.0以上(最好为7.2~7.4)。若pH值低于6.5,应停止进水,并及时加碱(如石灰或纯碱等)中和。

9.2 厌氧消化工艺设备

早期用于处理废水的厌氧消化构筑物是化粪池和双层沉淀池。化粪池是一个矩形密闭的水池,用隔墙分为两室或三室,各室之间在水下贯通。废水由一端进入,通过各室后由另一端排出。悬浮物沉于池底后进行缓慢的厌氧发酵。各室的顶盖上设有人孔,可定期(数月)将消化后的污泥挖出,用作农肥。这种构筑物通常用于处理由独立的居住建筑或公共建筑物排出的粪便污水。当污水量较大时,可改用双层沉淀池集中处理。双层沉淀池为矩形或圆形结构,上部设一流槽,槽底呈V形。污水沿流槽缓慢流过时,悬浮物便沉降下来,并从V形槽底缝滑落于池底,在此进行厌氧消化。这两种处理构筑物仅起截留和降解有机悬浮物的功用，产生的沼气难以收集利用。

应用十分悠久的另一种处理构筑物是普通消化池，主要用于处理城市污水处理厂的初沉污泥和剩余污泥。普通消化池多建成加顶盖的筒状。生污泥从池顶进入，通过搅拌与池内污泥混合，进行厌氧消化。分解后的污泥从池底排出。产生的生物气从池顶收集。普通消化池需要加热，以维持较高的消化速率。这种处理构筑物通常是每天加排料各 1 ~ 2 次，与此同时进行数小时的搅拌混合。有关普通消化池的详细介绍，见本书第 22 章。

近二十多年来，发展了多种用于处理有机废水的高效厌氧消化工艺和设备，它们是厌氧接触系统、厌氧生物滤池、厌氧生物转盘、厌氧污泥床反应器、两相厌氧消化系统等。

9.2.1　厌氧接触系统

普通消化池用于处理高浓度有机废水时，为了强化有机物与池内厌氧污泥的充分接触，必须连续搅拌；同时为了提高处理效率和处理能力，必须改进水为连续进水。但这样一来，会造成厌氧污泥的大量流失。为了克服这一缺点，在普通消化池后串联一个沉淀池，将生物反应和泥水分离在两个独立的构筑物中进行，沉淀的污泥重新返回消化池，形成厌氧接触系统（AC），见图 9-4。与普通消化池相比，厌氧接触系统实现了污泥固体停留时间（SRT）和水力停留时间（HRT）的分离，可依据 SRT 控制消化池中的污泥浓度，不仅操作简单，而且处理效率可大幅度提高。污泥回流量约为进水流量的 2 ~ 3 倍。消化池内的 MLVSS 为 6 ~ 10 g/L。

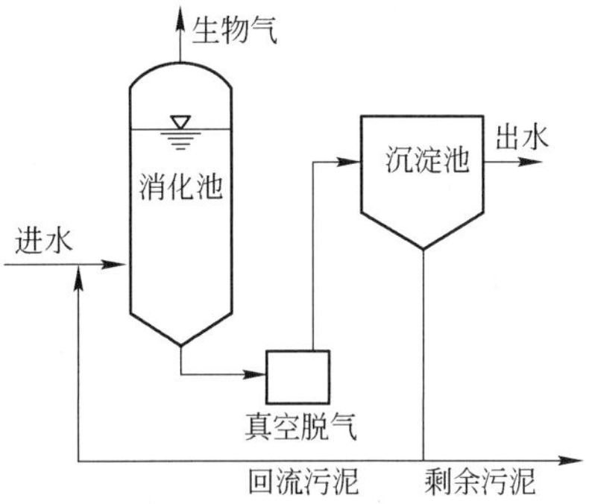

图 9-4　厌氧接触系统

由于消化池出流中的污泥颗粒上附着许多小气泡，影响其在沉淀池内的有效沉淀，因此在沉淀池前要设置脱气器（如真空脱气器）。

有机工业废水的组成和可生化性（BOD_5: COD）相差很大，一般均需通过试验取得可靠的设计参数。如无试验资料，可参考已经运行的同类或类似工程数据进行设计（表 9-3）。

表 9-3　国外部分生产性厌氧接触工艺运行参数

废水类型	运行温度/℃	BOD_5 浓度 /mg · L^{-1}	BOD_5 负荷率 /kg · (m^3 · d)$^{-1}$	水力停留时间 /d	BOD_5 去除率 /%
啤酒厂废水	33	3900	2.0	2.3	96
葡萄酒厂废水	33	9000	5.8	2.0	96
酵母废水	33	3040	2.1	2.0	87
柠檬酸废水	33	4600	3.4	1.3	87
屠宰场废水	33	2100	1.4	1.3	96
肉类加工废水	33	1380	2.5	0.5	91
乳品加工废水	33	2950	1.5	2.0	93

从表 9-3 中的数据可以看出，采用中温发酵，BOD_5 浓度为 1380 ~ 9000 mg/L，其负荷率约为 1.4 ~ 5.8 kg/(m^3 · d)，水力停留时间为 0.5 ~ 2.3 d，BOD_5 去除率为 87% ~ 96%。

9.2.2　厌氧生物滤池和厌氧生物转盘

为了防止消化池的污泥流失，可在池内设置挂膜介质，使厌氧微生物生长在介质上，由此出现了厌氧生物滤池和厌氧生物转盘。

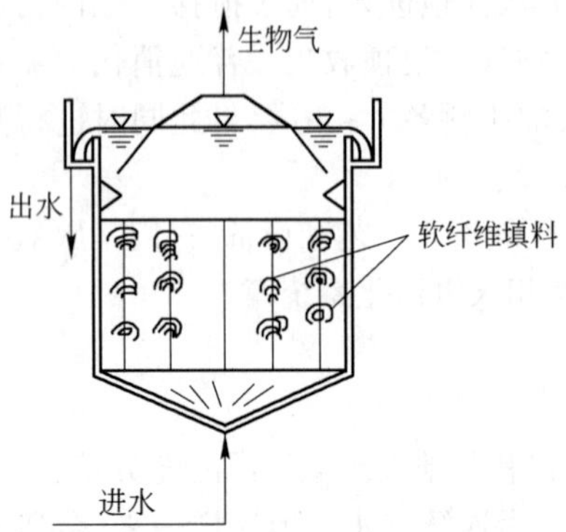

图 9-5　厌氧生物滤池

厌氧生物滤池(AF)内装有粒径为 30 ~ 50 mm 的滤料(碎石、焦炭、塑料球等),或充填软性或半软性填料(图 9-5)。废水从池底进入并从池顶连续排出,在通过填料层时与附着在填料上的微生物接触,使有机物得以降解。

有机物 COD 负荷为 1 ~ 10 kg/(m^3 · d),优质填料及可生化性好的废水的负荷率可取高值。

厌氧生物滤池的最大优点是能保持稳定的污泥量,泥龄很长(可长达 100 d),故处理效果良好。此外,通常无需设置搅拌及脱气等装置,因此,构造相对简单。但其缺点是粒状滤料易堵塞,大型装置的配水难以均匀。

国外部分厌氧生物滤池的运行资料见表 9-4。

表 9-4　国外部分大型厌氧生物滤池运行资料

废水类型	反应器尺寸 直径 × 高度/m × m	运行参数				
		温度 /℃	进水 COD 浓度 /mg · L^{-1}	COD 负荷 /kg · (m^3 · d)$^{-1}$	HRT /h	COD 去除率 /%
淀粉废水	9 × 6(12 ~ 50 mm 岩石)	32	8000 (6500)	4.4	44	75 ~ 80
化工废水	26 × 12.2(90 mm 鲍尔环)	37	12000	8 ~ 12	24 ~ 36	75 ~ 85
发酵废水	14.5 × 12(90 mm 鲍尔环)	35	5600 (3800)	6 ~ 8	20	(70 ~ 75)
酿酒废水	27 × 5(50 × 150 mm 填料)	37	16000 (5000)	4 ~ 6	32 ~ 48	72(80)
生活污水	4.9 × 5.4(90 mm 鲍尔环)	15 ~ 25	(100 ~ 150)	0.1 ~ 1.2	12 ~ 18	50 ~ 71(60 ~ 70)
食品废水	33 × 4(交叉管状填料)	35	4600 (2500)	1.5 ~ 2.5	48 ~ 72	89(97)

注:括号中的数值为 BOD_5。

厌氧生物转盘(anaerobic rotating disc,ARD)与好氧生物转盘大致相同,只是它完全淹没在废水中。厌氧微生物附着在旋转的盘面上,同时在废水中还可保持一定数量的悬浮态厌氧污泥。通过转盘盘片的旋转产生的扰动能促进有机物与微生物充分接触,并可防止堵塞。

9.2.3　上流式厌氧污泥床反应器

上流式厌氧污泥床反应器(UASB)是目前应用最为广泛的一种厌氧生物处理装置。如图 9-6 所示,反应器底部聚集有大量的厌氧污泥,称之为污泥层,废水从反应器底进入,在穿过污泥层时废水中的有机物与污泥中的厌氧微生物充分接触,同时进行厌氧生物反应,将有机物转化为甲烷。产生的生物气附着在污泥颗粒上,使其悬浮于废水中,形成下密上疏的悬浮污泥层。当气泡聚集变大并脱离污泥颗粒而上升时,对污泥层能起一定的搅拌作用。部分污泥颗粒被附着的气泡带到上层,撞在三相分离器上使气泡脱离,污泥固体又沉降到污泥层,部分进入澄清区的微小悬浮固体也由于静沉作用而被截留下来,滑落到反应器内。三相分离器对气、液、固具有较好的分离作用，因此，反应器内可维持较高的污泥浓度（高达 40 ~ 80 g/L），容积负荷大（5 ~ 15 kg/（m^3 · d），甚至更高），水力停留时间短（一般 4 ~ 24 h）。因此，UASB 反应器是目前废水厌氧生物处理运行最为成功的设备之一，在国内外得到了广泛的应用。

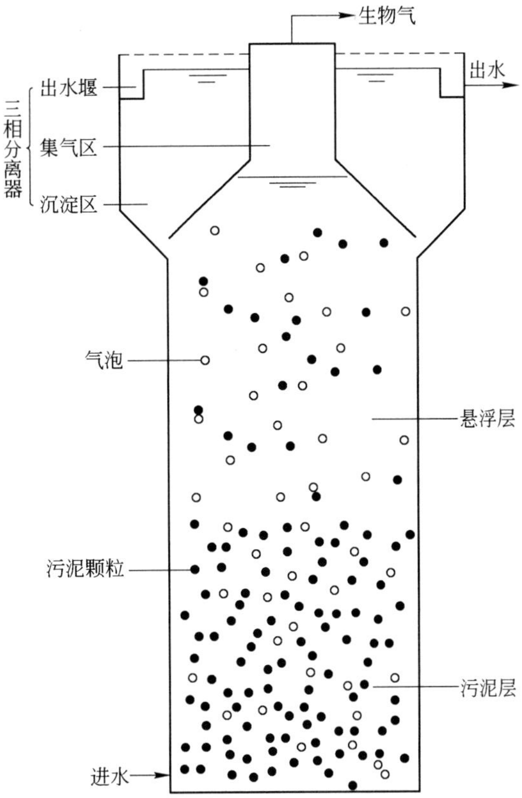

图 9-6　上流式厌氧污泥床反应器

在合理的设计和运行条件下，UASB 反应器内可形成活性高、沉淀性能良好的颗粒污泥（granular sludge）。颗粒污泥的粒径一般在 0.5 ~ 3 mm，沉淀速度为 20 ~ 60 m/h（而普通活性污泥絮体的沉速小于 10 m/h），有机物转化速率可高达 2 kg/（g · d），此时，反应器的容积负荷可达到 30 kg/（m^3 · d）以上，具有强大的处理能力。因此，通常将反应器内形成颗粒污泥作为 UASB 反应器运行的最佳状态和标志，也是工程技术人员追求的目标。但到目前为止，有关颗粒污泥形成的理论和条件尚不完全清楚。高径比（*H/D*）、废水的上升流速、单位反应器面积的产气量（产气强度）、污泥负荷以及进水水质等均是影响颗粒污泥形成的因素。有关内容可参考相关文献。

国外部分 UASB 装置的设计数据见表 9-5。

表 9-5　UASB 装置的设计数据

废水类型	进水 COD 浓度 /mg · L^{-1}	设计流量 /m^3 · d^{-1}	水力停留时间 /h	COD 负荷率 /kg · （m^3 · d）$^{-1}$	COD 去除率 /%
甜菜制糖	7500	2400	15.0	12.0	86
淀粉加工	22000	910	47.0	11.0	85
土豆加工	4300	3000	17.5	6.0	80
啤　酒	2500	23000	4.9	14.1	86
酒　精	5300	2090	8.0	10.0	90

在上流式厌氧污泥床反应器顶部必须设置性能优良的水、气、固三相分离器，以防止污泥固体流失，但由此也造成构造的复杂化，并占去了一定的容积。

为了克服三相分离器的缺陷，可在悬浮泥层上部安装一薄层软性或半软性填料，形成复合式厌氧反应器（hybrid anaerobic digester，HAD），又称混合式厌氧反应器。复合式反应器中的填料层可起到与三相分离器相同的功效，但安装方便，造价相对较低，近年来在工程上得到了较为广泛的应用。

9.2.4 厌氧流化床反应器

厌氧流化床反应器(anaerobic fluidized bed,AFB)的内部充填着粒径很小(d=0.5 mm左右)的挂膜介质,当其表面长满微生物时,称为生物颗粒。在上升水流速度很小时,生物颗粒相互接触,形成固定床。借助循环管增大反应器内的上升流速,可使生物颗粒开始脱离接触,并呈悬浮状态。当继续增大流速至污泥床的膨胀率达10%~20%时,生物颗粒便呈流化态。良好的流化床反应器能提供厌氧微生物附着的比表面积高达3300 m^2/m^3,而厌氧生物滤池和厌氧生物转盘的比表面积远比其小,分别为200 m^2/m^3 和160 m^2/m^3。厌氧流化床反应器的VSS浓度可达60 g/L,对毒物及有机物负荷的变化有较强的适应能力。

表9-6为国外部分小试(1~4)和生产性规模(5~6)的技术资料,可供设计时参考。

表9-6 厌氧流化床技术资料

废水类型	温度/℃	进水COD浓度 /$mg \cdot L^{-1}$	COD去除率 /%	COD容积负荷率 /$kg \cdot (m^3 \cdot d)^{-1}$	床内VSS浓度 /$g \cdot L^{-1}$
城市污水	20	186	81	4	20~30
糖厂废水	35	6556	83	13	10~30
制糖废水	33~35	3000~6000	85	36	37.5
制糖废水	10	295~1650	70	9~15	31~37
酵母废水	37	3200	70	31	20
豆制品废水	35	1200	75	15	12

9.2.5 两相厌氧消化系统

参与厌氧消化的微生物可分为两大菌群,即发酵细菌和甲烷细菌。但两大菌群的生理特性及其对环境条件的要求很不一致;前者生化速率高,繁殖快,适应的pH值及温度范围宽,环境条件突变对其影响较小;后者的生化速率低,繁殖慢,对环境条件要求较苛刻。如果将两大菌群进行的生化过程分别在两个容器中独立完成,并且维持各自的最佳环境条件,将会促进整个厌氧消化过程。此外,酸化器具有较强的抗毒物负荷及环境条件突变的能力,运行起来比较稳定。由此而出现了两相(或分段)厌氧消化系统(two phase anaerobic digestion)。前一容器称为酸发酵池,主要进行废水的酸化,可采用很高的负荷率,如20~50 kg/(m^3·d),维持pH值在5.0~5.5左右,且可采用较低的消化温度,如28~30℃。后一容器称为甲烷发酵池,主要进行气化,负荷率较低,且维持在弱碱性条件(如7.0~7.2),消化温度以33℃左右为佳。由于产氢产乙酸细菌一般与甲烷细菌共生,通常认为主要生活在甲烷发酵池中。

两相厌氧消化系统可根据废水量和水质的不同而采用不同的组合方式。当进水悬浮物含量高时,酸发酵可考虑采用厌氧接触系统,甲烷发酵采用厌氧接触系统(水量大时)或上流式厌氧污泥床反应器(水量小时)。当进水悬浮物含量低且水量不大时,可考虑采用上流式厌氧污泥床反应器两级串联的组合方式,甲烷发酵也可采用厌氧生物滤池。如处理废水中的有机物为溶解态,可采用两个厌氧生物滤池串联的方式,也可采用两个污泥床串联的方式。

9.2.6 几种厌氧生物处理工艺及装置的比较

表9-7对几种厌氧生物处理工艺及装置进行比较,供选用时参考。

表 9-7 几种厌氧生物处理系统的比较

方法名称	工艺特点	优点	缺点
厌氧接触系统	由完全混合式消化池及沉淀池组成,中间设脱气装置	能处理悬浮物含量高的废水,负荷较高,运行稳定,出水悬浮物含量低	系统复杂,消化池要有搅拌装置,管理麻烦
厌氧生物滤池	池内填充粒径为 20 ~ 50 mm 的滤料或装置软性或半软性填料,污泥龄很长	负荷较高,能承受冲击负荷,运行稳定,能耗低,出水悬浮物含量较低	粒状介质滤料层易堵塞,不适于处理 SS 含量高的废水
上流式厌氧污泥床反应器	池内底部为固定的污泥床,中部为一层悬浮污泥层,顶部设三相分离器	负荷高,容积小,抗冲击负荷能力低	负荷高、浓度小及 SS 高时污泥量流失、抗冲击负荷能力低
厌氧流化床	池内充填粒径为0.5 mm 左右的挂膜介质,且悬浮于上升水流中,废水常需回流	负荷率高,容积小,抗冲击负荷能力强	管理较复杂
两段厌氧消化系统	由酸发酵池及甲烷发酵池串联而成,两段可有不同的组合方式	抗冲击负荷及毒物的能力强,运行稳定,酸化池可采用较低温度	两池工作条件不同,运行管理麻烦

习题和思考题

9-1 厌氧生物处理与好氧生物处理有什么不同？试列表比较。

9-2 有机物中的 C、H、O、N、S、P 等元素经厌氧消化后被转化成何种化合物,好氧处理后被转化为何种化合物?

9-3 复杂有机物在酸发酵后的代谢产物是酸化(1)阶段还是酸化(2)阶段的产物,为什么?

9-4 SS 浓度高时,厌氧生物滤池采用何种滤料合适,能否用厌氧流化床反应器处理此种废水?

9-5 某啤酒厂每天产生的废水量为 500 m^3, 废水 COD 平均浓度为 3000 mg/L,采用 UASB 工艺进行处理,反应器的有效容积为 400 m^3,平均污泥浓度(VSS)为 12 g/L,每天排出含水率为 99.8% 的剩余污泥 10 m^3, 产生甲烷含量为 60% 的沼气 600 m^3(标准状态)。计算 UASB 反应器的容积负荷、污泥负荷、投配率、水力停留时间、污泥固体停留时间,并估算反应器的 COD 去除率。

10　自然条件下的生物处理法

自然条件下的生物处理法就是利用生物（主要是微生物，也包括植物和动物）在自然状态下净化废水的处理方法，也称为生态处理法。自然条件下的生物处理法主要有水体净化法和土壤净化法两类。属于前者的有氧化塘（oxidation pond）和养殖塘，统称为生物稳定塘（stablization Pond），其净化机理与活性污泥法相似；属于后者的有土壤渗滤和污水灌溉，统称为废水的土地处理（land treatment），其净化机理与生物膜法相似。

自然条件下的生物处理法建设和处理成本低廉，运行管理简便，有些情况下对废水中的难生化降解有机物、氮磷营养物和细菌的去除率要高于常规二级处理，而建设费用和处理成本只分别为二级处理厂的1/5～1/3和1/20～1/10。此外，在一定条件下，生物稳定塘还能作为养殖塘加以利用；污水灌溉则可将废水和其中的营养物质作为水肥资源利用，获得除害兴利、一举两得的效果。所以，近几十年来，“自然处理技术”日益受到重视，并在国内外得到迅速发展。

10.1　稳　定　塘

10.1.1　稳定塘的种类和功能

稳定塘又称氧化塘，是一种天然的或经过一定人工修整的设有围堤和防渗层的有机废水处理池塘。稳定塘处理主要依靠自然生物净化功能使污水在塘中得到净化，按照塘中占优势的微生物种属和相应的生化反应，可分为好氧塘、兼性塘、曝气塘和厌氧塘四种类型。

10.1.1.1　好氧塘（aerobic pond）

好氧塘是一种主要靠塘内藻类的光合作用供氧的氧化塘。它的水深较浅，一般在0.3～0.5 m，阳光能直接射透到池底，藻类生长旺盛，加上塘面风力搅动进行大气复氧，全部塘水都呈好氧状态，整个塘内溶解氧均在1 mg/L以上。

按照有机负荷的高低，好氧塘可分为高速率好氧塘、低速率好氧塘和深度处理塘。高速率好氧塘适用于气候温暖、光照充足的地区处理可生化性好的工业废水，可取得BOD去除率高、占地面积少的效果，并副产藻类饲料。低速率好氧塘是通过控制塘深来减小负荷，常用于处理溶解性有机废水和城市二级处理厂出水。深度处理塘（精制塘），主要用于接纳已被处理到二级出水标准的废水，因而有机负荷很小。

10.1.1.2　兼性塘（facultative pond）

兼性塘的水深一般在1.5～2 m，塘内好氧和厌氧生化反应兼而有之。在上部水层中，白天藻类光合作用旺盛，塘内水体处于好氧状态，其净化机理和各项运行指标与好氧塘相同；夜晚藻类光合作用停止，大气复氧速率低于塘内耗氧速率，水中溶解氧急剧下降至接近于零。在塘底，由可沉固体和藻、菌类残体形成了污泥层，由于缺氧而进行厌氧发酵，称为厌氧层。在好氧层和厌氧层之间，存在着一个兼性层。

兼性塘是氧化塘中最常见的塘型，常用于处理城市污水处理厂一级处理或二级处理出水。在工业废水处理中，常在曝气塘或厌氧塘之后作为二级处理塘使用，有的也作为难生化降解有机废水的贮存塘和间歇排放塘（污水库）使用。由于它在夏季的有机负荷要比冬季所允许的负荷高得多,因而特别适用于处理在夏季进行生产的季节性食品工业废水。

10.1.1.3 曝气塘(aerated lagoon)

曝气塘的水深一般在2.0 m以上,为了强化塘面大气复氧作用,在氧化塘内设置机械曝气或水力曝气器,使塘水得到不同程度的混合而保持好氧或兼性状态。曝气塘的有机负荷和去除率都比较高,因此,占地面积小,但运行费用高,且出水悬浮物浓度较高,使用时可在后面连接兼性塘来改善最终出水水质。

曝气塘可分为好氧曝气塘和兼性曝气塘两类。当曝气装置的功率较大,全部塘水处于好氧状态时,即为好氧曝气塘;如果曝气装置的功率只能使部分塘水处于好氧状态时,即为兼性曝气塘。曝气塘是介于活性污泥法、延时曝气法和稳定塘之间的处理工艺。由于经过人工强化,曝气塘的净化功能、净化效果均强于一般稳定塘。

10.1.1.4 厌氧塘(anaerobic pond)

厌氧塘的水深一般在2.5 m以上,最深可达4~5 m。当塘中耗氧超过藻类和大气复氧时,就使全塘处于厌氧分解状态。因而,厌氧塘是一类以厌氧分解为主的高有机负荷生物塘。厌氧塘表面积较小而深度较大,水在塘中停留20~50 d。它能以高有机负荷处理高浓度废水,污泥量少,但净化速率慢,停留时间长,出水不能达到排放要求,因而仅能作为好氧塘的预处理使用。需要指出的是,有机物厌氧分解的产物为甲烷和二氧化碳,同时伴随硫化氢等有毒气体。因此,使用厌氧塘时,必须加盖对气体进行收集和处理。

以上四类氧化塘的主要性能分列于表10-1。

表10-1 各类稳定塘的主要性能①

项目 \ 塘型	好氧塘	兼性塘	曝气塘	厌氧塘
典型BOD负荷/$g \cdot (m^2 \cdot d)^{-1}$	8.5~17	2.2~6.7	8~32	16~80
常用停留时间/d	3~5	5~30	3~10	20~50
水深/m	0.3~0.5	1.2~2.5	2~6	2.5~5
BOD_5去除率/%	80~95	50~75	50~80	50~70
出水中藻类浓度/$mg \cdot L^{-1}$	>100	10~50	0	0
主要用途及优缺点	一般用于处理其他生物处理的出水。出水中水溶性BOD_5浓度低,但藻类固体含量高,因而用途受到限制	常用于处理城市原污水及初级处理、生物滤池、曝气塘或厌氧塘出水。运行管理方便,对水量、水质变化的适应能力强,是氧化塘中最常用的池型	常接在兼性塘后,用于工业废水处理。易于操作维护,塘水混合均匀,有机负荷和去除率较高	用于高浓度有机废水的初级处理,后接好氧塘可提高出水水质。污泥量少,有机负荷高。但出水水质差,并产生臭气

① 表中各项性能均受控于阳光辐射值、温度、养料及毒物等多种因素。因此,其具体数值也因纬度高低、气象条件和水质状况的不同而异。

10.1.2 稳定塘的规划与设计

(1) 塘址选择。稳定塘占地较多,应尽可能利用不宜耕种的土地,如废旧河道、塘坝、低洼地、沼泽和贫瘠地等;若有高差,应充分利用。为了防止春、秋季翻塘时臭气的干扰,塘址应远离城区和居民区。

(2) 塘型及其组合。塘型的选择应从处理对象的水质特征出发,结合当地气候、地形条件确定。例如,在光照充足,没有持续冰封期的地区,可选用好氧塘;而在处理高浓度有机废水时,应在系统中设置厌氧塘;在处理城市污水和工业废水时,应根据原水性质及处理水的用途和要求,宜采用多塘组合系统。

(3)设计参数。我国目前采用的设计参数如表10-2所示。

表10-2 我国稳定塘的主要设计参数

参数 \ 塘型	好氧塘	兼性塘	厌氧塘
塘深/m	0.2~0.3① 0.5~1.5②	1~1.5(BOD_5浓度>100 mg/L) 1.5~2.5(BOD_5浓度≤100 mg/L)	3(南方)~5(北方)
停留时间/d	2~6① 3~10②	3(南方)~15(北方)	2~5(空塘) 1~3(填料塘)
BOD_5负荷/kg·$(km^2\cdot d)^{-1}$	100~200① 10~20②	20(北方)~50(南方)	2000~3000(最高) 200~300(最低)
BOD_5去除率/%	80~95① 80~95②	70~90	60(冬季)~90(夏季)
水力负荷/$m^3\cdot(km^2\cdot d)^{-1}$	接纳经过一级处理污水时为200~250 $m^3/(km^2\cdot d)$ 接纳经过二级处理污水时为4000~5000 $m^3/(km^2\cdot d)$		

①为处理原污水和沉淀出水时的数据;②为作为精制塘使用时的数据。

(4)水力条件。水力条件主要指废水在塘内的流动特征,如塘内存在沟流、短流和返混,将使废水在塘内混合传质过程受到影响,导致有机物的去除率下降。我国目前推荐的水力条件是:

1)塘的个数不少于3个,串联运行。

2)塘型如为矩形,长宽比应大于3,每个塘的面积以5000 m^2为宜;

3)进口距塘底0.5 m,以多点进水为佳,出口应尽可能远离进口。

4)尽量设置导流墙,横向导流墙长度为塘宽的0.8倍,纵向导流墙长度为塘长的0.7倍。

5)沿塘长每隔一定距离设置一条横向污泥沟,沟上方设障板,障板伸入水中约0.9 m,水面以上部分不大于0.15 m。

6)塘堤的最大和最小坡度分别为3:1和6:1。

10.2 生态系统塘

生物稳定塘中,除了上述四种主要靠微生物起净化作用的塘型外,还有以放养高等大型水生植物作为强化净化手段的水生植物塘和利用污水养鱼、蚌、螺、鸭、鹅的养殖塘。二者可统称为生态系统塘(ecological pond)。

10.2.1 水生植物塘

水生植物塘是以水生大型植物为基础的稳定塘处理系统。水生植物可分为挺水植物、漂浮植物、浮叶植物和沉水植物四类。放养品种的选择取决于它们的适应和净化能力、是否易于收获处置及利用价值等。一般认为,凤眼莲(即水葫芦)、绿萍等漂浮植物和水浮莲等浮叶植物有很强的耐污能力,适合于前级污染物浓度较高的稳定塘放养;芦苇、水葱、菖蒲等挺水植物具有中等耐污能力,适于在水浅的前级氧化塘栽植;而茨藻、金鱼藻等沉水植物则适于在污染物浓度较低的后级氧化塘和接纳二级处理水的塘中放养。

放养植物对污染物的净化,主要是通过两种途径完成的:一是吸收—贮存—富集和捕集—积累—沉淀;二是它们发达的根系上形成了大量的生物膜。植株通过根端向生物膜输氧,使微生物参与对污染物的净化。水生植物通过叶、茎、根传递氧,传递的氧如果不被根部呼吸作用彻底消耗,剩余部分则能进入水体,并被好氧细菌用于氧化有机物。上述处理机理在水葫芦塘中表现最为典型,显示出很强的净化能力。

水葫芦塘的主要设计参数如下:

(1) BOD_5 负荷。处理生活污水时不大于 30 kg/(km^2 · d);处理二级处理或塘系统出水时取 31 ~ 140 kg/(km^2 · d)。

(2) 停留时间。停留时间为 5 ~ 7 d,最长至 20 ~ 60 d。

(3) 水深。水深为 0.4 ~ 0.8 m,保证其根须贯穿大部分水流区。

(4) 塘型组合。以养殖水葫芦为主要目的时采用单塘;以控制污染物浓度为主要目的时宜采用三塘串联。

为便于清塘和收获,每塘面积不大于 2000 m^2,但长的矩形塘面积可大至 5000 m^2。

挺水植物塘通常由一种或几种植物种植于浅塘、人造湿地或人工滤床中而成。当种植芦苇时,床层深度一般在 0.6 m 以下,床面积 A_b(m^2)则按下式计算:

$$A_b = 5.2Q(\ln C_0 - \ln C) \tag{10-1}$$

式中　Q——废水平均流量,m^3/d;

C_0,C——分别为进、出水平均 BOD_5 浓度,mg/L。

此外,在接纳二级处理出水的稳定塘中,还可种植茭白、藕、慈姑等水生蔬菜或青绿饲料,作为水生种植塘予以利用。其水深按植物品种的需要确定,一般在 0.2 ~ 1.0 m 之间,停留时间 1 ~ 3d,BOD_5 负荷与好氧塘相同。

可采用一些强化技术来提高水生大型植物稳定塘系统的污染物去除能力,例如:

(1) 在塘中投放人工载体。人工载体是具有大比表面积的微生物附着介质,其作用类似于生物滤池的填料,可以提高塘内生物量和生物活性,延长微生物与有机物的接触时间,提高处理效率,减少用地面积。

(2) 人工增氧。在大型水生植物稳定塘系统的兼性塘和好氧塘的底部铺设曝气管、进行曝气。一方面使塘内保持较高的溶解氧浓度,另一方面还可起到搅拌作用,加快污水混合或使其在塘内循环流动,增加与水生植物及载体的接触机会,也有助于载体上老化生物膜的脱落,使载体上微生物保持较高的活性。

(3) 定期收获水生大型植物。定期收获可以保持植物群处于年轻而有活力的状态,加强对营养盐和污染物的吸收并腾出植物繁殖所需要的生长空间。在漂浮性水生植物中,营养盐的储存是短期的,周转较快,如果不及时收获,死亡的组织则快速分解,将营养盐又释放到水中,经常收获可以防止营养盐的损失。由于收获会去掉吸附在植物根系上的生物膜,因此过于频繁的收获会损害系统的效率。

10.2.2　养殖塘

好氧塘和兼性塘中有水生动物所必需的溶解氧和由多条食物链提供的多种饵料,具备养殖鱼类、螺、蚌和鸭、鹅等家禽的良好条件。这种养殖塘以阳光为能源,对污染物进行同化、降解,并在食物链中迁移转化,最终转化为动物蛋白。国内若干大、中型养殖塘的运行结果表明,它比普通藻类共生塘有更高的净化效果,BOD_5 的去除率在 90% 以上,SS 和 N、P 的去除率一般在 80% ~ 90%,细菌去除率大于 98%。而鱼产量比清水养鱼增产 0.3 ~ 0.45 kg/m^2。

养鱼塘的水深宜采用 2 ~ 2.5 m。虽然水深增加不利于光合作用,但由于鱼群活动形成自然搅拌混合，藻类能轮流接受光照，从而能保证塘水中3～5 mg/L的溶解氧浓度。

养殖塘的塘型设置，最好采用多塘串联，前一、二级使废水BOD大幅度降低并培养藻类，水深应浅一些；第三、四级主要培养浮游动物，它们以前面好氧塘的藻类为食料，又作为后面养鱼塘鱼类的饵料；最后一级作养鱼塘，水深应大一些。

养殖塘必须防止含重金属和累积性毒物的废水进入，否则会通过食物链危及人体。如果难以杜绝，应在塘前设置厌氧塘或水生植物塘将大部分毒物除去。养鱼塘附近应有净水水源，或设机械曝气装置，以便在进水BOD浓度过高或出现塘水缺氧时用清水稀释或强化曝气予以调节。鱼种应选取以浮游生物为食料的鲢、鲤、鲫等为主，并合理搭配。放养密度以每666 m^2 水面保持同种异龄和异种同龄的鱼600～1500尾为宜，轮放轮捕，每年放养3～4次，捕收4～5次。

10.3 土地处理法

10.3.1 废水的土地处理概念及分类

废水的土地处理是将一、二级处理出水用于农田、牧场或林木灌溉，或将原废水经土壤渗滤后回注于地下水等处理技术的总称。

废水中通常含有农作物需要的各种营养成分。我国一些城市污水的测定结果表明，污水中含TN约为30～90 mg/L，NH_3-N约为20～50 mg/L，P约为3～4 mg/L，K约为5～40 mg/L。上述养分经一级或传统二级处理后只有少量被除去，而大部分随出水排出。利用废水灌溉，不仅解决了农牧林业对水、肥两大要素的需求，并通过其中的腐殖质提高土壤肥力和地温，获得十分显著的增产效果，而且能除去人工生化处理难以去除的N、P营养物和难生化降解有机物，进一步降解BOD_5、COD、SS和病原菌，使废水资源得到再生。

废水土地处理可分为以净化回收水资源为主要目的的土地渗滤和以利用水、肥资源为主要目的污水灌溉。土地渗滤的处理机理与生物滤池类似，此法可分为地表漫流，快速渗滤和慢速渗滤三种不同方式；污水灌溉可分为旱田灌溉和水田灌溉，前者的机理与生物滤池类似，而后者则与氧化塘相近。

10.3.2 土地处理机理

土壤对废水的净化是一个受多种复杂因素作用的综合过程。其机理可归结为以下几个方面：

（1）物理过滤。废水流经土壤时，悬浮物被表层土壤团粒间的孔隙过滤截留。

（2）物理和化学吸附。土壤中的黏土矿物颗粒能吸附水中的中性分子，废水中的各种离子则因离子交换作用被置换吸附并固定在矿物晶格中。

（3）络合反应和化学沉淀。废水中的金属离子能作为中心离子与土壤中的某些组分生成络合物和螯合物，或生成硫化物、氢氧化物以及磷酸盐、碳酸盐等而被沉积于土壤中。

（4）微生物的氧化分解。土壤中种类繁多的大量微生物能与被截留、吸附的污染物一起形成生物膜，对有机物有较强的降解转化能力。在土壤表层，通风条件好，有机物浓度高，生物氧化作用尤为强烈，属于好氧生物处理带，其深度大体在0.2～0.3 m；好氧带以下，依次分布着兼性和厌氧生物处理带。在用废水进行水田灌溉时，废水中的可沉悬浮物沉于水底，靠兼性和厌氧土壤微生物进行分解。胶体和溶解性有机物分散于水中，靠主要由藻类供氧的好氧微生物转化为无机物，然后被农作物吸收。此外，在接近出水的农田中，浮游生物得到繁殖，参与了对废水的净化,使出水进一步澄清。

10.3.3　污水灌溉的水质要求

污水灌溉意义重大,但必须谨慎从事。其关键在于正确地控制污水水质,使之符合作物正常生长、保护农田土壤和地下水源的要求。污水的水质必须满足农田灌溉水质标准(附录二)。

10.3.4　污水灌溉的规划与设计

10.3.4.1　灌溉方法分类

污水灌溉的方法有喷灌、垄沟灌和淹灌三种基本方法。喷灌是以类似人工降雨的方式喷洒在田地上。这种灌溉方式对地形和作物的适应性广,操作机动灵活,特别适用于密生大田作物和速生蔬菜。但基建运行费用和对水质的要求都比较高。

垄沟灌是使废水靠重力在垄沟中流动,并通过沟底和沟壁渗入土壤。这种灌溉方式要求地面比较平坦,并要整治为交错排列的垄和沟。它适用于宽行距旱地作物(如棉花、玉米等)和疏植蔬菜。垄沟灌的优点是蒸发量小、卫生条件好、不易形成板结层。

淹灌是在田间积蓄一定深度的水层,让其逐渐渗透。它要求地面平整,以保证水层深浅均匀。这种灌溉方式适用于水稻及水生蔬菜,也可用于密生大田作物的不定期灌溉。

10.3.4.2　灌区位置的选择

通常把灌区位置选择在废水处理厂附近,并把灌溉干渠与处理厂出水渠连接起来,使排灌两便,又节省投资。如果处理厂附近有丰富的地下和地面水源,灌区位置应选在其他缺水地区,以防污染水源并使供需平衡。选择灌区还必须制定废水终年利用规划,其主要途径是合理安排农作物种植计划,通过轮灌使用水前后衔接,长年不断;也可以将养殖塘与污灌结合起来,以调节污灌负荷的余缺,并使一水多用。还可以通过修建较长的渠道系统来扩大污灌控制面积,使废水得到充分利用。为此,可将灌区划分为若干片,按图表定时定量进行灌溉。

10.3.4.3　灌区面积的确定

灌区面积的大小主要取决于灌溉制度,即在整个农作物生长期内单位面积农田所需要的灌溉量。灌溉定额的大小,取决于自然条件和农业条件。自然条件主要是指土壤性质和气象条件。渗透性好,保水能力差的土壤和降雨量少而蒸发量大的地区,灌溉定额要高。农业条件中,最重要的是农作物对水、肥的需求量和利用率。水、肥需求量小而利用率较高时,灌溉定额可低些。由于生长期灌溉是灌溉的重点,因此灌溉面积应按生长期平均灌溉定额确定。非生长期灌溉面积与生长期灌溉面积之差为备用灌溉面积,一般用于非生长期灌溉时扩大灌溉面积。

10.3.4.4　灌溉渠系设计

污水灌溉渠系一般分五级设置,即干渠、支渠、斗渠、农渠和毛渠,其布置方式如图10-1所示。如果灌溉以满足肥源为主而水量过多时,则还应设置相应的排水渠。

干渠应尽可能布置于高处,位置尽量居中,以便使整个灌区都能采用自流灌溉,并缩短渠系长度。渠系应尽量少占耕地,尽量避免横穿公路和江河。落差较大处应设跌水井或陡槽。为减少流失和保护水源,应对渠底和坡边采取防渗漏措施。在干渠的适当位置和支渠分流处,均应设置调节闸。

渠道断面面积为设计流量通过所需面积加上保护高度。渠中流速应保证不淤、不冲。各级渠系的设计流量 Q(m^3/s)可按下式计算:

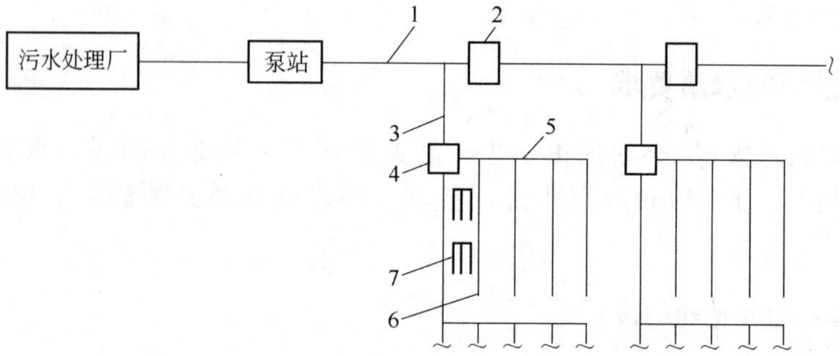

图 10-1　灌溉渠系布置示意图

1—干渠；2—调节闸；3—支渠；4—分水闸；5—斗渠；6—农渠；7—毛渠

$$Q = \frac{F\sum_{i=1}^{n} a_i q_i}{k} \tag{10-2}$$

式中　F——渠道所控制的灌溉面积，m^2；

a_i——灌溉面积内某种作物的种植面积占所控制面积的分率；

q_i——该种作物所需灌水量，$m^3/(s \cdot m^2)$；

k——考虑到渠道沿途渗漏及蒸发损失而设的系数，其值主要与渠道防渗性能、长度和蒸发量有关。大田作物的干渠，k 值可取 0.5～0.6，支渠为 0.6～0.7。水稻区干渠，k 值可取 0.6～0.7，支渠取 0.8，斗渠取 0.8～0.9。

作物灌水量 q_i（$m^3/(m^2 \cdot s)$）可由下式确定：

$$q_i = \frac{m_i}{3600 t_i t'_i} \tag{10-3}$$

式中　m_i——某种作物的灌水定额，$m^3/(m^2 \cdot 次)$；

t_i——该种作物一次灌水的持续天数，d；

t'_i——该种作物每天灌水时数，h。

10.3.5　土地渗滤系统

土地渗滤系统（soil infiltration system）是在人工调控下将废水投配于土地上，通过土壤－植物系统的天然净化能力使废水得到净化和再生的土地处理法。现将其四种基本方法简介如下。

10.3.5.1　地表漫流（overland flow system, OFS）

地表漫流是以喷洒方式将废水投配在有植被的倾斜土地上，使其呈薄层沿地表流动，径流水由汇流槽收集。其过程如图 10-2 所示。

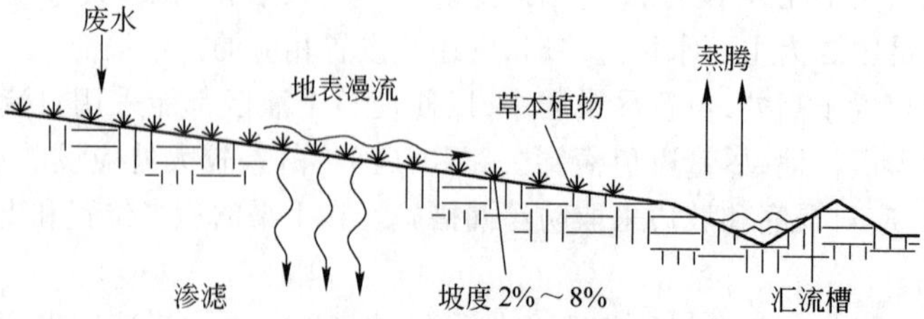

图 10-2　地表漫流系统

适宜于地表漫流的土壤是透水性差的黏土和亚黏土，处理场的土地应是2% ~6% 的中等坡度、地面无明显凹凸。通常应在地面上种草本植物，以便为生物群落提供栖息场所和防止水土流失。在废水顺坡流动的过程中，一部分渗入土壤，并有少量蒸发，水中悬浮物被过滤截留，有机物则被生存于草根和表土中的微生物氧化分解。在不允许地表排放时，径流水可用于农田灌溉，或再经快速渗滤回注于地下水中。

废水在投配前需经必要的预处理，设施有格栅、初次沉淀池或停留时间为 1 d 的曝气塘等。其次，地表漫流系统只能在植被生长期正常运行，这就需要筛选那些净化和抗污能力强、生长期长的植被草种，同时设有供停运期使用的废水贮存塘。地表漫流的水力负荷率依前处理程度的不同而异，一般在 2 ~ 10 cm/d，流距在 30 m 以上。

10. 3. 5. 2　快速渗滤(rapid infiltration system, RIS)

快速渗滤是为了适应城市污水的处理出水回注地下水的需要而发展起来的。处理场土壤应为渗透性强的粗粒结构的砂壤或砂土。废水以间歇方式投配于地面，在沿坡面流动的过程中，大部分通过土壤渗入地下，并在渗滤过程中得到净化，其过程如图 10–3 所示。

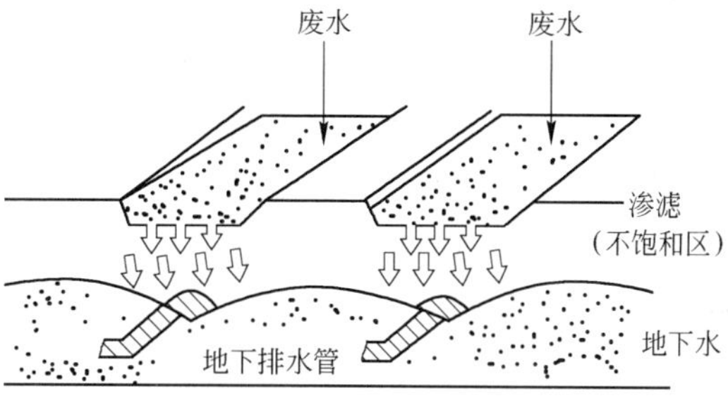

图 10–3　快速渗滤系统

在地下水位较低或是由于咸水入侵而使地下水质变坏的地方采用快速渗滤，能使水位提高或使水力梯度逆向，从而使地下水免受咸水入侵的危害。在需要利用或现有地下水质与回收水质不相容时，则可采用埋设地下集水管或用竖井将净化水提升回地面。

快速渗滤的水力负荷率可达 30 m/d 以上，加之大多数快速渗滤系统并不回收处理水，因而其占地面积和处理费用要比地表漫流和慢速渗滤小。快速渗滤一般需经前处理来减少废水中的 SS 浓度，以防止过滤土壤被堵塞。操作方式为灌水和休灌反复循环，以保持较高的渗滤速率，并防止污染物厌氧分解产生臭味。

10. 3. 5. 3　慢速渗滤(spray irrigation system, SIS)

在慢速渗滤中，处理场上通常种植作物。废水经布水后缓慢向下渗滤，借土壤微生物分解和作物吸收进行净化，其过程如图 10–4 所示。

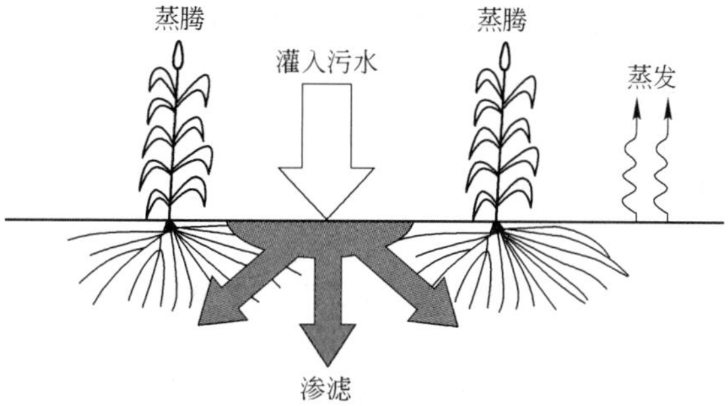

图 10–4　慢速渗滤系统

慢速渗滤适用于渗水性较好的砂质土和蒸发量小、气候湿润的地区。由于水力负荷率比快速渗滤小得多，废水中的水和养料可被作物充分吸收利用，污染地下水的可能性也很小，因而被认为是土地处理中最适宜的方法。

10.3.5.4 地下渗流(subsurface infiltration system)

地下渗流系统是将经预处理的污水通入设置于地下的具有一定构造、距地面约50~1000m深并有良好渗透性的土壤中,利用毛细浸润和土壤渗滤作用,使投入污水向四周扩散,通过过滤、沉淀、吸附、生物降解等过程,使污水得到净化。

地下渗滤土地类型有:地下渗滤沟、地下毛管浸润沟、地下过滤池等。此外,还有浸润式生物滤池——毛管浸润的复合工艺。其中地下渗滤沟与地下毛管浸润沟是近年来开发并较常用的。

上述四种土地渗滤系统的选择应因地制宜,主要依据是土壤性质、地形、作物种类、气候条件以及对废水的处理要求和处理水的出路等。有时,需要建立由几个系统组成的复合系统,以提高处理水水质,使之符合回用或排放要求。

10.3.6 人工湿地处理系统

人工湿地(constructed wetland, CW)是20世纪70~80年代发展起来的新型废水处理技术。是由人工建造的具有自然湿地系统综合降解和净化功能且可人为控制的集物理、化学、生化反应于一体的废水处理系统。人工湿地由人工介质和生长在其上的植物和微生物组成,是一个独特的综合生态系统。水生植物和人工介质为氧化和去除有机物、N、P的微生物提供栖息场所,并改善氧化还原条件。附着在介质(填料)上和植物根际的大量微生物担负主要的降解作用。人工湿地具有缓冲能力大、处理效果好、工艺简单、投资省、耗电低、运行费用低等特点,适合于水量较小、水质变化不大、管理水平不高的小城镇污水处理。另外,人工湿地具有类似自然生态景观,有着很好的环境、生态和美学效果。

10.3.6.1 人工湿地的种类

人工湿地可以按湿地中主要植物的种类、废水在湿地中的流经方式进行分类。

(1) 根据湿地中主要植物种类分类。根据湿地中主要植物种类,人工湿地可分为浮水植物系统、挺水植物系统和沉水植物系统三种。浮水植物主要用于N、P去除和提高传统稳定塘效率。沉水植物主要用于对传统城市污水二级处理出水的深度处理。目前常用的人工湿地系统大多是挺水植物系统。

(2) 根据废水在湿地中的流经方式分类。根据废水在湿地中的流经方式,人工湿地可分为自由表面人工湿地(surface flow wetland)、水平潜流人工湿地(subsurface flow wetland)、垂直(立式)流人工湿地(vertical flow wetland)三种,具体构造如图10-5所示。

不同类型人工湿地对污染物的去除效果不同。表面流湿地与自然湿地最为接近,废水在填料表面漫流,绝大部分污染物的降解由位于植物水下茎秆上的生物膜来完成。这种类型的人工湿地投资少、操作简单、运行费用低,但水力负荷率较小,占地面积较大,去除污染物能力有限,夏季滋生蚊蝇,卫生条件差。

水平潜流湿地的污水在填料层表面下潜流,它由一个或多个填料床组成,床体填充人工介质,床底设有防渗层,防止污染地下水。与表面自由流人工湿地相比,水平潜流人工湿地能充分利用整个系统的协同作用,水力负荷大,占地小,对BOD、COD、SS、重金属等污染指标的去除效果好,卫生条件也较好。但水平人工潜流湿地控制相对复杂,脱N除P效果不如垂直流人工湿地。

垂直流人工湿地的污水从湿地表面纵向穿过填料床,床体处于不饱和状态,氧可通过大气扩散和植物传输进入人工湿地系统。垂直流人工湿地的硝化能力高于水平潜流湿地,可用于处理氨氮含量较高的污水。其缺点是对有机物的去除能力不如水平潜流人工湿地系统,落干、淹水时

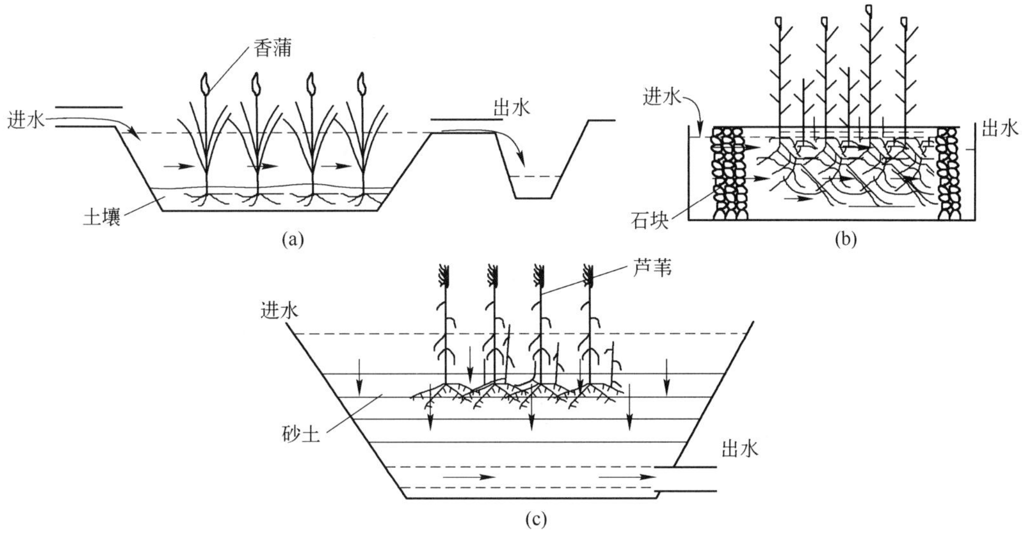

图 10-5 三种不同类型人工湿地
(a) 自由表面流人工湿地;(b) 水平潜流人工湿地;(c) 垂直流(立式)人工湿地

间较长,控制相对复杂,夏季有滋生蚊蝇的现象。

10.3.6.2 人工湿地的构成

人工湿地由人工介质以及生长在人工介质上的水生植物、微生物和微型动物组成。

人工湿地中的介质又称填料或滤料,一般由土壤、细沙、粗砂、砾石、碎瓦片或灰渣等构成,其作用是为挺水植物或潜水植物的根提供物理固定和支持、同时也为各种复杂离子、化合物提供反应界面、为微生物提供附着载体。对填料的要求为具有良好的透气和透水性。

水生植物在人工湿地系统中起固定床体表面、提供良好过滤条件、防止湿地被淤泥淤塞、为微生物提供良好根区环境以及冬季运行支持冰面的作用。另外,水生植物还具有显著增加微生物的附着(植物的根茎)、将大气氧传输至底部、增加或稳定土壤的透水性等作用,植物种类主要有芦苇、灯心草、香蒲等。

微生物是人工湿地中净化废水的"主角"。微生物以有机污染物质作为营养物质,将其转化为细胞质或分解获得能量。

10.3.6.3 人工湿地的净化作用

(1) 人工湿地中氧的变化。人工湿地中的氧来源于植物根毛的释氧及大气溶氧,通过光合作用产生的氧由植物组织输送到根部,再通过根毛释放到外部环境中。

(2) 人工湿地中氮、磷的去除。人工湿地处理系统对氮的去除作用包括介质的吸附、过滤、沉淀、挥发、植物的吸收和微生物硝化、反硝化等(图 10-6)。

氮是植物生长的必需元素,废水中的有机氮、NH_3-N 和 NO_3-N,均可被人工湿地中的植物吸收,合成植物蛋白质,最后通过植物的收割加以去除。另外一部分 NH_3-N 还可以挥发到大气中去(该部分应尽量减小)。微生物的硝化和反硝化作用对氮的去除具有重要作用。硝化所需要的氧,或直接从大气扩散至水中,或由植物根释放。另外,人工湿地对重金属、氰化物及有机物等对硝化反应有抑制作用的物质也有一定的去除作用。

人工湿地处理系统对磷的去除作用包括介质的吸收、过滤、植物吸收、微生物去除及物理化学作用。介质的吸收和过滤对无机磷的去除作用因填料的不同而存在差异。

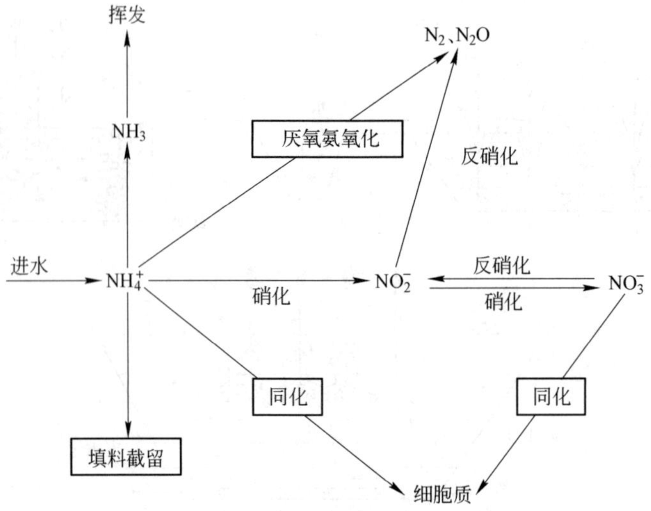

图10-6 人工湿地处理系统内氮的转化

(3) 人工湿地中有机物的去除。人工湿地对有机物有较强的降解能力。污水中不溶性有机物首先通过湿地的沉淀、过滤作用被截留,然后被微生物利用;污水中溶解性有机物则通过植物根系生物膜的吸附、吸收及生物代谢去除。国内外有关城市污水的研究表明,在进水浓度较低的条件下,人工湿地对 BOD_5 的去除率可达85% ~95%,对COD的去除率可达80%以上,出水中 BOD_5 的浓度小于10 mg/L。

(4) 人工湿地中金属离子的去除。人工湿地中金属离子主要通过植物的吸收和生物富集作用、土壤颗粒的吸附(如离子交换)、硫化物沉淀等途径去除。植物的吸收和土壤颗粒的吸附类似于磷的去除。硫化物沉淀中的硫来源于蛋白质等厌氧分解和硫酸盐还原。

10.3.6.4 影响人工湿地处理效率的主要因素

影响人工湿地净化效果的因素主要有水流特性、供氧能力、植物种类和数量、土壤性质和水温等。

(1) 水流特性。湿地系统中的水流可分为地上和地下两部分。地上植物和腐殖层的水力传导能力和地下土壤的水力传导能力相差很大,水流的基本规律也各异。空隙率越小,水流阻力越大,水流速度越慢,相应的水力停留时间越长。

湿地表面积很大,蒸散作用也是影响处理效果的重要因素。蒸散作用包括水和土壤的蒸发作用与植物的蒸腾作用两部分,蒸散量是蒸发水量与蒸腾水量的总和。经植物传输的水大部分由植物体表面蒸腾到大气中,而自身新陈代谢仅消耗约1%的水。蒸发由太阳辐射、气温、相对湿度和风速等决定。当蒸发量大于降水量时,出水量减少,出水浓度也相对增大。

(2) 供氧能力。湿地中有机物好氧分解需要消耗氧。氧主要来自大气复氧和湿地植物供氧。大气复氧的动力来自氧分压差,由于湿地中茂密的绿色植物在光合作用过程中向周围大气放出氧气,会增加湿地水面的氧分压,从而增加大气复氧量。植物在水中和地下的根茎和根毛可以向周围释放多余的氧气,其释放量因植物种类的不同而异。但由于植物根毛数量很多,故释放氧的总量很大。

(3) 植物种类和数量。湿地处理系统以生长水生植物为主要特征,水生植物对污水净化作用主要是为微生物生长提供了界面。植物根毛可向周围放氧,并吸收污水中氮、磷成分。湿地水生植物还可均匀水流，衰减风速，抑制底泥卷动，遮挡光照，防止藻类生长。不同的植物和数量，产生的效果也不同。

（4）土壤性质。土壤的特性直接影响水流的流动特性，从而影响污染物的迁移和输运，继而影响其转化，最终影响污染物的去除效果，而地下流湿地能否保持潜流主要取决于土壤的透水性能。

土壤的透水性以渗透率表示。对于黏土，透水性中等，渗透率为0.025～0.035 cm/h。

（5）微生物。湿地系统的介质和植物根际生长着大量的微生物，如细菌、真菌、原生动物以及较高等的动物，这些微生物是人工湿地降解和去除污染物的主要贡献者。研究表明，附着在根茎部分的微生物对污水净化起主导作用，其次为介质上的微生物。因此，湿地中植物根际密度越大，附着的微生物种类和数量越丰富，湿地的净化效果越好。

（6）水温。人工湿地处理系统对有机物的去除主要依靠湿地中的微生物来完成。而微生物的活性与温度密切相关，水温越高，微生物的活性越强，生化反应速率越快，相应的降解效率越高。在冬季，由于水温下降，处理效率将大大降低，这是人工湿地应用中需要特别关注的问题。

10.3.6.5　人工湿地系统的优缺点

与传统污水处理工艺相比，人工湿地污水处理技术有着其自身独特的优势，但同时也存在一定的不足。

人工湿地系统的优点：

（1）基建投资低、运行费用省　由于人工湿地构造简单而且运行中基本不需耗能，因而建设和运行费用远低于传统的二级生物处理系统。

（2）独特的生态环境效应　将人工湿地系统与当地的地形、地貌、生态环境和人文景观相结合进行设计，可实现废水净化与环境美化的双重效果。

（3）良好的处理效能　当设计和管理得当时，人工湿地对生活污水、城市污水以及与此类似的工业废水均具有良好的处理效果。

人工湿地系统的不足：

（1）受气候条件的限制较大。同一地区的人工湿地系统，成熟后具有良好的运行稳定性，但在不同季节有所波动，尤其在冬季，因植物的枯败、休眠和低温等，处理效果将大幅下降，因此，工程应用受地域限制。

（2）占地面积大。人工湿地对污染物的去除为自然过程，单位面积的处理能力较低，因此，占地面积大。

（3）易产生淤积堵塞和饱和现象。人工湿地系统能有效地去除污水中的有机物、N、P、SS、金属离子和病原体等污染物质，但是随着时间的推移，部分污染物质会在系统中逐渐积累，尤其是不溶性物质的长期截留容易产生淤积和填料层堵塞现象，影响其水力传导性，降低处理效果，并缩短运行寿命。此外，随着时间的推移，填料的吸附能力将在一定时期内趋于饱和，从而影响处理效果。

习题和思考题

10-1　自然条件下生物处理法的机理和条件与人工条件下生物处理法有何异同？

10-2　稳定塘有哪些类型，它们的处理机理和运行条件有何区别？

10-3　为什么说污水灌溉必须积极而又慎重地进行？

10-4　今有30万人口的城市污水，拟用自然条件下的生物处理法进行处理。在该城市地处华北京津唐地区和华南沿海的两种情况下，试分别拟定一个处理、利用方案，并对相应构筑物进行简要的设计计算。

第4篇　污染物的化学转化技术

11　中　和　法

11.1　概　　述

中和法(neutralization)是利用碱性药剂或酸性药剂将废水从酸性或碱性调整到中性附近的一类处理方法。在工业废水处理中,中和处理既可以作为主要的处理单元,也可以作为其他单元操作的预处理措施。

酸性废水中常见的酸性物质有硫酸、硝酸、盐酸、氢氟酸、磷酸等无机酸及醋酸、甲酸、柠檬酸等有机酸,并常溶解有金属盐。碱性废水中常见的碱性物质有苛性钠、碳酸钠、硫化钠及胺类等。

工业废水中所含酸(碱)的量往往相差很大,因而有不同的处理方法。酸含量大于5% ~10%的高浓度含酸废水,常称为废酸液;碱含量大于3% ~5%的高浓度含碱废水,常称为废碱液。对于这类废酸液、废碱液,可因地制宜采用特殊的方法回收其中的酸和碱,或者进行综合利用,例如,用蒸发浓缩法回收苛性钠;用扩散渗析法回收钢铁酸洗废液中的硫酸;利用钢铁酸洗废液作为制造硫酸亚铁、氧化铁红、聚合硫酸铁的原料等。对于酸含量小于5% ~10%或碱含量小于3% ~5%的低浓度酸性废水或碱性废水,由于其中酸、碱含量低,回收价值不大,常采用中和法处理,使其达到排放要求。

此外,还有一种与中和处理法相类似的处理操作,就是为了某种需要,将废水的pH值调整到某一特定值(范围),这种处理操作叫pH调节(pH adjustment)。若将pH值由中性或酸性调至碱性,称为碱化;若将pH值由中性或碱性调至酸性,称为酸化。

废水处理中出现下列情况时,可进行中和处理或pH调节:

(1)pH值超过排放标准,为减少对受纳水体水生生物的影响,应进行中和处理。

(2)废水排入城市下水道系统前,为避免对管道系统造成腐蚀,应进行中和处理。

(3)在化学处理或生物处理之前,由于反应需要适宜的pH值条件,应对废水进行pH调节。

11.2　基本原理

中和处理发生的主要反应是酸与碱生成盐和水的中和反应。由于酸性废水中常溶解有重金属盐,在用碱进行中和处理时,还可生成难溶的金属氢氧化物。

中和药剂的理论投量,可按等当量反应的原则进行计算。对于成分单一的酸和碱的中和过程,可按照酸碱平衡关系的计算结果,绘制溶液pH值随中和药剂投加量而变化的中和曲线确定投药量。图11-1为投加苛性钠中和不同强度的几种酸的中和曲线。实际废水的成分比较复杂,干扰酸碱平衡的因素较多。例如酸性废水中往往含有重金属离子,在用碱进行中和时,由于生成难溶的金属氢氧化物而消耗部分碱性药剂,使中和曲线向右发生位移(图 11-2)。这时,可通过实验绘制中和曲线,以确定中和药剂投药量。

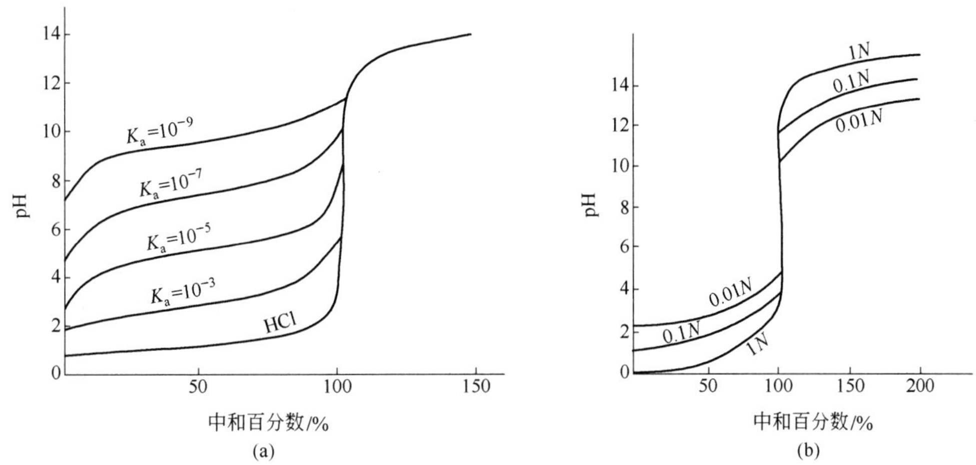

图 11-1 酸和强碱的中和曲线

(a) 0.1N 强碱和 0.1N 不同强度酸的中和曲线;(b) 不同浓度强碱和强酸的中和曲线

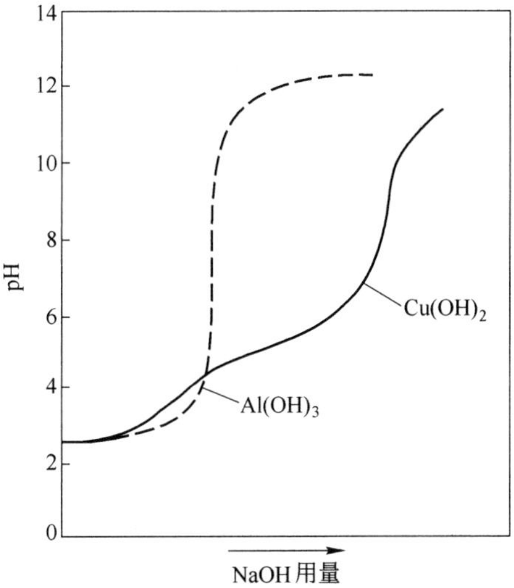

图 11-2 有重金属离子共存时的中和曲线

(图中虚线表示单一组分强酸的中和曲线)

11.3 酸性废水的中和处理

11.3.1 投药中和法

投药中和法最常采用的碱性药剂是石灰(CaO),有时也选用苛性钠、碳酸钠、石灰石、白云石、电石渣等。常用药剂性质见表 11-1。

表 11-1 常用碱性药剂主要特性

名 称	化学式	主要特性
生石灰	CaO	药剂价格便宜,溶解度小,反应速度慢,反应生成物大多溶解度极小,脱水性好。加药系统较复杂
消石灰	$Ca(OH)_2$	
电石渣	$Ca(OH)_2$	
苛性钠	$NaOH$	药剂价格较高,溶解度大,反应速度快,处理方便
碳酸钠	Na_2CO_3	
石灰石	$CaCO_3$	主要用于处理强酸性废水,为了使出水达到或接近中性,往往需要添加消石灰
白云石	$CaCO_3 \cdot MgCO_3$	

选择碱性药剂时,不仅要考虑它本身的溶解性、反应速度、成本、二次污染、使用方便等因素,而且还要考虑中和产物的性状、数量及处理费用等因素。当投石灰进行中和处理时,$Ca(OH)_2$ 还有凝聚作用,因此对杂质多、浓度高的酸性废水尤其适宜。

中和剂的投加量,可按实验绘制的中和曲线确定,也可根据水质分析资料,按中和反应的化学计量关系确定。碱性药剂用量 G_a(kg/d)可按下式计算:

$$G_a = (K/P)(QC_1a_1 + QC_2a_2) \tag{11-1}$$

式中 Q——废水量,m^3/d;

C_1——废水含酸量,kg/m^3;

a_1——中和每千克酸所需碱性药剂数量,即碱性药剂比耗量,kg/kg;

C_2——废水中需中和的酸性盐量,kg/m^3;

a_2——中和每千克酸性盐类所需碱性药剂的千克数;

K——安全系数(考虑到反应不均,部分碱性药剂不能参加反应等)。如石灰法中和硫酸时,K 取 1.05~1.10(湿投)或 1.4~1.5(干投);中和硝酸和盐酸时,K 取 1.05;

P——碱性药剂有效成分含量,%。

中和产生的沉渣量(干物质)G(kg/d)可按下式计算:

$$G = G_a(B + e) + Q(S - d) \tag{11-2}$$

式中 B——消耗单位质量药剂所生成的难溶盐及金属氢氧化物量,kg/kg;

e——单位质量药剂中杂质含量,kg/kg;

S——中和前废水中悬浮物含量,kg/m^3;

d——中和后出水挟走的悬浮物含量,kg/m^3。

投药中和法的工艺过程主要包括废水的预处理、中和药剂的制备与投配、混合与反应、中和产物的分离和泥渣的处理与利用。废水的预处理包括悬浮杂质的澄清,水质及水量的均和。前者可以减少投药量,后者可以创造稳定的处理条件。

投加石灰有干法和湿法两种方式。干投时,为了保证均匀投加,可用具有电磁振荡装置的石灰投配器将石灰粉直接投入废水中。干投法设备简单,药剂的制备与投配容易,但反应缓慢,中和药剂耗用量大(为理论用量的1.4~1.5倍)。现在多采用湿投法,即将生石灰在消解槽内消解为浓度40%~50%的乳液,排入石灰乳贮槽,并配成浓度为5%~10%的工作液,然后投加。石灰乳投加量可用手动提板闸式投配器的孔口开度来控制(图11-3);也可通过投加阀的开启度来控制(pH计自动控制或手动控制)。石灰乳贮槽及消解槽可用机械搅拌或水泵循环搅拌,以防止沉淀。搅拌不宜采用压缩空气,因其中的 CO_2 易与 CaO 反应生成 $CaCO_3$ 沉淀,既浪费中和药剂,又易引起堵塞。投配系统采用溢流循环方式,即石灰乳输运到投配槽中的量大于投加量,剩余量沿溢流管流回到石灰乳贮槽,这样可维持投配槽内液面稳定不变,投加量只由孔口或阀门开度大小控制，还可以防止沉淀和堵塞。

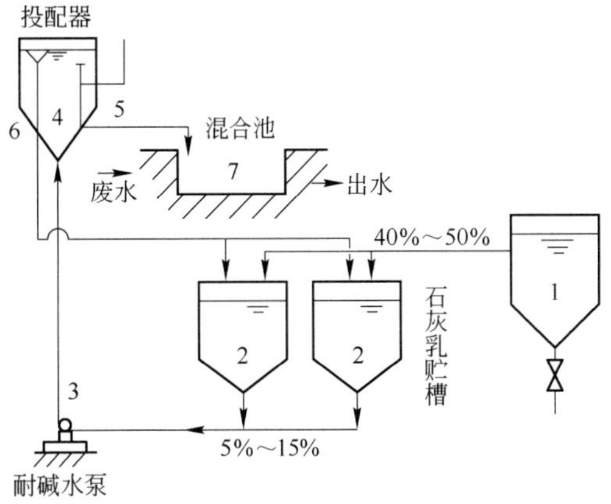

(a)

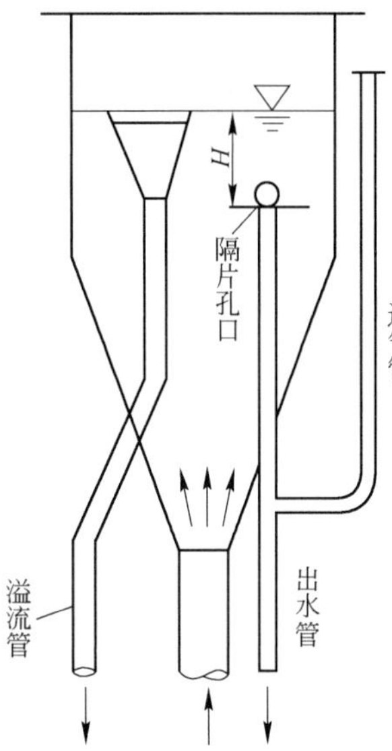

(b)

图 11-3　石灰乳投配装置

(a) 投配系统；(b) 投配器

中和槽有两种类型，应用广泛的是带搅拌的混合反应池。池中常设置隔板将其分成多室，以利混合反应。反应池的容积通常按 5 ~ 20 min 的停留时间设计。若采用空气搅拌，最小空气用量为 0.9 $m^3/(min \cdot m^2)$，若采用机械搅拌，搅拌器功率为 0.04 ~ 0.08 kW/m^3。另一种是带折流板的管式反应器，混合搅拌的时间很短，为 0.5 ~ 1 min，仅适用于中和产物溶解度大、反应速度快的中和过程。

投药中和法可采用间歇处理方式，也可采用连续处理方式。通常，水量少时（例如每小时几立方米到十几立方米）采用间歇式处理。水量再大时，就采用连续式处理。此时，欲获得稳定可靠的中和效果，药剂应分步加入，一般采用两级，也可采用三级，系统控制采用多级式 pH 自动控制系统。图 11-4 为二级 pH 值自动控制的中和工艺流程图。

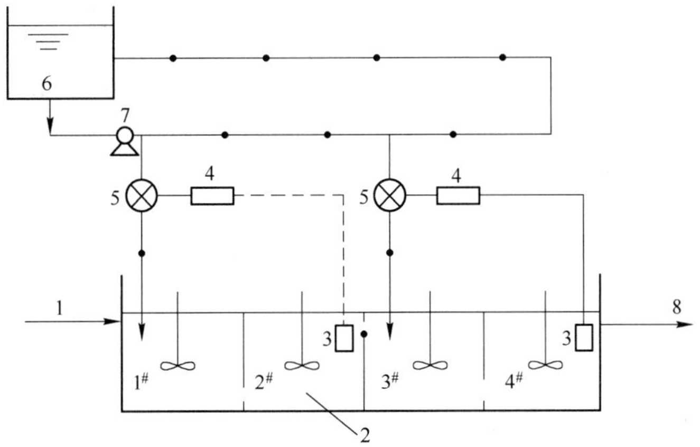

图 11-4　二级 pH 值自动控制的中和处理流程

1—进水管；2—四室隔板混合反应池；3—pH 电极；4—自动控制器；5—隔膜阀；6—石灰乳槽；7—石灰乳泵；8—出水管（至沉淀池）

中和过程中形成的各种泥渣（如石膏、铁矾等）应及时分离，以防止堵塞管道。分离设备可采用沉淀池或浮上池。设置沉淀池时，沉淀时间一般采用1～1.5 h。分离出来的沉淀（或浮渣）尚需进一步浓缩、脱水。

投药中和法的优点是可处理任何浓度、任何性质的酸性废水；废水中容许有较多的悬浮杂质，对水质、水量的波动适应性强；并且中和剂利用率高，中和过程容易调节。存在的缺点是劳动条件差，药剂配制及投加设备较多，基建投资大，泥渣多且脱水难。

11.3.2 过滤中和法

酸性废水流过碱性滤料时，可使废水中和，这种中和方式称为过滤中和法。过滤中和法仅用于中和酸性废水。

主要的碱性滤料有三种：石灰石、大理石、白云石。前两种的主要成分是 $CaCO_3$，后一种的主要成分是 $CaCO_3 \cdot MgCO_3$。

滤料的选择和中和产物的溶解度有密切的关系。滤料的中和反应发生在颗粒表面上，如果中和产物的溶解度很小，就在滤料表面形成不溶性的硬壳，阻止中和反应的继续进行，使中和处理失败。各种酸在中和后形成的盐具有不同的溶解度，其顺序大致为：$Ca(NO_3)_2$、$CaCl_2 > MgSO_4 \gg CaSO_4 > CaCO_3$、$MgCO_3$。由此可知，中和处理硝酸、盐酸时，滤料选用石灰石，大理石或白云石都行；中和处理碳酸时，含钙或镁的中和剂都不行，不宜采用过滤中和法；中和硫酸时，最好选用含镁的中和滤料（白云石）。但是，白云石的来源少、成本高，反应速度慢，所以，如能正确控制硫酸浓度，使中和产物（$CaSO_4$）的生成量不超过其溶解度，则也可以采用石灰石或大理石。根据硫酸钙的溶解度数据可以算出，以石灰石为滤料时，硫酸允许浓度在1～1.2 g/L。如硫酸浓度超过上述允许值，改用白云石滤料。

采用碳酸盐做中和滤料，均有 CO_2 气体产生，它能附着在滤料表面，形成气体薄膜，阻碍反应的进行。酸的浓度愈大，产生的气体就愈多，阻碍作用也就越严重。采用升流过滤方式和较大的过滤速度，有利于消除气体的阻碍作用。另外，过滤中和产物 CO_2 溶于水使出水 pH 值约为4.5，经曝气吹脱 CO_2，则 pH 值可上升到6左右。脱气方式可用穿孔管曝气吹脱、多级跌落自然脱气，板条填料淋水脱气等。

为了进行有效的过滤，还必须限制进水中悬浮杂质的浓度，以防堵塞滤料。滤料的粒径也不宜过大。另外，失效的滤渣应及时消除，并随时向滤池补加滤料，直至倒床换料。

中和滤池常用的有升流式膨胀中和滤池及滚筒式中和滤池。

升流式膨胀中和滤池（图11-5）的特点是滤料粒径小（0.5～3 mm）、滤速高（60～70 m/h）、废水由下向上流动。由于粒径小，增大了反应面积，可缩短中和时间；上升流速大，滤料可以悬浮起来，通过互相碰撞，使表面形成的硬壳容易剥离下来，从而可以适当增大进水中硫酸的允许含量；由于是升流运动，剥离的硬壳和产生的 CO_2 气体容易随水流走，不致造成滤床堵塞。滤料层厚度在运行初期为1～1.2 m，最终换料时为2 m，滤料膨胀率保持50%。池底设0.15～0.2 m的卵石垫层，池顶保持0.5 m的清水区。采用升流式膨胀中和滤池处理含硫酸废水，硫酸允许浓度可提高到2.2～2.3 g/L。

如果改变升流式滤池的结构，采用变截面中和滤池，使下部滤速仍保持60～70 m/h，而上部滤速减为15～20 m/h，则可获双重好处，既保持较高的过滤速度，又不至于使细小滤料随水流失，使滤料尺寸的适用范围增大。这种改良式的升流滤池叫变速升流式膨胀中和滤池。采用此种滤池处理含硫酸废水，可使硫酸允许浓度提高至2.5 g/L。

升流式滤池要求布水均匀，因此常采用大阻力配水系统和比较均匀的集水系统。此外，滤池直径不能太大，一般不大于 1.5 ~ 2.0 m。

滚筒式中和滤池见图 11-6。装于滚筒中的滤料随滚筒一起转动，使滤料互相碰撞，及时剥离由中和产物形成的覆盖层，可以加快中和反应速度。废水由滚筒的一端流入，由另一端流出。

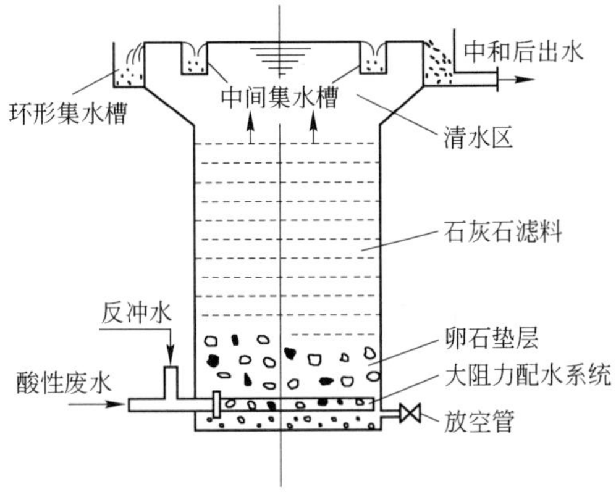

图 11-5 升流式膨胀中和滤池

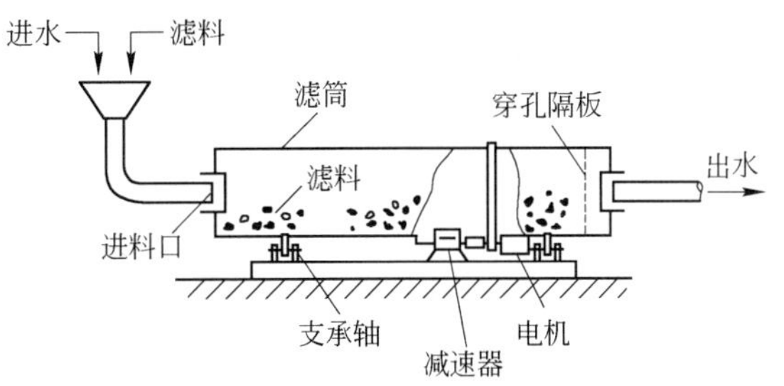

图 11-6 滚筒式中和滤池

滚筒可用钢板制成，内衬防腐层，直径 1 m 或更大，长度约为直径的 6 ~ 7 倍。筒内壁设有纵向隔条，带动滤料旋转。滚筒转速约每分钟 10 转，筒体转轴向出水方向倾斜 0.5° ~ 1°。滤料的粒径较大（达十几毫米），装料体积约占转筒体积的一半；这种装置的最大优点是进水的硫酸浓度可以超过允许浓度数倍，滤料粒径也不必破碎得很小。其缺点是负荷率低（约为 36 $m^3/(m^2 \cdot h)$）、构造复杂、动力费用较高、运转时噪声较大，同时对设备材料的耐蚀性能要求高。

11.3.3 利用碱性废水和废渣的中和法

在同时存在酸性废水和碱性废水的情况下，可以以废治废，互相中和。

两种废水互相中和时，若碱性不足，应补充碱性药剂；若碱量过剩，则应补充酸中和碱。由于废水的水量和浓度均难以保持稳定，因此，应设置均和池及混合反应池（中和池），混合反应池的有效容积一般按 1 ~ 2 h 的废水量考虑。如果混合水需要水泵提升，或者有相当长的出水沟管可资利用，也可不设混合反应池。

利用碱性废渣中和酸性废水也有一定的实际意义。例如，电石渣中含有大量的 $Ca(OH)_2$、软水站石灰软化法的废渣中含有大量 $CaCO_3$、锅炉煤灰中含有 2% ~ 20% 的 CaO，利用它们处理酸性废水，均能获得一定的中和效果。

采用碱性废水和废渣中和酸性废水时，除必须设置均和池外，还必须考虑碱性废水和废渣一旦中断来源时的应急措施。

11.4 碱性废水的中和处理

中和处理碱性废水的方法有两种：投酸中和法和利用酸性废水及废气的中和法。

投酸中和法处理碱性废水时，常用的酸性中和药剂有硫酸、盐酸及压缩二氧化碳。采用无机酸中和碱性废水的工艺流程与设备，和投药中和酸性废水时基本相同。用 CO_2 气体中和碱性废水时，为使气液充分接触反应，常采用逆流接触的反应塔（CO_2 气体从塔底吹入，以微小气泡上升；而废水从塔顶喷淋而下）。用 CO_2 做中和剂的优点在于：由于 pH 值不会低于 6 左右，因此不需要 pH 值控制装置。

烟道气中含有高达24%的CO_2,有时还含有少量SO_2及H_2S,故可用来中和碱性废水,其中和产物Na_2CO_3、Na_2SO_3、Na_2S均为弱酸强碱盐,具有一定的碱性,因此酸性物质必须超量供应。

用烟道气中和碱性废水时,废水由接触筒顶淋下,或沿筒内壁流下,烟道气则由筒底朝上逆流通过,在逆流接触过程中,废水与烟道气都得到了净化。接触筒中可以装填料,也可不装填料。

用烟道气中和碱性废水的优点是可以把废水处理与烟道气除尘结合起来,缺点是处理后的废水中,硫化物、色度和耗氧量均有显著增加,需进一步处理。

污泥消化时获得的沼气中含有25%~35%的CO_2气体,如经水洗,可部分溶入水中,再用以中和碱性废水,也能获得一定效果。

CO_2为温室气体(greenhouse gas),采用烟道气、沼气以及其他气体中的CO_2进行酸性废水的中和处理,在充分利用CO_2碱性中和能力的同时,还能达到减碳的效果,是一种碳捕获和储存技术(carbon capture and storage, CCS)。

由于中和反应涉及的都是酸性和碱性物质,因此设备、管道的防腐是工程设计中需要考虑的重要问题。通常设备材料需选用耐酸碱材料,如聚氯乙烯塑料、混凝土、玻璃钢等,另外也可以在设备表面做防腐处理,如钢板内衬橡胶、环氧树脂等,可有效缓解腐蚀,延长设备和管道的使用年限。

习题和思考题

11-1 如何确定不同浓度酸碱废水的处理方法?

11-2 试述过滤中和法处理酸性废水时,选择滤料的原则,并讨论升流式膨胀中和滤池及变截面升流式滤池的特点。

11-3 举例说明有哪些工业废水、废渣、废气可用于酸、碱废水中和处理。

11-4 今有含硫酸的工业废水,其pH=2.3,如欲采用石灰干投法进行中和处理,使之达到排入城市下水道的标准(pH≈6~9,可取8),试问每立方米废水需投多少石灰?(石灰纯度为70%)。

11-5 某化工厂每天排出含硫酸浓度为7 g/L的废水1000 m^3,厂内软水站用石灰乳软化河水,每天生产软水2000 m^3,河水的重碳酸盐硬度为2.27 mmol/L,试考虑废水的中和方案,并计算中和药剂消耗量。

12　化学沉淀法

化学沉淀法(chemical precipitation)是指向废水中投加某些化学药剂(沉淀剂),使之与废水中溶解态的污染物直接发生化学反应,形成难溶的固体生成物,然后进行固液分离,从而除去水中污染物的一种处理方法。

废水中的重金属离子(如汞、镉、铅、锌、镍、铬、铁、铜等)、碱土金属(如钙和镁)及某些非金属(如砷、氟、磷、硫、硼)均可通过化学沉淀法去除,某些有机污染物也可通过化学沉淀法去除。

化学沉淀法的工艺过程通常包括:

(1) 投加化学沉淀剂,与水中污染物反应,生成难溶的沉淀物而析出。

(2) 通过凝聚、沉降、浮上、过滤、离心等方法进行固液分离。

(3) 泥渣的处理和回收利用。

本章重点讨论化学沉淀过程,后两个过程将在本书其他章节中讨论。

化学沉淀的基本过程是难溶电解质的沉淀析出,其溶解度大小与溶质本性、温度、盐效应、沉淀颗粒的大小及晶型等有关。在废水处理中,根据沉淀－溶解平衡移动的一般原理,可利用过量投药、防止络合、沉淀转化、分步沉淀等,提高处理效率,回收有用物质。

12.1　氢氧化物沉淀法

除了碱金属和部分碱土金属外,其他金属的氢氧化物大都是难溶的(表12-1)。因此,可用氢氧化物沉淀法去除废水中的重金属离子。沉淀剂为各种碱性药剂,常用的有石灰,碳酸钠、苛性钠、石灰石、白云石等。

表12-1　某些金属氢氧化物的溶度积

化学式	K_{sp}	化学式	K_{sp}	化学式	K_{sp}
AgOH	1.6×10^{-8}	$Cr(OH)_3$	6.3×10^{-31}	$Ni(OH)_2$	2.0×10^{-15}
$Al(OH)_3$	1.3×10^{-33}	$Cu(OH)_2$	5.0×10^{-20}	$Pb(OH)_2$	1.2×10^{-15}
$Ba(OH)_2$	5×10^{-3}	$Fe(OH)_2$	1.0×10^{-15}	$Sn(OH)_2$	6.3×10^{-27}
$Ca(OH)_2$	5.5×10^{-6}	$Fe(OH)_3$	3.2×10^{-38}	$Th(OH)_4$	4.0×10^{-45}
$Cd(OH)_2$	2.2×10^{-14}	$Hg(OH)_2$	4.8×10^{-26}	$Ti(OH)_3$	1×10^{-40}
$Co(OH)_2$	1.6×10^{-15}	$Mg(OH)_2$	1.8×10^{-11}	$Zn(OH)_2$	7.1×10^{-18}
$Cr(OH)_2$	2×10^{-16}	$Mn(OH)_2$	1.1×10^{-13}		

注:表中所列溶度积,均为活度积,但应用时一般作为溶度积,不加区别。

对一定浓度的某种金属离子 M^{n+} 来说,是否生成难溶的氢氧化物沉淀,取决于溶液中 OH^- 离子浓度,即溶液的pH值为沉淀金属氢氧化物的最重要条件。若 M^{n+} 与 OH^- 只生成 $M(OH)_n$ 沉淀,而不生成可溶性羟基络合物,则根据金属氢氧化物的溶度积 K_{sp} 及水的离子积 K_w,可以计算使氢氧化物沉淀的pH值:

$$pH = 14 - \frac{1}{n}(\lg[M^{n+}] - \lg K_{sp}) \tag{12-1}$$

或

$$\lg[M^{n+}] = \lg K_{sp} + npK_w - npH \tag{12-2}$$

上式表示与氢氧化物沉淀平衡共存的金属离子浓度和溶液pH值的关系。由此式可以看出:

金属离子浓度$[M^{n+}]$相同时，溶度积K_{sp}愈小，则开始析出氢氧化物沉淀的pH值愈低；同一金属离子，浓度愈大，开始析出沉淀的pH值愈低。根据各种金属氢氧化物的K_{sp}值，由式(12-2)可计算出某一pH值时溶液中金属离子的饱和浓度。以pH值为横坐标，以$-\lg[M^{n+}]$为纵坐标，即可绘出溶解度对数图（图12-1）。

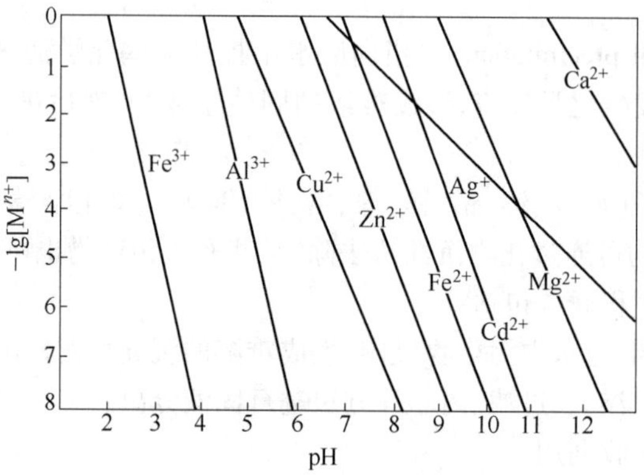

图12-1 金属氢氧化物的溶解度对数图

根据溶解度对数图，可以方便地确定金属离子沉淀的条件。以Cd^{2+}为例，若$[Cd^{2+}]=0.1$ mol/L，则由图上查出，使氢氧化镉开始沉淀出来的pH值应为7.7；若欲使溶液残余Cd^{2+}浓度达10^{-5} mol/L，则沉淀终了的pH值应为9.7。

如果重金属离子和氢氧根离子不仅可以生成氢氧化物沉淀，而且还可以生成各种可溶性的羟基络合物（对于重金属离子，这是十分常见的现象），这时与金属氢氧化物呈平衡的饱和溶液中，不仅有游离的金属离子，而且有配位数不同的各种羟基络合物，它们都参与沉淀－溶解平衡。在此情况下，溶解度对数图就要复杂些。今仍以Cd(Ⅱ)为例，Cd^{2+}与OH^-可形成$CdOH^+$、$Cd(OH)_2$、$Cd(OH)_3^-$、$Cd(OH)_4^{2-}$等可溶性羟基络合物，根据它们的逐级稳定常数和$Cd(OH)_2$的溶度积K_{sp}，可以确定与氢氧化镉沉淀平衡共存的各可溶性羟基络合物浓度与溶液pH值的关系，如图12-2中各实线所示。将同一pH值下各种型态可溶性二价镉Cd(Ⅱ)$_s$的平衡浓度相加，即得氢氧化镉溶解度与pH值的关系，如图中虚线所示。虚线所包围的区域为氢氧化镉沉淀存在的区域。考虑了羟基络合物的溶解平衡区域图，可以更好地确定沉淀金属氢氧化物的pH值条件。例如，由图12-2可以看出，pH＝10～13时，$Cd(OH)_2$（固）的溶解度最小，约等于$10^{-5.2}$ mol/L。

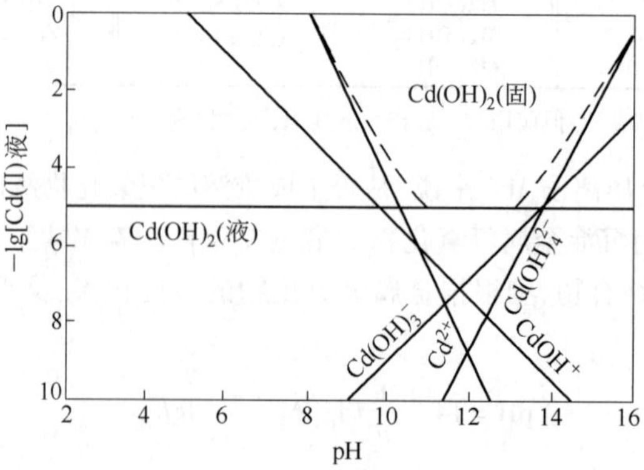

图12-2 氢氧化镉溶解平衡区域图

因此,用氢氧化物沉淀法去除废水中的Cd(Ⅱ)时,pH值常控制在10.5~12.5范围内。其他许多金属离子(如Cr^{3+}、Al^{3+}、Zn^{2+}、Pb^{2+}、Fe^{2+}、Ni^{2+}、Cu^{2+}),在碱性提高时都可明显地生成络合阴离子,而使氢氧化物的溶解度重又增加,这类既溶于酸又溶于碱的氢氧化物,常称为两性氢氧化物。

当废水中存在CN^-、NH_3及Cl^-、S^{2-}等配位体时,能与重金属离子结合成可溶性络合物,增大金属氢氧化物的溶解度,对沉淀法去除重金属不利,因此要通过预处理将其除去。

采用氢氧化物沉淀法处理重金属废水最常用的沉淀剂是石灰。石灰沉淀法的优点是:去除污染物范围广(不仅可沉淀去除重金属,而且可沉淀去除砷、氟、磷等)、药剂来源广、价格低、操作简便、处理可靠。主要缺点是劳动卫生条件差、管道易结垢堵塞、泥渣体积庞大(含水率高达95%~98%)、脱水困难。

废水中往往有多种重金属离子共存。此时,尽管低于理论pH值,有时也会生成氢氧化物沉淀。这是因为在高pH值沉淀的重金属与在低pH值下生成的重金属沉淀物产生共沉现象。例如:含Cd 1 mg/L的水溶液,将pH值调到11以上也不沉淀,若与10 mg/L的Fe^{3+}共存,则pH值只要达到8以上即可沉淀,并使Cd^{2+}的去除率接近100%。

在有几种重金属离子共存时,由于各自生成的氢氧化物沉淀的最佳pH值条件不同,因此,可进行分步沉淀处理。例如,从锌冶炼厂排出的废水中,往往含锌和镉。该废水处理时,Zn^{2+}在pH=9左右时形成的$Zn(OH)_2$溶解度最低,而Cd^{2+}在pH=10.5~11时沉淀效果最好。然而,由于锌是两性化合物,当pH=10.5~11时,氢氧化锌再次溶解。因而对此种废水,应先加碱调节pH值至9左右,沉淀除去氢氧化锌后,再加碱将pH值提高到11左右,再沉淀除去氢氧化镉。

化学沉淀是一种晶析现象,结晶的成长速度,取决于结晶核的表面和溶液中沉淀剂浓度与其饱和浓度之差。化学沉淀反应方式可采用单纯沉淀反应和晶种循环反应。晶种循环反应是向反应池中投加良好的沉淀晶种(回流污泥),促使形成良好的结晶沉淀。处理流程见图12-3。图12-3b所示为晶种循环处理法。其特点是除投加沉淀剂外,还从沉淀池回流适当的沉淀污泥至沉淀反应槽中,而后混合反应,经沉淀池沉淀形成污泥后,一部分污泥再次返回反应槽。此法生成的沉淀污泥晶粒大,沉淀快,含水率较低,出水效果好。

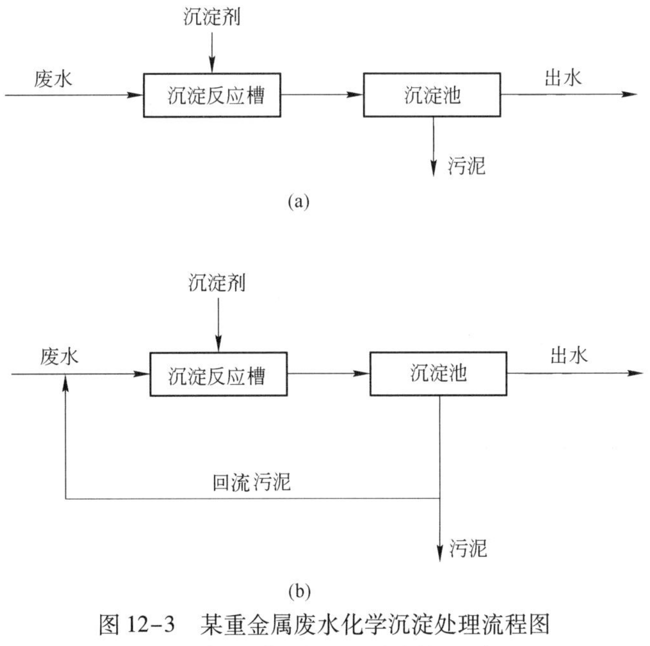

图12-3 某重金属废水化学沉淀处理流程图

(a) 单纯沉淀反应;(b) 晶种循环反应

图12-4为国内某有色金属冶炼厂采用石灰沉淀法处理酸性含锌废水的流程。处理废水量约800 m^3/h,废水中主要污染物为Zn^{2+}和H_2SO_4,并含有少量Cu^{2+}、Cd^{2+}、Pb^{2+}、AsO_3^{3-}等。处理效果见表12-2。处理后的出水外排,而干渣返回冶炼炉重新利用。该工艺采用废水配制石灰乳,并使沉淀池的底泥浆部分回流,这有助于改善泥渣的沉降性能和过滤性能。

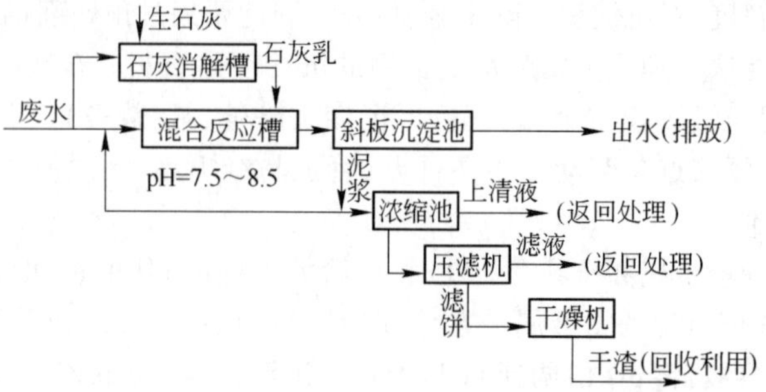

图12-4 某厂石灰沉淀处理酸性含锌废水流程图

表12-2 石灰沉淀法处理效果(除pH值外,单位均为mg/L)

项　目	pH值	锌	铅	铜	镉	砷
原废水	2.0～6.7	60.64～89.47	3.87～7.78	0.81～3.10	0.78～1.39	0.26～1.15
处理后出水	10～11	0.95～3.73	0.39～0.74	0.12～0.27	0.03～0.06	0.021～0.059

其他应用实例:如用氢氧化物沉淀法处理含镉废水,一般pH值应为9.5～12.5。当pH=8时,残留浓度为1 mg/L;当pH值升至10或11时,残留浓度分别降至0.1和0.00075 mg/L;如果采用砂滤或铁盐、铝盐凝聚沉降,则可改进出水水质。对于含铜废水(1～1000 mg/L)的处理,pH值为9.0～10.3最好。若采用铁盐共沉淀,效果尤佳,残留浓度为0.15～0.17 mg/L。不宜采用石灰处理焦磷酸铜废水,主要原因是pH值要求高(达12),形成大量焦磷酸钙沉渣,使沉渣中铜含量低,回收价值小。对于某含镍100 mg/L的废水,投加石灰250 mg/L,pH值达9.9,出水含镍可降至1.5 mg/L。

12.2 其他化学沉淀法

12.2.1 硫化物沉淀法

12.2.1.1 金属硫化物的溶解性

大多数过渡金属的硫化物都难溶于水,因此可用硫化物沉淀法去除废水中的重金属离子。各种金属硫化物的溶度积(表12-3)相差悬殊,同时溶液中S^{2-}离子浓度受H^+浓度的制约,所以可以通过控制酸度,用硫化物沉淀法把溶液中不同金属离子分步沉淀而分离回收。一些金属硫化物的溶解度与溶液pH值的关系如图12-5所示。

硫化物沉淀法常用的沉淀剂有H_2S、Na_2S、NaHS、CaS_x、$(NH_4)_2S$等。根据沉淀转化原理,难溶硫化物MnS、FeS等也可作为处理药剂。

S^{2-}离子和OH^-离子一样,也能够与许多金属离子形成络阴离子,从而使金属硫化物的溶解度增大,不利于重金属的沉淀去除,因此必须控制沉淀剂S^{2-}离子的浓度不要过量太多,其他配位体如X^-(卤离子)、CN^-、SCN^-等也能与重金属离子形成各种可溶性络合物,从而干扰金属的去除,应通过预处理除去。

表 12-3　某些金属硫化物的溶度积

化学式	K_{sp}	化学式	K_{sp}	化学式	K_{sp}
Ag_2S	1.6×10^{-49}	Cu_2S	2×10^{-47}	MnS	1.4×10^{-15}
Al_2S_3	2×10^{-7}	CuS	8.5×10^{-45}	NiS	1.4×10^{-24}
Bi_2S_3	1×10^{-97}	FeS	3.7×10^{-19}	PbS	3.4×10^{-28}
CdS	3.6×10^{-29}	Hg_2S	1.0×10^{-45}	SnS	1×10^{-25}
CoS	4.0×10^{-21}	HgS	4×10^{-53}	ZnS	1.6×10^{-24}

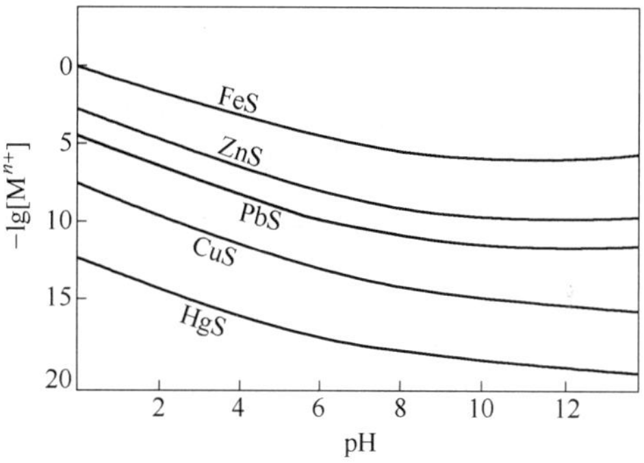

图 12-5　金属硫化物溶解度和 pH 值的关系

12.2.1.2　硫化物沉淀法除汞(Ⅱ)

硫化汞溶度积很小，所以硫化物沉淀法的除汞率高，在废水处理中得到实际应用。本法主要用于去除无机汞。对于有机汞，必须选用氧化剂(如氯)将其氧化成无机汞，然后再用本法去除。

提高沉淀剂(S^{2-}离子)浓度有利于硫化汞的沉淀析出；但是，过量硫离子不仅会造成水体贫氧，增加水体的 COD，还能与硫化汞沉淀生成可溶性络阴离子$[HgS_2]^{2-}$，降低汞的去除率。因此，在反应过程中，要补投 $FeSO_4$ 溶液，以除去过量硫离子($Fe^{2+}+S^{2-}=FeS\downarrow$)。这样，不仅有利于汞的去除，而且有利于沉淀的分离。因为浓度较小的含汞废水进行沉淀时，往往形成 HgS 的微细颗粒，悬浮于水中很难沉降。而 FeS 沉淀可作为 HgS 的共沉淀载体促使其沉降。同时，补投的一部分 Fe^{2+} 离子在水中可生成 $Fe(OH)_2$ 和 $Fe(OH)_3$，对 HgS 悬浮微粒起凝聚共沉淀作用。为了加快硫化汞悬浮微粒的沉降，有时还加入焦炭末或粉状活性炭，吸附硫化汞微粒，促使其沉降。

沉淀反应在 pH 值为 8～9 左右的碱性条件下进行。pH 值小于 7 时，不利于 FeS 沉淀的生成；碱度过大则可能生成氢氧化铁凝胶，难以过滤。

废水中若存在 X^-(卤离子)、CN^-、SCN^- 等离子，可与 Hg^{2+} 离子形成一系列络离子，如$[HgCl_4]^{2-}$、$[HgI_4]^{2-}$、$[Hg(CN)_4]^{2-}$、$[Hg(SCN)_4]^{2-}$等，对汞的沉淀析出不利，应预先除去。

由于 HgS 的溶度积非常小，从理论上讲，硫化物沉淀法可使溶液中汞离子降至极微量。但硫化汞悬浮微粒很难沉降，而且各种固液分离技术有其自身的局限性，致使残余汞浓度只能降至 0.05 mg/L 左右。

12.2.1.3　硫化物沉淀法处理含其他重金属废水

用硫化物沉淀法处理含 Cu^{2+}、Cd^{2+}、Zn^{2+}、Pb^{2+}、AsO_2^- 等废水在生产上已得到应用。如某酸性矿山废水含 Cu^{2+} 50 mg/L、Fe^{2+} 340 mg/L、Fe^{3+} 38mg/L，pH = 2，处理时先投加 $CaCO_3$，在 pH = 4 时使 Fe^{3+} 先沉淀，然后通入 H_2S，生成 CuS 沉淀，最后投加石灰乳至 pH = 8～10，使 Fe^{2+} 沉淀。此

法可回收品位为50%的硫化铜渣，回收率达85%。又如，某镀镉废水，含镉5～10 mg/L，并含有氨三乙酸等络合剂，用硫化钠进行沉淀，然后投加硫酸铝和聚丙烯酰胺，沉淀池出水中 Cd^{2+} 含量低于0.1 mg/L。

硫化物沉淀法处理含重金属废水，具有去除率高、可分步沉淀、泥渣中金属品位高、适应pH值范围大等优点，在某些领域得到了实际应用。但是残留的 S^{2-} 可使水体中的COD增加，当水体酸性增加时，可产生硫化氢气体污染大气，并且沉淀剂来源受限制，价格也不低，因此限制了它的广泛应用。

12.2.2 碳酸盐沉淀法

碱土金属（Ca、Mg等）和重金属（Mn、Fe、Co、Ni、Cu、Zn、Ag、Cd、Pb、Hg、Bi等）的碳酸盐等难溶于水（表12-4），所以可用碳酸盐沉淀法将这些金属离子从废水中去除。

表12-4 碳酸盐的溶度积

化学式	K_{sp}	化学式	K_{sp}	化学式	K_{sp}
Ag_2CO_3	8.1×10^{-12}	$CuCO_3$	1.4×10^{-10}	$MnCO_3$	1.8×10^{-11}
$BaCO_3$	5.1×10^{-9}	$FeCO_3$	3.2×10^{-11}	$NiCO_3$	6.6×10^{-9}
$CaCO_3$	2.8×10^{-9}	Hg_2CO_3	8.9×10^{-17}	$PbCO_3$	7.4×10^{-14}
$CdCO_3$	5.2×10^{-12}	Li_2CO_3	2.5×10^{-2}	$SrCO_3$	1.1×10^{-10}
$CoCO_3$	1.4×10^{-13}	$MgCO_3$	3.5×10^{-8}	$ZnCO_3$	1.4×10^{-11}

对于不同的处理对象，碳酸盐沉淀法有三种不同的应用方式：

（1）投加难溶碳酸盐（如碳酸钙），利用沉淀转化原理，使废水中重金属离子（如 Pb^{2+}、Cd^{2+}、Zn^{2+}、Ni^{2+} 等离子）生成溶解度更小的碳酸盐而沉淀析出。

（2）投加可溶性碳酸盐（如碳酸钠），使水中金属离子生成难溶碳酸盐而沉淀析出。

（3）投加石灰，其与造成水中碳酸盐硬度的 $Ca(HCO_3)_2$ 和 $Mg(HCO_3)_2$ 生成难溶的碳酸钙和氢氧化镁而沉淀析出。

如蓄电池生产过程中产生的含铅（Ⅱ）废水，投加碳酸钠，然后再经过砂滤，在pH=6.4～8.7时，出水总铅为0.2～3.8 mg/L，可溶性铅为0.1 mg/L。又如某含锌废水（6%～8%），投加碳酸钠，可生成碳酸锌沉淀，沉渣经漂洗，真空抽滤，可回收利用。

12.2.3 卤化物沉淀法

12.2.3.1 氯化物沉淀法除银

氯化物的溶解度都很大，唯一例外的是氯化银（$K_{sp}=1.8\times10^{-10}$）。利用这一特点，可以处理和回收废水中的银。

含银废水主要来源于镀银和照相工艺。氰化银镀槽中的含银浓度高达13000～45000 mg/L。在镀件镀银后的清洗过程中产生含银废水，处理时，一般先用电解法回收废水中的银，将银浓度降至100～500 mg/L，然后再用氯化物沉淀法，将银浓度降至1 mg/L左右。当废水中含有多种金属离子时，调pH值至碱性，同时投加氯化物，则其他金属形成氢氧化物沉淀，唯独银离子形成氯化银沉淀，二者共沉淀。用酸洗沉渣，将金属氢氧化物沉淀溶出，仅剩下氯化银沉淀。这样可以分离和回收银，而废水中的银离子浓度可降至0.1 mg/L。

镀银废水中同时含有氰，它和银离子形成 $[Ag(CN)_2]^-$ 络离子，对处理不利，一般先采用氯氧化法氧化氰，产生的氯离子又可与银离子生成沉淀。根据试验资料，银和氰重量相等时，投氯量为 3.5 mg/mg(氰)。氧化 10 min 以后,调 pH 值至 6.5,使氰完全氧化。然后投加三氯化铁,用石灰调 pH 值至 8,形成氯化银和氢氧化铁的共沉淀,沉降分离后倾出上清液,可使银离子由最初 0.7 ~40 mg/L 几乎降至零。根据上述试验结果设计的生产回收系统,其运转数据为:银由 130 ~564 mg/L 降至 0 ~8.2 mg/L;氰由 159 ~642 mg/L 降至 15 ~17 mg/L。

12.2.3.2 氟化物沉淀法

当废水中含有比较单纯的氟离子时,投加石灰,调 pH 值至 10 ~12,生成 CaF_2 沉淀,可使含氟浓度降至 10 ~20 mg/L。

若废水中还含有其他金属离子(如 Mg^{2+}、Fe^{3+}、Al^{3+} 等),加石灰后,除形成 CaF_2 沉淀外,还形成金属氢氧化物沉淀。由于后者的吸附共沉作用,可使含氟浓度降至 8 mg/L 以下。若加石灰至 pH = 11 ~12,再加硫酸铝,使 pH = 6 ~8,则形成氢氧化铝,可使含氟浓度降至 5 mg/L以下。如果加石灰的同时,加入磷酸盐(如过磷酸钙、磷酸氢二钠),则与水中氟形成难溶的磷灰石沉淀:

$$3H_2PO_4^- + 5Ca^{2+} + 6OH^- + F^- \longequal Ca_5(PO_4)_3F\downarrow + 6H_2O$$

当石灰投量为理论投量的 1.3 倍,过磷酸钙投量为理论量的 2 ~2.5 倍时,可使废水氟浓度降至 2 mg/L左右。

12.2.4 螯合沉淀法

螯合沉淀法是利用螯合剂与水中重金属离子进行螯合反应生成难溶螯合物,然后通过固液分离去除水中重金属离子的一类方法。难溶螯合物的生成可在常温和很宽的pH 值范围内进行,废水中 Cu^{2+}、Cd^{2+}、Hg^{2+}、Pb^{2+}、Mn^{2+}、Ni^{2+}、Zn^{2+}、Cr^{3+} 等多种重金属离子均可通过螯合沉淀法去除。螯合沉淀反应时间短,沉淀污泥含水率低。

用于去除重金属离子的螯合剂的来源主要有两种:一种是利用合成的或天然的高分子物质,通过高分子化学反应引入具有螯合功能的链基来合成;另一种是含有螯合基的单体经过加聚、缩聚、逐步聚合或开环聚合等方法制取。

目前研究和应用较多的重金属螯合剂主要有两类:不溶性淀粉黄原酸酯(insoluble starch xanthate,ISX)和二硫代氨基甲酸盐(dithiocarbamate,DTC)类衍生物,而 DTC 类衍生物是应用最广泛的。

12.2.4.1 淀粉黄原酸酯沉淀法

淀粉基黄原酸酯是淀粉中葡萄糖基经化学改性引入(—C(═S)S)官能团制成。用于水处理的沉淀药剂有钠型或镁型淀粉黄原酸酯,均不溶于水,但在水中存在电离和水解平衡。重金属离子可与淀粉黄原酸酯反应生成沉淀而去除。沉淀反应有两种类型:

(1) 与 Cd^{2+}、Ni^{2+}、Zn^{2+} 等发生离子互换反应,如:

$$2(\text{starch—O—}\overset{\overset{\large S}{\|}}{C}\text{—}S^-Na^+) + Cd^{2+} \longrightarrow (\text{starch—O—}\overset{\overset{\large S}{\|}}{C}\text{—}S)_2Cd\downarrow + 2Na^+$$

(2) 与 $Cr_2O_7^{2-}$、Cu^{2+} 等发生氧化还原反应,如:

$$4(\text{starch—O—}\overset{\overset{\large S}{\|}}{C}\text{—}S^-Na^+) + 2Cu^{2+} \longrightarrow 2(\text{starch—O—}\overset{\overset{\large S}{\|}}{C}\text{—}S^-Cu^+)\downarrow$$

$$+ (\text{starch—O—}\overset{\overset{\large S}{\|}}{C}\text{—}S)_2 + 4Na^+$$

$$6(\text{starch—O—C}(=\text{S})\text{—S}^-\text{Na}^+) + Cr_2O_7^{2-} + 14H^+ \longrightarrow 2Cr^{3+} + 7H_2O + 6Na + 3(\text{starch—O—C}(=\text{S})\text{—S})_2$$

反应生成的沉淀可用离心法分离。由于该法产生的沉淀污泥化学稳定性高，可安全填地。也可用酸液浸溶出金属，回收交联淀粉再用于药剂的制备。

某厂废水含有 $Cr_2O_7^{2-}$、Cu^{2+}、Cd^{2+}、Zn^{2+} 等，pH 值等于7，采用两级投药反应，第一级控制 pH 值在3.5～4，有利于六价铬的还原；第二级控制 pH 值在7～8.5，有利于沉淀的生成。处理后出水中 Cd^{2+}、Cu^{2+} 已检不出，六价铬含量低于 0.5 mg/L，Zn^{2+} 0.19 mg/L，色度、浊度均可达排放标准。

12.2.4.2　DTC 类沉淀法

二硫代氨基甲酸盐与金属离子具有极强的络合能力，其衍生物作为重金属螯合剂的研究开始于20世纪中叶，其合成的基本方法是用多胺或乙烯二胺与二硫化碳在强碱中反应制得，其分子中氮原子和硫原子位置的不同、取代基团种类的不同（烷基或芳香基）、其他杂原子的存在和取代基位置的不同都会影响对重金属的螯合效果。

DTC 衍生物的基本结构式为：

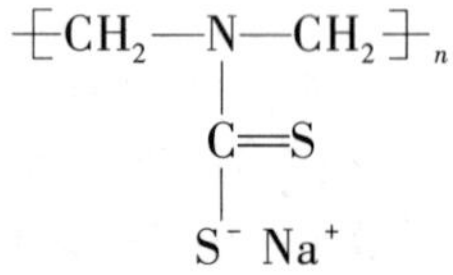

DTC 与二价金属作用的方式如下：

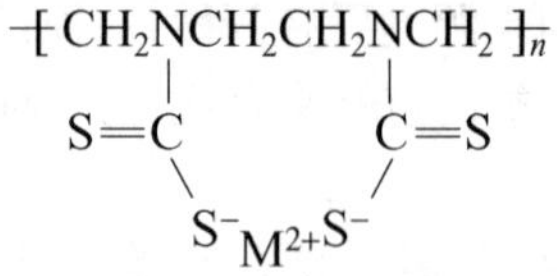

DTC 衍生物的利用形式主要有螯合剂和螯合树脂两种。两者主要是母体的化学结构不同，前者为线性结构，后者为立体架桥结构；前者为水溶性，而后者为不溶性；在应用中，前者对于成分复杂的重金属废水具有极好的处理效果，而后者主要用于分离和回收污染物中的金属。

DTCR 是一长链的高分子，含有大量的极性基（—N—C(═S)S），极性基中的硫离子原子半径较大、带负电，易于极化变形产生负电场，捕捉阳离子，同时趋向成键，生成难溶的二硫代氨基甲酸盐（DTC 盐）而析出。DTCR 的分子量为 10～15 万，而生成的难溶螯合盐的分子量可达到数百万，甚至上千万，故此种金属盐一旦在水中生成，受重力作用，便有良好的絮凝沉析效果。

使用 DTCR 作为重金属沉淀剂，一个重金属离子会被多个极性的螯合基团所螯合，它强大的结合力远远大于 OH^-、S^{2-} 与重金属离子的结合力，除了 CN^-，它可以从许多络合剂中夺取重金属并生成沉淀。DTCR 的 pH 值适用范围宽，在 pH＝3～11 范围内均有效。

某电镀厂重金属废水采用氢氧化物沉淀与 DTCR 螯合沉淀协同作用去除金属离子，处理工艺流程见图 12-6。

废水中的六价铬先被还原为三价铬，然后进行沉淀生成的反应，沉淀剂采用氢氧化钠和 DTCR，少量絮凝剂 PAM 的加入是为了获得更好的沉淀效果。该处理工艺运行参数及处理效果分别见表 12-5 和表 12-6。

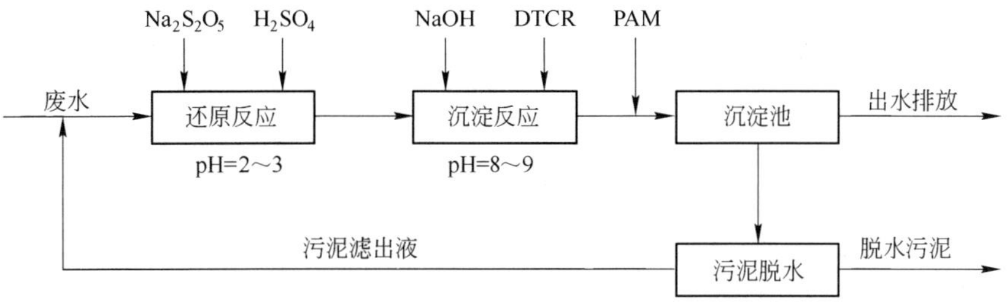

图 12-6　某电镀厂废水处理工艺流程图

表 12-5　各处理单元运行参数

还原反应			沉淀反应			
投药量/$mg \cdot L^{-1}$		pH 条件	投药量/$mg \cdot L^{-1}$			pH 条件
$Na_2S_2O_5$	H_2SO_4	2 ~ 3	NaOH	DTCR	PAM	8 ~ 9
213	88		444	100	1	

表 12-6　进出水水质情况

项　目	$Cu^{2+}/mg \cdot L^{-1}$	$Zn^{2+}/mg \cdot L^{-1}$	$Fe^{3+}/mg \cdot L^{-1}$	总 Cr/$mg \cdot L^{-1}$	$Ni^{2+}/mg \cdot L^{-1}$	pH
原　水	7.3	79.8	1.74	33.3	4.05	3.36
处理出水	0.0123	0.2349	0	0	0.1819	8.35

12.3　铁氧体沉淀法

12.3.1　铁氧体

铁氧体(ferrite)是指一类具有一定晶体结构的复合氧化物,它具有高的磁导率和高的电阻率(其电阻比铜大 10^{13} ~ 10^{14} 倍),是一种重要的磁性介质。其制造过程和机械性能颇类似陶瓷品,因而也叫磁性瓷。跟陶瓷质一样,铁氧体不溶于酸、碱、盐溶液,也不溶于水。铁氧体的磁性强弱及其他特性,与其化学组成和晶体结构有关。

铁氧体的晶格类型有七类,其中尖晶石型铁氧体最为人们所熟悉。尖晶石型铁氧体的化学组成一般可用通式 $BO \cdot A_2O_3$ 表示。其中 B 代表二价金属,如 Fe、Mg、Zn、Mn、Co、Ni、Ca、Cu、Hg、Bi、Sn 等;A 代表三价金属,如 Fe、Al、Cr、Mn、V、Co、Bi 及 Ga、As 等。许多铁氧体中的 A 或 B 可能更复杂一些,如分别由两种金属组成,其通式为 $(B'_xB''_{1-x})O \cdot (A'_yA''_{1-y})_2O_3$。铁氧体有天然矿物和人造产品两大类,磁铁矿(其主要成分为 Fe_3O_4 或 $FeO \cdot Fe_2O_3$)就是一种天然的尖晶石型铁氧体。

12.3.2　铁氧体沉淀法的工艺流程

废水中各种金属离子形成不溶性的铁氧体晶粒而沉淀析出的方法叫做铁氧体沉淀法。工艺过程包括投加亚铁盐、调整 pH 值、充氧加热、固液分离、沉渣处理等五个环节。

(1) 配料反应。为了形成铁氧体,通常要有足量的 Fe^{2+} 和 Fe^{3+}。重金属废水中,一般或多或少地含有铁离子,但大多数满足不了生成铁氧体的要求,通常要额外补加铁离子,如投加硫酸亚铁和氯化亚铁等。投加二价铁离子有三个作用:

1）补充 Fe^{2+}。

2）通过氧化，补充 Fe^{3+}。

3）如废水中有六价铬，则 Fe^{2+} 能将其还原为 Cr^{3+}，作为形成铁氧体的原料之一；同时，Fe^{2+} 被六价铬氧化成 Fe^{3+}，可作为三价金属离子的一部分加以利用。

通常，可根据废水中重金属离子的种类及数量，确定硫酸亚铁的投加量。如在含铬废水所形成的铬铁氧体中，Fe^{2+} 和 $Fe^{3+} + Cr^{3+}$ 的物质的量比为 1∶2；而在还原六价铬时 Fe^{2+} 的耗量为 3 mol/mol(Cr^{6+})。因此，1 mol 的 Cr^{6+} 所需的 $FeSO_4$ 为 5 mol（理论量）。亚铁盐的实际投量稍大于理论量，约为理论量的 1.15 倍。

（2）加碱共沉淀。根据金属离子的种类不同，用氢氧化钠调整 pH 值至 8～9。在常温及缺氧条件下，金属离子以 $M(OH)_2$ 及 $M'(OH)_3$ 的胶体形式同时沉淀出来，如 $Cr(OH)_3$、$Fe(OH)_3$、$Fe(OH)_2$ 和 $Zn(OH)_2$ 等。必须注意，调整 pH 值时不可采用石灰，原因是它的溶解度小和杂质多，未溶解的颗粒及杂质混入沉淀中，会影响铁氧体的质量。

（3）充氧加热，转化沉淀。为了调整二价金属离子和三价金属离子的比例，通常要向废水中通入空气，使部分 Fe(Ⅱ)转化为 Fe(Ⅲ)。此外，加热可促使反应进行、氢氧化物胶体破坏和脱水分解，使之逐渐转化为铁氧体：

$$Fe(OH)_3 \xlongequal{\triangle} FeOOH + H_2O$$

$$FeOOH + Fe(OH)_2 \xlongequal{} FeOOH \cdot Fe(OH)_2$$

$$FeOOH \cdot Fe(OH)_2 + FeOOH \xlongequal{} FeO \cdot Fe_2O_3 + 2H_2O$$

废水中其他金属氢氧化物的反应大致相同，二价金属离子占据部分 Fe(Ⅱ)的位置，三价金属离子占据部分 Fe(Ⅲ)的位置，从而使其他金属离子均匀地混杂到铁氧体晶格中去，形成特性各异的铁氧体。例如，Cr^{3+} 离子存在时形成铬铁氧体 $FeO(Fe_{1+x}Cr_{1-x})O_3$。

加热温度要注意控制，温度过高，氧化反应过快，会使 Fe(Ⅱ)不足而 Fe(Ⅲ)过量。一般认为加热至 60～80℃，时间为 20 min，比较合适。加热充氧的方式有两种：一种是对全部废水加热充氧，另一种是先充氧，然后将组成调整好了的氢氧化物沉淀分离出来，再对沉淀物加热。

（4）固液分离。对形成的铁氧体沉渣进行分离，以获得良好的出水水质。由于铁氧体的相对密度较大(4.4～5.3)，采用沉降过滤和离心分离都能获得较好的分离效果。

（5）沉渣处理。根据沉渣的组成、性能及用途不同，处理方法也各异：

1）若废水的成分单纯、浓度稳定，则其沉渣可作铁淦氧磁体的原料，此时，沉渣应进行水洗，除去硫酸钠等杂质。

2）供制耐蚀瓷器。

3）暂时堆置贮存。

12.3.3 铁氧体沉淀法处理废水举例

12.3.3.1 含铬电镀废水

含铬电镀废水工艺流程如图 12-7 所示。含 Cr(Ⅵ)废水由调节池进入反应槽。根据含 Cr(Ⅵ)量投加一定量硫酸亚铁进行氧化还原反应，然后投加氢氧化钠调 pH 值至 7～9，产生氢氧化物沉淀，呈墨绿色。通蒸气加热至 60～80℃，通空气曝气 20 min，当沉淀呈黑褐色时，停止通气。静置沉淀后上清液排放或回用，沉淀经离心分离洗去钠盐后烘干，以便利用。当进水 CrO_3 含量为 190～2800 mg/L时，经处理后的出水含 Cr(Ⅵ)低于 0.1 mg/L。每克铬酐约可得到 6 g 铁氧体干渣。

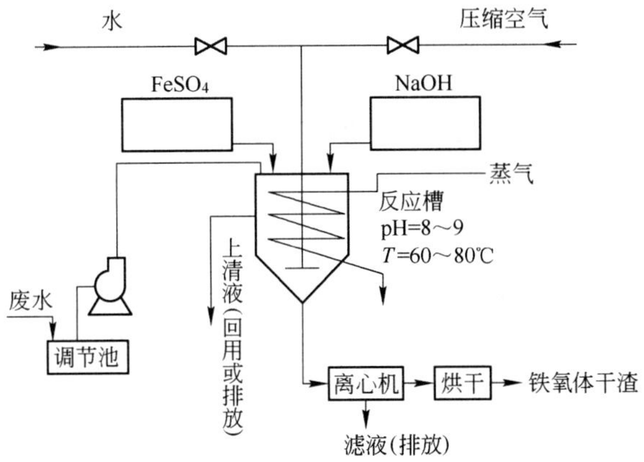

图 12-7 铁氧体沉淀法处理含铬废水

12.3.3.2 重金属离子混合废水

废水中含 Zn^{2+}、Cu^{2+}、Ni^{2+}、$Cr_2O_7^{2-}$ 等重金属离子的废水，硫酸亚铁投量大体上为单种金属离子时投药量之和。在反应池中投加 NaOH 调 pH 值至 8 ~ 9 生成金属氢氧化物沉淀，再进气浮槽中浮上分离，处理后出水中各金属离子含量均达排放标准。浮渣流入转化槽，补加一定量硫酸亚铁，加热至 70 ~ 80℃，通压缩空气曝气约 0.2 h，金属氢氧化物即可转化为铁氧体。这种方法的本质是采用氢氧化物沉淀法处理废水，采用铁氧体法处理形成的污泥。

铁氧体沉淀法具有如下优点：

(1) 能一次脱除废水中的多种金属离子，出水水质好，能达到排放标准。

(2) 设备简单、操作方便。

(3) 硫酸亚铁的投量范围大，对水质的适应性强。

(4) 沉渣易分离。

(5) 铁氧体性能稳定，长期放置对环境无影响。

该法存在的缺点是：

(1) 不能单独回收有用金属。

(2) 需消耗相当多的硫酸亚铁、一定数量的苛性钠及热能，且处理时间较长，使处理成本较高。

(3) 出水中的硫酸盐含量高。

习题和思考题

12-1 如何确定氢氧化物沉淀法处理重金属废水的 pH 条件？

12-2 综述石灰法在水处理中的应用(包括作用原理、去除污染物范围、工艺流程、优点及存在问题、处理实例)。

12-3 试述硫化物沉淀法常用药剂、去除对象及特点，并剖析硫化物沉淀法除 Hg(Ⅱ)的基本原理。

12-4 举例说明可溶性络离子的生成对化学沉淀法的处理效果有何影响？

12-5 螯合沉淀法去除重金属离子有何特点？

12-6 试述铁氧体沉淀法处理含重金属废水的基本原理、工艺流程及操作条件。

12-7 某工业废水中 H_2SO_4 与 $ZnSO_4$ 含量各为 8 g/L。现采用投药中和法与氢氧化物沉淀法处理该种废水，若采用 NaOH 作中和药剂与沉淀硫酸锌的药剂，为满足排放标准规定的锌离子浓度 $[Zn^{2+}] \leqslant$ 5 mg/L的要求，试求 NaOH 的总耗量及处理终点的 pH 值。

13 氧化还原法

氧化还原法(oxidation-reduction processes)是通过药剂与污染物的氧化还原反应,把废水中有毒害的污染物转化为无毒或微毒物质的处理方法。

废水中的有机污染物(如色、嗅、味、COD)及还原性无机离子(如 CN^-、S^{2-}、Fe^{2+}、Mn^{2+} 等)都可通过氧化法消除其危害;而废水中的许多重金属离子(如汞、镉、铜、银、金、六价铬、镍等)都可通过还原法去除。

废水处理中常用的氧化剂有空气、臭氧、过氧化氢、氯气、二氧化氯、次氯酸钠和漂白粉等;常用的还原剂有硫酸亚铁、亚硫酸氢钠、硼氢化钠、水合肼及铁屑等。在电解氧化还原法中,电解槽的阳极可作为氧化剂,阴极可作为还原剂。

投药氧化还原法的工艺过程及设备比较简单,通常只需一个反应池,若有沉淀物生成,尚需进行固液分离及泥渣处理。电解氧化还原法的工艺过程及设备均有其特殊性,将辟专节讨论。

13.1 基本原理

13.1.1 无机物的氧化还原

对于水溶液中无机物的氧化还原反应,可以方便地用各电对的电极电势来衡量其氧化性(或还原性)的强弱,估计反应进行的程度。氧化剂和还原剂的电极电势差越大,反应进行得越完全。

电极电势 E 主要取决于物质("电对")的本性(反映为 $E^\ominus$ 值),同时也和参与反应的物质浓度(或气体分压)、温度有关,其间的关系可用奈斯特公式表示:

$$E = E^\ominus + \frac{RT}{nF}\ln\frac{[\text{氧化型}]}{[\text{还原型}]} \tag{13-1}$$

利用上式可估算处理程度,即求出氧化还原反应达平衡时各有关物质的残余浓度。例如,铜屑置换法处理含汞废水有如下反应:

$$Cu + Hg^{2+} = Cu^{2+} + Hg\downarrow$$

当反应在室温(25℃)达平衡时,相应原电池两电极的电极电势相等:

$$E^\ominus_{Cu^{2+}/Cu} + \frac{0.059}{2}\lg\frac{[Cu^{2+}]}{1} = E^\ominus_{Hg^{2+}/Hg} + \frac{0.059}{2}\lg\frac{[Hg^{2+}]}{1}$$

由标准电极电势表查得:$E^\ominus_{Cu^{2+}/Cu} = 0.34V$,$E^\ominus_{Hg^{2+}/Hg} = 0.85V$,于是可求得 $[Cu^{2+}]/[Hg^{2+}] = 10^{17.5}$。可见,此反应可进行得十分完全,平衡时溶液中残余 Hg^{2+} 极微。

13.1.2 有机物的氧化还原

有机物的氧化还原过程要复杂一些,不能简单以电子得失来判断。通常有机物脱氢或加氧的为氧化,加氢或脱氧的为还原。

有机化合物在氧化还原反应中发生降解,按降解程度的不同分为两大类。

(1) 初级降解。有机化合物的结构发生改变,这种结构的改变可能导致两种结果。一是使化合物毒性减弱或消除,可生化性提高,是可接受的降解;另一种是结构的改变使化合物毒性增强,更加难以生物降解,是不可接受的降解。

(2) 完全降解(矿化)。由碳、氢、氧三种元素组成的有机化合物,氧化的最终结果是转化为简单无机物二氧化碳和水。而对于还含有氮、硫、磷等元素的有机物的氧化产物除二氧化碳和水外,还会产生硝酸类、硫酸类和磷酸类等物质。有机物完全降解的最终结果是转化为简单的无机物,这一过程也就是有机物无机化的过程,也称矿化。

水污染控制过程中,有机物的化学氧化既可以控制在可接受的初级降解阶段,也可以控制在完全降解阶段。对于有毒、生物难降解有机物,可进行化学氧化初级降解,改善其可生化性后,再进入后续的生化处理单元进一步降解去除,而不一定通过化学氧化使其矿化。

13.1.3 影响氧化还原反应的因素

多数氧化还原反应速度很慢,因此,在用氧化还原法处理废水时,影响水溶液中氧化还原反应速度的动力因素对实际处理能力有更为重要的意义,这些因素包括:

(1) 氧化剂和还原剂的本性。影响很大,其影响程度通常要由实验观察或经验来确定。

(2) 反应物的浓度。一般讲,浓度升高,速度加快,其间定量关系与反应机理有关,可根据实验观察来确定。

(3) 温度。一般讲,温度升高,速度加快,其间定量关系可由阿仑尼乌斯公式表示。

(4) 催化剂的存在。近年来异相催化剂(如活性炭、黏土、金属氧化物)等在水处理中的应用受到重视。

(5) 溶液的 pH 值。影响很大,其影响途径有三: H^+ 或 OH^- 直接参与氧化还原反应;OH^- 或 H^+ 为催化剂;溶液的 pH 值决定溶液中许多物质的存在状态及相对数量。

13.2 化学氧化法

13.2.1 空气氧化法

利用空气中的氧进行氧化去除废水中污染物的方法称为空气氧化法。分子氧(O_2)的氧化还原电位很高(1.23 V),但反应时所需的活化能很高,因而反应速度很慢,故常用来处理易氧化的还原性污染物,如 S^{2-}、Fe^{2+}、Mn^{2+} 等。

空气氧化法目前主要用于含硫(Ⅱ)废水的处理。硫(Ⅱ)在废水中以 S^{2-}、HS^-、H_2S 的形式存在。在碱性溶液中,硫(Ⅱ)的还原性较强,且不会形成易挥发的硫化氢,空气氧化效果较好。氧与硫化物的反应在 80 ~ 90℃下按如下反应式进行:

第一步:$2HS^- + 2O_2 = S_2O_3^{2-} + H_2O$;$2S^{2-} + 2O_2 + H_2O = S_2O_3^{2-} + 2OH^-$

第二步:$S_2O_3^{2-} + 2O_2 + 2OH^- = 2SO_4^{2-} + H_2O$

在废水处理中,接触反应时间约 1.5 h,第一步反应几乎进行完全,而第二步反应只能进行约 10%。综合这两者,氧化 1 kg 硫(Ⅱ)总共约需 1.1 kg 氧,约相当于 4 m^3 空气。

空气氧化脱硫工艺可在各种密封塔体(空塔、筛板塔、填料塔等)中进行。图 13-1 为某炼油厂废水的氧化脱硫装置。氧化脱硫塔分四段,段高 3 m。每段进口处有喷嘴,使废水、汽、气和段内废水充分混合一次,促进塔内反应的加速进行。设计参数应通过试验确定。下列数据可供参考:废水在塔内的停留时间为 1.5 ~ 2.5 h,空气用量为理论用量的 2 ~ 3 倍,气水体积比不小于 15。为加速反应,塔内反应温度采用 80 ~ 90℃,脱硫效率达 98.3%。据试验,若温度为 64℃脱硫效率为 94.3%。

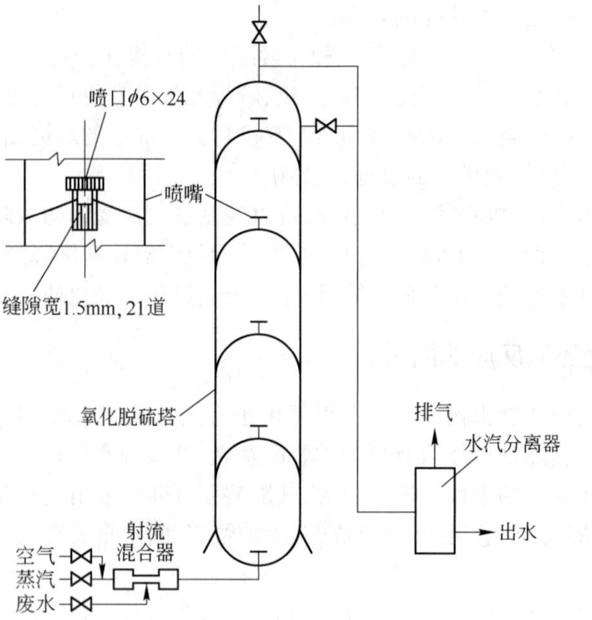

图 13-1 空气氧化脱硫塔

13.2.2 臭氧氧化法

臭氧(O_3)是氧的同素异形体,在常温、常压下是一种淡蓝色气体,且具有特殊的"新鲜"气味,在低浓度下嗅了使人感到清爽,当浓度稍高时,具有特殊的臭味,有毒性。臭氧沸点 -111.9℃,相对密度是氧的1.5倍,在水中溶解度要比纯氧高10倍,比空气高25倍。臭氧很不稳定,在常温下即可自行分解,并且在水中分解比在空气中更快。

$$2O_3 \longrightarrow 3O_2$$

臭氧的氧化能力很强,在酸性溶液中,其标准电极电势为2.07 V,氧化能力低于氟;在碱性溶液中,其标准电极电势为1.24 V,氧化能力略低于氯。在理想的反应条件下,臭氧可把水溶液中大多数单质和化合物氧化到它们的最高氧化态,对水中有机物有强烈的氧化降解作用。

由于臭氧很不稳定,因此通常在现场制备,当场使用。产生臭氧的方法很多,工业上主要是利用干燥空气或氧气经无声放电来制取臭氧,图13-2给出无声放电法制备臭氧的原理。在两电极间施以高的交流电压(10~20 kV),由于介电体的阻碍,高压放电的电流很小,只在介电体表面的凸点处发生局部放电,形成一脉冲电子流(由于不形成电弧,故叫做无声放电)。此时,如干燥的空气(或氧气)从放电间隙通过,一些氧分子与脉冲电子流碰撞,在电子的轰击下,发生如下反应:

$$O_2 + e = O + O + e; O_2 + O = O_3$$

$$O + O + O = O_3$$

$$O_3 + e = O_2 + O + e; O_3 + O = 2O_2$$

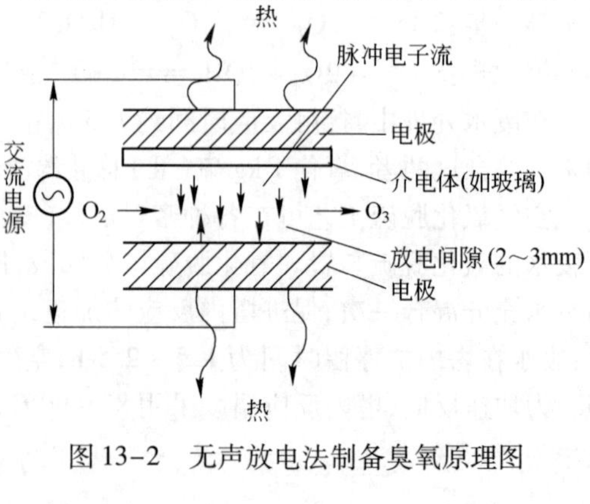

图 13-2 无声放电法制备臭氧原理图

无声放电法将部分氧气转变为臭氧,得到的混合气体称为臭氧化气。以空气为原料制得的臭氧化气臭氧浓度为1%~3%(重量比);而以纯氧为原料制得的臭氧化气臭氧浓度可达3%

~10%，同时动力消耗约为空气的一半。

制取臭氧的理论能耗为163.7 kJ/mol，即每度电产生1056 g臭氧，但由于热的散失，每度电的实际产量一般为理论产量的10%左右。影响臭氧产率的因素很多，包括：温度、原料气中水分与O_2含量、气体流速、施加的电压、电流频率及臭氧发生器的构造形式等。升温虽有利于O_2分子键的断裂，但也促使O_3的热分解，故要冷却发生部件，并采用较高的气流速度，以减少臭氧在发生器内的热分解。气体中的水分阻碍臭氧的产生，促进其分解，因此原料气必须充分干燥。原料气中O_2含量高，产生的臭氧浓度大，因此，最好采用纯氧或富氧空气作原料。电流频率增高，所制取臭氧浓度与产率均能提高。

工业生产中常用的臭氧发生器，按电极的构造不同，可以分为两大类：管式臭氧发生器和板式臭氧发生器。图13-3为卧管式臭氧发生器示意图，其外形与热交换器相似，是一个圆筒形的密封容器，器内有水平装设的不锈钢管多根，两端固定在两块管板上。管板将容器分为三部分，右端进入原料气，左端排出臭氧化气，中间管件外通以冷却水。每根金属管构成一个低压极（接地），管内装一根同轴的玻璃管或瓷管作为介电体，玻璃管内侧面喷镀一层银和铝，与高压电源相连。玻璃管一端封死，管壁与金属管之间留2~3 mm的间隙，供气体通过之用。

影响臭氧氧化法处理效果的主要因素除污染物的性质、浓度、臭氧投加量、溶液pH值、温度、反应时间外，气态药剂O_3的投加方式也很重要。为了充分发挥臭氧的氧化作用，在臭氧化气投加到水中时，应将它分成尽可能多的微小气泡，同时保持气泡与水的对流，使气、水充分接触。O_3的投加通常在混合反应器中进行。混合反应器（接触反应器）的作用为：促进气、水扩散混合；使气、水充分接触，迅速反应。设计混合反应器时要考虑臭氧分子在水中的扩散速度和与污染物的反应速度。当扩散速度较大，而反应速度为整个臭氧化过程的速度控制步骤时，混合反应器的结构形式应有利于反应的充分进行。属于这一类的污染物有烷基苯磺酸钠、焦油、COD、BOD、污泥、氨氮等，反应器可采用微孔扩散板式鼓泡塔。当反应速度较大，而扩散速度为整个臭氧化过程的速度控制步骤时，结构形式应有利于臭氧的加速扩散。属于这一类的污染物有铁（Ⅱ）、锰（Ⅱ）、氰、酚、亲水性染料、细菌等，可采用喷射器作为反应器。

微孔扩散板式鼓泡塔见图13-4。臭氧化气从塔底的微孔扩散板（孔径约15~20 μm）喷出，与废水逆流接触；塔中可装填瓷环、塑料环等填料，以改善水气接触条件。这种设备的特点是可较长时间保持一定的臭氧浓度，有利于臭氧与水中污染物充分反应。此外，该设备具有较大的液相容积，气量调节容易。

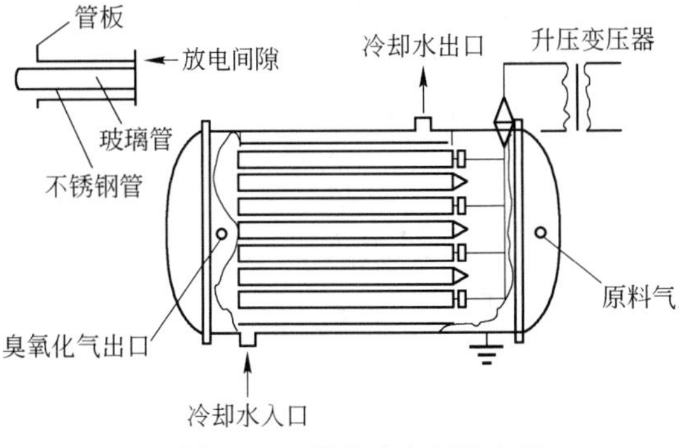

图13-3 卧管式臭氧发生器

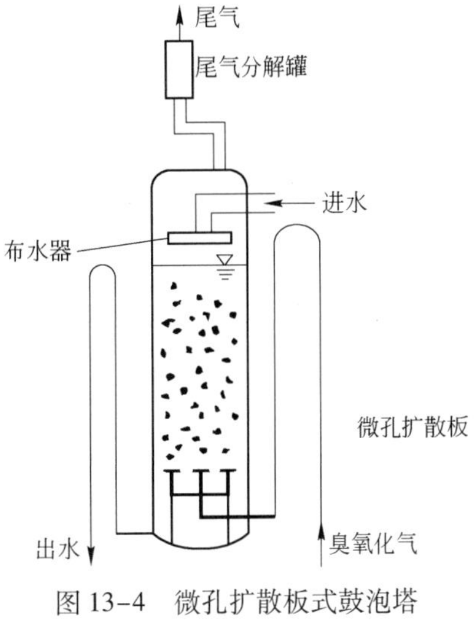

图13-4 微孔扩散板式鼓泡塔

喷射器式混合反应器见图13-5。高压废水通过水射器将臭氧化气吸入水中，这种设备的特点是混合充分，但接触时间较短。近来，又出现了一种静态混合器(图13-6)。静态混合器也叫做管式混合器，其管道内安装多节螺旋叶片，相邻两片螺旋叶片有着相反的方向，水流在旋转分割运动中与臭氧接触而产生许多微小的旋涡，使水气得到充分的混合。这种混合器的传质能力强，臭氧利用率可达87%(微孔扩散板式为73%)，且耗能较少，设备费用低。

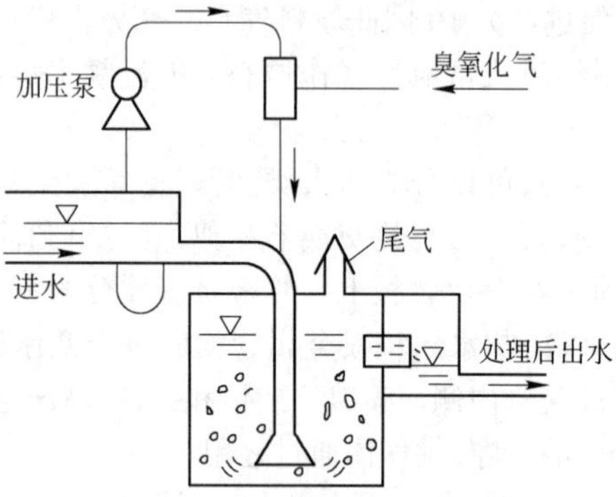

图13-5 部分流量喷射接触池

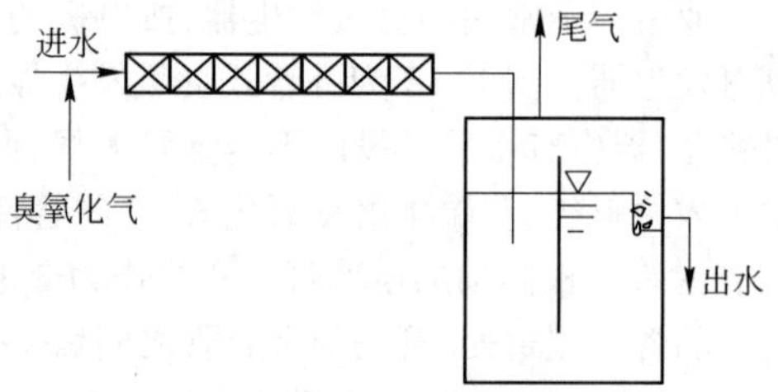

图13-6 静态混合器

废水处理后，在排出的尾气中往往含有微量的臭氧，可以利用自然通风或强制通风将尾气排放至安全地点，也可用活性炭吸附或通过加热促使臭氧快速分解。

由于臭氧及其在水中分解的中间产物氢氧基有很强的氧化性，可分解一般氧化剂难于破坏的有机物，而且反应完全，速度快；剩余臭氧会迅速转化为氧，出水无气味，不产生污泥；原料(空气)来源广，因此臭氧氧化法在水处理中是大有用途的。但在当前，由于制备臭氧的电能消耗较大，臭氧的投加与接触系统效率低，使其在废水处理中的应用受到限制，主要用于低浓度、难氧化的有机废水的处理和消毒杀菌。例如，对印染废水的处理，采用生化法脱色效率较低(仅为40%~50%)，而采用臭氧氧化法(有时还与混凝、活性炭吸附结合)，脱色率可达90%~99%，一般O_3投量为40~60 mg/L，接触反应时间为10~30 min。又如某炼油厂废水，经脱硫、浮选和曝气处理后，含酚0.1~0.3 mg/L、油5~10 mg/L、硫化物0.05 mg/L，色度为8~12度，采用O_3进行深度处理，O_3投量为50 mg/L，接触反应时间10 min，处理后含酚0.0 1mg/L以下，含油0.3 mg/L以下，含硫化物0.02 mg/L以下，色度为2~4度。

13.2.3 氯氧化法

13.2.3.1 氯系氧化剂

氯系氧化剂包括氯气、氯的含氧酸及其钠盐、钙盐以及二氧化氯。含氯化合物中化合价大于-1的那部分氯才具有氧化能力，称之为有效氯，用来表示氯系氧化剂的氧化能力。以液氯为基准物质，取其有效氯含量为100%，则常用氯系氧化剂有效氯含量见表13-1。

表13-1 常用氯系氧化剂有效氯含量

药剂名称	化学式	分子量	含氯量 W/%	有效氯 W/%
氯气(或液氯)	Cl_2	71	100	100
次氯酸	HOCl	52.5	67.7	135
次氯酸钠	NaOCl	74.5	47.7	95.4
漂白粉	$Ca(OCl)_2$	143	49.6	99.2
漂白精	CaCl(OCl)	127	56	56
二氧化氯	ClO_2	67.5	52.5	262.5
一氯胺	NH_2Cl	51.5	69	138
二氯胺	$NHCl_2$	86	82.5	165.1

氯气是一种具有刺激性气味的黄绿色有毒气体，易溶于水，并迅速水解，歧化为 HCl 和 HClO。次氯酸及其盐有很强的氧化性，且在酸性溶液中有更强的氧化性。氯与水中某些有机化合物发生取代反应，会生成氯代有机物，对水质安全不利。液氯是氯气压缩以后的形态，通常贮存在特制氯瓶中。

二氧化氯在通常情况下是黄色气体，易溶于水，在 1 个标准大气压、4℃时 1 体积的水可溶解 20 体积的二氧化氯，溶解度是氯气的 5 倍。二氧化氯在水中不易发生水解反应。二氧化氯与水中某些有机化合物发生取代反应的程度弱于氯，生成的氯代有机物有限。二氧化氯易挥发，其液态和气态极不稳定，与空气混合的体积比大于 10% 时，受到强光或强烈振动时可能发生爆炸，因此，气态的二氧化氯常在现场制备，并溶于水（6 ~ 8 mg/L）备用。用二氧化氯除臭和味后，没有残余臭和味；当水中含酚时，不产生氯酚，因此对除酚特别有用。但 ClO_2 的主要还原（及歧化）产物 ClO_2^- 对人体有毒，ClO_2 处理有机废水所产生的氯代有机物对人体也有长期的生理效应。因此，用 ClO_2 处理后，最好再经活性炭吸附处理。

13.2.3.2 氯氧化法在废水处理中的应用

氯氧化法在废水处理中主要用于氰化物、硫化物、酚、醇、醛、油类的氧化去除，还用于消毒、脱色、除臭。

A 碱性氯化法处理含氰废水

废水中的氰通常以游离的 CN^-、HCN 及稳定性不同的各种金属络合物如 $[Zn(CN)_4]^{2-}$、$[Ni(CN)_4]^{2-}$、$[Fe(CN)_6]^{3-}$ 等形式存在。利用 CN^- 的还原性，可用氯系氧化剂在碱性条件下将其破坏。

氰离子的氧化破坏分两阶段进行。第一阶段，CN^- 被氧化为 CNO^-：

$$CN^- + ClO^- + H_2O = CNCl + 2OH^-;\ CNCl + 2OH^- \xlongequal{pH \geq 10} CNO^- + Cl^- + H_2O$$

第二阶段，CNO^- 可在不同 pH 值下，进一步氧化降解或水解；

$$2CNO^- + 3ClO^- + H_2O \xlongequal{pH = 7.5 \sim 9} N_2\uparrow + 3Cl^- + 2HCO_3^-$$

$$CNO^- + 2H^+ + H_2O \xlongequal{pH < 2.5} NH_4^+ + CO_2\uparrow$$

第一阶段反应生成的氯化氰有剧毒，在酸性条件下稳定，易挥发致毒；只有在碱性条件下，容易转变为毒性极微的氰酸根 CNO^-。

第二阶段的氧化降解反应，在低 pH 值下可加速进行，但产物为 NH_4^+，且有重新逸出 CNCl 的危险，当 pH > 12 时，反应终止。通常将 pH 值控制在 7.5 ~ 9 之间为宜。采用过量氧化剂，将第二阶段的反应进行到底，叫完全氧化法。如果只进行第一阶段反应，叫不完全氧化。

根据反应式，可以确定完全氧化 1 molCN^- 的理论耗药量为 2.5 molCl_2 或 ClO^-。但是，实际废水的成分往往十分复杂，由于各种还原性物质的存在（如 H_2S、Fe^{2+}、Mn^{2+} 及某些有机物等），使实际投药量往往比理论投药量大 2 ~ 3 倍。准确的投药量应通过试验确定。通常要求出水中保持 3 ~ 5 mg/L 的余氯，以保证 CN^- 降到 0.1 mg/L 以下。

处理设备包括废水均和池、混合反应池及投药设备等。反应池容积按 10 ~ 30 min 的停留时间设计。为了避免金属氰化物（如 $Cu(CN)_2$、$Fe(CN)_2$、$Zn(CN)_2$ 等）沉淀析出，并促进吸附在金属氢氧化物（或其他不溶物）上的氰化物氧化，可采用压缩空气进行激烈搅拌。当用漂白粉作为氧化剂时，渣量较大，约为水量的 2.8% ~ 5.0%，需设专门的沉淀池，沉淀时间采用 1 ~ 1.5 h。由于污泥中往往含有相当数量的溶解氰化物，处置时必须注意。

B 氯化法除酚

氯与酚的氧化降解反应可表示为：

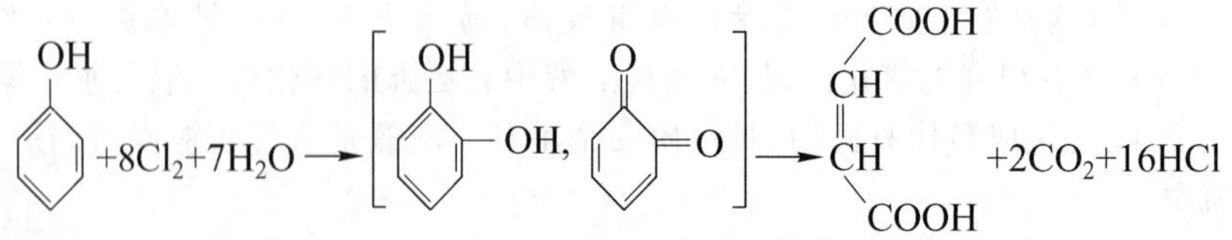

生成的顺丁烯二酸还可进一步被氧化为 CO_2 和 H_2O。同时,还会发生取代反应,生成有强烈异臭及潜在危险的氯酚(主要是2,6-二氯酚)。为了消除氯酚的危害,一方面可投加过量氯(当含酚浓度为50 mg/L时,投氯量增大1.25倍;浓度为1100 mg/L时,增大1.5~2.0倍),或改用更强的氧化剂(如臭氧、二氧化氯)以防止氯酚生成;另一方面,出水可用活性炭进行后处理,除去水中的氯酚(及其他氯代有机物)。

C 氯化法脱色

氯可以氧化破坏发色官能团,有效地去除有机物引起的色度。如用R-CH=CH-R′表示发色的有机物,则其脱色反应可示意为:

$$R-CH=CH-R' + HClO \rightarrow R-\underset{\displaystyle Cl}{\underset{|}{CH}}-\underset{\displaystyle Cl}{\underset{|}{CH}}-R'$$

氯的脱色效果与pH值有关。通常,发色有机物在碱性条件下易破坏,因此碱性脱色效果好;在pH值相同时,用次氯酸钠比氯更为有效。

为了保证使用安全,氯气通常用加氯机配成含氯的水溶液再加入水中。常用的加氯机为真空加氯机,其工作原理和设备构成见第14章。

13.2.4 高锰酸盐氧化法

最常用的高锰酸盐是 $KMnO_4$,它是强氧化剂,其氧化性随pH值降低而增强。但是,在碱性溶液中,反应速度往往更快。

在废水处理中,高锰酸盐氧化法正研究应用于去除酚、H_2S、CN^- 等;而在给水处理中,可用于消灭藻类、除臭、除味、除铁(Ⅱ)、除锰(Ⅱ)等。高锰酸盐氧化法的优点是出水没有异味;氧化药剂(干态或湿态)易于投配和监测,并易于利用原有水处理设备(如凝聚沉淀设备,过滤设备);反应所生成的水合二氧化锰有利于凝聚沉淀的进行(特别是对于低浊度废水的处理)。主要缺点是成本高和尚缺乏废水处理的运行经验。若将此法与其他处理方法(如空气曝气、氯氧化、活性炭吸附等)配合使用,可使处理效率提高,成本下降。

13.3 化学还原法

在废水处理中,目前采用化学还原法进行处理的主要污染物有Cr(Ⅵ)、Hg(Ⅱ)、Cu(Ⅱ)等重金属。

13.3.1 还原法去除六价铬

废水中剧毒的六价铬($Cr_2O_7^{2-}$ 或 CrO_4^{2-})可用还原剂还原成毒性极微的三价铬。常用的还原剂有亚硫酸氢钠、二氧化硫、硫酸亚铁。

还原产物 Cr^{3+} 可通过加碱至pH=7.5~9使之生成氢氧化铬沉淀,而从溶液中分离除去。还原反应在酸性溶液中进行(pH<4为宜)。还原剂的耗用量与pH值有关。例如,若用亚硫酸作还原剂,pH=3~4时,氧化还原反应进行得最完全,投药量也最省;pH=6时,反应不完全,投药

量较大;pH = 7 时,反应难以进行。

采用药剂还原法去除六价铬时,还原剂和碱性药剂的选择要因地制宜,全面考虑。采用亚硫酸氢钠、具有设备简单、沉渣最少且易于回收利用等优点,因而应用较广。也有采用来源广、价格低的硫酸亚铁和石灰的,如厂区有二氧化硫及硫化氢废气时,也可采用尾气还原法。

近年来试验研究了用活性炭吸附处理含铬(Ⅵ)废水的方法。当 pH 值很低时,本质上仍是一种还原法:

$$2H_2Cr_2O_7 + 3C + 6H_2SO_4 = 2Cr_2(SO_4)_3 + 3CO_2\uparrow + 8H_2O$$

13.3.2 还原法除汞(Ⅱ)

常用的还原剂为比汞活泼的金属(铁屑、锌粒、铝粉、铜屑等)、硼氢化钠、醛类、联胺等。废水中的有机汞通常先用氧化剂(如氯)将其破坏,使之转化为无机汞后,再用金属置换。

金属还原除汞(Ⅱ)时,将含汞废水通过金属屑滤床,或与金属粉混合反应,置换出金属汞。置换反应速度与接触面积、温度、pH 值等因素有关。通常将金属破碎成 2 ~ 4 mm 的碎屑,并用汽油或酸去掉表面的油污或锈蚀层。反应温度提高,能加速反应的进行;但温度太高,会有汞蒸气逸出,故反应一般在 20 ~ 80℃ 范围内进行。采用铁屑过滤时,pH 值在 6 ~ 9 较好,耗铁量最小;pH 值低于 6 时,则铁因溶解而耗量增大;pH 值低于 5 时,有氢析出($Fe + 2H^+ \longrightarrow Fe^{2+} + H_2\uparrow$),吸附于铁屑表面,减小了金属的有效表面积,并且氢离子和汞离子竞争也变得严重,阻碍除汞(Ⅱ)反应的进行。采用锌粒还原时,pH 值最好在 9 ~ 11 之间。用铜屑还原时,pH 值在 1 ~ 10 之间均可。

据某厂试验,用工业铁粉去除酸性废水中的汞(Ⅱ),在 50 ~ 60℃,混合反应 1 ~ 1.5 h,经过滤分离,废水中所含汞量可去除 90% 以上。某水银电解法氯碱车间的含汞淡盐水,用钢屑填充的过滤床处理,温度在 20 ~ 80℃,pH 值在 6 ~ 9,接触时间 2 min,汞去除率达 90%。铜屑过滤法常用于处理酸浓度较大的含汞废水。如某化工厂废水中酸浓度达 30%,含汞量为 600 ~ 700 mg/L,采用铜屑过滤法除汞,接触时间不少于 40 min,含汞量可降至 10 mg/L 以下。

硼氢化钠在碱性条件下(pH = 9 ~ 11)可将汞离子还原成汞,其反应为:

$$Hg^{2+} + BH_4^- + 2OH^- = Hg\downarrow + 3H_2\uparrow + BO_2^-$$

还原剂一般配成 $NaBH_4$ 含量为 12% 的碱性溶液,与废水一起加入混合反应器进行反应。将产生的气体(氢气和汞蒸气)通入洗气器,用稀硝酸洗涤以除去汞蒸气,硝酸洗液返回原废水池再进行除汞处理。而脱气泥浆中的汞粒(粒径约 10 μm)可用水力旋流器分离,能回收 80% ~ 90% 的汞。残留于溢流水中的汞,用孔径为 5 μm 的微孔过滤器截留去除,出水中残汞量低于 0.01 mg/L。回收的汞可用真空蒸馏法净化。据试验,每千克硼氢化钠可回收 2 kg 金属汞。

13.4 电化学法

13.4.1 概述

电解质溶液在直流电流作用下,在两电极上分别发生氧化反应和还原反应的过程叫做电解。直接或间接地利用电解槽中的电化学反应,可对废水进行氧化处理、还原处理、凝聚处理及浮上处理。可见,电解法在废水处理中有广阔的应用范围,现已发展成为一种重要的废水处理方法。电化学反应所用“药剂”就是电子,其氧化能力和还原能力随电极电位而变化,因此是一种适用范围很宽的氧化剂或还原剂。

电解法的工艺过程通常包括预处理(如均和、调 pH 值、投加药剂等)、电解、固液分离及泥渣处理等,其主要设备为电解槽。电解槽的构造和电解操作条件是影响处理效果和电能消耗的主要因素。

13.4.2　电能效率及其影响因素

在电解过程中,电能的实际耗量总是大于理论耗量。电能的利用率 η_ω 可用下式表示:

$$\eta_\omega = \frac{\text{理论所需电能}}{\text{实际消耗的电能}} \times 100\% = \eta_I \eta_V \tag{13-2}$$

电解时,理论上应当析出的物质量与通过的电量成正比(法拉第电解定律)。但由于存在各种副反应,使实际析出的物质量总是比理论量要少,即析出每单位重量物质的实际耗电量总是比理论耗量要大。因此,电流效率(理论耗电量与实际耗电量之比)η_I 总是小于 100%,从理论上讲,分解电压(使电解质溶液发生电解所需的最小外加电压)等于相应自发原电池的电动势。实际电解时所需电压(称为槽电压)不仅包含理论分解电压,而且还包含阴、阳极的超电势,以及克服电阻(溶液电阻、电极及导线接点电阻等)的电压降。因此,电压效率(理论分解电压与槽电压之比)η_V 也总是小于 100%。

电流效率和电压效率的降低,都将引起电能效率的降低。影响电能效率的因素很多,除了电解槽的构型、尺寸、电极材料外,还有电解的工艺条件(电流密度、槽温、废水成分、搅拌强度等)。

13.4.3　电解氧化还原法

13.4.3.1　电解氧化法

电解槽的阳极既可通过直接的电极反应过程,使污染物氧化破坏(如 CN^- 的阳极氧化),也可通过某些阳极反应产物(如 Cl_2、ClO^-、O_2、H_2O_2 等)间接地氧化破坏污染物(例如阳极产物 Cl_2 除氰、脱色)。实际上,为了强化阳极的氧化作用,往往投加一定量的食盐,进行所谓的“电氯化”,此时阳极的直接氧化作用和间接氧化作用往往同时起作用。

电化学氧化法主要用于去除水中氰、酚,以及 COD、S^{2-}、有机农药(如马拉硫磷)等,也有利用阳极产物 Ag^+ 离子进行消毒处理的。

(1) 电解氧化法处理含氰废水。电解含氰废水时,CN^- 可在阳极直接被氧化,其电极反应分两步进行,第一步将 CN^- 氧化为 CNO^-,第二步将 CNO^- 氧化为 N_2 和 CO_2(HCO_3^-)。CN^- 的阳极氧化需在碱性条件下进行,这是因为酸性条件下形成的 HCN 在阳极上放电十分困难,而碱性条件下形成的 CN^- 易于在阳极放电;同时阳极反应也需要有 OH^- 离子参加。但 pH 太高,将发生 OH^- 放电析出 O_2 的副反应,与氰的氧化破坏无关,却使电流效率降低。

电解处理含氰废水时,通常要往废水中添加一定量(2~3 g/L)的食盐。食盐的加入,不仅使溶液导电性增加,而且 Cl^- 离子在阳极放电,可产生氯氧化剂,强化了阳极的氧化作用。电解氧化法除氰的作用原理,类似碱性氯化法(参见 13.2 节),反应在适当的碱性条件(pH 值在 9~10)进行,既有助于剧毒的氯化氰的水解,又不至于有太多 OH^- 离子发生放电析出 O_2 的副反应。

电解氧化法除氰时,可采用翻腾式电解槽或回流式电解槽(图 13-7、图 13-8)。阳极可用石墨或涂二氧化钌的钛材,阴极可用普通钢板,电流密度一般在 9 A/dm^2 以下。为防止有害气体逸入大气,电解槽应采用全封闭式。采用电解法处理含氰废水,可使游离 CN^- 浓度降至 0.1 mg/L 以下,并且不必设置沉淀池和泥渣处理设施。

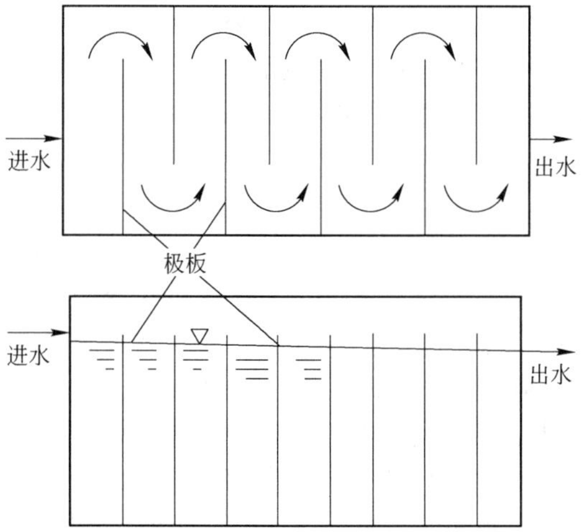

图 13-7 回流式电解槽

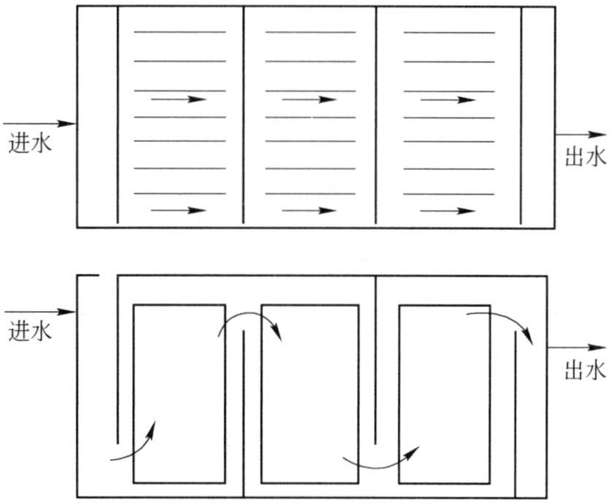

图 13-8 翻腾式电解槽

（2）电解氧化法处理含酚废水。电解除酚通常都投加食盐，以强化氧化过程，并降低电耗。据试验，食盐的投量为 20 g/L，电流密度采用 1.5 ~ 6 A/dm^2 时，经 6 ~ 38 min 的电解处理，废水含酚浓度可从 250 ~ 600 mg/L 降至 0.8 ~ 4.3 mg/L。

（3）电化学氧化法在水处理中的其他应用。电化学氧化法还可用以去除废水中的 COD、含硫化合物（S^{2-}、有机硫化合物）、有机磷化合物等污染物。某含有机化合物废水，用电解法氧化处理，所用电流密度为 2 A/dm^2，电解 30 min，COD 从 3248 mg/L 降至 832 mg/L。另据试验，在废水中投加一定量食盐，进行电解氧化脱色，若同时采用对 Cl^- 离子有专属吸附作用的多孔炭电极，可提高脱色效果。

13.4.3.2 电解还原法

电解槽的阴极可使废水中的重金属离子还原出来，沉淀于阴极（称为电沉积），加以回收利用；还可将五价砷（AsO_3^- 或 AsO_4^{3-}）及六价铬（CrO_4^{2-} 或 $Cr_2O_7^{2-}$）分别还原为砷化氢 AsH_3 及 Cr^{3+}，予以去除或回收。

A 电解还原法处理含铬（Ⅵ）废水

铬（Ⅵ）通常以 $Cr_2O_7^{2-}$ 的形态存在于废水中，在直流电作用下，向阳极迁移，被铁阳极溶蚀产物 Fe^{2+} 离子所还原。此外，阴极还直接还原一部分六价铬。由于 H^+ 离子在阴极放电，使废水的 pH 值逐渐提高，Cr^{3+} 和 Fe^{3+} 便形成 $Cr(OH)_3$ 及 $Fe(OH)_3$ 沉淀。生成的氢氧化铁有凝聚作用，能促进氢氧化铬迅速沉淀。据研究，对于六价铬的还原来说，亚铁离子的还原作用是主要的，而阴极的直接还原作用是十分次要的（约占百分之几），因此，必须采用铁为阳极材料。当用压缩空气进行搅拌时，空气中的氧要消耗一部分亚铁离子，因此，空气注入量要严格控制，或采用其他搅拌方法。

电解除铬时，可投加适量食盐（1 ~ 1.5 g/L），以增加溶液的导电性；同时氯离子能减弱阳极的钝化，降低其超电势，促进铁阳极的溶蚀。为了消除阳极钝化，应采用小电流密度（0.2 ~ 0.6 A/dm^2），并使电解槽的阴、阳极定期倒换，以保持阳极经常在活化状态下工作。废水的 pH 值较低，有利于铁阳极的溶蚀；若碱性较大，将促使铁阳极钝化，发生 OH^- 放电而析出氧气的副反应，且析出的氧还能消耗亚铁离子，不利于六价铬的还原。但是，pH 也不能太低，否则，Cr^{3+} 和 Fe^{3+} 将不能生成氢氧化物沉淀，因此，要使废水维持适当的 pH 值。实践证明：当废水含铬（Ⅵ）25 ~ 150 mg/L 时，如进水 pH 值为 3.5 ~ 6.5，则不需调 pH 值，电解除铬效果好、耗电省；随着电解的进行，氢离子在阴极放电，其 pH 值可满足氢氧化物沉淀析出的要求。

电化学还原法处理含铬废水，操作管理比较简单。处理效果稳定可靠，含铬电镀废水的六价铬含量可降至0.1 mg/L以下；水中其他重金属离子也可通过还原和共沉淀而降低含量。当原水含铬(Ⅵ)在100 mg/L以下时，采用电解法的处理费用不比化学还原法高。此法主要缺点是钢材耗量较大，污泥处理及利用问题尚未完全解决。

B 电沉积法去除与回收废水中的重金属离子

废水中的许多重金属离子，如Cu^{2+}、Ag^{+}、Au^{3+}、Ni^{2+}、Cd^{2+}、Hg^{2+}、Fe^{2+}等，都可用电解法在阴极沉积析出。如某含铜3360 mg/L的废水，电流密度采用3 A/dm^2，经10 min电解，水中含铜可降至10 mg/L以下。又据实验，某含银3~5 g/L的电镀废水，电流密度采用0.3 A/dm^2，经循环电解出水含银为0.6 g/L。如欲将金属离子含量降至更低，则将由于电流效率很低而不经济。

为了降低超电势提高电能效率，研制了各种去除与回收金属的电解槽，如小极距平板电极电解槽、旋流进水圆筒电极电解槽、圆盘式旋转电极电解槽、颗粒状填充电极或悬浮电极电解槽等。

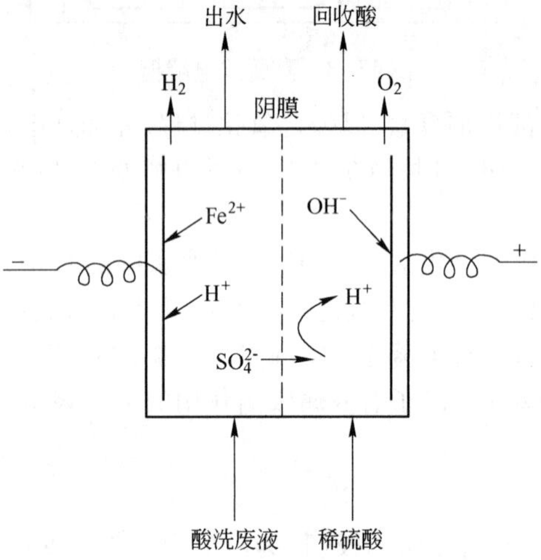

图13-9 隔膜电解法处理钢铁酸性废水原理图

钢铁酸洗废水数量大，所含$FeSO_4$和H_2SO浓度高，为回收其中的铁和硫酸，可用隔膜电解法(图13-9)。通电后，酸洗废液中的Fe^{2+}和H^+在阴极放电析出Fe和H_2；而SO_4^{2-}透过阴膜进入阳极室，在阳极OH^-放电析出氧气，使H^+离子浓度不断提高，与通过阴膜进入的SO_4^{2-}结合成硫酸。采用对阳离子有排斥性的阴膜作隔膜，可阻止阳极室的H^+进入阴极室，既有利于硫酸的回收，又可降低阴极室的H^+浓度(pH值约7)，避免过多的H^+在阴极放电而消耗电能。为了降低电能消耗，可通过预处理减少废液中的酸含量；适当提高阴极室出水的$FeSO_4$浓度(排出废水循环电解)；提高槽温(约60℃)；控制适当的电流密度(3~4 A/dm^2)。据试验资料，处理每千克$FeSO_4$，耗电能5.5~18.5 kW·h。

13.4.4 电解浮上和电解凝聚

13.4.4.1 电解浮上法

废水电解时，由于水的电解及有机物的电解氧化，在电极上会有气体(如H_2、O_2、CO_2、Cl_2等)析出。借助于电极上析出的微小气泡而浮上分离疏水性杂质微粒的处理技术，称为电解浮上法。电解时，不仅有气泡浮上作用，而且还兼有凝聚、共沉、电化学氧化及电化学还原等作用，能去除多种污染物。电解产生的气泡粒径很小，氢气泡约为10~30 μm，氧气泡约为20~60 μm；而加压溶气气浮时产生的气泡粒径为100~150 μm，机械搅拌时产生的气泡直径为800~1000 μm。由此可见，电解产生的气泡捕获杂质微粒的能力比后两者为高，出水水质自然较好。此外，电解产生的气泡，在20℃时的平均密度为0.5 g/L；而一般空气泡的平均密度为1.2 g/L。可见，前者的浮载能力比后者大一倍多。

电解浮上处理的主要设备是电浮槽。电浮槽有两种基本类型，一种是电解和浮升在同一室内进行的单室电浮槽，另一种是电解与浮升分开的双室电浮槽。前者适用于小水量的处理，后者适用于大水量。据一般经验，电极间距为15~20 mm，电流密度为0.2~0.5 A/dm^{2}时，效果较好。

电解浮上法具有去除污染物范围广、泥渣量少、设备较简单、操作管理方便、占地面积小等优点；主要缺点是电耗及电极损耗较大。据研究，若采用脉冲电流可使电耗大大降低；与其他方法配合使用，将比较经济。此法多用于去除细分散悬浮固体和油状物，如某轧钢厂废水中悬浮固体含量为150～350 mg/L，橄榄油含量300～600 mg/L，废水量75 m^3/h，采用25 m^3 的电解浮上槽进行处理。所用电极材料为镀铂的钛，极板面积25 m^2，电流密度为1 A/dm^2，槽电压为8 V，总的能量消耗为0.275 kW·h/m^3（水）。出水中悬浮固体降至30 mg/L以下，油含量降至40 mg/L以下，从刮出的泡渣中可回收铁粉和油。又如，某造纸厂废水，电解设备同上，电极采用低碳钢，电流密度为0.8 A/dm^2，槽电压为10 V，进水悬浮固体（纤维、高岭土等）含量为1 g/L，流量为100 m^3/h。出水固体含量降至30 mg/L，泡渣含水率90%～95%。因为水中含有极细微的高岭土，投加30 mg/L的硫酸铝。可改善去除效果。

13.4.4.2　电解凝聚法

电解凝聚（也称电混凝）是以铝、铁等金属为阳极，在直流电的作用下，阳极被溶蚀，产生Al^{3+}、Fe^{2+}等离子，再经一系列水解、聚合及亚铁的氧化过程，发展成为各种羟基络合物、多核羟基络合物以至氢氧化物，使废水中的胶态杂质、悬浮杂质凝聚沉淀而分离。同时，带电的污染物颗粒在电场中泳动，其部分电荷被电极中和而促使其脱稳聚沉。废水进行电解凝聚处理时，用铝电极比铁电极好，因为形成$Fe(OH)_3$絮凝体要先经过$Fe(OH)_2$，故比较慢，而形成$Al(OH)_3$则快得多。为了降低成本，可用废铁板及废铝板作电极。

废水进行电解凝聚处理时，不仅对胶态杂质及悬浮杂质有凝聚沉淀作用，而且由于阳极的氧化作用和阴极的还原作用，能去除水中多种污染物。根据试验，用电解凝聚法处理纸厂废水，电极采用铁板，槽电压为10～20 V，电解时间为10～15 min，该废水的COD含量高达1500～2000 mg/L，色度也很高。经处理后，COD去除55%～70%，色度去除90%～95%，若与生物处理相结合，COD可去除80%～90%。图13-10为脱除重金属离子的电解凝聚－浮上装置示意图。在电解槽内污染物发生氧化还原反应，同时阳极溶蚀产生氢氧化铁或氢氧化铝胶体，在凝聚槽进行凝聚和共沉反应。该槽底部鼓入压缩空气，在前室造成紊动，增进金属的溶蚀过程及氧化还原反应；在后室维持凝聚所必需的速度梯度。为了强化絮凝效果，有时在后室还投加高分子絮凝剂。废水进入电解浮上槽，絮体被电解产生的微小气泡所捕获，共同浮上液面，予以刮除。某合金滚磨含镉废水，其pH值为2.8，镉的含量252 mg/L，铜的含量70 mg/L，锌的含量80 mg/L，经调整pH值后进入这种电解凝聚－浮上装置处理。出水pH值为7.2；镉的含量0.03 mg/L，铜的含量0.2 mg/L，锌的含量0.04 mg/L；经过滤后，依次降为0.002 mg/L、0.15 mg/L、0.02 mg/L。

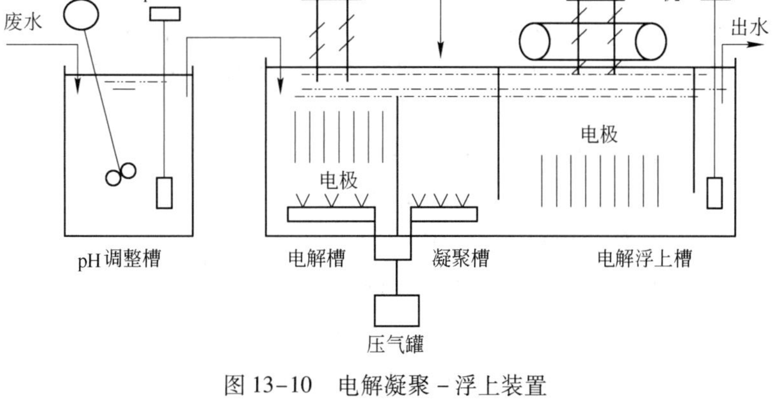

图13-10　电解凝聚－浮上装置

电解凝聚比起投加凝聚剂的化学凝聚来，具有一些独特的优点；可去除的污染物广泛；反应迅速（如阳极溶蚀产生 Al^{3+} 离子并形成絮凝体只需约 0.5 min）；适用的 pH 值范围宽；所形成的沉渣密实，澄清效果好。

13.5　高级氧化法

13.5.1　概述

高级氧化（advanced oxidation processes，AOP）指的是通过产生具有强氧化能力的羟基自由基（HO·）进行氧化反应去除或降解水中污染物的方法。高级氧化法主要用于将大分子难降解有机物氧化降解成低毒或无毒小分子物质的水处理场合，而这些难降解有机物采用常规氧化剂如氧气、臭氧或氯等难以氧化。羟基自由基与其他常见氧化剂氧化能力的比较见表 13-2。

表 13-2　不同氧化剂氧化还原电位的比较

氧化剂	F_2	HO·	O·	O_3	H_2O_2	HOCl	Cl_2	ClO_2	O_2
$E^{\ominus}$/V	3.06	2.80	2.42	2.07	1.78	1.49	1.36	1.27	1.23

由表 13-2 可知，除了氟以外，羟基自由基的氧化能力最强，可诱发一系列反应使溶解性有机物最终矿化。自由基氧化有机物有如下特点：

（1）HO·是高级氧化过程的中间产物，作为引发剂诱发后面的链式反应发生，通过链式反应降解污染物。

（2）HO·选择性小，几乎可以氧化废水中所有还原性物质，直接将其氧化为二氧化碳、水或盐，不产生二次污染。

（3）反应速度快，氧化速率常数一般在 $10^6 \sim 10^9\ m^{-1} \cdot s^{-1}$ 之间。

（4）反应条件温和，一般不需要高温、高压、强酸或强碱等条件。

13.5.2　典型的高级氧化技术

根据所使用的氧化剂及催化条件的不同，典型的高级氧化技术通常有：芬顿氧化法、臭氧类氧化法、光催化氧化法和湿式氧化法等。

13.5.2.1　芬顿氧化法

利用芬顿试剂对水中的还原性污染物进行氧化的方法。芬顿试剂（fenton reagent）是 1894 年由 Fenton 首次开发并应用于苹果酸的氧化，其典型组成为过氧化氢和 Fe^{2+}。其作用机理是 H_2O_2 在 Fe^{2+} 的催化作用下产生 HO·，HO·与有机物进行一系列的中间反应，并最终氧化为 CO_2 和 H_2O。

$$\left.\begin{array}{l}
Fe^{2+} + H_2O_2 \longrightarrow Fe^{3+} + OH^- + HO\cdot \\
Fe^{2+} + HO\cdot \longrightarrow Fe^{3+} + OH^- \\
H_2O_2 + HO\cdot \longrightarrow H_2O + HO_2\cdot \\
Fe^{2+} + HO_2\cdot \longrightarrow Fe^{3+} + HO_2^- \\
Fe^{3+} + HO_2\cdot \longrightarrow Fe^{2+} + H^+ + O_2 \\
Fe^{3+} + H_2O_2 \longrightarrow Fe^{2+} + HO_2\cdot + H^+
\end{array}\right\}\text{自由基产生}$$

$$\text{有机物降解}\begin{cases} RH + HO\cdot \longrightarrow R\cdot + H_2O \\ R^+ + O_2 \longrightarrow ROO\cdot \\ ROO\cdot + RH \longrightarrow ROOH + R\cdot \to \cdots\cdots \to CO_2 + H_2O \end{cases}$$

尽管体系中存在羟基自由基、过氧羟基自由基、过氧化氢和氧等多种氧化剂，但羟基自由基具有最强的氧化能力，在氧化降解有机物过程中起主要作用。Fenton 氧化一般在 pH = 2 ~ 4 下进行，此时 HO · 生成速率最大。

Fenton 试剂可以氧化水中的大多数有机物，适合处理难以生物降解和一般物理化学方法难以处理的废水。影响该系统的因素主要有 pH 值、亚铁离子浓度和过氧化氢浓度。由于 Fenton 法需要添加亚铁离子，残留的铁离子可能使处理后的废水带有颜色，通常可以利用化学沉淀方法去除铁离子，产生的含铁污泥从水中分离。由于铁离子兼具混凝效果，在降低水中铁离子浓度的同时，也可去除部分有机物。

某造纸企业利用蔗渣采用碱法制浆生产漂白蔗渣商品浆，排出的中段水采用生化法处理后，色度和 COD 均不能达到《制浆造纸工业水污染物排放标准》(GB3544—2008)要求。采用以 Fenton 氧化法为核心的深度处理工艺(图 13-11)，获得了较好的处理效果(表 13-3)。

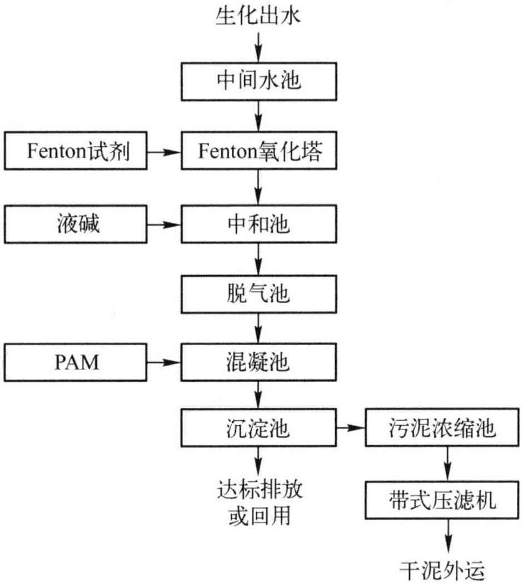

图 13-11　中段废水 Fenton 氧化法深度处理流程

表 13-3　Fenton 氧化法处理前后水质

污染物指标	进水(平均值)	出水(平均值)	标　准　值
COD/mg · L^{-1}	245	61	100
色度(倍)	81	24	50

Fenton 氧化法具有反应速度快、操作简单等特点，但普通 Fenton 氧化法的有机物矿化程度不高，运行时消耗较多的 H_2O_2 从而提高了处理成本。将紫外光、可见光、电场、超声波等因素引入 Fenton 体系，或采用其他过渡金属替代 Fe^{2+}，可以提高羟基自由基的产量和有机物的矿化程度，并可减少 Fenton 试剂的用量，降低处理成本。

13.5.2.2　臭氧类氧化法

O_3 是一种有效的氧化剂和消毒剂，但是单纯使用 O_3 氧化法处理废水存在 O_3 利用率低、处理成本昂贵等问题。研究表明，将 H_2O_2、紫外光等引入臭氧反应体系能产生羟基自由基，将 O_3 单独作用时难以氧化降解的有机物氧化，从而提高氧化速率和效率，降低臭氧消耗。常见的臭氧类组合技术有 UV/O_3、H_2O_2/O_3、$UV/H_2O_2/O_3$ 等。

UV/O_3 系统已成功应用于去除工业废水中的铁氰酸盐、氨基酸、醇类、农药等有机物以及垃圾渗滤液的处理，美国环保局已将 UV/O_3 技术列为处理多氯联苯的最佳实用技术（best avalable technology，BAT）。

13.5.2.3 光催化氧化法

光催化氧化（photocatalytic oxidation，PCO）是在有催化剂的条件下的光化学降解，分为均相和非均相两种类型。均相光催化降解是以 Fe^{2+} 或 Fe^{3+} 及 H_2O_2 为介质，通过光助芬顿反应产生羟基自由基使污染物得到降解。非均相催化降解是向水中投加一定量的光敏半导体材料，如 TiO_2、WO_3、ZnO、CdS、SnO_2 等，同时结合光辐射，使光敏半导体在光的照射下激发产生电子空穴对，吸附在半导体上的溶解氧、水分子等与电子空穴作用，产生氧化能力极强的自由基，达到高效氧化水中有机污染物的目的。

13.5.2.4 湿式氧化法

湿式氧化法（wet air oxidation，WAO）是在高温（150～350℃）、高压（0.5～20 MPa）条件下，在液相中用氧作为氧化剂将其中的有机物氧化为二氧化碳和水的一种处理方法。

湿式氧化法适用于处理COD浓度为20～200 g/L之间的高浓度、难生物降解以及有毒的废水和污泥。国外已成功地将湿式氧化技术应用于城市污泥和丙烯腈、焦化、印染工业废水及含酚、有机磷、有机硫化合物的农药废水的处理。

由于WAO法在高温、高压下进行，要求设备材质耐高温高压、耐腐蚀，设备一次性投资大，运行费用高，仅适用于小流量、高浓度废水及污泥处理等特殊场合。

在湿式氧化法中引入催化剂，称为催化湿式氧化法（catalytic wet air oxidation，CWAO）。利用催化湿式氧化法可明显降低反应温度和压力，缩短处理时间，降低设备的耐压要求，减缓设备腐蚀，从而减少设备投资和处理费用。应用较多的催化剂为Cu、Fe、Ni、Co、Mn、V等过渡金属氧化物及其盐类。

习题和思考题

13-1 根据臭氧处理系统中混合反应器的作用，分析比较微孔扩散式鼓泡塔和喷射器式混合反应器的构型特点及适用范围。

13-2 试述碱性氯化法处理含氰废水的基本原理、工艺流程及反应条件。

13-3 氯氧化法去除水中酚有何弊病，为了消除氯酚的危害可采取哪些措施？

13-4 试述药剂还原法处理含铬（Ⅵ）废水的基本原理及常用药剂，并讨论还原剂耗用量与pH值的关系。

13-5 采和金属屑还原法处理含汞（Ⅱ）废水时，固液接触面积、温度、pH值等因素对反应速度及金属耗用量有何影响？

13-6 采用臭氧氧化法处理有机废水时，发现出水中的 BOD_5 值往往比进水中还高，试分析其原因。

13-7 试述电解法处理含铬废水的原理。

13-8 试述典型高级氧化的原理及特点。

14 化学消毒法

14.1 概 述

水中的致病微生物可分为细菌、原生动物、蠕虫及病毒四大类。消毒(disinfection)和灭菌(sterilization)是两种不同的处理工艺,前者仅要求杀灭致病微生物,而后者则要求杀灭全部微生物。

消毒对饮用水是必不可少的处理工艺。城市污水、生活污水、医院废水、屠宰场废水、食品加工厂废水、饲养场废水、皮革厂废水以及某些生化实验室废水中都或多或少地含有某些致病微生物,未经消毒而排放这类废水,将引起严重的卫生问题,因此,这类废水必须进行消毒处理。

消毒方法包括物理法和化学法两大类。物理法消毒有加热、光照射、超声波及辐射等,其中,紫外光照消毒法在水处理中应用较多。化学法消毒是通过向水中投加消毒剂杀灭致病微生物的过程,目前使用的消毒剂主要有多种氧化剂(氯及其化合物、溴、碘、臭氧、过氧化氢等)、某些重金属离子(银、铜等)、合成洗涤剂、季铵盐、酸和碱等。其中以氧化剂类消毒剂最为常见。

由于水中致病微生物大多粘附于漂浮物、悬浮物上,在格栅、沉砂、沉淀、过滤等水处理过程中,这些致病微生物将伴随着漂浮物、悬浮物的去除而同时被去除,因此,消毒前降低水中的悬浮物和浊度,对提高消毒的效果十分重要。

14.2 化学消毒原理

投加化学药剂(消毒剂)对水进行消毒的过程包括以下三步:第一步,消毒剂达到微生物体表;第二步,渗入细胞壁;第三步,与特定的酶发生反应,破坏其活性,中断细胞的代谢过程。

影响消毒效率的因素比较复杂,主要有以下几个方面:

(1) 致病微生物的种类及存在状态。一般而言,病毒比细菌较难杀灭;有芽孢的细菌比无芽孢的细菌较难杀灭(废水中的致病菌多无芽孢)。单个细菌易受消毒剂的致毒作用,而成团细菌的内部菌体因受保护而难以杀死。

(2) 消毒剂的种类与浓度。氯的杀菌作用很好,且能维持较为长久的杀菌作用,但对病毒的作用较差;臭氧对细菌、病毒等都有强烈的杀伤能力,但无耐久的效能;铜离子杀藻作用十分突出,但灭菌作用却不强。一般来说,消毒剂的浓度愈高,则杀菌效果愈好。

(3) 水质特征。温度愈高,杀菌愈好;pH 值对氯的杀菌作用影响大,而对臭氧的影响不大;悬浮物能遮蔽菌体,使之不致受消毒药剂的作用;有机物的存在,消耗氧化性的消毒剂;氨能降低氯的杀菌强度,但却能维持其持久性。

(4) 接触时间。接触时间愈长,致病微生物的杀灭率愈高。

消毒过程十分复杂,可能是一系列连续发生的物理、化学、生物化学反应,其反应机理尚不十分清楚。因此,很难根据某种反应机理建立消毒的动力学公式。为了研究方便,可在理想条件下,根据实验数据归纳出个别因素与消毒效率的函数关系。所谓理想条件是指:第一,单一种属的微生物对一定的消毒剂具有同样的敏感性;第二,菌体细胞和消毒剂均匀地分散于水中;第三,水中不存在干扰物质;第四,影响消毒速度的其他因素在过程中保持不变。

(1) 接触时间与消毒效率的关系。实验证明,在理想条件,微生物被杀灭的速度基本符合一级反应动力学方程(哲克定律):

$$-\frac{dN}{dt} = kN \tag{14-1}$$

式中 N——经时间 t 后存活的微生物量;

t——消毒时间;

k——杀灭速率常数,它与温度、pH值、消毒剂种类及浓度、微生物种类等因素有关,在水温0~6℃时,用氯作消毒剂,k 值为0.24~6.3。

若 $t=0$ 时的微生物量为 N_0,则积分上式可得:

$$N = N_0\exp(-kt) \tag{14-2}$$

或者

$$\ln\frac{N}{N_0} = -kt \tag{14-3}$$

根据式(14-3),以 $-\ln\frac{N}{N_0}$ 对 t 作图,可求出杀灭速率常数 k 值。

(2) 消毒剂浓度与消毒效率的关系。一般来说,消毒剂浓度 C 愈大,消毒速度愈快,杀灭一定百分数微生物所需的时间 t 愈小,有如下经验式:

$$\ln\frac{N}{N_0} = -k'C^n t \tag{14-4}$$

式中 k'——致死常数;

n——稀释系数。

方程式(14-4)的直线式为:

$$\ln C = -\frac{1}{n}\ln t + \frac{1}{n}\ln\left[\frac{1}{k'}\left(-\ln\frac{N}{N_0}\right)\right] \tag{14-5}$$

根据式(14-5),可由消毒实验数据通过作图法求得 n 值。根据 n 值大小可做出如下判断:

当 $n=1$ 时,接触时间和消毒剂浓度对消毒效果的影响同样重要;

当 $n>1$ 时,消毒剂浓度比消毒时间的影响更大;

当 $n<1$ 时,接触时间比消毒剂浓度的影响更大。

(3) 温度与消毒效率的关系。一般来说,温度升高,杀灭速率常数 k 增大,消毒速度加快,其间关系可用阿仑尼乌斯公式来描述:

$$\lg\frac{k_2}{k_1} = \frac{E}{2.303R} \times \frac{(T_2 - T_1)}{T_1 \cdot T_2} \tag{14-6}$$

式中 R——气体常数,8.314 J/(mol·K);

E——消毒"反应"的活化能,J/mol;

k_1, k_2——分别表示温度为 T_1、T_2 时的速度常数。

根据哲克定律,在一定消毒剂浓度下,达相同杀菌率 $\left(1-\frac{N}{N_0}\right)$ 所需时间 t 与速度常数 k 成反比,即 $k_1t_1 = k_2t_2$,则上式可变为:

$$\lg\frac{t_1}{t_2} = \frac{E}{2.303R} \times \frac{T_2 - T_1}{T_1 \cdot T_2} \tag{14-7}$$

式中 t_1, t_2——分别表示温度为 T_1、T_2 时达同一杀菌率所需时间。

在室温(15℃)附近,升温10℃($T_2 - T_1 = 10$℃),其消毒速率增加的倍数可用温度系数 Q_{10} 表示,则式(14-7)可简化为:

$$\lg Q_{10} = \frac{E}{164500} \tag{14-8}$$

根据液氯杀灭大肠杆菌的实验结果($Q_{10} = 1.5 \sim 3.0$),则由式(14-7)可估算消毒"反应"的活化能 E 为 28.9 ~ 78.5 kJ/mol,与一般化学反应的活化能具有相同的数量级。

14.3 氯消毒法

14.3.1 氯的消毒作用

常用氯系消毒剂有氯(Cl_2)、次氯酸钠(NaOCl)、次氯酸钙($Ca(OCl)_2$)和二氧化氯(ClO_2)等。其中氯、次氯酸钠和次氯酸钙的杀菌机制基本相同,主要靠水解产物次氯酸起作用。

氯在水中迅速水解为次氯酸(水中 Cl_2 量可忽略),而次氯酸为弱酸,在水中部分电离。根据次氯酸的电离常数式,$K_a = [H^+][OCl^-]/[HOCl]$,可得 pH 值与 OCl^-、HOCl 二者相对含量的关系式:

$$\lg \frac{[OCl^-]}{[HOCl]} = \lg K_a + pH \tag{14-9}$$

图 14-1 给出了在20℃和0℃时,pH 值与 HOCl、OCl^- 二者相对含量的关系。

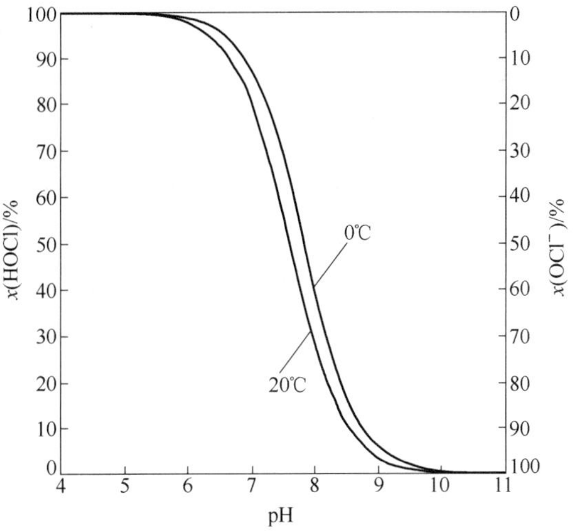

图 14-1 不同 pH 和水温时水中 HOCl 与 OCl^- 的相对含量

氯的消毒效果与浓度、温度、接触时间的关系前已述及。实践表明:pH 值愈低,氯的杀菌作用愈强。由此可推断,氯的消毒作用主要依靠 HOCl,而 OCl^- 的作用较弱。据测定,HOCl 的杀菌作用比 OCl^- 要强 80 倍。究其原因,可能是因为 HOCl 呈电中性,易接近带负电的菌体,并透过细胞壁而进入菌体,通过氧化作用破坏细菌的酶系统而使细菌死亡;而 OCl^- 带有负电荷,不易接近带负电荷的菌体,难以发挥其杀菌作用。

当水中含有氨态氮时(这是很常见的),投氯后生成各种氯胺:

$$Cl_2 + H_2O = HOCl + HCl;\ NH_3 + HOCl = NH_2Cl + H_2O;$$

$$NH_2Cl + HOCl = NHCl_2 + H_2O;\ NHCl_2 + HOCl = NCl_3 + H_2O$$

氨胺也有消毒作用，称为化合氯；而把 HOCl、OCl^- 及溶解的单质氯称为游离氯。在平衡状态时水中各种氯胺的比例决定于 pH 值、(氯/氨) 值和温度。一般说来，当 pH > 9 时，一氯胺占优势；当 pH = 7.0 时，一氯胺与二氯胺近似等量；当 pH < 6.5 时，主要为二氯胺；只有当 pH < 4.4 时才产生三氯胺。实验表明，氯胺在酸性条件下有较强的杀菌作用。由此可知，二氯胺的消毒作用比一氯胺强。至于三氯胺，其消毒作用极差，又具有恶臭味，在通常的水处理条件下不大可能生成，因而对消毒处理意义不大。

氯胺在水中的消毒作用，实质上是依靠其水解产物 HOCl。只有当水中的 HOCl 因消毒而消耗后，氯胺才不断水解释放出 HOCl 继续起消毒作用。因此，氯胺的消毒作用比较缓慢，需要较长的接触时间和较大的投药量。但是氯胺消毒有其独特的优点：

(1) 氯胺较稳定，在水中的存留期长，逐渐释放出 HOCl，消毒作用持久。

(2) 能减少三卤甲烷和氯酚的产生，可使氯酚臭味减轻。

(3) 防止管网中铁细菌的繁殖。

14.3.2 投氯量及投氯点

氯化消毒时，为获得可靠而持久的消毒效果，投氯量应满足两部分的要求：一是杀灭细菌以达到指定的消毒指标及氧化有机物等所消耗的“需氯量”；二是抑制水中残存致病菌的再度繁殖所需要的“余氯量”。余氯量的规定还提供了确定投氯量和判定消毒效果的简易方法。下面分别讨论不同情况下投氯量与余氯量之间的关系。

(1) 水中不含氨氮和含氨有机物，只有其他需氧物质（如细菌、有机物、还原性无机物等）时，投氯量等于需氯量 b 与余氯量 c 之和。投氯量与余氯量的关系如图 14-2 中 *OMP* 曲线所示。45°倾斜线（虚线）表示需氯量为零的假想情况。

(2) 若水中需氯杂质主要为氨氮及含氨有机物时，投氯量与余氯量的关系如图 14-3 中 *OMABP* 曲线所示。曲线与虚线间的垂直于横坐标方向上的距离表示需氯量；曲线与横坐标间的垂直距离表示余氯量。*OM* 段表明水中其他杂质消耗氯，余氯量为零，此时消毒效果不可靠；*MA* 段，表示氯与氨生成氯胺（主要是一氯胺），有化合余氯存在，所以有一定消毒效果；*AB* 段表示，部分氯胺被投入的氯氧化分解为不起消毒作用的 N_2、NO、N_2O 等，化合余氯减少，最后到折点 B，化合余氯量降至最小值；*BP* 线表示，此时已经没有消耗氯的杂质了，所投的氯全部用于增加游离余氯量，消毒效果最好。

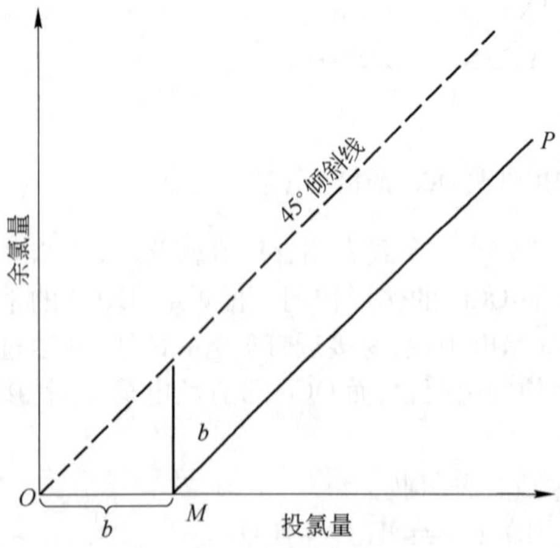

图 14-2 投氯量和余氯量的关系

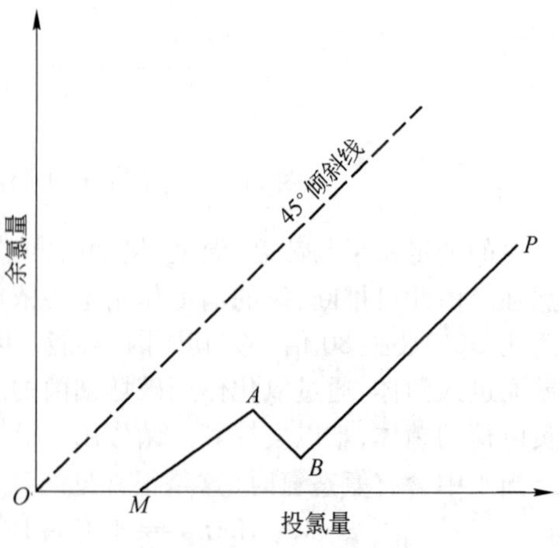

图 14-3 折点氯化曲线

消毒处理时投氯量的控制视原水水质和消毒要求不同而异。对给水处理来说,若氨氮含量较低(小于0.3 mg/L),通常投氯量超过折点B,维持一定游离余氯量,此即“折点氯化法”。若氨氮含量较高(大于0.5 mg/L),投氯量控制在峰点A以前即可,这时的化合余氯量已足够消毒。不同废水的水质和消毒要求差别很大,应通过试验确定投氯量。一般城市污水沉淀后出水的投氯量为6~24 mg/L,二级生化处理出水为6~15 mg/L,二级生化加过滤处理的出水,为1~5 mg/L。氯与废水应充分混合,接触时间约为1 h(氯胺消毒为2 h)。废水经加氯消毒后,1 h后的余氯量应不小于0.5 mg/L;但余氯的多少,还应考虑接纳水体的安全;例如水体含氯量达0.1 mg/L时,有使河流中鱼类死亡的危险。

氯化消毒还应考虑的几个问题:

(1) 折点加氯时氯的大量投加,使pH值下降,不仅影响排放或回用,而且腐蚀管道与设备。因此,在加氯的同时要加碱,以调整pH值。

(2) 氯化消毒时,水中有机物与氯生成有毒且难降解的有机氯化物,影响排放和进一步进行生化处理;同时,氯与有机物反应缓慢,给维持一定的余氯带来困难。因此,有时消毒前要进行预处理,去除水中有机物。预处理的方法有药剂氧化法和活性炭吸附法。氧化剂可用臭氧或高锰酸钾。

(3) 折点氯化后,有时要进行后处理,去除有机氯化物及过量的氯(其中往往含有恶臭味的二氯胺及三氯胺)。后处理的方法有二氧化硫法和活性炭吸附及还原法。

(4) 煤气站废水中含有SCN^-、CN^-等离子和酚等化学物质,如在生物处理后进行氯化消毒,会生成剧毒的CNCl和氯酚,排放到水体中危害性更大。

给水处理中,投氯方式有单纯投氯(仅进行消毒处理)、预氯化(在其他处理以前投氯)、后氯化(在其他处理后投氯)、再氯化(在配水系统进行二次氯化)等。废水处理中,一般采用单纯氯化和后氯化。如发现某些处理过程受到微生物的干扰破坏时,也可采用预氯化。

14.3.3　加氯装置

氯是有毒物质,气态氯单质俗称氯气,液态氯单质俗称液氯。当空气中氯气浓度为3.5×10^{-6}时,即可感知;浓度达30×10^{-6}时,能引起咳嗽;在$(40\sim60)\times10^{-6}$浓度下停留30 min,对生命有危险;浓度达100×10^{-6},使人立即死亡。氯通常以液氯形式装入带压钢瓶供应,使用时是在有压条件下操作,加之氯的相对密度比空气大1.5倍,一有漏气现象,不易散发,容易造成操作人员中毒。因此,投加氯气时,必须十分注意安全。

为保证投加液氯时的安全和计量准确,研制了各种加氯装置。图14-4为安全加氯设备中的一种——真空加氯机的示意图。玻璃钟罩外浅盘中贮有水,形成水封,防止罩内氯气外溢。盘里还设有补充进水管和溢流管,保证盘中维持必要的水层深度。正常工作时,氯气从液氯瓶的出口减压阀流出,经旋流分离器分离去除锈垢、油污等悬浮杂质,由浮球控制的出氯孔进入加氯机玻璃罩,经吸氯管由水射器抽吸到投氯点。浮球5用以调节出氯量。当处理水量大时,水射器从真空罩内抽出的氯气量增加,罩内真空度增加而使罩内水面上升,浮球5随之上浮而开大出氯孔;反之水面下降而减小出氯孔开启度。当罩内真空度过高,浮球6脱空,让少量空气进入罩内,适当降低真空度,以防水封破坏,氯气外泄。

采用次氯酸钠和次氯酸钙消毒时比较安全。次氯酸钠通常以1%~16%的溶液形式存在,次氯酸钠易分解,且随着浓度的增加其化学稳定性迅速下降,对于有效氯含量为18%到3%的次氯酸钠溶液,环境温度下其半衰期从60d到1700d之间变化。次氯酸钠溶液需要存放在低温、耐腐蚀容器中。次氯酸钠在分解的同时,会产生氯酸盐等副产物。

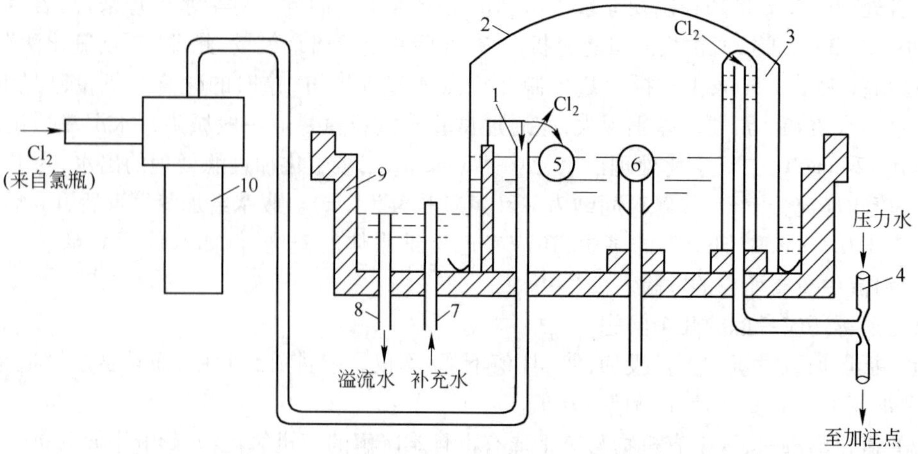

图14-4 真空加氯机

1—出氯孔;2—玻璃钟罩;3—吸氯管;4—水射器;5,6—浮球;
7—补充进水管;8—溢流管;9—浅盘;10—旋流分离器

$$3ClO^- \longrightarrow 2Cl^- + ClO_3^-$$

次氯酸钠的价格约为液氯的1.5~2倍,通过电解食盐溶液或海水,现场制备次氯酸钠溶液进行消毒,对小水量消毒处理是方便和经济的,已在实际中得到应用。

次氯酸钙是干固体,消毒时需配成溶液加注,溶解时先调成糊状,然后稀释成浓度为2%的溶液。其投加设备和混合反应设备与投石灰乳的化学沉淀法相似。采用次氯酸钙消毒时,还应设置沉淀池,除去产生的机械杂质。沉淀时间采用1~1.5 h。

14.3.4 应用

氯化法除用于消毒杀菌外,还用以抑制和控制藻类及其他生物的繁殖,稳定和延缓污泥的厌氧发酵。医院污水的主要处理内容是消毒。对于非传染病医院,一般一级处理污水的投氯量为30~50 mg/L,二级处理污水为15~25 mg/L。接触消毒时间不小于1 h。余氯量控制在2~10 mg/L范围内。对于传染病医院,污水消毒投氯量应根据要求加大,接触消毒时间不小于1.5 h时,余氯量控制在6.5~10mg/L范围内。图14-5为某结核病院的废水处理流程。加氯量为50 mg/L,消毒作用稳定,同时可去除氨氮50%,悬浮物87%。

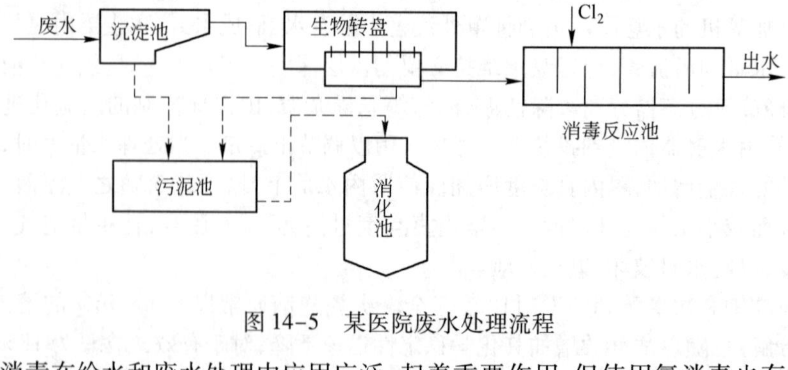

图14-5 某医院废水处理流程

尽管氯消毒在给水和废水处理中应用广泛,起着重要作用,但使用氯消毒也存在一些问题,主要表现在以下两方面:

(1) 氯是剧毒物质,在运输及处理过程中一旦发生泄漏事故,将对操作人员及公众健康产生严重威胁。

(2) 氯与废水中有机物发生一系列取代反应生成具有三致作用的消毒副产物(disinfection by-products, DBPs)。代表性的DBPs包括三卤甲烷(THMs)、卤代乙酸(HAA)等卤代有机化合物,这些物质即使在较低的浓度(小于0.1 mg/L)也会对环境产生严重的危害。

人们希望消毒时既能有效杀灭致病微生物,并同时减少消毒副产物的产生,因此,传统的氯化法消毒之外的消毒方式越来越受到重视。

14.4　其他消毒法

14.4.1　二氧化氯消毒法

二氧化氯被国际卫生组织(WHO)推荐为安全消毒产品,广泛应用于给水和医院污水消毒处理中。二氧化氯的杀菌效率,在pH值为6.5时不如氯,但随着pH值的提高,其杀菌效率很快超过氯。二氧化氯在杀灭病毒时比氯更有效。作为消毒剂,二氧化氯的主要优点是不与废水中的氨反应,因此,与氯比较,所需消毒剂的量小;对于与有机物的取代反应,二氧化氯参与的程度不如自由氯,因此,不会产生三卤甲烷、卤乙酸或多数其他氯化过程中常见的卤代消毒副产物;二氧化氯与溴化物反应很慢,因此,二氧化氯消毒不存在溴代副产物的问题。

水中二氧化氯容易衰减,其与多数还原剂(如二价铁离子、天然有机物)的典型反应是得到一个电子还原为亚氯酸盐,亚氯酸盐是二氧化氯作为消毒剂的主要副产物。

$$ClO_2 + e^- \longrightarrow ClO_2^-$$

二氧化氯极不稳定,易分解爆炸,常在使用地点现场制备。现场制备的方法主要有电解法和化学法两大类。电解法是采用隔膜电解技术制取ClO_2,所用的电解液可以是食盐溶液、亚氯酸盐溶液和氯酸盐溶液。电解过程中,在阴极制得烧碱溶液和氢气,阳极获得ClO_2、氯气、过氧化氢及臭氧的混合物。由于电解法电耗大,设备复杂,目前一般都用化学法制备二氧化氯。污水处理领域采用氯酸钠氧化浓盐酸制备二氧化氯是目前制备二氧化氯的主流方法,其化学反应方程式为:

$$2NaClO_3 + 4HCl(浓) = 2NaCl + Cl_2\uparrow + 2ClO_2\uparrow + 2H_2O$$

氯酸钠-盐酸法在产生二氧化氯的同时,还会产生大量的氯气,这种含有大量氯气的二氧化氯产品称为复合二氧化氯。

为防爆炸,使用时采用浓度为6~8 mg/L的ClO_2水溶液,并避免与空气接触。在给水处理中,当单纯用于消毒时,其投加量约0.1~1.5 mg/L;同时兼作除臭时,投加量约0.6~1.5 mg/L。投药量必须保证管网末端有0.05 mg/L的余氯。污水二级处理出水的投加量应根据试验资料或类似运行经验确定,一般可采用6~15 mg/L,再生水的投加量按卫生学指标和余氯量确定。

二氧化氯本身与溶解性有机物反应生成有机副产物较少。但由于在制备二氧化氯的过程中会产生部分氯,因此,二氧化氯消毒的反应体系中也包括氯的反应。无机副产物主要包括氯离子、氯酸盐、亚氯酸盐等。

14.4.2　臭氧消毒法

臭氧是仅次于氟的单质强氧化剂,它有很强的消毒能力,除能杀死细菌外,对耐药力较强的病毒、芽孢也有很强的杀灭能力。即使在0.1 mg/L的低浓度下,仍可在5 s内杀死一般水样中的大肠杆菌,而在相同条件下氯需4 h才能达到同样效果。臭氧消毒基本上不受pH值和温度的影响。臭氧易于分解,不产生永久性残留;能同时脱色、除臭、除味、降解各种有机毒物,不致产生二次污染。

臭氧消毒时,投加量一般为1~4 mg/L。如同时氧化分解废水中其他污染物,应增大投加量。医院污水消毒处理时,投量可高达20~50 mg/L。剩余臭氧量和接触时间为决定臭氧消毒效果的主要因素。如维持臭氧浓度0.4 mg/L,接触时间15 min,可达到良好的消毒效果(包括病毒的杀灭)。

臭氧消毒存在的主要问题是基建投资大,制备臭氧的电耗高;臭氧在水中不稳定易分解,没有持久的杀菌作用。

14.4.3 紫外消毒法

紫外线(ultraviolet,UV)是电磁波的一部分,波长为200~310 nm(主要为254 nm)的紫外线具有明显的杀菌作用,其通过对微生物的辐射损伤和破坏核酸的功能使微生物致死。水处理消毒用紫外线是由人工光源产生,光源一般为低压汞灯,灯的寿命一般为2000~4000 h。紫外线消毒灯管一般采用紫外线透过率高的石英玻璃制成。紫外线辐射能量低,穿透力弱,仅能杀灭直接照射到的微生物,因此消毒时必须使消毒部位充分暴露于紫外线下。紫外线辐射消毒的优点是杀菌速度快,停留时间短,不需投加化学药剂,不产生有害副产物,无二次污染等;缺点是对水质要求高,被处理水的色度要低,悬浮杂质和胶体少;消毒后的水无持续杀菌能力;设备一次性投资高,紫外光灯管寿命短等。

紫外线灯使用过程中其辐射强度逐渐降低,当强度不能满足消毒要求时,应及时更换。

对水的消毒,可采用水内照射或水外照射方式。采用水内照射法时,紫外光源应装有能透过紫外线的石英玻璃保护罩。污水消毒紫外线剂量宜根据试验确定,一般城市污水二级处理的出水为15~22mJ/cm^2。

不得使紫外线光源直接照射到人,以免引起损伤。

14.4.4 重金属消毒法

银离子能凝固微生物的蛋白质,破坏细胞结构,在很低的浓度(15 μg/L)下,就具有显著的消毒作用,但所需接触时间很长。由于成本很高,仅在废水中含有银离子的情况下,与其他废水混合而起消毒作用;也用于小水量的消毒。

铜离子特别适于杀灭藻类,作用迅速,效果良好,但其杀菌作用很弱。硫酸铜常用于湖泊、水库或循环水的灭藻。

14.4.5 其他卤素消毒法

除氯以外,卤素中的溴和碘、卤素互化物(氯化溴、氯化碘、溴化碘)、卤素混合物等均有消毒作用。

卤素与氨生成卤胺。不同的卤胺对微生物的作用很不一致。例如,一氯胺的消毒作用约为氯的$\frac{1}{100}$~$\frac{1}{50}$,因此需采用折点投氯法;而溴胺的消毒作用接近于游离氯和游离溴,因此不需采用折点消毒法。如对于Pollio Ⅱ病毒,在氨氮浓度10 mg/L、pH值7.5、温度25℃的条件下,采用BrCl消毒,仅需5 min就能将其全部杀死,而用同浓度的Cl_2时,60 min尚难达到相同效果。碘化消毒还有其独特优点,就是碘元素可从某些片剂中释放出来,缓慢而持久地发挥消毒作用。为了达到同样的消毒效果,采用折点投氯法时,出水中残存的余氯量很高,有时必须进行脱氯处理,而溴和碘作用强且消失快，排放水体的安全度高，消毒后不必进行脱除处理。溴、碘消毒的主要问题是成本高（氯、溴、碘的成本比约为1∶3∶40），因而在实用上尚受限制。

利用KI或KBr的协同效应，可强化氯的消毒效果，降低投氯量。例如，某城市污水深度处理出水，投加氯4 mg/L和碘化钾0.04 mg/L（或溴化钾0.1 mg/L），可达到与常规加氯10 mg/L相同的消毒效果。这不仅减轻了大量投氯对管道、设备的腐蚀，而且节约药剂费45%左右。此种强化消毒法的作用机理与生产应用已受到重视。

习题和思考题

14-1 解释下列基本概念：

(1)哲克定律；(2)折点氯化法；(3)游离氯；(4)化合氯。

14-2 试推导式(14-9)，并讨论溶液pH值对氯的消毒作用的影响。

14-3 简述如何由实验方法确定微生物的杀灭速率常数 k 和稀释系数 n。

14-4 根据消毒过程的机理，说明为何pH值对氯的杀菌作用影响大，而对臭氧杀菌的影响不大。

14-5 试比较氯消毒、氯胺消毒、二氧化氯消毒、臭氧消毒和紫外消毒的作用原理与应用特点。

14-6 采用氯化法进行消毒时，为了消除氯代有机物和过量的氯所造成的危害，可采取哪些措施？

第5篇　溶解态污染物的物理化学分离技术

15　吸　附　法

水污染控制工程中的吸附处理法(adsorption processes),主要是指利用固体吸附剂的物理吸附和化学吸附性能,去除废水中多种污染物的过程。随着工业的迅速发展,越来越多的化学污染物进入城市污水,特别是工业废水中,有许多物质是剧毒的和难以生物降解的。由于固体吸附剂能有效地去除上述物质,经处理后的出水水质高并且比较稳定,因而固体吸附剂法受到人们的重视。随着排放标准的日趋严格以及水资源回收利用的日益迫切,城市污水和工业废水的深度处理已从研究阶段进展到应用时期。主要用于废水深度处理的活性炭吸附法,已经逐步成为一项不可缺少的工艺技术。

15.1　基本原理

15.1.1　固体表面上的吸附作用

在固体和气体或固体和液体组成的两相体系中,在相界面上出现的气相组分或溶质组分浓度升高(常称为浓缩)的现象,称为固体吸附。这种对溶质有吸附能力的固体称为吸附剂,而被固体吸附的物质称为吸附质。

根据固体表面吸附力的不同,吸附可分为物理吸附、化学吸附和离子交换吸附三种类型。若吸附剂和吸附质之间是通过分子间的引力(即范德华力)而产生的吸附,称为物理吸附。由于分子引力普遍存在于各种吸附剂与吸附质之间,故物理吸附无选择性。另外,物理吸附的吸附速度和解吸速度都较快,易达到平衡状态。一般在低温下进行的吸附主要是物理吸附。

若吸附剂与吸附质之间产生了化学作用,生成化学键引起的吸附,称为化学吸附。由于生成化学键,所以化学吸附是有选择性的,且不易吸附与解吸,达到平衡慢。化学吸附放出的热很大,与化学反应相近。化学吸附速度随温度升高而增加,故化学吸附常在较高温度下进行。

一种吸附质的离子,由于静电引力,被吸附在吸附剂表面的带电点上,由此产生的吸附称为离子交换吸附。由于这种吸附兼有吸收现象,故又可总称为吸着。在这种吸附过程中,伴随着等当量的离子交换。如果吸附质的浓度相同,离子带的电荷越多,吸附就越强。对电荷相同的离子,水化半径越小,越能紧密地接近于吸附点,越有利于吸附。

固体吸附剂吸附能力的大小可用吸附量来衡量。吸附量 q_e 的测定方法如下:在一定体积 V(L)和一定浓度 C_0(mg/L)的废水中,投加一定量的吸附剂 m(mg),经搅拌混合,直到废水浓度 C_e(mg/L)不再改变,即吸附达到平衡为止。然后按下式计算吸附量 q_e:

$$q_e = \frac{x}{m} = \frac{(C_0 - C_e)V}{m} \tag{15-1}$$

式中 x——吸附剂吸附的溶质总量,mg。

15.1.2 等温吸附规律

在温度固定的条件下,吸附量与溶液浓度之间的关系,称为等温吸附规律。表达这一关系的数学式称为吸附等温式。根据这种关系绘制出的曲线图,称为吸附等温线。人们已经提出了好几种等温吸附理论模式来描述吸附规律,其中主要有以下三种。

15.1.2.1 弗兰德利希吸附等温式

Freundlich 通过实验(1926 年)得出平衡吸附量 q_e与平衡浓度 C_e关系曲线的经验方程:

$$q_e = K_f C_e^{1/n} \tag{15-2}$$

式中 n,K_f——在一定浓度范围内表达吸附过程的经验常数。

将上式改写为对数式:

$$\lg q_e = \lg K_f + \frac{1}{n}\lg C_e \tag{15-3}$$

由吸附实验数据,以 $\lg q_e$和 $\lg C_e$为坐标,即可绘制出直线形式的吸附等温线,其斜率等于 $1/n$,截距等于 $\lg K_f$。$1/n$ 称为吸附指数,一般认为 $1/n$ 介于 0.1 ~ 0.5 之间,则容易吸附,而 $1/n > 2$ 的物质则难以吸附。

Freundlich 方程在实践中已得到广泛应用。应用此式处理和归纳实验数据时,简便而又准确,有很大的实用意义。但是该式只适用于中等浓度的溶液。

15.1.2.2 朗格缪尔吸附等温式

Langmuir 认为固体表面由大量的吸附活性中心点构成,吸附只在这些活性中心点发生,活性中心的吸附作用范围大致为分子大小,每个活性中心只能吸附一个分子,当表面吸附活性中心全部被占满时,吸附量达到饱和值,在吸附剂表面上分布被吸附物质的单分子层。根据上述假设和动力学原理,推导出相应的吸附等温式如下:

$$q_e = q_e^o \frac{C_e}{a + C_e} \tag{15-4}$$

式中 q_e——达到任一平衡状态时的吸附量;

q_e^o——达到饱和时的极限吸附量,也就是在固体表面被吸附质铺满一分子层时的吸附量;

a——与吸附能有关的常数;

C_e——溶液的平衡浓度。

Langmuir 吸附等温线是一条双曲线(图 15-1),其渐近线为 $q_e = q_e^o$。图中 C_s可近似认为是饱和浓度,q_e^o为饱和吸附量。当溶液浓度很大,即 $C_e >> a$ 时,则上式中的 a 可忽略不计,这时可有:

$$q_e = q_e^o$$

即平衡吸附量 q_e等于饱和吸附量(极限吸附量)q_e^o;当溶液浓度很小,即 $C_e << a$ 时,则上式分母中的 C_e可忽略不计,这时便有:

$$q_e = \frac{q_e^o}{a} C_e$$

式中,$\frac{q_e^o}{a}$为一常数,这说明此时平衡吸附量与平衡浓度成正比,在等温线上为直线区段。当溶液浓度 $C_e = a$ 时,则有:

$$q_e = \frac{1}{2} q_e^o$$

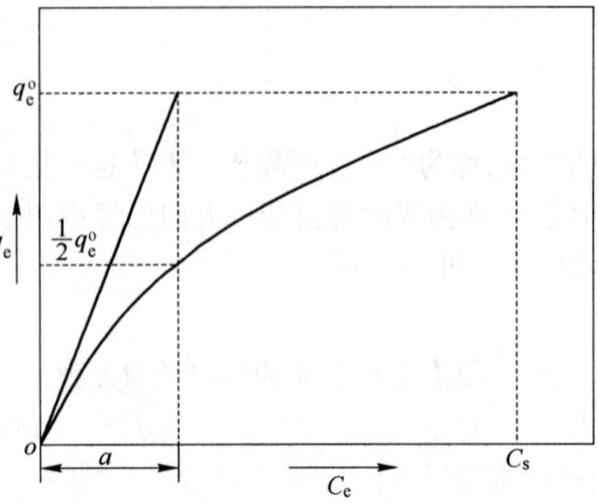

图 15-1 朗格缪尔吸附等温线

此式说明,常数 a 值等于溶液的平衡浓度时,平衡吸附量即达到饱和吸附量的一半。

如将 Langmuir 式改写成为直线式:

$$\frac{1}{q_e}=\frac{a}{q_e^o}\frac{1}{C_e}+\frac{1}{q_e^o} \tag{15-5}$$

由吸附实验数据,以 $1/q_e$ 和 $1/C_e$ 为坐标,即可绘出直线式的吸附等温线,其斜率等于 a/q_e^o,截距等于 $1/q_e^o$。

根据单分子层吸附理论导出的 Langmuir 吸附等温式,其特点是适用于各种浓度条件,而且式中每一数值都有明确的物理意义,因而得到更广泛的应用。

15.1.2.3 BET 吸附等温式

BET 多分子层吸附理论是在 Langmuir 单分子层吸附理论的基础上,由 Brunauer、Emmett 和 Teller 三人发展起来的。该理论认为:固体表面均匀分布着大量吸附活性中心点,可以吸附溶质分子,并且被吸附的第一层分子本身又可以成为吸附中心点,再吸附第二层分子,第二层分子又可吸附第三层……,从而形成多分子层吸附。他们还认为,不一定要第一层吸附满了以后才吸附第二层。这样,总的吸附量等于各层吸附量之和。根据这种理论可推导出如下的 BET 吸附等温式:

$$q_e=\frac{BC_eq_e^o}{(C_s-C_e)[1+(B-1)(C_e/C_s)]} \tag{15-6}$$

式中 q_e^o——单分子层饱和吸附量;

B——与表面作用能有关的常数。

按上式绘制的 BET 吸附等温线如图 15-2 所示。

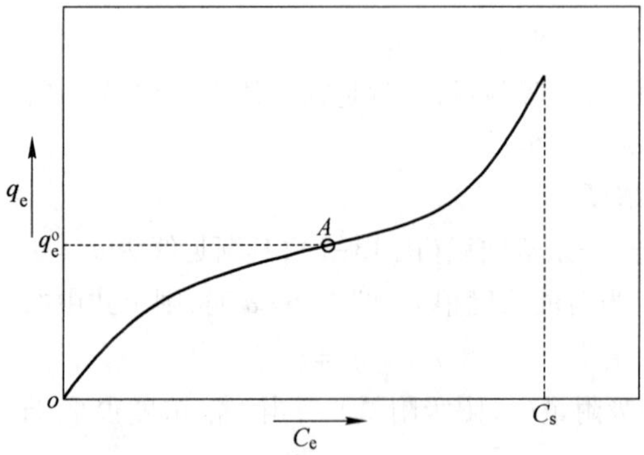

图 15-2 BET 吸附等温线

BET 多分子层吸附等温式包括了朗格缪尔单分子层吸附等温式。当第一层吸附为主时,$C_e \ll C_s$,且令 $B=\frac{C_s}{a}$,则 BET 式就可化为朗格缪尔式。在图 15-2 吸附等温线中,S 形曲线拐点 A 以前的部分即相当于单分子层吸附平衡区段。因此,可以认为 BET 吸附等温式可以适应更广泛的吸附现象。

BET 吸附等温式可写成如下直线式：

$$\frac{C_e}{q_e(C_s - C_e)} = \frac{(B-1)C_e}{q_e^o B C_s} + \frac{1}{q_e^o B} \tag{15-7}$$

由吸附实验数据，以 $C_e/[q_e(C_s - C_e)]$ 和 C_e/C_s 为坐标，通过绘图得到直线的斜率和截距，便可求得常数 q_e^o 和 B。当饱和浓度 C_s 未知时，需要预估不同的 C_s 值作图数次才能得到直线。当 C_s 估计值偏低时，则画成一条向上凹的曲线，当 C_s 估计值偏高时，则画成一条向下凹的曲线。只有 C_s 估计值正确，才能画出一条直线。

15.1.3 吸附动力学

所谓吸附速度是指单位重量吸附剂在单位时间内所吸附的物质量。在废水处理中，吸附速度决定了废水和吸附剂的接触时间。吸附速度越快，所需的接触时间就越短，吸附设备容积也可以越小。

吸附速度取决于吸附剂对吸附质的吸附过程。多孔吸附剂对溶液中的吸附质吸附过程基本上可分为三个连续阶段：第一个阶段称为颗粒外部扩散（又称为膜扩散）阶段，吸附质从溶液中扩散到吸附剂表面；第二阶段称为孔隙扩散阶段，吸附质在吸附剂孔隙中继续向吸附点扩散；第三阶段称为吸附反应阶段，吸附质被吸附在吸附剂孔隙内的表面上。一般而言，吸附速度主要由膜扩散或孔隙扩散速度来控制。

根据实验得知，颗粒外部膜扩散速度与溶液浓度成正比。对一定重量的吸附剂，膜扩散速度还与吸附剂的表面积（即膜表面积）的大小成正比。因为表面积与颗粒直径成反比，所以颗粒直径越小，膜扩散速度就越大。另外，增加溶液和颗粒之间的相对运动速度，会使液膜变薄，可以提高膜扩散速度。

孔隙扩散速度与吸附剂孔隙的大小及结构、吸附质颗粒大小及结构等因素有关。一般来说，吸附剂颗粒越小，孔隙扩散速度越快，即扩散速度与颗粒直径的较高次方成反比。因此，采用粉状吸附剂比粒状吸附剂有利。其次，吸附剂内孔径大可使孔隙扩散速度加快，但会降低吸附量。对这种情况，就要根据使用的工艺条件来选择最适宜的吸附剂。

15.1.4 影响吸附的因素

（1）吸附剂的物理化学性质。吸附剂的种类不同，吸附效果也不一样。一般是极性分子（或离子）型的吸附剂容易吸附极性分子（或离子）型的吸附质，非极性分子型的吸附剂容易吸附非极性分子的吸附质。由于吸附作用是发生在吸附剂的内外表面上，所以吸附剂的比表面积越大，吸附能力就越强。另外，吸附剂的颗粒大小、孔隙构造和分布情况，以及表面化学特性等，对吸附也有很大的影响。

（2）吸附质的物理化学性质。吸附质在废水中的溶解度对吸附有较大的影响。一般说来，吸附质的溶解度越低，越容易被吸附。吸附质的浓度增加，吸附量也随之增加；但浓度增加到一定程度后，吸附量增加很慢。如果吸附质是有机物，其分子尺寸越小，吸附反应就进行得越快。

（3）废水的 pH 值。pH 值对吸附质在废水中的存在形态（分子、离子、络合物等）和溶解度均有影响，因而对吸附效果也就相应地有影响。废水 pH 值对吸附的影响还与吸附剂性质有关。例如，活性炭一般在酸性溶液中比在碱性溶液中有较高的吸附率。

（4）温度。吸附反应通常是放热的，因此温度越低对吸附越有利。但在废水处理中，一般温度变化不大，因而温度对吸附过程影响很小，实践中通常在常温下进行吸附操作。

(5) 共存物的影响。共存物质对主要吸附质的影响比较复杂。有的能相互诱发吸附,有的能相当独立地被吸附,有的则能相互起干扰作用。但许多资料指出,某种溶质都以某种方式与其他溶质争相吸附。因此,当多种吸附质共存时,吸附剂对某一种吸附质的吸附能力要比只含这种吸附质时的吸附能力低。悬浮物会阻塞吸附剂的孔隙,油类物质会浓集于吸附剂的表面形成油膜,它们均对吸附有很大影响。因此在吸附操作之前,必须将它们除去。

(6) 接触时间。吸附质与吸附剂要有足够的接触时间,才能达到吸附平衡。吸附平衡所需时间取决于吸附速度,吸附速度越快,达到平衡所需时间越短。

15.2 吸附剂

吸附剂的种类很多,这里着重介绍以下几种。

15.2.1 活性炭

活性炭的比表面积达 800 ~ 2000 m^2/g,具有很高的吸附能力。活性炭的吸附能力与孔隙的构造和分布情况有关。它的孔隙分为三类:小孔——孔径在 2 nm 以下;过渡孔——孔径为 2 ~ 100 nm。大孔——孔径为 100 nm 以上。活性炭的小孔比表面积占总比表面积的 95% 以上,对吸附量影响最大;过渡孔不仅为吸附质提供扩散通道,而且当吸附质的分子直径较大时(如有机物质),主要靠它们来完成吸附;大孔的比表面积所占比例很小,主要为吸附质扩散提供通道。

活性炭的吸附中心点有两类:一种是物理吸附活性点,数量很多,没有极性,是构成活性炭吸附能力的主体部分;另一种是化学吸附活性点,主要是在制备过程中形成的一些具有专属反应性能的含氧官能团,如羧基(—COOH)、羟基(—OH)、羰基(> CO)等,它们对活性炭的吸附特性有一定的影响。

生活用水或废水处理用的活性炭,一般均制成颗粒状或粉末状。粉末状活性炭的吸附能力强、制备容易、成本低,但再生困难、不易重复使用。颗粒状活性炭的吸附能力比粉末状的低些,生产成本较高,但再生后可重复使用,并且使用时劳动条件良好,操作管理方便。因此,在废水处理中大多采用颗粒状活性炭。

15.2.2 树脂吸附剂

这是一种具有立体结构的多孔海绵状物,可在150℃下使用,不溶于酸、碱及一般溶剂,比表面积可达 800 m^2/g。根据其结构特性,树脂吸附剂可分为非极性、弱极性、极性、强极性四类。它的吸附能力接近活性炭,但比活性炭容易再生,一般为溶剂再生。此外,还有稳定性高、选择性强、应用范围广等优点,这是废水处理中有发展前途的一种新型吸附剂。例如,国产的 TXF 型吸附树脂(炭质吸附树脂),比表面积 35 ~ 350 m^2/g,它是含氯有机化合物的特效吸附剂。XAD - 2 树脂吸附剂对 TNT 的去除效果很好,树脂易于再生,当原水中含 TNT34 mg/L 时,每个循环可处理体积为树脂体积 500 倍的废水。吸附后可用丙酮进行再生,TNT 的回收率达 80% 。

15.2.3 腐殖酸类吸附剂

腐殖酸是一组芳香结构的、性质与酸性物质相似的复杂混合物。据测定,腐殖酸含的活性基团有酚羟基、羧基、醇羟基、甲氧基、羰基、醌基、胺基、磺酸基等。这些活性基团决定了腐殖酸的阳离子吸附性能。

用作吸附剂的腐殖酸类物质有两大类:一类是天然的富含腐殖酸的风化煤、泥煤、褐煤等,它们可直接或者经简单处理后作吸附剂用;另一类是把富含腐殖酸的物质用适当的粘合剂制备成腐殖酸系树脂,造粒成型后使用。

腐殖酸类腐殖酸类物质在吸附重金属离子后,容易解吸再生,重复使用。常用的解吸剂有 H_2SO_4、HCl、NaCl、$CaCl_2$等。物质能吸附工业废水中的许多金属离子,例如汞、锌、铅、铜、镉等,吸附率可达90% ~99%。

15.2.4 其他吸附剂

沸石是沸石族矿物的总称,是一种含水的碱金属或碱土金属的铝硅酸矿物。任何沸石都由硅氧四面体和铝氧四面体组成。沸石内部充满了细微的孔穴和通道,比蜂房要复杂得多,1 μm^3 内有 100 万个"房间"。沸石的特点是有分子筛作用,斜发沸石比表面积约为 1000 m^2/g,对水中氨氮具有特异性吸附能力,吸附量可达 15 mg/g。

活性氧化铝是氧化铝的水合物(以三水合物为主)加热脱水得到。活性氧化铝可用于含氟废水处理。

15.3 吸附工艺过程及设备

15.3.1 吸附操作方式

吸附操作方式分为静态间歇式和动态连续式两种。前者多用于实验研究或小规模的废水处理中,而生产运行一般采用动态连续方式。本书着重讨论后者。

废水在流动条件下进行的操作,叫做动态连续吸附,或简称为动态吸附。动态吸附又有固定床、移动床和流化床三种方式。

(1) 固定床动态吸附。这是废水处理工艺中最常用的一种方式。由于吸附剂固定填充在吸附柱(或塔)中,所以叫做固定床。当废水连续流过吸附剂层时,吸附质便不断地被吸附。若吸附剂数量足够,出水中吸附质的浓度即可降低至接近于零。但随着运行时间的延长,出水中吸附质的浓度会逐渐增加。当达到某一规定的数值时,就必须停止通水,进行吸附剂再生。

根据水流方式的不同,固定床吸附又分为降流式和升流式两种。降流式固定床的水流由上而下穿过吸附剂层,过滤速度在 4 ~20 m/h 之间。吸附剂层总厚 3 ~5 m,可分成多柱串联工作。接触时间一般不大于 30 ~60 min。降流式用于处理含悬浮物很少的废水,能获得很好的出水水质。当悬浮物含量高时,容易引起吸附剂层堵塞,降低吸附量,同时增大水头损失。另外,降流式固定床的滤层容易滋长细菌,恶化水质。升流式固定床的水流由下而上穿过吸附剂层,其压头损失小,允许废水含的悬浮物稍高,对预处理要求较低,但滤速较小。升流式可避免炭床内因积有气泡而产生短路,也便于发挥生物协同作用;缺点是冲洗效果较降流式差,操作失误时易将吸附剂流失。

(2) 移动床吸附。废水从吸附柱底部进入,处理后的水由柱顶排出。在操作过程中,定期将一部分接近饱和的吸附剂从柱底排出,送到再生柱进行再生。与此同时,将等量的新鲜吸附剂由柱顶加入,因而这种吸附床称为移动床。这种运行方式较固定床吸附能更充分地利用吸附剂的吸附能力,水头损失小,但柱内上下层吸附剂不能相混,所以对操作管理要求较为严格。

(3) 流化床吸附。吸附剂在塔内处于膨胀状态,悬浮于由下而上的水流中。所以这种运行方式也称为膨胀床吸附。膨胀床的吸附率高,适于处理悬浮物含量较高的废水。

15.3.2　固定床吸附柱的工作规律

固定床吸附的整个工作过程如图15-3所示。当吸附质浓度为C_0的废水自上方进入吸附柱后，首先与第一层吸附剂接触，降低了吸附质的浓度。降低了浓度的废水接着进入第二层吸附剂，又使其浓度进一步降低。废水依次流下，当流到某一深度时，其中的吸附质全部被吸附，该层出水中吸附质的浓度$C=0$，在此深度以下的吸附剂暂未发挥作用。由于废水是连续不断地流过吸附剂层，随着运行时间的增加，上部吸附剂层中的吸附质浓度将逐渐增高，到某一时刻就达到饱和，从而失去了继续吸附的能力。实际发挥吸附作用的吸附剂层高度δ称为吸附带。在正常运行情况下，δ值是一个常数。随着运行时间的推移，吸附带逐步下移，上部饱和区高度不断增加，下部新鲜吸附剂层高度则不断减小。当运行到某一时刻，吸附带δ的前沿达到柱内整个吸附剂层的下端，此时出水浓度不再保持$C=0$，开始出现污染物质，这一时刻就称为吸附柱工作的穿透点。此后，如果废水仍继续通过，吸附带仍将往下移动，直到吸附带上端达到吸附层的下端。这时全部吸附剂都达到饱和，出水浓度与进水浓度相等（$C=C_0$），吸附柱即全部丧失工作能力。

在实际操作中，吸附柱达到完全饱和及出水浓度达到与进水浓度相等都是不可能的。出水浓度C_x只能接近于进水浓度C_0，两者保持一个很小的浓度差值，通常$C_x=(0.90\sim0.95)C_0$，这一点称为吸附剂吸附容量的耗竭点。另外，通常是根据对出水水质的要求，规定一个出水含污染物质的浓度允许值，当运行达到这一规定的允许值时，即认为吸附已达到穿透点，吸附柱便应停止工作，需进行吸附剂的更换或再生。

由图15-3可看出，如果只用单柱吸附操作，处理水量只有V_b；如果采用多柱串联操作，使活性炭的吸附量达到饱和，则多柱的处理水量可增到V_x，通水倍数就由V_b/M（M为炭的重量）增加到V_x/M（m^3/kg炭）。利用穿透曲线可用图解积分法计算吸附质的去除总量、吸附达到穿透点及耗竭终点时的活性炭吸附容量等设计资料。

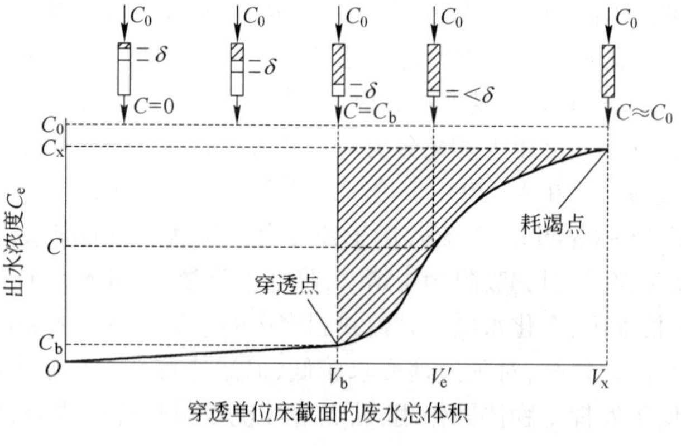

图15-3　吸附柱的工作过程

15.3.3　吸附装置的设计计算

吸附柱的计算方法有许多种，例如韦伯（Weber）的穿透曲线法、弗华特－哈金斯（Fornwalt-Hutchins）的数学图解法以及经验法等。下面介绍一种可以用于工业规模设计计算的博哈特－亚当斯（Bohart-Adams）法和常用的经验法。

15.3.3.1 博哈特－亚当斯法

Bohart－Adams 法的基本原理，是基于假设吸附速率取决于吸附质和吸附剂剩余吸附容量之间的表面二级反应理论，推导出如下的动态吸附剂层性能数学表达式：

$$\ln\left[\frac{C_0}{C_b}-1\right]=\ln\left[\exp\left(\frac{Kq_0H}{v}\right)-1\right]-KC_0t \tag{15-8}$$

式中 C_0——进水吸附质浓度，kg/m^3；

C_b——出水吸附质允许浓度，kg/m^3，即达到穿透点的浓度；

K——速率常数，m^3/(kg·h)；

q_0——吸附剂饱和吸附容量，kg/m^3；

H——吸附剂层高度，m；

v——空塔速度，m/h；

t——工作时间，h，即吸附达到穿透点的运行时间。

方程式(15-8)中 $\exp(Kq_0H/v)\gg1$，将等号右边的 1 忽略不计，便可得出吸附工作时间的计算式：

$$t=\frac{q_0}{vC_0}H-\frac{1}{KC_0}\ln\left(\frac{C_0}{C_b}-1\right) \tag{15-9}$$

设工作时间为零时，便可得出保证出水中吸附质浓度不超过允许浓度 C_b 的吸附剂层临界高度 H_0（即吸附带高度）计算式：

$$H_0=\frac{v}{Kq_0}\ln\left(\frac{C_0}{C_b}-1\right) \tag{15-10}$$

设计计算的要点是：根据式(15-9)中 t 与 H 为直线关系，先通过模型试验（一般采用3 根柱，取 4 个速度，每个速度下取 4 个层高），把实验数据以 t 对 H 作图（图 15-4）。由直线的斜率 s 和截距 i，便可按以下公式分别计算参数 q_0 和 K 及 H_0；

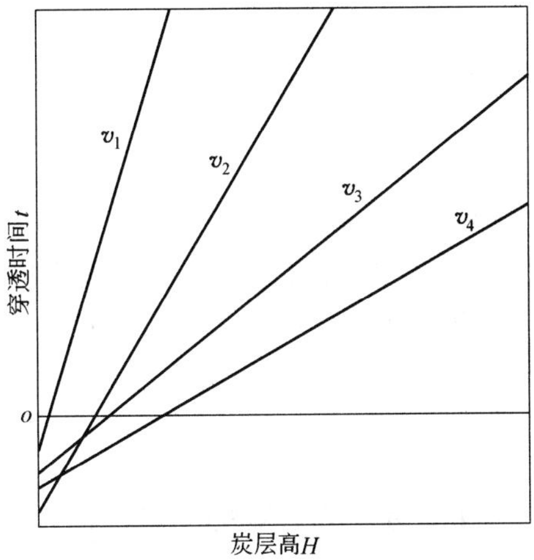

图 15-4 穿透时间和层高的关系

$$q_0=sC_0v \tag{15-11}$$

$$K=-\ln\left(\frac{C_0}{C_b}-1\right)\Big/iC_0 \tag{15-12}$$

$$H_0 = \frac{v}{Kq_0}\ln\left(\frac{C_0}{C_b} - 1\right) \tag{15-13}$$

然后,以 K、q_0、H_0 等参数对速度 v 作图,于是就可得到可供实际吸附柱设计计算用的图解图(图15-5)。

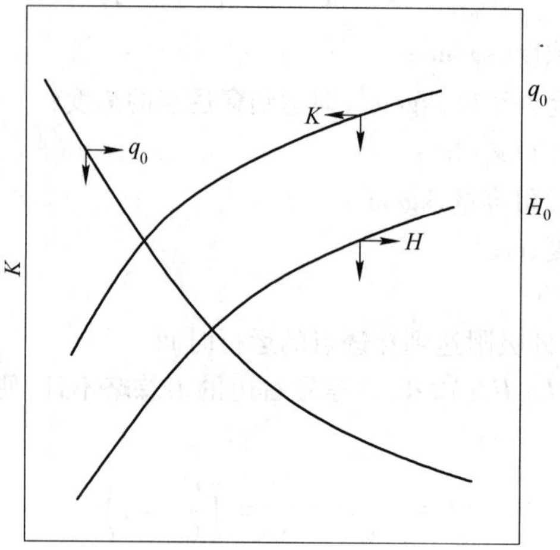

图15-5 K、q_0、H_0对 v 的图解

最后,便可根据模型试验得到的上述参数,进行工业生产规模吸附柱的设计计算,计算项目和步骤如下:

(1)工作时间 t 的计算。先根据选定的柱径 D 和已知流量 Q,计算出空塔速度 v,然后按图15-5查出与 v 相应的 q_0、H_0和 K,然后按式(15-9)计算 t。

(2)计算一年吸附剂需要更换的次数 $n = 365 \times 24/t$。

(3)计算一年吸附剂需用量 $V(m^3)$,$V = n\pi D^2 H/4$。

(4)计算一年吸附质去除量 $G(kg)$,$G = nQt(C_0 - C_b)/1000$。

(5)计算吸附效率 E(即去除率,%),$E = G100/G_0$,其中 G_0 为一年吸附剂的总吸附量,$G_0 = q_0 V_0$。

15.3.3.2 移动床吸附塔经验计算法

此法的要点是:根据经验或试验资料,选定空塔速度 $v_L(m/h)$、接触时间 $t(h)$、通水倍数 $W(m^3/kg)$、并联塔数 n 等参数,即可计算吸附塔总面积 $F = Q/v_L(m^2)$、每个塔的截面积 $f = F/n(m^2)$、吸附塔的直径 $D = \sqrt{4f/\pi}(m)$、吸附塔的活性炭层高 $H = v_L t(m)$以及每天需用的活性炭重量 $G = 24Q/W(t/d)$等。

15.4 吸附剂的再生

所谓再生,就是吸附剂本身不发生或极少发生变化的情况下,用某种方法将吸附质从吸附剂的微孔中除去,恢复它的吸附能力,以达到重复使用的目的。活性炭的再生主要有以下几种方法:

(1)加热再生法。在高温下,吸附质分子提高了振动能,因而易于从吸附剂活性中心点脱离;同时,被吸附的有机物在高温下能氧化分解,或以气态分子逸出,或断裂成短链,因此也恢复了吸附能力。

加热再生过程分五步进行：

1）脱水。使活性炭和输送液分离。

2）干燥。加温到100～150℃，将细孔中的水分蒸发出来，同时使一部分低沸点的有机物也挥发出来。

3）碳化。加热到300～700℃，高沸点的有机物由于热分解，一部分成为低沸点物质而挥发，另一部分被碳化留在活性炭细孔中。

4）活化。加热到700～1000℃，使碳化后留在细孔中的残留碳与活化气体（如蒸气、CO_2、O_2等）反应，反应产物以气态形式（CO_2、CO、H_2）逸出，达到重新造孔的目的。

5）冷却。活化后的活性炭用水急剧冷却，防止氧化。

上述2）～4）步在一个多段再生炉中进行，图15-6所示的是目前采用最广泛的一种再生炉。炉内分隔成4～9段炉床，中心轴转动时带动耙柄使活性炭自上段向下段移动。六段炉的第一、二段用于干燥，第三、四段用于碳化，第五、六段为活化用。炉内保持微氧化气氛，既供应氧化所需要的氧气，又不致使炭燃烧损失。采用这种再生炉时，排气中含有甲烷、乙烷、乙烯、焦油蒸气，二氧化硫、一氧化碳等气体，应该加以净化，防止污染大气。

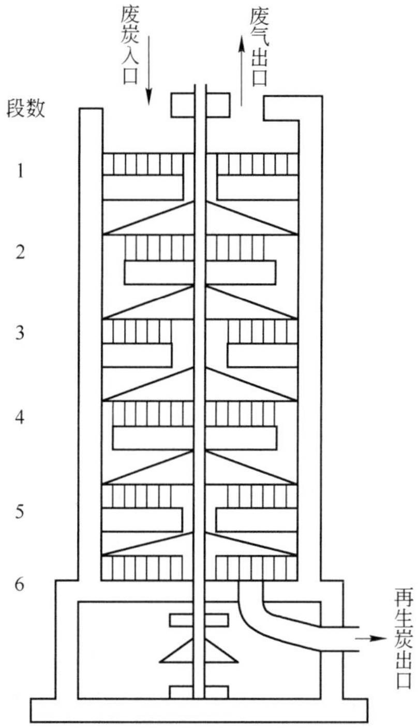

图15-6　立式多段再生炉

（2）化学再生法。通过化学反应，可使吸附质转化为易溶于水的物质而解吸下来。例如，处理含铬废水时，用浓度为10%～20%的硫酸浸泡活性炭4～6 h，使铬变成硫酸铬溶解出来；也可用氢氧化钠使六价铬转化成Na_2CrO_4溶解下来。再如，吸附苯酚的活性炭，可用氢氧化钠再生，使其以酚钠盐的形式溶于水而解吸。

化学再生法还包括使用某种溶剂将被活性炭吸附的物质解吸下来。常用的溶剂有酸、碱、苯、丙酮、甲醇等。化学氧化法也属于一种化学再生法。

(3) 生物再生法。利用微生物的作用,将被活性炭吸附的有机物氧化分解,从而可使活性炭得到再生。此法目前尚处于试验阶段。

15.5 吸附法在废水处理中的应用

在废水处理中,吸附法主要用来脱除废水中的微量污染物,以达到深度净化的目的。应用范围包括脱色、脱臭、脱除重金属离子、脱除溶解有机物、脱除放射性物质等。由于这种方法对进水的预处理要求高,吸附剂比较昂贵,过去曾限制了它的应用范围。近几年随着废水处理程度和废水回收率的要求愈来愈高,活性炭的产量和品种日益增加,所以这种高效处理方法受到普遍重视,是一种十分重要的废水处理方法。

15.5.1 含汞废水处理

某厂用活性炭处理含汞废水的流程如图15-7所示。含汞废水经硫化钠沉淀(同时投加石灰调节pH值,加硫酸亚铁作混凝剂)处理后,仍含汞约1 mg/L,高峰时达2 ~ 3 mg/L,而允许排放的标准是0.05 mg/L,所以需要采用活性炭法进一步处理。由于水量较小(每天10 ~ 20 m^3),采取静态间歇吸附池两个,交替工作,即一池进行处理时,废水注入另一池。每个池容积40 m^3,内装1 m厚的活性炭。当吸附池中废水进满后,用压力为294 ~ 392 kPa的压缩空气搅拌30 min,然后静置沉淀2 h,经取样测定含汞量符合排放标准后,放掉上清液,进行下一批处理。

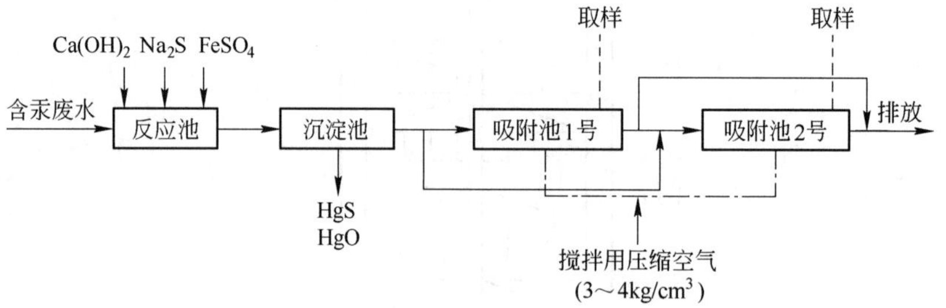

图15-7 吸附法处理含汞废水流程

该厂采用次品活性炭,其吸附能力(吸附容量)为正品的90%。每池用炭量为废水量的5%,外加1/3的余量,共计2.7 t。活性炭的再生周期约1年,采用加热再生法再生。

15.5.2 含铬废水处理

用活性炭处理含铬电镀废水已获得较广泛的应用。用此法处理浓度为5 ~ 6 mg/L的含铬废水,出水水质可达到排放标准。处理装置为升流式双柱串联固定床,柱径30 cm,高1.2 m,装活性炭170 L(85 kg),活性炭的饱和容量为13 g/L炭。处理废水流量为300 L/h,工作pH = 3 ~ 4,水流速度为7 ~ 15 m/h。用5%的硫酸对活性炭进行再生,用两倍炭体积的酸,分两次浸泡吸附柱,然后将洗液回收,再生后的吸附柱即可恢复吸附能力,重新投入使用,经吸附除铬率为99%,回收的铬酸可回用于钝化工序。这种方法投资少,操作管理简单,适用于中小型工厂。

15.5.3 炼油厂废水处理

某炼油厂含油废水经隔油、气浮、生化、砂滤处理后,再用活性炭进行深度处理(600 m^3/h),使酚由0.1 mg/L降到0.005 mg/L,氰由0.19 mg/L降到0.048 mg/L,COD由85 mg/L降到18 mg/L,

出水水质达到地表水标准。

此外,对染料废水、火药化工废水、有机磷废水、显影废水、印染废水、合成洗涤剂废水等,都可以用活性炭吸附处理,效果良好。

习题和思考题

15-1 在废水处理中最常用的吸附等温模式有哪几种,它们有什么实用意义?

15-2 某工业废水拟用活性炭 A 和 B 吸附有机物(以 BOD 表示),经静态吸附实验获得如表 15-1 中的平衡数据,试求两种炭的吸附等温式,并选择活性炭的种类,说明选择的主要依据是什么?

表 15-1 吸附平衡数据(1L 废水样中加入活性炭 1 g)

废水初始浓度/mg · L^{-1}	平衡浓度/mg · L^{-1}	
	活性炭 A	活性炭 B
10	0.52	0.5
20	1.2	1.05
40	2.9	2.3
80	11.1	5.9
160	30.0	22.2
320	80.1	60.2

15-3 如何绘制动态吸附的穿透曲线,它能为设计提供什么资料?

15-4 试分析活性炭吸附法用于废水处理的优点和适用条件及目前存在的问题。

15-5 某炼油厂废水经生化处理后,为了继续提高水质,拟进一步采用活性炭吸附法进行深度处理。根据试验结果,确定主要设计参数为:(1)处理能力(即处理废水量)Q 为 300 m^3/h;(2)采用两套吸附装置并联同时运行,即 $n=2$;(3)空塔速度 $v_L=12$ m/h;(4)废水与活性炭接触时间 T 为 30 min;(5)通水倍数 W 为 6 m^3/kg 炭。试计算:(1)吸附塔的总面积 F;(2)每个吸附塔的面积 f;(3)每个吸附塔的直径 D;(4)每个吸附塔的炭层高度 H;(5)每天需要的活性炭重量 G。

15-6 在吸附装置设计计算的方法中,博哈特 - 亚当斯法的基本原理和方法的要点是什么?

15-7 通过实验获得的资料列于表 15-2。今有一有机废水,流量为 2.262 m^3/h,初始浓度为 10 mg/L,用活性炭吸附法处理后需使有机物降到 0.5 mg/L。吸附柱的内径取定 0.6 m,炭床(层)高度 1.5 m。试用博哈特 - 亚当斯法计算每一吸附周期的工作时间、每年更换活性炭的次数、年需用炭量、有机物的去除量及吸附效率。

表 15-2 动态实验数据

实验号	空塔速度/m · h^{-1}	炭层深度/m	穿透时间/h
1	6	0.5 1.0 1.5	750 1626 2725
2	12	0.5 1.0 2.0	175 525 1250
3	24	1.0 2.0 3.0	150 550 725
4	48	1.0 3.0 5.0	50 325 625

16 离子交换法

离子交换法(ion exchange)是利用固相离子交换剂功能基团所带的可交换离子,与接触交换剂的溶液中相同电性的离子进行交换反应,以达到离子的置换、分离、去除、浓缩等目的。按照所交换离子带电的性质,离子交换反应可分为阳离子交换和阴离子交换两种类型。下面以阳离子交换为例来说明离子交换的基本原理。如图16-1所示,当A^+离子型的阳离子交换剂(即交换剂的可交换离子为A^+),与含有B^+离子的溶液接触时,在一定的条件下进行如下式的离子交换:

$$RA + B^+ \rightleftharpoons RB + A^+ \tag{16-1}$$

反应是可逆的,反应的条件将在16.4节中详细讨论。

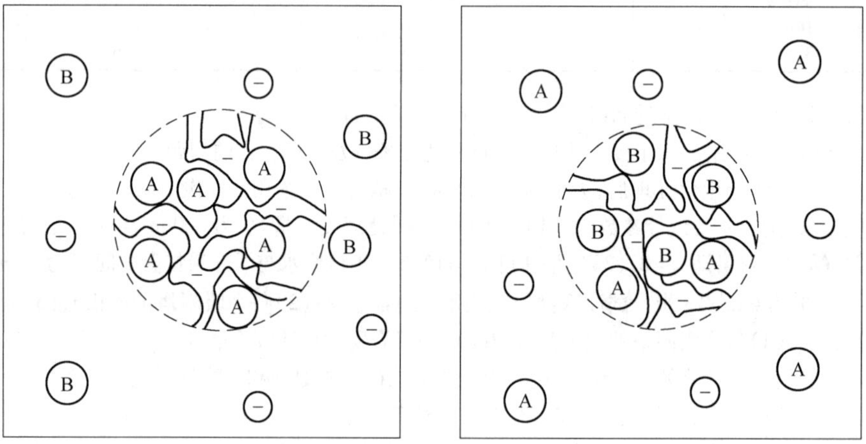

图16-1 离子交换反应的平衡示意图

16.1 离子交换剂

离子交换剂可分为无机离子交换剂和有机离子交换剂两类。前者如天然沸石和人造沸石等;后者是一种高分子聚合物电解质,称为离子交换树脂,它是使用最广泛的离子交换剂,后面我们将主要介绍各种类型的离子交换树脂。

16.1.1 离子交换树脂的结构特征

离子交换树脂的结构如图16-2所示,它是由骨架和活性基团两部分组成。骨架又称为母体,是形成离子交换树脂的结构主体。它是以一种线型结构的高分子有机化合物为主,加上一定数量的交联剂,通过横键架桥作用构成空间网状结构。活性基团由固定离子和活动离子组成。固定离子固定在树脂骨架上,活动离子(或称交换离子)则依靠静电引力与固定离子结合在一起,二者电性相反电荷相等,处于电性中和状态。

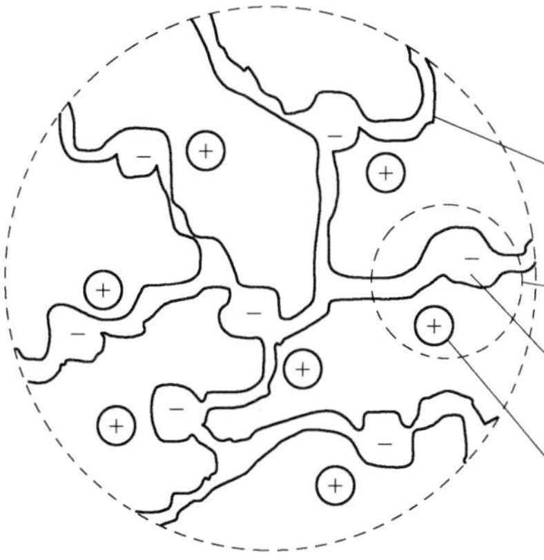

图 16-2　离子交换树脂结构示意图

16.1.2　离子交换树脂的种类

离子交换树脂按照功能基团的性质可分为:含有酸性基团的阳离子交换树脂、含有碱性基团的阴离子交换树脂、含有胺羧基团等的螯合树脂、含有氧化-还原基团的氧化还原树脂(或称电子交换树脂)以及两性树脂五种,还有新近发展起来的萃淋树脂(或称溶剂浸渍树脂)等等。其中,阳、阴离子交换树脂按照活性基团电离的强弱程度,又分别分为强酸(如—SO_3H)、弱酸(如—COOH)、强碱(如—$N(CH_3)_3^+OH^-$)、弱碱(如—NH_2)树脂。

离子交换树脂按树脂类型和孔结构的不同可分为:凝胶型树脂,大孔型树脂,多孔凝胶型树脂,巨孔型(MR 型)树脂,高巨孔型(超 MR 型)树脂等。如果按树脂交联度(交联剂含量的百分数)大小分类,可把离子交换树脂分为:低交联度(2% ~4%),一般交联度(7% ~8%),高交联度(12% ~20%)三种。实际中常用的是交联度 7% ~12% 的树脂。此外,习惯上还按照出厂形式即活动离子的名称,把交换树脂简称为 H 型、Na 型、OH 型、Cl 型树脂等等。

16.1.3　离子交换树脂的性能

(1) 树脂的交换选择性。离子交换树脂对水溶液或废水中某种离子优先交换的性能,称为树脂的交换选择性,简称选择性。它表征树脂对不同离子亲和能力的差别。离子交换的选择性与许多因素有关,下面是由实验得出来的一些规律:

1) 在低浓度和常温下,离子的交换势(即交换离子与固定离子结合的能力)随溶液中离子价数的增加而增加,例如:$Th^{4+} > La^{3+} > Ca^{2+} > Na^+$。

2) 在低浓度和常温下,价数相同时,交换势随原子序数增加而增加。这是因为原子序数大,水化离子半径小,作用力就强。例如:$Ba^{2+} > Sr^{2+} > Ca^{2+} > Mg^{2+}$。

3) 交换势随离子浓度的增加而增大。高浓度的低价离子甚至可以把相对低浓度的高价离子置换下来,这就是离子交换树脂能够再生的依据。

4) H^+ 离子和 OH^- 离子的交换势,取决于它们与固定离子所形成的酸或碱的强度,强度越大,交换势越小。

5) 金属在溶液中呈络阴离子存在时,一般来说交换势降低。

(2) 离子交换树脂的交换容量。离子交换树脂交换能力的大小以交换容量来衡量,它表示树脂所能吸着(交换)的交换离子数量。离子交换树脂的交换容量有三种表示法:

1）全交换容量（或称总交换容量）。指离子交换树脂内全部可交换的活性基团的数量。此值取决于树脂内部组成，与外界溶液条件无关。这是一个常数，通常用滴定法测定。

2）平衡交换容量。指在一定的外界溶液条件下，交换反应达到平衡状态时，交换树脂所能交换的离子数量，其值随外界条件变化而异。

3）工作交换容量。或称实用交换容量，是指在某一指定的应用条件下树脂表现出来的交换容量。例如，在离子交换柱进行交换的运行过程中，当出水中开始出现需要脱除的离子时，或者说达到穿透点时，交换树脂所达到的实际交换容量。故有时也称穿透交换容量。

由上可知，树脂的全交换容量最大，平衡交换容量次之，工作交换容量最小。后二者只是全交换容量的一部分。

离子交换容量的单位，可用每单位重量干树脂所能交换的离子数量来表示，例如 mol/g（干）。也可用每单位体积湿树脂所能交换的离子数量来表示，例如 mol/mL（湿）。

（3）树脂的溶胀性。各种离子交换树脂都含有极性很强的交换基团，因此亲水性很强。树脂的这种结构使它具有溶胀和收缩的性能。树脂溶胀或收缩的程度以溶胀率表示。品种不同的树脂具有不同的溶胀率；同一种树脂，活动离子形式不同，其体积也不相同，因此树脂在转型时就会发生体积改变；外溶液的不同，树脂溶胀率也不一样，所以当树脂浸入某种溶液时就会产生溶胀或收缩。树脂的这种溶胀和收缩性能，直接影响树脂的操作条件和使用寿命，因此在交换器的设计和使用过程中，都应注意这一因素。

（4）树脂的物理与化学稳定性。树脂的物理稳定性是指树脂受到机械作用时（包括在使用过程中的溶胀和收缩）的磨损程度，还包括温度变化时对树脂影响的程度。树脂的化学稳定性包括承受酸碱度变化的能力、抵抗氧化还原的能力等。树脂稳定性是选择和使用树脂时必须注意的因素之一。

（5）粒度、密度。树脂粒度对水流分布、床层压力有很大影响。密度对设计计算交换柱，对交换柱反洗强度以及对混合床再生前分层分离状况等都有关系。所以，这些性能在选择和使用离子交换树脂时必须予以考虑。

表 16-1 列举了几种常用的离子交换树脂的牌号、规格和性能，在实际工作中可根据生产厂家的产品目录和说明书选用。

表 16-1 几种离子交换树脂的规格和性能

牌号		001×7	110	201×7	D301
产品名称		强酸性苯乙烯系 阳离子交换树脂	弱酸性丙烯酸系 阳离子交换树脂	强碱性苯乙烯系 阴离子交换树脂	大孔弱碱性苯乙烯系 阴离子交换树脂
功能基		$—SO_3^-$	—COOH	$—N^+(CH_3)_3$	$—N(CH_3)_2$
交换容量	mol/g（干）	≥4.2，Na	≥12，H	≥3.0，Cl	≥4.0
	mol/mL（湿）	≥2.0，Na	≥4，H	≥1.2，Cl	≥1.4
外观		棕黄色至棕褐色 球状颗粒	近乎白色半透明 球状颗粒	淡黄色至全黄色 球状颗粒	微黄色不透明 球状颗粒
粒度/% （0.3～1.2 mm）		≥95	≥95	≥95	≥95
含水量/%		34～41	50～60	40～50	50～60
湿真比重（20℃）		1.30～1.35	1.10～1.15	1.06～1.11	1.05～1.12
湿视密度/$g \cdot mL^{-1}$		0.84～0.88	0.70～0.80	0.65～0.75	0.70～0.75

续表 16-1

牌　号	001×7	110	201×7	D301
耐磨率/%	≥98		≥95	
型变膨胀率/%		H→Na,70	Cl→OH,22	盐→碱,8
最高使用温度/℃	H 型 100 Na 型 120	100	OH 型 40 Cl 型 100	盐型 40 碱型 100
pH 值使用范围	1～14	5～14	1～12	1～9
出厂形式	Na^+	H^+	Cl	碱型

16.2　离子交换平衡与交换动力学

16.2.1　离子交换平衡

利用质量作用定律解释离子交换平衡规律，既简单而且具有实际应用价值。今以阳离子交换为例，若 R^-A^+ 代表阳离子交换树脂，R^- 表示固定在树脂上的阴离子基团，A^+ 为活动离子，电解质溶液中的阳离子以 B^{n+} 表示，则离子交换反应为：

$$nR^-A^+ + B^{n+} \rightleftharpoons R_n^-B^{n+} + nA^+ \tag{16-2}$$

若电解质溶液为稀溶液，各种离子的活度系数接近于 1；又假定离子交换树脂中离子活度系数的比值为一常数，则交换反应的平衡关系可用下式表示：

$$K = \frac{[A^+]^n[R_n^-B^{n+}]}{[B^{n+}][R^-A^+]^n} \tag{16-3}$$

式中，右边各项均以离子浓度表示，由于对活度系数作了上述假定，所以 K 值不应视作一个固定的常数，因此把它称为平衡系数。不过在稀溶液条件下，可近似地看做常数。

上式表明，K 值越大，吸着量越大，也就是说，溶液中的 B^{n+} 离子的去除率就越高。根据 K 值的大小，可以判断交换树脂对某种离子吸着选择性的强弱，所以又把 K 值称为离子交换平衡选择系数。表 16-2 列举出磺酸型苯乙烯阳离子交换树脂对某些离子的选择系数。根据 K 值大小，可排出各种树脂对某些离子的交换顺序如下：

表 16-2　强酸性阳离子交换树脂的选择系数

离子种类	二乙烯苯含量			离子种类	二乙烯苯含量		
	4%	8%	16%		4%	8%	16%
Li^+	1.00	1.00	1.00	Mg^{2+}	2.95	3.29	3.51
H^+	1.32	1.27	1.47	Zn^{2+}	3.13	3.47	3.78
Na^+	1.58	1.98	2.37	Co^{2+}	3.23	3.74	3.81
NH_4^+	1.90	2.55	3.34	Cu^{2+}	3.29	3.85	4.46
K^+	2.27	2.90	4.50	Cd^{2+}	3.37	3.88	4.95
Rb^+	2.46	3.16	4.62	Ni^{2+}	3.45	3.93	4.06
Cs^+	2.67	3.25	4.66	Ca^{2+}	4.15	5.16	7.27
Ag^+	4.73	8.51	22.9	Sr^{2+}	4.70	6.51	10.1
Tl^+	6.71	12.4	28.5	Pb^{2+}	6.56	9.91	18.0
UO_2^{2+}	2.36	2.45	3.34	Ba^{2+}	7.47	11.5	20.8

磺酸型阳离子交换树脂：$Fe^{3+} > Al^{3+} > Ca^{2+} > Ni^{2+} > Cd^{2+} > Cu^{2+} > Co^{2+} > Zn^{2+} > Mg^{2+} > Na^{+} > H^{+}$。

羧酸型阳离子交换树脂：$H^{+} > Fe^{3+} > Al^{3+} > Ba^{2+} > Sr^{2+} > Ca^{2+} > Ni^{2+} > Cd^{2+} > Cu^{2+} > Co^{2+} > Zn^{2+} > Mg^{2+} > UO_2^{2+} > K^{+} > Na^{+}$。

401螯合型树脂（相当于DowexA－1）：$Cu^{2+} >> Pb^{2+} > Fe^{3+} > Al^{3+} > Cr^{3+} > Ni^{2+} > Zn^{2+} > Ag^{+} > Co^{2+} > Cd^{2+} > Fe^{2+} > Mn^{2+} > Ba^{2+} > Ca^{2+} > Na^{+}$。

强碱性阴离子交换树脂：$Cr_2O_7^{2-} > SO_4^{2-} > NO_3^{-} > CrO_4^{2-} > Br^{-} > SCN^{-} > OH^{-} > Cl^{-}$。

弱碱性阴离子交换树脂：$OH^{-} > Cr_2O_7^{2-} > SO_4^{2-} > CrO_4^{2-} > NO_3^{-} > PO_4^{3-} > MnO_4^{2-} > HCO_3^{-} \geqslant Br^{-} > Cl^{-} > F^{-}$。

离子交换反应的平衡关系还可以用平衡曲线来表示。设离子交换树脂的可交换离子A为一价，如果树脂的总交换容量以Q表示，在对溶液中n价B离子的交换体系中，树脂中B^{n+}离子的平衡浓度以q表示，另一种A^{+}离子在树脂相的平衡浓度则为$Q-q$；废水中两种离子总浓度为C_0，当B^{n+}离子的平衡浓度为C时，则A^{+}离子在溶液中的浓度为C_0-C。把这些数代入式(16-3)，便可得出以摩尔分数表示的平衡关系式：

$$\frac{q/Q}{(1-q/Q)^n} = K\left(\frac{Q}{C_0}\right)^{n-1}\frac{C/C_0}{(1-C/C_0)^n} \tag{16-4}$$

利用此式，如果以某种离子在交换树脂内和废水中两处的摩尔分数为坐标，按不同的$K(Q/C_0)^{n-1}$值绘出各条曲线，便可得到离子交换平衡曲线图。图16-3表示$n=1$时等价离子交换平衡曲线，图16-4则表示$n=2$时即二价离子对一价离子的交换平衡曲线。

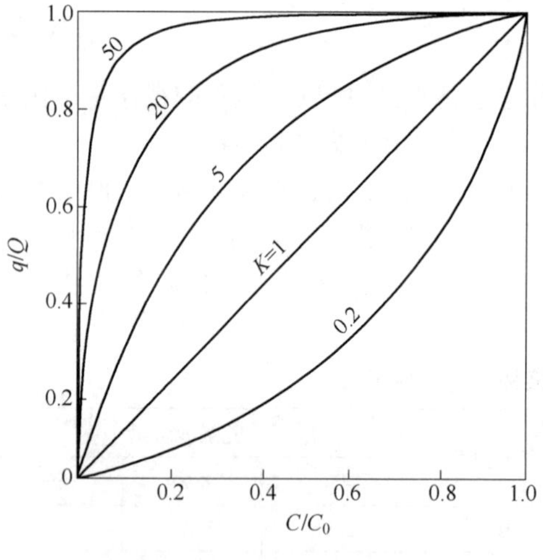

图16-3　等价离子交换平衡曲线

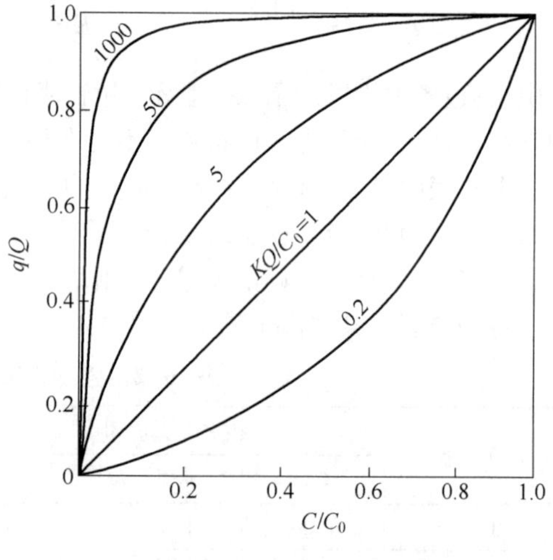

图16-4　二价离子对一价离子的交换平衡曲线

由图16-3和图16-4可见，当$K\left(\frac{Q}{C_0}\right)^{n-1}<1$时，曲线呈凹形，反应式(16-2)的平衡趋向于左方，不利于离子B的交换。当$K\left(\frac{Q}{C_0}\right)^{n-1}>1$时，曲线呈凸线，平衡趋向右方，有利于对离子B的优先吸着。而且曲线越凸，优先吸着的选择性就越强。因此，从平衡曲线的形状可以定性地判断交换树脂对某一种离子的选择性。由图16-4还可看出，若K、Q值基本不变，而溶液总浓度C_0加大，则曲线凸度减小，亦即对树脂吸着一价离子有利。因此，在树脂交换二价离子后，当用再生剂NaCl或HCl再生时，要使用较高的浓度。

影响离子交换平衡的主要因素有：交换树脂的性质、溶液中平衡离子（交换离子）的性质、溶液的 pH 值、溶液的浓度和温度等。在交换过程中，应注意掌握控制这些因素，以达到预期的交换效果。

16.2.2 离子交换动力学

由于离子交换达到平衡需要相当长的时间，所以离子交换速度（即交换动力学问题）在工程应用中同交换平衡问题一样，有着重要的意义，有必要认真研究。

离子交换的动力学过程包括以下几个步骤：

（1）溶液中的离子从溶液中扩散到树脂表面。

（2）离子透过树脂颗粒表面的边界膜。

（3）离子在树脂颗粒内部孔隙中扩散到交换点。

（4）离子在交换点进行交换反应。

（5）被交换下来的活动离子沿相反方向迁移到溶液中去。

在上述这些步骤中，离子交换反应可以认为是瞬时完成的，其余步骤都属于离子的扩散过程，所以离子交换速度实际上由传质过程所控制。在废水处理的正常流速下，交换速度主要取决于膜扩散及孔隙扩散。在这两者中哪种为速度控制因素，需要根据具体情况进行分析。一般来说，溶液中交换离子浓度低时，膜扩散为控制因素；浓度高时，则孔隙扩散为控制因素。

一般而言，增大溶液的湍动程度或流速，会使膜扩散加速而促进交换过程；膜扩散和孔隙扩散分别与交换树脂颗粒的半径和半径的平方成反比，因此缩小粒径会使交换速度增大。此外，降低交换树脂颗粒内的交联度、增加温度等，也可以提高离子交换过程的速度。

16.3 离子交换工艺过程及设备

16.3.1 离子交换工艺过程

离子交换操作是在装有离子交换剂的交换柱中以过滤方式进行的，整个工艺过程一般包括过滤（工作交换）、反洗、再生和清洗四个阶段。这四个阶段依次进行，形成不断循环的工作周期。

16.3.1.1 过滤阶段（交换阶段）

过滤阶段是利用离子交换树脂的交换能力，从废水中分离脱除需要去除的离子的操作过程。

如以树脂 RA 处理含离子 B 的废水（图 16-5），当废水进入交换柱后，首先与顶层的树脂接触并进行交换，B 离子被吸着而 A 离子被交换下来。废水继续流过下层树脂时，水中 B 离子浓度逐渐降低，而 A 离子浓度却逐渐升高。当废水流经一段滤层之后，全部 B 离子都被交换成 A 离子，再往下便无变化地流过其余的滤层，此时出水中 B 离子浓度 $C_B=0$。通常把厚度 Z 称为工作层或交换层。交换柱中树脂的实际装填高度远远大于工作层厚度 Z，因此当废水不断地流过树脂层时，工作层便不断地下移。这样，交换柱在工作过程中，整个树脂层就形成了上部饱和层（失效层）、中部工作层、下部新料层三个部分。运行到某一时刻，工作层的前沿达到交换柱树脂底层的下端，于是出水中开始出现 B 离子，这个临界点称为“穿透点”。达到穿透点时，最后一个工作层的树脂尚有一定的交换能力。若继续通入废水，仍能除去一定量的B 离子，不过出水中的B 离子浓度会越来越高，直到出水和进水中的 B 离子浓度相等，这时整个柱的交换能力就算耗尽，也就是说达到了饱和点。

一般废水处理中,交换柱到穿透点时就停止工作,要进行树脂再生。但为了充分利用树脂的交换能力,可采用所谓"串联柱全饱和工艺"。这种操作制度是:当交换柱达到穿透点时,仍继续工作,只是把该柱的出水引入另一个已再生后投入工作的交换柱,以便保证出水水质符合要求,该柱则工作到全部树脂都达到饱和后再进行再生。

在图16-5c中,阴影面积S_1代表工作交换容量,S_2代表到穿透点时尚未利用的交换容量,则树脂的利用率η为:

$$\eta = \frac{S_1}{S_1 + S_2} \times 100\% \qquad (16-5)$$

一个交换柱树脂的利用率主要取决于工作层的厚度和整个树脂层的高宽尺寸比例。显然,当交换柱尺寸一定时,工作层厚度Z越小,树脂利用率越高。工作层的厚度随工作条件而变化,主要取决于离子供应速度和离子交换速度的相互关系。所谓离子供应速度,就是单位时间内通过某一树脂层的离子数量,它又取决于过滤速度。过滤速度大,离子供应速度也大。所谓离子交换速度,就是单位时间内能完成交换历程的离子数量。对于给定的树脂和废水,交换柱的离子交换速度基本上是一个定值。显然,离子供应速度小于或等于离子交换速度时,工作层厚度就小,树脂的利用率就高。

从上面讨论可知,离子交换的过滤速度是一个重要的工艺参数,过滤阶段的滤速和进水水质、出水水质及阻力损失等因素有关。对一定的进出水水质而言,往往有一个较优的滤速值(图16-6)。超过此滤速,由于离子供应速度大于交换速度,使出水水质恶化;同时工作层厚度增大,树脂利用率降低。但如果小于此值,出水水质无明显改进;有时,还由于反应产物不能及时排除,放慢了离子交换速度,反而使出水水质恶化。根据废水性质和处理条件的不同,滤速可在每小时几米到几十米的范围内变动,一般为10~30 m/h,最好是通过实验加以确定。

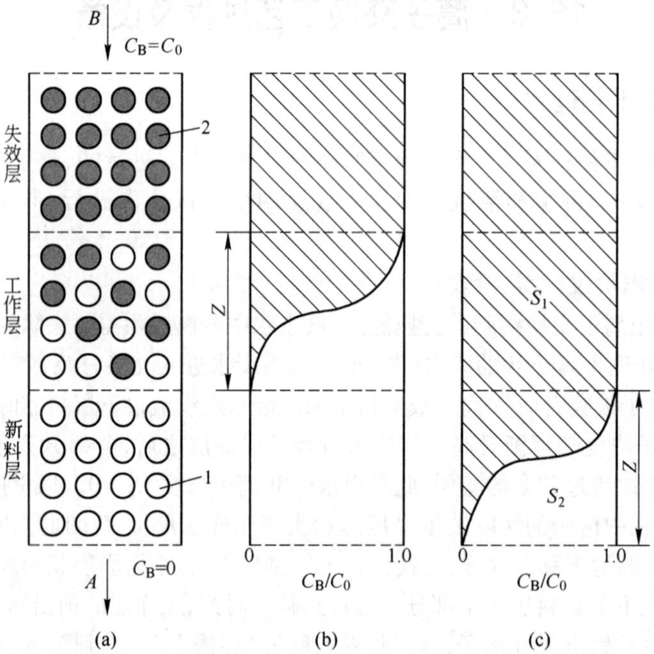

图16-5　离子交换柱工作过程

(a) 分层;(b) 运行;(c)穿透

1—新鲜树脂;2—失效树脂

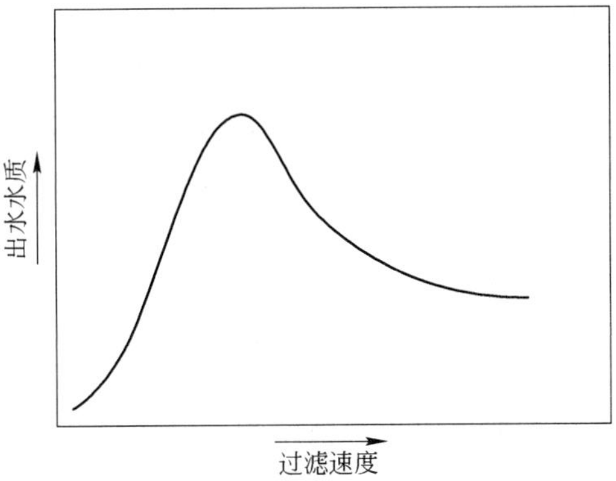

图 16-6　过滤速度与出水水质的关系

16.3.1.2　反冲洗过程

反冲洗的目的有两个:一是松动树脂层,使再生液能均匀渗入层中,与交换剂颗粒充分接触;二是把过滤过程中产生的破碎粒子和截留的污物冲走。为了达到这两个目的,树脂层在反冲洗时要膨胀 30% ~40% 。冲洗水可用自来水或废再生液。

16.3.1.3　再生阶段

(1) 再生的推动力。离子交换树脂的再生是离子交换的逆过程,其反应式为:

$$R_n^- B^{n+} + nA^+ \underset{(\text{交换})}{\overset{(\text{再生})}{\rightleftharpoons}} nR^- A^+ + B^{n+} \tag{16-6}$$

这个反应是可逆的,只要正确掌握平衡条件,就能使之向右移动。如果急剧增加 A^+ 离子在溶液中的浓度,在浓差的作用下,大量的 A^+ 离子进入树脂与固定离子建立平衡,从而松动了对 B^{n+} 离子的束缚力,使之脱离固定离子,并扩散进入外溶液相。由此可见,再生的推动力主要是反应系统的离子浓度差。此外,对弱酸、弱碱树脂而言,除浓度差作用外,还由于它们分别对 H^+ 和 OH^- 离子的亲和力较强,所以用酸和碱再生时,比强酸、强碱树脂更容易再生,所使用的再生剂浓度也较低。

(2) 再生剂用量与再生程度。从理论上讲,再生剂的有效用量,其总当量数应该与树脂的工作交换容量总当量数相等。但实际上,为了使再生得更快更彻底,使用了高浓度再生液。当再生程度达到要求后又需将其排出,并用净水将粘附在树脂上的再生剂残液清洗掉。这样就造成了再生剂用量成倍(2 ~3)增加。由此可见,离子交换系统的运行费用中,再生费占主要部分,这是应用离子交换技术需考虑的主要经济因素。

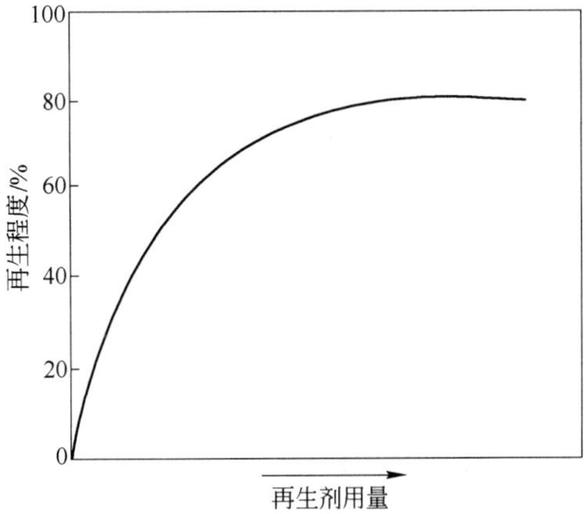

图 16-7　再生程度与再生剂用量的关系

另外,交换树脂的再生程度(再生率)与再生剂的用量并不是成直线关系(图 16-7)。当再生程度达到一定数值后,即使再增加再生剂用量,也不能显著提高再生程度。因此,为使离子交换技术在经济上合理,一般把再生程度控制在 60% ~80% 以下。

(3) 固定床的再生方式。固定床交换柱的再生方式有两种:再生阶段的液流方向和过滤阶段相同者,称为顺流再生;方向相反者,称为逆流再生。顺流再生的优点是设备简单,操作方便,工作可靠。但缺点是再生剂用量大,再生后的树脂交换容量低,出水水质差。逆流再生时,新鲜的再生剂从交换柱下方进入,首先接触的是失效程度不高的树脂;上升到顶层时,有一定程度失效的再生剂却接触失效程度最高的树脂。这种逆流传质方式,在整个交换柱内有比较均匀、比顺流再生更高的推动力。所以,再生剂用量少。例如,顺流再生的再生剂利用率为37%时,改用逆流再生可提高到75% ~85%;同时,树脂再生程度高,获得的工作交换容量大。逆流再生的缺点是:再生时为了避免扰动滤层,限制了再生液的流速,延长了再生时间。为了克服这一缺点,需要设置孔板、采用空气压顶等措施,但设备较为复杂,操作也较烦。

在给水和废水处理中,常用树脂所采用的再生剂及其用量列于表16-3。氢型阳树脂可用HCl或H_2SO_4再生;但用H_2SO_4再生时,会产生溶解度小的$CaSO_4$玷污树脂、堵塞滤层。所以,当废水含Ca^{2+}高时,最好采用HCl作再生剂。即使含Ca^{2+}低时,所使用的H_2SO_4浓度也不宜高,一般采用1% ~2%。

表16-3 常用树脂的再生剂用量

离子交换树脂		再生剂		
种类	离子形式	名称	浓度/%	理论用量倍数
强酸性	H型 Na型	HCl NaCl	3 ~9 8 ~10	3 ~5 3 ~5
弱酸性	H型 Na型	HCl NaOH	4 ~10 4 ~6	1.5 ~2 1.5 ~2
强碱性	OH型 Cl型	NaOH HCl	4 ~6 8 ~12	4 ~5 4 ~5
弱碱性	OH型 Cl型	NaOH、NH_4OH HCl	3 ~5 8 ~12	1.5 ~2 1.5 ~2

再生液的流速一般是:顺流再生2 ~5 m/h;逆流再生不大于1.5 m/h。

再生的方法有两种:一次再生法和二次再生法。强酸、强碱树脂大都是一次再生。弱酸、弱碱树脂则大多是两次再生:一次洗脱再生,一次转型再生。由于弱酸、弱碱树脂的交换容量大,再生容易,再生剂用量少,所以含金属离子废水常用弱性树脂来处理。由交换顺序可知,弱酸树脂对H^+离子的结合力最强,对Na^+离子最弱;弱碱树脂对OH^-离子的结合力最强,对Cl^-离子最弱。因此,这两种树脂在使用前应分别转换为Na型和Cl型。而在过滤阶段吸着了金属离子后,又要分别用强酸和强碱进行洗脱再生,回收这些金属。在洗脱过程中,树脂已经分别再生为H型和OH型状态。为了使树脂转换成正常工作的离子形式,所以在洗脱再生之后,还得进行一次转型再生。

16.3.1.4 清洗阶段

清洗的目的是洗涤残留的再生液和再生时可能出现的反应产物。通常清洗的水流方向和过滤时一样,所以又称为正洗。清洗的水流速度应先小后大。清洗过程后期应特别注意掌握清洗终点的pH值(尤其是弱性树脂转型之后的清洗),避免重新消耗树脂的交换容量。

一般,淋洗用水为树脂体积的4 ~13倍,淋洗水流速为2 ~4 m/h。

16.3.2 离子交换设备

最常用的离子交换设备有固定床、移动床和流动床三种。

固定床离子交换器在工作时,床层固定不变,水流由上而下流动。根据料层的组成,又分为单层床、双层床和混合床三种。单层床中只装一种树脂,可以单独使用,也可以串联使用。双层床是在同一个柱中装两种同性不同型的树脂,由于比重不同而分为两层。混合床是把阴、阳两种树脂混合装成一床使用。固定床交换柱的上部和下部设有配水和集水装置,中部装填1.0～1.5 m厚的交换树脂。这种交换器的优点是设备紧凑、操作简单、出水水质好;不过,再生费用较大、生产效率不够高,但目前仍然是应用比较广泛的一种设备。

移动床交换设备包括交换柱和再生柱两个主要部分,工作时,定期从交换柱排出部分失效树脂,送到再生柱再生,同时补充等量的新鲜树脂参与工作。它是一种半连续式的交换设备,整个交换树脂在间断移动中完成交换和再生。移动床交换器的优点是效率较高,树脂用量较少。

流动床交换设备是交换树脂在连续移动中实现交换和再生的。

移动床和流动床与固定床相比,具有交换速度快、生产能力大和效率高等优点。但是由于设备复杂、操作麻烦、对水质水量变化的适应性差,以及树脂磨损大等缺点,故限制了它们的应用范围。

16.4 离子交换系统的设计

16.4.1 离子交换系统的设计步骤

离子交换系统的设计包括以下几个步骤:

(1) 根据排放标准或出水的去向和用途,确定处理后的水质要求。

(2) 根据废水水量、水质及处理的要求,选择交换器的类型,设计系统布置方案,确定合理的处理流程。

(3) 选用离子交换树脂、再生剂种类,确定树脂的交换容量和再生剂用量。在选择中必须综合考虑技术与经济因素。

(4) 确定合理的工艺参数,首先选定合适的过滤速度及工作周期,污染物的浓度大时,滤速应小些,反之则大些。人工操作时,过滤周期需考虑长些,一般为8～24 h或更长。自动操作时,可以采用较高的流速和较短的工作周期,这样可缩小交换器尺寸,节省投资。

(5) 进行有关的计算。

16.4.2 固定床的设计计算

通过实验或生产实践取得设计参数后,按下法计算(也可按16.4.3节介绍的方法计算)。

(1) 树脂用量的初步计算。首先,选定交换周期 T(h),并按下式计算一个交换周期内应去除的污染物总量 N(mol):

$$N = Q(C_0 - C)T \tag{16-7}$$

式中 Q——废水平均流量,m^3/h;

C_0,C——分别为废水初始浓度和出水残留浓度,mol/m^3。

其次,根据选定的树脂工作交换容量 E(mol/m^3树脂),计算所需的树脂体积 V_R(m^3):

$$V_R = \frac{N}{E} \tag{16-8}$$

最后,根据树脂的湿视密度 ρ(t/m^3),按下式计算树脂重量 M(t)

$$M = V_R\rho \tag{16-9}$$

(2) 交换柱主要尺寸的计算。先选定树脂层的高度 H_R(一般为0.70～1.50 m),再根据 V_R 和

H_R计算交换柱的直径D(m)。交换柱的总高度H(m)按下式计算：

$$H = (1.8 \sim 2.0)H_R \tag{16-10}$$

(3) 核算过滤速度。按照下式核算过滤速度v是否合适：

$$v = \frac{Q}{F} = \frac{4Q}{\pi D^2} \tag{16-11}$$

如果计算出的滤速与一般经验值相差太大，就得重新计算。

此外，也可先选定滤速v，按上式计算交换柱的直径。

16.4.3 流动床的设计计算

流动床设计计算的要点是先利用实验资料绘制出交换反应的平衡曲线和运行曲线，由曲线查得有关的数据后，根据交换动力学方程式计算树脂用量，然后选定一个适宜的上升流速来计算交换塔的主要尺寸。

流动床交换动力学方程式为：

$$Q\frac{dC}{dM} = \frac{K^0 a}{\rho_p \rho_1}(C - C_e) \tag{16-12}$$

式中 Q——废水流量；

C, C_e——分别为工作层中任一截面处的溶液浓度和平衡浓度；

M——柱中的树脂量；

K^0——总传质系数；

a——单位体积树脂层的表面积；

ρ_p, ρ_1——树脂装填密度和废水密度。

将上式改写并以进水浓度C_1和出水浓度C_2为积分边界值，即可得出柱中稳定树脂需要量的数学式：

$$M = \frac{\rho_p \rho_1 Q}{K^0 a}\int_{C_1}^{C_2}(C - C_e)^{-1}dC \tag{16-13}$$

例16-1 今欲处理一含镉废水，流量$Q = 37850$ L/h，废水含镉初始浓度$C_1 = 20$ mmol/L，要求出水含镉$C_2 = 0.2$ mmol/L。根据实验，交换平衡时Cd^{2+}离子在树脂相和废水相中的分布如图16-8中平衡曲线所示。从图上查得与C_1对应的树脂平衡交换容量$q_1 = 4.9$ mmol/g，与C_2对应的$q_2 = 0.3$ mmol/g。同时已测得Cd^{2+}交换反应的总传质速度因素$K^0 a/\rho_p \rho_1 = 2.0$ L/(h·g)。

解：(1) 计算交换塔的最小树脂用量M_{min}。每小时需去除的镉量G为：

$$G = Q(C_1 - C_2) = 37850 \times (20 - 0.2) = 750000 \text{ mmol/h}$$

因为平衡交换容量q_1为最大值，所以与此对应的树脂用量即为最小值M_{min}：

$$M_{min} = \frac{G}{q_1 - q_2} = \frac{750000}{4.9 - 0.3} = 163000 \text{ g/h}$$

(2) 计算树脂的实际用量M_{des}。设计考虑20%的安全系数，因此M_{des}应为：

$$M_{des} = 1.2M_{min} = 196000 \text{ g/h}$$

(3) 计算达到处理要求时柱中应保持的稳定树脂量M。首先绘制出运行曲线，对应于浓度C_1的树脂实际含镉量q'_1可用镉的质量平衡式求出：

$$Q(C_1 - C_2) = M_{des}(q'_1 - q_2) \tag{16-14}$$

$$q'_1 = \frac{G + M_{des}q_2}{M_{des}} = 4.1 \text{ mmol/g}$$

由此计算结果和其他已知数据，在图 16-8 上标绘出点 $A(C_2,q_2)$ 和点 $B(C_1,q'_1)$，连接此两点即为运行曲线。

然后从图 16-8 中查出运行曲线上任一浓度 C 所对应的平衡浓度 C_e 值列于表 16-4 中，并把式(16-13)中 $(C-C_e)^{-1}$ 项的数值也计算出来列于表中。

表 16-4 离子交换相关数据计算

C/mmol·L^{-1}	C_e/mmol·L^{-1}	$(C-C_e)^{-1}$
0.2	0.0	5
1	0.02	1.02
2	0.05	0.51
4	0.10	0.26
8	0.25	0.13
12	0.50	0.09
16	0.90	0.07
20	2.40	0.06

以 C 和 $(C-C_e)^{-1}$ 为坐标，用表中的数值绘制关系曲线如图 16-9 所示，再用图解积分法对曲线下面的面积积分，结果得 5.72。

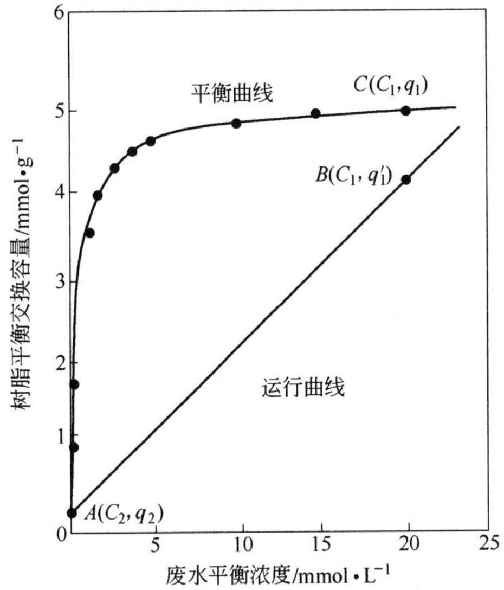

图 16-8 Cd^{2+} 的交换平衡曲线与运行曲线

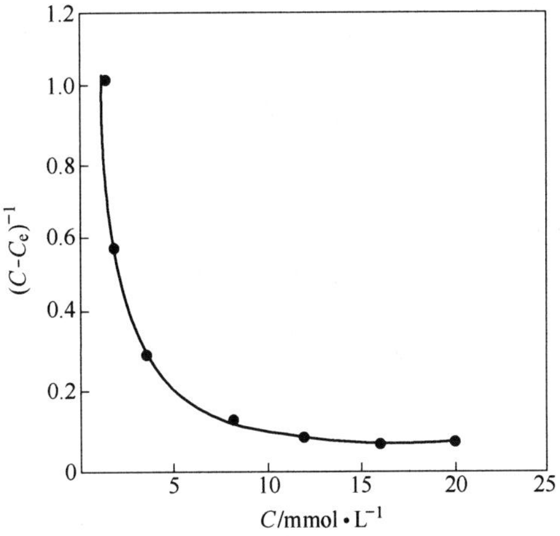

图 16-9 $(C-C_e)^{-1}$ 与 C 的关系曲线

最后，将有关的各项数值代入式(16-13)，即可计算出 M 值：

$$M=\frac{\rho_p\rho_1 Q}{K^0 a}\int_{C_1}^{C_2}(C-C_e)^{-1}\mathrm{d}C=\frac{37850}{2.0}\times 5.72$$

$$=108300\ \mathrm{g}=108.3\ \mathrm{kg}$$

16.5 离子交换法在废水处理中的应用

16.5.1 含汞废水处理

当汞在废水中呈 Hg^{2+} 或 $HgCl^+$ 或 CH_3Hg^+ 等阳离子形态存在时，含巯基(—SH)的树脂如聚硫代苯乙烯阳离子交换树脂，对它们的分离具有特效，其反应如下：

$$2RSH + Hg^{2+} \rightleftharpoons (RS)_2Hg + 2H^+ \quad (16-15)$$

$$RSH + HgCl^+ \rightleftharpoons RSHgCl + H^+ \quad (16-16)$$

$$RSH + CH_3Hg^+ \rightleftharpoons RSHgCH_3 + H^+ \quad (16-17)$$

国外用大孔巯基树脂进行交换，在 pH = 2 的条件下，处理含汞 20 ~ 50 mg/L 的氯碱废水，出水含汞在 0.002 mg/L 以下。我国某研究部门用国产大孔巯基树脂处理甲基汞废水的研究取得了良好的结果，该法的流程是：将甲基汞废水通入巯基树脂交换柱进行交换，然后用盐酸 - 氯化钠溶液洗脱，洗脱液经紫外光照射迅速分解后，再用铜屑还原回收金属汞。经过处理，出水中含甲基汞 1μg/L 以下，汞得以回收。当汞在废水中呈带负电荷的氯化汞络合离子 $HgCl_x^{(x-2)-}$ 时，则应采用阴离子交换树脂处理。用 201 ×7 强碱阴离子交换树脂，几乎可以完全将废水中的汞吸着，然后用 HCl 洗脱呈氯化汞形式回收。

16.5.2 含镉废水处理

在废水中镉也有两种离子形态。氰化镀镉淋洗水中的镉为四氰络镉阴离子 $Cd(CN)_4^{2-}$，它可以用 D370 大孔叔胺型弱碱性阴离子交换树脂来处理，出水含镉低于国家排放标准，镉还可以回收利用。另外一种废水中的镉以 Cd^{2+} 离子或者 $Cd(NH_3)_4^{2+}$ 络离子形态存在，例如镀镉漂洗水，含镉约 20 mg/L，pH 值为 7 左右，采用 Na 型 DK110 阳离子交换树脂处理，得到很好的效果。据报道已有许多除镉的特效树脂可用于废水处理或回收镉。当处理含镉 50 ~ 250 mg/L 的废水时，回收镉的价值可使离子交换装置的投资在半年到两年内得到补偿。

16.5.3 含铬废水处理

用离子交换法处理含铬废水，不论是单独使用还是在闭路循环系统中与其他单元操作组合使用，都具有普遍性。一般认为，该法用来回收铬和消除污染是经济合理的，当废水含铬 100 mg/L，回收铬的价值完全可以抵偿处理费。

用离子交换法处理含铬废水，目前国内多采用复床式工艺流程，如图 16-10 所示。

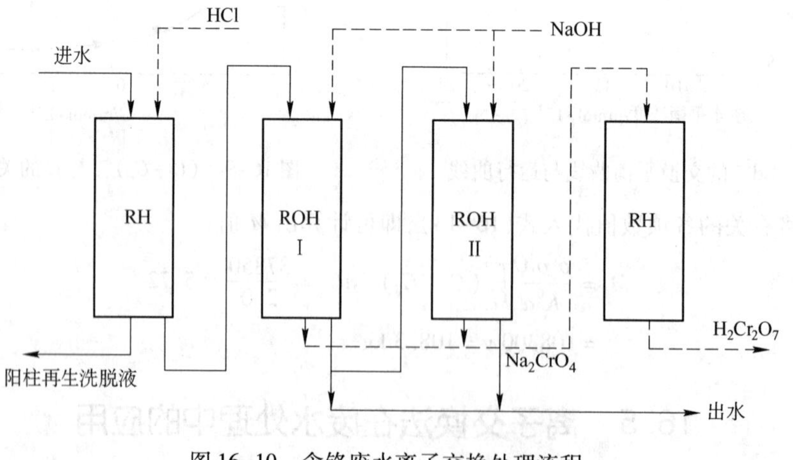

图 16-10 含铬废水离子交换处理流程

经过滤除去机械杂质的废水先经阳柱去除水中的阳离子（如 Fe^{3+}、Cr^{3+}、Ca^{2+}、Mg^{2+} 等），出水呈酸性。当 pH 值下降到 4 以下时，废水中六价铬大部分以 $Cr_2O_7^{2-}$ 形式存在。阳柱出水开始时只进阴柱Ⅰ，水中 $Cr_2O_7^{2-}$ 和 CrO_4^{2-} 与阴树脂的 OH^- 交换：

$$2ROH + Cr_2O_7^{2-} \rightleftharpoons R_2Cr_2O_7 + 2OH^- \qquad (16-18)$$

$$2ROH + CrO_4^{2-} \rightleftharpoons R_2CrO_4 + 2OH^- \qquad (16-19)$$

当出水中六价铬达到规定浓度时，树脂带有的 OH^- 基本上为废水中的 $Cr_2O_7^{2-}$、CrO_4^{2-}、SO_4^{2-} 和 Cl^- 所取代。树脂层中的阴离子按其选择性大小，从上到下分层，显然下层没有完全被 $Cr_2O_7^{2-}$ 所饱和。为了提高重铬酸的浓度和纯度，将Ⅱ柱串联在Ⅰ柱后，并继续向Ⅰ柱通水，则Ⅰ柱内 $Cr_2O_7^{2-}$ 含量逐渐增加，SO_4^{2-} 和 Cl^- 含量逐渐下降。最后当Ⅰ柱出水中六价铬浓度与进水中相同，其中的树脂几乎全部被 $Cr_2O_7^{2-}$ 所饱和时，才使Ⅰ柱停止工作进行再生。这种流程称为双阴柱全酸全饱和流程。

经阳柱和阴柱后，原水中金属阳离子和六价铬转到树脂上，树脂上的 H^+ 和 OH^- 被替换下来结合成水，所以可得纯度较高的水。

阳柱树脂失效后，用 HCl 溶液再生。阴柱树脂失效后，用较高浓度 NaOH 再生，得到 Na_2CrO_4 再生洗脱液：

$$R_2Cr_2O_7 + 4NaOH \rightleftharpoons 2ROH + 2Na_2CrO_4 + H_2O \qquad (16-20)$$

为了回收铬酐，可把再生阴树脂所得的洗脱液，再通过氢型阳树脂后便可得到 $H_2Cr_2O_7$，即

$$4RH + 2Na_2CrO_4 \rightleftharpoons 4RNa + H_2Cr_2O_7 + H_2O \qquad (16-21)$$

当Ⅰ号柱再生时，废水由阳柱直通Ⅱ号阴柱，当出水中六价铬达到规定浓度时，将再生好的Ⅰ号柱串联在Ⅱ号柱后，并继续向Ⅱ号柱通水，待Ⅱ号柱全饱和时停止工作进行再生，废水由阳柱直通Ⅰ号阴柱。如此循环往复，Ⅰ号、Ⅱ号阴柱交替饱和再生。

16.5.4 除磷脱氮

在城市污水的深度处理中，也可用离子交换法去除常规二级处理中难以去除的营养物质磷和氮，使水质达到受纳水体或某具体回用目的水质标准。

氯型强碱性阴离子交换树脂吸着磷酸的反应如下：

$$2RCl + HPO_4^{2-} \longrightarrow R_2HPO_4 + 2Cl^- \qquad (16-22)$$

树脂的选择性次序为：$PO_4^{3-} > HPO_4^{2-} > H_2PO_4^-$，但吸着量以一价的 $H_2PO_4^-$ 为最大。三价铁离子型的强酸性阳离子交换树脂也能吸着磷酸，这种树脂对污水二级处理出水进行深度处理时，磷酸的吸附量为 2.75 kg(磷)/m^3(树脂)，处理后出水的磷酸浓度在 0.01 mg/L(磷)以下。再生时使用三氯化铁溶液。

使用普通离子交换树脂去除废水中的含氮物质并不完全适宜，因为这些树脂对铵和硝酸根离子以外的其他离子尤其是高价离子具有优先交换性。现在已经研究和开发了一种对铵能选择性交换的斜发沸石天然交换剂，可以使处理出水铵浓度降到 0.22 ~ 0.26 mg/L，再生废液经分离铵后可重复使用。

习题和思考题

16-1 离子交换树脂有哪些性能，它们各有什么实用意义？

16-2 由实验总结得出的离子交换选择性有哪些主要规律？

16-3 以 RNa 树脂交换废水中的 Cd^{2+} 为例，推导不等价离子交换的平衡关系式，并画出其概括性平衡曲线。

16-4 什么叫做离子交换选择性系数，它有何重要意义？

16-5 试画出离子交换法处理含铬电镀废水的工艺流程图，说明各交换柱的作用。

16-6 某化工厂每小时从生产过程中排放出来的废水为100 m^3,其水质如表16-5所示。

表16-5 某化工厂废水成分

阳离子	浓度/mg·L^{-1}	阴离子	浓度/mg·L^{-1}
Na^+	400.00	HCO_3^-	63.4
Ca^{2+}	12.30	Cl^-	376.0
Mg^{2+}	25.50	SO_4^{2-}	427.4
Ni^{2+}	7.58	SiO_2	30.0
Cu^{2+}	5.97		
合计	451.35	合计	896.8

(1)试将给出的废水水质换算成碳酸钙硬度来表示。

(2)现计划将废水用Na型的弱酸性阳离子交换树脂进行处理,除去钙、镁硬度成分和镍、铜重金属离子,而且处理水要回收再用。试求出树脂用量和再生剂用量。

(3)通过上述阳离子交换得到的处理水,其中含盐浓度还很高,现决定将这种处理水的50 m^3/h进行部分脱盐,要求脱盐后软水中的溶解性固体浓度为300 mg/L。试计算软化所需要的交换树脂量和再生剂用量(Na型弱酸树脂的交换周期可取24 h。阳-阴离子串联复床脱盐装置可设两套,一套脱盐时另一套再生,每套交换周期可取12 h)。

17 膜分离法

17.1 概 述

利用具有选择透过性能的薄膜(membrane),在外力推动下对双组分或多组分溶质和溶剂进行分离、提纯、浓缩的方法,统称为膜分离法(membrane separation)。

与传统的分离技术相比,膜分离技术具有以下特点:

(1) 效率高。传统分离技术的分离极限是 μm,而膜分离技术可分离分子量为几千道尔顿(dalton),甚至几百道尔顿的物质。

(2) 能耗低。膜分离过程不发生相变,与其他方法相比能耗较低。例如在海水淡化过程中,反渗透法耗能最低。主要原因是:膜分离过程中,被分离的物质大都不发生相的变化。相比之下,蒸发(evaporation)、蒸馏(distillation)、萃取(extraction)、吸附(adsorption)等分离过程都伴随着从液相或吸附相至气相的变化。

(3) 应用范围广。膜分离技术不仅适用于有机物、无机物、细菌和病毒的分离,而且还适用于诸如溶液中大分子与无机盐的分离、一些共沸物或近沸物等特殊溶液体系的分离。

(4)占地小。作为一种新型的水处理方法,与常规水处理方法相比,膜分离法的设备紧凑、占地面积小。

(5) 操作方便。容易实现自动化操作、便于运行管理、可以频繁启动或停止。

根据分离精度和驱动力的不同,膜分离的种类如表 17-1 所示。

表 17-1 膜的分类

种 类	膜的功能	分离驱动力	透过物质	被截留物质
微滤(microfiltration,MF)	多孔膜、溶液的微滤、脱微粒子	压力差	水、溶剂和溶解物	悬浮物、细菌类、微粒子、大分子有机物
超滤(ultrafiltration,UF)	脱除溶液中的胶体、各类大分子	压力差	溶剂、离子和小分子	蛋白质、各类酶、细菌、病毒、胶体、微粒子
反渗透(reverse osmosis,RO)和纳滤(nanofiltration,NF)	脱除溶液中的盐类及低分子物质	压力差	水和溶剂	无机盐、糖类、氨基酸、有机物等
透析(dialysis)	脱除溶液中的盐类及低分子物质	浓度差	离子、低分子物、酸、碱	无机盐、糖类、氨基酸、有机物等
电渗析(electrodialysis,ED)	脱除溶液中的离子	电位差	离子	无机、有机离子
渗透气化(pervaporation)	溶液中的低分子及溶剂间的分离	压力差、浓度差	蒸汽	液体、无机盐、乙醇溶液
气体分离(gas separation)	气体、气体与蒸汽分离	浓度差	易透过气体	不易透过液体

17.2 扩散渗析法

17.2.1 基本原理

扩散渗析(diffusion dialysis)是使高浓度溶液中的溶质透过薄膜向低浓度溶液中迁移的过程。扩散渗析的推动力是薄膜两侧的浓度差。

最初扩散渗析使用的薄膜是惰性膜,大多用于高分子物质的提纯。使用离子交换膜的扩散渗析,利用膜的选择透过性,可以分离电解质。离子交换膜扩散渗析器除了没有电极以外,其他构造与电渗析器基本相同。

以下用回收酸洗钢铁废水中的硫酸为例说明扩散渗析的原理,见图17-1。

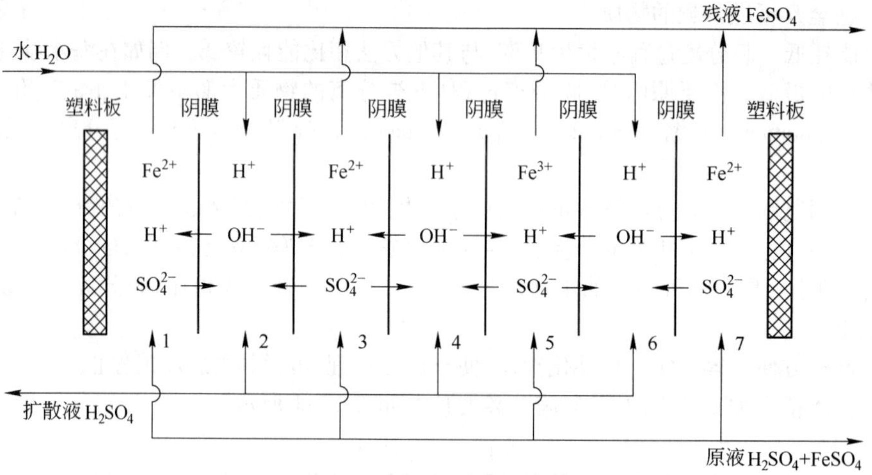

图17-1 扩散渗析原理

回收硫酸的扩散渗析器中,全部使用阴离子交换膜。含酸原液自下而上通入1、3、5、7隔室中,这些隔室称为原液室。水自上而下地通入2、4、6隔室中,这些隔室称为回收室。原液室的含酸废液中Fe^{2+}、H^+、SO_4^{2-}离子的浓度较高,三种离子都有向两侧回收室的水中扩散的趋势。由于阴膜的选择透过性,硫酸根离子极易通过阴膜,而氢离子和亚铁离子则难以通过。又由于回收室中OH^-离子的浓度比原液室中高,则回收室中的OH^-离子极易通过阴膜进入原液室,与原液室中的H^+离子结合成水。为了保持电中性,SO_4^{2-}渗析的当量数与OH^-渗析的当量数相等。在回收室得到硫酸,由下端流出。原液脱除硫酸后,从原液室的上端排出,成为主要含$FeSO_4$的残液。

扩散渗析的渗析速度与膜两侧溶液的浓度差成正比。只有当原液中硫酸的浓度不小于10%时,扩散渗析的回收效果才显著,才有实用价值。为了提高膜两侧的浓度差,水与原液在阴膜的两侧相向而流。为了便于操作、安全、节能,一般均采用高位液槽重力流。扩散渗析器需要使用耐酸的阴离子交换膜,阴膜之间放置隔板。根据流量确定并联的隔板数目。将数十张至成百张隔板按要求叠放,用压紧装置紧固成一个整体。

扩散渗析的特点是:渗析过程不耗电,运转费用省,但是分离效率低,设备投资较大。

17.2.2 扩散渗析的应用实例

1977年在北京某五金厂进行过用扩散渗析法从酸洗钢材废液中回收硫酸的生产性试验，其工艺流程见图17-2。包括扩散渗析器在内的全部设备投资，可在两年内由回收硫酸和回收硫酸亚铁的收入来偿还。

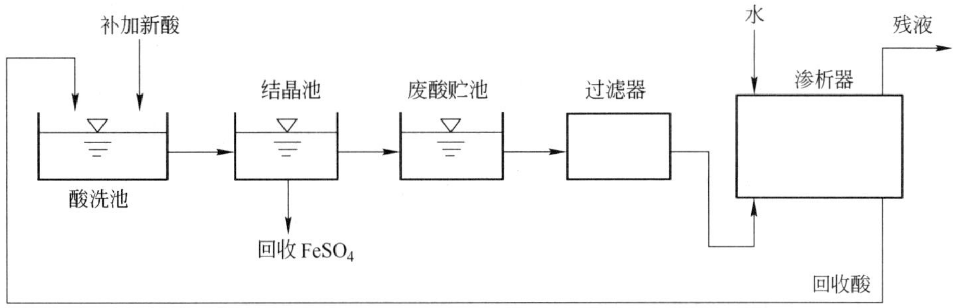

图17-2 扩散渗析回收硫酸的工艺流程

17.3 电渗析法

17.3.1 基本原理和特点

电渗析脱盐原理如图17-3所示。电渗析器中交替排列着许多阳膜（cationic membrane）和阴膜(anionic membrane)，分隔成小水室。当原水进入这些小室时，在直流电场的作用下，溶液中的离子就作定向迁移。阳膜只允许阳离子通过而把阴离子截留下来；阴膜只允许阴离子通过而

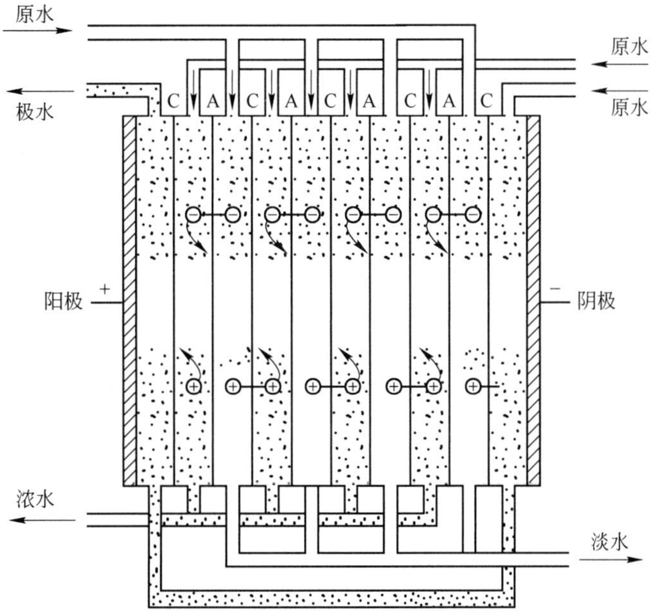

图17-3 电渗析脱盐原理

C—阳膜；A—阴膜

把阳离子截留下来。结果使这些小室的一部分变成含离子很少的淡水室(fresh water compartment),出水称为淡水(fresh water)。而与淡水室相邻的小室则变成聚集大量离子的浓水室(dense water compartment),出水称为浓水(dense water)。从而使离子得到了分离和浓缩,水便得到了净化。

电渗析和离子交换(ion exchange,IE)相比,有以下异同点:

(1)分离离子的工作介质虽均为离子交换树脂(ion exchange resin, IER),但前者是呈片状的薄膜,后者则为圆球形的颗粒。

(2)从作用机理来说,离子交换属于离子转移置换,离子交换树脂在过程中发生离子交换反应。而电渗析属于离子截留置换,离子交换膜在过程中起离子选择透过和截阻作用。所以更精确地说,应该把离子交换膜称为离子选择性透过膜。

(3)电渗析的工作介质不需要再生,但消耗电能;而离子交换的工作介质必须再生,但不消耗电能。

电渗析法处理废水的特点是:不需要消耗化学药品,设备简单,操作方便。

17.3.2 电渗析膜

17.3.2.1 离子交换膜(ion exchange membrane, IEM)的分类

离子交换膜的分类按活性基团的不同分为阳离子交换膜、阴离子交换膜和特殊离子交换膜(也可按膜结构分类)。

(1)阳离子交换膜(cation-exchange membrane)。指能离解出阳离子的离子交换膜,或者说在膜结构中含有酸性活性基团的膜。它能选择性地透过阳离子,而不让阴离子透过。这些酸性基团按离解能力的强弱可分为:强酸性,如磺酸型($—SO_3H$);中强酸性,如磷酸型($—OPO_3H_2$)、膦酸型($—PO_3H_2$);弱酸性,如羧酸型(—COOH),酚型(—ArOH)。

(2)阴离子交换膜(anion-exchange membrane)。指能离解出阴离子的离子交换膜,或者说在膜结构中含碱性活性基团的膜。它能选择性透过阴离子,而不让阳离子透过。这些碱性基团按离解能力的强弱可分为:强碱性,如季铵型[$—N(CH_3)_3OH$];弱碱性,如伯胺型($—NH_2$)、仲胺型(—NHR)、叔胺型($—NR_2$)。

(3)特殊离子交换膜(复合膜)(composite membrane)。这种膜由一张阳膜和一张阴膜复合而成。两层之间可以隔一层网布(如尼龙布等),也可以直接粘贴在一起。工作时,阴膜对阳极,阳膜对阴极。由于膜外的离子无法进入膜内,致使膜间的水分子被电离,H^+离子透过阳膜,趋向阴极;OH^-离子透过阴膜,趋向阳极,以此完成传输电流的任务。另外,在废水处理中,还可以利用复合膜产生的H^+或OH^-离子,与废水中的其他离子结合,来制取某些产品。

根据膜体结构(或按制造工艺)的不同,离子交换膜分为异相膜(heterogeneous ion-exchange membrane)、均相膜(homogeneous ion-exchange membrane)和半均相膜三种。

17.3.2.2 离子交换膜的性能要求

(1)选择透过性高,要求在95%以上。

(2)导电性好,要求其导电能力应大于溶液的导电能力。

(3)交换容量大。

(4)溶胀率和含水率适量。

(5)化学稳定性强。

(6)机械强度大。

17.3.3 电渗析器

利用电渗析原理进行脱盐或处理废水的装置,称为电渗析器(electrodialyzer)。

17.3.3.1 电渗析器的构造

电渗析器由膜堆(module)、极区(polar area)和压紧装置(compacting device)三大部分构成。

(1) 膜堆。其结构单元包括阳膜、隔板、阴膜,一个结构单元也叫一个膜对。一台电渗析器由许多膜对组成,这些膜对总称为膜堆。隔板常用1~2 mm的硬聚氯乙烯(rigid polyvinyl chloride, PVC-U)板制成,板上开有配水孔、布水槽、流水道、集水槽和集水孔。隔板的作用是使两层膜间形成水室,构成流水通道,并起配水和集水的作用。

(2) 极区。极区的主要作用是给电渗析器供给直流电,将原水导入膜堆的配水孔,将淡水和浓水排出电渗析器,并通入和排出极水。极区由托板(supporting plate)、电极(electrode)、极框(electrode frame)和弹性垫板(rubber tie plate)组成。电极托板的作用是加固极板和安装进出水接管,常用厚的硬聚氯乙烯板制成。电极的作用是接通内外电路,在电渗析器内造成均匀的直流电场。阳极常用石墨、铅、钛丝涂钌等材料;阴极可用不锈钢等材料制成。极框用来在极板和膜堆之间保持一定的距离,构成极室(electrode compartment),也是极水的通道。极框常用厚5~7 mm的粗网多水道式塑料板制成。垫板起防止漏水和调整厚度不均的作用,常用橡胶或软聚氯乙烯板制成。

(3) 压紧装置。其作用是把极区和膜堆组成不漏水的电渗析器整体。可采用压板和螺栓拉紧,也可采用液压压紧。

17.3.3.2 电渗析器的组装

电渗析器的基本组装形式如图17-4所示。

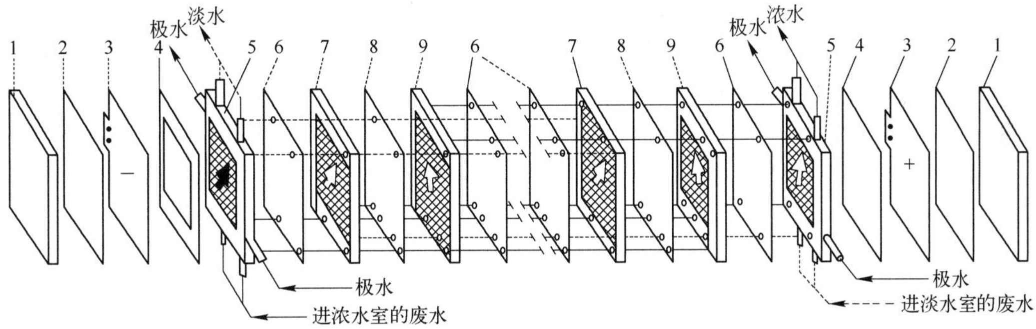

图17-4 电渗析器的基本组装形式

1—压紧板;2—垫板;3—电极;4—垫圈;5—极框;6—阳膜;7—淡水隔板框;8—阴膜;9—浓水隔板框

在实践中,通常用“级”、“段”和“系列”等术语来区别各种组装形式。电渗析器内电极对的数目称为“级”,凡是设置一对电极的叫做一级,两对电极的叫做二级,依此类推。电渗析器内,进水和出水方向一致的膜堆部分称为“一段”,凡是水流方向每改变一次,“段”的数目就增加1。

17.3.4 电渗析的工艺技术问题和指标

(1) 极化现象和极限电流密度。如图17-5所示,电渗析过程中,在阴离子交换膜或阳离子交换膜的淡水一侧,由于离子在膜中的迁移数大于在溶液中的迁移数,就使得膜和溶液界面处的

离子浓度 C_1' 小于溶液相中的离子浓度 C_1。同样，在阴膜或阳膜的浓水一侧，从膜中迁移出来的离子量大于溶液中的离子迁移数，就使得相界面处的离子浓度 C_2' 大于溶液相中的离子浓度 C_2。这样，在膜的两侧都产生了浓度差值。显然，通入的电流强度越大，离子迁移的速度越快，浓度差值也就越大。如果电流提高到相当程度，将会出现 C_1' 值趋于零的情况，这时在淡水侧就会发生水分子的电离（$H_2O \longrightarrow H^+ + OH^-$），由 H^+ 离子和 OH^- 离子的迁移来补充传递电流，这种现象称为极化现象（polar phenomenon）。

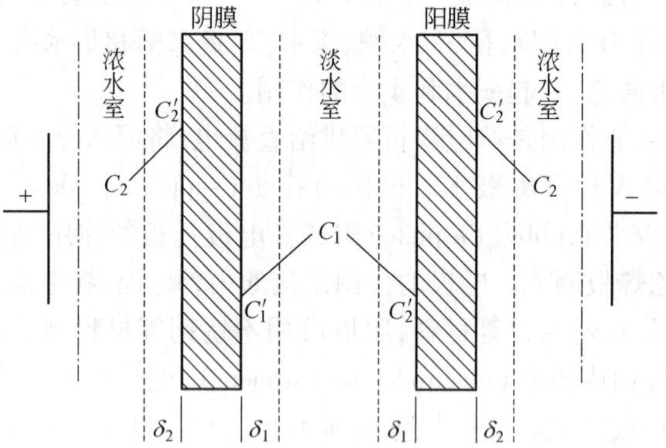

图 17-5 电渗析过程中的极化现象

极化现象出现的结果，在阴膜浓水一侧，由于 OH^- 离子富集起来，水的 pH 值增大，便产生氢氧化物沉淀，造成膜面附近结垢；另外，在阳膜的浓水一侧，由于膜表面处的离子浓度 C_2' 比 C_2 大得多，也容易造成膜面附近结垢。结垢的结果必然导致电流效率的降低，膜的有效面积减小，寿命缩短，影响电渗析过程的正常运行。

防止极化最有效的方法是控制电渗析器在极限电流密度以下运行。另外，定期进行倒换电极运行，将膜上积聚的沉淀溶解下来。

单位时间单位膜面积上通过的电流，称为电流密度（current density, CD）。使膜界面层中产生极化现象时的电流密度，称为极限电流密度（limited current density）（$i_{\lim}$），其理论值为：

$$i_{\lim} = \frac{CDF}{(\bar{t} - t)\delta} \tag{17-1}$$

式中 C——界面层外溶液中的离子浓度；

D——扩散系数；

F——法拉第常数；

$\bar{t}$——反离子在交换膜内的迁移数；

t——反离子在溶液中的迁移数；

δ——界面层厚度。

（2）电流效率（current efficiency）。从废水溶液中除去一定量盐类物质时，理论上需要的电量与实际消耗的电量的比值，称为电流效率。它是衡量电渗析器电流利用率的指标。

（3）电压消耗（voltage extinction）及工作电压（operating voltage）。电渗析器需要的电压越高，电耗就越大。电渗析器的工作电压 V 可分解为下式中的几个部分：

$$V = E_d + E_m + IR_j + IR_m + IR_s \tag{17-2}$$

式中 E_d——电极反应所需的电势，V；

E_m——克服膜电位所需的电压,V;

I——工作电流,A;

R_j——接触电阻,Ω;

R_m——膜电阻,Ω;

R_s——水的电阻,Ω。

(4) 电能消耗(electric energy consumption)及电能效率(power efficiency)。电能消耗按下式计算:

$$\dot{W} = \frac{VI \times 10^{-3}}{Q_d} \tag{17-3}$$

式中 V——工作电压,V;

I——工作电流,A;

Q_d——淡水产量,m^3/h。

电能效率是电渗析器电能利用率的指标,它是理论电能消耗量与实际电能消耗量的比值。电渗析器的电能效率一般在10%以下。为了提高电能效率就必须提高电流效率和电压效率,其中提高电压效率的关键在于降低电渗析器的总电阻。

17.3.5 电渗析的工艺计算

(1) 极限电流密度公式。极限电流密度公式是在极化临界条件下建立的。实用的极限电流密度 i_{lim}(mA/cm^2)按下式(威尔逊公式)计算:

$$i_{lim} = KC_m v^a \times 10^{-3} n^{-1} \tag{17-4}$$

式中 v——淡水隔板中水流的线速度,cm/s;

C_m——淡水隔板中水的对数平均含盐量,mol/L;

a——流速系数;

K——水力特性系数;

n——化合价。

极限电流密度及系数 K 和 a 的确定,通常采用电压-电流法。该法是通过实验,以测得的膜对电压和相应的电流密度,在直角坐标纸上作出电压-电流极化曲线(图17-6)。曲线由三部分组成:OA 和 DE 两段为近似直线;$ABCD$ 段为曲线,称为“极化过渡区”。OA 与 DE 交于 P,过 P 引垂线交曲线于 C,C 点称为“标准极化点”,C 点所对应的电流密度即为极限电流密度。在不同的进水浓度或流速下,测得电渗析器的若干组 i_{lim}、C 和 v 值,然后代入如下的威尔逊公式对数式,即可用图解法(图17-7)或解方程法求出系数 K 和 n。

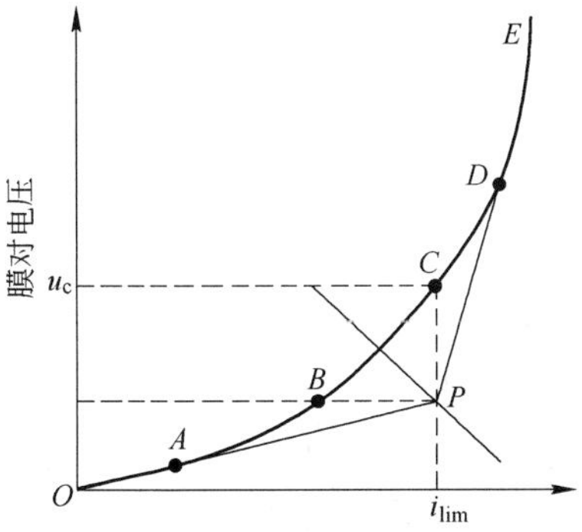

图17-6 电压-电流曲线

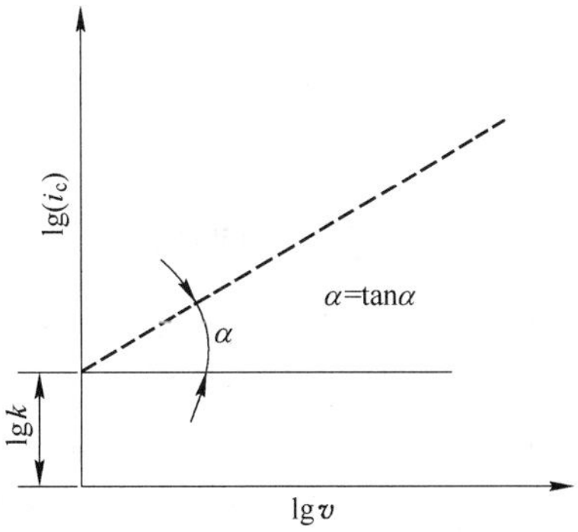

图17-7 极限电流密度公式的图解

$$\lg \frac{i_{\lim}}{C_m} = \lg K + a \lg v \tag{17-5}$$

（2）除盐公式。在极化临界状态下的除盐公式如下：

$$C = C_0 \exp\left[-\frac{K\eta x}{Fdv(1-a)}\right] \tag{17-6}$$

式中　C_0——淡水隔板中水的起始含盐量，mol/L；

C——淡水隔板中距起点 X 距离处水的含盐量，mol/L；

x——距起始点的除盐流程长度，cm；

η——电流效率；

F——法拉第常数，等于 96500n C/mol，n 为化合价；

d——淡水隔板的厚度，cm。

除盐公式(曲线见图 17-8)表明，当淡水隔板中的流速、隔板流程长度均相等并在极限临界状态下运转时，电渗析各段流程的除盐比是常数，即 C/C_0 = 常数。根据此式，多段串联的总除盐率与单段除盐率之间，存在如下关系：

$$(1-G) = (1-g)^m \tag{17-7}$$

式中　G——总除盐率；

g——一段的除盐率；

m——串联的段数。

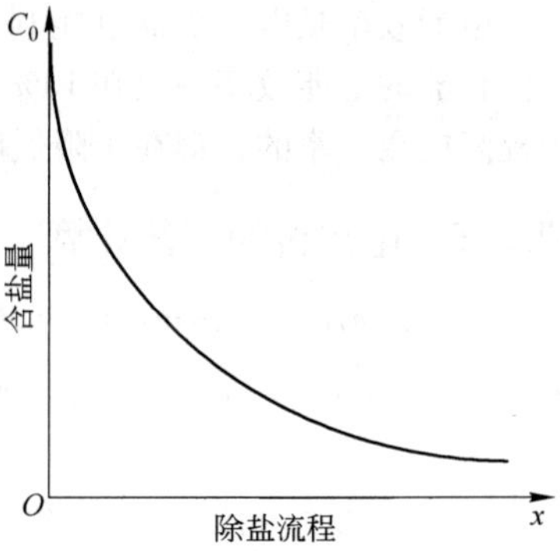

图 17-8　除盐曲线

（3）电流效率公式。电渗析除盐的电流效率为实际用于除盐的电量与通入电渗析器的电量之比，即

$$\eta = \frac{(C_R - C_{ch})Fvd}{iL} \times 10^{-3} \tag{17-8}$$

式中　C_R——淡水隔板中入口处水的含盐量，mol/L；

C_{ch}——淡水隔板中出口处水的含盐量，mol/L；

L——淡水隔板的除盐流程长度，cm；

i——电流密度，mA/cm^2；

F, v, d——与前式同。

（4）浓度的对数平均值。在实际应用极限电流密度公式 $i_{\lim} = KC_m v^a$ 时，由于在极限临界状态下淡水浓度沿流程的降低呈指数规律变化(图 17-8)，因此应按下式取对数平均值：

$$C_m = \frac{C_R - C_{ch}}{\ln \frac{C_R}{C_{ch}}} \tag{17-9}$$

17.3.6　电渗析法在废水处理中的应用

电渗析法最先用于海水淡化制取饮用水和工业用水，海水浓缩制取食盐，以及与其他单元技术组合制取高纯水，后来在废水处理方面也得到较广泛应用。

在废水处理中，根据工艺特点电渗析操作有两种类型：一种是由阳膜和阴膜交替排列而成的普通电渗析工艺，主要用来从废水中单纯分离污染物离子，或者把废水中的污染物离子和非电解质污染物分离开来，再用其他方法处理；另一种是由复合膜与阳膜构成的特殊电渗析分离工艺，利用复合膜中的极化反应和极室中的电极反应以产生 H^+ 离子和 OH^- 离子，从废水中制取酸和碱。

目前,电渗析法在废水处理实践中应用最普遍的有:

(1) 处理碱法造纸废液,从浓液中回收碱,从淡液中回收木质素。

(2) 从含金属离子的废水中分离和浓缩重金属离子,然后对浓缩液进一步处理或回收利用。

(3) 从放射性废水中分离放射性元素。

(4) 从芒硝废液中制取硫酸和氢氧化钠。

(5) 从酸洗废液中制取硫酸及沉积重金属离子。

(6) 处理电镀废水和废液等,含 Cu^{2+}、Zn^{2+}、Cr(Ⅵ)、Ni^{2+} 等金属离子的废水都适宜用电渗析法处理,其中应用较广泛的是从镀镍废液中回收镍,许多工厂实践表明,用这种方法可以实现闭路循环。

17.4 微滤

17.4.1 基本原理

微滤膜的分离机理主要分为:

(1) 筛分截留。即过筛截留,指微滤膜将尺寸大于其孔径的固体颗粒或液体颗粒聚集体截留,筛分作用是微滤膜截留溶质的主要机理。

(2) 吸附截留。微滤膜将尺寸小于其孔径的固体颗粒通过物理或化学作用吸附而截留。

(3) 架桥截留。固体颗粒在膜的微孔入口因架桥作用而被截留。

(4) 网络截留。这种截留发生在膜的内部,往往是由于膜孔的曲折而形成。

17.4.2 微滤膜的特点

微滤膜指孔径(pore size)介于 0.1 ~ 10 μm,膜厚度均匀,具有筛分过滤作用的多孔固体连续介质。依据微孔形态的不同,微滤膜可分为两类:弯曲孔膜和柱状孔膜。弯曲孔膜的微孔结构为交错连接的曲折孔道形成的网络,而柱状孔膜的微孔结构为几乎平行的贯穿膜壁的圆柱状毛细孔结构。

微滤膜的另一个重要指标为孔径分布(pore size distribution),图 17-9 给出了某一种微孔膜的孔径分布示意图。膜的孔径可以用标称孔径(normal pore size)或绝对孔径(absolute pore size)

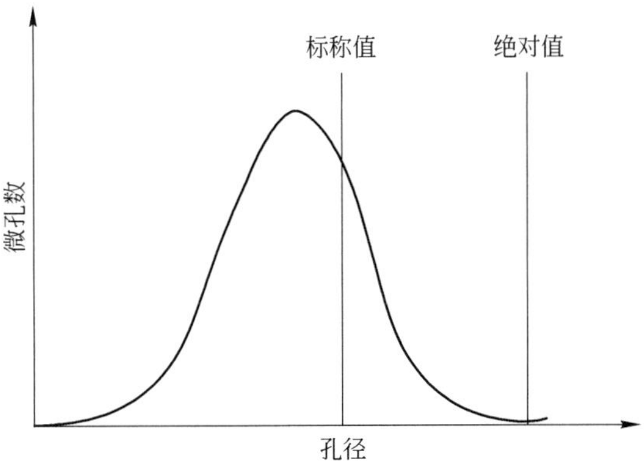

图 17-9 微孔膜孔径分布示意图

来表征。绝对孔径表明等于或大于该孔径的粒子或大分子均会被截留,而标称值则表示该尺寸的粒子或大分子以一定的百分数被截留。

与深层过滤介质(deep bed filtration medium)如硅藻土、沙、无纺布相比,微滤膜有以下几个特点:

(1) 精度高。微滤膜主要以筛分机理实现分离目的,使所有比膜孔径绝对值大的粒子全面截留。

(2) 通量大。由于微滤膜的孔隙率高,因此在同等过滤精度下,流体的过滤速度比常规过滤介质高几十倍。

(3) 厚度薄,吸附量少。微滤膜的厚度一般为 10 ~ 200 μm ,对过滤对象的吸附量小,因此贵重物料的损失较小。

(4) 易堵塞。微滤膜内部的比表面积小,颗粒容纳量小,易被物料中与膜孔大小相近的微粒堵塞。

由于上述特点,所以微孔膜主要用于从气相或液相流体中截留细菌、固体颗粒等杂质,以达到净化、分离和浓缩的目的。

17.4.3 微滤膜

能用来做微滤膜的材质有很多种,但目前国内外已商品化的主要有:

(1) 纤维素酯类。如二醋酸纤维素(CA)、三醋酸纤维素(CTA)、硝化纤维素(CN)、乙基纤维素(EC)、混合纤维素(CN-CA)微滤膜等。

(2) 聚酰胺类。如尼龙6(PA-6)和尼龙(PA-66)微滤膜。

(3) 聚砜类。如聚砜(PS)和聚醚砜(PES)微滤膜。

(4) 含氟材料类。如聚偏氟乙烯(polyvinylidene fluoride, pVDF)和聚四氟乙烯膜(polytetrafluoroethylene,PTFE)微滤膜。

(5) 聚烯烃类。如聚丙烯(polypropylene, PP)拉伸式微孔膜和聚丙烯(PP)纤维式深层过滤膜。

(6) 无机材料。如陶瓷微孔膜、玻璃微孔膜,各类金属微孔膜等。无机膜具有耐高温、耐有机溶剂、耐生物降解等优点。特别在高温气体分离和膜催化反应器及食品加工等行业中,有良好的应用前景。

17.4.4 微滤技术的应用

微滤膜的应用主要包括以下几个方面:

(1) 去除废水中的悬浮物以及细菌等其他颗粒物。

(2) 去除食品、饮料及酒类中的悬浊物、微生物和异味杂质。

(3) 去除组织液、抗菌素、血清、血浆蛋白质等多种溶液中的菌体。

17.5 超 滤 法

17.5.1 基本原理

一般认为超滤是一种筛孔分离过程,主要用来截留分子量高于500道尔顿的物质。超滤过程如图17-10所示,在静压差的作用下,原料液中溶剂和小分子的溶质粒子从高压的料液侧透过膜到低压侧，通常称为滤出液或透过液；而大分子的溶质粒子组分被膜所阻截，使它们在滤剩液（或称浓缩液）中浓度增大。按照这种分离机理，超滤膜具有选择性的主要原因是形成了具有一定大小和形状的孔，而聚合物的化学性质对膜的分离特性影响相对较小。因此，可以用细孔模型表示超滤的传递过程。

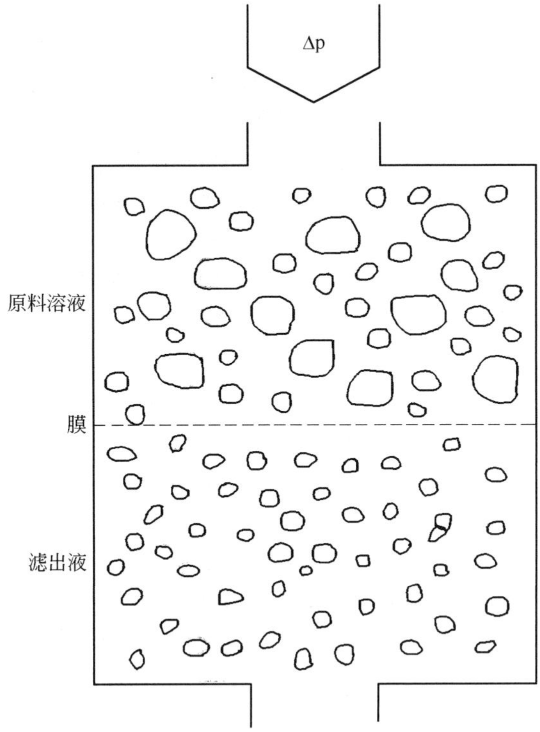

图 17-10　超滤过程原理示意图

17.5.2　超滤膜

大多数超滤膜都是聚合物或共聚物的合成膜，主要有醋酸纤维（cellulose acetate, CA）超滤膜、聚偏氟乙烯超滤膜、聚砜类（polysulfone, PSF）超滤膜和聚砜酰胺（polysulfonamide, PSA）超滤膜。此外，聚丙烯腈（polyacrylonitrile, PAN）也是一种很好的超滤膜材料。

超滤膜的透过能力以纯水的透过速率表示，并标明测定条件。通常用分子量代表分子大小以表示超滤膜的截留特性，即膜的截留能力以切割分子量表示。切割分子量的定义和测定条件不很严格，一般用分子量差异不大的溶质在不易形成浓差极化的操作条件下测定截留率，将表观截留率为 90% ~95% 的溶质的分子量定义为切割分子量。另外，要求超滤膜耐高温，pH 值适用范围要大，对有机溶剂具有化学稳定性，以及具有足够的机械强度。

17.5.3　超滤设备和超滤工艺流程

超滤膜组件的结构形式有板框式（plate and frame membrane module）、螺旋卷式（spiral wound membrane module）、管式（tubular membrane module）、中空纤维式（hollow fiber membrane module）等，并且通常是由生产厂家将这些组件组装成配套设备供应市场。

超滤工艺流程可分为间歇操作（batch operation）、连续超滤过程（continuous ultrafiltration,

CUF)和重过滤三种。间歇操作具有最大透过率,效率高,但处理量小。连续超滤过程常在部分循环下进行,回路中循环量常比料液量大得多,主要用于大规模处理厂。重过滤常用于小分子和大分子的分离。

17.5.4 超滤技术的应用

在废水处理中,超滤技术可以用来去除废水中的淀粉、蛋白质、树胶、油漆等有机物,以及黏土、微生物等致浊物质;此外,超滤还可用于污泥脱水,以及用来代替澄清池等。

(1) 电泳漆废水的处理。汽车、家具等金属制品在用电泳法将涂料沉淀到金属表面上后,要用水将制品上的多余涂料冲洗掉,这种清洗水一般含1% ~2%的涂料。用超滤法处理这种清洗水,不仅可以回收涂料,而且滤液可循环利用。所用的超滤设备大部分为醋酸纤维管状膜超滤器,膜的平均寿命超过两年。

除了用于电泳漆废水处理,超滤还可以用来净化电泳漆的槽液,使其中的无机盐从膜中透过,把漆料截留下来,因而漆料得到净化,返回电泳槽重新使用。我国某汽车厂采用超滤处理电泳漆废水和净化电泳漆槽液的工艺,每日节约去离子水150 m^3,又回收了电泳漆,设备投资费在2年内全部回收。

(2) 含油废水的处理。在机械加工中,排放出的含乳化油废水水量虽不大,但含油浓度很高,可达10000 ~125000 mg/L,可以采用超滤或反渗透与超滤联合工艺进行处理。钢铁压延清洗废水中含0.2% ~0.1%的油,油粒直径0.1 ~1 μm,用超滤分离处理,得到的浓缩液含油5% ~10%,可直接用于金属切割,过滤水重新用作压延清洗水。

(3) 超滤技术还可用于纸浆和造纸废水、洗毛废水、还原染料废水、聚乙烯退浆废水、食品工业废水以及高层建筑物的生活污水处理,既可回收各种有用物质,也可以使处理后的水用于生产或生活。

17.6 反渗透法

17.6.1 基本原理

如果将纯水和某种溶液用半透膜隔开,水分子就会自动地透过半透膜进到溶液一侧去,这种现象叫做渗透(图17-11a)。在渗透进行过程中,纯水一侧的液面不断下降,溶液一侧的液面则不断上升。当液面不再变化时,渗透便达到了平衡状态。此时,两侧液面差称为该种溶液的渗透压。任何溶液都具有相应的渗透压,其值依一定溶液中溶质的分子数目而定,与溶质的本性无关,溶液的渗透压与溶质的浓度及溶液的绝对温度成正比,其数学表达式为:

$$\pi = iRTC \tag{17-10}$$

式中 π——渗透压力,Pa;

R——理想气体常数,Pa · L/(mol · K);

C——溶质的浓度,mol/L;

T——绝对温度,K;

i——范特霍夫系数,它表示溶质的离解状态,其值等于1或大于1,当完全离解时,i等于阴、阳离子的总数,对非电解质则$i=1$。

如果在溶液一侧施加大于渗透压的压力,则溶液中的水就会透过半透膜,流向纯水一侧,溶质则被截留在溶液一侧,这种作用称为反渗透(图17-11b)。

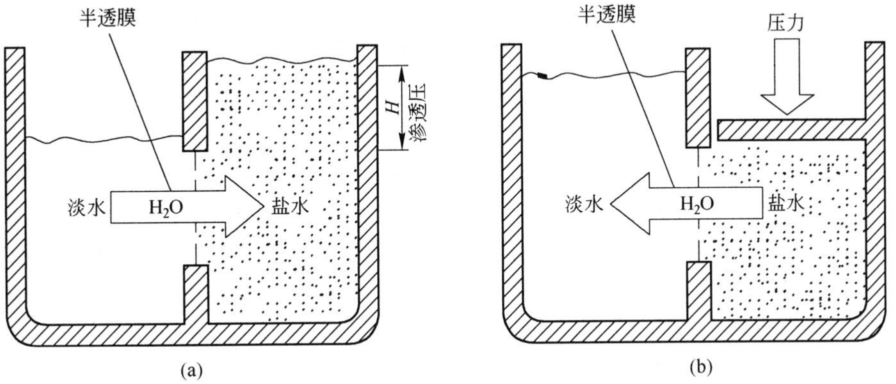

图 17-11 渗透和反渗透原理示意图

(a) 渗透;(b) 反渗透

主要有两种理论来解释反渗透过程的机理,即溶解扩散理论(solution diffusion theory)和选择吸附-毛细流理论(selective adsorption-capillary flow theory)。溶解扩散理论是把反渗透膜视为一种均质无孔的固体溶剂,各种化合物在膜中的溶解度各不相同。溶解性差异的来源,对醋酸纤维素膜而言,有人认为是氢键结合。溶液中的水分子能与醋酸纤维素膜上的羰基形成氢键而结合($=C=O\cdots H—O—H\cdots O=C=$),然后在反渗透压力的推动下,水分子由一个氢键位置断裂转移到另一个位置,通过一连串氢键的形成和断裂而透过膜去。

选择性吸性-毛细流理论是把反渗透膜看作一种微细多孔结构物质,它有选择吸附水分子而排斥溶质分子的化学特性。当水溶液同膜接触时,膜表面优先吸附水分子,在界面上形成水的分子层。在反渗透压力作用下,界面水层在膜孔内产生毛细流动,连续地透过膜层而流出,溶质则被膜截留下来。

这些理论都反映了部分实验结果,但均不够完善,尚待进一步研究和充实。

17.6.2 反渗透膜

反渗透膜的种类很多,通常以制膜材料和膜的形式或其他方式加以命名。目前研究得比较多和应用比较广的是醋酸纤维素膜和芳香族聚酰胺膜两种,其他类型的膜材料也不断地研制出来。现将具有代表性的各种反渗透膜的透水和脱盐性能列于表 17-2。

表 17-2 几种反渗透膜的透水和脱盐性能

品　种	测试条件	透水量 $/m^3\cdot(m^2\cdot d)^{-1}$	脱盐率/%
CA 膜	1% NaCl,4.9 MPa	0.8	99
CA 超薄膜	海水,9.8 MPa	1.0	99.8
CA 中空纤维膜	海水,5.88 MPa	0.4	99.8
醋酸丁酸纤维素膜	海水,9.8 MPa	0.48	99.4
CA 混合膜(二醋酸和三醋酸纤维素膜)	3.5% NaCl,9.8 MPa	0.44	99.7
醋酸丙酸纤维素膜	3.5% NaCl,9.8 MPa	0.48	99.5
芳香聚酰胺膜	3.5% NaCl,9.8 MPa	0.64	99.5
聚乙烯亚胺膜(异氰酸酯改性膜)	3.5% NaCl,9.8 MPa	0.81	99.5
聚苯并咪唑膜	0.5% NaCl,3.92 MPa	0.65	95
磺化聚苯醚膜	苦咸水,7.35 MPa	1.15	98

（1）醋酸纤维素膜（简称 CA 膜）。以醋酸纤维素为成膜物质，丙酮为溶剂，加入过氯酸镁（$Mg(ClO_4)_2$）或甲酰胺（$HCONH_2$）为添加剂（发孔剂或溶胀剂），按一定比例配制而成。CA 膜的外观为乳白色或淡黄色的含水凝胶，膜厚 100～250 μm，它是由致密的表皮层和多孔支撑层组成。表皮层是脱盐面，厚 0.25～1 μm，其孔隙率为 12%～14%，微孔孔径小于 10 nm。多孔支撑层为海绵状，孔隙率为 50%～60%，微孔孔径 10～100 nm，此层起支撑表皮层的作用。

影响 CA 膜工作性能的因素有温度、pH 值、工作压力、进液流速和工作时间等。进水温度增高透水量增加，在 15～30℃工作温度范围内，水温每提高 1℃，透水量约增加 3.5%，但是 CA 膜在水中会水解，温度愈高，水解速度愈快。此外，水解速度还与 pH 值有关，在 pH＝4.5～5 时最小。所以供水温度一般以 20～30℃为宜，pH 值范围为 3～7，以在酸性中工作为好。

（2）芳香族聚酰胺膜。简称为 PA 膜。这种膜的主要成膜材料为芳香聚酰胺，以二甲基乙酰胺为溶剂，硝酸锂或氯化锂为添加剂制成。它是一种非对称结构的膜。制成中空纤维膜时，其外径 45～85 μm，内径 24～42 μm，表皮层厚 0.1～1.0 μm。这类反渗透膜具有良好的透水性能、较高的脱盐率，工作压力低（2.74 MPa 即可），机械强度好，化学稳定性好，耐压实，能在 pH 值为 4～11 范围内使用，寿命较长。

（3）聚苯并咪唑膜。简称为 PBI 膜。其特点是在高温时透水性能好。在 21～90℃温度范围内，PBI 膜的透水量随温度上升而提高；而当温度升高到 90℃时，PBI 膜的透水量将降到零。

17.6.3 反渗透装置

反渗透装置主要有板框式、管式、螺旋卷式和中空纤维式四种。

（1）板框式反渗透装置。在多孔透水板的单侧或两侧贴上反渗透膜，即构成板式反渗透元件。再将元件紧粘在用不锈钢或环氧玻璃钢制作的承压板两侧。然后将几块或几十块元件成层叠合（图 17-12），用长螺栓固定，装入密封耐压容器中，按压滤机形式制成板式反渗透器。这种装置的优点是结构牢固、能承受高压、占地面积不大；其缺点是液流状态差、易造成浓差极化、设备费用较大、清洗维修也不太方便。

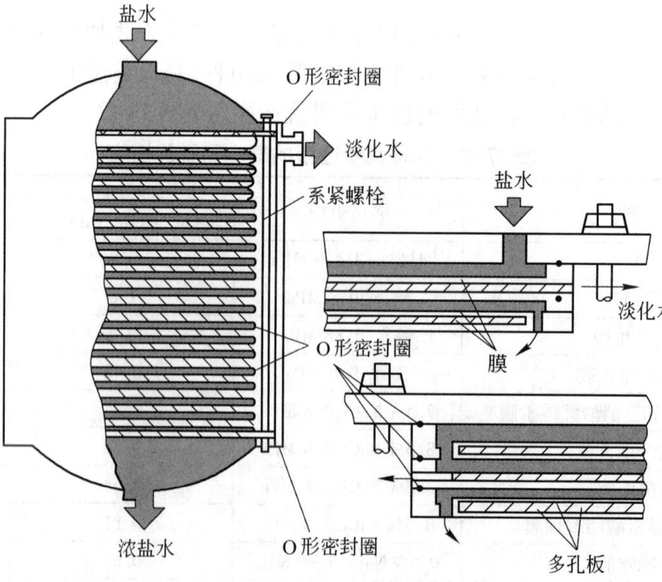

图 17-12 板框式反渗透器

(2) 管式反渗透装置。这种装置是把膜装在(或者将铸膜液直接涂在)耐压微孔承压管内侧或外侧,制成管状膜元件,然后再装配成管束式反渗透器(图 17-13)。这种装置的优点是水力条件好,适当调节水流状态就能防止膜的玷污和堵塞,能够处理含悬浮物的溶液,安装、清洗、维修都比较方便。它的缺点是:单位体积的膜面积小,装置体积大,制造的费用较高。

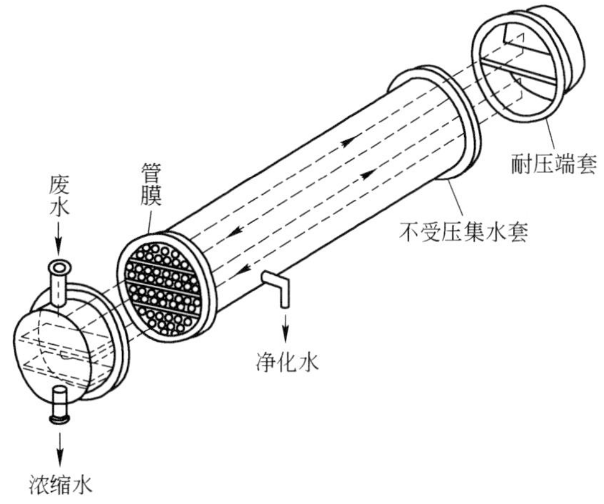

图 17-13 管束式反渗透器

(3) 螺旋卷式反渗透装置。这种装置如图 17-14 所示。它是在两层反渗透膜中间夹一层多孔支撑材料(柔性格网),并将它们的三端密封起来,再在下面铺上一层供废水通过的多孔透水格网,然后将它们的一端粘贴在多孔集水管上,绕管卷成螺旋卷筒便形成一个卷式反渗透组件。最后把几个组件串联起来,装入圆筒形耐压容器中,便组成螺旋卷式反渗透器。这种反渗透器的优点是单位体积内膜的装载面积大、结构紧凑、占地面积小;缺点是容易堵塞、清洗困难,因此,对原液的预处理要求严格。

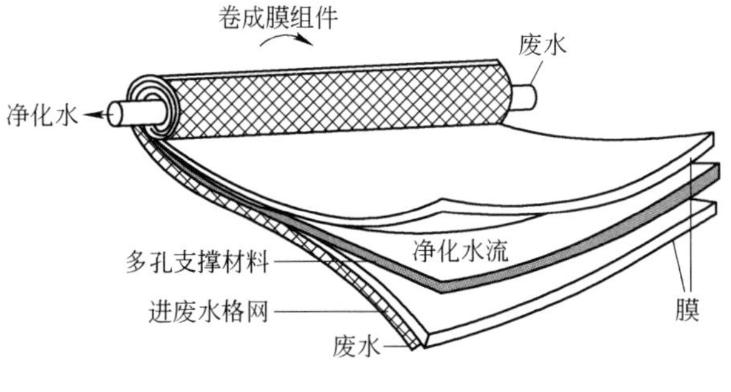

图 17-14 螺旋卷式反渗透器

(4) 中空纤维式反渗透装置。这种装置中装有由制膜液空心纺丝而成的中空纤维管,管的外径为 50 ~ 100 μm,壁厚 12 ~ 25 μm,管的外径与内径之比约为 2:1。将几十万根中空纤维膜弯成 U 字形装在耐压容器中,即可组成反渗透器(图 17-15)。这种装置的优点是单位体积的膜表面积大、装置紧凑;缺点是原液预处理要求严,难以发现损坏了的膜。

以上四种反渗透器的主要性能指标列于表 17-3。表中透水量系指原液中 $w(NaCl) = 500 \times 10^{-6}$,除盐率为 92% ~ 96% 时的透水量。

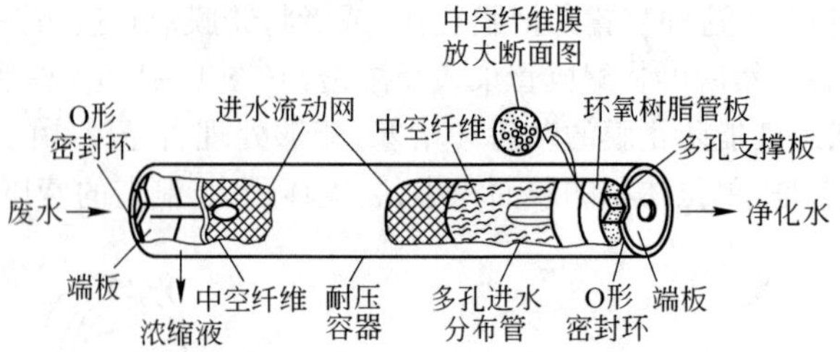

图 17-15 中空纤维式反渗透器

表 17-3 各种反渗透器的性能比较

形 式	膜的装填密度 $/m^2 \cdot m^{-3}$	操作压力 /MPa	透水量 $/m^3 \cdot (m^2 \cdot d)^{-1}$	单位产水量 $/m^3 \cdot (m^3 \cdot d)^{-1}$
板框式	493	5.49	1.02	500
管 式	330	5.49	1.02	336
螺旋卷式	660	5.49	1.02	673
中空纤维式	9200	2.74	0.075	690

17.6.4 反渗透处理系统的计算

反渗透处理系统的设计必须掌握进水组成及其变化、水温以及渗透压等原始资料。用于废水处理时,设计规模按进水流量确定,主要计算内容如下:

(1) 出水水质。反渗透处理系统中溶质质量平衡关系式如下:

$$Q_g C_g = Q_l C_l + Q_d C_d \tag{17-11}$$

式中 Q_g, Q_l, Q_d——分别为供水、浓水和淡水流量;

C_g, C_l, C_d——分别为相应的浓度。

浓水侧溶质的平均浓度 C_p 可用下式表示:

$$C_p = \frac{Q_l C_l + Q_g C_g}{Q_l + Q_g} \tag{17-12}$$

令溶质的平均去除率(或者排斥度)为 f_p,则:

$$C_d = C_p(1 - f_p) \tag{17-13}$$

由于 C_d 值很小,故可假定 $C_d = 0$,由式(17-11)和式(17-12)可推导出下式:

$$C_p = \frac{2C_g}{2 - Y} \tag{17-14}$$

$$C_d = \frac{2C_g}{2 - Y}(1 - f_p) \tag{17-15}$$

式中 Y——水的回收率,$Y = Q_d/Q_g = 1 - C_g/C_l$。

在已知 Q、C_g、f_p 及取定 Y 值的条件下,由式(17-15)初算出 C_d 值代入式(17-11),初算出 C_l,又将 C_l 值代入式(17-12)计算 C_p,再将 C_p 值代入式(17-13),第二次算出 C_d。如此反复,即得到较精确的 C_d 值。

平均除盐率 f_p 可经验选定,对 CA 膜可取 95%。如果出水水质(淡水浓度 C_d)事先给定,则计算变成调整回收率去满足出水水质要求的问题。

(2) 膜面积。膜面积 $A(cm^2)$ 由下式计算:

$$A = \frac{Q_g}{q} \tag{17-16}$$

式中 Q_g——供水流量 g/s；

q——膜的平均透水率 g/(cm^2·s)，可按下式计算：

$$q = K_w(\Delta p - \Delta\pi) \tag{17-17}$$

K_w——膜的水渗透系数，g/(cm^2·s·MPa)；

Δp——供水压力与淡水压力的差值，MPa；

$\Delta\pi$——供水与淡水的渗透压力差，MPa。实际使用的工作压力一般比渗透压大3～10倍。K_w 值与膜的种类、制造工艺和厚度等有关，由实验测得。

（3）膜的透盐量。可按照下式计算：

$$F_y = \frac{P_y}{\delta}(C_g - C_d) = \beta\Delta C \tag{17-18}$$

式中 F_y——透盐量，g/(cm^2·s)；

P_y——溶质在膜内的扩散系数（也称透压系数），cm^2/s；

δ——膜的有效厚度，cm；

ΔC——供水和淡水的浓度差，g/cm^3；

β——膜的透盐常数，表示特定膜的透盐能力，cm/s，$\beta = P_y/\delta$。

（4）盐的去除率 f（排斥度）。可按下式计算：

$$f = \frac{C_g - C_d}{C_g} \times 100\% \tag{17-19}$$

17.6.5 反渗透法在废水处理中的应用实例

（1）反渗透法处理酸性尾矿水。废水经过滤后，用高压泵送进反渗透器，产出的淡水加碱调整pH值后即可作为工业用水，若再经过滤和消毒后还可作为饮用水。浓缩水部分循环，部分用石灰中和沉淀。废水中的 $CaSO_4$ 容易沉淀，可玷污、堵塞反渗透膜，所以反渗透器的进水应控制废水与沉淀池返回来的上清液之比为10∶1。同时，应使水流处于湍流状态，以便防止边界层沉淀。反渗透处理结果见表17-4，操作压力为4.21 MPa，水的回收率为75%。

表17-4 反渗透法处理酸性尾矿水的结果

项目	pH值	溶解质/mg·L^{-1}						
		酸	Ca^{2+}	Mg^{2+}	Al^{3+}	Fe^{2+}	SO_4^{2-}	TDS
原废水	2.7	644	115	38	38.5	150	936	1280
混合废水	2.6	1090	184	66	74	277	1890	2491
浓水	2.4	2330	400	146	153	566	2810	4075
产出淡水	4.4	6.0	2.0	0.9	3.1	0	4.2	10
溶质去除率/%		99.6	99.3	99.2	97.3	100.0	99.8	

（2）纸浆及造纸厂废水处理。生产试验表明，反渗透法可降低造纸厂废水中的 BOD_5 约70%～80%，COD约85%～90%，色度约96%～98%，钙约96%～97%。据报道，在工作压力为3.14 MPa时可去除纸浆废水中的 BOD_5 达94%，氯化物92%，水的回收率80%，处理后的水无色无臭，可回用于生产。

（3）丝绸染整厂废水处理。国内几家工厂的实践说明，用外压管束式反渗透装置处理丝绸染整废水，脱色率达98%以上，BOD_5 去除率达80%～90%，COD去除率85%～98%，出水清亮透明，可返回生产使用。此法占地面积小，处理成本低。

17.7 液膜分离技术

液膜分离技术是一种高效、快速，并能达到专一分离目的的新分离技术，已在废水处理、湿法冶金、石油化工等许多领域内显示出极为宽广的应用前景。本节主要介绍与水污染控制密切相关联的乳状液型液膜。

17.7.1 液膜的结构与液膜的形成

液膜(liquid membrane)是一层很薄的液体膜，它可以把两个不同组分的溶液隔开，并且通过渗透现象起着迁移分离一种或一类物质的作用。当被隔开的两种溶液是水相时，液膜应是油型(油泛指与水不相混溶的有机相)；当被隔开的两个溶液是有机相时，液膜应是水型。

水膜和油膜的结构是不相同的，下面着重讨论油膜结构。乳化液型油膜的结构如图17-16所示，它是一个呈球形的液珠，由有机溶剂、表面活性剂和流动载体三部分组成，构成一个与水互不相溶的混合相。有机溶剂(或称为膜溶剂，简称为油)是成膜的基体成分(占90%以上)，具有一定的黏度，保持成膜所需的机械强度；表面活性剂占1%～3%，它具有亲水基和流水基(亲油基)，能定向排列于油和水两相界面，用以稳定膜形，固定油水分界面；流动载体(占1%～2%)的作用是选择性携带欲分离的溶质或离子进行迁移。乳状液膜的直径约为0.1～0.5 mm；膜厚从几个分子到0.05 mm，一般是10 μm。

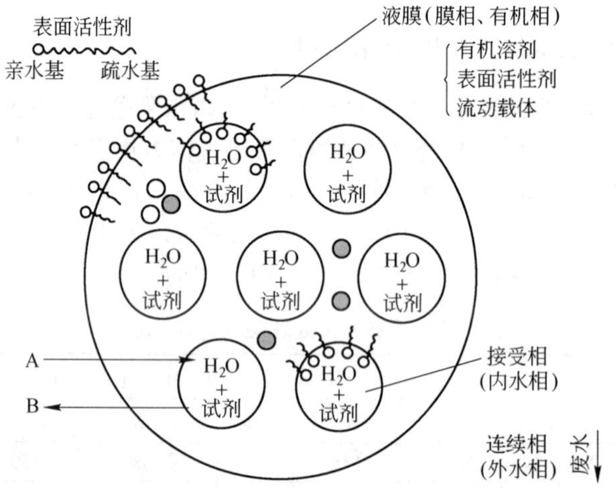

图17-16 油膜结构与液膜分离体系示意图

液膜分离体系的形成是：先将液膜材料与一种作为接受相的试剂水溶液混合，形成含有许多小水滴(内水相)的油包水乳状液，再将此乳状液分散在水溶液连续相中，于是便形成了由外水相、膜相和内水相组成的“水包油包水”液膜分离体系。外水相的分离对象透入液膜后，由流动载体将其输送至内水相而得以分离。

17.7.2 液膜材料的选择与液膜分离操作

17.7.2.1 液膜材料的选择

液膜分离技术的关键在于制备合乎要求的液膜和构成合适的液膜分离体系，其关键是选择最合适的流动载体、表面活性剂和有机溶剂等液膜材料。

要求流动载体对需迁移物质的选择性要高和通量要大。流动载体按电性可分为带电载体与中性载体。一般说来，中性载体的性能比带电载体（离子型载体）好。中性载体中又以大环化合物为佳。许多研究认为，大环化醚（皇冠醚）能与各种金属阳离子络合，选择具有合乎要求的中心空腔半径的皇冠醚作流动载体，能够有效地分离任何两种半径稍有差别的阳离子，或者把它从其他大小不同的离子中分离出来。由于皇冠醚的结构可以认为是无限组合的，所以对每种金属离子都可以设计出适宜作载体的大环多元醚。

表 17-5 列举了一些液膜材料的例子。

表 17-5　液膜流动载体的例子

被迁移的溶质	原料液	液膜材料		接受相
		载体	溶剂	
Cu^{2+}	NH_4OH	$R-COCH_2COCH_3$ $R-COCH_2CO-R$ $R-COCH_2COF_3$	氯仿或四氯化碳 氯仿 二甲苯	HCl HCl HCl
	pH = 2 的含铜液	Lix64N	煤油，异链烷烃	H_2SO_4
	电镀含铜漂洗水	Kelex 100	异癸醇	H_2SO_4
Zn^{2+}、Pb^{2+}	pH = 8 柠檬酸	双硫腙	四氯化碳	HCl
Co^{2+}	$KNO_3 + Co(NO_3)_2$	二(2－乙基己基)磷酸	环乙烷，聚丁二烯，Span80	HNO_3
Ni^{2+}	弱酸性含镍液	Lix64N 或肟	聚丁烯	HCl
Cd^{2+}	含 CN^- 的稀镉溶液	甲基三辛基氯化铵		pH = 4 EDAT
$Cr_2O_7^{2-}$	$H_2Cr_2O_7$	三辛胺	二甲苯	NaOH
Hg^{2+}	HCl	三辛胺	二甲苯	NaOH

目前，常采用的表面活性剂有 Span80（山梨糖醇单油酸酯）、ENJ-3029（聚胺）、ENJ-3064（聚胺）等。

常用的膜溶剂除表 17-5 中所列举的以外，还可使用辛醇、聚丁二烯以及其他有机溶剂。此外，在液膜系统中还根据实验效果加入其他添加剂如四氯乙烷、六氯代丁二烯等，它们作为膜的增稠剂，可调节膜的黏度，增加膜的稳定性。

17.7.2.2　液膜分离操作

一般的操作程序如下：

（1）乳状液型液膜的制备（膜造型）。首先将含有载体的有机溶液相与含有试剂的水溶液相快速混合搅拌，制得油包水乳状液，再加入油溶性表面活性剂稳定该乳状液。为了防止液膜破裂，还需配入具有适当黏度的有机溶液作为液膜增强剂，从而得到一个合适的含流动载体的乳状液膜。

（2）接触分离。在适度搅拌下，在上述乳状液中加入第二水相（如废水），使其在混合接触器中构成由外水相（连续相）、膜相、内水相（接受相）三重乳液分离体系，对料液（即废水相）中给定溶质进行迁移分离。

（3）沉降分离。在乳液分离器中对上述混合液进行沉降澄清，把乳状液与处理后的料液分开。

（4）破乳（反乳化）。在破乳中通过加热或者使用静电聚结剂等手段使液膜破裂，排放出所包含的浓集物，并回收液膜组分，然后将液膜组分返回以制备乳状液膜，供下一操作周期使用。

17.7.3 液膜分离技术在处理废水方面的应用

液膜分离技术是处理工业废水的重要手段之一，可用以脱除铜、汞、铵、银、铬、镉等阳离子；也可用以脱除硫化物、磷酸根、硝酸根、氰根等阴离子，还可用以分离酚、烃类、胺、有机酸等有机物。

（1）重金属离子废水的处理。实践证明，含有各种不同的流动载体（液态离子交换剂）的液膜系统，能从废水中有效地去除和回收各种重金属离子。处理含铬废水时，使用叔胺或季铵盐作为载体，以 NaOH 或 H_2SO_4 溶液为接受相，可得到很好的效果。处理含铜废水时，最常用的载体是 Lix 型萃取剂（肟类化合物），此外，P17、P50、SME529、Kelex100、D_2EHPA、苯酰丙酮等都可以作为载体。表面活化剂（乳化剂）可用 ENJ3029、Span80。

（2）用液膜法从废水中脱酚。与处理含重金属离子废水的方法不同，处理含酚废水时，所用的液膜为不含流动载体的乳状液膜。首先用膜溶液（煤油）和 0.5% 的 NaOH 溶液、1% 的表面活性剂溶液（用 Span80 或其他表面活性剂）混合制成油包水型乳液，然后在混合器中将乳液与含酚废水搅拌混合（常温、常压、转速为 10 rad/s），构成水包油包水三重乳液体系。这时，废水中的酚很快溶于膜相后，再扩散进入内水相和膜相界面与 NaOH 作用，生成不溶于膜相的酚钠。由于反应是不可逆的，所以酚源源不断地从废水相迁移至内水相，直到废水的含酚趋于零。最后将混合相在澄清器中沉降分离，已脱酚的净化水排放或回用。

习题和思考题

17-1 膜分离技术的主要特点有哪些，膜分离法有哪几种？

17-2 今有膜对 $n=50$、级（段）数为 1 的电渗析器，已知它的运行资料（表 17-6），试求该电渗析器的电流效率。

表 17-6 某电渗析器运行资料

淡水产量 $/m^3 \cdot h^{-1}$	电流/A	电压/V	离子浓度 $/mg \cdot L^{-1}$					
			SO_4^{2-}		HCO_3^-		Cl^-	
			原水	脱盐水	原水	脱盐水	原水	脱盐水
5	14	250	262	96	126	76	23	17

17-3 试绘制出渗透和反渗透原理示意图。

17-4 反渗透膜与离子交换膜的选择透过性有什么根本上的区别？

17-5 超滤与反渗透在原理、设备构造、运行上有何区别，有何联系？

17-6 怎样应用电压-电流曲线法求电渗析器的极限电流密度 i_{lim}，如何通过实验数据利用图解法或解方程法求出威尔逊极限电流密度公式中的水力特性常数 K 和流速指数 n？

17-7 试分析比较扩散渗析、电渗析、反渗透、超滤、液膜分离等膜技术在废水处理方面的应用特点、应用范围、应用条件，以及它们各自的优缺点和应用前景。

18 溶解态污染物的其他分离方法

18.1 吹脱法和汽提法

18.1.1 吹脱法

吹脱法(air stripping)的基本原理是气液相平衡相传质速度理论。即将空气通入废水中,改变有毒有害气体溶解于水中所建立的气液平衡关系,使这些挥发物质由液相转为气相,然后予以收集或者扩散到大气中去。吹脱过程属于传质过程,其推动力为废水中挥发物质的浓度与大气中该物质的浓度差。

吹脱法用于去除废水中的 CO_2、H_2S、HCN、CS_2 等溶解性有毒有害气体。吹脱曝气既可以脱除原来存在于废水中的溶解气体,也可以脱除化学转化而形成的溶解气体。例如,废水中的硫化钠和氰化钠是固态盐在水中的溶解物,在酸性条件下,由于它们离解生成的 S^{2-} 和 CN^- 离子能和 H^+ 离子反应生成 H_2S 和 HCN,经过曝气吹脱,就可以将它们以气体形式脱除。这种吹脱曝气称为转化吹脱法。

用吹脱法处理废水的过程中,污染物不断地由液相转入气相,易引起二次污染,防止的方法有以下三类:

(1) 中等浓度的有害气体,可以导入炉内燃烧。

(2) 高浓度的有害气体应回收利用。

(3) 符合排放标准时,可以向大气排放。

吹脱设备类型很多,经常使用的为吹脱池和吹脱塔。

18.1.1.1 吹脱池

吹脱池可分为自然吹脱池和强化吹脱池两种。当废水水温较高,所含溶解气体极易挥发,且在风速较大,有开阔地段和不产生二次污染的场合下,可依靠池面液体与空气自然接触而脱除废水中溶解气体的吹脱池称自然吹脱池。此类吹脱池也兼作贮水池。为了获得较低的剩余浓度,除延长废水贮存时间外,还应当尽量减小水层深度,或增大表面积。

为强化吹脱过程,常常采用向池内鼓入空气或在池面以上安装喷水管,构成强化吹脱池。其吹脱效果按下式计算:

$$\lg \frac{C_1}{C_2} = 0.43\beta \cdot t \cdot \frac{S}{V} \tag{18-1}$$

式中 t——废水停留(吹脱)时间,min;

C_1,C_2——分别为气体初始浓度和经过 t 后的剩余浓度, mg/L;

S——气液接触面积,m^2;

V——废水体积,m^3;

β——吹脱系数,其值随温度升高而增大,25℃时,H_2S、SO_2、NH_3、CO_2、O_2 和 H_2 的吹脱系数分别为 0.07、0.055、0.015、0.17、1 和 1。

喷水管安装高度离水面 1.2~1.5 m。池子小时,还可建在建筑物顶上,高度达 2~3 m。为防止风吹损失,四周应加挡水板或百叶窗。喷水强度可采用 12 $m^3/(m^2 \cdot h)$。

吹脱池的使用效果可用某维尼纶厂的实例加以说明。该厂吹脱处理的废水是含有大量 CO_2 气体的滤液(来自石灰中和酸性废水),pH = 4.2 ~ 4.5。吹脱池水深 1.5 m,采用的曝气强度为 25 ~ 30 $m^3/(m^2 \cdot h)$,气水比为 5,吹脱时间为 30 ~ 40 min。曝气设备采用穿孔管,孔眼直径为 10 mm,间距 50 mm。废水流程采用三廊道,每道($B \times L$ = 1 m × 6 m)一侧的底部安装曝气管。经处理后的废水中 CO_2 含量由原来的 700 mg/L 降到 120 ~ 140 mg/L,pH 值由 4.2 ~ 4.5 上升至 6 ~ 6.5,达到排放标准。

18.1.1.2　吹脱塔

吹脱塔又分为填料塔和板式塔两种,本节介绍填料塔,板式塔将在后面叙述。

填料塔是在塔内装置一定高度的填料层,废水从塔顶喷下,沿填料表面呈薄膜状向下流动。空气由塔底鼓入,呈连续相由下而上同废水逆流接触。塔内气相和水相组成沿塔高连续变化,填料塔装置如图 18-1 所示,图 18-2 所示为实际使用的各种填料。

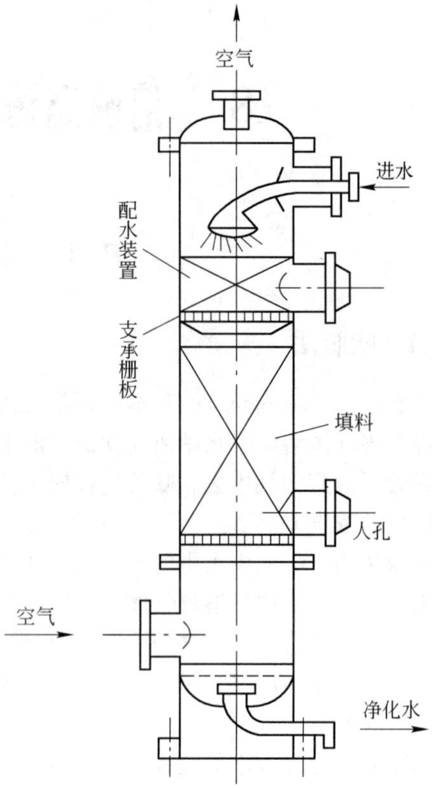

图 18-1　填料塔示意图

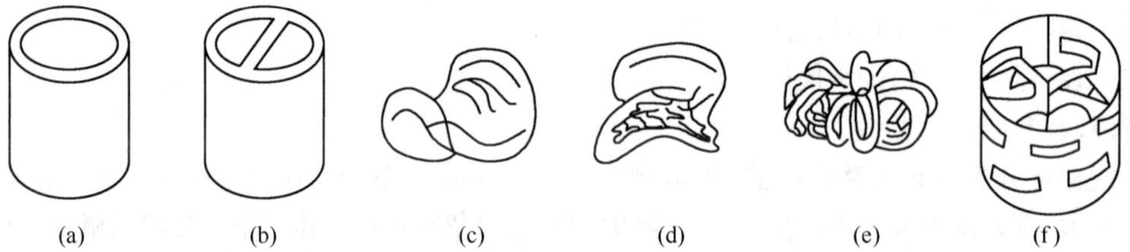

图 18-2　各种填料示意图

(a) 拉西环;(b) 拉辛环;(c) 弧鞍环;(d) 短鞍环;(e) 花环形;(f) 鲍尔环

填料塔的计算一般应通过小型试验以取得必要的设计数据。对于脱除 H_2S 废水的填料塔,若淋水密度为 50 $m^3/(m^2 \cdot h)$,所需填料表面积可按下式计算:

$$F = \frac{G_0}{K\Delta C} \qquad (18-2)$$

式中　G_0——单位时间内应脱除的 H_2S 量,kg/h;

ΔC——初始浓度 C_1 与终点浓度 C_2 的对数浓度差(kg/m^3),它是吹脱过程中的平均推动力,可按下式计算:

$$\Delta C = \frac{C_1 - C_2}{2.3\lg \frac{C_1}{C_2}} \qquad (18-3)$$

传质系数 K,按下式计算:

$$K=\frac{760}{n\left(50.7+\frac{109.9}{f^{0.324}}\right)} \tag{18-4}$$

式中 n——常压下 H_2S 在水中的溶解度,由表 18-1 查得;

f——塔的截面积,m^2。

表 18-1 硫化氢的溶解度(0.98 MPa 时)

水温/℃	0	10	20	30	40	50	60	80	100
溶解度/$kg\cdot m^{-3}$	7.1	5.1	3.9	3.0	2.4	1.9	1.5	0.8	0

吹脱法处理废水已工业化,处理实例较多,例如,石灰石中和硫酸废水的出水中的 CO_2、炼油厂从冷凝器排出的废水中的 H_2S、金属选矿厂废水中的 HCN 等,都可用吹脱法去除。

影响吹脱的因素主要有:

(1) 水温。在一定压力下,气体在水中的溶解度随温度的升高而降低,增加水温有利于吹脱。

(2) 气液比。应选择合适的气液比。最好的气液比是接近液泛极限,这时气液相在充分湍流条件下,传质效率最高。工程设计常采用液泛极限时气液比的 80%。

(3) pH 值。不同的 pH 值,其挥发性物质的存在状态不同。

(4) 油污。污水中的油类物质会阻碍水中气体向大气中扩散,而且会阻塞填料,影响吹脱,应事先予以去除。

这里以水溶液中氨分子(NH_3)和铵离子(NH_4^+)的平衡为例加以说明。

$$\frac{NH_4^+}{[NH_4^+]+[NH_3]}=\frac{100}{1+Ka/[H^+]}\% \tag{18-5}$$

其中平衡常数 Ka 在 0℃时为 8.29×10^{-11};10℃时为 1.86×10^{-10};20℃时为 3.98×10^{-10}。由式(18-5)计算得到的图 18-3 可知:在水温相同时,pH 值越大,NH_4^+ 在水中的剩余溶度越低;在 pH 值相同时,随着水温的增加,NH_4^+ 在水中的剩余溶度越低。

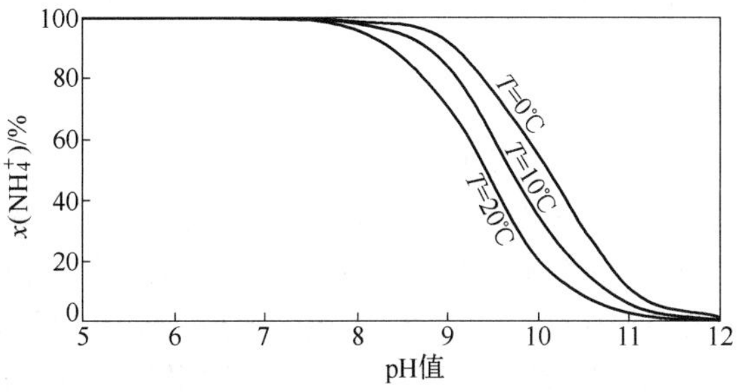

图 18-3 水溶液中 NH_3 和 NH_4^+ 的平衡关系

18.1.2 汽提法

18.1.2.1 基本原理

汽提法(gas stripping)的基本原理与吹脱法相同,只是所使用的介质不是空气而是水蒸气。即使用水蒸气与废水直接接触,将废水中的挥发性有毒有害物质按一定比例扩散到气相中去,从而达到从废水中分离污染物的目的。汽提法分离污染物的机理视污染物的性质而异,一般可归纳为以下两种：

(1) 简单蒸馏。对于与水互溶的挥发性物质，利用其在气液平衡条件下，在气相中的浓度大于在液相中的浓度这一特性，通过蒸汽直接加热，使其在沸点(水与挥发物两沸点之间的某一温度)下按一定比例富集于气相。

(2) 蒸汽蒸馏。对于与水不互溶或几乎不互溶的挥发性污染物质，利用混合液的沸点低于两组分沸点这一特性，可将高沸点挥发物在较低温度下加以分离除去。例如，废水中的松节油、苯胺、酚、硝基苯等物质，在低于100℃的条件下，应用蒸汽蒸馏法可将其有效脱除。

18.1.2.2　汽液传递

污染物在汽液两相间的传递，在蒸汽蒸馏的过程中，被处理的挥发性物质在蒸汽和污水中的浓度是不相同的，当蒸汽与污水接触时，挥发性物质将在两相间进行传递，物质由液相传递到气相。当平衡时，挥发性物质在污水中和蒸汽中的浓度之间存在着下列关系

$$K=\frac{C_1}{C_2} \tag{18-6}$$

式中　C_1——平衡时，挥发性物质在蒸汽冷凝液中的浓度，g/L；

C_2——平衡时，挥发性物质在污水中的浓度，g/L；

K——分配系数。随挥发性物质的性质和浓度而异。

由上式可知，如 $K>1$，说明挥发性物质比污水易于挥发。$K<1$，说明挥发性物质比污水难于挥发。K 值越大，挥发性越强，越适宜用汽提法进行处理。对于0.01～0.1N的低浓度污水，分配系数可视为定值。某些物质的 K 值列于表18-2中。

表18-2　某些物质 *K* 值

挥发酚	苯　胺	游离氨	甲基苯胺	氨基甲烷	氨基乙烷	二乙基氨	氨苯甲基
2	5.5	13	16	11	20	45	8.3

从上面介绍的分配系数概念可知，达到平衡时，两相中挥发物质的浓度之间存在着一定的比例关系。一次简单汽提不可能将挥发性物质完全从污水中分离出来，在工业上通常在汽提塔内连续进行。

18.1.2.3　汽提设备

汽提通常都在封闭的塔内进行。重要的汽提塔有两大类：填料塔和板式塔。本节将重点介绍各种板式塔。板式塔是一种传质效率比填料塔更高的设备。这种塔的关键部件是塔板。根据塔板结构的不同，又可分为泡罩塔、浮阀塔、筛板塔、舌形塔和浮动喷射塔等，其中前三种应用较广。

泡罩塔(图18-4)的特点是操作稳定、弹性大、塔板效率高、能避免脏污和阻塞；缺点是气流阻力大、板面液流落差大、布气不均匀、泡罩结构复杂、造价高等。浮阀塔(图18-5)是一种高效传质设备，由于生产能力高、构造简单、造价低、塔板效率高、操作弹性大等优点而得到广泛应用。筛板塔(图18-6)的优点是结构简单、制造方便、成本低；造价约为泡罩塔的60%，为浮阀塔的80%左右。压降小，处理量比泡罩塔大20%左右，板效率高15%左右。其主要缺点是操作弹性小，筛孔容易阻塞。

汽提法最早用于从含酚废水中回收挥发性酚。汽提法脱酚所用的汽提塔如图18-7所示。废水预热至100℃后，由汽提塔的顶部淋下，与上升的蒸汽流相遇，在填料层中或塔板上进行传质。净化后的废水由集水槽排走。蒸汽和酚的混合气体从塔顶排出，由鼓风机压入再生段回收酚。含酚蒸汽由再生段的底部送入，先与淋下的循环碱液逆流相遇，再与补充的新碱液(浓度10%)相遇，经化学吸收而脱酚，净化后的蒸汽进入汽提段循环使用。碱液与酚起化学反应，生成酚钠盐。

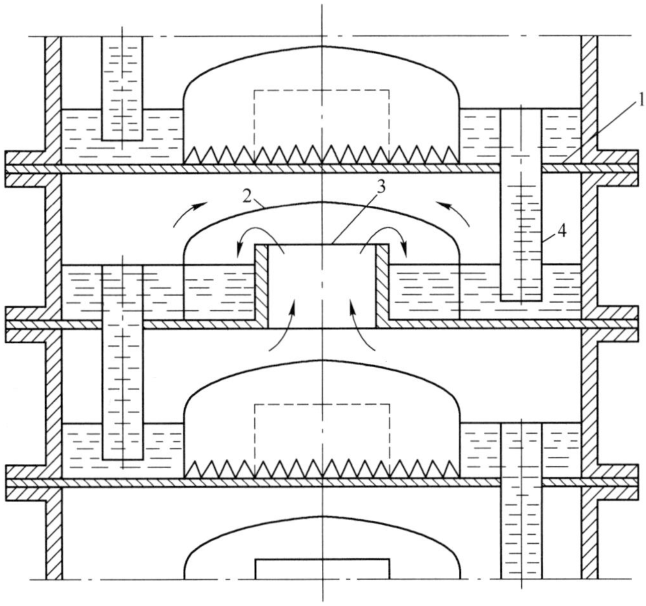

图 18-4　泡罩塔的塔板构造

1—塔板;2—泡罩;3—蒸汽通道;4—降液管

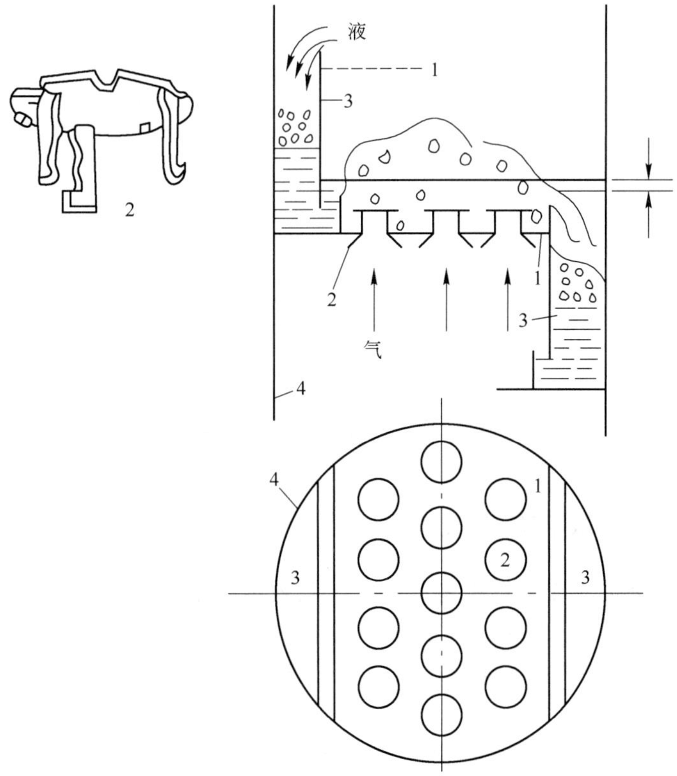

图 18-5　浮阀塔示意图

1—塔板;2—浮阀;3—降液管;4—塔体

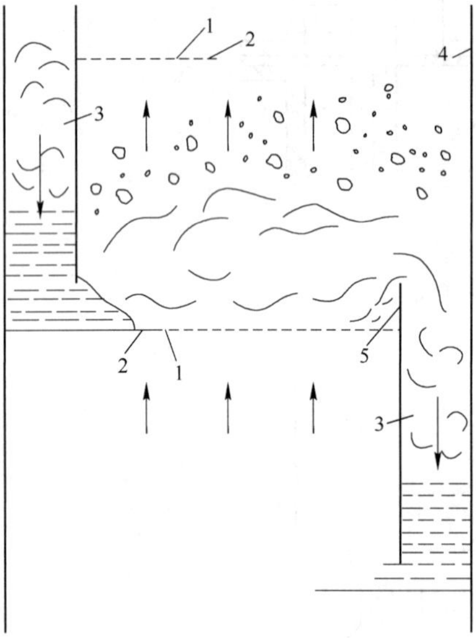

图 18-6 筛板塔示意图

1—筛孔;2—塔板;3—降液管;4—塔体;5—溢流堰

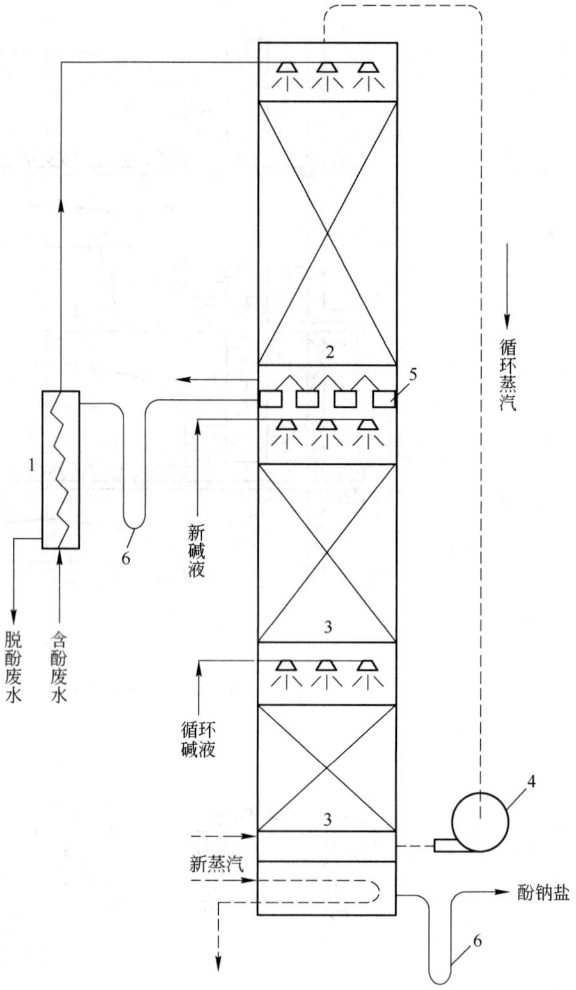

图 18-7 汽提法脱酚装置

1—预热器;2—汽提段;3—再生段;
4—鼓风机;5—集水槽;6—水封

18.2 萃取法

18.2.1 分配定律和萃取平衡、萃取速度

当某一种溶质溶解在两个互不相溶的溶剂中时,若溶质在两相中的分子状态相同,在一定的温度下,溶质在两相中平衡浓度的比值为一常数,这种关系称为分配定律。利用这一原理,用一种与水不互溶,而对废水中某种污染物溶解度大的有机溶剂,从废水中分离去除该污染物的方法,称为萃取法(extraction)。

分配定律是在溶质为低浓度状态(稀溶液,一般小于0.1 N),并且它在两相内的存在形态相同的条件下得出的。但实际上,浓度常不可能很低,且由于缔合、离解、络合等原因,溶质在两相中的形态也不可能完全相同,因此它在两相中的平衡分配浓度的比值,并不是一个常数。为此,引入了分配系数这一概念,来表征被萃取组分在两相中的实际平衡分配关系。分配系数(或称分配比）D 就是溶质在有机相（萃取相）中的总浓度 c_1 与在水相中总浓度 c_2 的比值，即 $D=c_1/c_2$。由分配系数的定义可知，D 越大，即表示被萃取组分在有机相中的浓度越大，也就是它越容易被萃取。

萃取是物质从一相转移到另一相的传质过程。两相之间物质的转移速率 G（kg/h）可用下式表示：

$$G=KF\Delta C \tag{18-7}$$

式中　F——两相的接触面积，m^2；

ΔC——传质推动力，即废水中污染物质的实际浓度与平衡浓度之差值，kg/m^3；

K——传质系数，m/h；它与两相的性质、浓度、温度、pH 值等有关。

提高传质速率的主要途径有以下三方面：

（1）增大传质推动力。

（2）增加两相接触面积。

（3）增大传质系数。

18.2.2　萃取剂的选择和再生

18.2.2.1　萃取剂的选择

萃取剂的性质直接影响萃取效果，也影响萃取费用。在选取萃取剂时，一般应考虑以下几个方面的因素：

（1）萃取剂应有良好的溶解性能。它包括两个含义：一是对萃取物的溶解度要高，亦即分配系数大；二是萃取剂本身在水中的溶解度要低。这样，分离效果就较好，相应的萃取设备也较小，萃取剂用量也较少。常用来萃取酚的萃取剂及其分配系数列于表 18-3。

表 18-3　某些萃取剂萃取酚的分配系数

萃取剂	苯	重苯	中油	杂醇油	异丙醚	三甲酚磷酸酯	醋酸丁酯
分配系数	2.2	2.5 左右	2.5 左右	8 左右	20	28	50

（2）萃取剂与水的密度差要大。二者的密度差异越大，两相就越容易分层分离。合适的萃取剂应该是与水混合后不大于 5 min 分层。

（3）萃取剂要易于回收和再生。要求与萃取物的沸点差要大，二者不能形成恒沸物。

（4）价格低廉、来源广、无毒、不易燃易爆、化学稳定。

18.2.2.2　萃取剂的再生

萃取后的萃取相需经再生，将萃取物分离后，萃取剂继续使用。再生的方法主要有以下两种：

（1）物理再生法（蒸馏或蒸发）。利用萃取剂与萃取物的沸点差来分离。例如，用醋酸丁酯萃取废水中的酚时，因单元酚的沸点为 181～202.5℃，醋酸丁酯则为 116℃，二者的沸点差较大，控制适当的温度，采用蒸馏法即可将二者分离。

（2）化学再生法（反萃取）。投加某种化学药剂使其与萃取物形成不溶于萃取剂的盐类，从而达到二者分离的目的。例如，用重苯或中油萃取废水中的酚时，向萃取相投加浓度为 12%～20% 的苛性钠，使酚形成酚钠盐结晶析出，萃取剂便得到再生，返回流程循环使用。

18.2.3　萃取工艺过程

萃取工艺过程如图 18-8 所示。整个过程包括以下三个工序：混合——萃取剂与废水充分接触，使溶质从废水中转移到萃取剂中去；分离——使萃取相与萃余相分层分离；回收——分别从两相中回收萃取剂和溶质。

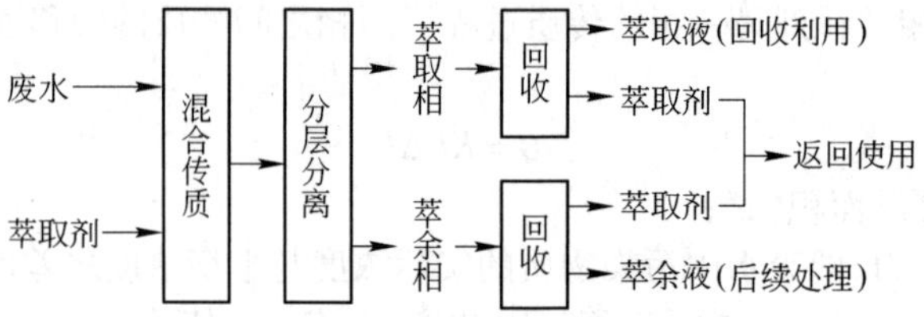

图18-8　萃取过程示意图

根据萃取剂（或称有机相）与废水（或称水相）接触方式的不同，萃取可分为间歇式和连续式两种。根据两相接触次数的不同，萃取流程可分为单级萃取和多级萃取两种，后者又分为“错流”与“逆流”两种方式。其中最常用的是多级逆流萃取流程。

多级逆流萃取过程是将多次萃取操作串联起来，实现废水与萃取剂的逆流操作。在萃取过程中，废水和萃取剂分别由第一级和最后一级加入，萃取相和萃余相逆向流动，逐级接触传质，最终萃取相由进水端排出，萃余相从萃取剂加入端排出。

多级逆流萃取只在最后一级使用新鲜的萃取剂，其余各级都是与后一级萃取过的萃取剂接触，因此能够充分利用萃取剂的萃取能力。这种流程体现了逆流萃取传质推动力大、分离程度高、萃取剂用量少的特点，因此也称为多级多效萃取，或简称多效萃取。

18.2.4　萃取设备及计算

18.2.4.1　萃取设备

萃取设备可分为箱式、塔式和离心式三大类。下面简要介绍废水处理中常用的两种塔式萃取设备。

(1) 脉冲筛板萃取塔。脉冲筛板萃取塔的构造如图18-9所示。塔分三段，中间为萃取段，段内上下排列着许多筛板，这是进行传质的主要部位。塔的上下两个扩大段是两相分层分离区。脉冲筛板萃取塔具有较高的萃取效率，结构较简单，能量消耗也不大，在废水脱酚时常采用这种设备，处理其他废水也能获得良好的效果。

(2) 转盘萃取塔。转盘萃取塔的构造如图18-10所示，塔的中部为萃取段，塔壁上水平装设一组等距离的固定环板，塔中心轴上连接一组水平圆形转盘，每一转盘的高度恰好位于两固定环板的中间。萃取时，重液（废水）由萃取段的上部流入，轻液（萃取剂）由萃取段下部供入，两相逆向流动于环板间隙中。当转盘旋转时，液流内产生很高的速度梯度和剪应力，使分散液滴被剪切变形和破碎，随之又碰撞聚集，从而强化了传质过程。

18.2.4.2　塔式萃取设备的计算

塔式萃取设备的计算主要是确定塔径和塔高。塔径根据操作速度（单位时间通过单位传质面积的体积流量，$m^3/(m^2 \cdot h)$），来确定，而塔高的计算方法则依塔型不同而异。下面以某煤气厂的脉冲筛板脱酚萃取塔为例，介绍其计算方法和步骤。

设计选用重苯作为萃取剂。采用的基本参数如下：废水流量 $Q = 8\ m^3/h$，含酚浓度 $C_s = 3000\ mg/L$；重苯流量 $q = 7.5\ m^3/h$，含酚浓度 $C_e = 900\ mg/L$；萃余液含酚浓度 $C_s = 100\ mg/L$；废水密度 $\rho_s = 1\ t/m^3$，重苯密度 $\rho_e = 0.9\ t/m^3$。计算方法与步骤如下：

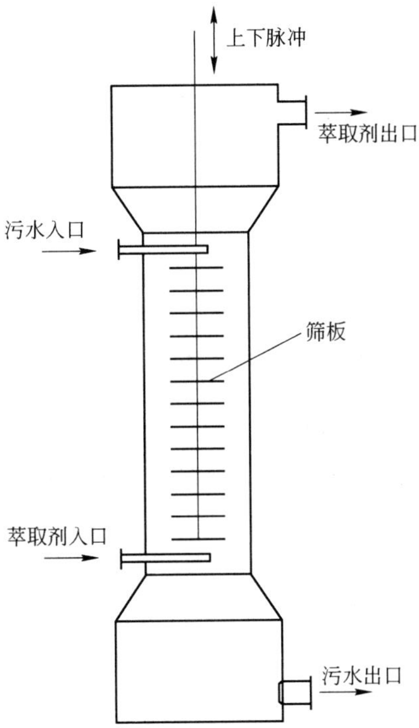

图 18-9 脉冲筛板萃取塔

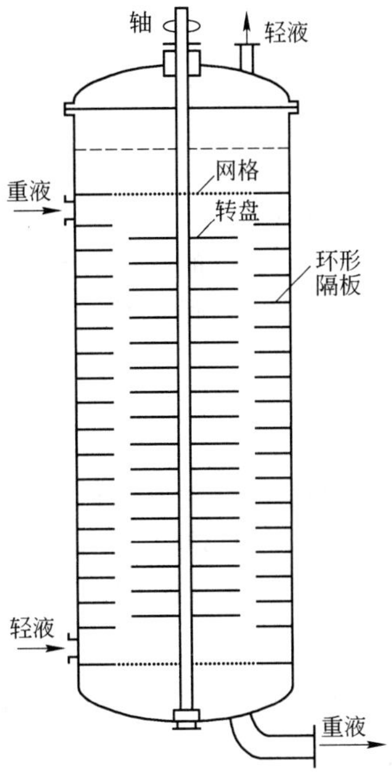

图 18-10 转盘萃取塔

(1) 塔身计算。主要是塔径和塔高的计算。

1) 塔身直径 D。在脉冲筛板塔中,连续相(废水)和分散相(萃取剂)都是竖流的,故可按下式计算塔身直径 D:

$$D=\sqrt{\frac{4(F+f)}{\pi}}=\sqrt{\frac{4(Q/v_1+q/v_2)}{\pi}} \tag{18-8}$$

式中 F——连续相过水断面,m^2;

Q——连续相的设计流量,m^3/h;

v_1——连续相的设计流速,m/h;

f——分散相过水断面,m^2;

q——分散相的设计流量,m^3/h;

v_2——分散相的设计流速。

在计算中,必须先确定 v_1 和 v_2 值。在萃取塔中,液流流速(即 v_1 和 v_2)不能超过液泛流速 u(即导致废水相为萃取相带出或萃取相为废水相带出这种称为"液泛"现象的液流速度),也就是要求 $|u|=|v_1|+|v_2|$。故当 $Q\approx q$,又令 $v_1=au$ 时,则式(18-8)变为:

$$D=\sqrt{\frac{4Q}{\pi}\left(\frac{v_1+v_2}{v_1v_2}\right)}=\sqrt{\frac{4Q}{\pi a(1-a)u}} \tag{18-9}$$

由此式可以看出,当 $a=1/2$ 时,D 值最小。于是便可得出最小的塔身直径的计算公式为:

$$D=\sqrt{\frac{16Q}{\pi u}} \tag{18-10}$$

当筛板孔径为 6 mm,脉冲频率为 315 次/min 和脉冲振幅为 3 ~ 6 mm 时,由实验得知液泛流速约48 m/h。将此值和给定的流量 Q 代入式(18-10),便可计算出塔身的直径 $D=0.92$ m,采用0.9 m。

2)塔身高度 H_1(mm)。塔身(萃取段)高度按下式计算:

$$H_1=(n-1)h+500 \tag{18-11}$$

式中 h——筛板间距,mm;

n——筛板块数;

500——安装布水器的空间高度。

根据试验研究结果,筛板间距采用200 mm。筛板块数取决于萃取级数(其值等于 $n-1$),而萃取级数可按理论计算后结合经验资料确定,本例采用26块筛板。将这些数值代入上式,计算塔身高度为:

$$H_1=(26-1)\times 200+500=5500 \text{ mm}$$

(2)塔顶和塔底分离室的计算。分离室像一个竖流沉淀池。本例的液流速度若采用1.4 mm/s(即5 m/h),塔顶和塔底直径均按废水流量计算采用同一直径 D',则 $D'=1.43$ m,取用1.5 m。液相在分离室的停留时间采用20 min,因此分离室高度 $H_2=1.67$ m,采用1.5 m。

(3)塔总高的计算。塔的总高 $H=H_1+2H_2=8.5$ m。

18.2.5 萃取法在废水处理中的应用实例

(1)萃取法处理含酚废水。焦化厂、煤气厂、石油化工厂排出的废水均含有较高浓度的酚(达1000 mg/L以上),为避免高酚废水污染环境,同时回收有用的酚,常采用萃取法处理这类废水。

某焦化厂废水用萃取法脱酚的工艺流程如图18-11所示。废水先经除油、澄清和降温预处理后进入脉冲筛板塔(萃取设备),由塔底供入二甲苯(萃取剂)。该厂的处理水量为16.3 m^3/h,含酚平均浓度为1400 mg/L,二甲苯用量与废水量之比为1∶1。萃取后,出水含酚浓度为100~150 mg/L,脱酚效率为90%~93%,出水再进一步处理。含酚二甲苯自萃取塔顶送到碱洗塔进行再生脱酚,碱洗塔采用筛板塔,塔中装有浓度为20%的氢氧化钠溶液。再生后萃取相可循环使用,从碱洗塔排出的酚盐含酚30%左右,可作为回收酚的原料。

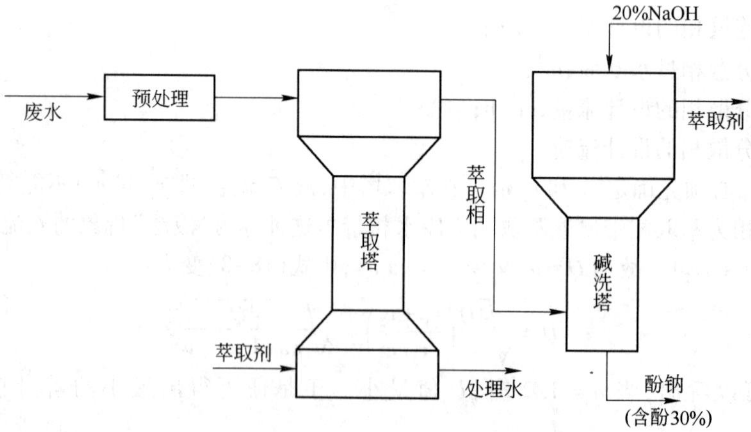

图18-11 脉冲萃取塔脱酚工艺流程

(2) 萃取法处理含重金属废水。各种重金属废水大多可以用萃取法处理,下面简要介绍一个含铜废水处理的实例。含铜铁废水萃取法处理流程见图 18-12。某铜矿废石场采选废水含铜 230 ~ 1600 mg/L,含铁 4700 ~ 5400 mg/L,含砷 10.3 ~ 300 mg/L,pH = 0.1 ~ 3。含铜废水用 N-510 作复合萃取剂,以磺化煤油作稀释剂,煤油中 N-510 浓度为 162.5 g/L。在涡流搅拌池中进行六级逆流萃取,每级混合时间 7 min。总萃取率在 90% 以上。含铜萃取相用 1.5 mol/L 的 H_2SO_4 进行反萃取,再生后萃取剂重复使用,反萃取所得的硫酸铜溶液送去电解沉积金属铜,硫酸回收用于反萃取工序。萃余相用氨水($NH_3/Fe = 0.5$)除铁,在 90 ~ 95℃ 下反应 2 h,除铁率达 90%,生成的固体黄铵铁矾,经煅烧(800℃)后得到品位为 95.8% 的产品铁红(Fe_2O_3),可作涂料使用。过滤液经中和处理达到排放标准后,即可排放或回收利用。

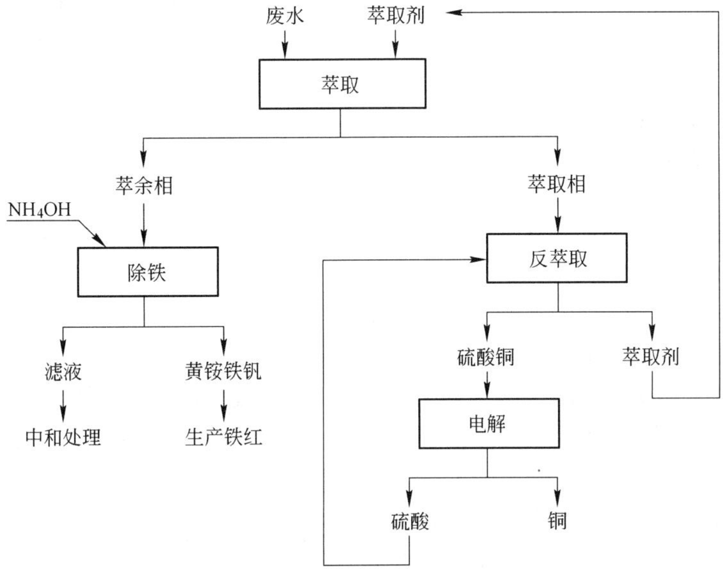

图 18-12 含铜铁废水萃取法处理流程

18.3 结 晶 法

18.3.1 基本原理

废水的结晶法(crystallization)处理,是指通过蒸发浓缩或者降温,使废水中具有结晶性能的溶质达到过饱和状态,从而将多余的溶质结晶出来。

结晶的必要条件是溶液达到过饱和,因此确定不同条件下溶质的溶解度,乃是实现结晶分离的前提。水溶液中,溶质的溶解度与温度有密切关系,它是进行结晶分离的主要控制条件。

当溶液达到过饱和后,多余的溶质即结晶析出。结晶过程分两个阶段,先是形成许多微小的晶核(结晶中心),然后再围绕晶核长大。

结晶法处理废水的目的是分离和回收有用的溶质。显然,晶粒的大小和晶体的纯度是影响经济效果的重要技术指标,它们受以下几个方面因素的影响:

(1) 溶质的浓度。过饱和程度愈高,愈易形成众多的晶核,晶粒也就比较小。

(2) 溶液的冷却速度。冷却速度愈快,达到过饱和的时间就愈短,也就愈易形成晶核,晶体颗粒就小而多。

(3) 溶液的搅拌速度。缓慢搅拌过饱和溶液,有助于晶核的迅速形成,并使晶粒悬浮于水中,促使溶质附着成长,形成较大的晶粒。但是,搅拌太快,形成的晶核过多,晶粒也就比较细小。

综上所述,为了得到较大的晶粒,应防止出现过高的过饱和状态和过快的冷却速度,并掌握合适的搅拌速度及投加适量的晶种。因为大晶粒易于从废水中分离出来,回收率高,所以在结晶操作中,一般应尽可能获得大的晶粒。

18.3.2 物料衡算

蒸发浓缩和结晶的前后,进入系统的物质总量等于排出系统的物质总量:

$$G_1 = G_2 + G_3 + G \tag{18-12}$$

式中 G_1——进入系统的废水总量,kg/h;

G_2——蒸发水量,kg/h;

G_3——结晶后的残余废水(母液)量,kg/h;

G——结晶析出的晶体量,kg/h。

蒸发量 G_2 取决于结晶时的热力学条件和经济因素。母液量 G_3 和晶体量 G 依 G_2 而定。

结晶前后溶质的物料衡算式如下:

$$G_1B_1 = G_3B_3 + GR \tag{18-13}$$

式中 B_1——原废水的溶质浓度(以溶质的质量分数表示);

B_3——母液中溶质的浓度(单位同上),等于结晶温度下溶质在废水中的溶解度;

R——无水晶体的分子量(M_1)与晶体水合物的分子量(M_2)的比值。当析出的晶体不带结晶水时,$R=1$。

综合以上两式,可得晶体产量的计算公式:

$$G = [G_1(B_3 - B_1) - G_2B_3]/(B_3 - R) \tag{18-14}$$

在式(18-14)中,G_1 和 B_1 为已知,B_3 和 R 由结晶时的操作温度确定,余下的 G_2 及 G 为两个待定值。如果给定晶体量 G,可求出欲蒸发水量 G_2;反之,如果给定蒸发的水量 G_2,则可求出结晶析出的晶体量 G。

18.3.3 结晶法处理废水举例

(1) 从废酸液中回收硫酸亚铁。钢材进行热加工时,表面会形成一层氧化铁皮,它对金属的强度及进一步的加工(如电镀等)都有不良的影响,一般均采用稀酸将其溶解掉。最常见的是采用硫酸进行酸洗,由此产生的废酸液通常叫做酸洗废液,其中包括大约10%的硫酸、17%的硫酸亚铁和73%的水。一般采用浓缩结晶法回收废酸和硫酸亚铁,例如采用蒸汽喷射真空结晶法流程,可生产出 $FeSO_4 \cdot 7H_2O$ 晶体,含 H_2SO_4 的母液可回用于钢材酸洗过程。

(2) 从化工废液中回收大苏打。某化工厂的废液中含氯化钠、硫酸钠和硫代硫酸钠(大苏打)。这三种物质的溶解度随温度变化的规律是不同的。利用上述特性,可将废液蒸发浓缩,使 $NaCl$ 和 Na_2SO_4 先达过饱和而结晶,并趁热将其分离出来,然后冷却废液,降低硫代硫酸钠的溶解度,在缓慢搅拌下使其结晶析出。

(3) 从含氰废液中回收黄血盐。据某焦化厂资料,废水量为 10 ~ 15 m^3/h,含 HCN 为 150 ~ 300 mg/L,用蒸发结晶法处理,每天可以抽取含黄血盐 350 ~ 400 g/L 的溶液 500 L,可制得黄血盐结晶产品 150 kg。

习题和思考题

18-1　废水中什么物质适宜用吹脱法去除，对某些盐类物质，例如 NaHS、KCN，能否用吹脱法去除，要采取什么措施？

18-2　废水中含游离硫化氢 400 mg/L，废水量 20 m^3/h，水温 20℃，要求处理后水中游离硫化氢在 10 mg/L 以下，求填料塔的主要尺寸。

18-3　试分析萃取法的优缺点及使用条件、应用范围。

第6篇　废水的再生利用与排放

19　废水再生利用系统的水质处理

19.1　概　　述

水资源短缺和水环境污染是目前包括中国在内的许多国家经济和社会发展所面临的问题。通过对废水进行再生处理(reclamation)使其恢复原有的全部或部分功能,然后进行重新利用(reuse),是缓解和解决水资源短缺的重要途径之一。在一些发达国家的冶金、石化、能源企业中,水的再生利用率已高达95%～97%。

我国对废水再生利用(wastewater reclamation and reuse)十分重视,制定了各种废水再生利用的技术政策和指标。自"七五"以来,开展了规模较大的科学研究和生产性实践工作,在一些领域还取得了可喜的成效。

对水资源的合理利用具有重要影响的两项废水再生利用技术为:

(1) 冷却水的循环利用。

(2) 城市污水的再生利用。

工业企业中,冷却水的水量往往很大,它的再生利用具有重要的经济意义。冷却水的循环再生利用要解决三个水质处理问题:水的降温冷却、水质稳定和水的澄清。水的冷却技术已在多年的实践中得到了较为满意的解决。水质稳定的特异性多,技术上尚不成熟。水的澄清只存在于浊环系统中,基本方法已在第2篇的有关章节中介绍。

城市污水是另一类水量很大且普遍存在的废水,它由生活污水和工业废水组成,成分复杂,污染物种类繁多。目前探索的水质控制方法侧重于深度澄清(对二级处理的出水施行混凝沉淀和过滤)和消毒。如用水单位对水质有更高要求时,还可附加软化和活性炭吸附等工序。

本章重点介绍循环冷却水系统的水质处理和城市污水的深度处理。

19.2　循环冷却水的冷却处理

19.2.1　循环冷却水系统

工业生产过程中,用水冷却生产设备(如各种高温炉体)、产品(如铸铁、焦炭)和工作介质(如汽轮机排出的蒸汽)的用水系统,称为冷却水系统(water cooling system)。冷却水系统排出的热废水,如经降温和其他处理后再回用于原用水系统,则此用水系统称为循环冷却水系统。

循环冷却水系统的主要水质处理任务为降温冷却和水质稳定。降温冷却的目的是使水恢复其作为冷却水的基本品质——低温;而水质稳定的目的则是防止循环水对系统中设备和管道的腐蚀和结垢。此外,浊环系统的水尚需进行澄清处理。

冷却水是工业用水量中数量最大的一种,经适当处理后循环使用,对节约基建投资、解决水资源短缺和防止污染环境都具有极其重要的意义。

19.2.2　水的冷却机理

热废水的降温冷却主要通过与空气的接触而实现。水的冷却有两种途径:接触传热和蒸发散热。就冷却塔而言,主要是蒸发散热。

19.2.2.1　接触传热

当热废水的温度高于空气的温度时,热量即通过接触面由热水向空气传递。接触传热量按下式计算:

$$H_a = \alpha(t-\theta)F \tag{19-1}$$

式中　H_a——接触传热量,kJ/h;

t,θ——分别为接触面处的水和空气的温度,℃;

F——水气接触面积,m^2;

α——传热系数,kJ/(m^2·h·℃)。

由式(19-1)可知,传热量与接触面积成正比,因此,将水分散为小水滴或薄膜是强化接触传热的重要途径。此外,必须注意到传热是有方向性的,即热量由高温介质向低温介质传递。只有当水温高于气温时,热量才能由热水向空气传递。

19.2.2.2　蒸发散热

水分子蒸发时要带走汽化潜热,因蒸发而使水温降低的过程称为蒸发散热。1 kg 水因蒸发而带走的热量称为汽化潜热,用 r(kJ/kg)表示。蒸发散热量按下式计算:

$$H_b = rQ_1 = r\beta_F(p''_t - p_\theta)F \tag{19-2}$$

式中　H_b——蒸发散热量,kJ/h;

β_F——面积传热系数,kJ/(m^2·h·kPa);

p''_t——空气温度等于水温时的饱和蒸气压,kPa;

p_θ——空气温度为 θ 时的蒸气压,kPa;

Q_1——蒸发水量,kg/h;

F——水气接触面积,m^2。

由式(19-2)可知,蒸发散热量除与水气接触面积 F 成正比外,还与传质推动力($p''_t - p_\theta$)成正比。一般认为,水面空气处于饱和状态,其温度与水的温度 t 相同,故空气表面的实际蒸气压为 p''_t。远离水面的空气温度为 θ,其实际蒸气压为 p_θ。由此可知,传质的实际推动力为($p''_t - p_\theta$)。

由式(19-1)和式(19-2)可知,强化水的冷却过程的基本措施是尽量增大气水接触面积,并让干冷空气与水连续接触,以增大传质推动力。

19.2.3　冷却构筑物分类

主要的冷却构筑物有三类:

(1) 冷却塔(池)。利用天然湖泊或水池中的水体表面的自然蒸发而降低水温的构筑物。

(2) 喷水冷却池。在人工的水池上安装成组的喷头,通过喷水蒸发而降低水温的构筑物。

(3) 冷却塔。塔体内安装各种淋水装置,热废水在与自然或人工造成的空气流接触的过程中降低水温的构筑物。

冷却湖(池)只有在自然条件适宜的情况下方可修建,喷水冷却池以往应用较多,因其占地面积大,近代应用较少。冷却塔是最主要的冷却构筑物。

冷却塔的分类及构造见表19-1和图19-1。

表19-1 冷却塔的分类

类 型	通 风 方 式	淋 水 种 类	气流与水流交汇方式
自然通风冷却塔	开放式	喷水式	横流式
		点滴式	横流式
	风筒式	点滴式	逆流式、横流式
		薄膜式	逆流式
		点滴薄膜式	逆流式、横流式
机械通风冷却塔	鼓风式	点滴式	逆流式
		薄膜式	逆流式
		点滴薄膜式	逆流式
	抽风式	点滴式	逆流式、横流式
		薄膜式	逆流式
		点滴薄膜式	逆流式、横流式
混合通风冷却塔	塔式+鼓风式	点滴式	逆流式
		薄膜式	逆流式
		点滴薄膜式	逆流式

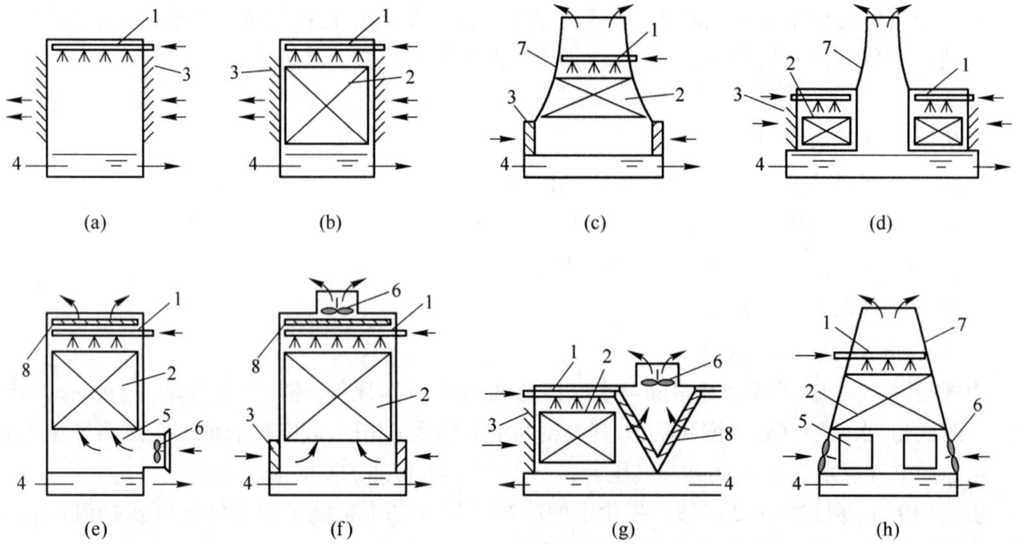

图19-1 冷却塔的种类

(a) 开放式喷水冷却塔;(b) 开放式点滴冷却塔;(c) 风筒式逆流冷却塔;(d) 风筒式横流冷却塔;(e) 鼓风式逆流冷却塔;(f) 抽风式逆流冷却塔;(g) 抽风式横流冷却塔;(h) 混合通风逆流式冷却塔

1—配水系统;2—淋水装置;3—百叶窗;4—集水池;5—配气区;6—风机;7—风筒;8—收水器

冷却塔内设有淋水装置,用于扩大水气接触面积。淋水方式有四种:

(1) 喷水式。用喷头将热水喷洒成小水滴。

(2) 点滴式。通过其他方式(滴水板)将热水分散为小水滴。

(3) 薄膜式。洒下的水在淋水板上形成薄膜。

(4) 点滴薄膜式。为(2)和(3)的组合。

产生气流的方式有三种：

(1) 开放式。在塔体四周安装百叶窗板，依靠横向吹过的自然风而冷却水。

(2) 风筒式。在塔体上方有高大的抽风筒，依靠塔内外空气的密度差而通风。

(3) 机力式。依靠安装在塔体上方或底侧面的风机供给空气，前一种称为抽风式，后一种称为鼓风式。

塔体内的气流与水流的交汇方式有三种：

(1) 横流式。空气水平流过淋水空间。

(2) 逆流式。空气由下向上垂直流过淋水空间。

(3) 混合式。兼有以上两种流向。

19.2.4　冷却塔的构造

冷却塔主要由淋水装置、配水系统、通风系统、集水池、塔体、进出水管路和收水器等组成。其整体构造见图 19-2。

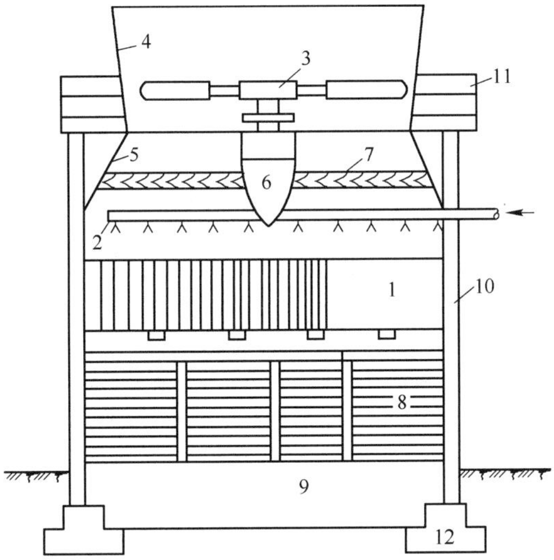

图 19-2　机械通风逆流冷却塔的工艺构造

1—淋水装置；2—配水系统；3—通风机；4—风筒；5—导流伞；6—导流锥；7—收水器；8—进风百叶窗；9—集水池；10—塔体；11—扶手；12—基础

19.2.4.1　淋水装置

淋水装置由密布在塔体内的板条层或其他填料层组成，分点滴式、薄膜式、点滴薄膜式三种。

点滴式淋水装置由水平或倾斜放置的板条组成。板条有木板条、钢丝网水泥板条和塑料板条，其断面可造成矩形、三角形或半圆形。板条被规则地分层固定在支架上。上层板条上的水滴落在下层板条上后，溅成许多小水滴，又向更下一层板条溅落，由此形成了数目众多的细小水滴，与接触的气流进行热交换。

薄膜式淋水装置由一组垂直或倾斜放置的淋水板组成，热水顺板面流下，形成散热面很大的薄水膜。淋水板可造成连续板、拼板、整体式蜂窝板、点波板或波纹板。淋水板也分许多层安装在淋水空间。

点滴式淋水装置内的气流方向可以是横流式,也可以是逆流式。薄膜式淋水装置内的气流方向以逆流式为主,特型塔内可以是斜流式。点滴薄膜式淋水装置的气流兼有横流和逆流两种方向。

各种淋水装置的构型见图19-3。

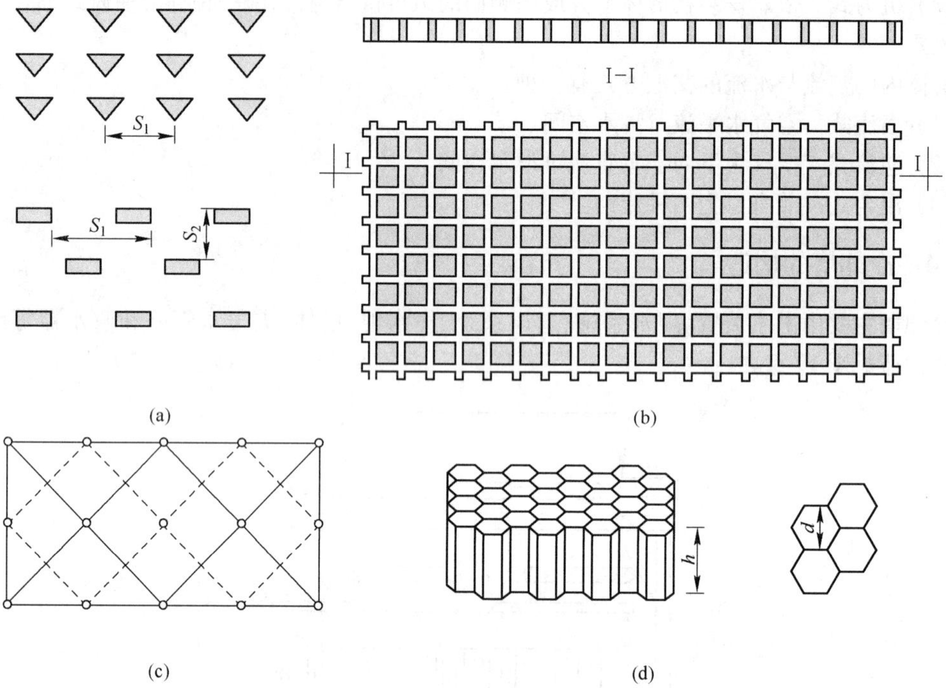

图19-3 几种淋水装置

(a) 三角形或矩形断面的点滴式淋水装置;(b) 整体式钢丝水泥板条块;
(c) 塑料制薄膜式点波淋水板,交叉点和圆圈凸向板的两侧;(d) 蜂窝式淋水板

19.2.4.2 配水系统

配水系统的作用是将热废水均匀地分布在整个淋水装置横断面上,或者按一定的淋水密度分配规律(例如外圈大,内圈小)进行配水。配水系统还必须有小的风阻及便于维护管理等特点。

配水系统有管式、槽式及池式三种类型。管式配水系统由配水管和喷头组成。喷头按方格形式或梅花形配置,间距0.85~1.10 m。最常采用的喷头为瓶形切流式,喷出的水能在作用半径(约0.5~0.6 m)范围内均匀布水,而且不易堵塞。其缺点是阻力大,要求较高的供水压力。槽式配水系统由配水槽、安装在槽底的管嘴和位于其正下方的溅水盘组成。管嘴的间距为0.5~1.0 m,大塔采用大值。溅水盘($D=100$ mm)位于管嘴下0.5~0.8 m,溅水盘能将管嘴流下的水溅起,以小水滴形式落于淋水装置上。槽式配水系统要求的供水压力较低,但风阻较大。如将配水槽改为水池,则形成池式配水系统,适用于横流塔内。

19.2.4.3 通风系统

通风系统包括风源和配风装置两部分。

开放式冷却塔的风源为自然风力,因此塔体多建在敞开的通风地区,要保持一定的高度,配风装置主要靠四周的百叶窗板。

风筒式冷却塔的风力由高大塔体内外的空气密度差造成。塔高根据热力计算及空气动力计算而定。多边形风筒内易形成环流阻力,施工建造较容易。双曲线形风筒可以造得很高,抽风筒内的空气动力阻力小,但塔体施工较难。

机力式冷却塔一般均采用轴流式通风机。安装在底部侧面进风口处的叫鼓风式通风机,安装在顶部出风口处的叫抽风式通风机。热废水有腐蚀性时宜采用鼓风式,但此时塔体较高,配气不易均匀。鼓风式通风机的直径不宜大于4 m。

风筒式冷却塔和机械通风冷却塔中,都有配风装置,如进风口、风筒和导流伞等。

进风口面积较大时,进塔气流的速度小,分布均匀,阻力也小;但会增加塔中淋水装置的高度,从而提高了塔高和供水扬程。进风口面积过小时,在进风口上缘产生涡流,增加气流阻力,影响冷却效果。进风口面积与淋水装置横断面积之比值,一般采用35% ~45%,小塔中可增至100%。横流式冷却塔的进风口高度等于淋水装置的高度。为了扩大进风口面积而又不过多地抬高淋水装置的高度,可以把淋水装置的底缘做成台阶式,外高内低。为了防止进风口内上缘产生涡流,可以安装各种导风板。

风筒式冷却塔的风筒指配水系统以上的塔体。试验表明,双曲线型风筒的阻力小、配风均匀,而多边形风筒中易造成涡流。鼓风式冷却塔的风机前后应设置喇叭口和扩散筒,扩散筒能使进风均匀分布,并防止滴水浸蚀风机。抽风式冷却塔的风机前应做导流伞,机后应做成扩散筒,以利于气流的顺利通过、防止涡流、减少阻力。

19.2.4.4　集水池和收水器

集水池位于塔体正下方,起收集、储存和调节作用。中小型塔的池周与塔筒的大小一样,池深约1.2 ~1.7 m。

机械通风冷却塔和风筒式冷却塔中,由于风力太大,致使部分非蒸发的水沫被带出塔外。为了减少这部分水量损失,有时也为了防止大气污染,须安装收水器。收水器的构造和作用大体上和百叶窗相同,它是一排或两三排倾斜成45° ~60°安装的透风挡水板,气流在其中急剧转弯时,因离心力而将水滴抛在板面上,然后汇成大水滴流下。收水器可使水量吹走损失降到0.1% ~0.4%。逆流式塔中,收水器安装在管式配水系统的上方;如为槽式配水系统,可设在配水槽之间,也可设在其上方;横流式机力塔中,则倾斜设在淋水装置与抽风机之间的空间内。

19.2.5　冷却塔的设计计算

冷却塔的设计计算主要包括三大部分:热力计算、空气动力计算和水力计算。

19.2.5.1　热力计算

热力计算的主要目的是在给定的工艺条件(冷却水量 Q、进水温度 t_1、出水温度 t_2)和当地气象条件(空气干球温度 θ_1、湿球温度 τ、大气压力 p、风速 ω)的条件下,计算冷却塔所需淋水装置的体积 V。其次,计算蒸发水量损失,供运行时补充水量之用。

A　湿空气的性质

塔内的湿空气是决定蒸发强度的主要因素。了解湿空气的性质是进行热力计算的基础。

(1) 状态方程。在要求的计算精度内,湿空气可视为理想气体。组成湿空气的两组分为干空气和水蒸气,其状态方程分别为:

$$p_g = \gamma_g R_g T \times 10^{-3} \tag{19-3}$$

$$p_q = \gamma_q R_q T \times 10^{-3} \tag{19-4}$$

式中 p_g, p_q——分别为干空气和水蒸气的分压力，kPa；

γ_g, γ_q——分别为干空气和水蒸气分压力下的容重，N/m^3；

R——气体常数，$R_g = 29.27\ kg \cdot m/(kg \cdot K)$，$R_q = 47.06\ kg \cdot m/(kg \cdot K)$；

T——绝对温度，K，$T = 273 + \theta_1$，θ_1（℃）为干球温度。

（2）湿空气的压力 p（kPa）。为其两组分分压力之和，即 $p = p_g + p_q$。

（3）绝对湿度1 m^3 湿空气中所含水蒸气的重量，叫湿空气的绝对湿度。显然，绝对湿度在数值上和水蒸气的容重 γ_q 相等。水蒸气处于饱和状态时的绝对湿度，叫做饱和绝对湿度，用 γ''_q 表示。

（4）相对湿度。湿空气的绝对湿度 γ_q 与同温度下的饱和绝对湿度 γ''_q 的比值，称为相对湿度，以 φ 表示。$\varphi = \gamma_q/\gamma''_q = p_q/p''_q$，其中 p''_q 为饱和水蒸气分压。φ 值小，表示湿空气中的水蒸气相对含量较少，蒸发散热就比较容易进行。

（5）含湿量。1 kg 干空气所带的水蒸气量（kg），称为含湿量，以 x 表示。也就是说，$(1+x)$kg 的湿空气中，含1 kg 的干空气和 x kg 的水蒸气。x 值大约为0.027 kg。x 可按下式计算：

$$x = \frac{\gamma_q}{\gamma_g} = \frac{p_q R_g}{p_g R_q} = \frac{29.27 p_q}{47.06 p_g} = 0.622 \frac{p_q}{p - p_q} \tag{19-5}$$

（6）湿空气的容重。为其两组分容重之和，并可建立以下关系式：

$$\gamma = \gamma_g + \gamma_q = \frac{p_g}{R_g T \times 10^{-3}} + \frac{p_q}{R_q T \times 10^{-3}} = \frac{p - p_q}{R_g T \times 10^{-3}} + \frac{p_q}{R_q T \times 10^{-3}}$$

$$= \frac{p}{R_g T \times 10^{-3}} - 0.013 \frac{p_q}{R_q T \times 10^{-3}} \tag{19-6}$$

（7）比热容。湿空气的比热容 c 按下式计算：

$$c = c_g + c_q = 1.00 + 1.84x \approx 1.05 \tag{19-7}$$

式中 c_g, c_q——分别为干空气和水蒸气的比热容，其值为1 kJ/(kg·℃)和1.84 kJ/(kg·℃)。

（8）焓。1 kg 干空气和 x kg 水蒸气的湿空气所含总热量，称为湿空气的焓。以 i（kJ/kg（干空气））表示。i 值按下式计算：

$$i = i_g + x i_q = c_g \theta + x(\gamma_0 + c_q \theta) \tag{19-8}$$

式中 i_g, i_q——分别为干空气和水蒸气的焓，kJ/kg；

γ_0——0℃时的水的汽化热，$\gamma_0 = 2500$ kJ/kg。

B 热力计算基础资料

（1）气象资料。包括满足设计保证率的干球温度（θ_1）、湿球温度（τ）、风速（ω）及气压（p_a）。

一般采用保证率 $P = 90\%$ 的温度值进行设计，重要的工程可采用保证率更高时的温度值。在5～10年的资料中，选6、7、8三个月最热月份中频率不超过10天的温度值，即可得到保证率约为90%［即 $P = (92-10)/92 \approx 90\%$］的温度值。

大气压力 p_a 通常采用6、7、8三个月中大气压力的平均值。

有了 θ_1、τ、p_a 三个参数，则其他气象参数值（φ、γ、p、i、x）均可按公式推算，或者直接查图表。

开放式冷却塔中尚需风速资料，一般均采用夏季2 m 高的平均风速值。

（2）工艺资料。包括需冷却的水量 Q、冷却前后的水温 t_1 及 t_2。

（3）热量计算。接触传热量 H_a 和蒸发散热量 H_b 按以下公式计算：

$$H_a = \alpha_V(t-\theta_1)V \tag{19-9}$$

$$H_b = \gamma\beta_{pV}(p''_q - p_q)V = \gamma\beta_{xV}(x''-x)V \tag{19-10}$$

式中　α_V——容积传热系数；

V——淋水装置体积；

t,θ——分别为水温和气温；

γ——气化潜热；

β_{pV}——压力差的容积散质系数；

p''_q、p_q——分别为相应于水温 t 及气温 θ_1 时的饱和蒸气压和实际蒸气压；

x''、x——分别为相应于水温 t 及气温 θ_1 时的饱和含湿量和实际含湿量；

β_{xV}——含湿量差的容积散质系数，其中 β_{pV} 和 β_{xV} 均有大量试验数据可供选用。

（4）逆流冷却塔热力计算基本方程。计算逆流冷却塔时有以下假设：塔体四周完全封闭，处于绝热状态；淋水装置高度相同；同一水平面上的参数值分布均匀。

塔内各参数及冷却过程示意图见图 19-4。左侧是水的参数，右侧是气体的参数。

通过热量衡算及质量衡算，最后可得麦克尔焓差法热力计算的基本方程：

$$\int_{i_1}^{i_2}\frac{di}{i''-i} = \int_0^V \frac{\beta_{xV}}{G}dV = \frac{\beta_{xV}}{G}V \tag{19-11}$$

$$\int_{i_1}^{i_2}\frac{dt}{i''-i} = \int_0^V \frac{\beta_{xV}K}{Q}dV = \frac{\beta_{xV}K}{Q}V \tag{19-12}$$

式中　i'',i——分别为饱和焓和焓；

G,Q——分别为通风量和冷却水量；

K——系数，夏天可近似认为 $K=1-(t_2/\gamma)$。

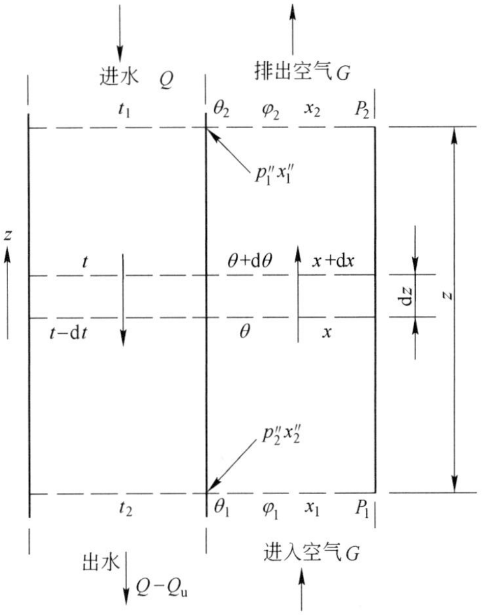

图 19-4　逆流冷却塔冷却过程

（5）淋水装置体积 V 的计算。根据式(19-11)及式(19-12)计算 V 时，要求计算冷却数（或称交换数）$\Omega = \int_{t_2}^{t_1}\frac{dt}{i''-i}$ 值。计算方法有好几种，但都比较繁琐。下面仅介绍一种比较简单的近似计算方法，即平均焓差法。

令式(19-11)及式(19-12)中的焓差等于常数 $\Delta i_m = i''-i$，则有

$$V = \frac{G}{\beta_{xV}}\int_{i_1}^{i_2}\frac{di}{i''-i} = \frac{G(i_2-i_1)}{\beta_{xV}\Delta i_m} \tag{19-13}$$

$$V = \frac{Q}{\beta_{xV}K}\int_{t_2}^{t_1}\frac{dt}{i''-i} = \frac{Q(t_1-t_2)}{\beta_{xV}K\Delta i_m} \tag{19-14}$$

式中　t_1-t_2——进出水温差，用 Δt 表示，称为冷却幅度。

Δi_m——平均焓差，按下式计算（推导过程从略）：

$$\Delta i_m = \frac{i_2-i_1}{Q} = [i''_2 - i_2 - (i''_1 - i_1)]/\ln\frac{i''_2-\delta''_i-i_2}{i''_1-\delta''_i-i_1} \tag{19-15}$$

式中　i''_2, i''_1——分别为气温等于进水温度 t_1 和出水温度 t_2 时的饱和焓；

δ''_i——参数，求法见后；

i_1——气温 θ 时的焓；

i_2——空气出塔时的焓，由下式求之：

$$i_2 = i_1 - \frac{\Delta t}{K\lambda} \tag{19-16}$$

式中　λ——气水比，即 $\lambda = G/Q$。

参数 δ''_i 的值按图 19-5 通过图解法求之。令 $t_m = (t_1 + t_2)/2$，则相当于 t_2、t_m、t_1 的饱和焓值 A、E、B 即可求得。AB 连续与 t_mE 线交于 E'，过 $E'E$ 的中点连 $ab//AB$，则 $aA = bB = \delta''_i$，或

$$\delta''_i = i''_1 + i''_2 - 2i''_m \tag{19-17}$$

当 $\Delta t < 5 \sim 7$℃时，可认为 $\delta''_i = 0$。

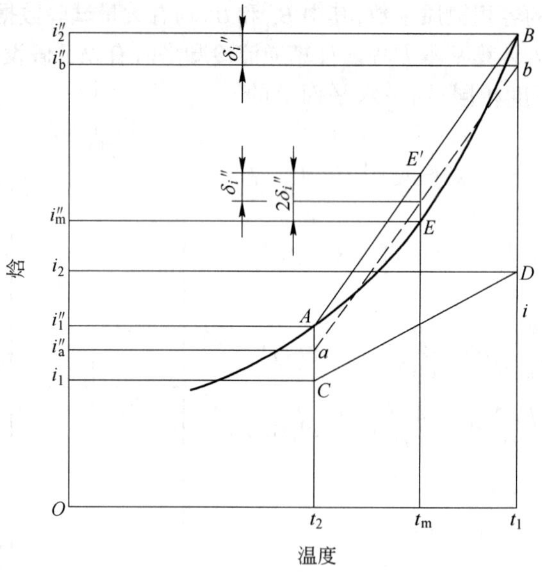

图 19-5　平均焓差计算图

19.2.5.2　空气动力计算

空气动力计算的目的是确定塔体的空气动力阻力，作为选择通风机或确定风筒高度的基本参数——风压。空气动力总阻力 H(Pa) 按下式计算：

$$H = \Sigma H_i = \Sigma \xi_i \frac{\gamma_m \omega_i^2}{2} \tag{19-18}$$

式中　H_i——塔内各部分的阻力，Pa；

ξ_i——塔内各部分的阻力系数；

ω_i——塔内各部分的气流速度，m/s；

γ_m——塔内空气平均容重，N/m³。

一般 $\gamma_m = 0.98\gamma_1$，γ_1 为外界空气的容重。

冷却塔各部分的 ξ_i 及 ω_i 值的计算参见有关设计手册。总阻力值一般不超过 80～160 Pa。

19.2.5.3　水力计算

水力计算的目的是确定管径及水头损失，并为供水泵提供设计资料。

喷头的布置间距采用0.8~1.1 m,由此可确定喷头总数及每一喷头的出水量。选定喷头型号后,可查出其前的所需工作压力,一般为39.2~68.6 kPa。

配水管的流速按1~2 m/s考虑,配水管的水头损失以不超过5 kPa为好。

19.2.6 冷却塔的水量损失

水量损失包括:蒸发损失 Q_1、风吹损失 Q_2、排污损失 Q_3、渗漏损失 Q_4 等。

(1) 蒸发损失。按下式计算:

$$Q_1 = (0.1 + 0.002\theta)(t_1 - t_2)(\%) \tag{19-19}$$

(2) 风吹损失。装有收水器的机力塔约为0.2%~0.5%;各种开放塔约为0.5%~2.0%;风筒塔约为0.5%~1.0%。

(3) 排污损失。为了改善循环水的水质,需要定时更换部分水量,此水量应通过含盐量的平衡计算而确定,一般可估算为0.5%~1.0%。

(4) 渗漏损失。视实际情况而定。

冷却水系统需补充的水量为 $Q_0 = Q_1 + Q_2 + Q_3 + Q_4$。

19.2.7 冷却构筑物的选择

表19-2列举了各类冷却构筑物的技术指标,可供选型时参考。

表19-2 冷却构筑物技术指标

冷却构筑物类型		淋水密度 $q/\mathrm{m^3\cdot(m^2\cdot h)^{-1}}$	冷却水温降 Δt/℃	冷幅 $(t_2-\tau)$/℃
冷却池(湖)		<1	<5~10	
喷水冷却池		0.7~1.2	<5~10	大于水温差
开放式冷却塔	喷水式	1.5~3.0	<10~15	
	点滴式	2.0~4.0	<10~15	
自然通风冷却塔(风筒式)	喷水式	≤4.0	>6~7	>7~10
	点滴式	≤4~5	>6~7	>7~10
	薄膜式	≤6~7	6~12	>7~10
机械通风冷却塔	喷水式	4~5	可以较大	
	点滴式	3~8		
	薄膜式	4~8		
	钢丝水泥方格网	6~10		
	蜂窝	10~12以上		
	点波	10~12以上		
	斜纹交错	10~15以上		
	折波	横流塔15~20		

19.3 循环冷却水的水质稳定

水在循环冷却过程中,由于水分的蒸发,溶解盐类浓缩,二氧化碳的逸出,外界污染物的进入等原因,会产生结垢、腐蚀及菌藻繁殖等现象,将影响循环水系统的正常运行,甚至引起生产工艺上的失调。为了使循环冷却水不产生上述现象而采取的水质控制措施,常称做水质稳定。水质稳定的基本方法是在循环冷却水中投加化学药剂;用缓蚀剂控制腐蚀,用阻垢剂控制结垢,用杀菌剂控制菌藻繁殖。此外,还使用清洗剂、消泡剂、抗污泥剂等辅助药剂。这一系列化学药剂总称水质稳定剂。

19.3.1 循环水的水质稳定性

19.3.1.1 影响循环水水质稳定性的因素

循环水在冷却系统中产生不稳定的基本原因有以下几个方面:

(1) 化学作用。水垢的主要成分是碳酸钙(及氢氧化镁)。碳酸钙、重碳酸钙、游离 CO_2 在水中存在下列平衡关系:

$$Ca^{2+} + 2HCO_3^- \rightleftharpoons CaCO_3 \downarrow + CO_2 \uparrow + H_2O$$

当它们的浓度符合此平衡条件时,水质呈稳定状态;否则,将产生化学结垢或化学腐蚀。

1) 化学结垢。造成碳酸钙沉积而产生水垢的原因有:水在冷却塔中与空气接触时,水中原有 CO_2 逸入大气,破坏了上述平衡,使平衡向右移动;重碳酸盐受热分解;水的蒸发,使循环水中溶解性碳酸盐浓缩;在换热器热水出口端,由于水温升高,提高了平衡 CO_2 需要量,造成 CO_2 含量不足。

2) 化学腐蚀。当水量降低时,水中平衡 CO_2 需要量也降低,使水中的 CO_2 超过平衡浓度,$CaCO_3$ 溶解,水失去稳定性而具有腐蚀性。此外,无机酸的存在,亦产生腐蚀性。

(2) 电化学作用。金属器壁或管壁的不同部位,由于材料的化学组分不均匀或沉积物不均,而具有不同的电极电位,当它们浸入有电解质杂质和溶解氧的水溶液中时,就形成局部原电池。电极电位较高的部位(如碳钢的渗碳体)成为阴极,而电极电位较低的部位(如碳钢的铁素体)成为阳极。以碳钢的电化学腐蚀为例,发生如下反应:

$$Fe \xrightarrow{\text{阳极}} Fe^{2+} + 2e, \ O_2 + 2H_2O + 4e \xrightarrow{\text{阴极}} 4OH^-$$

溶于水中的 Fe^{2+} 进一步生成 $Fe(OH)_2$、$Fe(OH)_3$、$FeCO_3$ 等而沉积于器壁。由反应式可见,低 pH 值和溶解氧的存在,能加速腐蚀进程。

在循环冷却水系统中,在污垢下面的缝隙内溶液中,由于氧的补充困难,成为贫氧区;而缝隙外,成为富氧区。由于构成氧浓差电池,富氧区为阴极,而贫氧区为阳极,发生金属腐蚀。这种腐蚀常称为污垢下腐蚀,是冷却水系统中最常见、危害最大的一种腐蚀作用。

(3) 生物作用。循环水系统中,由于水温较高,为各种微生物的生长繁殖创造了条件。铁细菌能吸收溶解性铁化合物,使之变成包围在铁外的不溶性黏泥状氧化铁;硫酸盐还原菌可把水中硫酸盐变成腐蚀性的 H_2S;真菌黏液能促进黏垢的形成;藻类的代谢产物(溶解氧)能强化腐蚀过程;后生动物造成严重的机械阻塞。

(4) 机械作用。补给水及周围环境(如空气)带进循环系统的泥砂及其他无机物、油类及其他有机物,与系统内积聚和生成的无机物、菌藻等,可通过机械沉积作用而产生各种污垢。

19.3.1.2 判断水质稳定程度的指标

为了判断水质的稳定程度,确定循环水结垢或是腐蚀的趋势,提出了许多指标,但这些指标都有一定的局限性,使用时要注意条件。

A 饱和指数(朗格利尔指数)

饱和指数 I_L 是水的实测 pH 值与 $CaCO_3$ 饱和时的 pH 值(pH_s)之间的差值:

$$I_L = pH - pH_s \qquad (19\text{-}20)$$

饱和指数可用来判断水是否有结垢腐蚀的倾向。当 $I_L = 0$ 时,表示水中 $CaCO_3$、CO_2、$Ca(HCO_3)_2$ 在该温度条件下保持平衡,既不产生结垢,也不腐蚀,水质稳定;当 $I_L > 0$ 时,$CaCO_3$

处于过饱和，有析出水垢的倾向；当 $I_L<0$ 时，$CaCO_3$ 处于未饱和，而 CO_2 过量，水有腐蚀倾向。一般在实用上，如 I_L 在 ±(0.25～0.30)范围内，可以认为是稳定的，若超出此范围，则需处理。

计算 pH_s 的公式可作如下推求，当碳酸钙在水中达到饱和时有如下化学平衡存在：

$$Ca^{2+}+2HCO_3^- \rightleftharpoons CaCO_3\downarrow + CO_2 + H_2O$$

其平衡常数

$$K=\frac{[H_2CO_3]}{[Ca^{2+}][HCO_3^-]^2}\times\frac{[H^+][CO_3^{2-}]}{[H^+][CO_3^{2-}]}=\frac{K_2}{K_1K_s} \tag{19-21}$$

当原水 pH 值在 6.0～9.5 范围时，可以忽略碳酸的二级解离，因而水中碱度[A]等于$[HCO_3^-]$，则式(19-21)可改写为：

$$[H^+]_s=(K_2/K_s)[Ca^{2+}][A]$$

或

$$pH_s=pK_2-pK_s+p[Ca^{2+}]+p[A] \tag{19-22}$$

由于 pK_2-pK_s 受水温及含盐量的影响，且$[Ca^{2+}]$及[A]的单位不是实用单位，因此直接使用式(19-22)计算 pH_s 颇为不便。下面为一种实用的简化算式：

$$pH_s=(9.3+A+B)-(C+D) \tag{19-23}$$

式中，A、B、C、D 为分别与水的溶解固体、水温、钙硬度及总碱度有关的系数，其值可由表 19-3 查得。

表 19-3 计算 pH_s 的各系数值

溶解固体/mg·L⁻¹	A 值	水温/℃	B 值	钙硬度(以$CaCO_3$计)/mg·L⁻¹	C 值	钙硬度(以$CaCO_3$计)/mg·L⁻¹	C 值	总碱度(以$CaCO_3$计)/mg·L⁻¹	D 值	总碱度(以$CaCO_3$计)/mg·L⁻¹	D 值
50	0.07	0～2	2.6	10～11	0.6	175～220	1.9	10～11	1.0	175～220	2.3
75	0.08	2～6	2.5	12～13	0.7	230～270	2.0	12～13	1.1	230～270	2.4
100	0.10	6～9	2.4	14～17	0.8	280～340	2.1	14～17	1.2	280～340	2.5
200	0.13	9～14	2.3	18～22	0.9	350～430	2.2	18～22	1.3	350～430	2.6
300	0.14	14～17	2.2	23～27	1.0	440～550	2.3	23～27	1.4	440～550	2.7
400	0.16	17～22	2.1	28～34	1.1	560～690	2.4	28～34	1.5	560～690	2.8
600	0.18	22～27	2.0	35～43	1.2	700～870	2.5	35～43	1.6	700～870	2.9
800	0.19	27～32	1.9	44～55	1.3	870～1000	2.6	44～55	1.7	880～1000	3.0
1000	0.20	32～37	1.8	56～69	1.4			56～69	1.8		
		37～44	1.7	70～87	1.5			70～87	1.9		
		44～51	1.6	88～110	1.6			88～110	2.0		
		51～55	1.5	111～138	1.7			111～138	2.1		
		56～64	1.4	139～174	1.8			139～174	2.2		
		64～72	1.3								
		72～82	1.2								

B 稳定指数(雷兹诺指数)

稳定指数 I_R 按如下经验式计算：

$$I_R=2pH_s-pH \tag{19-24}$$

由稳定指数可判断水的特性：$I_R=6.0\sim7.0$，水质基本稳定；$I_R=5.0\sim6.0$，轻度结垢；$I_R=4.0\sim5.0$，严重结垢；$I_R=7.0\sim7.5$，轻微腐蚀；$I_R=7.5\sim9.0$，严重腐蚀；$I_R>9.0$，极严重腐蚀。

饱和指数 I_L 和稳定指数 I_R 在使用中都有一定局限性，目前常同时使用这两种稳定性指标来判断水的结垢和腐蚀倾向。

C　极限碳酸盐硬度

在一定水质水温条件下,使循环水不致产生水垢的最高碳酸盐硬度值,称为极限碳酸盐硬度。其值最好通过小型试验确定,或根据相似条件下的实际运行数据确定;也可采用下面的经验公式估算(适用条件为:循环水最高水温为30~65℃,补给水耗氧量(即高锰酸盐指数)小于25 mg/L):

$$H_{jz}=\frac{1}{2.8}\left[8+\frac{[O]}{3}-\frac{t-40}{5.5-\frac{[O]}{7}}-\frac{2.8H_y}{6-\frac{[O]}{7}+\left(\frac{t-40}{10}\right)^3}\right] \tag{19-25}$$

式中　H_{jz}——循环水极限碳酸盐硬度,$10^{-3}n^{-1}$ mol/L,n为化合价;

t——循环水最高水温,℃,若$t<40$℃,仍以40℃计;

[O]——补给水的耗氧量,mg/L;

H_y——补给水的非碳酸盐硬度,$10^{-3}n^{-1}$ mol/L。

如以H_B表示补给水碳酸盐硬度,K表示浓缩倍数(即循环水含盐量与补充水含盐量之比,或补充水量与排污水量之比),KH_{jB}即可表示循环水到达浓缩平衡时的碳酸盐硬度。则水质稳定性可判断如下:当KH_B大于H_{jz}时,产生水垢,应进行处理;KH_B小于或等于H_{jz}时,不产生水垢,但要排污。极限碳酸盐硬度法仅适用于判断水结垢与否,而不能判断腐蚀性。

19.3.2　结垢的控制

机械沉积、化学结晶和生物粘着都能在通水设备的壁上形成垢物。机械沉积可通过降低悬浮固体浓度及控制水流速度而预防,生物粘着可通过杀菌而得到防止。本节主要讨论防止化学水垢的稳定处理。

防止产生水垢的方法有:

(1) 软化原水,尽量降低补给水的碳酸盐硬度。

(2) 定期排污,并补充含盐量低的新鲜水,使循环水中碳酸盐浓度不致超过允许值。

(3) 将补给水的碳酸盐硬度加酸处理转化为非碳酸盐硬度,从而降低水中碳酸盐硬度(酸化法)。

(4) 加入阻垢剂,提高循环水中允许的极限碳酸盐硬度。

(5) 补充CO_2,提高循环水允许的极限碳酸盐硬度(碳化法)。

(6) 磁化循环冷却水,使水垢呈悬浮的细颗粒状而不易沉积,并促使老垢脱落(磁化法)。以下仅就后四种方法作简要介绍。

19.3.2.1　酸化法

通过加酸使碳酸盐硬度转化为溶解度较大的非碳酸盐硬度,使循环水的碳酸盐硬度降低到极限碳酸盐硬度以下。其反应式为:

$$Ca(HCO_3)_2+H_2SO_4 = CaSO_4+2CO_2+2H_2O$$

$$Mg(HCO_3)_2+H_2SO_4 = MgSO_4+2CO_2+2H_2O$$

由于氯离子的腐蚀性大,通常多投加硫酸。这种方法适用于补给水的碳酸盐硬度大的情况,并要求酸化后产生的硫酸钙浓度小于相应水温下的溶解度。为了保证处理效果,应经常监测碳酸盐硬度、pH值、水温、酸浓度,并严格控制加酸量。加酸量W按下式计算:

$$W=\frac{a(H_B-H_B')}{1000cn}Q_Bf \tag{19-26}$$

式中　Q_B——补充水量,m³/h;

f——考虑其他耗酸因素的安全系数,可取值1.1;

a——酸的摩尔量,对于硫酸 $a=98$;

c——工业用酸浓度,%;

H_B——补充水的碳酸盐硬度,mol/L;

H'_B——补充水酸化后允许的碳酸盐硬度,mol/L。

其中 Q_B、H'_B 按下面式子计算:

$$Q_B = PQ_z \tag{19-27}$$

$$H'_B = H_{jz}/K \tag{19-28}$$

式中 Q_z——循环水量,m^3/h;

P——补充水量(即循环水损失量)占循环水量的百分比;

K——浓缩倍数;

H_{jz}——循环水的极限碳酸盐硬度,按式(19-25)计算。

19.3.2.2 阻垢剂法、碳化法和磁化法

加阻垢剂提高极限碳酸盐硬度是现代稳定处理防止致垢盐类结垢的主要方法。聚磷酸盐曾长期被用作缓蚀阻垢剂。近年来,新型阻垢剂的研制和应用有很大的进展,有机磷酸盐(膦酸盐)和低分子量聚羧酸类阻垢剂得到广泛应用。

(1)聚磷酸盐。聚磷酸盐是正磷酸的缩合聚合物。水质稳定处理中常用的有三聚磷酸钠($Na_5P_3O_{10}$)和六偏磷酸钠($Na_6P_6O_{18}$),前者的投加量一般在2~5 mg/L;后者在1~5 mg/L,碳酸盐硬度较高的水可采用上限。

聚磷酸盐的阻垢作用,一般是因为:

1)与冷却水中的 Ca^{2+}、Mg^{2+}、Fe^{2+} 等金属离子生成可溶性络合物,使金属离子的结垢作用受到抑制。

2)吸附在 $CaCO_3$ 微晶坯的表面上,抑制和干扰 $CaCO_3$ 晶体的生长,使它不易长大沉积为水垢,而以微小晶坯的形式稳定地分散于水中。

通常投加百万分之几的聚磷酸盐就能使百万分之几百的钙盐不以 $CaCO_3$ 形式沉积而稳定分散在水中。此外聚磷酸盐在一定条件下还能在金属表面形成保护膜,起到缓蚀作用。

聚磷酸钠和高分子量的阳离子结合,可生成沉淀物。因此当采用季铵盐对循环水进行杀菌处理时,由于与聚磷酸钠生成沉淀物而降低处理效果。聚磷酸盐在水溶液中可水解为正磷酸盐,这不仅降低了聚磷酸盐的效果,而且会产生危害更大的磷酸钙垢,并促进菌藻类的繁殖。影响聚磷酸盐水解速度的因素有:

1)温度升高,水解加快。

2)pH值低水解快,当 pH=6.5~7.5 时,基本稳定。

3)菌藻类微生物的存在,可使水解加快。

通常,当水温超过30~40℃,并在一些催化因素作用下,聚磷酸钠可在数小时(甚至几分钟内)发生显著的水解。

聚磷酸盐阻垢剂热稳定性差,且对碳酸盐硬度高的原水阻垢效果差。目前,聚磷酸盐多与有机膦酸盐和低分子量聚羧酸类物质复合使用,可使水质稳定效果更好,投药量降低。

(2)膦酸盐。最重要的膦酸盐阻垢剂有甲叉膦酸盐(如乙二胺四甲叉膦酸盐、简称EDTMP;氨基三甲叉膦酸盐,简称ATMP)和二膦酸盐(如1-羟基乙川-1,1二膦酸盐,简称HEDP)两大类。它们的阻垢作用原理,与聚膦酸盐相似。

膦酸盐阻垢剂具有不易水解、能适应较宽pH值范围、阻垢效果好、热稳定性强、投药量低等

优点,并兼有阻垢和缓蚀的功能。通常,这类阻垢剂与聚膦酸盐或聚丙烯酸复合使用,可获得增效作用,其投加量一般在 1 ~5 mg/L,几种膦酸盐阻垢剂所能维持的极限碳酸盐硬度(参考值)分别为:ATMP,$9\times10^{-3}n^{-1}$ mol/L;EDTMP,$8\times10^{-3}n^{-1}$ mol/L;HEDP,$8\times10^{-3}n^{-1}$ mol/L。

(3) 低分子量聚羧酸类阻垢剂。聚羧酸类阻垢剂主要是阴离子型的,目前使用较广的有聚丙烯酸钠、聚丙烯酸、聚马来酸。它们的阻垢机量,一般认为主要有两种作用:

1) 聚阴离子对 $CaCO_3$ 小晶粒的凝聚吸附作用和随后的分散作用,使其稳定地悬浮于水中而不结垢。

2) 聚阴离子对 $CaCO_3$ 晶粒的物理吸附作用,干扰晶格的正常生长,造成晶格畸变,从而阻碍水垢层的牢固沉积。

阴离子型聚羧酸类阻垢剂的阻垢性能与其分子量、投药量有关。一般说,聚丙烯酸的分子量在 10^3 左右,阻垢效果好;投药量应通过实验确定,一般在 1 ~5 mg/L。图 19-6 给出几种常用阻垢剂不同投加量的稳定效果试验的结果(试验水质条件:pH 值为 7.6,溶解固体 237 mg/L,总碱度 $3.2\times10^{-3}n^{-1}$ mol/L,总硬度 $3.6\times10^{-3}n^{-1}$ mol/L),可以看出各类药剂的不同特点。

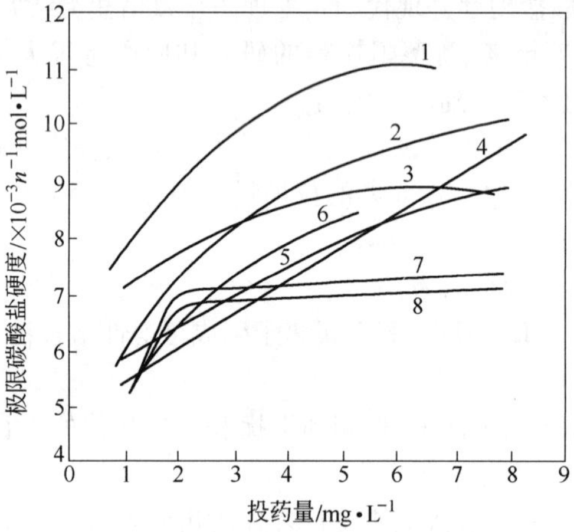

图 19-6 几种阻垢药剂的效能

1—ATMP;2—EDTMP;3—HEDP;4—聚丙烯酸;5—聚丙烯酸钠;6—聚马来酸;7—三聚膦酸钠;8—六偏膦酸钠

聚羧酸类阻垢剂具有阻垢效果好,投药量低、毒性小等优点。若与有机膦酸盐等复合使用,其阻垢及缓蚀效果都会因协同作用而得到提高。

碳化法是采用烟道气等向循环水补充 CO_2,可抑制重碳酸盐的分解,从而提高允许的极限碳酸盐硬度。此法要求严格控制 CO_2 的通入量,否则将产生腐蚀。

磁化法即是水经磁化处理后,水垢的晶体变形,结晶颗粒变小,使水垢呈悬浮状分散在水中,并促使老垢脱落。

通常,磁水器的磁感应强度在 0.2 ~0.3 T,水流速度在 0.3 ~1.0 m/s,为了防止悬浮物的堵塞,过水间隙以 6 ~12 mm 为好。磁水器宜垂直安装在换热器进水端和循环水泵出水端之间,使用一定时间后,应用热水(60 ~80℃)冲洗磁水器,但温度应逐渐变化,以防磁块破裂。当表面出现棕色 Fe_2O_3 和黑色 Fe_3O_4 时,应用3%的盐酸清洗,然后用碳酸钠溶液和清水各洗一次。

19.3.3 腐蚀的控制

循环冷却水系统控制腐蚀的主要方法是向水中投加各种缓蚀剂,在金属表面形成保护膜,使之与腐蚀介质隔绝，从而防止金属腐蚀。缓蚀剂种类很多，可有不同分类方法：

（1）按其成分可分为有机和无机缓蚀剂。

（2）按其抑制的电化学过程可分为阳极型缓蚀剂、阴极型缓蚀剂及混合型缓蚀剂。

（3）按缓蚀剂与金属形成的保护膜类型，可分为钝化膜型缓蚀剂、沉淀膜型缓蚀剂和吸附膜型缓蚀剂。

以下按第3种分类法简要介绍各种缓蚀剂。

（1）钝化膜型缓蚀剂。常用的钝化膜型缓蚀剂有铬酸盐、钼酸盐等，它们直接或间接地使金属氧化，形成耐蚀性氧化物或氢氧化物保护膜。所形成的保护膜致密而且薄（3～30 nm），与基体金属的粘附性强，能阻碍溶解氧扩散，降低腐蚀速度。铬酸盐适用的pH值范围为7.5～9.5，一般投加量在200～250 mg/L；钼酸盐适用的pH值为8～8.5，在复合配方中的用量约100 mg/L。

钝化膜型缓蚀剂的防蚀效果良好，而且有过剩的缓蚀剂也不致产生结垢。但是，当用量不足时加剧腐蚀的趋势，且铬酸盐是剧毒物质，在冷却塔中随水沫飞溅，污染环境。目前，一般已不单独使用铬酸盐，而是与其他缓蚀剂（聚膦酸盐、锌盐等）复合使用，以减小铬酸盐的用量。

（2）沉淀膜型缓蚀剂。沉淀膜型缓蚀剂分两种类型。一类是所谓“水中离子型”，即缓蚀剂与水中Ca^{2+}、Mg^{2+}、Zn^{2+}等离子生成难溶盐或络合物，在金属表面上析出沉淀而形成防蚀薄膜。这类缓蚀剂有聚膦酸盐、锌盐及有机膦酸盐。另一类是所谓“金属离子型”，即缓蚀剂使金属活化溶解，并在金属离子浓度高的部位与之生成致密的保护膜。属于这类缓蚀剂的有巯基苯并噻唑（MBT）、苯并三氮唑（BZT）。

采用聚膦酸盐作缓蚀剂时，为了形成保护膜，水中应有一定浓度的Ca^{2+}离子（>50 mg/L）或Mg^{2+}离子，还要求有一定浓度的溶解氧（>2 mg/L），以促使含氧化物保护膜的形成。pH值通常控制在6～7，投药量为20～25 mg/L。聚膦酸盐缓蚀剂所形成的膜多孔、较厚，与基体金属结合不太紧密，而且当药剂过量时，薄膜不断加厚而影响传热。聚膦酸盐常与膦酸盐（如HEDP）及其他缓蚀剂复合使用，可减少投药量，形成较牢固的保护膜，提高缓蚀效果。例如某循环水系统，单独投加六偏酸钠20 mg/L时，腐蚀率为0.187 mm/a；而投加10 mg/L的六偏酸钠和3 mg/L的HEDP时，腐蚀率为0.096 mm/a。

巯基苯并噻唑是铜及铜合金的特效缓蚀剂，其缓蚀作用是由于它在铜表面进行螯合反应，形成一层薄而致密牢固的保护膜。MBT的投量一般为1～2 mg/L，pH值控制在3～10。将MBT与聚磷酸盐复合使用，对防止金属的点蚀有良好效果，但这时须加锌以消除MBT对聚磷酸盐的干扰。

（3）吸附膜型缓蚀剂。这种缓蚀剂是具有亲水基团和疏水基团的有机物，如有机胺类、膦酸酯类、硫醇类、木质素及其他一些表面活性剂。这种缓蚀剂之所以有缓蚀作用，是因为其亲水基团能有效地吸附在洁净的金属表面，将疏水基团朝向水侧，形成一层金属表面上的斥水吸附膜，阻止了水中溶解氧向金属表面扩散，也阻止了腐蚀产物Fe^{2+}向水中扩散，从而抑制了腐蚀反应。投药量一般为20～100 mg/L，其应用中的局限性有：

1）对温度变化适应性差，当温度超过50℃时，脱附占优势，吸附膜有破坏的危险。

2）对金属表面的洁净程度要求较高，若表面有油污、垢物等，缓蚀效果较差。

（4）阻垢剂与缓蚀剂的复合投加。各种阻垢、缓蚀药剂都有其一定的使用范围，所以一般都采用复合配方。为增强药效、降低药耗，复合配方的组分不应有相互对抗的作用，而应有增效作用。目前最常用的是聚磷酸盐－膦酸盐－聚合物－唑类所组成的磷系配方。它们具有缓蚀、阻垢、分散等多种作用，可在碱性条件下应用，对环境污染小。除了磷系外，还有铬系、钼系、钨系、硅系等复合药剂也都有应用。

19.3.4 微生物的控制

微生物的控制方法有：

(1) 水池加盖，防止日光照射，阻止藻类生长繁殖。

(2) 采用旁滤装置对部分循环水进行过滤，可去除水中浊度、藻类等。

(3) 加强补充水前处理(如混凝、过滤)，可去除悬浮物、浮游生物及细菌。

(4) 投加杀菌剂。该法是目前控制微生物的通用方法，下面仅就此法加以介绍。

杀菌剂(即能杀灭各种生物体的化学药剂)的种类很多，按其化学性质可分为氧化型和非氧化型杀菌剂两大类。

19.3.4.1 氧化型杀菌剂

属于氧化型杀菌剂的有氯及次氯酸钠、次氯酸钙、氯胺、二氧化氯、臭氧等，其中氯(及次氯酸钠、次氯酸钙)是最常用的。一般水在系统中循环一次的加氯量为2~4 mg/L，余氯量维持在0.5~1.0 mg/L，pH值控制在6.5~7.0。当水质恶化时，可暂时加大投氯量，使余氯量提高至1.5 mg/L。氯系杀生剂在冷却塔中易挥发逸出，因此加氯管口应设在冷却水池的水面以下。

19.3.4.2 非氧化型杀菌剂

属于非氧化型杀菌剂的有氯酚类、季铵类、丙烯醛、二硫氰基甲烷、重金属盐等。

氯酚类虽杀菌能力强，但对水生生物和哺乳动物有害，排入水体易造成环境污染。

季铵类表面活性型杀菌剂有烷基三甲基氯化胺(简称ATM)、二甲基苄基氯化胺(简称DBL)等。这些季铵盐带正电荷，能吸附在带负电荷的菌体上，改变原生质膜的物理化学性质，使细胞活动异常。此外，季铵盐的疏水基与脂肪有很大的亲和力，能破坏生物体表的脂肪壁；一部分季铵化合物还能透过细胞壁，进入菌体内，与构成菌体的蛋白质反应，破坏代谢的正常进行，从而杀死微生物。pH值常控制在7~9，投药量10~20 mg/L，一般能达99%的杀灭效果。季铵盐因具有表面活性，对污泥有剥离作用。但季铵盐应避免与阴离子表面活性剂共同使用，否则易产生沉淀而失效。

丙烯醛因能与微生物细胞酶系统中巯基发生反应，破坏正常的代谢活动，而起杀菌灭藻的作用。使用中投药量一般在10~15 mg/L。其优点是价格低，没毒性积累的问题；缺点是易燃、催泪。

二硫氰基甲烷($CH_2(SCN)_2$)是近年来推荐使用的一种广谱性杀菌剂，对细菌、真菌、藻类都有良好的杀灭效果。在循环水中粘污成为主要障碍的情况下，特别适用。投加量30 mg/L，杀菌率可达99%左右。pH值应控制在6~7。该杀菌剂的缺点是在高温及高pH值下不稳定。

硫酸铜具有优良的抑制藻类繁殖的作用，但一般不单独使用它，而是：

(1) 同时投加铜的螯合剂(如EDTA)，以防止铜离子沉淀在铁质表面，形成铁为阳极的腐蚀电池。

(2) 同时投加表面活性剂，以促使铜离子渗进藻类内部。铜盐还常与氯酚混合控制藻类。

杀菌剂的投加方式有连续、间歇及瞬时三种。瞬时投药也称为冲击式投药，它能产生很高的药剂瞬时浓度，往往得到良好的杀菌灭藻效果。

杀菌剂的选择应尽量满足下列要求：

(1) 有效性。即与其他水处理剂(缓蚀剂、阻垢剂等)共存不影响其药效；长期使用不易产生抗药性，有时为了防止微生物对某种药剂产生抗药性而选用几种药剂轮换使用。

(2) 广谱性。即对真菌、细菌、藻类等均能杀灭，并对微生物粘泥有穿透性和分散性。

(3) 环境安全性。即对人畜应为低毒或无毒,并且不产生毒性积累,一旦完成杀菌任务后易被生物降解。

(4) 经济性。

19.4 城市污水的高级处理与再用

一般而言,城市污水是由生活污水(sewage)和工业废水(industrial wastewater)组成的混合废水。城市污水的水量往往很大,约占整个城市用水量的50% ~80%,而且水质相对稳定。在水资源普遍短缺和水环境普遍受到污染的当今世界,将城市污水进行适当的处理后予以回收再用,具有十分重要的现实意义。

常规的城市污水处理流程由两级处理组成。一级处理为物理处理(primary treatment),又称机械处理,包括格栅、沉砂池和初次沉淀池,主要任务为去除废水中的悬浮物。二级处理(secondery treatment)为生物处理,包括生化反应池和二次沉淀池,主要任务为去除废水中的有机物(COD和BOD)和营养物(氮和磷)。

城市污水经过两级处理后,其中的SS、BOD_5、氨氮、总氮和总磷等主要污染物均可得到有效的去除,水质会得到很大程度上的改善。尽管如此,要将两级处理后的城市污水直接回收利用,在许多重要水质指标上仍然不能满足要求。此外,在某些情况下将其直接排放到自然水体,也会引起水环境的恶化。

由此可见,对两级处理后的城市污水(即二沉池出水)施行进一步的处理,乃是回收再用和安全排放(个别情况下)的必然前提。这种进一步改善两级处理厂出水水质的工程措施,称为高级处理(advanced treatment)或深度处理。因为高级处理在二级处理之后进行,也可称为三级处理(tertiary treatment)。

城市污水经再生后可分别用于城市杂用、工业、景观环境和补充水源(GB/T 18919—2002),用途不同对再生水要求的水质标准也不同,因此,相应的高级处理的方法和程度也就不同,如城市杂用水水质标准(GB/T 18920—2002)中对卫生学的指标远高于排放标准(城市杂用水要求总大肠菌群数小于3个/L,而城镇污水处理厂污染物排放标准中一级A标准要求的粪大肠菌群数为10^3个/L);而城市景观环境用水(GB/T 18921—2002)对总磷和氨氮等营养学指标则要求较高;工业用水(GB/T 19923—2005)对水的浊度要求较高。

针对不同的再用用途和相应的水质要求,城市污水的高级处理可分为常规二级处理后出水的高级处理和二级处理过程中的强化处理。

19.4.1 二级处理后高级处理

对二级处理后的出水进行进一步的处理以满足不同再用要求,是目前城市污水高级处理的主要方法。主要的处理单元有预氧化、混凝沉淀、过滤、微絮凝过滤、活性炭吸附以及消毒等,处理工艺为相应各单元的不同组合。

预氧化(pre-oxidation)是向二级处理出水中加入氧化剂,杀灭水中的微生物,同时预防藻类的滋生,以保证后续各种处理单元构筑物或设备的正常运行,此外,由于氧化剂的氧化作用,对有机物(COD)的去除也有一定的辅助效果。当采用的氧化剂为氯系氧化剂(次氯酸钠和液氯)时,称之为预氯化(pre-chlorination)。预氯化是目前最常用的预氧化方式,当有效氯的投加量为5 ~10 mg/L时,即可获得满意的预氯化效果。

二级处理出水中的悬浮物主要为沉淀性能较差的活性污泥微絮体和游离细菌等,是引起二级处理出水浊度较高的主要物质。通过混凝(混合和反应)使其形成较大的絮体,然后通过沉淀去除。混凝剂可采用铝盐、铁盐以及相应的聚合物(聚合氯化铝或聚合硫酸铁等),相应的混合、反应以及沉淀的设计及工艺设备参见本书的第3章和第4章。需要指出的是,通过混凝沉淀对水中总磷也有较好的去除率,因此,混凝沉淀是对城市污水再用中磷要求较高的场合的较好的补充处理。二级出水中磷的组成为磷酸盐(溶解态)和有机磷(悬浮态,主要为菌体),两者所占的比例不同,应选择不同的混凝剂。当水中的总磷主要由溶解态的磷组成时,应采用铝盐或铁盐混凝剂,以有利于形成磷酸铝和磷酸铁的沉淀;当水中的总磷主要由悬浮态的磷组成时,应采用相应的聚合物型混凝剂。

过滤的作用是进一步去除混凝沉淀后剩余的悬浮物,保证最终出水的浊度要求。过滤的介质一般采用石英砂,也可采用其他介质;滤速一般为5~10 m/h。有关过滤系统的设计,参见本章的第5节。微絮凝过滤是投加混凝剂经混合反应后,待絮体尺度“成长”为100 μm时即进入滤池进行过滤,通过滤料的“接触过滤”作用,对水中的悬浮物进行截留。微絮凝过滤是给水处理中当原水浊度较小时经常采用的过滤单元,由于二级处理出水通常悬浮物含量较小,因此,微絮凝过滤是城市污水二级处理出水高级处理常用的单元处理技术之一。

消毒是杀灭二级处理出水中的致病微生物,满足再用的卫生学要求。当城市污水再用于市政杂用、环境景观等场合时,消毒是必备的高级处理单元,有关消毒的工艺及设备参见本书的第14章。

城市污水处理厂二级处理的出水经以上高级处理后,一般均能满足再用的要求。如西安市北石桥污水处理厂采用双沟式氧化沟对城市污水进行二级处理,处理能力为15万吨/天,处理后的水质符合城镇污水处理厂污染物排放标准中的一级B标准,其中10万吨/天直接排放,5万吨/天进行再生处理,用于临近的工业冷却水系统补充水和城市杂用。再生处理的工艺流程见图19-7,其中,混合采用静态混合器,混凝反应采用三级波纹隔板反应池,沉淀采用斜板沉淀池,过滤采用V形滤池,石英砂介质,消毒剂为液氯。处理效果见表19-4。由表可见,该工艺对二级处理出水的COD、TP和SS具有较好的处理效果,再生水的总大肠菌群数达到未检出,完全满足城市杂用和工业用水的水质标准。该系统2004年建成启动,至今已运行5年以上,取得了良好的经济与社会效益。

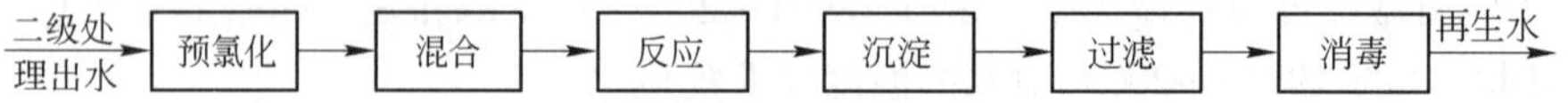

图19-7 西安市北石桥污水处理厂再生水处理流程

表19-4 西安市北石桥污水处理厂再生水水质(2006年平均值) (mg/L)

项 目	COD	NH_3-N	TN	TP	SS
进 水	562.94	33.29	44.63	8.39	350.15
二级处理出水	39.41	5.37	12.40	0.74	15.63
再生水	29.34	5.40	10.98	0.51	1.22①

① 为浊度。

19.4.2 二级处理强化技术

通过对二级生物处理系统进行强化,从而使二级处理系统出水直接满足再用要求的方法称为二级强化处理技术(enhanced secondary treatment)。最典型的是化学强化除磷技术和膜生物反应器技术(membrane biological reactor, MBR)。

对于具有脱氮除磷或单独除磷功能的二级生物处理系统，由于原水的碳磷比较低，出水磷仍不能达到较高排放标准或再用的水质要求时，在生物处理系统投加磷沉淀剂（铝盐或铁盐），使废水中的磷酸盐形成相应的沉淀，随活性污泥一起被去除，达到对处理系统磷的去除强化。同时，铝盐或铁盐为絮凝剂，可协助活性污泥絮体的凝聚，提高污泥的沉淀性能，降低出水的悬浮物含量。磷沉淀剂的投加点可在生物反应池的入口，也可在生物反应池的出口沉淀池前。化学沉淀法强化除磷在北欧应用较为普遍。

MBR 是近年来出现的一种集生物处理与膜分离于一体的新型高效生物处理技术，用膜组件代替传统的二沉池，对生物反应的混合液进行高效分离，从而直接获得达到再用要求的出水水质。MBR 中的膜组件可以是微滤膜、超滤膜或纳滤膜，出水水质随膜孔径的减小而提高。膜组件的结构有平板式、中空纤维式等不同的形式。不同结构形式应以减小膜阻力、提高膜通量和有利于清洗、拆换为前提。膜组件可位于生物反应池外（图 19-8a），称为外置式；膜组件也可置于池内（图 19-8b），称为内置式。位于池外时，膜组件为正压工作；位于池内时，通常采用淹没式安装，经过分离的出水由泵抽走，膜内为负压。

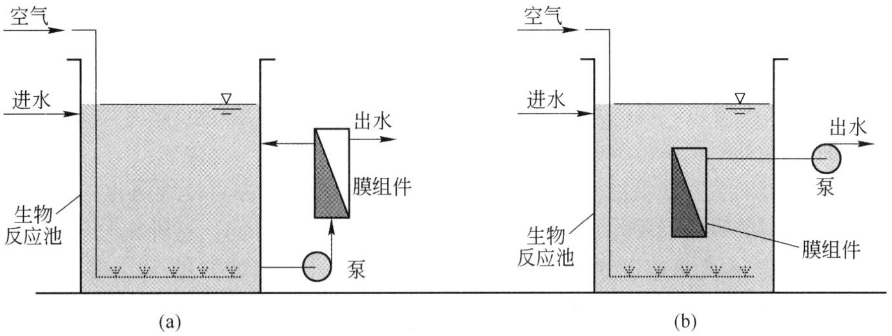

图 19-8　MBR 反应器
（a）外置式；（b）内置式

MBR 可以与不同的生物处理工艺（生物脱氮、生物除磷、生物脱氮除磷等）结合，形成不同的 MBR 工艺。在各种生物处理工艺中，生物反应池应设计为推流式，膜组件置于生物反应池的末端，从而保证生物反应的效率。

MBR 从工艺上讲，相当于生物处理加膜分离，但其出水的水质却优于两者的叠加。原因是在采用适当的膜孔径（ $<0.1\ \mu m$ ）条件下，出水中的 SS 可得到全部分离，从而生物系统的污泥龄得以延长，因此，需要长污泥龄的生物处理系统（如生物硝化）尤其适合于采用 MBR 工艺。而对于短污泥龄的生物处理系统采用 MBR 并无明显的优势。

19.5　废水的过滤技术

19.5.1　基本原理

废水通过粒状滤料层时，其中的一些悬浮物质和胶体物质就被截留在孔隙中或介质表面上，这种通过粒状介质层分离不溶性污染杂质的方法称为粒状介质过滤，简称过滤（filtration）。

过滤技术一直是给水处理中为获得优质水而经常采用的关键净化工序，但在废水处理中却迟迟未能得到应用。至 20 世纪 60 年代，出现了水资源的严重短缺，废水再用问题提到了议事日程,从此开始对废水的过滤技术进行了研究和开发,现在已在一些场合得到了实际应用。

废水进行过滤处理的主要目的如下:

(1) 去除二沉池未去除的细小生物絮体或混凝沉淀池未去除细小化学絮体。

(2) 提高 SS、浊度、BOD、COD、磷、重金属、细菌和病毒等的去除率。

(3) 为后续处理工序(如 AC 吸附)创造良好的水质条件。

粒状介质截留污染物的机理有三种,即筛滤作用,沉降作用和吸附凝聚作用。

(1) 筛滤作用(screening)。单层滤料层中颗粒的级配特点是上细下粗,也就是说,上层空隙小,下层空隙大。当废水由上而下流经滤料层时,直径较大的固体污染物首先被截留在层顶的空隙中,形成一层主要由污染物组成的薄膜,起主要的过滤作用。这种过滤作用属于阻力截留或筛滤作用。

(2) 沉降作用(precipitation)。当废水通过滤层时,众多的滤料颗粒提供了大量的沉降面积,例如,1 m^3 粒径为 0.5 mm 的滤料中,可供悬浮物沉淀的有效面积大约有 400 m^2。当废水流经滤料层时,只要速度适宜,其中的悬浮杂质就会向这些沉淀面沉降。

(3) 吸附凝聚作用(adsorption and coagulation)。滤料表面对废水中的污染物具有吸附和凝聚作用。构成滤料的砂粒或其他物质具有广大的表面积,它和微小污染物之间有着明显的物理吸附作用。滤料表面对尚未凝聚的胶体微粒起接触媒介作用,增加碰撞机会,促使凝聚。研究表明,二沉池出水中胶体物质的浓度是很低的,粒状滤料为胶体颗粒提供的碰撞机会远比搅拌所提供的为多,因而去除细小悬浮物及胶体的能力很强。

表层筛滤作用强时会很快使滤池堵塞,因而高效能的滤池应千方百计地防止筛滤作用的形成。充分发挥整个滤料层的吸附凝聚作用,是当今高效能滤池发展的方向。这种充分发挥深层滤料的纳污能力的过滤方式,称为深层过滤;而把以表层筛滤作用为主的过滤方式,称为表层过滤。

滤料层可以是单层,也可以是两层或三层。单层滤料一般由细小的石英砂组成,其粒径分布是上小下大,或者说其空隙是上小下大。当废水由上而下流经砂滤层时,其中较大的生物絮体(SS 浓度大于 20 mg/L)很容易被截留在滤料层表面而形成筛滤层,使滤池失效。可见,在给水处理中常用的单层滤料滤池(要求进水 SS 浓度小于 10 ~ 15 mg/L)一般是不适宜处理废水的。如果在细小的砂粒上再铺设一层粒径较大(也即空隙较大)的无烟煤滤料层,那么就两层滤料来看,上层粒径大而下层小,或者说,上层空隙大而下层小。废水流过双层滤料时,较大的生物絮体被吸附在上层煤粒的表面,虽然由此而使空隙有所减小,但仍能保持一定的透水性。较小的生物絮体随水流进入砂层深处,为砂粒吸附截留,并能防止砂层表面形成筛滤层。一般而言,滤料粒径越小,纳污能力越大,在双层滤料的底层再铺一些相对密度更大而粒径更小的钛矿石或石榴石,并相应地减少砂层的粒径,会改善滤池的性能,提高出水水质。由此形成了三层滤料滤池,或称为混合滤料滤池。

影响滤池过滤性能的因素主要有两个方面:

(1) 废水水质。其中最主要的是絮体的特性。一般而言,混凝沉淀池出水中的化学絮体小而密实,易被滤料层截留;二沉池出水中的生物絮体大而疏松,难以截留。在施行化学混凝以提高过滤性能时,不应追求大而疏松的絮体的形成(这是沉淀池所希望的),而应是小而密实的。至于生物絮体的过滤性能,则以常规活性污泥法的为佳,滤后水的 SS 浓度约为 3 ~ 10 mg/L;吸附再生法和两级生物滤池的为次,滤后水的 SS 浓度约为 6 ~ 15 mg/L;高负荷生物滤池的最差,约为 10 ~ 20 mg/L。负荷越低的生物处理工艺,滤后水的 SS 浓度越低。除絮体的性质外,废水的温度及 pH 值等也有一定的影响。

(2) 滤层构造及工艺参数。前已述及,双层滤料池及混合滤料滤池适用于处理废水。影响过滤性能的工艺参数主要是滤速,滤速越小,出水水质越好,但由此引起的基建投资也越大。试验研究表明,在4.9～19.6 m/h的滤速范围内,滤速对出水水质的影响并不十分显著。在权衡各种利弊的基础上,生产中适用的滤速即可在此范围内选择。

19.5.2　滤层与垫层

普通快滤池(图19-9)由上向下由四部分组成:浑水渠和洗水槽、滤层、垫层、配水系统。其中洗水槽和配水系统是根据其在反冲洗过程中的功能而命名的。过滤时,水由上向下流。反冲洗时,水由下向上流,即由配水系统将冲洗水配入池底,流过垫层及滤层后,由洗水槽排出。滤层及垫层是滤池的重要工作部分。

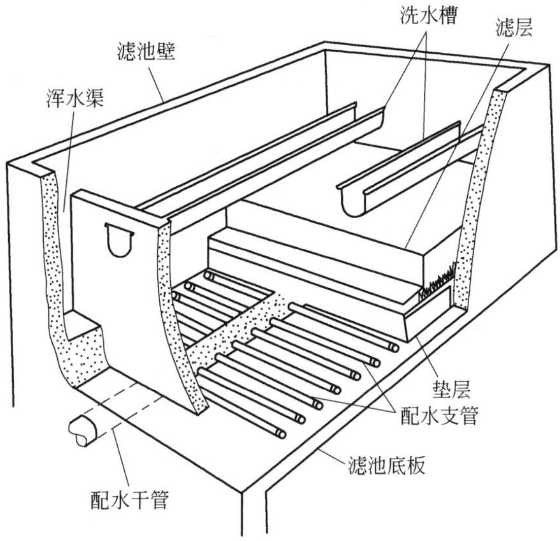

图19-9　普通快滤池

19.5.2.1　滤料及其性能指标

滤料是滤池中最重要的组成部分,是完成过滤的主要介质。优良的滤料必须满足以下要求:有足够的机械强度、较好的化学稳定性、合理的级配和足够的空隙率。所谓级配就是滤料的粒径范围以及在此范围内各种粒径的滤料在数量上的百分比。滤料的外形最好接近于球形,表面粗糙而有棱角,以获得较大的空隙率和比表面积。目前常用的滤料有石英砂、白煤(无烟煤)、陶粒、高炉渣以及最近用于生产的聚氯乙烯和聚苯乙烯塑料球等。滤料的性能指标有以下各项:

(1) 有效直径和不均匀系数。滤料的规格常用有效直径和不均匀系数来表示。有效直径是指能使10%的滤料通过的筛孔直径(mm),以d_{10}表示;即是说粒径小于d_{10}的滤料占总量的10%。同样,d_{80}表示能使80%的滤料通过的筛孔直径(mm)。d_{80}与d_{10}的比值就称为滤料的不均匀系数,以K表示。例如,$d_{10}=0.60$ mm,$d_{80}=1.0$ mm,则$K=1.0/0.6=1.67$。显然,不均匀系数愈大,则滤料愈不均匀,小颗粒会填充于大颗粒的间隙内,从而使滤料的空隙率和纳污能力降低,水头损失增大。因此,不均匀系数以小为佳。但是,不均匀系数愈小,加工费用也愈高。权衡利弊,砂滤料的K值应控制在1.6～2.0之间。

(2) 滤料的纳污能力。滤料层承纳污染物的难易,常用纳污能力来表示,其含义是在保证出水水质的前提下,在过滤周期内单位体积滤料中能截留的污染物量,以kg/m^{3}或g/cm^{3}表示,其大小与滤料的粒径和形状等因素有关。

(3) 滤料的空隙率和比表面积。空隙率是指一定体积的滤料层中,空隙所占的体积与总体积的比值。常用的石英砂和白煤滤料的空隙率分别为0.4和0.5。滤料的比表面积,是指单位重量或单位体积滤料所具有的表面积,以 cm^2/g 或 cm^2/cm^3 表示。

19.5.2.2 滤层和垫层

滤层和垫层的规格,一般指两者的材料、粒度级配和厚度。双层滤料的上层多用无烟煤(白煤),粒径约为0.8~1.8 mm,层厚450 mm左右;下层为石英砂,粒径约为0.5~1.2 mm,层厚200 mm(但也有厚达450 mm的)。两层的K值约为2。这种煤层厚而砂层较薄的滤层结构,对SS含量较大(大于20 mg/L)的废水而言是比较适用的,具有纳污能力强和过滤周期长的优点;但出水水质稍差于给水滤池(两层大致等厚)的。

无烟煤的相对密度为1.35~1.55,石英砂的相对密度约为2.65。煤层底层的最大粒径与砂层顶层的最小砂粒相接触。保证该接触面处煤粒与砂粒的不混杂(即在反冲洗结束后具有良好的水力级配或水力分层性能),对保持双层滤池的良好工作至关重要。经计算知,只要最大煤粒与最小砂粒的直径比介于3.5~4,就能保持良好的分层现象,混杂层不大于5~10 cm。

如果仅保留砂滤层,粒径仍为0.5~1.2 mm,层厚增至700 mm,即是单层滤料滤池。如在双层滤料下面再加一层相对密度不小于4.2的钛矿石(d=0.25~0.5 mm,H=75 mm),即为混合滤料滤池。

垫层填充于滤层与配水系统之间,其作用是过滤时阻挡滤料进入配水系统,反洗时起均匀布水作用。垫层材料一般采用天然卵石或碎石。垫层材料也应有足够的机械强度和化学稳定性,其最小粒径不应小于滤料的最大粒径,从上至下按粒度由小到大分层铺设,反洗时不能被水冲动而发生位移。垫层一般分四层,粒径由上到下为2~4 mm、4~8 mm、8~16 mm、16~32 mm,每层厚100 mm。另外,也有采用如下粒径的:3~6 mm、6~13 mm、13~19 mm,19~25 mm。最下层的厚度指配水系统最高处以上的高度。

19.5.3 过滤工艺过程

过滤工艺包括过滤和反洗两个基本阶段。过滤即截留污染物,反洗即把污染物从滤料层中洗去,使之恢复过滤能力。从过滤开始到结束所延续的时间称为过滤周期(或工作周期),从过滤开始到反洗结束称为一个过滤循环。

图19-10是普通快滤池的结构示意图。池内填充滤料,滤料下铺有垫层,最下面是配水系统。池外设置管道和阀门的区域称为管廊。

过滤时,废水经进水干管1、进水支管2及进水阀3流入浑水渠(槽)4,再经洗水槽5布水至池内。然后向下流过滤层6及垫层7,从配水支管8汇集于配水干管9,经清水支管10及清水阀11流入清水干管12而送走。由于污物在滤层中的不断积累,必然导致以下两个结果:一是滤层内的空隙由上至下逐渐缩小,使出水量逐渐减小;二是滤料表面的吸附点逐步被污物所占,并使水流流速逐渐增大,对滤料表面造成越来越大的冲刷力,从而使滤料的纳污能力不断降低。于是,上层滤料的过滤任务就转移到下层,并依此传递,最终使污物穿透滤料层,出水水质急剧恶化。

显然,当过滤水头损失超过滤池所提供的资用水头(高、低水位之差),或者出水中的污染物浓度超过许可值时,即应终止过滤,进行冲洗。冲洗时,洗水经洗水干管13、洗水支管14及洗水阀15流入配水干管9,再经配水支管8上的孔眼流出,均匀分布于滤池断面上。在流过粒径较重、较大的垫层后,将细小的滤层冲起,使滤料流态化。由于水的剪切力及滤料颗粒间的碰撞而使污物剥离,随洗水进入洗水槽5,并经浑水渠4、排水阀16而排至排水渠17。

反冲洗结束后,即可进行下一周期的过滤操作。但是,过滤开始时的出水水质往往较差,通常将这部分初滤水通过清水支管上的旁管而排放掉。

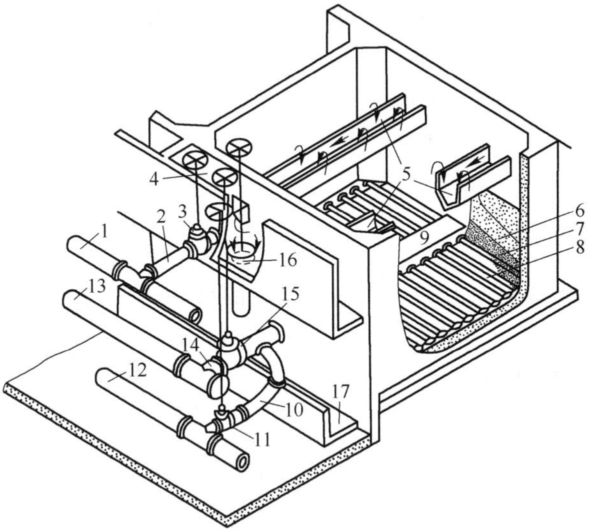

图 19-10 普通快滤池构造图

1—进水干管;2—进水支管;3—进水阀;4—浑水渠;5—洗水槽;6—滤层;7—垫层;8—配水支管;9—配水干管;10—清水支管;11—清水阀;12—清水干管;13—洗水干管;14—洗水支管;15—洗水阀;16—排水阀;17—排水渠

按照在过滤周期内滤速的分布形态,滤池有三种基本运行方式,即恒压过滤、恒速过滤和降速过滤。在恒压过滤中,贯穿过滤周期的资用水头保持不变。开始时,滤层透水性最好,滤速最快,水量也最大。随着滤料空隙被污物堵塞,透水性逐渐降低,滤速不得不减小(图 19-11 中的曲线 *A*)。在恒速过滤中,作用在滤池系统上的水头保持不变,随着滤层被污物逐渐堵塞,流量控制阀要相应开大,以保持滤速恒定(图 19-11 中的曲线 *B*)。在降速过滤中,滤池的进口设在最低工作水位以下,为此装备一条大直径的公用进水管连通所有滤池,并在每座滤池的进水支管上装设大口径进水阀,使进水总管和进水阀的水头损失很小,因而所有滤池的工作水位在任何时间都基本相同。并且当某个滤池的滤速降低时,其余清洁滤池便能自动而平稳地承担起被玷污滤池转给它们的额外流量。这种运行方式虽然也有过滤后期滤速降低(图 19-11 中曲线 *C*)的缺点,但其出水水质好、工作周期长、需要的水头小。

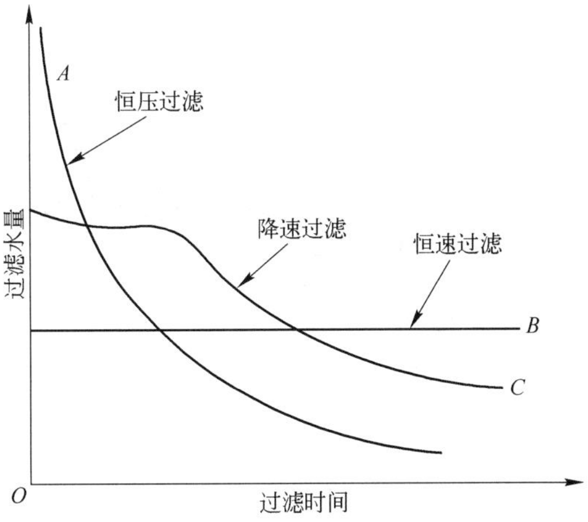

图 19-11 过滤周期中的滤速分布状况

不论采用何种滤池和运行方式，优良的滤池应具备以下性能：

（1）滤料层的纳污能力大，过滤水头损失小，工作周期长。

（2）出水水质符合回用或外排要求。

（3）反洗耗水量少，效果好，反洗后滤料分层稳定而不发生很大程度（15 cm 以上）的滤料混杂层。

19.5.4　过滤水头损失分析

现以下向流恒速普通快滤池为例，简要分析滤池的水头损失。假设在整个过滤周期内，滤池的水位和滤速都保持不变，那么如果测得滤池进水、出水以及出水阀后的水头，就能得出滤池各部位水头损失的变化情况，如图 19-12 所示。

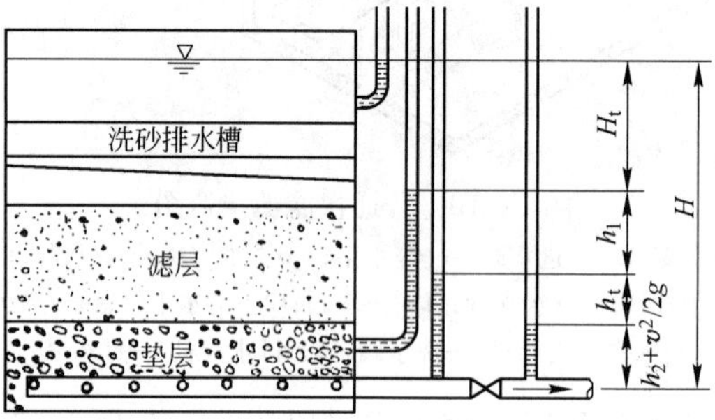

图 19-12　滤池工作时的水头损失

在过滤开始的 t 时刻，滤池的总水头 H 可分解为如下五部分：滤层的水头损失 H_t，垫层和配水系统的水头损失 h_1，流量控制阀（出水阀）的水头损失 h_t，出水管的流速水头 $v^2/2g$ 和剩余水头 h_2。就一定的滤池而言，h_1、$v^2/2g$ 和 h_2 可认为是定值，变化的只是 H_t 和 h_t。开始过滤时，干净滤层的水头损失最小（$H_t = H_0$），而出水阀开启度最小，水头损失最大（$h_t = h_0$）。根据测试资料，滤层的水头损失增量（$H_t - H_0$）随过滤时间 t 的延长呈直线变化（见图 19-13）。为了补偿此水头损失，出水阀的开启度必须随着增大，也即水头损失应相应地减少，减少值应等于滤层的水头损失增加值。当过滤时间为 T 时，滤层水头损失达到 H_T，此时出水阀全开，其阻力损失达到最小值 h_T。如果继续进行过滤，则剩余水头 h_2 就要被动用。而当过滤时间达到 T' 时，h_2 被消耗完，以致滤池不再出水。在实际操作中，过滤时间达到 T 时，就停止过滤而进行反洗，时间 T 即为滤池的过滤周期。

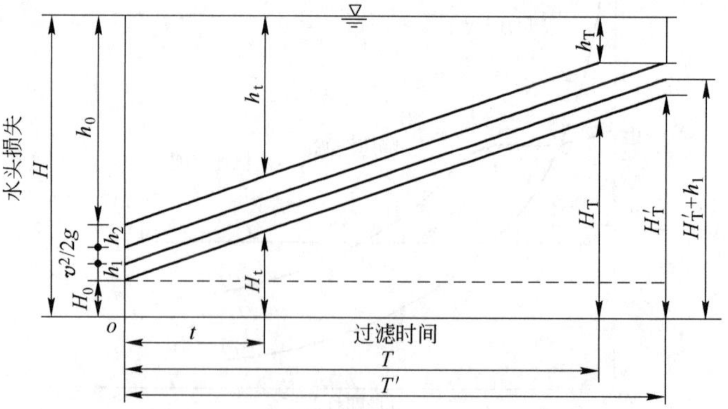

图 19-13　滤池中各项水头损失随过滤时间的变化

19.5.5 滤池的反洗

滤池多采用水力逆流冲洗,以清除污物。沉积于滤层内的污物是靠上升的反洗水流的剪力以及滤料颗粒之间的碰撞和摩擦而剥落下来,并随水流冲走的。因此。反洗强度要足以使滤料悬浮起来,即必须造成滤层的膨胀。但反洗强度过大,滤层膨胀过高,则因减小了单位体积流化床内的滤料颗粒数而使碰撞机会减少,反而使反洗效果变差;此外,还会造成滤料流失和冲洗水的浪费,以及冲起垫层。因此,确定适宜的反洗强度和滤层膨胀率是十分重要的。

设静止滤层的厚度为 L_0,空隙率为 ε_0,反冲洗时流化床高度为 L,空隙率为 ε,则滤层膨胀率 e 可用下式表示:

$$e=\frac{L-L_0}{L_0}\times100\%=\frac{\varepsilon-\varepsilon_0}{1-\varepsilon}\times100\% \tag{19-29}$$

反洗时单位滤池面积上通过的反洗水流量,称为反洗强度,以 q 表示,单位常用 $L/(m^2 \cdot s)$。据试验,滤层膨胀率与反洗强度的关系如图 19-14 所示。适宜的反洗强度依滤料级配、相对密度和水温而异。滤料粒径相同时,相对密度大的要求较大的反洗强度;相对密度相同时,粒径较大的要求反洗强度也大。此外,作用在流化床中滤料颗粒上的拖曳力与水的动力黏度成正比。水温高时水的黏度小,不利于污物的剥离,因此要有较大的反洗强度,其值可按下式修正:

$$q_2=\frac{\mu_1^{0.54}}{\mu_2^{0.54}}q_1 \tag{19-30}$$

式中 μ_1,μ_2——分别是温度为 t_1 和 t_2 时水的动力黏度;

q_1,q_2——分别是温度为 t_1 和 t_2 时的反洗强度。

确定适宜反洗强度的方法之一是实验测定法。此法是在预定水温条件下,对欲采用的滤料做反洗强度与膨胀率的相关试验。测出整个滤层达到预期膨胀率时的最小反洗强度,并以此作为设计依据(必要时也可绘制如图 19-14 所示的 q-e 关系曲线)。试验是在玻璃管滤池中进行,以便观察。

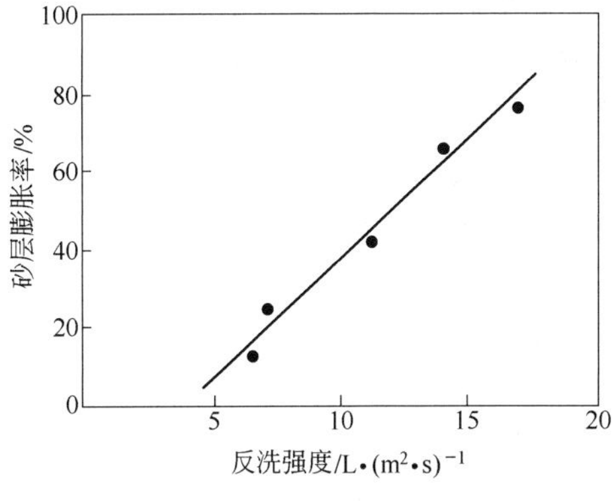

图 19-14 反洗强度与膨胀率的关系

在国内,单层砂滤池常用的反洗强度为 12~15 $L/(m^2 \cdot s)$,相应的膨胀率约为45%,反洗延时 7~5 min。在双层滤池中,为要冲去两种滤料层界面处的污物,故 q 值要比单层滤池的稍大,常用 13~16 $L/(m^2 \cdot s)$,相应 e 值约为 50%,反洗延时 6~8 min。在欧美国家,由于使用的滤料稍细(单层砂滤料有效粒径 0.45~0.55 mm,双层滤池为:砂 0.5~0.55 mm,白煤 0.6~1 mm),q 值一般采用 10~13 $L/(m^2 \cdot s)$,相应的 e 值为 20%~30%,反洗延时 3~10 min。实验观察和理论分析都证明,当滤料较细时,达到相同反洗效果的 e 值可以低一些。

19.5.6 配水系统

配水系统的作用是保证反洗水均匀地分布在整个滤池断面上,而在过滤时也能均匀地收集滤过水。前者是滤池正常操作的关键。如果反洗水分布不均,则流量小的部位滤料冲洗不净,逐渐粘结成"泥球"或"泥饼",反过来又严重影响冲洗效果,甚至被迫停车倒池清洗;流量大的部位,则可能使垫层被冲动,造成滤料和垫料混杂,使滤料漏入滤过水中,造成"跑砂"。

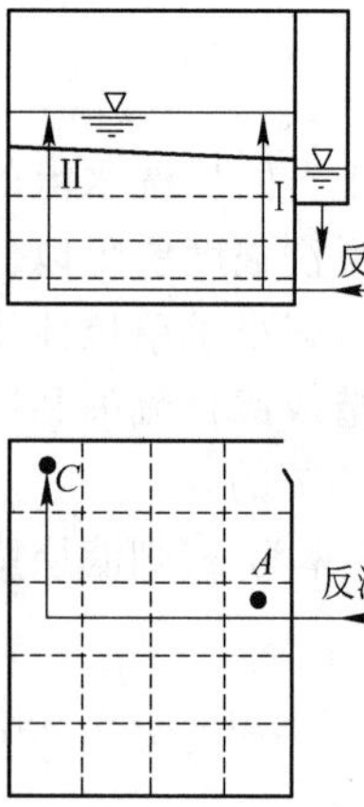

图 19-15 滤池反洗时的水流

图 19-15 示出了滤池反洗时的水流情况。反洗水进入滤池以后,由配水系统上的布水孔眼流出,并向上分布在整个滤池断面上。但是,反洗水的分布并不是均匀的,其中以靠近进口处的孔眼 A 与距离进口最远处孔眼 C 之间所提供的反洗强度相差最大,分别用 q_A、q_C 表示。反洗水经 A 点到水面的流线Ⅰ和经 AC 后由 C 点到水面的流线Ⅱ的水力分析可得下式:

$$\frac{q_A}{q_C} = \sqrt{\frac{S_{1C} + S_2 + S_3 + S_4}{S_{1A} + S_2 + S_3 + S_4}} = \sqrt{\frac{\Sigma S_C}{\Sigma S_A}} \tag{19-31}$$

式中 S_{1A},S_{1C}——分别为Ⅰ流线和Ⅱ流线的配水阻力系数;

S_2,S_3,S_4——分别为孔眼出流、垫层和滤层的阻力系数。

由于流线Ⅱ的路径比流线Ⅰ长,S_{1A}和 S_{1C}不相等,致使 q_A 和 q_C 也不相等。由此可见,在配水系统中要做到配水的绝对均匀是不可能的。但是,也有办法使各点的流量差缩小,做到配水的相对均匀。为此,就要设法使 ΣS_A 和 ΣS_C 尽可能接近。对此有两种途径,一是缩小孔眼截面积,以加大 S_2,使 S_2 和 S_1 的相对比值增大,也就缩小了 S_{1A}和 S_{1C}的差值所造成的影响。按照这种途径设计的配水系统称为大阻力配水系统。二是减小反洗水流经配水系统的阻力系数 S_1 的数值,来缩小 S_{1A}和 S_{1C}对反洗强度所造成的影响,这时 S_2 的数值自然也可以小一些。按照这种途径设计的配水系统称为小阻力配水系统。大阻力配水系统常用“丰”字形管路结构,由于加大了孔眼阻力系数 S_2,需要的冲洗水头达 70 kPa 左右。普通快滤池都采用这种配水系统。小阻力配水系统则是采用配水室代替配水管,在室顶安装栅条、尼龙网或多孔板等配水装置,由于配水室中水流速度很小,反洗水流经配水系统的水头损失也大大减小,因而要求的冲洗水头在 20 kPa 以下。这种配水系统的结构也比较简单,但配水均匀性较差,常应用于面积较小的虹吸滤池、无阀滤池等新型滤池。

管式大阻力配水系统的结构如图 19-16 所示。系统由一条总管和许多配水支管组成,支管布置在总管两侧,呈对称排列。每根支管上钻有两排配水孔眼,朝向两侧下方(与垂直面成 45°),以消除反洗水的射流能。配水管上面一般要铺 40 cm 左右厚的砾石垫层,粒径 2 ~ 32 mm,按上细下粗装填。

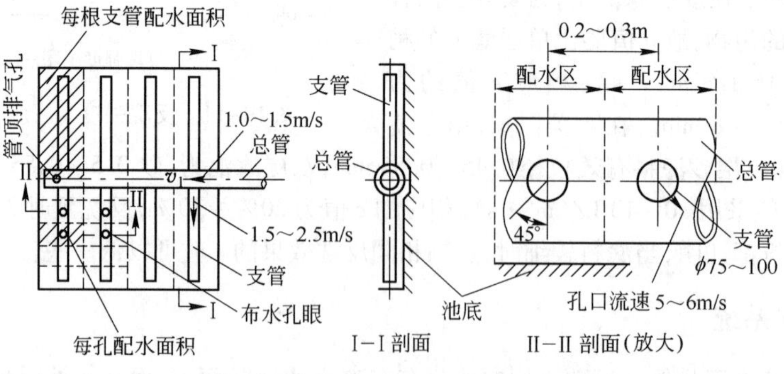

图 19-16 管式大阻力配水系统的结构

大阻力配水系统水力计算的主要内容,是确定其总管和支管的直径以及反洗水通过布水孔的水头损失。与此有关的设计参数列于表 19-5。

表 19-5　管式大阻力配水系统设计数据

项　目	数　值	项　目	数　值
总管进口流速	1.0 ~ 1.5 m/s	布水孔总面积	占滤池面积的 0.2% ~ 0.25%
支管进口流速	1.5 ~ 2.5 m/s	布水孔中心距	75 ~ 300 mm
支管中心距	0.2 ~ 0.3 m	布水孔直径	9 ~ 12 mm
支管直径	75 ~ 100 mm		

19.5.7　普通快滤池及其设计计算

普通快滤池是一种典型的滤池，现代采用的其他形式的滤池基本上是由这种滤池发展而产生的。滤池设计计算包括以下几个主要方面：

（1）确定滤池总面积 A。按下式计算：

$$A = Q/V \qquad (19-32)$$

式中　Q——设计流量，m^3/h；

V——过滤速度，m/h，单层砂滤池采用 8 ~ 12 m/h，双层滤池采用 12 ~ 16 m/h。

（2）确定滤池个数 m。$A < 30\ m^2$ 时，m 取 2；$A = 30 \sim 50\ m^2$ 时，m 取 3；A 为 100 m^2 左右时，m 取 3 ~ 4；A 为 150 或 200 m^2 左右时，m 依次取 5 ~ 6 或 6 ~ 8。单池以 1∶1 的正方形或与之接近的池型为好。

（3）确定池高。总池高由配水系统、垫层、滤层、工作水深、保护高度组成。工作水深为 1.2 ~ 1.8 mm、保护高为 0.3 m。池体总高为 2.5 ~ 3 m。

（4）其他。大阻力配水系统、垫层及滤层的计算见前。

19.5.8　虹吸滤池及无阀滤池

普通快滤池的主要缺点是管道及阀门多，操作不便。为克服此缺点，出现了虹吸滤池及无阀滤池等新型滤池。

虹吸滤池通常成组修建，每组 6 ~ 8 个。图 19-17 所示为其中的两池，左右对置。过滤时，来水由水渠 1 供向进水槽 2。左右滤池组各设一个共用的进水槽。进水槽与单池水封槽 4 之间用小虹吸管 3 连接。当用真空系统 14 抽吸而使 3 形成真空时，水便由 3 进入 4，并由进水堰 5 和落水管 6 流入单个滤池上方，继而自上而下经滤层 7、垫层 8、配水系统 9 流入集水渠 10。集水渠为数个滤池共用，汇集的清水经出水槽 11 而流入出水井 12，再从出水堰 13 溢流至清水干管。过滤过程中，由于滤层阻力增大，池内水位便不断抬高，至水头损失达 15 ~ 20 kPa 时，便进行反洗。

反洗时，先破坏虹吸管 3 中的真空，中断进水。此时，池内水位开始下降；至降速显著变慢时，即开始反洗。此时，用真空系统 14 使大虹吸管 15 形成真空，池内存水便迅速沿 15 排向两池间的水渠，并从排水管 16 排走。大虹吸管工作时，池内水位猛然下降至低于水渠 10 的水位时，清水便由集水渠反向流入池内，对滤料进行反洗。冲洗废水经洗水槽 17 及大虹吸管 15 排走。反洗结束时，破坏大虹吸管的真空，再使小虹吸管形成真空，即可重新开始过滤。

图 19-18 为重力式无阀滤池的示意图。过滤时，来水经进水渠 1 溢入进水槽 2，再通过进水管 3 和挡板 4 而分布在滤料层上方，再通过滤层 5、垫层 6 和小阻力配水系统（由配水板 7 及底部空间 8 组成），由连接管 9 上升至冲洗水箱 10，并由滤池溢流口 11 进入清水管 12。

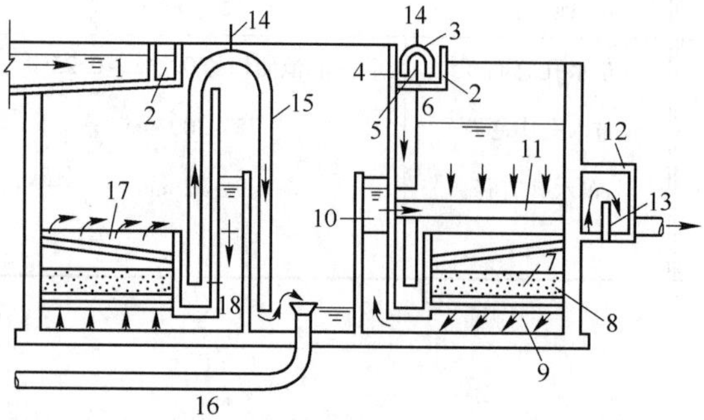

图 19-17 虹吸滤池

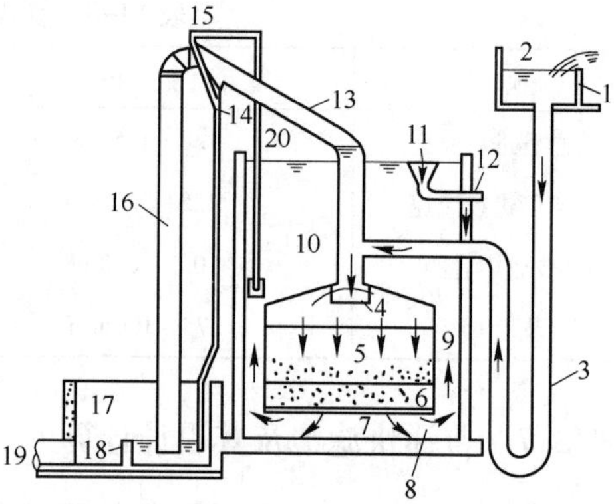

图 19-18 重力式无阀滤池

随着滤层水头损失的不断增大,虹吸管 13 中的水位也不断上升,当达到虹吸辅助管 1 的管口时,水便由该管泄下,同时抽吸虹吸下降管 16 中的空气,使之形成真空,导致主虹吸管(由 13 和 16 组成)接通,将滤池上方的水大量抽出至水封井 17,经堰 18 溢入排水管 19。主虹吸管抽吸滤池上方的水时,冲洗水箱 10 中的存水便对滤层进行反洗,当水位下降到虹吸破坏管 20 的管口处时,空气便进入该管,使主虹吸管(13 和 16)的虹吸破坏。此后又开始下一周期的过滤。

虹吸滤池及无阀滤池操作简便,能自动进行。但由于可资利用的冲洗水头有限,一般多采用小阻力配水系统。此外,单池面积也较小,虹吸滤池不大于 16 m^2,无阀滤池不大于 25 m^2。

19.5.9 压力滤池

普通快滤池是敞口的,靠水层本身的重力克服滤层阻力进行过滤,作用水头在 40 ~ 50 kPa 范围内,而压力滤池则是将滤料填于密闭的压力容器内,利用外加压力克服滤池阻力进行过滤,作用水头达 150 ~ 250 kPa。由于在较高的最终水头损失下操作,过滤周期长,反洗次数少,运行管理都比较方便,特别适用于水量较小而悬浮物浓度又相对较高的场合。

压力滤池有立式和卧式两种,二者的直径一般不超过 3 m。

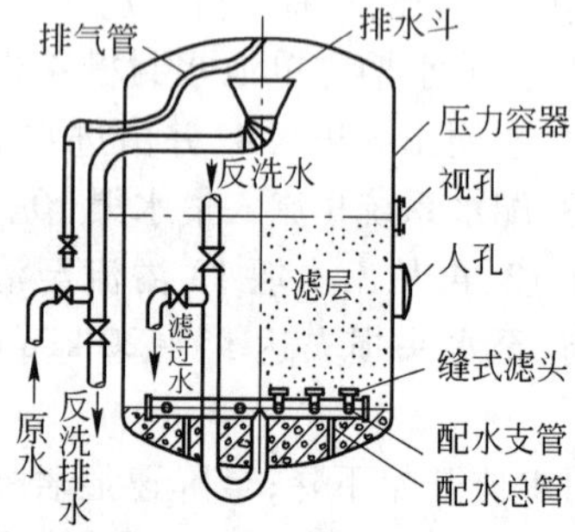

图 19-19 压力滤池

立式压力滤池如图 19-19 所示,它和普通快滤池的主要区别在于用排水斗代替了洗水槽;滤料的粒径和滤层厚度都比普通滤池的大,分别为 0.6 ~ 0.1 mm 和 1.1 ~ 1.2 m;滤速常在 8 ~ 10 m/h 以上;配水系统多采用小阻力系统中的缝隙式滤头。过滤时,原水由进入管进入排水斗中,由此溢流并分布在整个滤池断面上。水通过滤层后,滤过水由集水系统收集,经清水管排出。操作压力一般为 150 ~ 250 kPa。反洗时,冲洗水由配水系统进入,向上穿过滤层,并溢入排水斗中,再由废水管排出。压力滤池的反洗常用空气助洗和压力水反洗的混合冲洗方式,先用水和气混合冲洗 10 ~ 15 min,再用水反洗 5 min,水压 70 ~ 200 kPa,冲洗强度 10 ~ 20 L/(m^2 · s);气压 60 ~ 100 kPa,冲洗强度为 20 ~ 30 L/(m^2 · s)。

19.5.10 V 形滤池

V 形滤池是近年来广泛采用的一种新型滤池,由于其进水槽形状呈 V 形而得名。V 形滤池与普通快滤池的区别在于滤料采用粒径较粗但均匀的石英砂(又称均质滤池或粗滤料滤池)和气水联合反冲。V形滤池的断面形状如图19-20所示。一般滤池平面为矩形,中心设有双层渠道,上层用于排除反冲洗水,下层用于滤池出水,同时兼作滤池反冲洗水和压缩空气的分配渠。渠道两侧为过滤层,滤料一般为石英砂,粒径为0.9～1.5 mm,d_{10}为0.95 mm左右,k_{60}为1.2～1.5,滤层厚度一般为0.9～1.5 m。滤层下部为长柄滤头配水(过滤水集水)系统。

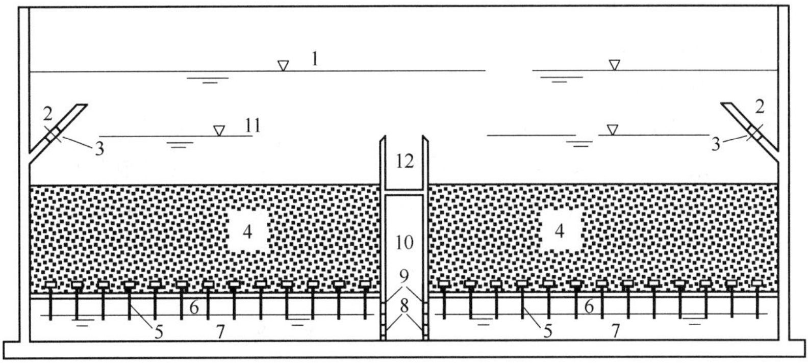

图19-20　V形滤池断面示意图

1—进水水位;2—V形槽;3—配水小孔;4—滤层;5—气水反冲洗长柄滤头;6—配气空间;7—配水空间;8—配水孔;9—配气孔;10—配水、配气区;11—排水水位;12—排水渠

正常过滤时,进水经池两侧的V形槽流入,自上而下经滤层过滤后由长柄滤头收集,流入滤板下部空间,经中心配水渠流出池外。滤池反冲洗时,关闭出水阀,并部分关闭进水阀(保持少量进水进行表面冲洗),同时打开排水阀,滤层上部的水位随之减低到排水渠堰口,然后,打开反冲洗水阀和反冲洗空气阀,反冲洗水和空气由中间配水渠分别进入滤池底部空间,经长柄滤头均匀分布到滤层下部,自下而上依次对滤层进行气水反冲洗,同时,经V形槽下部小孔进入滤池的进水对滤池表面进行横向扫洗,底部反冲洗水和表面扫洗水一起由出水排水渠排出池外。反冲洗强度为:水:4 L/(m^2·s);气:14～17 L/(m^2·s);横向扫洗强度:1.4～2.0 L/(m^2·s)。反冲洗时间:4～5 min。气水反冲洗结束后,一般需单独再水冲洗数分钟,以排除滤层中的残留废水和空气,保证过滤效果和出水水质。

习题和思考题

19-1　冷却塔是如何降低水温的?

19-2　如何利用饱和指数和稳定指数来判断循环水的稳定性?

19-3　比较钝化膜型、沉淀膜型及吸附膜型缓蚀剂的作用原理及应用特点?

19-4　城市污水高级处理系统有哪几种组合方式,各有何特点?

19-5　过滤机理有哪几种,现代滤池以何种过滤机理作为发展的基础?

19-6　滤料的基本要求是什么,双层滤料滤池和混合滤池的构造有何异同?

19-7　说明V形滤池的构造及工作过程。

20　脱氮除磷

氮和磷是生物的重要营养源。水中氮、磷含量过多，将引起封闭或缓流水体如湖泊、水库中蓝藻等藻类的大量繁殖，产生水体富营养化，带来一系列的环境问题，如增加水中的悬浮物含量（藻体）、产生异味和有毒物质（藻毒素），严重影响水体的使用功能。生活污水和某些工业废水中含有大量的氮磷污染物，含氮磷废水的任意排放是造成水体富营养化的重要原因之一。

在传统活性污泥法等以去除废水中有机物为目标的二级生物处理过程中，由于微生物的合成，约有20%左右的氮磷被去除。生物处理系统要达到较高的脱氮除磷效果，需借助特殊的工艺完成。

20.1　氮的去除

废水中的氮一般以有机态和无机态，包括氨态（氨分子和铵离子）、亚硝酸盐和硝酸盐等形式存在。生活污水中氮的存在形式以有机氮（organic nitrogen）和氨氮（ammonium nitrogen）为主，其中有机氮占40%～50%，氨氮占50%～60%，一般情况下，生活污水中的亚硝酸盐氮（nitrite nitrogen）和硝酸盐氮（nitrate nitrogen）含量很低，不超过总氮（total nitrogen）含量的1%。在未处理的原污水中，有机态氮和氨氮是氮的主要存在形式，经传统二级生化处理后的出水中氮主要以氨或硝酸盐和亚硝酸盐的形式存在。

氮的去除方法主要有物理化学法和生物化学法两大类。物理化学法主要有沸石选择性交换吸附、空气吹脱及折点氯化。生物化学法主要为硝化－反硝化生物脱氮。

20.1.1　沸石选择性交换吸附

沸石（zeolite）是一种密集铝的硅酸盐，其化学组成可表示为$(M^{2+},2M^{+})O \cdot Al_2O_3 \cdot mSiO_2 \cdot nH_2O$（$m=2\sim10$，$n=0\sim9$），式中$M^{2+}$代表$Ca^{2+}$、$Sr^{2+}$等二价阳离子，$M^{+}$代表$Na^{+}$、$K^{+}$等一价阳离子，为一种弱酸型阳离子交换剂。在沸石的三维空间结构中，具有规则的孔道结构和空穴，使其具有筛分效应，交换吸附选择性、热稳定性及形稳定性等优良性能。

天然沸石的种类很多，其中以丝光沸石（mordenite）和斜发沸石（clinoptilolite）为主要成分的沸石，具有较高的阳离子交换容量，用于去除氨氮的主要为斜发沸石。

斜发沸石对某些阳离子的交换选择性次序为：$K^{+} > NH_4^{+} > Na^{+} > Ba^{2+} > Ca^{2+} > Mg^{2+}$。利用斜发沸石对$NH_4^{+}$的强选择性，可采用交换吸附工艺去除水中的氨氮。交换吸附饱和的沸石经再生可重复利用。

溶液pH值对沸石除氨影响很大。当pH过高，NH_4^{+}向NH_3转化，交换吸附作用减弱；当pH值过低，H^{+}的竞争吸附作用增强，不利于NH_4^{+}的去除。通常，进水pH值以6～8为宜。当处理含氨氮10～20 mg/L的城市污水时，出水浓度可达1 mg/L以下。穿透时通水容积约100～150倍床容。工作交换容量约3～5 mg/g左右。

吸附达到饱和的沸石可用5g/L的石灰乳或饱和石灰水再生。再生液用量约为处理水量的3%～5%。研究表明，石灰再生液中加入0.1 mol的NaCl，可提高再生效率。针对石灰再生的结

垢问题,也有采用2%的氯化钠溶液作再生液的,此时再生液用量较大。再生时排出的高浓度含氨废液必须进行处理,其处理方法有:

(1) 空气吹脱。吹脱的 NH_3 可用 H_2SO_4 吸收作肥料。

(2) 蒸气吹脱。冷凝液为1%的氨溶液,可用作肥料。

(3) 电解氧化(电氯化)将氨氧化分解为 N_2。

20.1.2 空气吹脱

在碱性条件下($pH > 10.5$),废水中的氨氮主要以 NH_3 的形式存在。当废水与空气充分接触,水中具有挥发性的 NH_3 将由液相向气相转移,从而脱除水中的氨。吹脱设备为吹脱塔,内装填木质或塑料板条填料,空气流由塔的下部进入,而废水则由塔顶落至塔底集水池。

影响氨吹脱效果的主要因素有:

(1) pH值。pH值上升,水中游离氨比例增加,氨的脱除效果也相应提高。一般pH值的控制范围为10.8~11.5。

(2) 温度。水温降低时氨的溶解度增加,吹脱效率降低。例如,20℃时氨去除率为90%~95%,而10℃时降至约75%,这为吹脱塔在冬季运行带来困难。

(3) 水力负荷。水力负荷($m^3/(m^2 \cdot h)$)过大,将破坏高效吹脱所需的水滴状态,而形成水幕;水力负荷过小,填料可能没有适当湿润,致使运行不良,形成干塔。一般水力负荷为2.5~5 $m^3/(m^2 \cdot h)$。

(4) 气水比。对于一定塔高,增加空气流量,可提高氨去除率;但随着空气流量增加,压降也增加,所以空气流量有一限值。一般,气水比可取2500~5000(m^3/m^3)。

(5) 填料构型与高度。反复溅水和形成水滴是氨吹脱的关键,因此,填料的形状、尺寸、间距、排列方式等都对吹脱效果有影响。一般填料间距40~50 mm,填料高度为6~7.5 m。若增加填料间距,则需更大的填料高度。

(6) 结垢控制。填料结垢($CaCO_3$)将降低吹脱塔的处理效率。控制结垢的措施有:用高压水冲洗垢层;在进水中投加阻垢剂,采用不含或少含 CO_2 的空气吹脱(如尾气吸收除氨循环使用);采用不易结垢的塑料填料代替木材等。

空气吹脱法除氨,去除率可达60%~95%,流程简单,处理效果稳定,基建费和运行费较低,可处理高浓度含氨废水。但气温低时吹脱效率低,填料结垢往往严重干扰运行,且吹脱出的氨对环境产生二次污染。

20.1.3 折点氯化

投加过量氯或次氯酸钠(超过"折点",参见第14章),使废水中的氨完全氧化为 N_2 的方法,称为折点氯化法,其反应可表示为:

$$NH_4^+ + 1.5HOCl \longrightarrow 0.5N_2 + 1.5H_2O + 2.5H^+ + 1.5Cl^-$$

由反应可知,到达折点的理论需氯(Cl_2)量为7.6 kg/kg(NH_3-N),而实际需氯量在8~10 kg/kg(NH_3-N)。在 $pH = 6 \sim 7$ 进行反应,则投药量可最小。接触时间一般为0.5~2 h。严格控制pH值和投氯量,可减少反应中生成有害的氯胺(如 NCl_3)和氯代有机物。

折点氯化法对氨氮的去除率可达到90%以上,处理效果稳定,不受水温影响,基建费用也不高。但运行费用高。此外,残余氯及氯代有机物须进行后续处理。

上述三种物理与化学方法均存在工艺复杂、运行成本高、对环境易造成二次污染等问题,通常用于水量较小的工业废水,在生活污水等水量较大时受到一定的限制。

20.1.4 生物脱氮

水中的氮化合物在微生物的作用下被转化为氮气的过程称为生物脱氮(biological nitrogen removal),该过程包括氨化、同化、硝化和反硝化等多种生物反应。

20.1.4.1 氨化

含氮有机物在微生物的作用下被分解产生氨的过程称为氨化(ammonification),一般在传统二级生物处理中完成。

20.1.4.2 同化

在生物处理过程中,污水中的一部分氮(氨氮或有机氮)被同化(assimilation)成微生物细胞的组成成分。微生物的化学计量式为 $C_5H_7NO_2$,按细胞干重计算,其中氮的含量约为12.4%。虽然微生物的内源呼吸和溶菌作用会使一部分细胞中的氮又以有机氮和氨氮的形式回到污水中,但仍存在于微生物细胞中和内源呼吸残留物中的氮可以在二次沉淀池中以剩余污泥的形式从污水中去除。

20.1.4.3 硝化

在有氧条件下,通过氨氧化菌(ammonium oxidation bacteria,AOB)和亚硝酸氧化菌(nitrite oxidation bacteria,NOB)的作用将氨氧化成亚硝酸和硝酸的过程,称为硝化(nitrification)。这一过程分为两个阶段:在AOB的作用下,氨被转化为亚硝酸(也称亚硝化作用);然后亚硝酸在NOB的作用下,被进一步转化为硝酸。硝化过程的反应式如下:

$$NH_4^+ + 1.5O_2 \xrightarrow{\text{亚硝酸盐菌}} NO_2^- + H_2O + 2H^+ + \text{能量}$$

$$NO_2^- + 0.5O_2 \xrightarrow{\text{硝酸盐菌}} NO_3^- + 2H^+ + \text{能量}$$

由上式可知:在硝化过程中,1 g氨氮转化为硝酸盐氮时需氧4.57 g(其中亚硝化反应需氧3.43 g,硝化反应需氧1.14 g);硝化过程中要释放出质子(H^+),将消耗废水中的碱度。每氧化1 g氨氮,将消耗碱度7.1 g(以 $CaCO_3$ 计)。

氨氧化菌和亚硝酸氧化菌合称为硝化菌(nitrifying bacteria),属专性好氧自养菌,广泛存在于土壤中,在自然界的氮循环中起着重要作用,但世代周期较长,对环境比较敏感,所以增殖慢。

影响硝化过程的主要因素有:

(1) pH值。硝化反应要消耗碱度,因此,如果污水中碱度不足,则随着硝化的进行,pH值会急剧下降。而硝化细菌对pH值十分敏感,氨氧化菌和亚硝酸氧化菌分别在pH值为7.0~7.8和7.7~8.1时活性最强,pH值超出该范围,活性便急剧下降(图20-1)。出现这种情况时,需要向硝化池中投加石灰乳等碱液,维持pH值在7以上。

(2) 温度。硝化反应速度受温度影响很大。温度高时,硝化速度快。亚硝酸氧化菌的最适宜水温为35℃,在15℃以下其活性急剧降低,常出现亚硝酸盐的积累,故水温以不低于15℃为宜。

(3) 污泥停留时间。硝化菌的增殖速度很小,其最大比生长速率为:$\mu_{max}=0.3\sim0.5d^{-1}$(温度20℃;pH=8.0~8.4)。为了维持硝化池内一定量的硝化菌群,污泥停留时间 θ_c 必须大于硝化菌的最小世代时间 θ_{cmin}。在实际运行中,一般应取 $\theta_c \geqslant 2\theta_{cmin}$,或 $\theta_c \geqslant 2\dfrac{1}{\mu_{max}}$。一般生物脱氮工艺的污泥龄为10~15 d。较长的污泥龄可增加生物硝化的能力,并可缓解有毒物质对硝化菌的抑制作用,但过长的污泥龄会降低污泥的活性而影响处理效果。

(4) 溶解氧。氧是硝化过程的最终电子受体,其浓度太低将不利于硝化反应的进行。一般在活性污泥曝气池中进行硝化时,溶解氧应保持在2~3 mg/L以上。图20-2是用米-门公式给

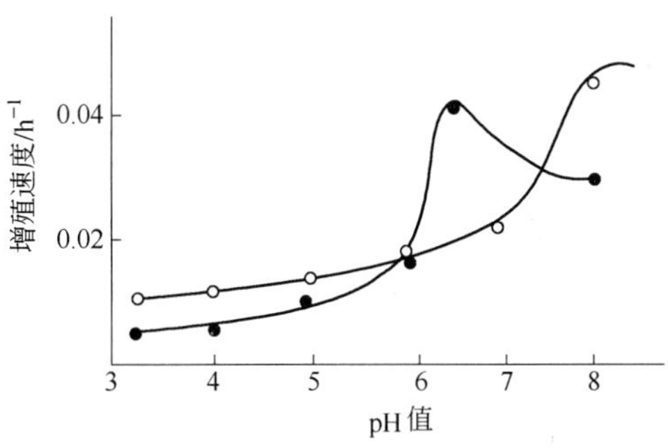

图 20-1 硝化菌增殖速度与 pH 值的关系

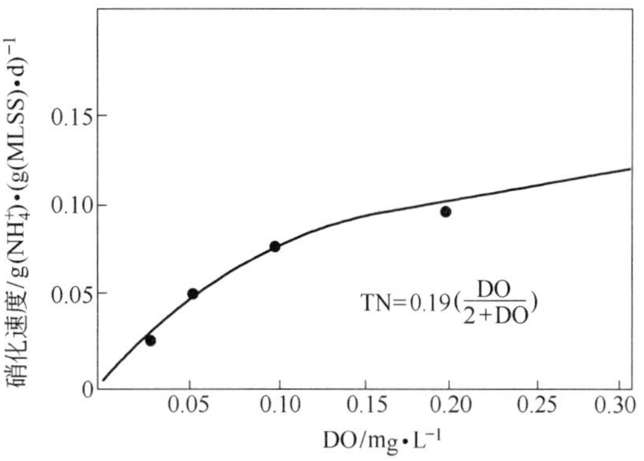

图 20-2 DO 对硝化速度的影响

出的 DO 与硝化速度的关系。

（5）BOD 负荷。硝化菌属自养型微生物，而 BOD 氧化菌属异养型微生物。若 BOD_5 负荷过高，生长速率较高的异养型菌迅速繁殖，与生长速率较低的硝化菌争夺溶解氧，而不利于硝化菌生长，最终导致硝化速率降低。因此，要达到较好的硝化效果，一般可采用低负荷运行或延长曝气时间。

20.1.4.4 反硝化

在缺氧条件下，兼性细菌（反硝化菌）将 NO_2^- 和 NO_3^- 还原成 N_2 的过程，称为反硝化（denitrification）。反硝化过程中的电子供体（供氢体）是各种各样的有机底物（碳源）。以甲醇作碳源为例，其反应式为：

$$6NO_3^- + 2CH_3OH \longrightarrow 6NO_2^- + 2CO_2 + 4H_2O$$

$$6NO_2^- + 3CH_3OH \longrightarrow 3N_2 + 3CO_2 + 3H_2O + 6OH^-$$

由上式可见，在生物反硝化过程中，不仅可使 NO_3^-、NO_2^- 被还原，而且还可使有机物氧化分解，并在反硝化过程中会产生碱度。

反硝化菌是活性污泥中常见的异养细菌，在有氧环境下利用分子氧进行呼吸，而在无分子氧的条件下，则利用硝酸根（亚硝酸根）作为电子受体进行呼吸，进行反硝化。

影响反硝化的主要因素有：

（1）温度。温度对反硝化的影响较大。一般以 20～40℃ 为宜。低于 15℃ 反硝化速度明显降低，在 5℃ 以下时反硝化虽也能进行，但速度极低。温度对反硝化反应速度常数 K 的影响，可用阿累尼乌斯（arrhenius）公式表达：

$$K_t = K_{20}\theta^{t-20} \tag{20-1}$$

式中 K_t，K_{20}——分别为 t℃ 和 20℃ 时的反应速度常数；

θ——温度系数。随具体条件而稍有变化，其数值在 1.06～1.15 之间。

若在气温过低的冬季，可采取增加污泥停留时间、降低负荷等措施，以保持良好的反硝化效果。

（2）pH 值。pH 值是影响反硝化作用的重要因素，对于反硝化细菌生长来说，最适宜的 pH 值为 7.0～8.5。当 pH 值大于 8.5 或小于 6 时，反硝化的速度将大幅下降。原水 pH 值偏离最适合 pH 值时应予以调节。此外 pH 值还影响反硝化最终的产物，pH 值超过 7.3 时最终产物为氮气，低于 7.3 时最终产物中 N_2O 的含量将增加。

（3）溶解氧。研究表明，溶解氧的存在会阻碍末端电子传输给硝酸盐所需酶的形成，优先利用溶解氧作为电子受体，从而竞争性的阻碍硝酸盐氮的还原，影响硝态氮的去除。通常反硝化反应器内溶解氧浓度应控制在0.5 mg/L(活性污泥法)或1 mg/L以下(生物膜法)；

(4) 有机碳源。当废水中有机碳源(称为“外碳源”)充足($BOD_5/TN > 3 \sim 5$)时，可无需外加碳源。当废水所含的碳氮比低于该值时，就需另外投加有机碳。外加有机碳多采用甲醇，其理论投加量为每1 g的NO_3-N需1.9 g甲醇，考虑到部分甲醇被好氧氧化以及反硝化菌的增值，甲醇实际投量一般为每1 g的$NO_3^- - N$需3 g甲醇。此外，还可利用微生物死亡、自溶后释放出来的那部分有机碳，即“内碳源”，但这要求污泥停留时间长或负荷率低，使微生物处于生长曲线的静止期或衰亡期，因此池容相应增大。

20.1.4.5　生物脱氮工艺流程

要使废水中的氮最终转化为氮气而从废水中逸出去除，需首先通过好氧硝化将氨氮转化为硝态氮，然后在缺氧条件下进行反硝化，从而形成硝化－反硝化生物脱氮系统。下面是几种典型的生物脱氮流程(图20-3)。

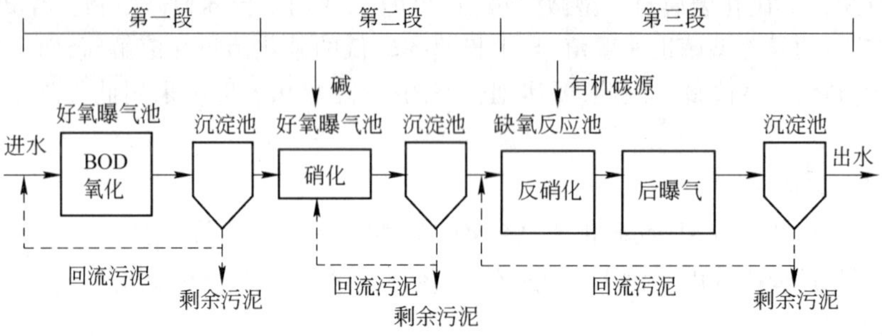

(a)

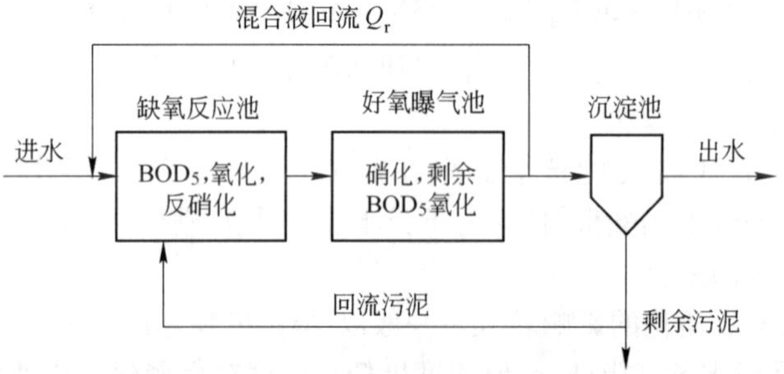

(b)

图20-3　典型的生物脱氮流程

(a) 三段活性污泥法系统；(b) 循环脱氮系统

A　三级活性污泥法脱氮工艺

图20-3a为三级活性污泥法处理系统，但也可以把一级和二级合并后形成两段处理系统，或将两段中的前一沉淀池去掉而形成单段处理系统。在该工艺中，氨化、硝化和反硝化在各自独立的活性污泥系统中完成。第一级曝气池为普通的二级生物处理曝气池，其主要功能是去除BOD、COD以及有机氮的氨化，经过沉淀后，出水进入硝化曝气池，在此进行硝化反应，将氨转化为硝酸盐。如前所述，硝化反应要消耗碱度，因此需要投碱，以防止pH值下降。第三级为反硝化反应器，在缺氧条件下，硝酸盐还原为N_2逸出，由于废水中的有机物在第一级已被去除，需外加碳源提供反硝化所需的电子供体，反硝化完成后，需进行后曝气，吹脱污泥中的氮气，以便于污泥在沉

淀池中易于沉降分离，同时维持出水中一定的溶解氧。表20-1列出三级活性污泥脱氮系统的主要设计参数，可供参考。

表20-1 三级活性污泥脱氮系统的设计参数

段别＼参数	污泥龄/d	HRT/h	MLVSS/mg·L^{-1}	pH	回流比(Q_R/Q)
第一段(碳氧化)	2~5	1~3	1000~2000	6.5~8.0	0.25~1.0
第二段(硝化)	10~20	0.5~3	1000~2000	7.5~9.0	0.5~1.0
第三段(反硝化)	1~5	0.2~2	1000~2000	7.0~8.0	0.5~1.0

三级活性污泥法生物脱氮的优点是碳氧化菌、硝化菌和反硝化菌分别在各自完全独立的反应器内生长增殖，容易实现各自所需的最佳环境条件。但处理流程复杂、设备多、建设投资高，管理不够方便，仅用于传统二级生物处理系统的改造。

B A/O脱氮工艺

图20-3b为将BOD氧化与反硝化合并在同一反应池中完成的缺氧/好氧(anoxic/oxic，A/O)生物脱氮系统。由于反硝化位于硝化之前，硝化混合液回流，故又称为前置反硝化生物脱氮系统或循环脱氮系统。在该流程中，原污水、硝化池混合液和回流污泥一起进入反硝化池，利用原污水中的BOD(电子供体)将硝化混合液中的NO_3^-(电子受体)还原为N_2，达到BOD的氧化和反硝化的双重目的。原污水中的氨氮和反硝化池中有机氮分解产生的氨氮与反硝化中生成的碱度(可作为硝化过程的中和剂)一起进入硝化池，进行硝化反应，将氨氮氧化为硝酸盐氮，同时剩余的BOD也在此被进一步氧化分解。

A/O工艺的特点如下：

(1) 流程简单，构筑物少，占地面积小，建设费用低。

(2) 充分利用了原污水中的有机物，无需外加碳源，运行费用低。

(3) 好氧池在缺氧池之后，可进一步去除反硝化残留的有机物，确保出水水质达标排放。

(4) 缺氧池置于好氧池之前，既可减轻好氧池的有机负荷，又可改善活性污泥的沉降性能，以利于控制污泥膨胀。

A/O法生物脱氮工艺特性曲线见图20-4。

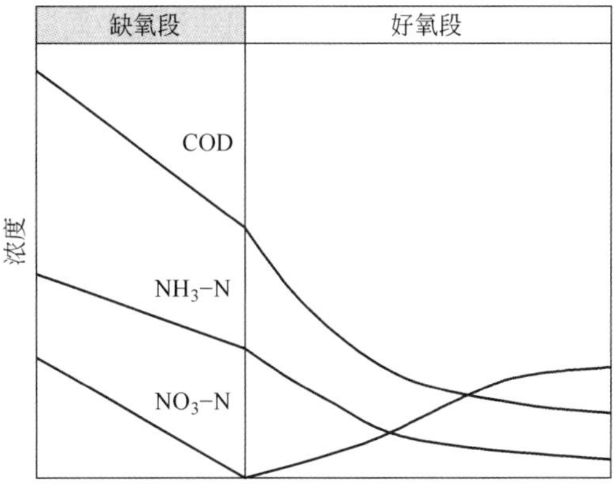

图20-4 A/O法生物脱氮工艺特性曲线

影响A/O生物脱氮系统的主要因素包括：水力停留时间、混合液回流比、MLSS值、污泥龄等。

(1) 水力停留时间。水力停留时间对脱氮效果有较大的影响。硝化菌为自养菌，增长速率低，氧化速率慢，因此，好氧池所需的水力停留时间长；而反硝化菌为异养菌，增长速率高，氧化速率快，因此，缺氧池所需的水力停留时间短。对于城市污水，一般好氧池的水力停留时间不低于6 h，缺氧池的水力停留时间约2 h，两者的比值约3∶1，即可获得良好的硝化－反硝化生物脱氮效果。

(2) 混合液回流比。混合液回流比为混合液回流量与污水量的比值。它不仅影响脱氮效果，而且也影响系统的动力消耗，是一项非常重要的工艺参数。当硝化和反硝化进行完全时，A/O系统的脱氮效率由下式决定：

$$\eta = \frac{r + R}{1 + r + R}$$

式中　η——总氮去除效率；

r——混合液回流比；

R——污泥回流比。

显而易见，混合液回流比越大，总氮去除率越高。当回流比大于200%时，总氮去除率的增加则十分有限。对于城市污水，一般回流比为200%。

(3) 污泥龄（生物固体平均停留时间）。为了保证在硝化反应器内保持足够数量的硝化菌，A/O系统通常采取较长的污泥龄，一般在20 d以上。

(4) N负荷率。N负荷率应低于0.3 g/(g·d)，高于此值脱氮效果将急剧下降。

在A/O生物脱氮系统中缺氧池和好氧池可以是两个独立的构筑物，也可以合建在同一个构筑物内，用隔板隔开。

C　Bardenpho工艺

Bardenpho工艺由两级A/O工艺所组成，其流程见图20-5。由于增加了一级A/O，总氮去除率得以提高，可达90%～95%。

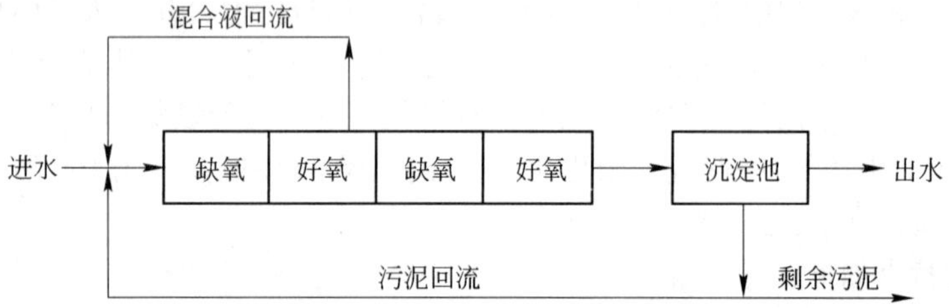

图20-5　Bardenpho工艺流程

D　同步硝化-反硝化工艺(simultaneous nitrification-denitrification, SND)

同步硝化-反硝化工艺见图20-6。在此工艺中硝化和反硝化过程分别在同一个处理构筑物的不同区域中顺序进行，或同一污泥中同时进行，这样就省去了A/O工艺中硝化段出水混合液的回流部分。由于将进水点设在了反硝化区，故不必向系统投加外碳源。该工艺流程简单，操作运行管理方便，运行费用低，具有良好的脱氮功效。

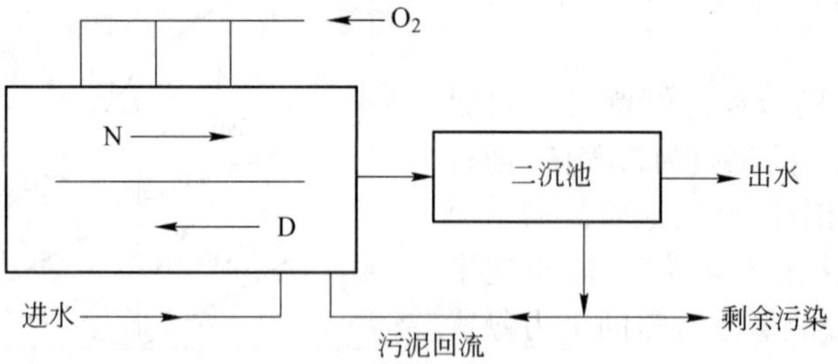

图20-6　同步硝化-反硝化工艺

生物脱氮法可去除多种含氮化合物，总氮去除率可达70%～95%，处理效果稳定，不产生二次污染且比较经济。其缺点是占地面积大，低温时效率低，易受有毒物质的影响，且运行管理较麻烦。

20.2 磷的去除

废水中的磷主要来自生活污水中的含磷有机物、合成洗涤剂、工业废液、农业用化肥农药以及各类动物的排泄物。磷在水中有三种存在形态，即正磷酸盐、聚磷酸盐和有机磷。在生化处理过程中，有机磷和聚磷酸盐可转化为正磷酸盐。

废水除磷的方法有化学法和生物法。

20.2.1 化学除磷

通过投加化学沉淀剂与废水中的磷酸盐生成难溶沉淀物，然后分离去除的方法称为化学沉淀法，同时在沉淀过程中形成的絮凝体对磷也有吸附去除作用。常用的沉淀剂有石灰、铝盐、铁盐、石灰与氯化铁的混合物等。根据使用的药剂，化学沉淀法可分为石灰沉淀法和金属盐沉淀法两种。

20.2.1.1 石灰沉淀法

正磷酸在有氢氧根离子存在的条件下，与钙离子反应生成羟基磷酸钙沉淀：

$$5Ca^{2+}+4OH^{-}+3HPO_4^{2-}\longrightarrow Ca_5(OH)(PO_4)_3\downarrow+3H_2O$$

$$3Ca^{2+}+2PO_4^{3-}\longrightarrow Ca_3(PO_4)_2\downarrow$$

此反应中，pH 值越高，磷的去除率越高，当 pH 值为 11 左右时，出水总磷浓度可以小于 0.5 mg/L。石灰的投加量应考虑到废水中的碳酸盐碱度和镁对石灰的消耗量。生成的碳酸钙和氢氧化镁能提高絮凝体的沉淀性能。

20.2.1.2 金属盐沉淀法

采用的沉淀剂有铝盐（硫酸铝、聚合氯化铝）、铁盐（氯化亚铁、氯化铁、硫酸亚铁、硫酸铁）等。它们与磷酸盐的沉淀反应可表示为：

$$Al^{3+}+PO_4^{3-}\longrightarrow AlPO_4\downarrow$$

$$Fe^{3+}+PO_4^{3-}\longrightarrow FePO_4\downarrow$$

沉淀剂的投加量一般为理论投加量的两倍以上，过量的铝盐和铁盐可作为混凝剂起混凝作用，加快沉淀物的分离。

在废水处理中，化学沉淀法除磷可单独使用，也可与其他方法联合使用。对于在二级生化处理基础上的化学沉淀法除磷，药剂投加有三种方式，因而有三种不同的沉淀工艺（图 20-7）。

（1）在初沉池内沉淀除磷。沉淀剂多采用 $FeCl_3$ 和石灰的混合物，去除率可达 90% ~95%，初沉池出水 pH 值可升至 10，通常不会干扰曝气池正常运行，因为在活性污泥法处理过程中有机物的氧化会产生 CO_2 进行中和。也可单独采用石灰作沉淀剂，此时磷的去除率为 65% ~80%。当石灰投加量高时，初沉池出水 pH 值可升至 11，应进行再碳酸化处理后再进入曝气池进行生化处理。为加速沉淀分离，有时还投加有机高分子絮凝剂。在化学沉淀除磷过程中，有机磷和聚磷酸盐可被絮体吸附去除。

（2）沉淀药剂直接加入曝气池。这种方法是在二沉池内沉淀除磷，同时进行活性污泥的沉淀分离。沉淀剂以明矾、$FeCl_3$ 为宜。磷的去除既有化学沉淀作用，也有生物化学作用，因而投药量较前法少。当废水含磷浓度高时，高剂量药剂的加入对活性污泥微生物有一定的毒害作用，会引起系统有机物去除效率的降低。但另一方面，化学药剂的投入却有助于活性污泥在二沉池中的沉降与浓缩。

（3）化学沉淀剂加在二级出水（进行后处理）。沉淀剂常用 $FeCl_3$ 或明矾，也有用石灰的。

投石灰时,出水 pH 值过高(11 以上),应加酸或通入 CO_2 以降低 pH,使出水 pH 符合排放标准;当处理规模大时,应设置石灰加热再生回收系统。这种后沉淀工艺需增设一个沉淀池以分离磷渣,因而会增加建设投资。但由于有机磷、聚磷酸盐经生化处理转化为磷酸盐,易于化学沉淀去除,因而除磷效率比前两种工艺都高。

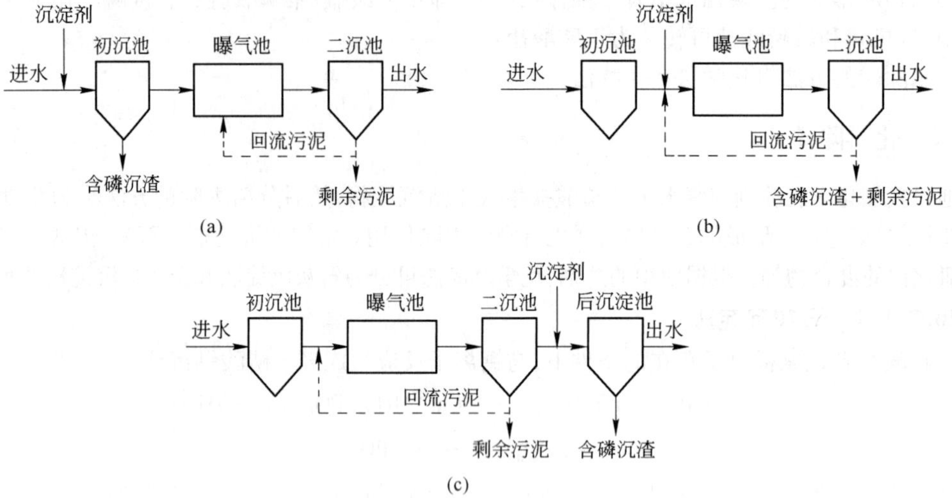

图 20-7　化学沉淀除磷工艺

(a) 初沉淀池内沉淀除磷;(b) 二沉池内沉淀除磷;(c) 二沉池后沉淀除磷

在以上工艺中形成的含磷污泥必须妥善处置,控制磷的再次溶解和释放,避免磷又回流到污水处理工段。当磷的排放要求很高,一级处理和二级处理均不能满足磷的排放要求时,通常就需要投加化学药剂进行化学除磷(又称化学强化除磷)。大多数情况下污水的化学除磷都与生物处理相结合,单纯化学处理较少。

20.2.2　生物除磷

20.2.2.1　生物除磷原理

污水生物除磷技术(biological phosphorus removal)的发展起源于生物超量摄磷现象的发现。所谓生物除磷是利用一类称为聚磷菌(phosphorus accumulation organisms,PAOs)的微生物在一定的条件下能够从外部环境过量摄取超过其生理(或细胞构造)所需要的磷,并将其以聚合磷酸盐的形式贮藏于体内,最终以富磷剩余污泥的形式排出,达到从污水中除磷的效果。为了区别于微生物正常增长所带来的磷的去除,这种除磷方式称为强化生物除磷(enhanced biological phosphorous removal,EBPR)。

通过 PAO 进行生物除磷的机理比较复杂,还有待人们进一步研究探讨,但目前普遍共识的基本过程如下:

(1) 在厌氧条件下,聚磷菌将储存于体内的聚磷水解为正磷(导致磷酸盐的释放)获得能量,用于吸收水中的乙酸和丙酸(原水中存在或兼性细菌通过发酵作用产生),并以聚羟基丁酸(polyhydroxybutyrate,PHB)的形式储存,在这一过程中同时伴随糖原的利用(图 20-8)。

(2) 在好氧条件下,聚磷菌利用储存的 PHB 进行有氧呼吸,产生的能量吸收水中的磷酸盐并将其合成为聚磷,同时伴随着糖原的合成。

由于好氧阶段释放的能量较厌氧分解聚磷时多,摄入细胞内的磷酸盐量也超过厌氧段分解的量，磷酸盐被净摄入聚磷菌细胞内，出现所谓磷的“超量”吸收（luxury uptake），形成富含磷的污泥。一般活性污泥含磷量不足3%，但生物除磷的污泥含磷量为5%～10%，甚至可高达30%。实际生物除磷系统中活性污泥的含磷量取决于活性污泥中聚磷菌的份额，份额越高，除磷能力越强，污泥含磷量越大。

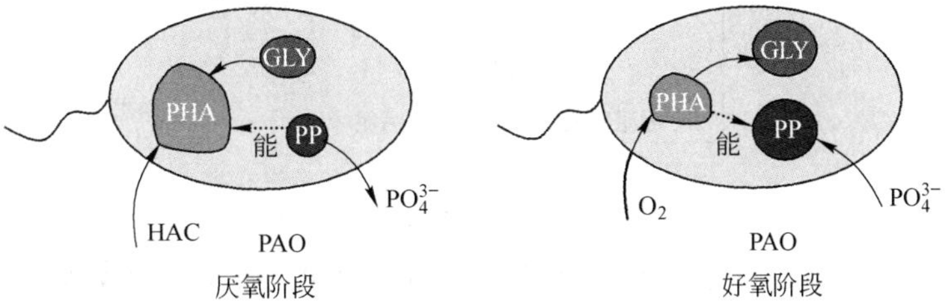

图 20-8 聚磷菌的作用机理

20.2.2.2 影响生物除磷的主要因素

影响生物除磷的主要因素有溶解氧、硝酸盐、污泥龄、温度、pH 值和 C/P 比等。

（1）溶解氧和硝酸盐。在聚磷菌释放磷的厌氧反应器内，溶解氧和硝酸盐的浓度均应尽可能的低，两者的存在将为除聚磷菌之外的异养菌提供电子受体，消耗水中的乙酸和丙酸，导致聚磷菌释磷量的减少。在吸收磷的好氧反应器内，应有充足的溶解氧，以保证聚磷菌的呼吸和吸磷过程的正常进行。一般厌氧段的 DO 应严格控制在0.2 mg/L 以下，而好氧段的 DO 控制在2.0 mg/L 左右。

（2）污泥龄。生物除磷系统中的磷最终去除是通过剩余污泥的排放实现的。剩余污泥的多少直接影响除磷的效果，污泥龄越长除磷效果越差。资料表明，以除磷为目的的生物处理工艺泥龄一般控制在3.5～7 d。

（3）温度和 pH 值。聚磷菌与其他种类的微生物一样存在增长所需的适宜温度和 pH 值，如果条件适当，在温度为5～30℃范围，均可达到满意的除磷效果。而 pH 值应控制在6～8之间。

（4）C/P 比。生物除磷系统要求进水的 BOD/TP 比值不得小于20。如果 BOD/TP 太低，在厌氧阶段产生的 VFA 将无法满足聚磷菌的需要。BOD 浓度相同，有机酸含量越高的废水，除磷效果越好。

20.2.2.3 生物除磷工艺

根据生物除磷的原理，废水生物除磷包括厌氧释磷和好氧摄磷两个过程。按照磷的最终去除方式和构筑物的组成，现有的除磷工艺可分为主流除磷工艺和侧流除磷工艺两类。侧流除磷工艺以 Phostrip 工艺为代表，主流除磷工艺以 A/O 为代表。

A Phostrip 工艺

Phostrip 工艺流程如图 20-9 所示。废水经曝气池去除 BOD 和 COD，同时在好氧状态下过量地摄取磷。在二沉池中，含磷污泥与水分离，回流污泥一部分回流至曝气池，而另一部分分流至厌氧除磷池。在厌氧除磷池中，回流污泥在好氧状态时过量摄取的磷得到充分释放，污泥回流到曝气池。由除磷池流出的富磷上清液进入化学沉淀池，投加石灰形成 $Ca_3(PO_4)_2$ 沉淀，通过排放含磷污泥去除磷。

Phostrip 工艺把生物除磷和化学除磷结合在一起，与 A/O 工艺系统相比具有以下优点：回流污泥中磷含量较低，对进水 P/BOD 没有特殊限制，即对进水水质波动具有一定的适应性；大部分磷以磷酸钙沉淀的形式去除，因而污泥的处置较生物除磷富磷剩余污泥简单，且污泥稳定；除磷

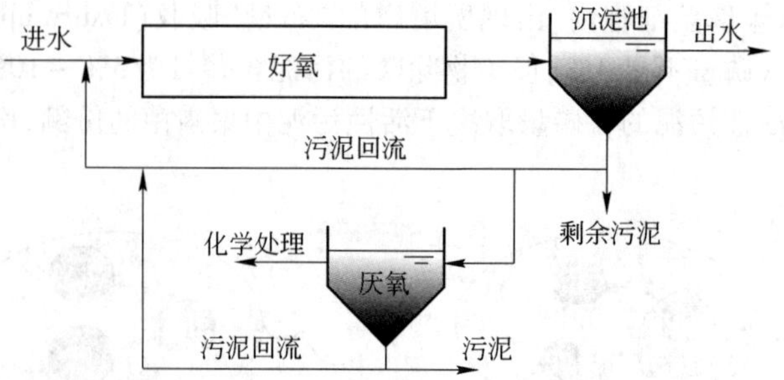

图 20-9 Phostrip 除磷工艺流程

池本质上类似于污泥浓缩池，工艺简单，比较适合于现有好氧处理工艺的改造。但除磷能力相对较低。

B A/O 工艺

A/O(anaerobic/oxic)工艺流程如图 20-10 所示。该工艺由厌氧池、好氧池和二沉池构成，污水和污泥顺次经厌氧和好氧交替循环流动。回流污泥进入厌氧池吸收有机物，并释放出磷，进入好氧池后污泥中储存的有机物得到好氧降解，同时吸收磷，富磷污泥以剩余污泥的形式排出，实现磷的去除。

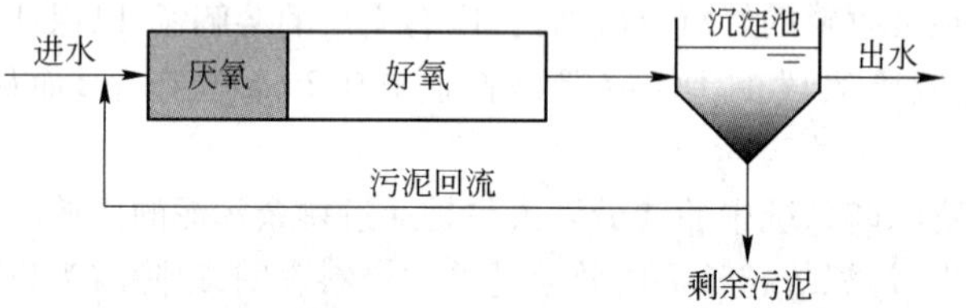

图 20-10 A/O 工艺流程示意图

A/O 工艺流程简单，负荷高，泥龄和停留时间短，不需另加化学药品，因此，建设和运行费用低。厌氧池在好氧池之前，有利于聚磷菌的选择性增殖，磷的去除率高，而且稳定，排出的剩余污泥含磷量可达干重的6%以上。典型的设计参数为：厌氧区水力停留时间为 0.5 ~ 1.0 h；好氧区水力停留时间为 1.5 ~ 2.5 h；污泥龄为 3 ~ 5 d；混合液 MLSS 为 2000 ~ 4000 mg/L。

20.3 废水生物脱氮除磷技术

实际废水中往往同时含有氮和磷(如城市污水)，需要同时脱氮和除磷。将硝化 - 反硝化生物脱氮和强化生物除磷有机的结合，形成生物脱氮除磷工艺(biological nutrient removal, BNP)，从而达到同时脱氮除磷的要求。已经开发出的生物脱氮除磷工艺有 A^2/O(anaerobic/anoxic/oxic)、改进型 Bardenpho、UCT(university of cape town)和氧化沟工艺等，下面分别简单介绍。

20.3.1 A^2/O 工艺

A^2/O 工艺是将厌氧/好氧除磷系统和缺氧/好氧脱氮系统相结合而形成，是生物脱氮除磷的基础工艺(其他工艺在该工艺的基础上演变而来)，可同时去除废水中的 BOD、氮和磷，工艺流程见图 20-11。

原污水与从沉淀池回流的污泥首先进入厌氧池，在此污泥中的聚磷菌利用原污水中的溶解

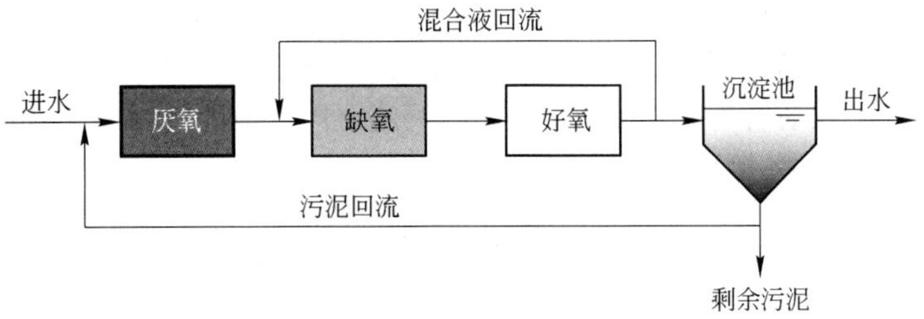

图 20-11 A²/O 系统流程示意图

态有机物进行厌氧释磷，然后与好氧末端回流的混合液一起进入缺氧池，在此污泥中的反硝化菌利用剩余的有机物和回流的硝酸盐进行反硝化脱氮，脱氮反应完成后，进入好氧池，在此污泥中的硝化菌进行硝化反应，将废水中的氨氮氧化为硝酸盐，同时聚磷菌进行好氧吸磷，剩余的有机物也在此被好氧氧化，最后经沉淀池进行泥水分离，出水排放，沉淀的污泥部分返回厌氧池，部分以富磷剩余污泥排除。

A^2/O 系统的厌氧、缺氧和好氧池体积比控制在 1∶2∶4，污泥回流比一般为 0.3 ~ 1.0，混合液回流比为 1.0 ~ 5.0，污泥龄为 10 ~ 30 d。对于城市污水，当 $BOD_5/TN > 3 \sim 5$，$BOD_5/TP > 10$，有机物负荷在 0.15 ~ 0.70 kg/(kg · d)，氮负荷 0.02 ~ 0.1 kg/(kg · d)时，BOD_5、总氮、总磷的去除率分别达 90%、70% 和 80% 以上，出水各项水质指标可达到《城镇污水处理厂污染物排放标准》(GB18918—2002)中的一级 B 标准。

A^2/O 工艺相对简单，如果控制得当，运行效果也相对稳定，在工程上得到了广泛的应用。A^2/O 工艺中的脱氮属于非完全脱氮，脱氮效果受原水水质和混合液回流限制，不能满足较高的要求；回流污泥中通常含有硝酸盐，影响厌氧池磷的释放，除磷效果难以完全保证。此外，硝化菌和聚磷菌存在于同一污泥中，而两者对污泥龄的要求则相反（硝化菌要求较长的污泥龄，而聚磷菌要求较短的污泥龄），污泥龄的控制通常受限，导致氮磷去除很难同时保证。

20.3.2 改进型 Bardenpho(五段)工艺

与 A^2/O 工艺相比，改进型 Bardenpho(五段)工艺（图 20-12）增加了一个缺氧池和一个好氧池。增加的缺氧池作用是利用污泥自身的内源呼吸进行反硝化，提高系统的脱氮效果，同时可降低或完全去除回流污泥中硝酸盐，提高厌氧池的释磷效果和系统的除磷能力。而好氧池的作用为后曝气。改进型 Bardenpho(五段)工艺的脱氮和除磷效果较 A^2/O 工艺均有一定程度的提高和稳定，但工艺相对复杂，而且水力停留时间也较长。

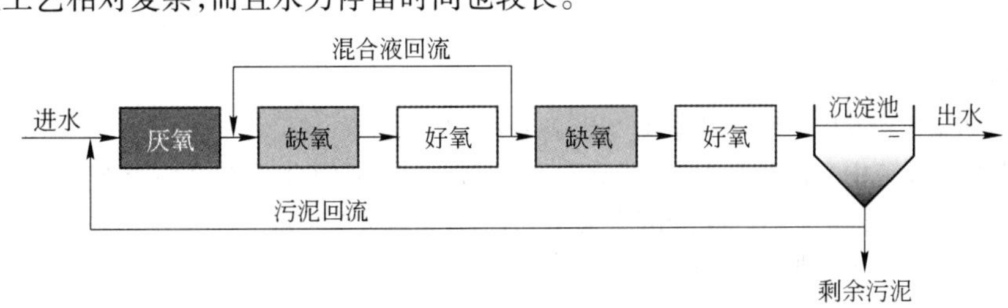

图 20-12 改进型 Bardenpho(五段)工艺流程

20.3.3 UCT 工艺

该工艺因南非开普敦大学开发而得名。与 A^2/O 工艺相比，UCT 工艺仅污泥回流的位置和方式不同。在 A^2/O 工艺中，来自沉淀池的污泥直接回流至厌氧池；而在 UCT 工艺中，污泥首先回流至缺氧池的首端，然后再由缺氧池的末端回流至厌氧池（图 20-13），由于此时回流污泥和混合液中的硝酸盐已经在缺氧池中被反硝化，因此，回流至厌氧池的污泥中几乎不含硝酸盐，从而可保证厌氧池的释磷效果，提高系统的除磷能力。

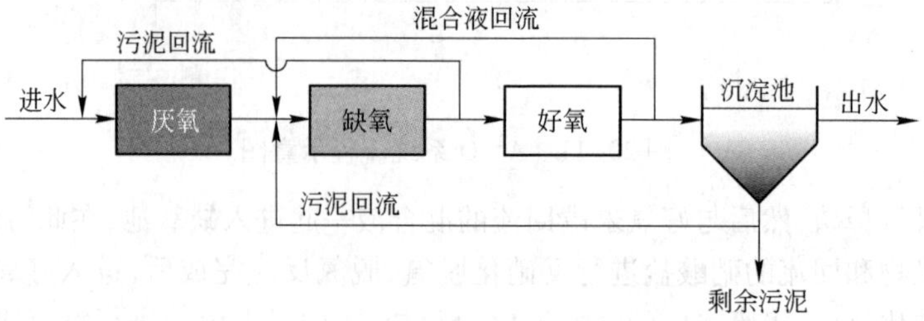

图 20-13　UCT 工艺流程

20.3.4　氧化沟脱氮除磷工艺

各种形式的氧化沟（如 Carrousel、Orbal 等）由于沟内存在缺氧和好氧区，在较长的污泥龄下，可形成良好的硝化和反硝化环境，均具有较好的脱氮效果。在此基础上，沟首增设厌氧池，污水和回流污泥首先进入厌氧池进行释磷，然后进入氧化沟进行硝化反硝化脱氮和吸磷，从而达到同时脱氮除磷的效果。通常厌氧池停留时间较短（30 ~ 60 min），有机负荷较高，同时具有选择池（selector）的作用，因此，厌氧池又称为厌氧选择池。带有厌氧选择池的氧化沟，不仅具有较好的脱氮除磷效果，而且可抑制一般氧化沟内容易存在的污泥丝状膨胀，同时提高了氧化沟运行的稳定性。图 20-14 为 Carrousel 氧化沟脱氮除磷工艺流程。

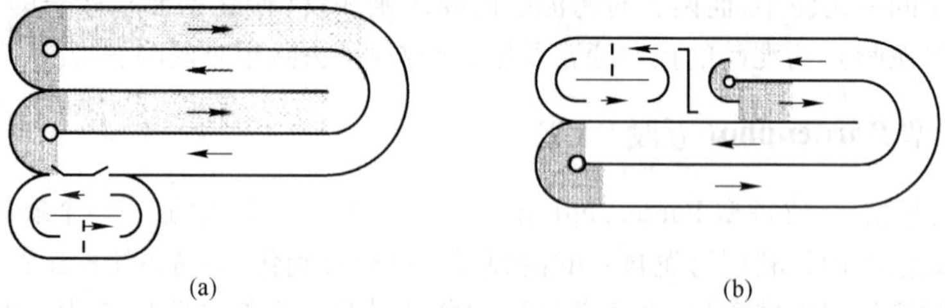

图 20-14　具有脱氮除磷功能的 Carrousel 氧化沟工艺流程

（a）沟外厌氧除磷；（b）沟内厌氧除磷

习题和思考题

20-1　简述生物硝化和反硝化的原理，各自的影响因素有哪些？

20-2　反硝化脱氮反应中为什么要补加有机碳源，以甲醇为有机碳源时，为什么要较化学剂量过量投加？

20-3　利用化学沉淀法除磷时，投加药剂的位置有几种，各自有什么特点？

20-4　简述 A^2/O 系统除磷、脱氮、除 BOD_5 的基本原理。

20-5　如果在二级生化处理后采用石灰沉淀除磷，往往还要再加入 CO_2，其道理是什么，加 CO_2 后的沉淀物主要是什么？

21 水体自净与废水排放

废水经过净化处理后,除去回用部分外,都要排放到自然水体中,使水参与自然循环过程。任何水体都有一定的纳污容量和自净能力,一旦纳污容量超出其自净能力,水体就会出现污染症状。水污染控制的目的就是要防止废水排放对天然受纳水体的污染,在确定自然水体自净能力和纳污容量的基础上,合理规划,确定废水处理的程度和合理排放的标准。因此了解水体特征、掌握水体自净规律,确定其自净速率和自净容量对水污染控制有着重要的现实意义。

鉴于目前在水的社会循环过程中,被污染的受纳水体绝大多数是地表水(河流、湖泊和海洋),极少数是地下水。因此本章将主要讨论地表水的特征及其变化规律。

21.1 水体的特征

从水污染控制工程角度来考察水体的特征,主要涉及被污染水体的物理、化学、生物及水力学等方面的状态与过程。

21.1.1 河流

河流是陆地水系的主体与纽带,它贯穿辽阔的内陆流域,最广泛地参与水的社会循环,是主要的内陆水利资源,也是排放废水的主要接受体,因此,河流是研究水体自净规律的主要对象。

一条河流可能穿越各种不同的地质、水文及地理环境,经历急、缓、浅、深、陡、夷、曲、直、广、狭等不同条件的河段,这些不同环境的不同河段的水体特征有明显差异,从而赋予水体各种不同的自净机理与自净能力;因此,对河流的自净规律,必须按不同的河段进行研究。

河流的最大特点是其流动性,使水体既具有连续性又具有地段性。在接纳污染物后,随着河水向下游流淌,污染物混合程度不断提高,扩散面不断增大。所以河流水体和其他环境因素的相互作用密切(如氧的扩散)。

21.1.2 湖泊与水库

湖泊是天然的"水库",而水库是人工的"湖泊",两者是陆地上的主要贮水场所,目前在我国占陆地水系流量的22.9%,是地面水的重要组成部分。

影响这类水体特征的主要因素是其水力学特性、水温、含盐量和水生物。

相对于河流,湖泊和水库的流动性差,为缓流水系。另外这类水体虽多与河流相通,但水交换相对较慢,也称为封闭水域。空气中的氧向这些水系扩散要较河流缓慢,另外物质在水体内扩散混合过程所需时间也长。这些水力学特性决定了湖泊和水库的自净过程。

水温和含盐量的高低,都可使水的密度发生变化,以致引起局部水体的异重流,对湖泊水库的自净作用产生明显的影响。

湖泊水库底部,受地壳恒温层影响,水温比较稳定;表层水温受季节性气象变化、进出流等因素的影响较大,因此,水体的水温,随不同季节、气象条件沿垂直方向可能出现不同的温度层化现象,图21-1表明某湖泊夏季的水温分布状况。不难设想,秋季的水温层化现象不太明显;冬、春季节可能出现表层低温的水温分布,湖水表层和底层倒换,这对于相对平静的湖体,由表层向底层转移溶解氧具有十分重要的作用,也是保证枯水期湖泊水库不致腐化的重要因素。

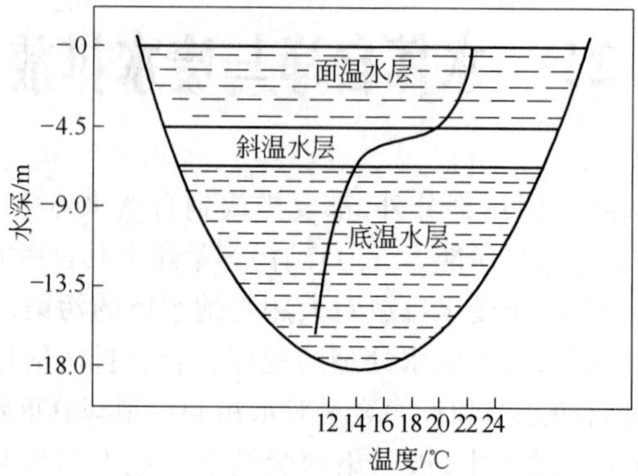

图 21-1 湖泊水温的层化状况

含盐量对这类水体大致具有以下几点影响:

(1) 重金属盐和其他毒性化合物,可能毒害水生物并造成富集,经食物链危及人类。

(2) 氮、磷等营养性物质,带来富营养化,使水体出现水华污染(藻类过量繁殖),以致毒害其他水生物、恶化水域环境。

(3) 大量含盐可能带来盐湖化,使水体失去作为综合水利资源的价值。

湖泊水库中水生物的正常生长,是水体生态平衡的质量指标,也是水体水质状况的真实反映。一旦水体遭到严重污染和长期失控,生态平衡破坏,水生物异常繁殖或绝迹,这时水体需要彻底治理,以恢复其原来的使用价值。由于水流缓慢,湖泊和水库中较适宜藻类生长。藻类与湖泊和水库的污染和自净都有非常密切的联系。

此外,湖泊水库中水质的色度和透明度,会影响其光合作用,对其催化氧化和生态学也具有十分重要的意义。

21.1.3 海洋

海洋占地球总表面面积的70.80%,是自然界最大的地面水体。海水不同于河流、湖泊等内陆水体,除含有大量盐分外,通过大气形成各种环流交换(如全球性环流和垂直交换等),可能带来广泛而复杂的污染源。由于辽阔、渊深的海洋中,各地区间和深度间的温度和盐度差,组成了密度悬殊的"密度水团",对海洋的潮流和污染物的扩散迁移起着重要的作用。由于风浪、潮汐和洋流的作用,海水和大气的交换远远比河流和湖泊要频繁和剧烈。但海湾和内海相对大洋而言,属于"封闭"水体,它们与大洋仅在台风来时会出现水体的明显交换。

海洋不仅是水污染中难降解污染物的最终归宿,而且往往是各种固体废料的天然处置场所和大气污染环流的去处。因此,综上所述,海洋污染具有污染源广、持续性长和控制复杂困难等特点,特别值得指出的是,随着海洋石油的开发,给海洋污染带来了更加严重而复杂的问题。

海洋污染物的危害主要是:重金属元素、毒性化合物、病毒源等对水生物的毒害以及在其体内的富集,进一步危及人类;富营养化产生的"赤潮"现象,毒害海洋生物、恶化海域环境。

海水的容量巨大,是河流和湖泊无法相比的,其纳污能力也是巨大的。从理论上讲,其自净能力应该是无限的,但由于混合不完全,往往出现局部污染。

21.2 河流的自净规律

21.2.1 河流的自净机理

20 世纪初,污水生物处理发源于水体自净(self-purification)。在今天,水体自净是废水处理的深化和城市污水处理厂的延续。河流水体的自净机理全面地反映了水污染控制工程的作用原理与方法,即水体通过物理、化学和生物学等多种作用使污染物得以净化。合理发挥与挖掘自然界的水污染控制潜力,业已成为环境治理工程的一项重要任务。

21.2.1.1 物理"净化"作用

水污染物排入河流水体时,首先发生的是混合、稀释、挥发、重力沉降等物理作用。而混合、稀释不仅是挥发、沉降以及其他后续过程的先导,甚至有时通过混合稀释,污染物浓度就可降低至符合受纳水体要求的程度,减轻了污染物对水体环境以及水生生物的危害。从广义上讲,经过单纯的混合稀释,污染物仍然停留在河水中,其浓度降低并不是真正意义上的水体自净:水体接纳的污染物的总量并没减少。这也是为什么在有些场合下对于污染物排放不但有浓度要求(排放标准),还有总量控制。重力沉降,可沉性颗粒从河水中转移到河底淤泥中,水中该污染物的浓度降低。如果该物质在底泥中稳定存在,那么这种物理作用起到直接水体自净的效果。

影响河流混合稀释的因素很多,主要有:河流流量与废水流量之比,排污口位置及其排放方式,以及河段的各种地质、水文和地理等条件。上述因素决定河水与污染物达到充分混合稀释所需流经的距离或时间。

21.2.1.2 化学净化作用

水体中进行的化学或物理化学作用,包括氧化还原、分解化合、凝聚、絮凝、吸附、离子交换等。

水体中往往含有丰富的铝硅酸盐类及腐殖酸系胶体、悬浮体微粒、这些物质具有可观的吸附或离子交换容量,能吸附分子型、离子型或油类污染物,形成化学凝聚或絮凝沉淀;水体中的一些难溶性硫化物、多价型金属的低价离子(如二价铁、二价锰等),经氧化分别形成溶解的硫酸盐和高价金属离子的水解产物——难溶的氢氧化物;硫酸盐离子有助于黏土类胶体脱稳凝聚,同化学沉淀产生共沉作用;此外,进入水体的洗涤剂,肥皂等表面活性物质,能自身形成泡沫而漂浮,同时捕集重金属离子、放射性元素(其富集倍数可达 3 ~ 4 个数量级)和挟带其他污染物,达到多种污染物共同去除的目的。

21.2.1.3 生物净化作用

进入水体的有机污染物的净化,主要有赖于生物化学过程。生物作用是河流自净的核心。图 21-2 简明描述了正常受污河段净化的好氧分解过程:首先,异养型微生物将可生物降解

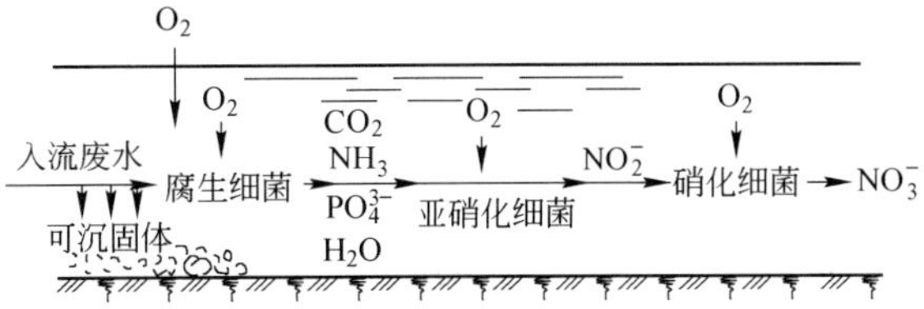

图 21-2 河流净化的好氧分解过程

的胶体和溶解性有机物好氧分解为简单的稳定化合物，如水、二氧化碳、氨氮和磷酸盐等。进而再由亚硝化菌、硝化菌作用，将氨氮相继转化为亚硝酸盐和硝酸盐。

由于微生物剧烈的好氧呼吸，导致河水中溶解氧的消耗速率大于氧的补给（自净前期主要以空气向水中扩散为主要补给途径）速率，水中溶解氧的浓度降低。随着污染物的分解和转化，污染物即微生物可获取的营养物的减少，微生物生长下降，代谢减弱，对氧的需求也减少，氧的补给（空气扩散加上自净后期河水中水生植物的光合作用产氧）逐渐大于消耗，水中溶解氧升高并达到自净完成的饱和水平。沿受污点下游河段中，溶解氧及生化需氧量（BOD）的变化曲线（图21-3）。在河流自净过程中，水中溶解氧随时间或向下游延伸距离的变化曲线称为氧垂曲线。氧垂曲线反映了河段的受污染状态和自净程度。水中溶解氧是河流自净的关键评价因子。

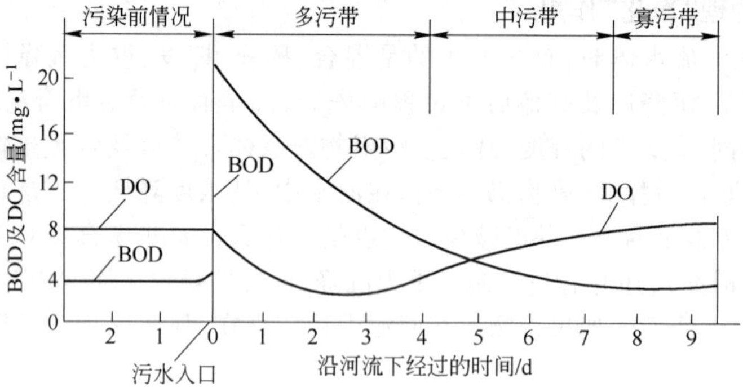

图21-3 河段受污点上下游DO及BOD的演变

21.2.2 河流的自净模型

对河流水体，混合稀释是自净的首要环节，而生物作用是净化的根本。对于生物不能降解的污染物，其水体自净就是混合稀释过程。混合稀释也是以污染物浓度来考察受纳水体污染状况的关键控制因素。

21.2.2.1 混合稀释模型

废水排入河流，与河水进行混合。参与混合的河水流量 Q_1 同河水总流量 Q 之比，定义为混合系数（a）。设受污河段上无支流、无地表径流和无地下水吐纳，河水流量 Q 与点污染源废水流量 q 均保持不变，则混合系数 a 为混合流程距离 L 的函数，即

$$a = \frac{Q_1}{Q} = \frac{1 - e^{-a\sqrt[3]{L}}}{1 + \frac{Q}{q}e^{-a\sqrt[3]{L}}} \tag{21-1}$$

$$a = \varphi\xi\sqrt[3]{E/q} \tag{21-2}$$

式中 a——水力条件系数；

φ——河道弯曲系数，为混合河段实际长度 L（km）与其直线距离 L_1（km）之比（即 $\varphi = L/L_1$）；

ξ——与废水排放方式有关的系数，岸边排放时，$\xi = 1$，河心排放时，$\xi = 1.5$；

E——紊流扩散系数，对一般天然河流为：

$$E = v \cdot H/200$$

v——该河段水的平均流速，m/s；

H——该河段水的平均深度，m。

参照图21-4(图中排水中依离岸边的远近而有不尽相同的混合区),混合系数最简略的计算式为:

$$a = L_{计算}/L_{全混} \tag{21-3}$$

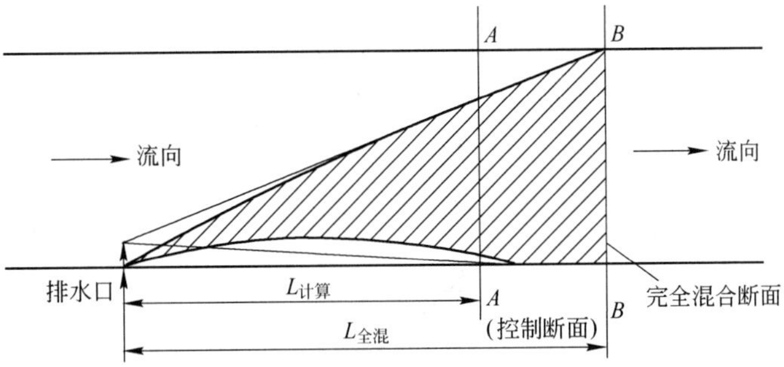

图21-4　混合系数计算示意图

控制断面处某种污染物的浓度 C(mg/L)为:

$$C = \frac{C_w q + C_R aQ}{aQ + q} \tag{21-4}$$

式中　C_w——某种污染物在废水中的浓度,mg/L;

　　C_R——该种污染物在河水中的原有浓度,mg/L。

忽略原河水中该种污染物时,则

$$C = C_w q/(aQ + q) = C_w/(n + 1) \tag{21-5}$$

式中　n——参与混合的河水对废水的稀释比,即

$$n = aQ/q \tag{21-6}$$

不难看出,混合越完全($a \to 1$),稀释比越大,则污染物的浓度越降低。

21.2.2.2　溶解氧变化方程

Streeter-Phelps 模型假定:排入河流的污染源只有一个;排污量与河水流量不变;在受污点河水与废水立即达到完全混合;由于河水紊流作用,受污河段的 BOD 和 DO,在整个河流断面上都是均匀分布的;不考虑河水中藻类的光合作用、沉淀作用、硝化作用和底泥效应等,只将河流的生化自净过程简化为含碳有机物降解的耗氧作用和表面曝气的复氧作用的理想状态。

废水排入河流后,到下游各断面的累积耗氧量曲线、累积复氧量曲线和氧垂曲线(实际溶解氧量与饱和溶解氧的差值变化曲线)如图21-5所示。氧垂曲线的下垂坐标为相应断面上河水的亏氧量 D。

根据 Streeter-Phelps 一维模型推导的氧垂曲线方程,有

$$D = \frac{k_1 L_a}{k_2 - k_1}(e^{-k_1 t} - e^{-k_2 t}) + D_a e^{-k_2 t} \tag{21-7}$$

式中　L_a——排污点混合水的起始 BOD,mg/L;

　　D_a——排污点混合水的起始亏氧量,mg/L;

　　k_1——耗氧速率常数,d^{-1};

　　k_2——复氧速率常数,d^{-1}。

应用此方程可以计算受污点下游各断面上河水的亏氧量,以判断受污河段的污染和自净状况。

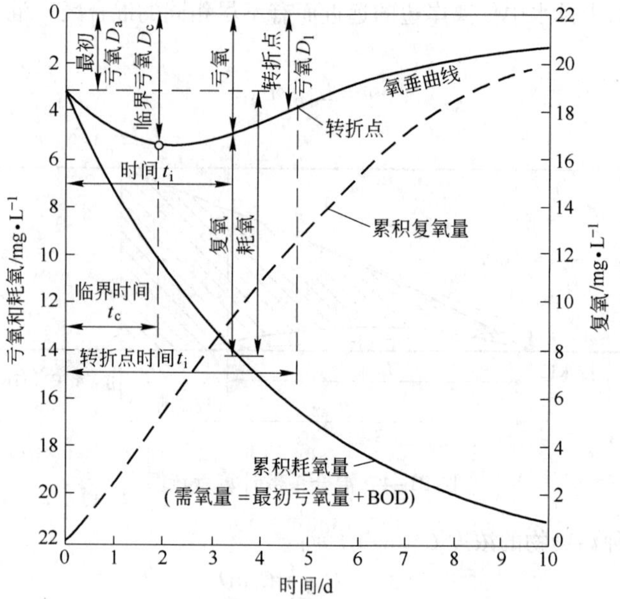

图21-5 耗氧、复氧累积过程和氧垂曲线

设 $f=k_2/k_1$,称为水体自净常数,则上式可改写为

$$D=\frac{L_a}{f-1}\left\{e^{-k_1t}-e^{-k_2t}\left[1-(f-1)\frac{D_a}{L_a}\right]\right\} \tag{21-8}$$

若设 $a=1/(f-1)$;$\beta=1-(f-1)D_a/L_a$,则上式简化为

$$D=aL_a(e^{-k_1t}-\beta e^{-k_2t}) \tag{21-9}$$

氧垂曲线上两特征点为临界亏氧点 $A(t_c,D_c)$ 及最大复氧速率 $B(t_i,D_i)$;对前式求解,得

$$A\begin{cases}t_c=2.3a\lg(\beta f)/k_1 & (21\text{-}10)\\ D_c=L_a e^{-k_1t_c}/f=L_a/f(\beta f)^a & (21\text{-}11)\end{cases}$$

$$B\begin{cases}t_i=2.3a\lg(\beta f^2)/k_1 & (21\text{-}12)\\ D_i=(f+1)L_a e^{-k_1t_i}/f^2=(f+1)L_a/f^2(\beta f^2)^a & (21\text{-}13)\end{cases}$$

耗氧速率常数 k_1,在不同水体和不同河段都会有差异,只有正常流速的大河流较为确定,即 $k_1=0.23(1/d)$(20℃时);对急流浅滩、卵砾石河床的河流,k_1 值可能更大些。此外,河水中微生物含量、溶解氧浓度、有机物的可降解性等因素对 k_1 值也会有影响。

复氧系数 k_2 值,可能与气象(水温、风力等)和水文(水流速度、氧的扩散速率、水深等)条件有关。池塘和沼泽的 k_2 值可取0.2,湖泊的取0.3,河流的可按下式计算:

$$k_2=\sigma(D_m v)^{1/2}/H^{3/2} \tag{21-14}$$

式中 v——河水的平均流速,m/s;

D_m——氧在水中的扩散系数,m/s;

H——河水的平均深度,m;

σ——常数。

此外,在表21-1中列有 f 的一些典型数值,可供参考。

表 21-1　水体自净常数 $f=\dfrac{k_2}{k_1}$ 值

受纳水体的类型	20℃时 f 值
小水塘或死水湾	0.5～1.0
缓流的河流、湖和水库	1.0～1.5
低速江河	1.5～2.0
中速江河	2.0～3.0
大流速的江河	3.0～5.0
急流和瀑布	>5.0

21.3　湖泊及海洋的自净规律

21.3.1　湖泊水库的污染与自净

湖泊水库的污染源可能是地区厂矿的工业废水和居民的生活污水(点源),也可能是被周围农田、园林的肥料、农药等所污染的排水和各种降水(包括酸雨)冲刷地面、浸溶腐殖质、渗析可溶性金属而形成的地表和地下径流(面源)。这类污染源具有污染物种类复杂、流量集中等特点,对于水流相当缓慢和封闭的湖泊水库,可能会引起局部严重污染的状况。因此,关于湖泊水库的污染与自净问题,应根据其水体容量大小、进出支流多少、污染源状况以及地上、地下的水文、地质、地理等条件分别进行具体研究。

湖泊水库的水力特性,决定了其对于可生物降解有机物和植物营养型污染物(氮和磷)表现出不同的自净规律。

21.3.1.1　湖泊水库的混合扩散模型

污染源进入湖泊水库时,首先同水体发生混合扩散,浓度被稀释。根据不同水力状况,采用完全混合反应器和圆柱形坐标两种模型来模拟。

A　完全混合反应器

对于小型的湖泊水库,当穿越的河流流量和排入的废水流量一定,浓度分布均匀时,可视其为完全混合反应器。

设污染物的转化为一级反应,则可写出物料衡算式为

$$V\mathrm{d}C/\mathrm{d}t=(Q_rC_r+q_wC_w)-(Q_r-q_w)C-kVC \tag{21-15}$$

式中　$\mathrm{d}C/\mathrm{d}t$——转化速率;

V——有效库容体积;

C——反应器中污染物浓度;

Q_r,q_w——分别为流入河水与废水的流量;

C_r,C_w——分别为河水与废水中的污染物浓度;

k——转化常数。

设入库总流量 $Q(Q=Q_r+q_w)$ 在库中停留时间为 $t_0(t_0=V/Q)$,流入污染物的总量为 $W(W=Q_rC_r+q_wC_w)$,则可将上式改写为:

$$\mathrm{d}C/\mathrm{d}t+C(k+1/t_0)=W/V \tag{21-16}$$

设式(21-16)的边界条件为 $\{(t,C)|[0,C_0],[t,C]\}$,并令 $\beta=k+1/t_0$ 则其积分式为:

$$C=(W/(\beta V))(1-\mathrm{e}^{-\beta t})+C_0\mathrm{e}^{-\beta t} \tag{21-17}$$

当 $t\to\infty$ 时,则有

$$C_\infty = W/(\beta V) \tag{21-18}$$

可以应用式(21-18)来估算湖泊水库的受污染状况。

B 圆柱形坐标模型

对于大型湖泊水库,在入库流量不大的情况下,上述反应器模型是不适合的。由于入流缓慢,湖水稳定,可能在入流过程中形成相当厚、相当大的污水场。对于这类水体,可近似按圆柱形坐标模型计算,即

$$C = C_0 \cdot e^{-k\phi Hr^2/(2q_0)} \tag{21-19}$$

式中 C——库水入库后在计算点位置的污染物浓度,mg/L;

C_0——入流废水中污染物的浓度,mg/L;

ϕ——废水入库的扩散角,岸边排放时,$\phi=\pi$,湖心排放时,$\phi=2\pi$;

H——废水扩散深度,m;

q_0——废水流量,m^3/d;

r——计算点离排放口距离,m;

k——自净常数。

21.3.1.2 湖泊对耗氧污染物的净化

从表面到湖底随着氧浓度的变化,湖泊对有机物的净化机理不同。在湖的表层阳光可以照射到的深度,除了细菌,还生活有相当数量的藻类。这些藻类在白天进行光合作用释放氧,补充水中的溶解氧。夜晚它们也要消耗溶解氧进行呼吸。在湖的表层细菌和藻类共同进行着如图21-6所示的净化作用。

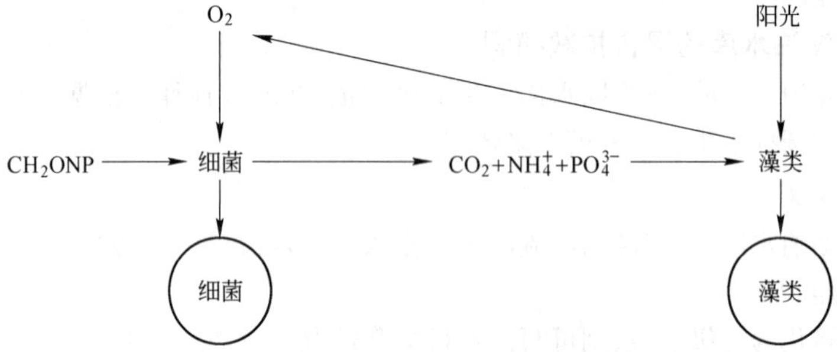

图21-6 湖泊表层对有机物的净化作用

不同的湖泊和水库,由于其水力特征和污染物的浓度不同,溶解氧随深度变化也不同。如果在湖的中层或底层溶解氧降为零,有机物将被厌氧或兼性厌氧的细菌分解。由于有机物在湖底的沉积以及氧难于扩散进入水体底层,导致底泥形成厌氧环境,细菌在其中利用有机污染物进行甲烷发酵。这也是为什么常常可以看到从湖底有气泡和泥花上浮的原因。

21.3.1.3 湖泊对植物营养污染物的净化与富营养化问题

植物营养污染物(nutrient pollution)即无机含氮化合物与含磷化合物,本是湖泊中藻类和其他高等水生植物的养分,可以被它们摄取同化为细胞质,从而从水中转移到这些生物体内。如果能够进行分离则水被净化了。如果不能分离,那么这类污染物只是发生了位置转移和存在形式的变化,而没有实质性去除。这是这类污染物与耗氧有机污染物的最大区别。

如果湖泊直接接纳或是有机污染物被氧化分解后产生出“大量”的植物营养型污染物,水中

藻类就会大量增殖。白天由于藻类的光合作用湖水溶解氧甚至可达到过饱和,但夜晚由于藻类停止光合作用,转为好氧呼吸,又会消耗大量溶解氧,当藻类数量达到一定程度后,会在湖泊表面形成水华,甚至造成水中缺氧,致使水中其他水生生物因缺氧而死亡,湖泊中生物种类下降,物种单一化。另一方面由于藻类死亡和向湖底沉积,水中和底泥中有机物增加,水质进一步恶化。这种由于水环境中植物营养物质引起藻类恶性增殖,使水体失去正常功能的现象就称为“富营养化”(eutrophication)。富营养化的终极结果就是使湖泊死亡、消失。

一般认为,湖泊水库中总磷、无机氮浓度分别达到0.02 mg/m^{3}和0.3 mg/m^{3}以上时,即可发生富营养化。

湖泊自身无法净化植物营养污染物。湖泊富营养化的防治措施有:排入湖泊水库的废水需要预先进行深度处理,或将富营养化湖水排出使植物营养污染物在湖泊得到稀释或引水稀释、去除其中的藻类以及清除底泥等。

湖泊水库是很好的天然沉淀池,但其底泥可能带来二次污染。为防治底泥的再污染,一般可采用以下措施:

(1) 用薄膜或黏土覆盖底泥层,阻隔污染源。

(2) 用疏浚法清挖底泥,彻底消除污染的潜在危险。

(3) 用人工充氧法破坏水体层化现象,使底、面层滞水混合,避免底部厌氧条件,以减缓污染物释放。

21.3.2 海洋的污染与自净

陆地废水排海是通过河口或海湾(estuarine)、近海排放来实现的。河口是河流与海洋汇合处。河流为淡水、含盐量低,但有时含砂量高;海水含盐量高,时而产生潮汐,因此往往会使水体产生复杂的水流分层,流速、流向、水深、盐度等因素经常发生变化,兼之河口的地质、水文、风向风速气温等气象条件的差异悬殊,使河口排污的自净规律变得错综复杂,难以用数学模型确定,一般是根据具体情况、调查研究、实际应用而定。

由于海湾和内海与大洋相比,水量和流动性都有限,具有缓流水系的特征,因此如同湖泊容易发生富营养化,即通常所说的“赤潮”(red tide)。当河流从上游携带来的植物营养污染物积聚到一定程度就会引发海湾和内海出现“赤潮”。

海湾内海水与外海的海水交换稀释,主要是通过海水潮汐作用引起的往复流来实现的。涨潮时,外海水拥入海湾,与湾内海水混合稀释,污染物浓度下降,到最高潮位时,达到最低浓度;退潮时,湾内海水向外海迁移和扩散,进入大海稀释过程,而湾内污染物上升,至最低潮位时,达最高浓度。湾内污染物就是如此伴随周而复始的潮汐海水搬运出海的。由此可见,潮汐搬运是海湾水体自净的主要途径。但这种作用在台风经过时表现得尤为突出,内海的海水与外海在短时间内发生明显交换、致使内海中积累的植物营养盐浓度可以迅速降低,使藻类生长下降、赤潮消退。因此赤潮就这样周而复始。

21.4 废水处理程度的确定

21.4.1 废水处理程度确立原则

无论采用何种传统处理工艺,考虑到经济承受水平,除了回用外,废水都在未被完全彻底地净化前就排放到自然环境中去，因此就存在如何合理确定废水的处理程度的问题。废水处理程度的确定涉及受纳水体的功能、水环境质量要求，污水状况与自净能力，以及处理后的水是否回用等。如果处理后的水将回用，水质就必须要满足用户要求。如果根据水体自净能力来确定废水处理程度时，既要考虑利用水体的自净容量，又要防止生态平衡遭到破坏；同时，还要全面地考虑水系流域污染物防治规划和区域的总体规划等。

目前我国对于废水排放，都要求根据受纳水体的功能类别、等级采用相应的排放标准。国家和地方根据自然水体环境的功能和保护目标（源头水、自然保护区、饮用水供水水源地、景观水域等），确定排水中污染物的允许排放浓度，如《污水综合排放标准》（GB8978—1996）、《城镇污水处理厂污染物排放标准》（GB18918—2002）（见附录）。工业废水如排入城市或地区排水系统，其处理程度应使处理水质达到“污水排入城市下水道水质标准”（表21-2）。

表21-2 《污水排入城市下水道水质标准》（CJ18—1986）

序号	指　标	最高允许浓度	序号	指　标	最高允许浓度
1	pH值	6～9	16	氟化物/mg · L^{-1}	15
2	悬浮物/mg · L^{-1}	400	17	汞及其无机化合物/mg · L^{-1}	0.05
3	易沉固体/mg · L^{-1}	10(15)	18	镉及其无机化合物/mg · L^{-1}	0.1
4	油脂/mg · L^{-1}	100	19	铅及其无机化合物/mg · L^{-1}	1.0
5	矿物油/mg · L^{-1}	20	20	铜及其无机化合物/mg · L^{-1}	1.0
6	苯系物质/mg · L^{-1}	2.5	21	锌及其无机化合物/mg · L^{-1}	5.0
7	氰化物/mg · L^{-1}	0.5	22	镍及其无机化合物/mg · L^{-1}	2.0
8	挥发性酚/mg · L^{-1}	1.0	23	锰及其无机化合物/mg · L^{-1}	2.0
9	硫化物/mg · L^{-1}	1.0	24	铁及其无机化合物/mg · L^{-1}	10.5
10	温度/℃	35	25	锑及其无机化合物/mg · L^{-1}	1.0
11	BOD_5/mg · L^{-1}	100(300)	26	铬（六价）及其无机化合物/mg · L^{-1}	0.5
12	COD_{Cr}/mg · L^{-1}	150(300)	27	铬（三价）及其无机化合物/mg · L^{-1}	3.0
13	溶解性固体/mg · L^{-1}	2000	28	硼及其无机化合物/mg · L^{-1}	1.0
14	有机磷/mg · L^{-1}	0.5	29	硒及其无机化合物/mg · L^{-1}	2.0
15	苯胺/mg · L^{-1}	3.0	30	砷及其无机化合物/mg · L^{-1}	0.5

注：括号内的数据适用于拥有城市污水处理厂的城市排水系统。

21.4.2 废水排放标准

若需排入自然水体，则必须处理到满足排入受纳水体的排放标准，以降低对受纳水体的不利影响。目前广泛使用的是《污水综合排放标准》（GB8978—1996）。该标准根据污水中污染物的危害程度将污染物分为两类：第一类污染物和第二类污染物。第一类污染物，不分行业和污水的排放方式，也不分受纳水体的功能类别，其排放浓度一律为车间或车间处理设施排放处；第二类污染物要求在单位总排放口浓度达标。

上面提到的排放标准都是浓度标准。这类标准存在明显的缺陷，它不论污水受纳水体的大小和状况，不论污染源的大小，都采用同一个标准。因此即使满足排放标准，如果排放总量大大超过受纳水体的环境容量,也会对水体造成不可逆的严重后果,因此有些情况下是以排污总量来控制的。

21.4.3 废水处理程度的确定

(1) 废水净化处理程度计算的通式为

$$E = \frac{C_i - C_e}{C_i} \times 100\% \tag{21-20}$$

式中 C_i——未处理废水中某种污染物的平均浓度,mg/L;

C_e——允许排入水体的该种污染物平均浓度,mg/L;

E——处理去除百分率。

如果是城市污水处理厂,其出水中允许排入水体的某种污染物平均浓度 C_e 由《城镇污水处理厂污染物排放标准》(GB18918—2002)来确定。

(2) 确定污水处理程度的方法。方法主要有:

1) 根据受纳水体的稀释自净能力来确定。当设计的污水厂所在地的水体环境容量大,可利用水体稀释和自净能力,使水处理过程中的经济投入相对小。但从环保长远角度看,需要从长计议,慎重考虑。目前国家部分地区执行同一个标准,只是对排入三类水体的城镇污水处理厂执行一级排放标准,针对受纳是湖泊等封闭、半封闭水域时执行一级 A 标准,否则为一级 B 标准。

该方法的计算一般采用氧垂曲线方程。

2) 根据城市污水厂能达到的处理程度来确定。该方法是根据污水处理工艺能达到的处理程度确定的。我国目前一般污水处理厂所能达到的处理程度为 30 mg/L,也就是所谓的"双 30"标准,即 BOD_5、SS 均为 30 mg/L。

3) 根据污水厂所在地方的要求确定。

21.5 废水的输送与排放

21.5.1 概述

经一、二级处理后的废水,目前大多数仍排入处理厂(站)附近的水体。根据处理站的具体条件和不同的水体对象,往往需要采取不同的输送排放措施。例如,排入的水体为地势较低的河流或湖泊水库等时,可以充分利用高程,采用重力排送。这时,无须排水加压泵站,沿途可采用露天排水渠或埋设重力流非金属管道,可以分别采用岸边式或河床式排水口。在排入水体前,可能设置跌水井或防洪闸井等设施。如果排入的水体地势高,往往只能采取压力输送和淹没式排水口,这时,压力输送泵站和金属管道不可缺少。

在排送废水至水体途中,可能出现立交建筑(如铁路、公路、农灌水渠等)或天然障碍(如溪沟、岗丘等)。这时需要根据具体情况,分别采取顶管或倒虹管等穿越技术。

向水体排放废水时,要符合以下要求:

(1) 一般条件。废水排入水体,应符合国家颁布的《地面水环境质量标准》以及《生活饮用水卫生标准》中水源防护的有关规定。

(2) 地方要求。各地方和部门根据水体用途不同,将各地水体划分为不同的等级或类别,要求不同的排放水质;设计时,应注意了解当地环保部门所规定的水体等级,以便采用相应的排放标准。

21.5.2 立交穿越技术

21.5.2.1 倒虹管

排水管穿越河流、山涧、洼地或地下构筑物时，不能按原坡度通过，而需按障碍物形状成下凹折线埋设倒虹管。它由进水井、下行管、平行管、上行管和出水井等组成，如图 21-7 所示。

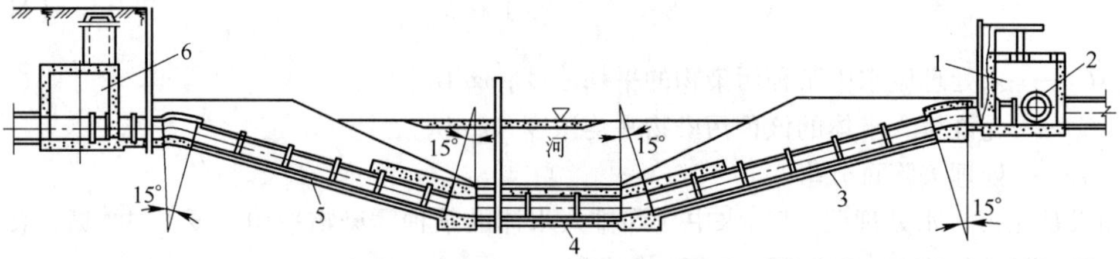

图 21-7 倒虹管

1—进水井；2—事故排出管；3—下行管；4—平行管；5—上行管；6—出水井

倒虹管路线尽可能与障碍物成垂直方向通过，并选择地层土质稳定敷设为宜。

穿越河流的倒虹管顶部与河底垂直距离一般不小于 0.5 m，线路一般不少于两条；穿过旱沟、小河和谷地等时，酌情可单线敷设；通过构筑物下面，应按有关规定进行。

由于清洗倒虹管比较困难，事故维修也较麻烦，因此在设计时，应尽量采用耐久的管材，并尽量避免管内污泥的淤积。为此，可采取的措施有：

（1）管材最好用金属管、钢筋混凝土管或预应力钢筋混凝土管。倒虹管最小管径不得小于 150 mm。

（2）一般采用管内流速为 1.2～1.5 m/s，最小不得低于 0.9 m/s。如达不到最低流速，应定期冲洗、冲洗流速不得小于 1.2 m/s。若穿越河道时，应尽量利用河水冲洗。

（3）在进水井前端附近设沉泥槽检查井，以便泥砂提前清除或用作事故排水口。

（4）上行管与水平线夹角应不大于 30°。

（5）为了调节流量和便于检修，在进水井内设闸门或闸槽，或用溢流堰代替。进、出水井设置井口和井盖。

21.5.2.2 顶管敷设技术

排水管道在穿越铁路及公路时，尽可能在铁路或公路桥下或已有的涵洞中通过。没有上述条件、且车流较大而又难以暂停交通的情况下，一般采用顶管法施工。

管线设计最好垂直于铁路或公路，以缩短穿越长度。管道的断面、坡度、流速、流量等设计数据，宜与上下游管段相同或相当，高程衔接一致。管道结构尺寸应按照相应的外部荷载，参照有关计算方法进行计算，并经当地有关铁路交通管理部门同意后实施。

采用顶管法应注意覆土厚度、土质、地下水位等条件。管材需用加固管，一般管径不小于 900 mm，如排水管径较小，则用套管顶管后，在套管内再敷设排水管或内砌流槽。

压力管或排送有侵蚀性废水的管道，在穿越重要的铁路或公路干线时，管道宜设在套管或地沟中。此时应设事故排水口，并考虑排除套管和地沟积水的措施。顶管两端设检查井，其位置在行车活荷载压力线之外，并在路堤坡脚或路堑顶以外。顶管或套管顶端与铁路轨底、公路路基底部间的垂直距离分别不应小于 1.2 m 和 0.5 m。

管道穿越铁路的示意简图如图 21-8 所示。

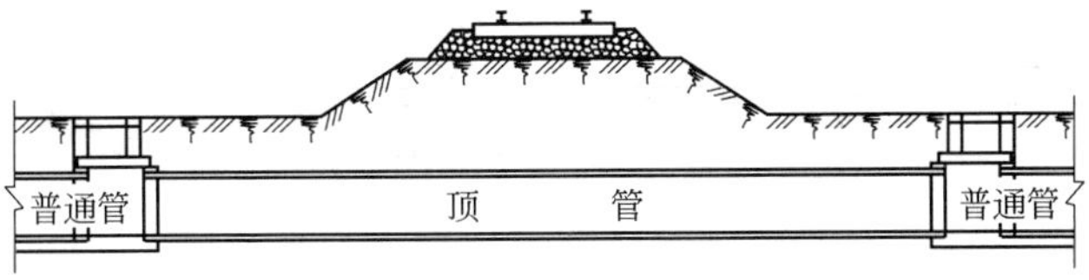

图 21-8 穿越铁路路基时的加固钢筋混凝土管

21.5.3 出水口

废水出水口的位置和形式，应根据废水的水质和流量，不同类型的水体（河流、湖泊或海洋）的具体情况（如水体的水位变化幅度、水流方向和流速、流量、主导风向、风力、波浪变化、地形变迁，以及下游的水利资源利用状况等因素）来确定。

接受水体为河流、排出废水流量较小、河流稀释自净能力较大时，可采用岸边式出水口（图 21-9、图 21-10、图 21-11）；如果废水流量较大要求与水体充分混合时，可采用江心分散式出水口（图 21-12）。岸边出水口分为一字式出水口、八字式出水口和淹没出水口。如出水口标高较河水水位高出很多时，应考虑设单级或多级跌水槛。岸边出水口两侧，一般用浆砌石做护墙和防坡堤、铺底、以防冲刷。在冰冻地区，需用防冻材料砌筑。

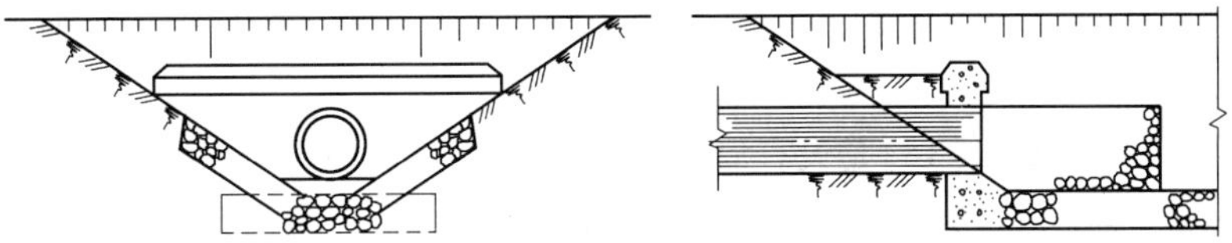

图 21-9 一字式出水口

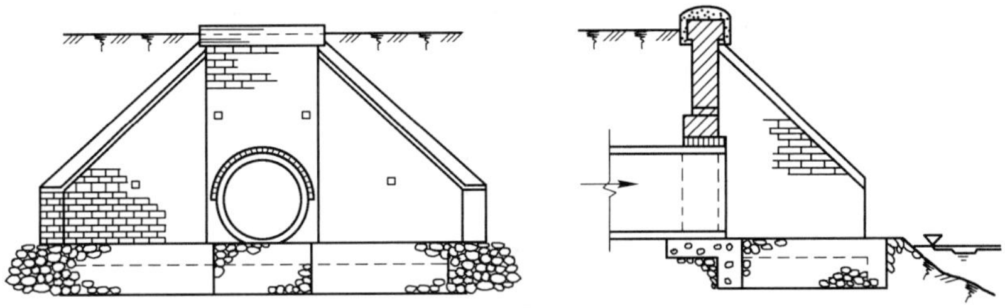

图 21-10 八字式出水口

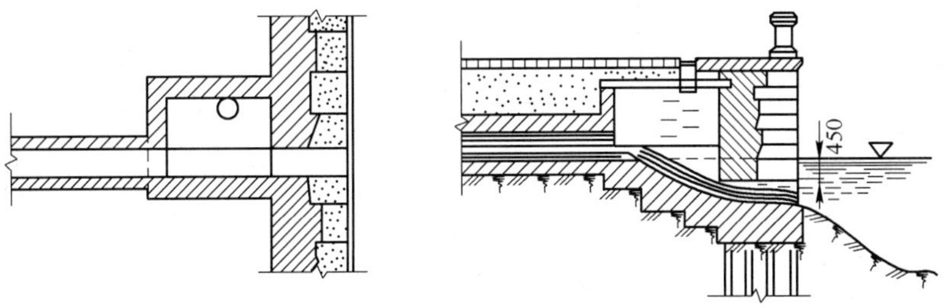

图 21-11 淹没式出水口

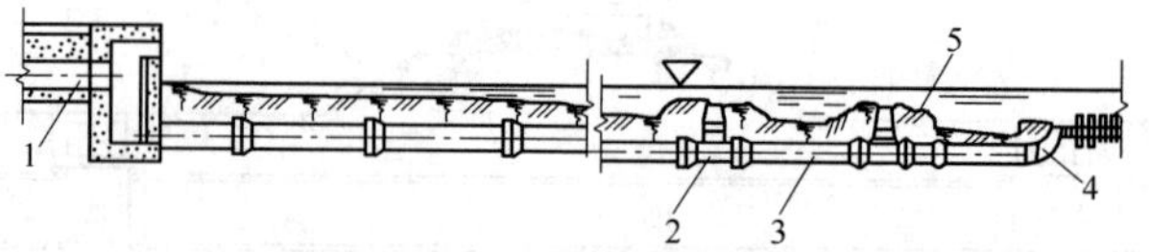

图21-12 江心分散式出水口

1—进水管渠;2—T形管;3—渐缩管;4—弯头;5—石堆

废水排入湖泊水库时,为了避免废水场集中而且稀释自净效果不佳,可考虑单独或合并使用以下方法:

(1) 采用小量废水多区分散排入。

(2) 湖心排放井(管)多口排入。

(3) 淹没式垂直和水平分散排入。

废水向海洋排放时,多采用海底扩散器管段式出水口,由排放管从岸边输送。

管道设计时,通常采用平均流量,流速为0.6~0.9 m/s(最大不应超过2.4~3.0 m/s)。

扩散器应按主导海流的垂直方向敷设。如海流方向不明显时,采用Y形或V形扩散器。扩散器的孔口沿两侧水平方向布置,交错排列,以免相邻的羽状射流上升海面时,彼此干扰。

21.5.4 其他构筑物

在重力排送废水的沿途中,除应按规定设置检查井外,在排入水体之前,有时需要投置跌水井和防洪、防潮井。

跌水井(图21-13、图21-14)是设有消能设施的检查井,一般有竖管式和溢流堰式。前者主要用于管径不大于400 mm的管道;后者适于管径大于400 mm的管道。竖管式跌水在上下游落差不大于4~6 m时采用。更大落差需采用溢流堰式。

防洪、防潮检查井(图21-15)是分别防止洪水或海水倒灌的措施。防潮门为一可旋转的盖板,一般用铸铁制成。当排水管中无水时,靠自重密封;上游有排水,可顶开防潮门流入水体;涨潮或洪水位时,倒灌水靠水压将门密闭。检查井井口高程应高出最高潮位或洪水位,或用螺栓盖板密封,平时应对防潮门经常清洗或检修,以免失灵。

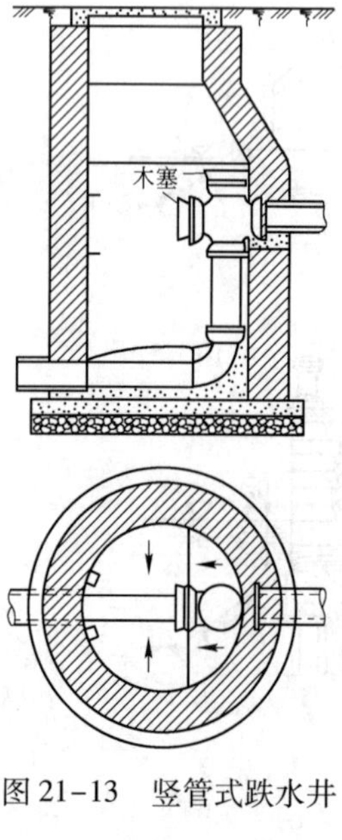

图21-13 竖管式跌水井

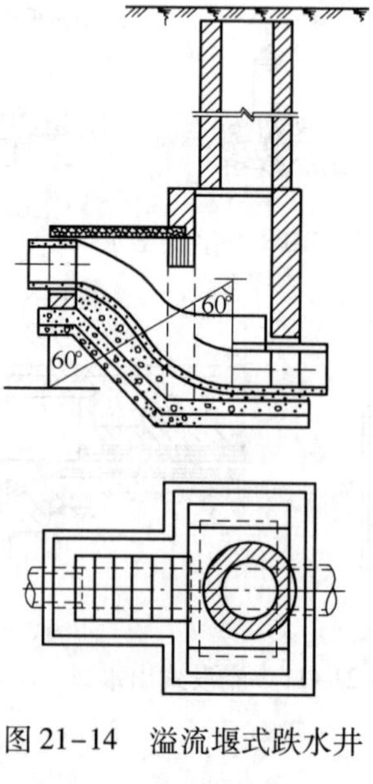

图21-14 溢流堰式跌水井

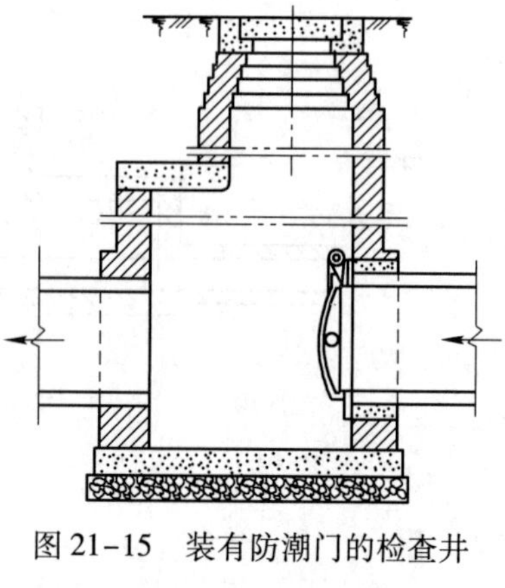

图21-15 装有防潮门的检查井

习题和思考题

21-1　河流、湖泊和海洋的水体特征，主要有哪些异同点？

21-2　河流水体的主要自净机理是什么，氧垂曲线主要描述什么作用与过程？

21-3　怎样辨别河流的受污状况与自净能力？

21-4　湖泊水库中可能出现何种污染状况，会带来什么严重后果？

21-5　废水排入海水中，为什么能形成表面场和浸场两种废水场？

21-6　试述海湾污染与自净的主要过程。

21-7　应怎样考虑废水流入河流、湖泊、海洋的排放方式？

21-8　一条大河的自净常数 $f=2.4$，$k_1=0.23\ d^{-1}$，河水和废水混合在受污点的起始亏氧量为 $D_a=3.2\ mg/L$，起始 $L_a=20.0\ mg/L$。试求：(1)距受污点 1 d 流程处的亏氧量；(2)亏氧临界点的时间 t_c 与亏氧量 D_c；(3)最大复氧速率点的时间 t_i 与亏氧量 D_i。

第7篇　污泥处理与处置技术

22　污泥的处理与利用

22.1　概　　述

在生活污水和工业废水的处理过程中分离或截流的固体物质统称为污泥(solid wastes)。污泥作为废水处理的副产物通常含有大量的有毒、有害或对环境产生负面影响的物质,必须妥善处置,否则将形成二次污染。污泥中的固体物质可能是废水中早已存在的,如各种自然沉淀池中截留的悬浮物质;也可能是废水处理过程中转化形成的,如生物处理和化学处理过程中,由原来的溶解性物质和胶体物质转化而来的悬浮物质;还可能是废水处理过程中投加的化学药剂带来的。当所含固体物质以有机物为主时称为污泥,而以无机物为主时称为泥渣。

22.1.1　污泥的种类

污泥的性质和组成主要取决于废水的来源,同时还和废水处理工艺有密切关系。按废水处理工艺的不同,污泥可分为以下几种:

(1) 初沉污泥(primary sludge)。来自城市污水和生活污水处理的初次沉淀池。

(2) 剩余污泥(wasted activated sludge)。来自城市污水和生活污水生物处理系统的二次沉淀池。当生物处理为生物膜法时产生的剩余污泥称为腐殖污泥;当生物处理为活性污泥法时产生的剩余污泥称为剩余活性污泥。

(3) 消化污泥(digested sludge)。初沉污泥和剩余活性污泥经厌氧消化处理后的污泥。

(4) 化学污泥(chemical sludge)。用混凝、化学沉淀等化学方法处理各类工业废水时所产生的污泥称为化学污泥。

22.1.2　污泥的特性

污泥的主要特性有以下几方面:

(1) 污泥固体。污泥中的总固体(total solid, TS)包括溶解物质和不溶解物质两部分。前者叫溶解固体,后者叫悬浮固体。总固体、溶解固体和悬浮固体,又可依据其中有机物的含量,分为稳定固体和挥发固体(volatile suspended solid, VSS)。挥发固体是指在600℃下能被氧化,并以气体产物逸出的那部分固体,它通常用来表示污泥中的有机物含量,而稳定固体则为挥发后的残余物。污泥固体的含量可用质量浓度表示(mg/L),也可用质量分数表示(%)。

(2) 污泥固体的组分。污泥固体的组分与污泥的来源密切相关,如来自于城市污水处理厂的污泥固体组分主要为蛋白质、纤维素、油脂、氮、磷等;来自于金属表面处理厂污水处理厂的污泥固体的组分则主要为各种金属氢氧化物或氧化物;来自于石油化工企业污水处理厂的污泥固体则含有大量的油。污泥固体组分的不同,污泥的性质也就不同,与此对应的处理及处置方法也就不同。表 22-1 为典型城市污水处理厂污泥固体的组成。

表 22-1 城市污水处理厂污泥固体的典型组成 (%)

组 分	初沉污泥		消化污泥		剩余污泥
	范围	典型值	范围	典型值	范围
总固体	5~9	6	2~5	4	0.8~1.2
挥发性固体	60~80	65	30~60	40	59~88
油 脂	6~30	—	5~20	18	—
蛋白质	20~30	25	15~20	18	32~41
纤维素	8~15	10	8~15	10	—
氮(以 N 计)	1.5~4	2.5	1.6~3.0	3	2.4~5.0
磷(以 P_2O_5 计)	0.8~2.8	1.6	1.5~4.0	2.5	2.8~11
钾(以 K_2O 计)	0~1	0.4	0~3.0	1	0.5~0.7

(3) 含水率。污泥中水的质量分数叫做含水率。与此对应,污泥中固体的质量分数叫做含固率。很显然,含固率和含水率之间存在如下关系:含固率 + 含水率 = 100%。如果某污泥的含固率为7%,则含水率必为93%。

污泥中的水分按存在状态的不同分为四种:游离水、絮体水、毛细水、粒子水。存在于污泥絮体空隙之间的游离水(间隙水),可借助污泥固体的重力沉降可部分分离出来。絮体水藏于絮体网络内部,只有靠外力改变絮体结构的形式才能部分分离。毛细水粘附于单个粒子之间,必须施加更大的外力,使毛细孔发生变形后,才能将其部分去除。粒子水是化学结合水,需要通过化学作用或高温处理,改变污泥固体的化学结构和水分子状态,方能将其去除,至于微生物细胞内存在的微量水分,只有在细胞破裂后,才能去除。

多数污泥都由亲水固体组成,因此含水率一般都很高。不同污泥,其含水率差异很大,对污泥特性及处理方式有重要影响。

(4) 污泥相对密度。污泥相对密度指污泥的重量与同体积水重量的比值。污泥相对密度主要取决于含水率和污泥中固体组分的相对密度。固体组分的相对密度愈大,含水率愈低,则污泥的相对密度也就愈大。城市污水及其类似污水处理系统排除的污泥相对密度一般略大于1。工业废水处理系统排出的污泥相对密度往往较大。污泥相对密度 S 与其组分之间存在如下关系:

$$S = \frac{1}{\sum_{i=1}^{n}\left(\frac{W_i}{S_i}\right)} \tag{22-1}$$

式中 W_i——污泥中第 i 项组分的质量分数;

S_i——污泥中第 i 项组分的相对密度。

若污泥仅含有一种固体成分(或者近似为一种成分),且含水率为 P(%),则上式可简化如下:

$$S = \frac{100S_1S_2}{PS_1 + (100-P)S_2} \tag{22-2}$$

式中 S_1——固体相对密度;

S_2——水的相对密度。

一般城市污泥中固体的相对密度 S_1 为 2.5,若含水率为 99%,则由式(22-2)可知其相对密度约为 1.006。

(5) 污泥体积与含水率的关系。污泥体积与污泥相对密度和含水率的关系如下:

$$V = \frac{M_s}{\rho_w S(100 - P)} \tag{22-3}$$

式中　V——污泥体积；

M_s——污泥中固体的质量；

ρ_w——水的密度。

对于含水率为 P_0、体积为 V_0 的污泥，经浓缩后含水率变为 P，体积变为 V，忽略浓缩过程中的质量损失，则依据质量平衡原理和式(22-3)可得：

$$V_0 \rho_w S_0 (100 - P_0) = V \rho_w S(100 - P) \tag{22-4}$$

将式(22-2)代入式(22-4)，整理后得：

$$V = V_0 \frac{[100S_2 + P(S_1 - S_2)](100 - P_0)}{[100S_2 + P_0(S_1 - S_2)](100 - P)} \tag{22-5}$$

当 S_1 与 S_2 及 P 与 P_0 接近时，可简化为

$$V = V_0 \frac{100 - P_0}{100 - P} \tag{22-6}$$

当城市污泥含水率大于80%时，可按简化式(22-6)计算污泥体积。由式(22-6)可知，当污泥的含水率由99%降到98%，由97%降到94%，或由95%降到90%，其污泥体积均能减少一半。由此可见，含水率愈高，降低污泥的含水率对减小其体积愈加明显。

(6) 污泥形态与含水率的关系。含水率的大小与污泥的形态密切相关，而污泥形态决定着污泥的输运方式。当含水率在90%以上时，污泥呈流体状态，其流动特性与水差异不大，可采用管道输送；当含水率在80%～90%之间时，污泥呈糊状，已经丧失了流动性；当含水率小于80%时，污泥呈柔软的固体状态。

22.1.3　污泥的数量

废水处理中产生的污泥数量，视废水水质与处理工艺而异。水质不同，同一体积的废水产生的污泥量不同；同一废水，处理工艺不同产生的污泥量也不同。例如，生活污水一级处理时，如果沉淀时间为1.5 h，每人每天产生的初次沉淀污泥量为0.4～0.5 L(含水率95%)；二级处理采用普通生物滤池时，每人每天产生的剩余污泥为0.1 L(含水率95%)；二级处理采用高负荷生物滤池时，每人每天产生的剩余污泥为0.4 L/d(含水率95%)；二级处理采用活性污泥法时，每人每天产生的剩余污泥为曝气池为2 L(含水率99.2%)。

污泥量的计算，可依据有关的设计手册，或根据处理工艺流程进行泥料平衡推算，最好是对类似处理厂进行实际测定。污泥的数量是处理构筑物工艺尺寸计算的重要数据。

22.2　污泥处理工艺

污泥处理是污水处理的重要组成部分。对于以活性污泥法为主的城市污水处理厂，污泥处理系统的建设投资约占污水处理厂总投资的20%～40%，污泥处理运营费用约占污水处理厂总运营费用的20%～30%，而污泥处理的投资和运营费用与选择的处理工艺密切相关。因此对污泥处理工艺的选择应当给予足够的重视。

污泥处理的目的是：减少污泥的体积，便于污泥的运输和最终处置；去除其中的有机物，使污泥稳定；杀灭其中的致病微生物，保证污泥的卫生安全。因此，污泥处理工艺主要由污泥的性质以及污泥最终处置的要求所决定。图22-1为以活性污泥法为主的城市污水二级处理厂污泥处

理典型流程。来自于一级处理的初沉污泥和二级处理的剩余污泥分别进入储泥池，以调节污水处理系统污泥的产生量和污泥处理系统处理能力之间的平衡；随后进行污泥浓缩，浓缩的方法有自然浓缩和机械浓缩，自然浓缩又分为重力浓缩和气浮浓缩，但目的均为大幅度地消减污泥体积，减小后续处理的水量负荷和污泥调理时的药剂投量；污泥稳定则是减少污泥中的有机物含量和致病微生物的数量，降低污泥利用的风险，稳定的方法有厌氧消化、好氧消化和化学稳定；调理则是提高污泥的脱水性能（减小污泥的比阻）；脱水的目的是进一步降低污泥的含水率，经脱水后的污泥可直接进行最终处置，也可经干化后再进行最终处置。

以无机物为主的工业废水处理系统产生的污泥处理流程则可省掉污泥稳定的操作单元（图 22-2）。目前在城市污水处理中普遍采用生物除磷的工艺，此时所产生的剩余污泥由于富含无机磷，进行重力浓缩时，由于浓缩池内的厌氧状态，会促使磷的释放，目前普遍的做法是经调理后直接进行机械浓缩和脱水（图 22-3），使用的主流设备为污泥浓缩脱水一体机。

污泥的最终处置有卫生填埋、用作绿化用肥或农家肥料及建筑材料等。具体处置方式主要由污泥的性质和最终用途所决定。

图 22-1　城市污水二级处理厂污泥处理典型流程

图 22-2　以无机物为主的工业污泥处理典型流程

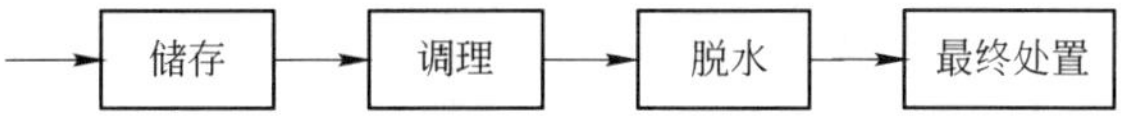

图 22-3　带有生物除磷的城市污水处理厂污泥处理典型流程

22.3 污泥浓缩

浓缩（thickening）的主要目的是减少污泥体积，以便后续的单元操作。例如剩余活性污泥的含水率高达99 %，若含水率减小为98%，则相应的污泥体积为原体积的一半，如果后续处理为厌氧消化，则消化池容积可大大缩小；如果进行湿式氧化，不仅加热所需的热量可大大减小，而且提高了污泥自身的比热容。污泥浓缩的技术界限大致为：活性污泥含水率可降至97% ~98%，初次沉淀污泥可降至90% ~92%。

污泥浓缩的操作方式有间歇式和连续式两种。通常间歇式主要用于污泥量较小的场合，而连续式则用于污泥量较大的场合。浓缩方法有重力浓缩（gravity thickening）、气浮浓缩（flotation thickening）和离心浓缩（centrifugal thickening），其中重力浓缩应用最广。

22.3.1 重力浓缩

污泥颗粒在重力浓缩池中的沉淀行为属于分层沉淀，其沉淀过程如图 22-4 所示。取一定体积的污泥（浓度大于1000 mg/L）置于有刻度的沉降筒内，搅拌均匀后让其静置沉降。假定起始的液面高度为 H_0，污泥浓度为 C_0。沉降开始不久沉降筒内的污泥即出现分层现象，最上面为清水层，其下为浓度均匀的匀降层，再下面为浓度渐变的过渡层，最下面是浓度又趋均匀的压缩层。四层之间有三个界面（Ⅰ、Ⅱ和Ⅲ）。随着沉淀时间的延长，界面Ⅰ（浑液面）以等速 v_1 下沉；界面

Ⅱ和界面Ⅲ分别以变速 $v_{Ⅱ}$ 和 $v_{Ⅲ}$ 上升。到某一时刻，界面Ⅰ和Ⅱ首先重合，匀降层消失，浑液面由匀速下降转入变速下降，并且速度逐渐减慢。此后不久，界面Ⅲ又与浑液面重合，此时的浑液面叫临界面，其上为清水区，下面是浓度为 C_2 和高度为 H_2 的压缩层。记录不同时间浑液面的高度，并以沉降时间为横坐标，浑液面高度为纵坐标，所得的曲线即为浑液面的沉降曲线（图22-5）。该曲线分三段，上部为均匀沉降段，中部为减速沉降段，下部为最终压缩沉降段。曲线上任一点的斜率，即为浑液面在该高度处的下降速度。一般认为，临界面出现时的下降速度 v_2 可近似等于匀降速度 $v_Ⅰ$ 和最终压缩沉降速度 v_u 的平均值。由此可求出临界面在曲线上的位置 K。引上下两线段上的切线 AB 和 CD，其夹角等分线与曲线的交点即为 K 点。

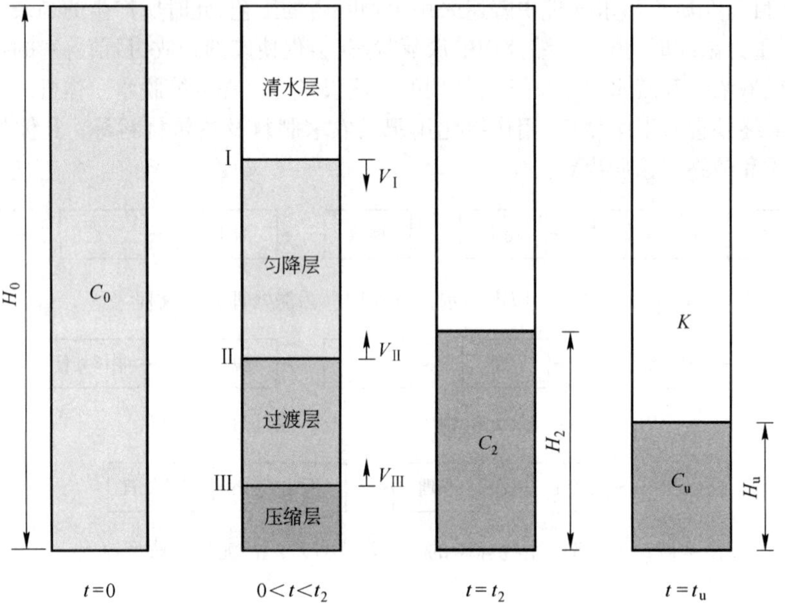

图22-4 分层沉降过程

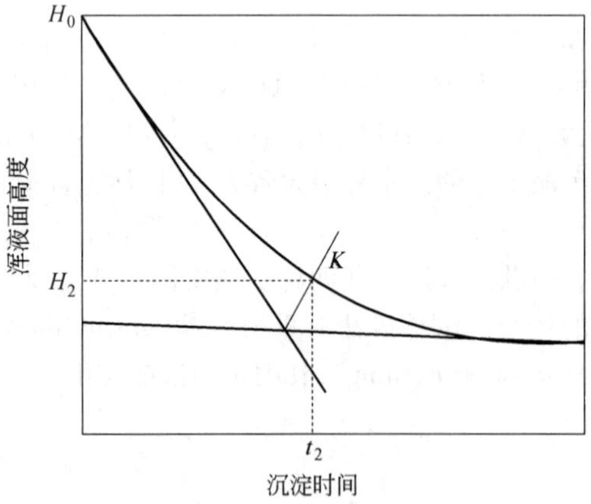

图22-5 沉降曲线

间歇式重力浓缩池的工作状况与上面描述的沉降过程相同。浓缩池的设计可按相同沉淀试验下所需的沉淀时间进行设计。

连续式重力浓缩池的构造与沉淀池相同，其基本工作状况可由如图22-6所示的竖流式浓缩

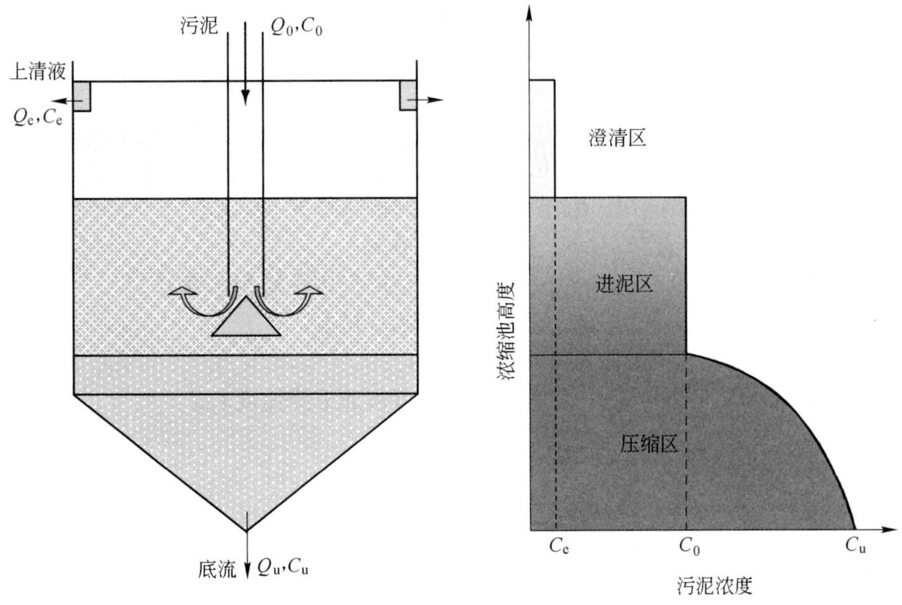

图 22-6 连续式重力浓缩池的工作状态

池说明。被浓缩的污泥由中心筒进入浓缩池,浓缩后的污泥由池底(底流)排出,澄清水由溢流堰溢出。浓缩池沿高程可大致分为三个区域:顶部为澄清区;中部为进泥区;底部为压缩区。进泥区的污泥固体浓度与被浓缩污泥的固体浓度 C_0 大致相同;压缩区的浓度则愈往下愈浓,到排泥口达到要求的浓度 C_u;澄清区与进泥区之间有一污泥面(即浑液面),其高度由排泥量 Q_u 控制,通过调节底流流量可改变浑液面的高度和污泥的压缩程度。

设计重力浓缩池时,最主要的是确定水平断面积 A_t。计算 A_t 的方法很多,下面简要介绍其中的两种。

22.3.1.1 沉降曲线简化计算法

沉降曲线简化计算法主要步骤如下(参见图 22-7):

(1) 通过沉降试验绘制沉降曲线,求出临界面位置 $K(H_2, t_2)$;

(2) 由关系式 $H_u = H_0C_0/C_u$ 求出 H_u 值,其中 C_u 为要求的浓缩池底流排泥浓度,H_u 为沉降曲线上对应于 C_u 时的浑液面高度;

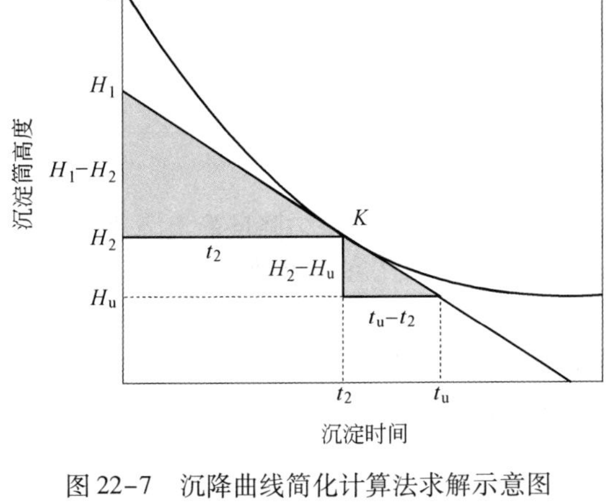

图 22-7 沉降曲线简化计算法求解示意图

(3) 由 H_u 引水平线，与过 K 点的切线相交，交点的横坐标为 t_u；

(4) 由 $A_t = Q_0 t_u / H_0$，即可求出浓缩池面积 A_t。

沉降曲线简化计算法的依据如下：

由沉淀筒的物料衡算可得：

$$H_0 A C_0 = H_u A C_u \quad 或 \quad H_u = H_0 C_0 / C_u \tag{22-7}$$

浓缩开始(H_2，C_2)和浓缩结束(H_u，C_u)时，排出的清水量 W 为：

$$W = A(H_2 - H_u) \tag{22-8}$$

排出的水量与浓缩时间($t_u - t_2$)的比值，即为此段时间内平均产水率 Q'：

$$Q' = \frac{W}{t_u - t_2} = \frac{A(H_2 - H_u)}{t_u - t_2} \tag{22-9}$$

由临界点 K 引切线，可得浓缩开始(H_2，t_2)时的浑液面下降速度 v_2：

$$v_2 = (H_1 - H_2)/t_2 \tag{22-10}$$

此时，瞬时产水率 Q'' 为：

$$Q'' = A v_2 = A(H_1 - H_2)/t_2 \tag{22-11}$$

当浓缩池处于连续稳态工作时，Q' 和 Q'' 相等，同为溢流率，即

$$(H_2 - H_u)/(t_u - t_2) = (H_1 - H_2)/t_2 \tag{22-12}$$

如图 22-7 所示，由 H_u 引水平线，交于过 K 点的切线，其横坐标为 t_u，即得两相似三角形，相似边能满足式(22-12)，故知由 H_u 绘图求 t_u 的方法正确无误。

在 t_u 时间内，进入浓缩区的平均固体量为 $C_u H_u A_t$，则单位时间平均固体浓缩率为：

$$C_u H_u A_t / t_u \quad 或 \quad C_0 H_0 A_t / t_u \tag{22-13}$$

在连续稳态条件下，进入浓缩池的固体入流率($Q_0 C_0$)应等于浓缩池的固体浓缩率；

$$Q_0 C_0 = C_0 H_0 A_t / t_u \quad 或 \quad A_t = Q_0 t_u / H_0 \tag{22-14}$$

22.3.1.2　固体通量曲线法

固体通量指的是单位时间通过浓缩池某一断面单位面积的固体质量，单位为 $kg/(m^2 \cdot h)$。在连续式重力浓缩池内，通过任一浓缩断面 i 的固体通量 G 等于固体静沉引起的通量 G_s 和底流排泥引起的通量 G_b 之和：

$$G = G_s + G_b \tag{22-15}$$

其中，固体静沉引起的通量 G_s 等于该断面的固体浓度 C_i 和对应的界面沉速 v_i 之积，即：

$$G_s = v_i C_i \tag{22-16}$$

底流排泥引起的通量 G_b 等于该断面的固体浓度 C_i 与排泥引起的液面下降速度 u 之积，即：

$$G_b = \frac{Q_u}{A} C_i = u C_i \tag{22-17}$$

式中　Q_u——底流流量；

A——浓缩池断面面积。

在不同浓度的沉降曲线图上(图 22-8)，取匀降层静沉降速度 v_i 值(即直线段的斜率)与相应的污泥浓度 C 的乘积以绘成 $G_s(vC)$ 和 C 的关系曲线，该曲线为静沉引起的固体通量曲线。对连续式浓缩池，底流排泥流量 Q_u 不变，故 u 为一常数值，由此可知底流排泥引起的固体通量 G_b 和浓度 C_i 成直线关系。将静沉通量和底流排泥通量叠加，得总通量曲线(图 22-9)。

假定池顶溢流固体浓度为零，则进入稳态连续工作浓缩池的固体总量 $Q_0 C_0$ 应等于断面积和通量的乘积：

$$Q_0 C_0 = A_t G \quad 或 \quad A_t = Q_0 C_0 / G \tag{22-18}$$

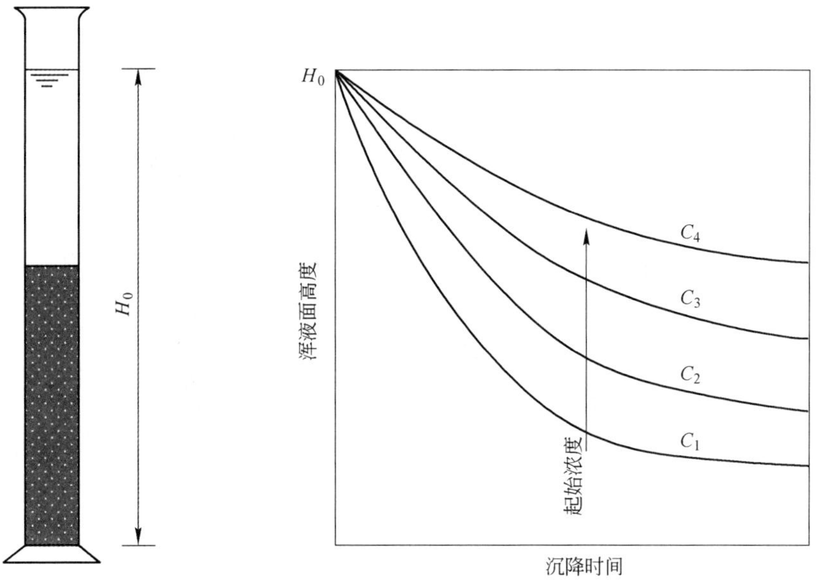

图 22-8　不同污泥浓度下的沉降曲线

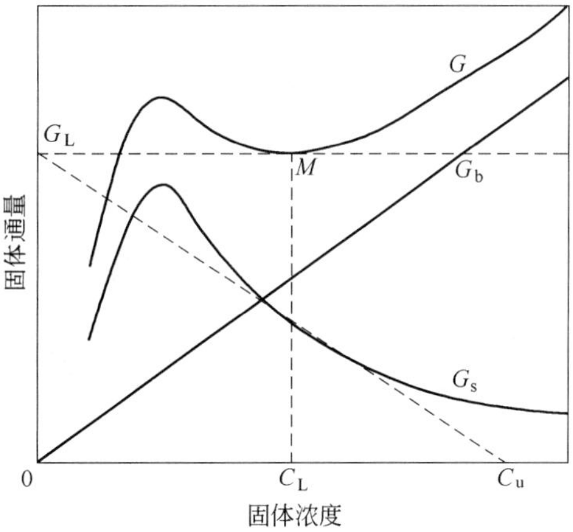

图 22-9　固体通量计算法示意图

当 Q_0C_0为定值时，G 愈小，则 A_t愈大；即采取最小通量 G_L，所对应面积 A_L为浓缩池的设计面积，技术上最为可靠。总通量曲线上极小值在 M 点，其纵坐标 G_L即为最小通量值（也称为极限通量值）。在 G_b线上与 G_L相应的浓度值 C_u，即为底流排泥浓度。

在具体计算时，可用简化方法：作出静沉通量曲线 G_s，在横坐标上找到给定的 C_u值，通过（C_u,0）点作曲线 G_s的切线，其纵坐标截距即为 G_L值，将 G_L值代入式（22-14），即可求出浓缩池设计面积 A_L。

重力浓缩池也可按现有的经验数据进行设计计算。但对于工业废水污泥来说，由于浓缩池的负荷随污泥种类不同而有显著差异，因此，最好还是经过试验来确定污泥负荷及断面积的大小。

图 22-10 是设有搅拌栅条的重力浓缩池。当栅条随刮泥机缓慢移动时（2 ~ 20 cm/s），可以破坏污泥网状结构和胶着状态，促使其中的水分及气泡的释放，提高固体沉降速度和静沉固体通量，采取这种措施通常可提高浓缩效率 20% 。中小型池多用重力排泥，一般不设搅拌栅条。

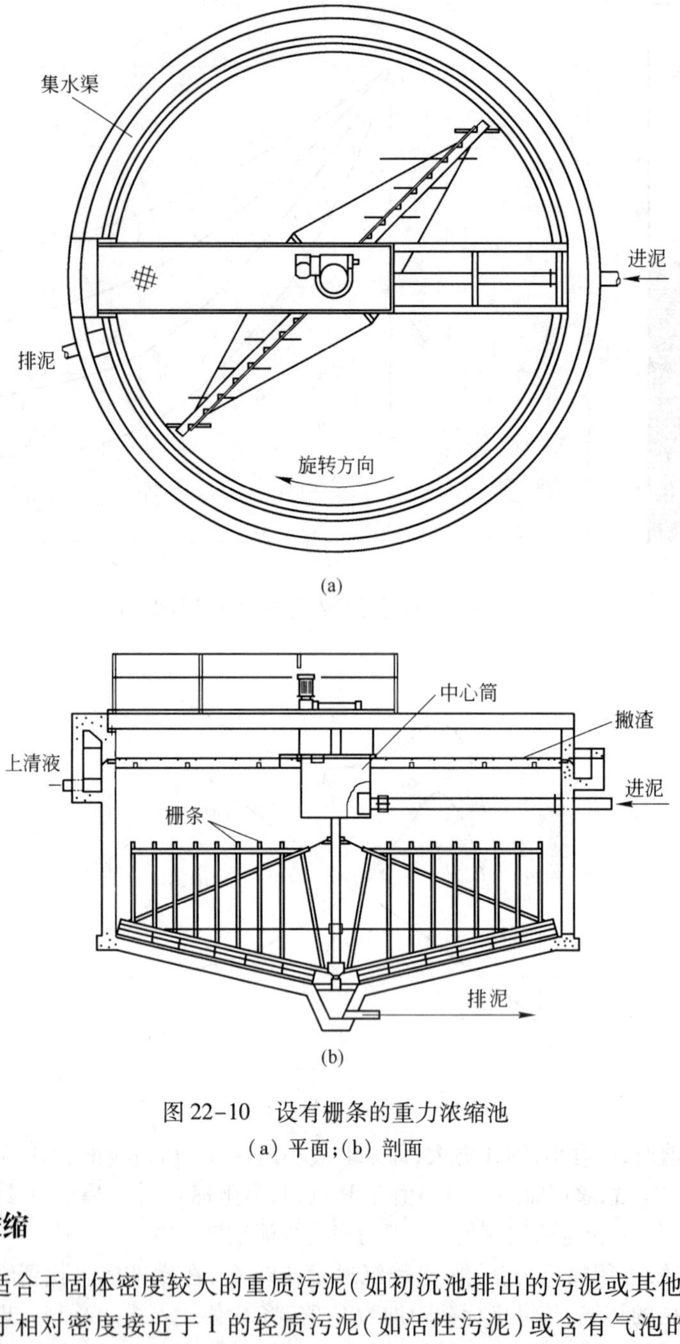

图 22-10　设有栅条的重力浓缩池

(a) 平面;(b) 剖面

22.3.2　气浮浓缩

重力浓缩法适合于固体密度较大的重质污泥(如初沉池排出的污泥或其他以无机固体为主的工业污泥),对于相对密度接近于 1 的轻质污泥(如活性污泥)或含有气泡的污泥(如消化污泥),效果不佳,在此情况下,可采用气浮浓缩法。气浮浓缩的工艺流程见图 22-11,澄清水从池底引出,一部分排走,另一部分用水泵回流。通过水射器或空压机将空气引入,然后在溶气罐内溶入水中。溶气水经减压阀进入混合池,与流入该池的新污泥混合。减压析出的空气泡附着于污泥固体上,形成密度小于 1 的混合体,一起浮于水面形成浮渣,由刮渣机刮出从而得到泥水分离和污泥浓缩。采用回流充气的优点是节省新水、管理方便;缺点是增加回流系统电耗。

气浮浓缩池设计的主要参数为气固比,其定义为浓缩单位质量的污泥固体所需的空气质量,该值可按下式计算:

$$\frac{A}{B}=\frac{(QS_a+QRfS_ap)-(R+1)QS_a}{QC_0}=\frac{RS_a(fp-1)}{C_0} \tag{22-19}$$

式中　A——气浮池释放出的气体量，kg/h，等于进、出池溶解气体量的差值；

B——流入的污泥固体量，kg/h；

Q——流入的污泥量，m^3/h；

C_0——污泥浓度，kg/m^3；

R——回流比，一般采用 $R\geqslant 1$；

S_a——常压下空气在回流中的饱和浓度，kg/m^3；20℃时，$S_a=24$ mg/L；

p——溶气罐压力（绝对压力），一般采用 0.3 MPa；

f——空气在回流水中的饱和浓度，一般气浮系统中，$f=0.5\sim0.8$，H－R 型系统（一种在溶气罐中能使游离空气与污水进行循环混合的气浮设备）中，f 可达 0.95。

上式分子中的第一项 QS_a 为新污泥所携带的空气量，若为活性污泥或好氧消化污泥，可近似认为处于饱和状态；若为初次沉淀污泥，则 $QS_a=0$。

气浮浓缩的浓缩效果随气固比的增加而提高，一般气固比以 0.03～0.1 为宜。在溶气罐内的停留时间约为 1～3 min。

用于污泥浓缩的气浮池结构与水处理用的气浮池相同（图 22-11），有关的工艺设计参数如下：固体负荷为 2.5～25 kg/(m^2·h)；水力负荷为 0.22～0.9 m^3/(m^2·h)；停留时间约为 30～120 min。当投加聚合电解质时，获得的固体浓度平均为 5%～6%，固体回收率达 98%；如不投加凝聚剂，分别为 4.6% 和 90%。

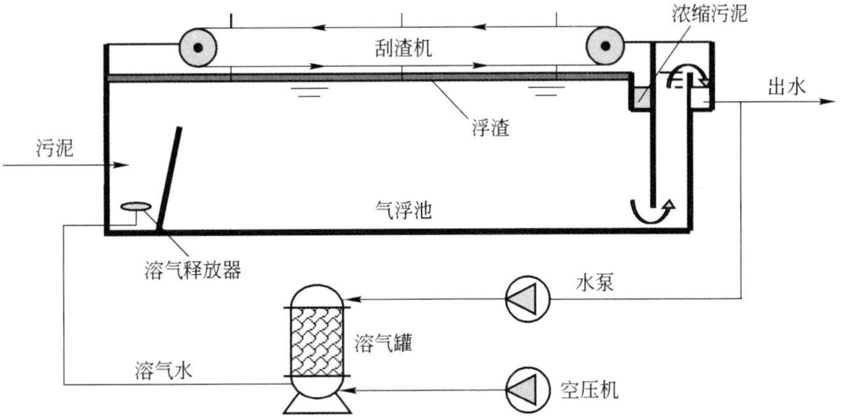

图 22-11　气浮池及压力容器系统

22.3.3　离心浓缩

重力浓缩所需的设备少，管理简单，运行费用低，是传统的污泥浓缩方法。但该方法占地大，浓缩效率低。随着城市污水处理中普遍采用生物除磷工艺，重力浓缩池中氧化还原电位较低，甚至可达厌氧状态，因此易于形成磷的释放。近年来，浓缩池有采用机械浓缩，尤其是离心浓缩的趋势。

离心浓缩是利用离心力达到污泥浓缩的目的。离心浓缩时对污泥固体的密度和浓度无特殊要求，浓缩程度主要与离心机内筒直径及转速有关。有关离心浓缩的设备见污泥脱水部分。试验和运行结果表明，离心机能将含固率浓度为 0.5% 的活性污泥浓缩到 5%～6%，不但效率高、时间短、占地少,而且卫生条件好。

22.4 污泥调理与脱水

通过物理、化学或物理化学作用改善污泥的脱水性能的操作称为调理(conditioning)。通过调理可改变污泥的组织结构,减小污泥的黏性,降低污泥的比阻,从而达到改善污泥脱水性能的目的。污泥经调理后,不仅脱水压力可大大减少,而且脱水后污泥的含水率可大大降低。

将污泥含水率降低到80%~85%以下的操作叫做脱水(dewatering)。脱水后的污泥具有固体特性,成泥块状,能装车运输,便于最终处置与利用。脱水的方法有自然脱水和机械脱水。自然脱水的方法有干化场,所使用的外力为自然力(自然蒸发、渗透等);机械脱水的方法有真空过滤、压滤、离心脱水等,所使用的外力为机械力(压力、离心力等)。

22.4.1 污泥调理

为了改善污泥的过滤性能,即降低比阻和黏性,减小压缩系数,通常采用调理措施。调理的作用在于通过物理、水力或化学的措施,改变污泥的物理结构,使之有利于过滤操作的进行。

22.4.1.1 化学调理

化学调理(chemical conditioning)是向污泥中投加各种絮凝剂,使污泥中的细小颗粒形成大的絮体并释放吸附水,从而提高污泥的脱水性能。调理所使用的药剂分为无机调理剂和有机调理剂。无机调理剂有三氯化铁、三氯化铝、硫酸铝、聚合铝等;有机调理剂有聚丙烯酰胺等。无机调理剂价格低廉,但会增加污泥量,而且污泥等 pH 值对调理效果影响较大;而有机调理剂则与之相反。综合应用2~3种絮凝剂,混合投配或顺序投配能提高效能。

城市污水处理厂污泥采用有机调理剂时的典型投量见表22-2,设计时可供选择。

表22-2 典型污泥的高分子混凝剂投量 (kg/t)

污泥种类	带式压滤机	离心脱水机
初沉污泥	1~4	1~2.5
剩余活性污泥	4~10	5~8
初沉污泥与剩余活性污泥	2~8	2~5
初沉污泥与生物滤池剩余污泥	2~8	—
初沉污泥经厌氧消化后	2~5	3~5
初沉污泥和剩余污泥经厌氧消化后	1.5~8.5	2~5

22.4.1.2 物理调理

物理调理(physical conditioning)有加热、冷冻、添加惰性助滤剂和淘洗等方法。如污泥经过160~200℃和1~1.5 MPa的高温加热和高压处理后,不但可破坏胶体结构,提高脱水性能(比阻降至$0.1\times10^9\ s^2/g$),而且还能彻底杀灭细菌,解决卫生问题。但缺点是气味大、设备易腐蚀。污泥经反复冷冻后能破坏污泥中的固体与结合水的联系,提高过滤能力。人工冷冻成本较高,自然冷冻法则受气候条件的影响,故采用均较少。向污泥中投加无机助滤剂,可在滤饼中形成孔隙粗大的骨架,从而形成较大的絮体,减小污泥过滤比阻,常用的无机助滤剂有污泥焚化时的灰烬、飞灰、锯末等。

在各种物理调理方法中,淘洗(也称水力调理)是最常用的方法。淘洗的原理是利用处理过的废水与污泥混合，然后再澄清分离，以此冲洗和稀释原污泥中的高碱度，带走细小固体。水力淘洗主要用于对消化污泥的调理，通常消化污泥中的碱度很高，投加的酸性药剂（如三氯化铁和硫酸铝等）会与之反应，需要消耗大量药剂，通过淘洗可降低污泥的碱度，降低药剂消耗。此外，污泥中的细小固体不仅是化学药剂的主要消耗者，而且易堵塞滤饼，增加过滤阻力，通过淘洗将其冲走，可大大提高污泥的过滤性能。淘洗工艺通常采用多级逆流方式进行，淘洗液中的 BOD 和 COD 含量较高，需回流到废水处理设备去重新处理。

22.4.2 自然脱水

利用自然力（蒸发、渗透等）对污泥进行脱水的方法称为自然脱水。自然脱水的构筑物为污泥干化场（sludge drying bed），也叫做干化床或晒泥场。污泥干化场的脱水包括上部蒸发、底部渗透、中部放泄等多种自然过程，其中，蒸发受自然条件的影响较大，气温高、干燥、风速大、日晒时间长的地区效果好，寒冷、潮湿、多雨地区则效果较差；渗透作用主要与干化场的渗水层结构有关。根据自然条件和渗水层特征，干化期由数周至数月不等，干化污泥的含水率可降至65% ~75%。

干化场一般由大小相等宽度不大于 10 m 的若干区段组成（图 22-12），围以土堤，堤上设干渠和支渠用以输配污泥（也可采用管道输送，设干管和支管）。渠道底坡度采用 0.01 ~ 0.03，支渠沿每块干化场的长度方向设几个放泥口，向干化场均匀配泥。每块干化场的底部设有 30 ~ 50 cm的渗水层，深水层的结构为上层细砂，中层粗砂，底层为碎石或碎砖。渗水层下为 0.3 ~ 0.4 m 厚的不透水层，坡向排水管。排水管采用陶土管，管径为 75 ~ 150 cm，每块干化场设 1 ~ 2 排，埋深 1 ~ 1.2 m，各节排水管之间不接口，留有缝隙，以便于接纳下渗的废水，排水管的坡度采用 0.002 ~ 0.005，废水最后汇集于排水总渠。此外，在每块干化场的两侧设置若干排水井，用以收集从干化场不同高度放泄的上清液。

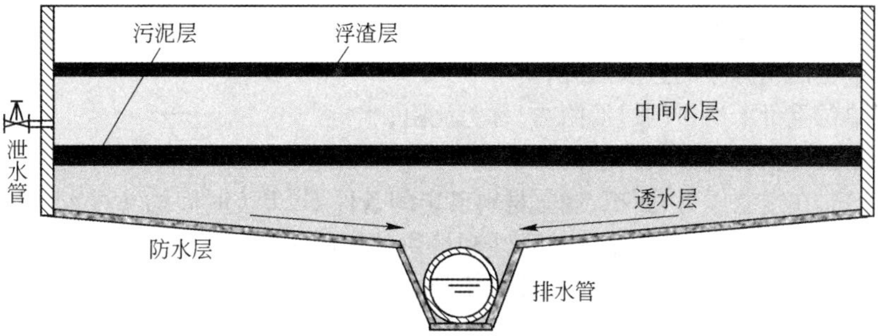

图 22-12 污泥干化场的横断面结构

污泥干化场采用间歇、周期运行，每次排放的污泥只存放于 1 或 2 块干化场上，泥层厚约 30 ~ 50 cm，下一次排泥进入另外 1 ~ 2 块上，各组干化场依次存泥、干化和铲运。

污泥干化场设计的主要内容为确定有效面积、进泥周期、围堤高度、渗水层结构、污泥输配系统及排水设施等。

干化场的有效面积 A（m^2）按下式计算：

$$A = \frac{V}{h} T \tag{22-20}$$

式中 V——污泥量，m^3/d；

h——干化场每次放泥高度，一般采用 0.3 ~ 0.5 m；

V/h——每天污泥需要的存放面积，应等于每块干化场面积的整数倍；

T——污泥干化周期，即某区段两次放泥相隔的天数，该值取决于气候条件及土壤条件。

考虑到土堤等所占面积，干化场实际需要的面积应比 A 增大20% ~40%。

围堤高度在最低处一般取0.5 ~0.7 m，最高处根据渠道坡度推算。冰冻期长的地区，应适当增高围堤。若污泥最终用作肥料，也可将冻结污泥运走，以节省场地。

污泥干化场的特点是简单易行、污泥含水率低，缺点是占地面积大、卫生条件差、铲运干污泥的劳动强度大。

22.4.3 机械脱水

利用机械力对污泥进行脱水的方法称为机械脱水。机械力的种类有压力、真空力、离心力等，对应的脱水方式称为过滤脱水和离心脱水，相应的设备为压力过滤机、真空过滤机和离心机。

22.4.3.1 过滤脱水

过滤脱水(filter presses)是在外力(压力或真空)作用下，污泥中的水分透过滤布或滤网，固体被截留，从而达到对污泥脱水的过程。分离的污泥水送回废水处理设备进行重新处理，截留的固体以泥饼的形式剥落后运走。

污泥过滤性能主要取决于滤饼和滤布(或滤网)的阻力。过滤机的脱水能力可用下式(Darcy方程)表示：

$$\frac{\mathrm{d}V}{\mathrm{d}t}=\frac{pA^2}{\mu(rCV+RA)} \qquad (22\text{-}21)$$

式中 V——滤过水的体积；

t——过滤时间；

p——过滤推动力(过滤介质两侧的压力差)；

A——有效过滤面积；

μ——过滤水的黏度；

R——单位面积滤布的过滤阻力；

r——单位重量干滤饼的过滤阻力，称为比阻；

C——单位体积滤过水所产生的滤饼重。

由上式可知，在过滤压力、面积、滤布材料已定的条件下，单位时间的滤过水量与滤液的黏性和滤饼的阻力成反比，也就是说，滤液的黏性和滤饼的比阻决定了污泥的脱水性能。一般而言，污泥颗粒小，粒径不均匀，有机颗粒和有机溶质较多时，黏性和比阻就大，相应的过滤性能就差；反之，过滤性能就好。

将式(22-21)积分，得：

$$\frac{t}{V}=\frac{\mu rC}{2pA^2}V+\frac{\mu R}{pA} \qquad (22\text{-}22)$$

由上式可见，过滤脱水时滤液的体积与过滤时间和滤液体积的比值成正比。相对于泥饼而言，一般滤布的阻力很小，可忽略不计，式(22-22)可简化为：

$$\frac{t}{V}=\frac{\mu rC}{2pA^2}V$$

选择过滤机的关键是确定污泥的比阻 r。污泥比阻的测定可在实验室进行。将式(22-22)改写为：

$$\frac{t}{V}=\frac{\mu rC}{2pA^2}V+\frac{\mu R}{pA}=bV+a$$

取一定量的污泥，采用图 22-13 所示的设备，测定不同真空度 p 下不同时间 t 的滤液体积 V，然后将 V 与 t/V 值绘于图上可得一直线（图 22-14），直线的斜率为 b，截距为 a，依据 b 和 a 的值可求得对应的 r 和 R：

$$r=\frac{2bpA^2}{\mu C} \quad 和 \quad R=\frac{apA}{\mu} \tag{22-23}$$

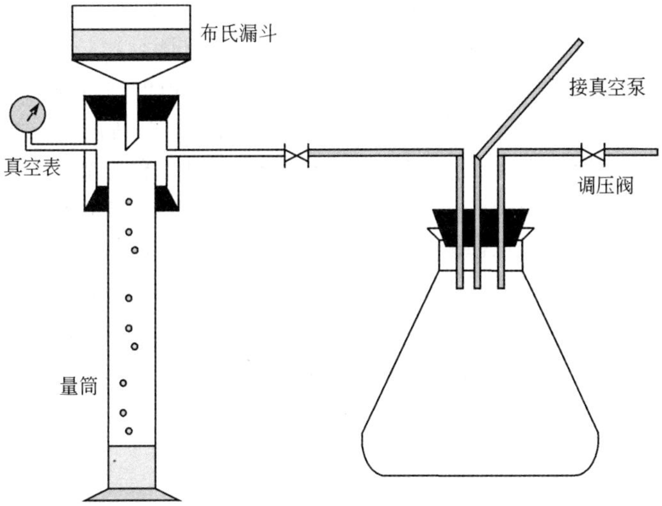

图 22-13　污泥比阻测定装置

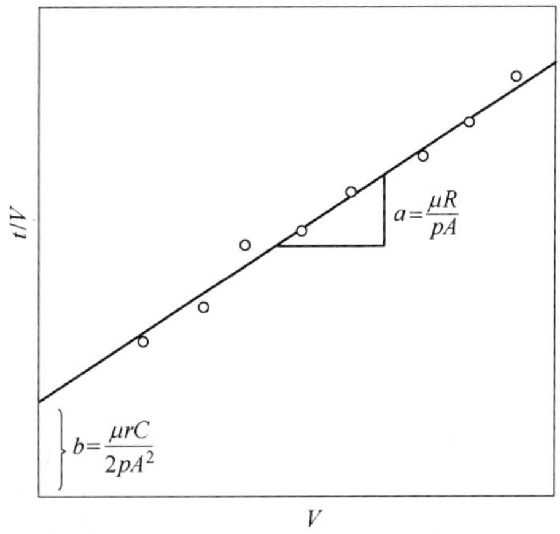

图 22-14　污泥比阻计算图

此外，污泥的比阻还与滤饼的可压缩性有直接关系。如果滤饼本身松散，受压时易变形，导致污泥密度增大，则对应的比阻也会随之增大；反之，如果滤饼颗粒比较密实，且具有较坚硬的空间结构，则受压时不易变形，对应的比阻也就较小。表征比阻与压力的关系通常用下式表示：

$$r=r'p^s \tag{22-24}$$

式中　p——压力；

s——压缩系数；

r'——常数；

式(22-24)中的压缩系数表示滤饼的可压缩程度。对于难压缩的污泥,例如砂等,其压缩系数 $s=0$,此时比阻与压力无关,增加过滤压力并不会增加比阻,因此,可以通过增压提高过滤机的生产能力。但像活性污泥这样的易压缩污泥,增大压力,比阻也随之增加,此时增压对提高生产能力并无显著效果。

过滤脱水的方法有真空过滤和压力过滤。真空过滤主要有转筒式、绕绳式和转盘式过滤机;压力过滤主要有板框压滤机和带式压滤机,此外,在此基础上还发展了许多改型的过滤设备。以下主要论述生产上最为常用的转筒式真空过滤机和带式压滤机。

(1) 转筒式真空过滤机。转筒式真空过滤机(vacuum filter)的结构见图22-15,主要设备由两大部分组成;半圆形污泥槽和过滤转筒。转筒半浸没在污泥中,转筒外覆滤布,筒壁分成的若干隔间,分别由导管连于回转阀座上。根据转动时各隔间所处位置的不同,与固定阀座上抽气管或压气管接通。当隔间位于过滤段时,与抽气管接通,污泥水通过滤布被抽走,固体被截留于滤布上。当转到脱水段时,仍与抽气管接通,水分继续被抽走,泥层逐渐干燥,形成滤饼。当转到排泥段时,由真空抽吸,改为正压吹脱段,滤饼被吹离滤布,并用刮刀刮下,通过装运小斗或皮带运输机将其运走。泥槽底部设有搅拌器,用以防止固体沉积。真空过滤机的转筒圆周速度为0.75 ~1.1 mm/s,真空度为40 ~81.3 kPa(过滤段)和66.7 ~94.6 kPa(脱水段)。所形成的滤饼厚度视污泥浓度和转筒转速而异,一般约为2 ~6 mm。

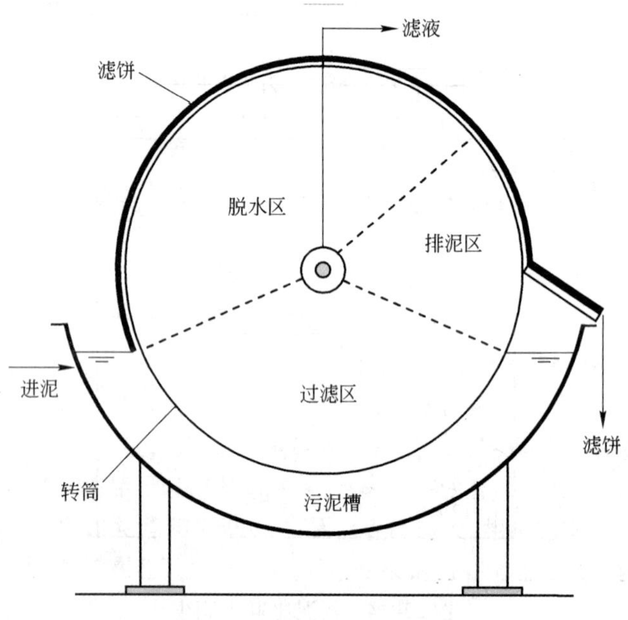

图22-15 转筒式真空过滤机

转筒式真空过滤机的特点是适应性强、连续运行、操作平稳、全过程自动化。它的缺点是多数污泥须经调理才能过滤,且工序多、费用高。此外,过滤介质(滤网或滤布)紧包在转筒上,再生与清洗不充分,容易堵塞。

(2) 带式压滤机。带式压滤机(belt filter)的结构见图22-16,它由上下两组同向移动的回转带组成,上面为金属丝网做成的压榨带,下面为滤布做成的过滤带。污泥由一端进入,在向另一端移动的过程中,先经过浓缩段,主要依靠重力过滤,使污泥失去流动性,然后进入压榨段。由于上、下两排支承滚压轴的挤压而得到脱水。滤饼含水率可降至80%～85%。这种脱水设备的特点是把压力直接施加在滤布上,用滤布的压力或张力使污泥脱水,而不需真空或加压设备,因此它消耗动力少,并可以连续运行。带式压滤机工艺简单,是目前广为采用的污泥脱水设备。

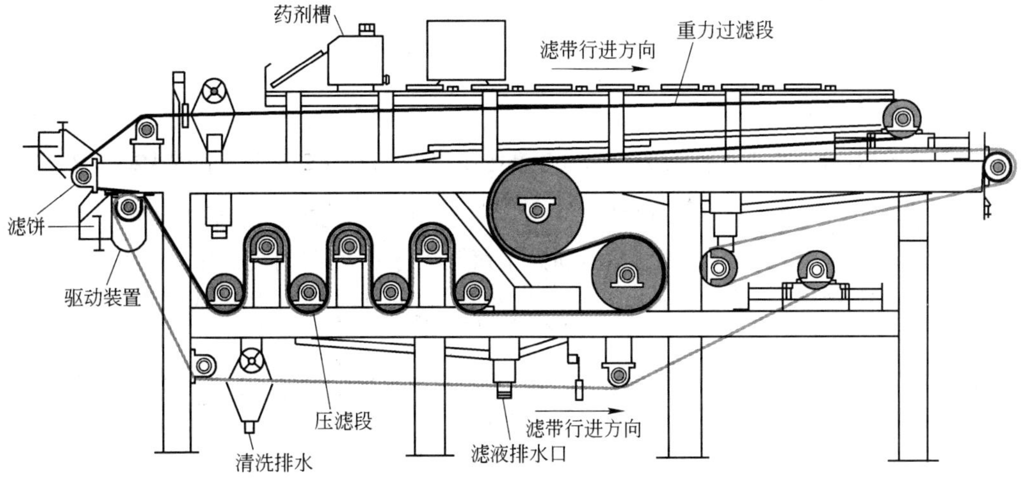

图22-16 带式压滤机

22.4.3.2 离心脱水

利用离心力的作用达到对污泥脱水的过程称为离心脱水。当污泥颗粒随流体做旋转运动时,作用在颗粒上的离心力为:

$$F_C = m_e\omega^2 r = (\rho_s - \rho)V_p\omega^2 r \tag{22-25}$$

式中 F_C——离心力;

m_e——颗粒质量;

ω——流体运动的角速度;

r——颗粒距圆心的距离;

ρ_s——颗粒密度;

ρ——流体密度;

V_p——颗粒体积。

颗粒运动时的流体阻力:

$$F_D = \frac{1}{2}\rho C_D A v^2 \tag{22-26}$$

式中 F_D——流体阻力;

C_D——阻力系数;

A——颗粒的横截面积;

v——颗粒运动速度。

忽略重力,依据牛顿第二定律,可得:

$$\rho_s V_p \frac{dv}{dt} = (\rho_s - \rho)V_p\omega^2 r - \frac{1}{2}\rho C_D A v^2 \tag{22-27}$$

将 $v = dr/dt$ 代入上式并整理后可得:

$$\frac{d^2 r}{dt^2} + C_D\frac{\rho}{\rho_s}\frac{3}{4d}\left[\frac{dr}{dt}\right]^2 - \frac{\rho_s - \rho}{\rho_s}\omega^2 r = 0 \tag{22-28}$$

当颗粒的运动处于层流状态时，阻力系数 C_D 与雷诺数 Re 的关系为：

$$C_D = \frac{24}{Re} \tag{22-29}$$

将式(22-29)代入式(22-28)，得：

$$\frac{d^2r}{dt^2} + \frac{18\mu}{\rho_s d^2}\frac{dr}{dt} - \frac{\rho_s - \rho}{\rho_s}\omega^2 r = 0 \tag{22-30}$$

式中 μ——流体的动力黏度。

式(22-30)对应的边界条件为 $T=0, r=0$ 和 $\frac{dr}{dt}=0$。积分式(22-30)可求得解析解，从而求得在给定颗粒粒径、密度和旋转角速度下颗粒从离心机中心筒运动到 r 时所需的时间，该数值是离心机设计和选型的重要指标。当颗粒运动处于紊流状态下，可将对应的阻力系数表达式代入式(22-28)，此时，所得的 r 与 t 的关系式为二阶非线性微分方程，必须通过数值计算确定相关的关系。

完成离心脱水的设备为离心机(centrifuger)。离心机的种类很多，其中以中、低速转筒式离心机在污泥脱水中应用最普遍。该机的主要构件是转筒和装于筒内的螺旋输泥机(图22-17)。污泥通过中空轴连续进入筒内，由转筒带动污泥高速旋转，在离心力的作用下，向筒壁运动，达到泥水分离。螺旋输泥机与转筒同向旋转，但转速不同，使输泥机的螺旋刮刀对转筒有相对转动，将泥饼由左端推向右端，最后从排泥口排出，澄清水则由另一端排水口流出。

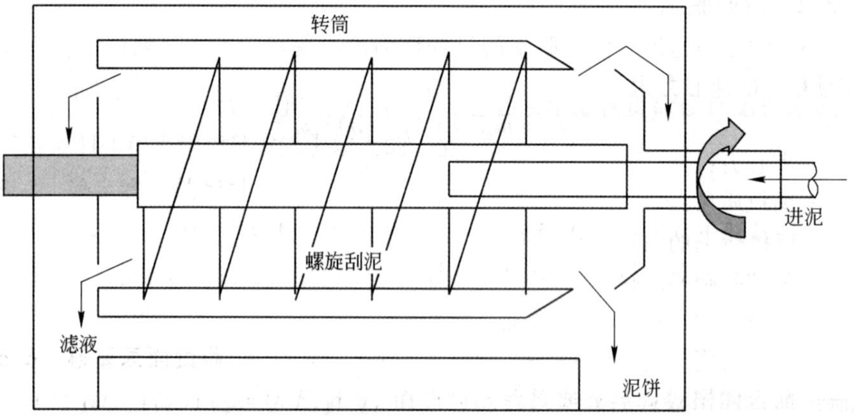

图22-17 离心脱水机

经离心机脱水的污泥的特性按初次沉淀污泥、消化后的初次污泥、混合污泥、消化的混合污泥顺序，其含水率相应可降至65%～75%(前两者)和76%～82%(后两者)；固体回收率为85%～95%(前两者)及50%～80%和50%～70%。若投加调理剂，四种污泥的回收率可高于95%。显而易见，离心脱水机排出的“滤液”含有大量的悬浮固体，必须返回污水处理系统进行重新处理。

离心机的优点是设备小、效率高、分离能力强、操作条件好(密封、无气味)；缺点是制造工艺要求高、设备易磨损、对污泥的预处理要求高，而且必须使用高分子聚合电解质作为调理剂。

22.5 污泥稳定

城市污水及各种有机废水处理过程中产生的污泥都含有大量有机物，如果将这种污泥投放到自然界,其中的有机物在微生物的作用下,会继续腐化分解,对环境造成各种危害,所以需采用措施降低其有机物含量或使其暂时不产生分解,通常这一过程称为污泥稳定(sludge stabilization)。

污泥之所以不稳定是其中不仅含有大量的有机物和微生物,而且其环境适宜于微生物的继续作用。因此,污泥稳定就是去除或减少其中的有机物,抑制或杀灭其中的微生物,或改变污泥的环境条件使之不适于微生物的生存,以上途径均可达到消除或减缓微生物对污泥的腐化分解作用。

污泥稳定的方法有生物法和化学法。生物稳定(biological stabilization)就是在人工条件下加速微生物对污泥中有机物的分解,使之变成稳定的无机物或不易被生物降解的有机物的过程;化学稳定(chemical stabilization)是向污泥中投加化学药剂杀死微生物,或改变污泥的环境使微生物难以生存,从而污泥中的有机物在短期内不致腐化的过程。

22.5.1 污泥的生物稳定

22.5.1.1 污泥的好氧生物稳定

污泥的好氧生物稳定又称为好氧消化(aerobic digestion)。所谓好氧消化指的是对二级处理的剩余污泥或一、二级处理的混合污泥进行持续曝气,促使其中的生物细胞或构成 BOD 的有机固体分解,从而降低发性悬浮固体含量的方法。在好氧消化过程中,污泥中的有机物被好氧氧化为 CO_2、NH_3 和 H_2O,以细胞(组成为 $C_5H_7NO_2$)为例,其氧化作用可以下式表示:

$$C_5H_7NO_2 + 5O_2 \longrightarrow 5CO_2 + NH_3 + 2H_2O \tag{22-31}$$

污泥好氧消化的主要目的是减少污泥中有机固体(VSS)的含量,因此,细胞的分解速率随污泥中溶解态有机营养料和微生物比值(F/M)的增加而减低,通常初沉污泥的溶解态有机物含量高,因而其好氧消化作用慢。

好氧消化时,污泥中的固体有机物被好氧氧化为 CO_2,与厌氧消化比较(固体有机物被转化为 CH_4 和 CO_2),微生物获得的能量高,因此,反应速率快。在 15℃条件下,一般只需 15~20 d 即可减少挥发性固体 40%~50%,而达到同样效率时,厌氧消化却需 30~40 d。同时,好氧消化的微生物种群和数量丰富,而且结构稳定,所以,好氧消化不易受条件变化的冲击,故消化效果比较稳定。

污泥好氧消化时,由于微生物的内源呼吸和消化作用,排出消化池的污泥量比流入的要少(而在活性污泥法系统中由于微生物的增殖,排出量大于输入量),减少量即为污泥的生物降解量,由此可得泥龄(t_s)的表达式为:

$$t_s = \frac{\text{消化池内 } VSS \text{ 量(kg)}}{\text{系统的 } VSS \text{ 净输入量(kg/d)}} \tag{22-32}$$

即泥龄相当于污泥净输入量消化时间的平均值。

污泥好氧消化的构筑物为好氧消化池。好氧消化池的结构及构造同普通曝气池,有关设计参数的选择一般应通过实验确定。我国新修订的室外排水设计规范规定有关的设计参数如下:

消化时间:10~20 d;

挥发性固体容积负荷:重力浓缩后的原污泥 VSS 容积负荷为 0.9~2.8 kg/(m^3·d);机械浓缩后的高浓度原污泥 VSS 容积负荷应小于 4.2 kg/(m^3·d);

消化温度:15~20℃;

消化池中污泥的溶解氧浓度:不应低于 2 mg/L;

供气量:单独剩余污泥时单位池容供气量为 0.02~0.04 m^3/(m^3·min);初沉污泥或混合污泥单位池容供气量为 0.04~0.06 m^3/(m^3·min)。

由于消化池的需氧量较小，为保证混合效果，采用鼓风曝气时宜采用中气泡曝气。此外，由于消化池中的污泥固体的停留时间较长，消化池内可形成大量的硝化菌，细胞氧化分解产生的NH_3被完全硝化，出水中含有大量的硝酸盐，因此，在具有生物脱氮处理系统的污水处理厂，好氧消化池及后续处理系统排出的上清液和滤液应直接返回脱氮系统的反硝化段。

与厌氧消化相比，好氧消化效率高、消化液中COD含量低、无异味，且系统简单易于控制，缺点是能耗较大，污泥经长时间曝气会使污泥指数增大而难以浓缩，因此，通常好氧消化适合于污泥量较小的场合，但近年来国外有不少大型污水处理厂也采用好氧消化进行污泥稳定。

22.5.1.2 污泥的厌氧生物稳定

污泥的厌氧生物稳定在厌氧消化池中进行，有关厌氧消化的基本原理、工艺流程及反应器形式在第2章已作了详细介绍，本章仅对厌氧消化法处理污泥的有关问题作简要介绍。

常见的厌氧消化池有传统消化池（conventional anaerobic digestor）、高速消化池（high-rate anaerobic digestor）和厌氧接触池（anaerobic contactor），见图22-18。高速消化池和传统消化池的主要区别在于前者进行搅拌，由此产生了两种完全不同的运行工况；而厌氧接触则是在消化池内搅拌的同时增加了污泥回流。传统消化池的缺点是，由于污泥的分层使微生物和营养物得不到充分接触，因而负荷小、产气量低，此外，消化池内形成的浮渣层不但使有效池容减小，而且造成操作困难。高速消化池内的污泥则处于完全混合状态，克服了传统消化池的缺点，从而使处理负荷和产气率均大大增加。厌氧接触则由于消化污泥的回流在消化池内可维持更高的污泥浓度，因此效率更高。传统消化池、高速消化池和厌氧接触池三者的特点比较见表22-3。

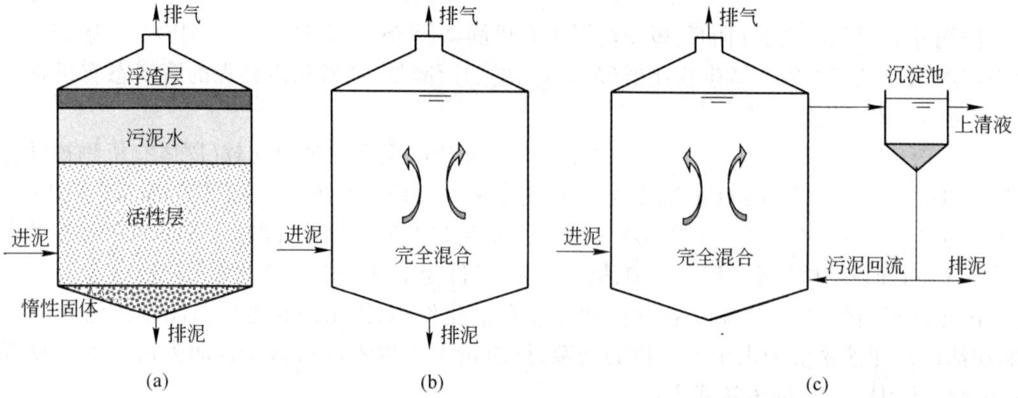

图22-18 厌氧消化池

（a）传统消化池；（b）高速消化池；（c）厌氧接触消化工艺

表22-3 几种厌氧消化工艺比较

项 目	传统消化法	高速消化法	厌氧接触法
加热情况	加热或不加热	加 热	加 热
停留时间/d	>40	15~20	10~15
VSS负荷/kg·(m³·d)⁻¹	0.48~0.8	1.6~3.2	1.6~3.2
加料、排料方式	间 断	间断或连续	连 续
搅 拌	不要求	要 求	要 求
均衡配料	不要求	不要求	要 求
脱 气	不要求	不要求	要 求
排泥回流利用	不要求	不要求	要 求

厌氧消化池多为钢筋混凝土拱顶圆形池。其顶盖有固定式和浮动式两种。固定式在加料和排料时，池内分别造成正压和负压，结构易遭破坏，一旦渗入空气，不仅破坏反应条件，还会引起爆炸。浮动式则可克服上述缺点，但构造复杂，建设费用高。

消化池的附属设施有加料、排料、加热、搅拌、破渣、集气、排液、溢流及其他监测防护装置。

(1) 加料与排料。新污泥由泵提升，经池顶或中部进泥管送入池内。排泥时污泥从池底排泥管排出。一般是先排泥到计量槽进行计量，再将等量的新污泥送入。加料和排料一般每日1 ~2 次间歇进行。

(2) 加热。消化池的加热方法分为外加热和内加热两种。外加热是将污泥水抽出，通过池外的热交换器加热，再循环到池内去。内加热法采用盘管间接加热或水蒸气直接加热，后者比较简单，水蒸气压力多为200 kPa(表压)。用水蒸气喷射泵时，还同时起搅拌作用，但由于水蒸气的凝结水进入，故需经常排除泥水，以维持污泥体积不变。

(3) 搅拌与破渣。搅拌既可促进微生物与污泥基质充分接触，使池内温度及酸碱度均匀，即有利于沼气的释放，又可有效预防浮渣，因此，均匀搅拌时所有高效厌氧消化池运行的前提条件。搅拌的方法较多，常用的方法有水力搅拌、机械搅拌和沼气搅拌。水力搅拌是将污泥抽出，从池顶泵入水力提升器内，形成内外循环。机械搅拌采用螺旋桨，根据池子大小不同，可设若干个，每个螺旋桨下面设一个导流筒，抽出的污泥从筒顶向四周喷出，形成环流。螺旋桨搅拌效率高、耗电少($1\ m^3$污泥耗电0.081 W)，但转轴穿池顶处密封困难。沼气搅拌是用压缩机将污泥消化产生的沼气压入池内竖管(一个或几个)的中部或底部，污泥随气泡上升时将污泥带起，在池内形成垂直方向的循环，也可在消化池底部设置气体扩散装置进行搅拌。沼气搅拌范围大、能力强、效果好、消化速率高，但设备繁多，成本昂贵，每小时所需搅拌气体量为有效池容的36% ~79%。

在消化过程中，部分细小的气泡附着于污泥上，浮于表面易形成浮渣，池内温度较高，浮于表面的污泥易失水，更加速了浮渣形成，如不及时破渣，容易形成坚硬的渣盖，严重威胁消化池的正常运行和安全。破渣可在池内液面装设破渣机，或用污泥水压力喷射来破渣。

(4) 集气。浮动盖式消化池的集气空间大，固定顶盖式则较小。固定盖式消化池加排料时，池内压力波动大，负压时易漏入空气，故宜单独设污泥贮气罐。贮气罐的主要作用在于调节气量。

(5) 排液。消化池的上清液要及时排出，这样可增加消化池处理容量，降低热耗。由于上清液的BOD很高，应重新返回到生物处理设施中去。

蛋形消化池是一种新型的污泥消化池(图22-19)，由于池体形状类似于鸡蛋而得名。蛋形消化池的主要特点是池体是最佳的流体力学形状，因此所需完全混合的能量最小，池中不存在死角，容积利用率高，此外，池顶液面曝露面积小，通过单独设置的搅拌机能达到理想的破渣效果。蛋形消化池比较适合于大型的城市污水处理厂的污泥消化。如美国波士顿和巴尔的摩的蛋形消化池高度达40 m。其缺点是构造较为复杂，投资费用高。

污泥消化池的设计内容包括：确定运行温度与负荷、计算有效池容、确定池体构造、计算产气量及贮气罐容积、热力计算、搅拌装置的选择和沼气的利用等。

(1) 消化温度与负荷。污泥消化分为中温消化和高温消化。中温消化的温度一般控制在30 ~35℃；高温消化的温度一般控制在50 ~55℃。高温消化适于要求消毒的污泥及含有大量粪便等生污泥的场合，选择高温消化一般污泥本身温度较高或就近有多余热源。通常城市污水处理厂的污泥厌氧消化均采用中温消化。消化池的设计负荷与消化温度、污泥类别以及污泥消化的工艺有关。对于城市污水处理厂的污泥如无实验资料时，可按表22-4进行选择。

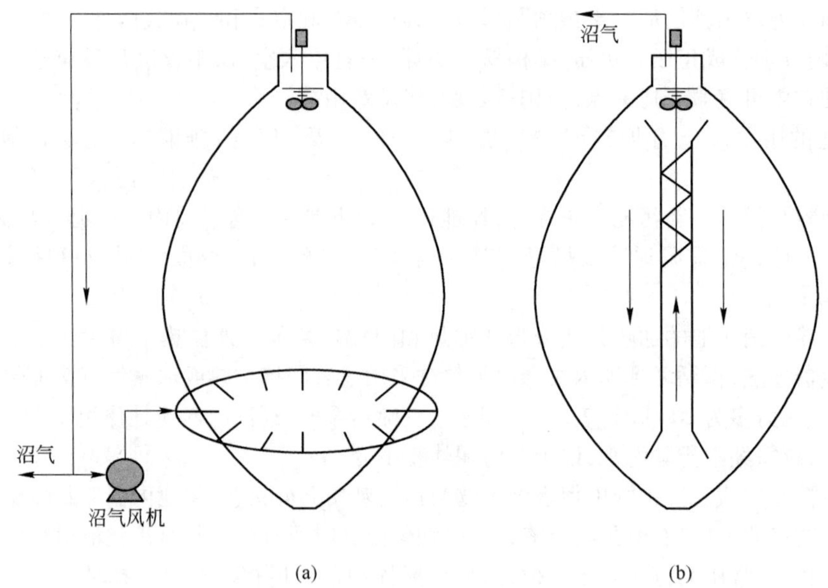

图 22-19 蛋形厌氧消化池

(a) 沼气搅拌;(b) 机械搅拌

表 22-4 城市污水处理厂污泥常温厌氧消化时的设计参数

参 数	传统消化池	高速消化池
挥发固体负荷/kg·$(m^3 \cdot d)^{-1}$	0.6~1.2	1.6~3.2
污泥固体停留时间/d	30~60	10~20
污泥固体投配率/%	2~4	5~10

(2) 消化池的有效池容。消化池的有效池容 $V(m^3)$ 可按固体停留时间或挥发固体负荷或污泥固体投配率计算,有关的计算方法如下:

$$V = V'T_d \tag{22-33}$$

$$V = \frac{V'C}{L_{vs}} \tag{22-34}$$

$$V = \frac{V'}{P} \times 100 \tag{22-35}$$

式中 T_d——消化时间;

V'——每日投入消化池的原污泥容积;

C——污泥的挥发性固体 VSS 浓度;

L_{vs}——消化池挥发性固体容积负荷;

P——污泥投配率,%。

(3) 产气量与贮气罐容积。污泥消化产气量可以按厌氧消化的有关理论公式计算,也可以通过实验或经验资料确定。据资料报道,一般每破坏 1 kg 挥发性有机物的产气量为 0.75~1.12 m^3。污泥消化产气量也可按每人每天的产气量进行计算,对于城市污水二级处理厂该数值为每 1000 人每天沼气产量 15~28 m^3。

贮气罐容积可按产气量和用气量的变化曲线进行计算,或按平均日产气量的25%~40%,即 6~10 h 的平均产气量计算。

(4) 热力计算。消化池的加热和保温是维持其正常消化过程的必要条件,因此必须根据消化池的运行制度和方式、加热与保温的措施和材料等条件,参考有关资料和计算方法,进行热力学平衡计算,以确保消化池的正常工况。

(5) 沼气的利用。污泥厌氧消化时产生的沼气必须妥善加以利用,否则将引起二次污染。沼气的主要成分为CH_4(60% ~70%)和CO_2(25% ~35%),此外还含有少量的N_2、H_2、H_2S和水分。沼气一般用作燃料,用于锅炉或发电,也可用作化工原料。1 m^3沼气的热值相当1 kg的煤,1 m^3 污泥气可发电1.5度。

22.5.2 污泥的化学稳定

化学稳定是向污泥中投加化学药剂,以抑制和杀死微生物,消除污泥可能对环境造成的危害(产生恶臭及传染疾病)。化学稳定的方法有石灰稳定法、氯稳定法和臭氧稳定法。

(1) 石灰稳定法。向污泥中投加石灰,使污泥的pH值提高到11 ~11.5,在15℃下接触4 h,能杀死全部大肠杆菌及沙门氏伤寒杆菌,但对钩虫、阿米巴孢囊的杀伤力较差。经石灰稳定后的污泥脱水性能可得到大大改善,不仅污泥的比阻减小,泥饼的含水率也可降低。但石灰中的钙可与水中的CO_2和磷酸盐反应,形成碳酸钙和磷酸钙的沉淀,使得污泥量增大。

石灰的投加量与污泥的性质和固体含量有关,表22-5是有关的参考数据。

表22-5 石灰稳定时的投加量

污泥类型	污泥固体浓度/%		单位SS的$Ca(OH)_2$投加量/$g \cdot kg^{-1}$	
	变化范围	平均值	变化范围	平均值
初沉污泥	3 ~6	4.3	60 ~170	120
活性污泥	1 ~1.5	1.3	210 ~430	300
消化污泥	6 ~7	5.5	140 ~250	190
腐化污泥	1 ~4.5	2.7	90 ~510	200

石灰投加的方法有干投法和湿投法,其设计见本书有关章节。

(2) 氯稳定法 。氯能杀死各种致病微生物,有较长期的稳定性。但氯化过程中会产生各种氯代有机物(如氯胺等),造成二次污染,此外污泥经氯化处理后,pH值降低,使得污泥的过滤性能变差,给后续处置带来一定困难。大规模的氯稳定法应用较少,但当污泥量少,且可能含有大量的致病微生物,如医院污水处理产生的污泥,采用氯稳定仍为一种安全有效的方法。

(3) 臭氧稳定法。臭氧稳定法是近年来国外研究较多的污泥稳定法,与氯稳定法相比,臭氧不仅能杀灭细菌,而且对病毒的灭活也十分有效,此外,臭氧稳定也不存在氯稳定时带来的二次污染问题,经臭氧处理后,污泥处于好氧状态,无异味,是污泥稳定最安全有效的方法。该法的缺点是臭氧发生器的效率仍较低,建设及运营费用均较高。但对一些危险性很高的污泥,采用臭氧稳定法,仍不失为一种最安全的选择。

22.6 最终处置与综合利用

污泥经浓缩、稳定及脱水等处理后,不仅体积大大减小,而且在一定程度上得到了稳定,但污泥作为废水处理过程中的副产物,还需考虑其最终去向,即最终处置(final disposal)。污泥最终处置的方法有综合利用、湿式氧化、焚烧和弃置等。

22.6.1　污泥的综合利用

污泥中含有各种营养物质及其他有价值的物质，因此，综合利用是污泥最终处置的最佳选择。污泥综合利用的方法及途径随污泥的性质及利用价值而异。

（1）用作肥料和改良土壤。有机污泥中含有丰富的植物营养物质，如城市污泥中含氮2% ~ 7%，磷1% ~5%，钾0.1% ~0.8%。消化污泥除钾含量较少外，氮、磷含量与厩肥差不多。活性污泥的氮、磷含量为厩肥的4 ~5倍。此外，污泥中还含有硫、铁、钙、钠、镁、锌、铜、钼等微量元素和丰富的有机物与腐殖质。用有机污泥施肥，既有良好肥效，又能使土壤形成团粒结构，起到改良土壤的作用。但污泥用作农肥时，必须满足国家的有关标准（见附录），以免污泥中的重金属及其他有害物质在作物中富集。

（2）其他用途。从工业废水处理排除的泥渣中可以回收工业原料，例如，轧钢废水中的氧化铁皮，高炉煤气洗涤水和转炉烟气洗涤水的沉渣，均可作为烧结矿的原料；电镀废水的沉渣为各种贵稀或重金属的氢氧化物或硫化物，可通过电解还原或其他方法将其回收利用；从有机污泥中可以提取维生素 B_{12}；低温干馏有机污泥能获得可燃气体、氨及焦油。许多无机污泥或泥渣可作为铺路、制砖、制纤维板和水泥的原料。

22.6.2　湿式氧化

湿式氧化是将湿污泥中的有机物在高温高压下利用空气中的氧进行氧化分解的一种处理方法。湿式氧化系统由预热系统、反应系统和泥水分离系统组成，污泥经磨碎后，在污泥柜中预热到20 ~60℃，由污泥泵加压，同压缩机来的空气混合后通过热交换器，升温到210 ~220℃，然后在反应器内进行湿式氧化分解，产生的反应热使污泥在反应器内愈向上温度愈高（270℃）。反应物及气态混合物在分离器内分离，再在污泥柜与新污泥进行热交换，使温度降到40 ~70℃，经沉淀分离后，底部的泥渣进行脱水、干化处理，上清液排至处理设备重新处理。

影响湿式氧化效率的因素有反应温度、压力、空气量、污泥中挥发性固体的浓度以及含水率等。污泥湿式氧化时，所需的空气量 G（mg/L）可按下式计算：

$$G = a\mathrm{COD}/0.232 \qquad (22\text{-}36)$$

式中，0.232为空气中氧的重量比；a 为空气过剩系数。试验表明湿式氧化的需氧量与其污泥的COD值很接近，即 a 约为1，工程上采用1.02 ~1.05即可满足要求。

湿式氧化法的特点是能对污泥中几乎所有的有机物进行氧化，不但分解程度高，而且可以举需要进行调节；经湿式氧化后的污泥，主要为矿化物质，污泥比阻小，一般可直接过滤脱水，而且效率高，滤饼含水率低。缺点是要求设备耐高温高压、投资费用大、运营费用高、设备易腐蚀。

22.6.3　弃置

弃置主要指将污泥投海、填井。投海时要充分考虑海水的稀释净化能力及其对海洋生态环境的影响，进行必要的环境影响评价；投井则是将污泥注入废弃的油井和矿井，此时，要注意污泥对地下水的影响。

22.6.4　焚烧

焚烧（incineration）是污泥最终处置最有效和彻底的方法。焚烧时借助辅助燃料，使焚烧炉内温度升至污泥中有机物的燃点以上，令其自烧，如果污泥中的有机物的热值不足，则需不断添加辅助燃料，以维持炉内的温度。燃烧过程中产生所产生的废气（CO_2、SO_2等）和炉灰，需分别进行处理。

影响污泥焚烧的基本条件包括:温度、时间、氧气量、挥发物含量以及泥气混合比等因素。温度超过800℃有机物才能燃烧,1000℃时始可消除气味。焚烧时间愈长愈彻底。焚烧时必须有氧气助燃,氧气通常由空气供应。空气量不足燃烧不充分;空气量过多,加热空气要消耗过多的热量,一般以50%～100%的过量空气为宜。挥发物含量高,含水率低,有可能维持自燃,否则尚需添加燃料。维持自燃的含水率与挥发物之比应小于3.5。

常见的焚烧装置有多床炉、流化床炉等。多床炉(图22-20)由多层炉床(一般6～12层)组成,每层炉床上装有旋转耙齿,由中空轴通过电机带动其旋转。脱水后的污泥由炉顶加入,从上到下由耙齿逐层刮下。炉内温度是中间高两端低,上层为干燥段,温度约550℃,污泥在此处蒸发干燥;中间层为焚化段,温度在800～1000℃,污泥在此处与上升的高温气流和侧壁加入的辅助燃料一并燃烧;底部为冷却段,温度350℃左右,焚灰在此冷却后由排灰口排出。空气由风机沿中空轴鼓入,对耙齿转轴活动部分进行冷却,在上升的同时由于吸热而升温,热空气到达炉顶后,部分放空,部分由回风管回流到炉底,作为助燃剂,向上穿过多层床,经气体除尘净化后由燃烧气出口排走。

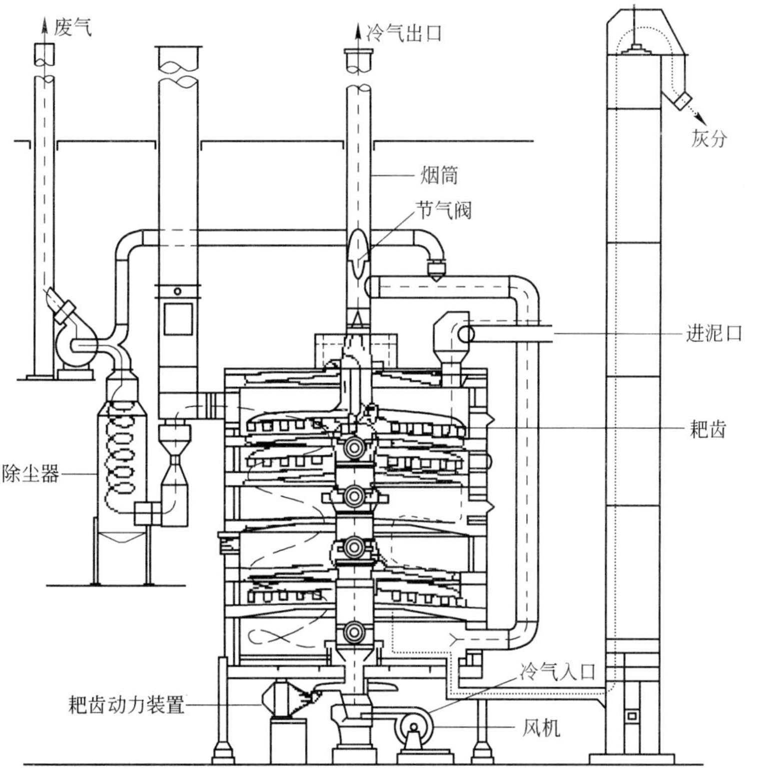

图22-20 多层床焚烧炉

习题和思考题

22-1 某城市污水处理厂二级处理系统剩余污泥量为500 m^3/d,含水率为99%,当该污泥被浓缩为含水率97%时,污泥的体积为多少?

22-2 污泥调理的作用是什么,调理的方法有哪些?

22-3 论述污泥稳定的种类、方法和原理。

22-4 论述污泥好氧稳定和污水好氧处理的异同;污泥好氧消化时,F/M 的变化对消化效果的影响。

22-5 计算习题 22-1 中的污泥(以 $C_5H_7NO_2$表示)进行好氧消化时,若消化效率为 30%,则每天所需的理论供氧量为多少?

22-6 论述污泥厌氧消化的原理以及影响污泥厌氧消化过程的主要因素和控制范围。

22-7 某厌氧消化池的污泥投配率为 4%,则污泥在消化池中的平均停留时间是多少?

22-8 某污泥消化系统,进料污泥的 SS 为 20000 mg/L,挥发性固体含量为 70%,经消化后污泥的挥发性固体含量为 45%,试计算该污泥的理论甲烷产量(m^3/m^3)。

22-9 污泥消化时,一般进水 NH_3—N 浓度较低(每升几十毫克),而出水 NH_3—N 浓度较高(每升数百毫克甚至更高),为什么?

22-10 污泥最终处置的途径和方法有哪些? 应注意什么?

第8篇　污水处理厂（站）设计与水环境区域综合防治

23　污水处理厂（站）的设计

23.1　概　　述

23.1.1　设计原则与程序

水污染一直是制约我国经济和社会发展的环境问题之一。目前，全国各地许多水体均受到不同程度的污染，因此必须建立污水处理工程控制水污染。污水处理工程从规划、设计到建成投产乃至运行管理的程序见图23-1。

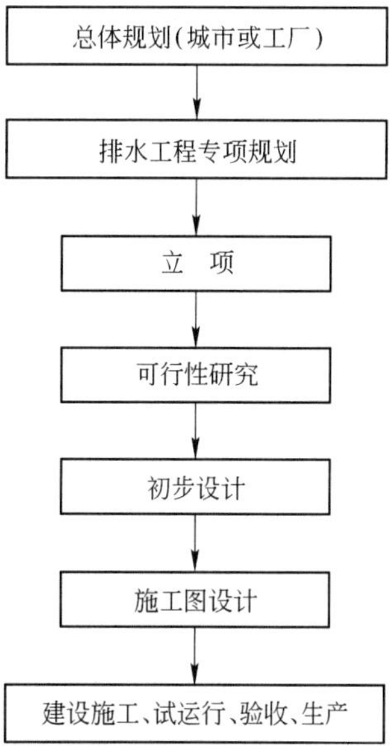

图23-1　污水处理工程建设程序

污水处理厂（站）是水污染控制工程的基本设施。在进行污水处理厂（站）的工程设计时，应遵循有关的设计原则和程序。

设计原则包括：贯彻执行国家和地方的有关水污染防治技术政策；遵守国家颁布的《环境保护法》和《水污染防治法》，以及地方政府公布的各项规定；正确拟定技术先进及经济合理的设计方案，切实做到社会效益、环境效益和经济效益的统一；并根据地方经济指标编制概预算。

根据工程规模的大小及其重要性不同，设计程序一般应在已获得批准的可行性研究报告基础上采取三阶段、二阶段或一阶段进行。重大设计项目应包括初步设计、技术设计和施工图三个设计阶段；一般设计项目包括扩大初步设计和施工图两个设计阶段；简单设计项目可采取施工图一个设计阶段。国家计划项目，各阶段应按有关审批权限范围的规定，分别呈报有关主管部门审批，然后再依次开展工作。

初步设计应根据批准的可行性研究报告（方案设计）进行，其主要任务是明确工程规模、设计原则和标准，深化可行性研究报告提出的推荐方案并进行局部的方案比较，提出拆迁、征地的范围和数量，以及主要工程数量、主要材料设备数量，编制设计文件及工程概算。对未进行可行性研究（方案设计）的设计项目，在初步设计阶段应进行方案比选工作，并达到规定的深度要求。初步设计的关键在于确定方案。首先应根据自然条件和工程特点，设计任务书的原则要求，使设计方案在处理近期与远期的关系、工程标准、总体布局、新技术应用、自动化程度等方面,符合国家方针政策的要求。同时,应在总体布局、工艺流程和主要单项工程,进行多方案技术经济比较,力求做到使用安全、经济合理、技术先进。待设计方案审定后,即可进行设计文件的编制工作,包括各项设计计算,绘制设计图纸,编写设计说明书,编制概算,提出主要设备和材料明细表等。

技术设计是在审批确定方案的基础上,详尽计算和完善方案的工艺流程,以确定各单体构筑物及其设备的尺寸与数量,确定其工程结构和材料,汇编材料设备报表,提出订货单,并作出工程预算。技术设计图纸和说明书要更加详细完善。

施工图设计是向施工单位提出建筑施工和设备加工的正式详图,应按照批准的初步设计内容、规模、标准及概算进行。施工图设计是将初步设备确定的设计原则和方案进一步具体化。施工图的设计深度,应满足施工、安装、加工和使用要求的设计图样、说明书、材料设备表以及要求设计部门编制的施工预算。施工图设计如果与已经批准的初步设计有较大变动时,需经原审批部门批准,如果建设单位提出重大变更时,需通过计划管理部门,重新安排任务。小型及零星建设项目,经主管部门同意,可一次进行施工图设计。施工图设计阶段的成果是施工图设计文件,它是工程进行施工的依据。施工图设计说明书要简捷地反映工程内容和要求,施工设计资料依据,与初步设计比较发生设计变更部分的内容、原因、依据等,图样目录、引用标准,主要设备材料表,施工安装注意事项及质量验收要求,运转管理注意事项等。工程预算在概算的基础上,结合施工图细化后的设备、材料、工程量等和设计变更的内容,按国家和地区对工程预算的要求内容,结合当地定额、原材料价格、人工费、调差等进行编制。

23.1.2　设计资料

设计资料主要包括设计原始资料和有关技术资料。在设计准备阶段,必须收集和掌握有关设计资料。原始资料可以分为工艺设计原始资料及工程设计原始资料。有关技术资料包括范围很广,但有关的给水排水设计规范和手册,可供一般设计参考。同时还应了解国内外有关污水处理的新工艺、新方法以及新的工程技术,适时的将科学技术成果用于工程设计。

为了便于初次收集资料参考,以下分别介绍初步设计及施工图设计阶段所需基本资料。

23.1.2.1　初步设计所需资料

A　有关设计任务的资料

(1) 设计范围和设计题目。设计范围包括地域范围、设计深度、设计时间界限、工程内容等。设计题目应与工程设计范围相等。

(2) 项目拟建地水环境的现状。项目拟建地现有排水设施,包括布局、规模、处理程度,污水排放等资料;生活污水与工业废水的水量、水质和工业废水回收利用、处理等方面的资料;可供处理后污水重复利用和污泥利用的领域、途径方面的资料。

B　一般自然条件的资料

(1) 气象特征数据。气象特征数据包括:

1) 温度。历年最热月平均气温、历年最冷月平均气温、年平均气温、逐年各月平均气温。

2) 湿度。历年年蒸发量,最大年蒸发量、历年平均相对湿度等。

3) 降雨量。多年最高年降雨量、多年平均年降雨量、暴雨强度公式等。

4) 土壤冰冻资料。多年土壤冰冻深度,最大浆冻深度。

5) 风向。常年主导风向,常年夏季主导风向,多年风向频率或风向玫瑰图等。

6) 风速。最大风速。

(2) 地震资料。建设地区及建厂地址的地震基本烈度及地震史料。

(3) 水文及水文地质。包括:

1) 地表水。

① 河流资料。包括流域面积、河床、边岸历年变迁情况及其断面、河床特征;河流的综合利用和航运情况;河流上下的卫生防护及取水地点上下游的排污情况,今后可能污染的程度及趋势。

② 水文资料。当地水体一览表,有关河流的水位、100 年一遇洪水位、50 年一遇洪水位、20 年一遇洪水位、常年水位、最低水位;洪水淹没范围等。各特征水位年的平均流速;年均流量、最大流量,保证率为95%的水文年的最高月平均流量;封冰水位、行凌水位及流速、最大冰冻厚度及封冰期限、底冰和冰凌的情况。

③ 水质分析资料。逐年各季水的感官、物理化学及卫生学等水质指标。

2) 地下水水文质资料。

(4) 地质资料。污水处理厂(站)拟建地的地质钻孔柱状图、地基承载能力、地下水位,不良地质情况(流沙、滑坡)、地震等。

C　现有处理厂(站)的资料

现有污水处理厂(站)的处理流程、处理效果、综合利用情况及存在问题。

D　有关编制概算、预算和组织施工方面的资料

(1) 当地建筑材料、设备供应情况和价格。

(2) 编制概算、预算的定额资料,包括地区差价、间接费用定额、运输费等。

(3) 租地、征地、青苗赔偿、拆迁补偿规章和办法。

(4) 地区交通运输费计算方法。

E　有关法规的资料

(1) 国家的有关法律规范标准。

(2) 地方的有关规定、条例、标准。

23.1.2.2　施工图设计需用资料

本阶段设计除应核实并修正初步设计阶段的全部设计资料外,尚需搜集补充以下各项资料:

(1) 初步设计审查会议纪要及初步设计批准文件。

(2) 与有关单位的协议文件或协议纪要。

(3) 为本阶段设计布置的全部勘测成果。

(4) 建设单位订购的设备与材料清单。

(5) 管道所经路线与规划、现状管线有关的管线综合设计资料,包括规划红线,道路横断面布置(包括各种管线位置),各种地上、地下交叉或平行距离很近的管线平面布置、高程及断面尺寸等。

(6) 与设计管道相接的各街坊管道的管径、平面位置(坐标)及相接点管道高程。

(7) 其他修正补充的资料。

23.2　工艺流程及总体布置

23.2.1　工艺流程

污水处理工艺流程是其设计的中心环节。一般而言,城市污水的特征比较规律,处理要求也比较规范化,已形成了较完整的典型处理流程;而工业废水则千差万别,处理要求也极不相同,因

此其处理流程的方案确定更为复杂。但归纳方案抉择的主要问题可能有两点:其一是处理深度;其二是处理规模。而决定其处理深度和规模的主要因素,大致有以下几方面。

23.2.1.1 污水的水质及水量特征

污水的水质特征表现为污染物形态、种类和浓度等。

当有不同种类的污水进入处理厂(站)时,首先应考虑污水的处理方式:单独处理、混合处理或先单独处理后混合处理。如有清洁的冷却水,一般应采用单独处理,重复循环利用;缺氮的有机废水(如印染废水)适合于同生活污水按一定比例混合后进行生物处理;含机械杂质很多的废水需要先去除大量无机悬浮物后再同生活污水混合处理;而含高浓度的有毒废水不应同生物处理废水混合。

污水中污染物分别以悬浮态、胶体或溶解态存在。不同形态或同一形态不同颗粒大小的污染物,可分别由相应单元操作进行处理。例如悬浮态污染物,根据其颗粒大小,可依次或分别采用格栅、筛网、沉砂池、沉淀池、气浮池、旋流器、砂滤池或微孔过滤等;胶体、乳化油或接近于胶体尺度的细小悬浮物,通常采用混凝－沉淀、混凝(破乳)－气浮、生物絮凝等方法;而溶质类污染物,可采取中和、氧化还原、蒸馏、吹脱、萃取、吸附、离子交换、电渗析、反渗透、蒸发、结晶以及生物分解等。如果污水中有几种类型的污染物同时存在,应根据污染物的特性各自选定适宜的单元操作后,进行最佳的流程组合,以形成完整的处理方案。

污染物的浓度及其变化幅度,往往对处理流程的选定也起着重要作用。例如,含酚浓度很高(每升含几万毫克)时,就应先采用萃取回收,使其降到200 mg/L以下,才能进行生物处理;如酸性废水浓度变化幅度较大时,需采取均和调节池处理。

污水的水量特征表现为污水的排水量及其排水规律。污水量较大时,物理处理阶段宜采用辐流式沉淀池,生物处理阶段宜采用推流式曝气池;而当污水量较小时,相应地宜采用竖流式沉淀池和完全混合式曝气池。当污水间断排出或不均匀排出时,有时必须设置水量调节池;水量不大而周期排出时,设贮水池,单元操作进行间歇进行。

23.2.1.2 污水的处理程度及处理后出水水质要求

处理后的污水是排入城市下水道,排入大江或小河,还是排入湖泊水库或海洋,对污水的处理程度及处理后水质要求不尽相同,应根据现行的国家和地方的有关排放标准、污染物的来源及性质、排入地表水域环境功能和保护目标确定。有些污水在处理后供厂内循环使用或连续供水,对其处理程度也有不同要求。凡此种种,都在不同程度上影响污水处理工艺的繁简深浅、规模大小与流程模式。

23.2.1.3 设计方案比较

在水质水量和处理程度确定后,可能会有几种工艺流程或单体设备都能满足工艺要求,这时应进行必要的设计方案比较。设计方案的比较涉及以下两个方面:

(1)工程的技术水平比较。主要包括污水处理系统的基本工艺路线、处理效果及出水水质、系统运行稳定性、主要单体构筑物的结构、自动控制水平及管理操作的复杂程度、占地面积、施工难易程度及劳动定员等方面进行比较。

(2)工程的经济比较。选择技术上先进合理的几个方案进一步比较其经济合理性,主要包括工程总投资(包括工程造价和其他费用,如征地费、建设管理费、技术培训费、勘测设计及调试费等)及运营、管理费用(如处理成本、折旧与大修、管理费用等)。

23.2.2 厂(站)址选择

污水处理厂(站)址选择十分重要,它对环境卫生、基建投资及运转费用都有重大影响。

(1) 对环境没有显著影响的处理设备,最好设置在生产设备或车间附近,这样可使管线短,抽升少,污水排入下水道或回用都很方便。

(2) 规模较大而对环境有较大影响的处理设备,应在厂区或厂外设置独立的处理系统。处理厂(站)应在居民区和生产区的下风向,并在给水水源的下游区,和居住区保持一定距离。

(3) 处理厂(站)应位于水、电、交通方便,地质条件良好,地形适宜,出水便于排放或综合利用之处。

(4) 结合城市或工厂整体规划,既考虑目前,又顾及将来,预留发展用地。

污水处理厂(站)需要的面积与污水水质、水量及处理工艺有很大关系。小者几十平方米(如离子交换装置),大者可达几公顷(如生物处理法)。污水处理站应选用占地少的处理工艺及设备。城市污水处理厂处理工艺在确定方案时可参考表23-1的数值估算面积,在土地面积有限时应对处理工艺进行优化组合,以减少占地面积。工业废水处理站应结合工厂规划或厂区现状,合理选择工业废水处理工艺并进行与场地状况适宜的平面及高程布置。

表23-1　城市污水处理厂建设用地指标

建设规模/$\times 10^4 m^3 \cdot d^{-1}$	建设类别	建设用地指标/$m^2 \cdot (m^3 \cdot d^{-1})^{-1}$		
		一级污水厂	二级污水厂	深度处理
$50 \leqslant Q < 100$	Ⅰ类	—	0.50～0.40	—
$20 \leqslant Q < 50$	Ⅱ类	0.30～0.20	0.60～0.50	0.20～0.15
$10 \leqslant Q < 20$	Ⅲ类	0.40～0.30	0.70～0.60	0.25～0.20
$5 \leqslant Q < 10$	Ⅳ类	0.45～0.40	0.85～0.70	0.35～0.25
$1 \leqslant Q < 5$	Ⅴ类	0.55～0.45	1.20～0.85	0.40～0.35

注:1. 建设规模大的取下限,规模小的取上限;2. 表中深度处理的用地指标是在污水二级处理的基础上增加的用地;深度处理工艺按提升泵房、絮凝、沉淀(澄清)、过滤、消毒、送水泵等常规流程考虑;当二级污水厂出水满足特定回用要求或仅需某几个净化单元时,深度处理用地应根据实际情况降低。

23.2.3　厂(站)的平面及立面布置

23.2.3.1　平面布置

(1) 污水及污泥处理构筑物是处理厂(站)的主体,应布局合理,以期投资少而运行方便。应尽量利用厂区地形,使污水及污泥在各处理构筑物之间靠重力自流、同类构筑物之间配水均匀、切换简单、管理方便。不同构筑物之间距离适宜,衔接紧凑,应考虑敷设管渠的位置,运转管理的需要和施工要求,构筑物之间的间距一般采用5～10 m。消化池和其他构筑物之间的距离不少于20 m,污泥干化及脱水设备应在下风向,干化污泥能从旁门运走。

(2) 合理布置生产附属设备。泵房尽量集中,靠近处理构筑物。鼓风机房要靠近曝气池,与办公室保持必要的距离,以防止噪声干扰。变电所靠近最大用电单元(泵房或鼓风机房)。锅炉房靠近消化池,要有必要的堆煤场地。贮气罐应特别注意安全,一般设在厂区边远地区,与其他构筑物的距离应符合防爆规程。机修间位于各主要设备(水泵、鼓风机、真空过滤机等)附近。此外,应合理布置汽车库、化验室等。

(3) 办公建筑物(办公室、传达室)应与处理构筑物保持一定距离,位于上风向处。

(4) 污水及污泥采用明渠输送,以便检修清通,管线要短,曲折少,交叉少。

(5) 处理厂(站)应有给水设施、排水管线及雨水管线。厂(站)内污水排入总泵站的吸水池,雨水管则接于总出水渠中。

(6) 对于城市污水处理厂,必须设置事故排水渠及超越管线,以便在停电及某些构筑物检修时,污水能越过该检修构筑物而进入下一处理构筑物,或直接进入事故排水渠。对于工业废水处理站,应设置事故集水池,将因停电及某些构筑物检修时的废水进行收集,待系统恢复正常后进行处理,不得直接外排。

(7) 处理厂(站)应设有双电源,变电所应有备用设备。一般不允许在厂(站)内架设高压线。

(8) 厂(站)区内应有通向各处理构筑物及附属建筑物的道路。最好设置运输污泥的旁门或后门。厂(站)区内应绿化和美化。

(9) 平面布置应考虑将来的发展,留有余地。

(10) 尽量采用自动化、机械化操作。

(11) 污水、污泥及沼气应有计量设备,以便积累运行数据。

(12) 严寒地区应有防冻设施。

处理厂(站)构筑物的面积应根据计算求得,在具体布置时要考虑各组设备之间的有机连接,既要紧凑以便于集中管理,又要保持合理间距,保证配水均匀、运行灵活。中小型污水处理站附属建筑物的面积可根据表23-2估计。城市污水处理厂附属设施建筑面积可根据表23-3估计。附属建筑与生产建筑应统一考虑,有条件时可将某些建筑物适当合并,以节约投资,便于使用。

表23-2 中小型污水处理站附属建筑物面积

建筑物名称	建筑物面积/m^2
化验室	25~35
器皿与药剂贮藏室	10~15
办公室	20~40
机修间	20~30
仓 库	20~30

表23-3 城市污水处理厂附属设施建筑面积指标

建设类别	建筑物用途	附属设施建筑面积指标/m^2				
		Ⅰ类	Ⅱ类	Ⅲ类	Ⅳ类	Ⅴ类
一级污水厂	辅助生产用房	1420~1645	1155~1420	950~1155	680~950	485~680
	管理用房	1320~1835	1025~1320	815~1025	510~815	385~510
	生活设施用房	890~1035	685~890	545~685	390~545	285~390
	合 计	3630~4515	2865~3630	2310~2865	1580~2310	1155~1580
二级污水厂	辅助生产用房	1835~2200	1510~1835	1185~1510	940~1185	495~940
	管理用房	1765~2490	1095~1765	870~1095	695~870	410~695
	生活设施用房	1000~1295	850~1000	610~850	535~610	320~535
	合 计	4600~5985	3455~4600	2665~3455	2170~2665	1225~2170

注:1. 辅助生产用房主要包括维修、仓库、车库、化验、控制室、管配件堆棚等;2. 管理用房主要包括生产管理、行政管理办公室以及传达室等;3. 生活设施用房主要包括食堂、浴室、锅炉房、自行车棚、值班宿舍等;4. 有深度处理的污水厂可根据污水回用规模和工艺特点,适当增加附属设施的建筑面积,一般不应超过相应规模二级污水厂附属设施建筑面积的5%~15%。

23.2.3.2 立面布置与纵断面图

立面布置的任务就是合理处理各构筑物在高程上的相互关系,达到技术上合理、管理上方便、经济上节约的目的。最后通过绘制纵断面图将相互关系表示出来。立面布置与平面布置应该结合起来,同时考虑。

立面布置最主要的两条原则:一是污水和污泥尽量采用重力自流,以节约日常的动力费用;

二是构筑物尽量利用地形特点接近地面高程布置,以节约基建费用。

为了确定各构筑物的相对高程,保证污水及污泥的重力流动,首先必须精确计算各沟渠及处理构筑物的水头损失。沟渠的水头损失包括沿程损失和局部损失。配水及水量计量设备主要是局部水头损失。处理构筑物的水头损失在初步设计时可按表23-4的数值估算。一般选择一条距离最长,水头损失最大的流程进行水力计算。计算时还应考虑因某一构筑物检修,而使同类型的其他构筑物在超负荷的情况下也能正常工作的可能性。一般希望在高程布置上适当留有余地,以防意外的壅水现象。一般生活污水处理厂的水头损失可估算如下:一级处理工艺为1.0~2.5 m;二级处理工艺为1.0~2.0 m(活性污泥法)或3.5~5.0 m(洒水生物滤池法)。

表23-4 处理构筑物的水头损失

序 号	构筑物名称	水头损失/m
1	粗格栅(coarse screen) 人工清渣粗格栅(manually cleaned coarse screen) 机械清渣粗格栅(mechanically cleaned coarse screen)	 0.15 0.15~0.6
2	细格栅(fine screen)	取决于细格栅结构、水质及清渣与清洗方式
3	沉砂池(grit chamber) 平流式沉砂池(horizontal-flow grit chamber) 曝气沉砂池(aerated grit chamber) 旋流沉砂池(vortex-type grit chamber)	 0.1~0.3 0.2~0.5 0.1~0.3
4	沉淀池 (初沉池、二沉池)(primary and secondary sedimentation tank) 平流沉淀池(horizontal sedimentation tank) 竖流沉淀池(vertical flow sedimentation tank) 辐流沉淀池(radial flow sedimentation tank)	 0.2~1.0 0.4~1.0 0.5~1.0
5	曝气池(aeration tank)	0.3~0.8
6	生物滤池(bio-filter) 普通生物滤池(low-rate trickling filter) 高负荷生物滤池(high-rate trickling filter, single stage)	 3.0~6.0 2.0~5.0
7	消毒接触池(槽)(disinfection chamber)	0.2~0.3
8	污泥干化场(sludge drying Bed)	2.0~3.5

注:上述水头损失包括进出水渠道的水头损失,但未计局部水头损失。

进行高程布置时,应从以下几方面考虑:

(1) 初步计算污水流程及污泥流程的相对高程,绘制纵断面图,在图中绘出相应构筑物所在地的地面高程,比较两种高程的相对关系。

(2) 在来水高程能满足污水重力自流流经各构筑物的条件下,可将各构筑物沿地面高程设置,出水经提升后排放。

(3) 若来水高程很低,必须提升后进行处理时,要正确决定提升高度,使各处理构筑物的设置高度合宜、造价低、施工简单。

(4) 当污水及污泥不能同时保证重力自流时,可考虑其中之一重力自流,而另一种进行抽升。

(5) 高程布置应保证出水能排入城市下水道或其他接纳水体。在洪水期不应发生回淹倒灌。在条件不许可时,应设置专门的污水排放泵。

(6) 地下水位高时,应适当提高构筑物的设置高度,以减少水下施工的工程量,降低工程造价。

(7) 处理后的污水如作为循环水使用时,应结合具体情况另行考虑。

23.3 排水及给水设施

23.3.1 排水管渠

污水处理厂(站)的排水管渠包括两部分:输送处理污水和污泥的管渠和输送站内自排污水的管渠。一般而言,前者除个别区段外,均为明渠,后者多为暗管。

23.3.1.1 明渠

为了便于观察、调节和清通,各处理构筑物之间的污水多采用明渠输送。明渠可用混凝土或砖砌筑,部分区段还可采用钢筋混凝土,超越干渠或站外排水干渠也可采用土渠。

渠道的断面形状基本上有矩形和梯形两种,除大断面的干渠采用梯形外,其余均采用矩形断面,土渠一律采用梯形断面。

明渠按下式计算(图23-2)。

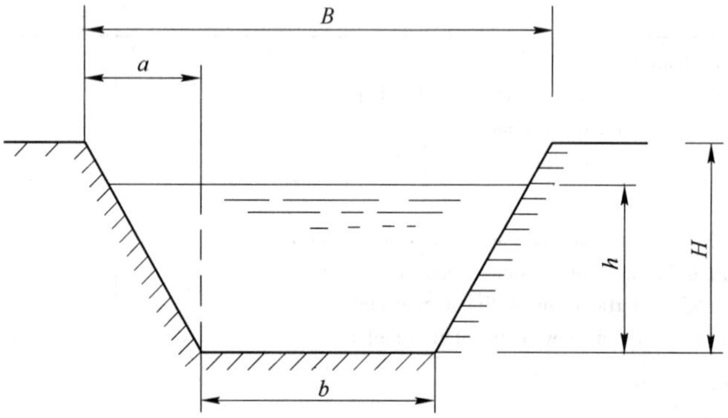

图23-2 明渠

$$Q = \omega v = \omega C\sqrt{Ri} \tag{23-1}$$

式中 Q——流量,m^3/s;

ω——过水断面,m^2;

v——流速,m/s;

C——谢才系数;

R——水力半径,m;

i——渠道底坡。

对于梯形断面:

$$R = \frac{\omega}{x} = \frac{bh + mh^2}{b + 2h\sqrt{1 + m^2}};\ m = a/H$$

对于矩形断面:

$$R = \frac{bh}{b + 2h}$$

谢才系数为:

$$C = \frac{1}{n}R^y$$

$$y=2.5\sqrt{n}-0.13-0.75\sqrt{R}(\sqrt{n}-0.10)$$

当 $0.1\ \text{m}<R<1.0\ \text{m}$ 时，$y\approx1.5\sqrt{n}$；$1.0\ \text{m}<R<30\ \text{m}$ 时，$y\approx1.3\sqrt{n}$。

n 为渠道粗糙系数。混凝土渠的 $n=0.014$，砖渠的 $n=0.015$，土渠的 $n=0.02\sim0.03$。

式(23-1)中有六个参数：Q、b、h、m、n、i。计算时，Q 为已知，m 及 n 由选定的渠道断面形状及材料决定。因此计算的任务仅是在 b、h、i 之间进行选择。一般小渠道中，多使 $b=h$；大渠中 $b=2h$。计算所得的流速必须大于最小允许速度，小于最大允许速度。为了防止沉淀和淤积，明渠的最小流速不应小于 0.4 m/s。为防止明渠受冲刷，最大流速为：3 m/s(混凝土渠及浆砌砖渠)、2 m/s(干砌块石渠)、1.2 m/s(黏土渠)或 0.4 m/s(黏质砂土渠)。

水力计算通常均采用现成的计算图表进行。

23.3.1.2　暗管

输送污水的暗管有承压管与不承压管两种。水泵出水管及类似倒虹吸的地下管段均承受压力，在污水处理厂(站)范围内，管内压力均不大，一般为数米到 20 m，因此可采用钢筋混凝土管和铸铁给水管。不承压管一般采用陶土管或混凝土管，大管径时也可采用钢筋混凝土管。管段连接采用承插式，用水泥或石棉水泥打口。平头管子采用套管连接。

生活污水及生产废水中往往会逸出各种有害气体，重力自流的污水管要求在管道上部保持一定的排气空间。这个排气空间对高峰流量的通过也有好处。管内水深与管径之比(h/d)叫做充满度，各种管子的最大充满度见表 23-5。

表 23-5　最大充满度

管径/mm	最大设计充满度 h/d
150～300	0.6
350～450	0.7
500～900	0.75
≥1000	0.80

污水管的计算也可按式(23-1)进行，只是 ω 为实际过水断面，而不是圆管面积。此外，陶土管的 $n=0.013$，铸铁管的 $n=0.013$，石棉水泥管的 $n=0.012$。

计算污水管时，尚有几项必须遵守的规定。室外排水管的最小管径(不包括出户管)为 150 mm。最小坡度分别为 0.007($d=150$ mm)、0.004($d=200$)、0.005($d=300$)。对于设计流速，当 $d>500$ mm 时，采用 $v\geqslant0.8$ m/s；当 $d\leqslant500$ mm 时，$v\geqslant0.7$ m/s。管道的最大流速，对金属管为 10 m/s，非金属管为 5 m/s。

水力计算可按图表进行。

污水管道的埋深取决于下列几个因素：各支管来水都能排入、不受地面动荷载的破坏、不因土壤冰冻而遭破坏。在温暖地区，道路下的排水管顶离地面至少要保持 0.7 m。管道底坡希望接近地面坡降，则全管线的土方量少、施工容易、费用低廉。一般要求排水管在转弯处、改变坡度处及支管交汇处均要设置窨井，作为检查和清通之用。不同管径相接处，可采用管顶平或水面平两种衔接方式。

设计排水管道时，应将最后成果绘成平面图和管道纵、断面图。

23.3.2　给水管道

污水处理(厂)站必须安装给水管道，以供应生产用水和生活用水，必要时还应供应消防用水。给水管道由接入管、站区管道及室内管道三部分组成。接入管是连接站内管道与站外干管的一段管子,管段上装水表及控制闸门。站内管道多采用支状管网,分别将水送给各用水户。室内管道直接与各用水设备连接。需设置消防设备时,一般接于室外给水干管上。

外管线在管径大于50 mm时,采用给水铸铁管,承插式连接;管径等于或小于50 mm时,采用普通焊接钢管。外管线一般都埋于地下,在连接支管处设闸门井,在支管上装闸门,以便于维修时关断支管。室内管线大多采用钢管,平行于外墙敷设在地沟中或架空安装,采用焊接或用丝扣联接。在设备前后大多用法兰盘连接,以便于装拆检修。地下管应涂沥青保护层,地上管线应涂防锈漆。

给水管进行水力计算的目的,就是在充分利用外管线压力的条件下,选择合适的管径,将水按要求的水量和压力供给用户,也就是说,各管段的流量已知,起点(外管线)及终点(用户)的压力已知,求各管段的管径。计算管径时,管内水流速度控制在0.6~2.0 m/s范围内为宜。

23.4 臭味控制

23.4.1 污水处理厂(站)内臭味的种类及来源

污水处理厂(站)内臭味物质的种类因污水及污泥性质、处理工艺等有较大差异,但引起臭味的典型物质种类包括:

(1) 无机臭味物质。硫化氢、氨等。

(2) 有机臭味物质。硫醇类、胺类、有机硫化物、甲基吲哚及挥发性有机物(volatile organic compounds,VOCs)等。

污水处理厂(站)内臭味主要来源于污水的厌氧生物处理及污泥处理过程(包括污泥储运、污泥浓缩、污泥厌氧消化及污泥脱水单元)所产生的物质,如硫化氢、氨、含硫有机物、胺类及VOCs等。其次,臭味来源于污水自身含有的臭味物质及污水收集与输送过程中因厌氧发酵而产生的硫化氢、硫醇、有机硫化物等。污水中这些臭味物质在污水的预处理单元,如粗格栅间、细格栅间及预曝气单元,以及在污水的气提、空气吹脱或曝气沉砂等处理单元释放至空气中,是臭味物质的来源之一。另外,在个别情况下,污水处理厂(站)内所设的调节池或均和池因有机污泥沉积且发生厌氧消化时,会产生一定量臭味物质。

23.4.2 臭味的影响及控制的必要性

臭味主要刺激嗅觉器官引起人们不愉快、降低或影响人们的生活质量。臭味浓度较高时会对人体健康造成危害;另一方面,臭味物质的排放会影响环境空气质量,降低污水处理厂(站)周边区域工业、商业及居住的社会经济价值。因此,臭味问题已经是污水处理厂(站)建设和运行所必须解决的环境问题之一,臭味问题能否解决已经成为污水处理厂(站)能否建设和运行的关键问题。为了防止和避免臭味对环境及人体健康的影响,必须对污水处理工艺过程中产生的臭味进行控制。

23.4.3 臭味的控制技术与方法

23.4.3.1 临时控制措施

通常,当污水处理厂(站)内有突发性臭味溢出或臭味处理单元发生故障时,作为短期临时臭味控制措施,可以通过向产生臭味的污水或污泥处理单元投加电子受体、化学氧化剂、臭味屏蔽药剂及臭味中和药剂等,减少臭味物质的产生。

23.4.3.2 污水处理工艺内采取措施控制臭味的产生

在污水处理工艺内,合理控制污水及污泥处理系统的负荷、适当增加污水生物处理好氧区曝气量、设计不同处理单元间合理的水力衔接减少水头跌落、设计并保障构筑物内的流态避免污泥沉积及厌氧污泥层的出现,减少污水处理过程中臭味的产生量。

23.4.3.3 对于污水处理厂(站)内收集与处理

对于污水处理厂(站)内已经扩散或释放至空气中的臭味物质,应进行收集并处理。通常,对于密闭空间产生的臭味,宜采用抽风机抽风,使整个空间形成微负压状态,避免臭味物质向外部空间的扩散。同时将所收集的含臭味空气输送至专门的处理单元进行处理。对于半密闭空间或开放空间所产生的臭味,应设置专门的气体收集,如固定式或移动式集气罩对臭味进行收集,然后输送至专门的处理单元进行处理。

臭味的处理应结合臭味产生的环节及特征,主要处理方法主要包括:物理方法(physical methods)、化学方法(chemical methods)、物理-化学方法(physical-chemicalmethods)及生物方法(biological methods)等。

物理方法包括采用新鲜空气稀释及通过合理设置植物挡风墙增加污水处理厂(站)内空气对流的强度和范围。该方法主要用于处理低浓度臭味或进一步改善空气质量。

化学方法通常有三种使用途径:

(1) 向污水中投加化学药剂,通过化学反应形成沉淀,将臭味物质从水相转移固相,从而减少污水中臭味物质的释放。例如:向含硫化氢为主要臭味物质的污水中投加铁盐,可形成硫化铁沉淀,从而减少硫化氢向空气中的释放量。另外,向污水中投加化学氧化剂,改变污水的氧化还原电位,破坏厌氧环境从而抑制臭味的产生。

(2) 以水或含有化学药剂的水溶液作为吸收剂,采用填料塔、筛板塔或喷雾塔等洗涤塔处理含臭味物质的空气。常见洗涤塔处理工艺见图23-3。该方法主要用于易溶于水或可与化学药剂发生反应的臭味物质的去除,具有一定选择性,仅适合于种类较为简单的臭味控制。另外,由于受气液传质速率、化学反应速度等因素的限制,该方法适用于浓度较低的臭味控制。

(3) 采用化学氧化剂或氧,在有催化剂(化学催化剂或光催化剂)存在条件下,将臭味物质氧化为水、二氧化碳或其他氧化产物如二氧化硫、三氧化硫、二氧化氮等。包括光催化氧化、高级氧化(即臭氧氧化或Fenton氧化)、干式及湿式空气氧化、催化燃烧等方法。这些过程中产生的氧化产物进一步溶解于水中,从而实现臭味物质的去除。该方法主要适用于还原态臭味物质的去除,如硫化氢、有机硫化物、VOCs等。同时,由于运行费用较高,考虑到费用-效益比,该方法适用于较高浓度臭味控制。

物理-化学法指通过物理吸收、化学吸附等将空气中臭味物质吸附在吸附剂表面,从而实现臭味物质的去除。典型的处理方法为活性炭吸附法,其处理流程与图23-3b类似,仅将图23-3b中填料替换为活性炭作为吸附剂即可。该方法适用于活性炭等吸附剂可选择性吸收的臭味物质的去除。考虑到再生周期及运行费用,该方法适用于较低浓度或较小气量的臭味控制。

生物法指利用活性污泥或生物膜中微生物的代谢作用,将气流中所含有的臭味物质转化为简单无机物及细胞物质。在这一过程中,有机物最终转化为二氧化碳;氨及含氮有机物中氮最终被氧化为亚硝酸盐或硝酸盐;硫化氢及含硫有机物中的硫被氧化为硫单质、亚硫酸盐或硫酸盐。常见的生物除臭处理工艺见图23-4。该工艺受气液两相传质速率及生化反应速率的限制,适宜于处理低浓度含臭味的空气。同时,由于生物法具有较好的经济性,该方法适用于较大气量的臭味控制。

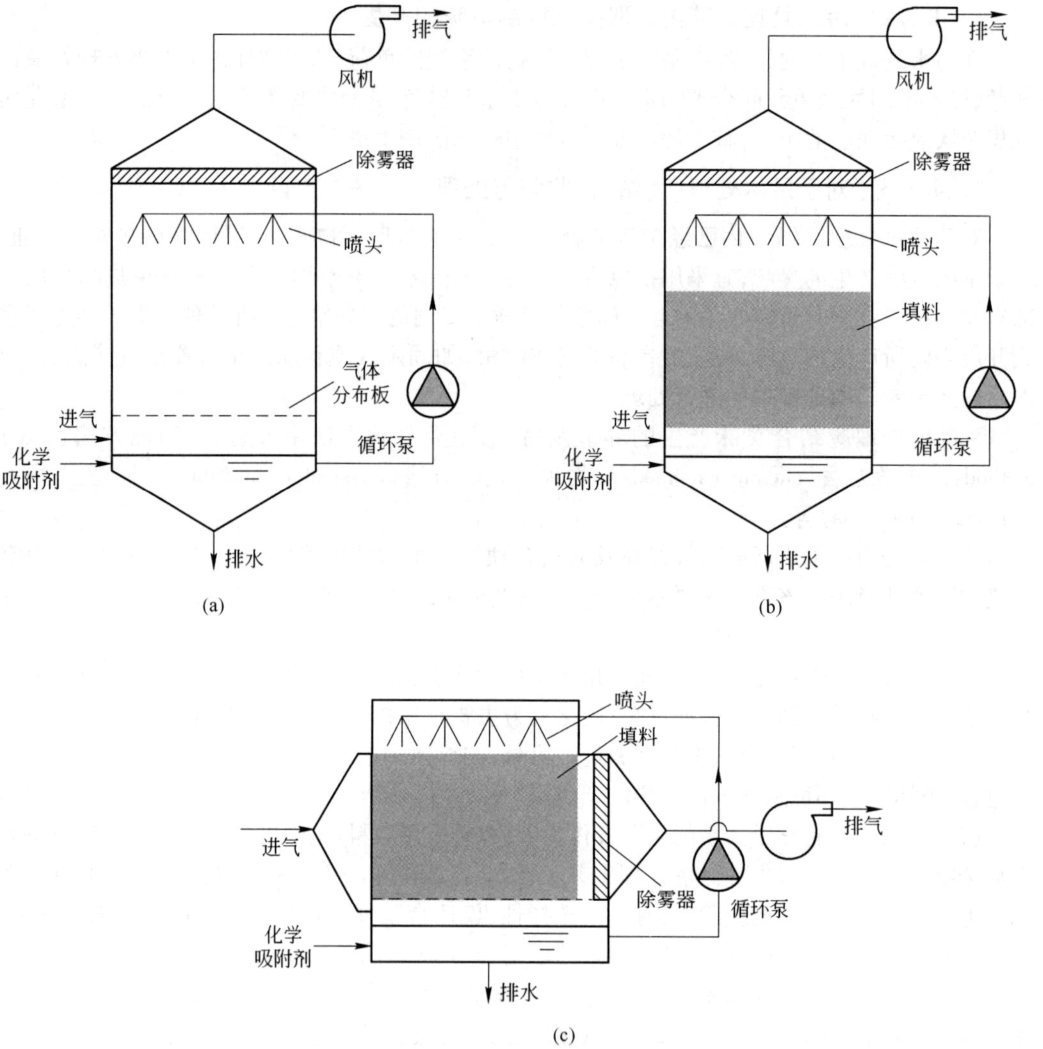

图 23-3 常见洗涤塔处理工艺

(a) 喷雾洗涤塔；(b) 竖向流填料洗涤塔；(c) 错流式填料洗涤塔

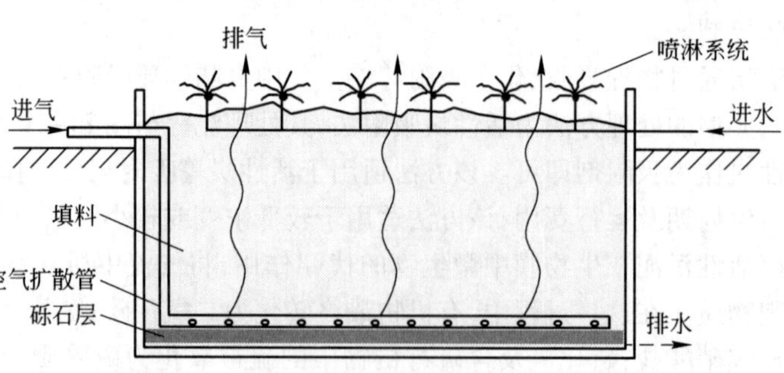

(a)

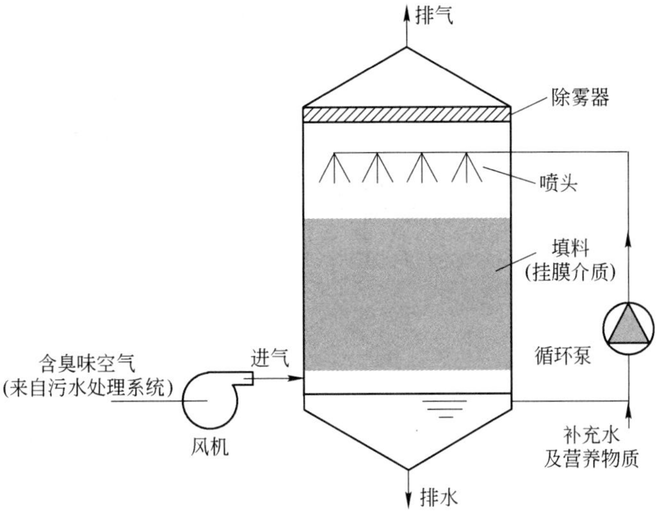

(b)

图 23-4　常见生物除臭处理工艺

(a) 开放式生物滤池除臭系统；(b) 封闭式生物滤池除臭系统

23.4.3.4　处理单元合理布局及设置防护距离

为避免和减少臭味对污水处理厂(站)内部环境质量及人员健康的影响，在工艺流程布置时，应结合当地的主导风向，将臭味产生源布置在主导风向的下风向。同时，尽可能将产生臭味的环节就近紧凑布置，以便减少空气输送距离，实现臭味物质就近处理，节约初投资及运行费用。

为避免和减少臭味对污水处理厂(站)外部环境质量及人员健康的影响，在主要臭味源周围应设置缓冲扩散区。缓冲区通常因处理单元而异，常用的缓冲距离见表 23-6。但是，在具体设置缓冲距离时，应根据当地地理、气象条件及实际污水处理单元臭味产生的强度、浓度等进一步确定实际所需安全缓冲距离。

表 23-6　不同处理单元通常采用的缓冲距离

处理单元	缓冲距离/m	处理单元	缓冲距离/m
格栅	150	储泥池	300
沉淀池	125	污泥浓缩池	300
曝气池	150	污泥厌氧消化单元	150
滴滤池	125	污泥真空脱水	150
好氧氧化塘	300	污泥湿式氧化	450

23.5　配水设施及计量设备

23.5.1　配水设施

污水处理(厂)站的同类型、同尺寸的处理构筑物一般都设有两个或两个以上并联运行，向他们均匀配水是污水处理厂(站)设计的重要内容之一。例如，有两个一组的沉砂池，如配水不均，势必使某个池子的水量大，而另一池子的水量小。若差异很大，则大流量通过的池子中流速大，泥砂沉不下来，给沉砂池的工作造成困难；流量小的池子将有过多的有机物沉下，给沉渣处理造成困难。为了实现均匀配水,应在并联运行的处理构筑物前采用不同的配水设施。配水方式如图23-5所示。

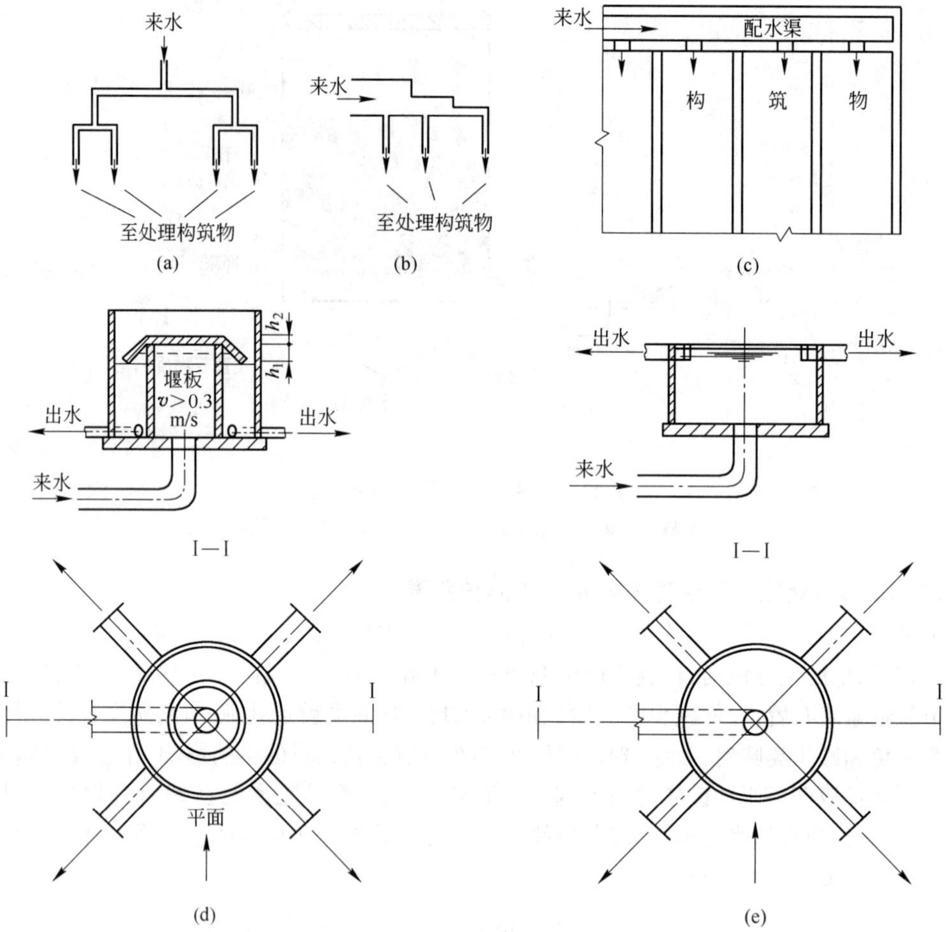

图23-5　配水方式

(a) 对称式配水;(b) 非对称式配水;(c) 渠道式配水;(d) 中心配水井(有堰板);(e) 中心配水井(无堰板)

图23-5a所示配水方式可用于明渠或暗管,构筑物数目不超过4座,否则,层次过多,管线占地过大。这种配水形式必须完全对称。在场地狭窄处,也有采用图23-5b的形式配水。这种配水方式采用较少,因为流量是变化的,水力计算不可能精确,因此配水很难达到均匀。当污水处理厂规模较大时,构筑物的数目较多,往往采用配水渠道向一侧配水的方式,见图23-5c。在这种情况下,由于配水渠道较长,渠中水面坡降可能较大,而渠道终端又可能出现壅水,故配水很难均匀。解决的办法是适当加大配水渠道断面,使其水流流速小于0.3 m/s,以降低沿程阻力损失,这样,渠道中水面坡降极小,较易达到均匀配水的目的。为了避免渠道中出现沉淀,可在渠底设曝气搅动。对于大中型污水厂,此种配水方式更为适用。为了配水均匀,辐流式沉淀池一般采用图23-5d、e所示中心配水井,前者水头损失较大,但配水均匀度较高。

23.5.2　计量设备

为了保证处理设备的正常运行,进行经济核算,要求对进入各处理构筑物的水量加以计量。

计量设备可设于处理构筑物的前面,也可设于其后。计量设备必须构造简单、计量准确、测定方便、水头损失小。

23.5.2.1 计量槽

计量槽也叫巴氏槽,其构造见图23-6。这种计量设备的优点是水头损失小、底部冲刷力大、不易堵塞、精度高(95% ~98%);缺点是槽前后要求有较长的直线段(槽后要求20 m),一般的处理构筑物难于采用。计量槽通常设于总出水干渠上。此外,它对施工的技术要求高,施工不好会影响其准确度。

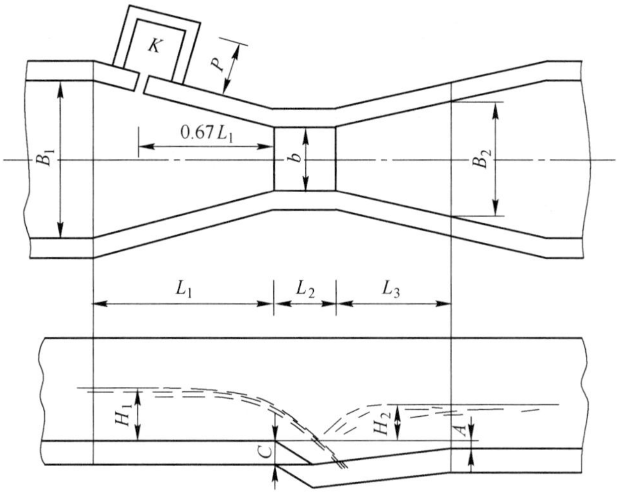

图23-6 巴氏计量槽

计量槽分为三段:进水收缩段、中间喉渠和出水扩大段。槽身及其前后的明渠均要求矩形断面。前后明渠的底坡可以相等,也可以不相等。

喉渠有一段0.375的顺坡,出水段的头部有一段0.166的反坡,由此造成水流自由跌落。同时,为了保证计量准确,对跌落度有如下要求:

当 $b=0.15$ m时,$H_2<0.5H_1$;当 $b>0.3$ m时,$H_2<0.7H_1$。

通过计量槽的流量与进入段的水深有如下关系:

$$Q=mbH_1^a \tag{23-2}$$

式中 Q——通过计量槽的流量,m^3/s;

b——喉宽(一般取上游渠宽的1/3 ~1/2),m;

H_1——进水段的正常水深,m;

m,a——系数,当 $b=0.15$ m时,$m=0.384$,$a=1.58$;当 $b=0.3\sim1.75$ m时,$m=0.365$,a 由表23-7查出。

表23-7 不同喉宽时的 *a* 值

喉宽 b/m	0.30	0.50	0.75	1.00	1.25	1.50	1.75
a	1.522	1.54	1.557	1.57	1.578	1.585	1.59

进水段侧面有一观察井,两者开洞相连,测量水位 H_1 的仪器可设于其内。最好是自动测量,遥传指挥。

计量槽的各部分尺寸和通过的水量有关,见表23-8。

表23-8 计量槽各部推荐尺寸 (cm)

通过流量/L·s⁻¹ 最小	最大	b	L_1	L_2	L_3	B_1	B_2	A	C	K	P
5	60	15	60	30	60	40	40	7.5	11.5	40	40
5	500	30	125	60	90	84	60	7.5	22.5	50	50
10	1000	50	145	60	90	108	80	7.5	22.5	50	50
10	1250	75	157.5	60	90	138	105	7.5	22.5	50	50
20	1500	100	170	60	90	168	130	7.5	22.5	50	50
20	2000	125	182.5	60	90	198	155	7.5	22.5	50	50
30	3000	150	195	60	90	228	180	7.5	22.5	50	50

23.5.2.2 矩形堰

矩形非淹没薄壁堰见图23-7。堰横插于渠道中,水流越过堰顶自由跌落。这种计量设备十分简单,要求堰前有一定的直线段即可正常工作。其缺点是水中不能有大颗粒悬浮物,否则,会使堰前渠道淤塞;此外,水头损失较大。

矩形薄壁堰的流量 $Q(\mathrm{m^3/s})$ 与堰顶水深 $H(\mathrm{m})$ 的关系如下:

$$Q = m_0 bH\sqrt{2gH} \tag{23-3}$$

式中 b——堰宽,m;

m_0——流量系数,通常采用0.45。

式(23-3)适用于 $b=0.2\sim2$ m,堰高 $P=0.24\sim1.13$ m,水头 $H=0.05\sim0.6$ m,此时的误差不超过1%。

23.5.2.3 三角堰

三角堰的形状见图23-8,多采用90°的顶角。其优点大致和矩形堰相同。当流量小于100 L/s时,利用下式计算,具有足够的精确度。

$$Q = 1.4H^{5/2} \tag{23-4}$$

式中 H——堰顶水深,m。

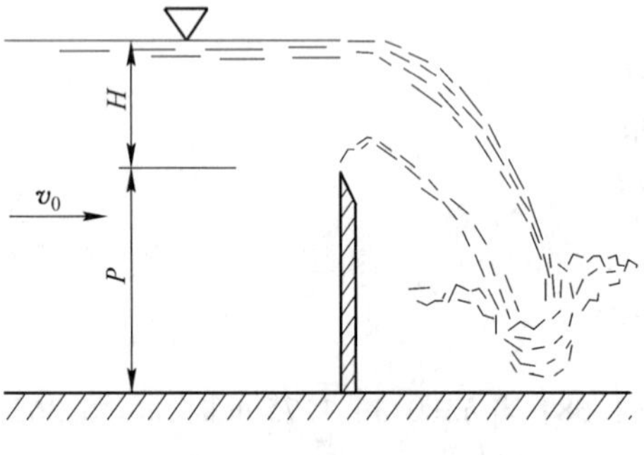

图23-7 矩形薄壁堰

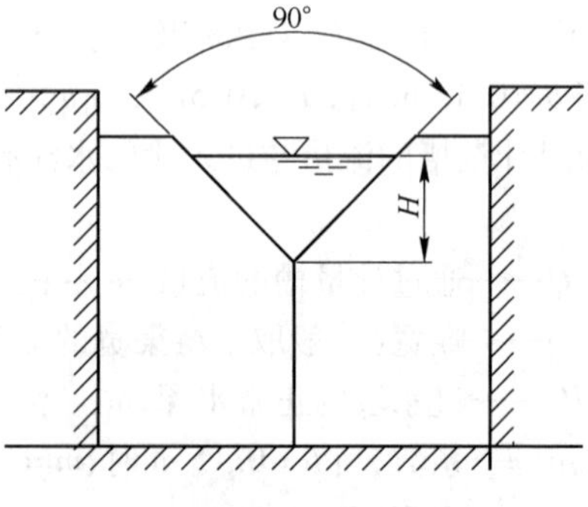

图23-8 三角堰

如果把矩形堰和三角堰做成活动式的,或者堰下半截做成可折叠式的,能开启冲洗渠底,对于防止渠道淤塞很有好处。

23.5.2.4 闸板下放水计量装置

闸板下放水计量装置见图23-9。当上下游水流的连接方式不同,这种装置的计算水头也不一样。流量与作用水头的关系如下式:

$$Q = \mu F\sqrt{2gH} \tag{23-5}$$

式中　H——作用水头,对于自由射流,由上游水面到出流口中线,对于非自由流,由上游水面到闸板底面。

μ——流量系数,一般采用0.6~0.7,近似取值0.62;

F——闸板下放水口面积,m^2。

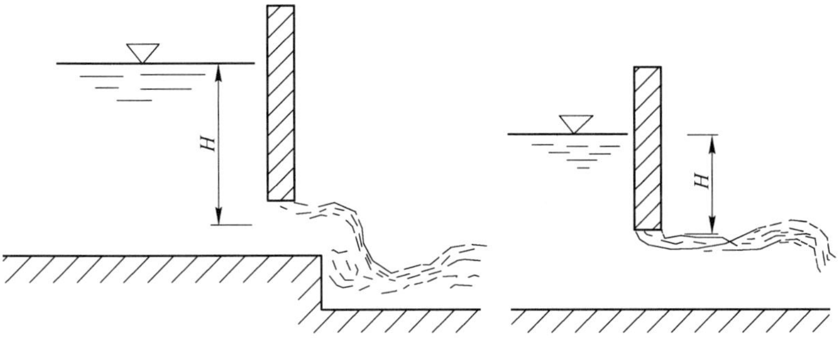

图23-9　闸下放水计量装置

23.6　污水泵房

污水泵房是处理厂(站)不可缺少的重要组成部分。在下列情况下必须设泵以抽升污水:来水管标高低,污水无法进入处理构筑物;向生物滤池配水;回流活性污泥;消化池水泵循环搅拌及加料排料;总出水渠标高太低,污水无法排放;其他需加压的场合。

泵房由机器间、配电部分和吸水井三部分组成。机器间设置水泵机组、管道和控制设备等,有时还有低压配电盘。配电部分有变压器及高压配电设备,前者通常设于室外。当电源由附近低压线接入时,就没有这部分了。吸水井是一个小水池,接纳来水供水泵抽送,有时也起一定的水量调节作用。

从平面上看,泵房有矩形和圆形两种,圆形多用于埋深较大的地下自灌式泵房。从立面上看,泵房可建成地下式、半地下式和地面式三种。

23.6.1　泵的选择

抽升一般的污水多采用PW型污水泵。对于有腐蚀性的污水,应选择合宜的耐腐蚀泵或耐酸泵。抽升泥渣多的污水和污泥时,可选择泥浆泵或砂泵。

抽升污水多采用低压泵(100~150 kPa)。根据需要的扬程H和流量Q来选择水泵。设Q_0为输送的总流量(m^3/s),若选用几台同型号的水泵分路工作,则每台的出水量$Q=Q_0/n$。水泵需要的扬程H按下式计算:

$$H=H_1+H_2+h_1+h_2 \tag{23-6}$$

式中　H_1——压水管出水口至吸水井最低水位的几何高差,m;

H_2——压水管出水口处要求的压力,自由出流时,最好保持1~2 m的剩余水头;

h_1——吸水管及泵房内压水管的水头损失,m;考虑到污水泵的扬程较低,外管线短,水头损失不大,h_1占的比例大,故要求精确计算;

h_2——泵房外压水管的水头损失,m。

并联工作的机组,应按其水泵和管路的工作特性曲线来选定。

根据 H 及 Q 值选择水泵时，往往得不到合适的水泵。此时，应适当调整台数，另行计算，或者选用同型号稍大一些的水泵。水泵台数不应少于2台，但也不应过多，因为小泵效率较低，数目多也会造成管理上的麻烦。备用泵常选用1～2台。

当泵房内安装几组不同用途的水泵时，应分别选择和计算。

23.6.2 泵房布置

泵房布置包括水泵安装高度的确定、水泵机组的平面布置、管道及控制闸阀的布置等三个方面。

污水源源不断地流入吸水井，为了安全可靠而又能及时地将污水抽走，污水水泵通常按自灌方式启动运行。为此，要求水泵轴线安装在吸水井最低工作水位以下。泵房不深时，工作间可以与机器间采用同一地坪标高；泵房较深时，则必须把两者上下错开修建，或者让工作间在机器间正上方。

水泵机组在平面上的布置方式见图23-10。图23-10a为单行式，图23-10b为单列式，图23-10c为双行式，图23-10d为交错双列式。对于圆形泵房，布置方式必须考虑到圆形建筑的特点。总之，机组布置要保证操作安全与方便、便于安装和拆修、紧凑而不拥挤。

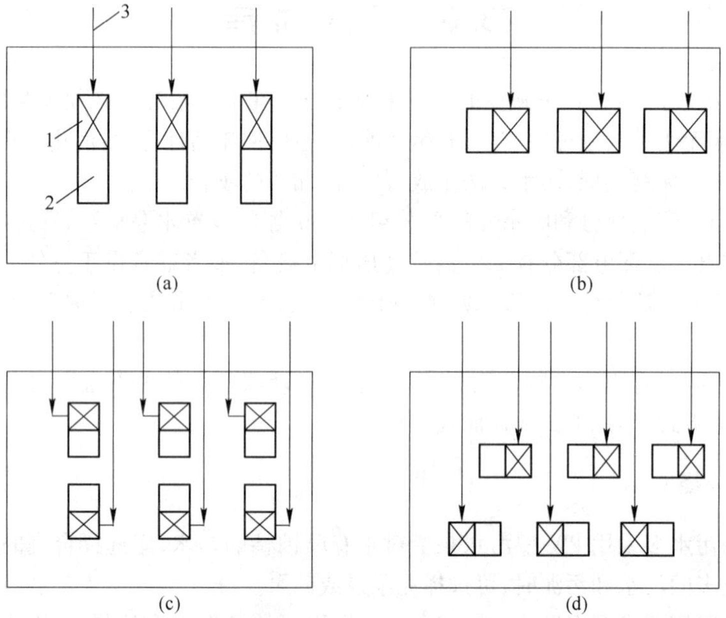

图23-10 水泵机组的布置方式

1—水泵；2—电机；3—吸水管

机组布置时，在机组之间以及机组和墙壁之间应保持一定的距离。电动机容量小于50 kW时，机组净距不小于0.8 m；大于50 kW时，净距应大于1.2 m。机组与墙的距离应不小于0.8 m。机组至低压配电盘的距离不小于1.5 m。考虑到检修的可能，应留有足够距离以抽出泵轴和电机转子。如无单独的检修间，则泵房内应留有足够的场地。此外，泵站内的主要通道应不小于1.0～1.2 m。

泵站内的管道包括吸水管和压力管。吸水管通常是每台单独设置一根。由于污水泵大都采用灌入式吸水，因此，要求吸水井和泵房之间的墙壁要严密封死，不能漏水；同时要求在吸水管上设置闸门,便于检修时能关死闸门,拆下水泵。吸水管应尽量短而直,直径按下列规格计算:管径小于 200 mm 时,流速取 1.0 ~ 1.2 m/s;管径大于或等于 200 mm 时,流速取 1.2 ~ 1.6 m/s。

压水管上应设置必要的闸阀,以便检修某台水泵或阀门时,其他水泵仍能照常工作。压力干管在污水泵站多采用单管式,直通处理构筑物。当压力很高时,临近水泵的压水管上还应设置单向阀,一旦突然停电时,可以保护水泵不受回流水的撞击破坏,以及突然恢复供电时因负荷太大而烧坏电机。水泵工作期间单向阀经常启闭,容易磨损破坏,因此其后通常设一闸门以便于检修。当工作压力低于 200 kPa 时,可不设单向阀。水泵机组和吸水管及压水管上闸阀设置,可参看图 23-11。

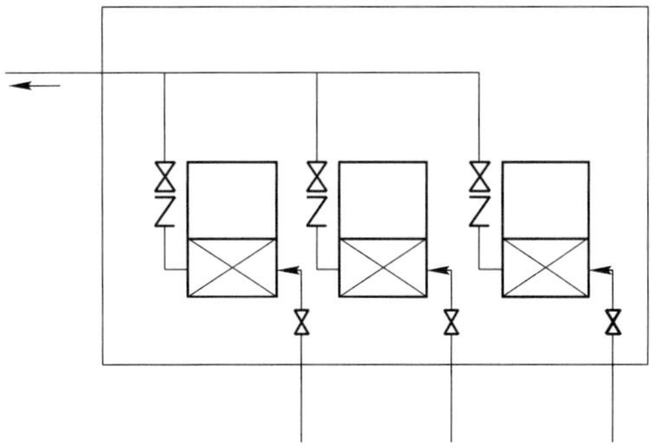

图 23-11 水泵机组及管线闸阀设置

泵房内除机组布置外,管道的布置也很重要。较小管径的管子可安装在地面以上,有时需架空安装。大管径的管子可以安装在地沟内。所有闸门都应安装在便于操作的位置。吸水管水平段要防止产生气囊,这对吸水式启动的水泵尤为重要。

23.6.3 吸水井

吸水井的功能是保证吸水管的良好工作条件,并起一定的水量调节作用。

吸水井有效容积有两种计算方法。人工操纵启动时,由于启动时间通常需要 5 min,因此此吸水井的容积至少要等于最大水泵 5 min 的抽水量。若采用自动启动方式,一般规定每小时最多启动次数为 6 次,因此贮水容积 V 为:

$$V = Q/n \tag{23-7}$$

式中 Q——水泵抽水量,m^3/h;

n——每小时内水泵启动次数,$n \leq 6$。

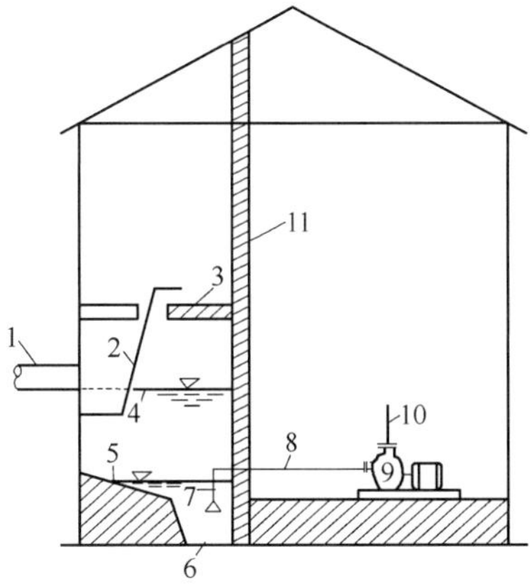

图 23-12 泵房示意图

1—进水管; 2—格栅; 3—平台; 4—最高水位; 5—最低水位; 6—吸水坑; 7—吸水头; 8—吸水管; 9—水泵; 10—压水管; 11—隔墙

如图 23-12 所示,吸水井内应设置格栅,截流粗的漂浮物质,以保护水泵叶轮不被堵塞。格栅间隙 20 ~ 150 mm,水泵越小,间隙也应越小。通过格栅的流速一般不大于 0.8 ~ 1.2 m/s。格栅倾斜 60° ~ 70°,水下部分不少于 0.5 ~ 0.8 m。与进水管的水平距离不小于 1 m。格栅上端靠在清渣台上。

吸水井设 0.01 的底坡,坡向吸水坑,坑壁倾角为 60° ~ 70°。为了保证吸水头有良好的吸水条件,吸水管头部设扩大漏斗,其直径 D 应等于管径 d 的 1.3 ~ 1.5 倍。漏斗与吸水坑底及侧壁的距离如图 23-13 所示。吸水坑深度一般采用 0.5 m。吸水漏斗底缘与最低水位的高差 h 与漏斗口处的流速有关:当 $v = 1.0$ m/s 时,$h = 0.4$ m;$v = 2.0$ m/s 时,$h = 0.8$ m;$v = 3.0$ m/s 时,$h = 1.6$ m。

吸水井最高水位应低于来水管底。最高水位与最低水位的高差叫做有效水深,一般为 1.5 ~ 2.0 m。

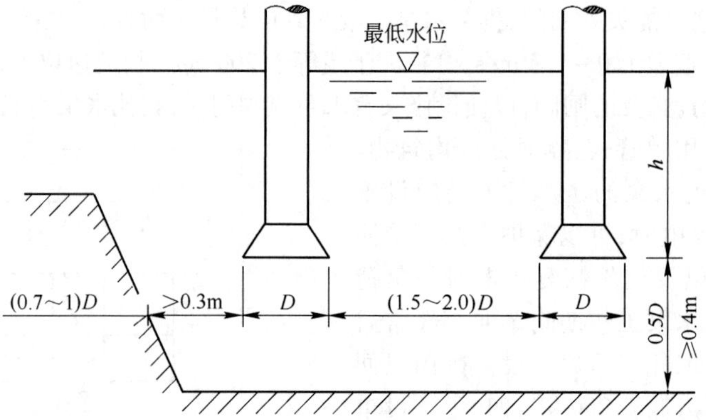

图23-13 吸水管头的安装

习题和思考题

23-1 通过调查研究了解国内各设计院规定的设计程序及审批制度。

23-2 确定污水处理工艺流程时,要考虑哪些因素?试以某小区生活污水和某厂镀铬废水为例,分别予以说明。

23-3 设计城市污水二级处理厂时,如何确定设计流量,沉砂池、初沉池、曝气池、二沉池等是否采用同一设计流量,为什么?

23-4 通过调查,收集城市污水二级处理厂的有关经济指标:(1)处理1 m^3/d 污水的基建费用;(2)处理1 m^3 污水的直接运行费用(包括动力费用及药剂费用);(3)去除1 kg的BOD_5的电费;(4)污泥浓缩及脱水的直接运行费用。

23-5 污水处理厂(站)的总体布置包括哪些内容,布置时要考虑哪些因素?

23-6 以城市污水处理厂为例,说明污水处理厂内臭味的来源及常用的臭味处理设施及工艺。

24　水环境区域性综合防治

24.1　概　　述

水环境的区域性综合防治，是以某一水系流域范围内具有复杂的污染源的城市或工业区作为污染防治对象，通过法制、行政管理、经济和工程技术等方面的综合性措施，有效地和经济地防治该区域内的污染，使其恢复或保持良好的水环境质量和水资源的正常使用价值。

在一个水系流域内，往往分布有许多城市和工矿企业，处于上游的城市和工矿企业排入水体中的污染物如果在数量上超出了该物质在水体中的环境容量，就会导致水体质量的恶化，影响下游的城市、工矿企业和农业、渔业等方面对水资源的开发利用。这些后果，对某一城市或某一工矿企业难以考虑周全。在缺乏严格的监督和管理的情况下，常使一些已有的水污染防治措施不能正常运转，例如某选矿厂就曾多次发生夜间向河流中排放含毒尾矿废水的事件。显而易见，水污染的广泛性和社会性与其治理的局限性和个体性之间的矛盾，是当前水污染防治中的一个突出问题，水污染的区域性综合防治是解决这一问题的有效途径。

水污染区域性防治具有很强的实施性。这是因为它是以某一特定水系或水域为对象，并建立拥有足够权力的水污染区域性综合防治管理机构，可以根据地方技术、经济、管理的承受能力，就治理项目、环境目标、资金投入进行优化选择。它和以往的废水单独处理相比较，具有以下较为明显的优点。

(1) 由于上、下游用水单位都是区域性水污染防治系统的组成部分，管理机构可以统筹考虑，采取相应的措施，尽可能减轻上游排放废水对下游用水单位的影响。

(2) 可以根据需要修建联合的大型污水处理厂，较之各单位自行修建处理厂，其基建和运行费用都明显降低，并便于维持正常运行。

(3) 可将废水输送到最适宜河段排放，避免各家不顾受纳水体水质情况而一味就近排放这一弊病。

(4) 可集中资金修建一些水利工程，以增加枯水期的河水流量，或修建污水库以控制在枯水期的污水排放量，使受纳水体保持较好的水质。

(5) 有利于从防治污染的观点出发对区域规划、工业布局、水资源利用规划提出合理建议。

(6) 对处理方案和处理场(站)的选址较单独处理有广泛的选择余地，便于实现技术、经济和管理的优化组合。

24.2　水环境区域性综合防治的工作要点

24.2.1　工作内容

水环境区域性综合防治是从区域整体出发，按照当地的生态条件和环境质量目标，研究各种防治措施与方案，寻求可实现环境目标值的最优(或准优)方案。它的主要内容有：

(1) 水环境综合整治规划。确定要解决的主要环境问题,及其影响范围,解决环境问题的时间要求及技术、经济、管理方面的承受能力等。

(2) 环境管理。建立高效率的环境管理机构;建立以法制、规划为主区域环境管理和部门环境管理相结合的环境管理体制,建立起相应的污染防治管理制度。

(3) 环境工程。是以工程技术措施,防止、减轻乃至消除水环境的污染,改善和保持水环境质量,有效地保护和合理地综合利用水资源。

(4) 环境预测。根据区域环境质量变化的规律,预测其未来的发展趋向,可以为制定区域环境质量标准和污染物排放标准,进行区域社会经济发展规划,加强综合防治等提供科学依据。

24.2.2 工作步骤

(1) 水环境问题分析。首先要求对该地区的自然背景、污染源状况,水环境污染现状等进行全面的和细致的调查,将调查所获得的大量信息、数据进行归纳整理,说明水环境污染的现状、污染程度、污染物浓度的时空变化规律,从而确定出主要的污染问题及其防治方向。

(2) 水域功能区划分。根据区域的经济、社会环境功能的要求,合理地确定该区域中各水域的水质管理目标,根据其功能的不同,规定不同的环境质量等级。划分时要充分考虑城市布局和工业污染源的排污现状,使功能区的划分与之相适应;要充分考虑经济承受能力和环境效益,以水质现状和目前主导使用功能为基础;同时还要考虑到长远规划和潜在功能的开发,当同一水域有不同的功能要求时,应以高功能要求确定其功能。限于技术和经济条件,一时尚无法达到区域环境目标的,可制定分期达到阶段性环境目标。

(3) 水环境容量的确定。区域环境容量是整个区域环境在维持其环境目标值时允许的排污总量。它需要通过对区域环境目标值、背景值、自净能力的研究而求得。区域水环境容量的确定是制定水环境规划和进行污染治理的基本依据。

(4) 制定环境规划。制定时应根据该区域的水环境容量,兼顾生产发展和环境目标的实现,要使经济发展和人口增加与自然资源和环境的承载能力相适应,因此必须进行经济与社会发展的环境预测及其相应的环境影响评价。对于地面水,应在水资源评价的基础上编制水域功能规划和水质管理规划。要设立相应的水资源管理机构,实行全面规划,综合开发与综合治理。对于地下水,则应根据地下含水层结构、水资源总量和补给条件,编制地下水资源的开发利用与保护规划,严禁过量开采和污染地下水,防止地下水水质恶化和地面沉降。

(5) 削减排污量。对超过区域环境容量的排污量,应予以削减。要根据污染源可控性技术经济评价所提供的总量控制目标的决策信息,在各控制单元之间,或控制单元的若干工业小区之间,排列优先削减顺序,对小区分担率进行优化分配。排污量的削减,要在合理利用自然净化能力的基础上,采取必要的工程技术措施,如采取改革生产工艺、实行厂内和区域内的人工治理等多种措施,把污染物削减总量在各个环节中实行合理的分配。

(6) 组建优化的区域综合防治体系。优化的区域综合防治体系应建立在系统分析的基础之上。核心的问题是环境目标值的实现和费用的最小投入,即以最小的经济代价寻求较好的环境效益。通常应就不同的防治途径与措施,建立环境效益与投资费用统计相关的单个模型,然后将这些分模型组合成系统模型,以区域环境目标为约束条件,以总投资为目标函数,运用各类优化方法探求优化或满意的决策方案。

区域性综合防治,强调发挥防治体系的整体作用,较之以往的单独处理,能做到既经济又有效。

24.3 污染物总量控制方法

24.3.1 实施污染物总量控制的必要性

多年来,我国在水污染防治中,执行着浓度控制的政策,所颁布的各类水质标准,都只规定了相应的浓度限值。在一定的经济和技术条件下,实施污染物浓度控制,对水环境污染现状的改善,确实起到了一定的作用。但是,它存在着一个很大的弊病,即没有考虑受纳水体的环境容量。尽管一些单位所排废水的污染物浓度并未超标,但由于企业的发展,人民生活水平的提高,废水排放量大大增加,排入水域中的污染物总量相应增加,在超出水体自净能力的情况下,导致水体质量下降和水质恶化。而有些单位为满足排污的浓度要求,甚至采用清水稀释污水的做法,这不仅增大了排污总量,也使生产成本提高。我国有部分企业的耗水量之所以大大超过发达国家相应企业的耗水量,除了生产工艺水平有待改进和提高外,单独满足废水排放时的浓度要求而逃避环境管理部门的排污超标收费,不能不说也是一个原因。

实施污染物排放总量的控制,可以避免上述弊病。宏观上,可以有效地控制污染;微观上,能使企业增强参与意识,积极主动地削减污染物排放量。

24.3.2 实施总量控制路线的适用范围

凡属下列情况者,以实施总量控制路线为宜:

(1) 实施浓度控制,仍不能实现水环境目标时。

(2) 投资欲用于重点污染源治理时。

(3) 当重要水源保护区内存在无法关、停、并、转的老污染源时。

(4) 跨流域或上、下游之间,需要协调污染控制要求及保护标准时。

(5) 开展行业或重点企业技术改造,确定环境、技术和经济效益俱佳的优先治理方案时。

24.3.3 实施总量控制的条件

如具备下列条件,可认为有实施条件:

(1) 完成了排污申报登记,重要污染源的排污总量数据已经核定。

(2) 实施总量控制的目标明确,控制项目、区域、阶段要求清楚。

(3) 污染源有切实可行的治理措施,有一定的投资金额。

(4) 在浓度、总量控制的双轨制基点上已对排污收费和“三同时”政策进行了相应的调整。

24.3.4 总量控制最优治理方案的确定

实施总量控制的目的是有效地进行水污染的区域防治,它必须建立在已掌握环境容量的基础上,因此,首先要调查研究区域内水域的污染现状和规律,计算出水体的自净容量,即水体对某一污染物在相应水质标准限值时的极限容纳量,进而确定各种污染物的容许排放量,容许排放总量应小于水体的自净容量,然后对控制区域中的各个污染源,通过对不同治理方案的技术、经济比较,确定出最优排污分配与治理方案。这一过程可由图24-1说明:

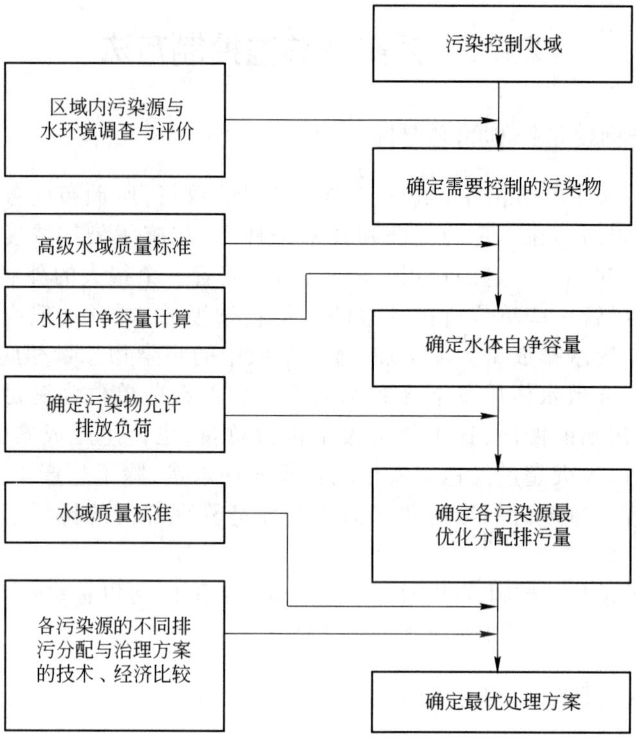

图24-1 总量控制及其最优治理方案的确定示意图

24.3.5 污染物的极限允许排放负荷的计算

根据我国水环境污染的特点,在计算极限允许排放负荷时,一般把污染物分为可生化降解污染物(主要为有机污染物)和其他污染物两大类。

24.3.5.1 有机污染物极限允许排放负荷的计算

有机污染物以BOD为其指标,目前通常以BOD_5来表示。计算确定的BOD_5极限允许排放负荷,除应保证各级水域的溶解氧的标准外,还须保证各级水域的BOD_5的最大允许浓度标准。按照各级水域的BOD_5标准计算求得的BOD_5极限允许排放负荷,通常比按氧垂曲线和溶解氧标准计算出的负荷小。因此,应先按各级水域的BOD_5标准计算其极限允许排放负荷,再用氧垂曲线进行校核,看其是否符合溶解氧标准。

A 单一污染物排放源BOD_5极限允许排放负荷的计算

对单一污染排放源,按到其下游最高级水域和距其最近的较高级水域的BOD_5标准,计算其排放废水中BOD_5最大允许排放浓度C_x(mg/L):

$$C_x = \frac{aQ}{q}\left(\frac{C_B}{10^{-k_1 t}} - C_H\right) + \frac{C_B}{10^{-k_1 t}} \tag{24-1}$$

式中 C_H——排放点处河水中原有BOD_5浓度,mg/L;

C_B——排放点下游计算断面处的BOD_5标准浓度,mg/L;

a——计算断面的混合系数;

Q——河水的设计流量,取具有95%保证率的最小枯水月平均流量,m^3/s;

q——排放废水的设计流量,m^3/s;

t——废水自排放点流至下游计算断面的时间，d；

k_1——耗氧速率常数，d^{-1}。

B 多点污染物排放源 BOD_5 极限允许排放负荷的计算

如图 24-2 所示，设有 A、B、C、D 4 个废水排放点，所排废水中的 BOD_5 量 x(kg/d) 经过沿途混合稀释和生物氧化降解，到达下游 E 市的集中给水水源地（一级水域）时，混合水中的 BOD_5 浓度不应大于一级水域的 BOD_5 标准（2 mg/L）。每一点的排放废水流至 E 时，其 BOD_5 占混合水中 BOD_5 的量，应不超过 E 市（一级）水域 BOD_5 标准值的一个分配分数，而这一分数是按各点废水中 BOD_5 数量 x_i 占全部废水中 BOD_5 总量 $\sum x_i$ 的分数以及其生物氧化降解时间来确定的。各点废水中 BOD_5 的最大允许排放浓度依下式计算：

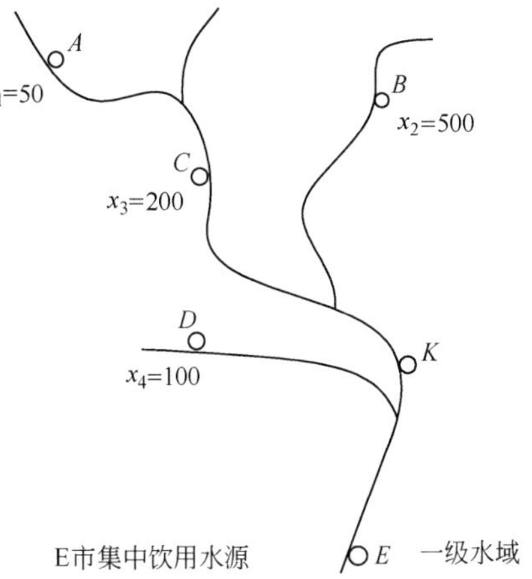

图 24-2 多点排放源的 BOD_5 极限允许浓度计算示意图

$$C_{xi} = \frac{a_i Q}{q_i}\left(\frac{P_i C_B}{10^{-k_1 t_i}} - C_H\right) + \frac{P_i C_B}{10^{-k_1 t_i}} \qquad (24\text{-}2)$$

式中 C_{xi}——i 排放点废水中 BOD_5 最大允许排放浓度，mg/L；

a_i——i 排放点废水在计算断面的混合系数；

q_i——i 排放点废水流量，m^3/s；

t_i——i 排放点废水流至计算断面的时间，d；

P_i——分配分数，按下式计算：

$$P_i = \left(\frac{x_i}{10^{-k_1 t_i}}\right) \Big/ \left(\sum_{i=1}^{n} \frac{x_i}{10^{-k_1 t_i}}\right) = \left(\frac{q_i C_i}{10^{-k_1 t_i}}\right) \Big/ \left(\sum_{i=1}^{n} \frac{q_i C_i}{10^{-k_1 t_i}}\right) \qquad (24\text{-}3)$$

x_i——i 排放点废水中的 BOD_5 数量，kg/d；

C_i——i 排放点废水中的 BOD_5 浓度，mg/L。

C 各点极限排放浓度的验算

（1）验算各排污源在各自临界亏氧点上的溶解氧情况。i 排放点废水在河流中最大亏氧处的混合水中 BOD_5 的最大允许浓度 C_{Hi}(mg/L) 按下式计算：

$$C_{Hi} = \frac{a_i Q C_H + q_i C_{xi}}{a_i Q + q_i} \qquad (24\text{-}4)$$

式中 a_i——i 排放点废水在河流中其最大亏氧点的混合系数。

将上式求出的 C_{Hi} 代入河流水体自净的氧垂曲线的最大亏氧点（即临界点）处的 t_c 和 D_c 公式中得：

$$t_{c(i)} = \frac{2.3}{k_1(f-1)} \lg\left\{f\left[1-(f-1)\frac{D_a}{C_{Hi}/0.69}\right]\right\} \qquad (24\text{-}5)$$

$$D_{c(i)} = \frac{\frac{C_{Hi}}{0.69} \cdot e^{-k_1 t_{c(i)}}}{f} = \frac{C_{Hi}/0.69}{f\left\{f\left[1-(f-1)\frac{D_a}{C_{Hi}/0.69}\right]\right\}^{1/(f-1)}} \leqslant (C'_s - C'_B) \qquad (24\text{-}6)$$

式中 f——水体的自净常数，为复氧速率常数 k_2 与耗氧速率常数 k_1 之比；

0.69——系数,为5 d生化需氧量与完全生化需氧量之比;

C'_s——计算断面饱和溶解氧量,mg/L;

C'_B——计算断面溶解氧标准值,mg/L;

D_a——废水排放点处,废水和河水混合后水的亏氧量,mg/L。

(2) 验算各排污源共同耗氧造成的亏氧情况。在所有的排放点中取BOD排放量最大的排污点为主要考察对象,以其临界点为计算点,核算该点由于各排污点允许排放的BOD负荷共同耗氧后的溶解氧是否符合标准。以图24-2中的各排污点为例,可确定B点为主要考察对象,设其临界点在下游K处,应考察因A、B、C三点排污对K处溶解氧的影响:

$$t_{c(B)}=\frac{2.3}{K_1(f-1)}\lg\left\{f\left[1-(f-1)\frac{D_{a(B)}}{C_{H(B)/0.69}}\right]\right\} \tag{24-7}$$

式中 $D_{a(B)}$——B点在$t=0$时的亏氧量,mg/L。

K点为临界点,则$t_{c(B)}=t_{B-K}$(即B点废水流至K点的时间),则:

$$D_{c(B)}=\frac{C_{H/(B)}/0.69}{f}e^{-k_1t_c(B)}+D_1+D_3\leqslant(C'_s-C'_B) \tag{24-8}$$

式中 D_1,D_3——分别为A点和C点排放的废水在K点所造成的亏氧量(mg/L),可根据氧垂曲线上任一点的亏氧量的计算公式求出:

$$D_1=\frac{C_{H(A)}/0.69}{f-1}e^{-K_1t_{A-K}}\left\{1-e^{-(f-1)K_1t_{A-K}}\left[1-(f-1)\frac{D_{a(A)}}{C_{H(C)}/0.69}\right]\right\}$$

$$D_3=\frac{C_{H(C)}/0.69}{f-1}e^{-K_1t_{C-K}}\left\{1-e^{-(f-1)K_1t_{C-K}}\left[1-(f-1)\frac{D_{a(C)}}{C_{H(C)}/0.69}\right]\right\}$$

式中 $D_{a(A)}$,$D_{a(C)}$——分别为A点和C点在$t=0$时的亏氧量,mg/L。

(3) 验算各排污源在下游水域共同造成的亏氧情况。各排污点在以其求得的最大允许浓度排放废水时,在下游最关键水域的溶解氧应符合该水域的标准,即:

$$\sum D_i\leqslant(C'_s-C'_B) \tag{24-9}$$

D 对允许排放的污染负荷的削减

如果经过核算,溶解氧不符合标准,则需对允许排放的污染负荷进行削减。在削减时,应拟出几种不同方案进行技术、经济的优化比较。通常应注意以下几点:

(1) 各排污点的BOD排放负荷的均匀削减,一般说来不是最经济和最合理的。

(2) 各污染源中,应对BOD排放量大的污染源进行重点治理,分配较大的BOD排放削减量。较之治理许多分散的小污染源既经济又可靠。

(3) 对可能采用简易、经济和有效的处理设施的污染源应分配给较大的削减量。

(4) 因种种条件限制,虽经削减仍高于最大允许排放负荷,可考虑在上游修建调节水库,增加枯水期的河水流量,或修建污水库减少枯水期的排污量。

24.3.5.2 其他污染物极限允许排放负荷的计算

在这些污染物中,应首先考虑对水生物和人有毒害的污染物进行其极限允许排放负荷的计算,如酚、氰化物、重金属、焦油、苯并芘、亚硝胺等;其他如悬浮物、色度、硬度、钙、镁、钠等也应按下游最重要水域的水质标准以及由排放口到水域的混合稀释规律计算各自的最大允许排放负荷。

对于单点排放废水的某种污染物的最大允许排放浓度可按混合稀释模式计算得出。

对于多点排放时,某种污染物的最大允许排放浓度可按下式计算:

$$C_{wi}=\frac{a_iQ}{q_i}(P_iC_B-C_h)+P_iC_B \tag{24-10}$$

分配分数 P_i 按下式计算：

$$P_i=\frac{x_ia_i}{\sum_{i=1}^{n}x_ia_i}=\frac{q_iC_ia_i}{\sum_{i=1}^{n}q_iC_ia_i} \tag{24-11}$$

对沉淀性和挥发性强的污染物不宜用上式计算其允许排放负荷，而应根据各自的迁移规律，采用适当的模式予以确定。

还应该提出的是，在形成总量控制削减方案时，应避免浓度必须达标的做法，只要能削减排污量，不管其浓度是否达标，即可列为可供选择的削减方案，至于是否采纳，留待区域优化中去筛选组合。这就为一大批有综合利用效益、能削减排污总量，但不能达标的治理措施开辟了道路。

24.4 行政经济原则及措施

水环境污染的区域性综合防治，要一靠管理、二靠技术。就管理而言，不仅应建立高效率的环境管理机构，还应有科学的管理体制和相应的污染预防制度。就技术而言，应从我国和当地的具体情况出发，有分析、有选择、有针对性地学习和借鉴国内外现有的水污染控制技术，制定正确的技术路线，选用或者开发既经济又有效的技术和设施，以实现水污染的优化控制。基本的指导思想是经济建设、城乡建设和环境建设同步规划、同步发展、同步实施，做到经济效益、社会效益和环境效益的统一。总的原则是：加强管理，以防为主，综合防治；保护并开发利用自然资源，维护生态的良性循环；依靠技术进步和科学管理，采取符合我国国情和不同地区环境特点的先进适用技术。

24.4.1 水污染区域性防治的管理

24.4.1.1 建立完整的水环境保护法律体系

我国现已颁布了《中华人民共和国环境保护法》，以及与其相适应的单项环境污染控制法规，如《水污染防治法》、《中华人民共和国水法》、《地面水环境质量标准》、《海水水质标准》、《生活饮用水卫生标准》、《渔业水质标准》、《污水综合排放标准》及《城镇污水处理厂污染物排放标准》等；与此同时，还制定了一些地方性的法规和区域性环境管理的有关规定、条例等。我国已基本形成了较为完整的水环境保护法律体系。

24.4.1.2 建立和健全综合防治管理机构

对任何一个流域或区域的水资源，必须统一考虑其水量和水质。水资源合理利用与水污染防治有着不可分割的关系。过去，我国城市水资源往往由供水、用水、管水、治水等部门分散管理，缺乏一个统一的权威管理机构，政出各门，效果不佳。为了搞好区域性污染综合防治，应该建立和健全相应的统一管理的组织机构。该机构的职能是：

（1）统筹和规划整个区域水污染防治方案和措施，防止各自为政、分散治理的弊病。

（2）通过行政、法制和经济手段监督、检查城市和工矿企业治理方案的实施。

（3）从控制污染和合理利用水资源的角度，就区域内城镇性质、规模和经济结构（包括布局）提出合理化建议。

（4）根据污染类型、分布、源强及水体污染状况和自净规律，确定水域的环境容量，制定地方性排放标准。

(5) 建立完善的污染监测系统,进行经常性的全面系统监测,有效地掌握水环境变化信息。

(6) 修建区域性大型废水处理厂和制定土地开发利用规划。

(7) 制定合理开发和利用水资源方案。

(8) 按规定征收排污费或罚款,负责该项资金的管理使用,促进社会治理。

24.4.1.3 实施排污许可证制度

建立在总量控制基础之上的排污许可证制度,是实施水环境区域性综合防治方案的可靠保证。排污单位首先应填报《排放水污染物许可证申请表》,目的在于明了污染性质和排放现状,准确、全面地研究污染源的可控制性。管理部门则根据区域水环境的环境容量,在污染者之间进行合理分配。分配时不仅要以各污染源排污量大小为依据,而且应根据经济发展的需要来合理安排。对那些污染大,经济效益差的污染者应相应减少其允许排放量,促使其治理。近年来试行的结果表明,根据水域的环境容量确定污染物的排放总量并进行优化分配,不仅有利于环境质量的控制,而且能推动企业加强环境管理和采取有效的技术措施。对于一些小型污染源,可以参与临近污染源的集中控制,不必自搞一套。

排污许可证的推行,要求有严密的环境管理措施,其中包括:

(1) 排污收费政策要体现环境资源有偿使用的原则,排入不同功能水域的污染物按不同标准依总量收费。

(2) 排污超标罚款要体现对区域性集中治理设施的运行费用给予合理补偿的原则,超过允许排放量越多,罚款增收率越高,并按总量计算罚款数额。

(3) 建设项目环境影响评价与"三同时"项目,纳入发放排污许可证审批范围,统一实行区域总量控制和分期综合整治规划。

(4) 建立企业自检自报、环境管理部门复查复核制度,达标者奖,违规者罚,调动企业搞好环保工作的积极性。

(5) 以城市环境综合整治定量考核为主体,建立环境保护目标责任制。

(6) 建立限期治理制度,建立检查、督促和竣工验收制度。

(7) 积极推行污染的集中控制,经济、有效地进行水环境污染治理。

24.4.1.4 建立水污染综合防治投资制度

对水污染综合防治的投资管理来说,目前最迫切的是建立合理的资金来源渠道,资金使用和资金检查制度。

排污收费制度开辟了一条可靠的污染治理资金渠道,但单靠这部分资金显然不够。企业每年应拿出一定数量的资金用于污染治理,此外,国家每年也应拨出一定数量的资金用作环保经费贷款,在资金的使用上,要严格执行《污染源治理专项资金有偿使用暂行办法》等有关规定,使有限的资金做到合理使用,发挥最大的经济效益、社会效益和环境效益。

24.4.2 水环境区域性综合防治的工程技术措施

(1) 严格控制污染源减少排污。采用生产工艺无害化、闭路化和工业用水循环化等措施,可以做到少排污甚至不排污。对那些因生产工艺落后致使耗水量较大或生产原料、中间产品选择不佳,附带形成的污染较重的企业,进行技术改造,是防治污染最根本的一条。对因管理不当而造成严重污染的企业,则可通过加强科学管理来减少污染物的排放量,如健全企业内部供排水定量化管理制度;实现清浊分流,杜绝跑、冒、滴、漏等。

(2) 修建有效的废水处理设施。对于城市污水及其性质相近的废水,在修建处理厂时,应向区域化、大型化发展。与中、小型废水处理厂相比，大型废水处理厂较经济，管理效率高，处理效果好。

（3）充分利用水体自净能力。充分利用和增加河流的自净稀释能力是治理污染河流的较为经济有效的措施之一。不少国家通过修筑大坝水库、开辟贮水湖、增加枯水期流量、引水冲污，疏浚河道和河内人工充氧等途径来增加可资利用的稀释水量和河水中的溶解氧，以此加强河流的自净能力、增大水环境容量、减少治理费用。还可通过修建贮存塘或贮存－调节塘，在水系的枯水期即其自净容量最小时，贮存或调节废水量，减少向自然水体的排污量，使之保持较好的水质状态。

习题和思考题

24-1 与废水单独处理相比较，区域性综合防治有哪些优点？

24-2 为什么应逐步推行污染物总量控制的路线？

附　录

附录1　地面水环境质量标准（摘自GB3838—2002）

附表1-1　地表水环境质量标准基本项目标准限值　（mg/L）

序号	项目＼分类（标准值）	Ⅰ类	Ⅱ类	Ⅲ类	Ⅳ类	Ⅴ类
1	水温	人为造成的环境水温变化应限制在：周平均最大温升≤1℃ 周平均最大温降≤2℃				
2	pH值（无量纲）	6.0～9.0				
3	溶解氧　（不小于）	饱和率90%（或7.5）	6	5	3	2
4	高锰酸盐指数　（不大于）	2	4	6	10	15
5	化学需氧量（COD）（不大于）	15	15	20	30	40
6	五日生化需氧量（BOD_5）（不大于）	3	3	4	6	10
7	氨氮（NH_3-N）　（不大于）	0.15	0.5	1.0	1.5	2.0
8	总磷（以P计）　（不大于）	0.02（湖、库0.01）	0.1（湖、库0.025）	0.2（湖、库0.05）	0.3（湖、库0.1）	0.4（湖、库0.2）
9	总氮（湖、库，以N计）（不大于）	0.2	0.5	1.0	1.5	2.0
10	铜　（不大于）	0.01	1.0	1.0	1.0	1.0
11	锌　（不大于）	0.05	1.0	1.0	2.0	2.0
12	氟化物（以F^-计）（不大于）	1.0	1.0	1.0	1.5	1.5
13	硒　（不大于）	0.01	0.01	0.01	0.02	0.02
14	砷　（不大于）	0.05	0.05	0.05	0.1	0.1
15	汞　（不大于）	0.00005	0.00005	0.0001	0.001	0.001
16	镉　（不大于）	0.001	0.005	0.005	0.005	0.01
17	铬（六价）　（不大于）	0.01	0.05	0.05	0.05	0.1
18	铅　（不大于）	0.01	0.01	0.05	0.05	0.1
19	氰化物　（不大于）	0.005	0.05	0.2	0.2	0.2
20	挥发酚　（不大于）	0.002	0.002	0.005	0.01	0.1
21	石油类　（不大于）	0.05	0.05	0.05	0.5	1.0
22	阴离子表面活性剂（不大于）	0.2	0.2	0.2	0.3	0.3
23	硫化物　（不大于）	0.05	0.1	0.2	0.5	1.0
24	粪大肠菌群/个·L^{-1}（不大于）	200	2000	10000	20000	40000

附表1-2　集中式生活饮用水地表水源地补充项目标准限值　(mg/L)

序号	项　目	标　准　值
1	硫酸盐(以 SO_4^{2-} 计)	250
2	氯化物(以 Cl^- 计)	250
3	硝酸盐(以 N 计)	10
4	铁	0.3
5	锰	0.1

附录2　农田灌溉水质标准(摘自 GB5084—2005)

附表2-1　农田灌溉用水水质基本控制项目标准值　(mg/L)

序号	项目类别		作物种类		
			水作	旱作	蔬菜
1	五日生化需氧量	(不大于)	60	100	40①,15②
2	化学需氧量	(不大于)	150	200	100①,60②
3	悬浮物	(不大于)	80	100	60①,15②
4	阴离子表面活性剂	(不大于)	5	8	5
5	水温/℃	(不大于)	25	25	25
6	pH 值(无量纲)		5.5~8.5	5.5~8.5	5.5~8.5
7	全盐量	(不大于)	1000③(非盐碱土地区),2000③(盐碱土地区)		
8	氯化物	(不大于)	350	350	350
9	硫化物	(不大于)	1	1	1
10	总汞	(不大于)	0.001	0.001	0.001
11	镉	(不大于)	0.01	0.01	0.01
12	总砷	(不大于)	0.05	0.1	0.05
13	铬(Ⅵ)	(不大于)	0.1	0.1	0.1
14	铅	(不大于)	0.2	0.2	0.2
15	粪大肠菌群数/个·100 mL^{-1}	(不大于)	4000	4000	2000①,1000②
16	蛔虫卵数/个·L^{-1}	(不大于)	2	2	2①,1②

① 加工、烹调及去皮蔬菜;②生食类蔬菜、瓜类和草本水果;③具有一定的水利灌排设施,能保证一定的排水和地下水径流条件的地区,或有一定淡水资源能满足冲洗土体中盐分的地区,农田灌溉水质全盐量指标可以适当放宽。

附表2-2　农田灌溉用水水质选择性控制项目标准值　(mg/L)

序号	项目类别		作物种类		
			水作	旱作	蔬菜
1	铜	(不大于)	0.5	1	1
2	锌	(不大于)	2	2	2
3	硒	(不大于)	0.02	0.02	0.02
4	氟化物	(不大于)	2(一般地区),3(高氟区)		
5	氰化物	(不大于)	0.5	0.5	0.5
6	石油类	(不大于)	5	10	1
7	挥发酚	(不大于)	1	1	1
8	苯	(不大于)	2.5	2.5	2.5
9	三氯乙醛	(不大于)	1	0.5	0.5
10	丙烯醛	(不大于)	0.5	0.5	0.5
11	硼	(不大于)	1①	2②	3③

① 对硼敏感作物,如黄瓜、豆类、马铃薯、笋瓜、韭菜、洋葱、柑橘等;② 对硼耐受性较强的作物,如小麦、玉米、青椒、小白菜、葱等;③ 对硼耐受性强的作物,如水稻、萝卜、油菜、甘蓝等。

附录3 渔业水质标准(摘自GB11607—89)

附表3 渔业水质标准 (mg/L)

序号	项 目		标 准 值
1	色、臭、味		不得使鱼、虾、贝、藻类带有异色、异臭、异味
2	漂浮物质		水面不得出现明显油膜或浮沫
3	悬浮物质		人为增加的量不得超过10,而且悬浮物质沉积于底部后,不得对鱼、虾、贝类产生有害的影响
4	pH值		淡水6.5~8.5,海水7.0~8.5
5	溶解氧		连续24 h中,16 h以上必须大于5,其余任何时候不得低于3,对于鲑科鱼类栖息水域冰封期其余任何时候不得低于4
6	生化需氧量(五天、20℃)		不超过5,冰封期不超过3
7	总大肠菌群		不超过5000个/L(贝类养殖水质不超过500个/L)
8	汞	(不大于)	0.0005
9	镉	(不大于)	0.005
10	铅	(不大于)	0.05
11	铬	(不大于)	0.1
12	铜	(不大于)	0.01
13	锌	(不大于)	0.1
14	镍	(不大于)	0.05
15	砷	(不大于)	0.05
16	氰化物	(不大于)	0.005
17	硫化物	(不大于)	0.2
18	氟化物(以F^-计)	(不大于)	1
19	非离子氨	(不大于)	0.02
20	凯氏氮	(不大于)	0.05
21	挥发性酚	(不大于)	0.005
22	黄磷	(不大于)	0.001
23	石油类	(不大于)	0.05
24	丙烯腈	(不大于)	0.5
25	丙烯醛	(不大于)	0.02
26	六六六(丙体)	(不大于)	0.002
27	滴滴涕	(不大于)	0.001
28	马拉硫磷	(不大于)	0.005
29	五氯酚钠	(不大于)	0.01
30	乐果	(不大于)	0.1
31	甲胺磷	(不大于)	1
32	甲基对硫磷	(不大于)	0.0005
33	呋喃丹	(不大于)	0.01

附录4 海水水质标准(摘自 GB3097—1997)

附表4 海水水质标准 (mg/L)

序号	项目	第一类	第二类	第三类	第四类
1	漂浮物质	海面不得出现油膜、浮沫和其他漂浮物质			海面无明显油膜、浮沫和其他漂浮物质
2	色、臭、味	海水不得有异色、异臭、异味			海水不得有令人厌恶和感到不快的色、臭、味
3	悬浮物质	人为增加的量≤10		人为增加的量≤100	人为增加的量≤150
4	大肠菌群/个·L^{-1} (不大于)	10000;供人生食的贝类养殖水质≤700			—
5	粪大肠菌群/个·L^{-1} (不大于)	2000;供人生食的贝类养殖水质≤140			—
6	病原体	供人生食的贝类养殖水质不得含有病原体			
7	水温	人为造成的海水温升夏季不超过当时当地1℃,其他季节不超过2℃		人为造成的海水温升不超过当时当地4℃	
8	pH值	7.8~8.5,同时不超出该海域正常变动范围的0.2pH单位		6.8~8.8,同时不超出该海域正常变动范围的0.5pH单位	
9	溶解氧(大于)	6	5	4	3
10	化学需氧量(COD)(不大于)	2	3	4	5
11	生化需氧量(BOD_5)(不大于)	1	3	4	5
12	无机氮(以N计)(不大于)	0.2	0.3	0.4	0.5
13	非离子氨(以N计)(不大于)	0.02	0.02	0.02	0.02
14	活性磷酸盐(以P计)(不大于)	0.015	0.03	0.03	0.045
15	汞(不大于)	0.00005	0.0002	0.0002	0.0005
16	镉(不大于)	0.001	0.005	0.01	0.01
17	铅(不大于)	0.001	0.005	0.01	0.05
18	六价铬(不大于)	0.005	0.01	0.02	0.05
19	总铬(不大于)	0.05	0.1	0.2	0.5
20	砷(不大于)	0.02	0.03	0.05	0.05
21	铜(不大于)	0.005	0.01	0.05	0.05
22	锌(不大于)	0.02	0.05	0.1	0.5
23	硒(不大于)	0.01	0.02	0.02	0.05
24	镍(不大于)	0.005	0.01	0.02	0.05
25	氰化物(不大于)	0.005	0.005	0.1	0.2
26	硫化物(以S)(不大于)	0.02	0.05	0.1	0.25
27	挥发性酚(不大于)	0.005	0.005	0.01	0.05
28	石油类(不大于)	0.05	0.05	0.3	0.5
29	六六六(不大于)	0.001	0.002	0.003	0.005
30	滴滴涕(不大于)	0.00005	0.0001	0.0001	0.0001

续附表 4

序号	项　目		第一类	第二类	第三类	第四类
31	马拉硫磷(不大于)		0.0005	0.001	0.001	0.001
32	甲基对硫磷(不大于)		0.0005	0.001	0.001	0.001
33	苯并(a)芘/μg·L⁻¹(不大于)		0.0025	0.0025	0.0025	0.0025
34	阴离子表面活性剂(以 LAS 计)		0.03	0.1	0.1	0.1
35	放射性核素/Bq·L^{-1}	^{60}Co	0.03	0.03	0.03	0.03
		^{90}Sr	4	4	4	4
		^{106}Rn	0.2	0.2	0.2	0.2
		^{134}Cs	0.6	0.6	0.6	0.6
		^{137}Cs	0.7	0.7	0.7	0.7

附录 5　污染物综合排放标准(摘自 GB8978—1996)

附表 5-1　第一类污染物最高允许排放浓度 (mg/L)

序号	污染物	最高允许排放浓度	序号	污染物	最高允许排放浓度
1	总　汞	0.05	8	总　镍	1.0
2	烷基汞	不得检出	9	苯并(a)芘	0.00003
3	总　镉	0.1	10	总　铍	0.005
4	总　铬	1.5	11	总　银	0.5
5	六价铬	0.5	12	总 α 放射性	1 Bq/L
6	总　砷	0.5	13	总 β 放射性	10 Bq/L
7	总　铅	1.0			

附表 5-2　第二类污染物最高允许排放浓度(1998 年 1 月 1 日后建设的单位) (mg/L)

序号	污染物	适 用 范 围	一级标准	二级标准	三级标准
1	pH 值(无量纲)	一切排污单位	6~9	6~9	6~9
2	色度(稀释倍数)	一切排污单位	50	80	—
3	悬浮物(SS)	采矿、选矿、选煤工业	70	300	—
		脉金选矿	70	400	—
		边远地区砂金选矿	70	800	—
		城镇二级污水处理厂	20	30	—
		其他排污单位	70	150	400
4	五日生化需氧量(BOD_5)	甘蔗制糖、苎麻脱胶、湿法纤维板、染料、洗毛工业	20	60	600
		甜菜制糖、酒精、味精、皮革、化纤浆粕工业	20	100	600
		城镇二级污水处理厂	20	30	—
		其他排污单位	20	30	300
5	化学需氧量(COD)	甜菜制糖、合成脂肪酸、湿法纤维板、染料、洗毛、有机磷农药工业	100	200	1000
		味精、酒精、医药原料药、生物化工、苎麻脱胶、皮革、化纤浆粕工业	100	300	1000
		石油化工工业(包括石油炼制)	60	120	500
		城镇二级污水处理厂	60	120	—
		其他排污单位	100	150	500
6	石油类	一切排污单位	5	10	20

续附表5-2

序号	污染物	适 用 范 围	一级标准	二级标准	三级标准
7	动植物油	一切排污单位	10	15	100
8	挥发酚	一切排污单位	0.5	0.5	2.0
9	总氰化合物	一切排污单位	0.5	0.5	1.0
10	硫化物	一切排污单位	1.0	1.0	1.0
11	氨　氮	医药原料药、染料、石油化工工业	15	50	—
		其他排污单位	15	25	—
12	氟化物	黄磷工业	10	15	20
		低氟地区(水体含氟量小于0.5 mg/L)	10	20	30
		其他排污单位	10	10	20
13	磷酸盐(以P计)	一切排污单位	0.5	1.0	—
14	甲　醛	一切排污单位	1.0	2.0	5.0
15	苯胺类	一切排污单位	1.0	2.0	5.0
16	硝基苯类	一切排污单位	2.0	3.0	5.0
17	阴离子表面活性剂(LAS)	一切排污单位	5.0	10	20
18	总　铜	一切排污单位	0.5	1.0	2.0
19	总　锌	一切排污单位	2.0	5.0	5.0
20	总　锰	合成脂肪酸工业	2.0	5.0	5.0
		其他排污单位	2.0	2.0	5.0
21	彩色显影剂	电影洗片	1.0	2.0	3.0
22	显影剂及氧化物总量	电影洗片	3.0	3.0	6.0
23	元素磷	一切排污单位	0.1	0.1	0.3
24	有机磷农药(以P计)	一切排污单位	不得检出	0.5	0.5
25	乐　果	一切排污单位	不得检出	1.0	2.0
26	对硫磷	一切排污单位	不得检出	1.0	2.0
27	甲基对硫磷	一切排污单位	不得检出	1.0	2.0
28	马拉硫磷	一切排污单位	不得检出	5.0	10
29	五氯酚及五氯酚钠(以五氯酚计)	一切排污单位	5.0	8.0	10
30	可吸附有机卤化物(AOX以Cl计)	一切排污单位	1.0	5.0	8.0
31	三氯甲烷	一切排污单位	0.3	0.6	1.0
32	四氯化碳	一切排污单位	0.03	0.06	0.5
33	三氯乙烯	一切排污单位	0.3	0.6	1.0
34	四氯乙烯	一切排污单位	0.1	0.2	0.5
35	苯	一切排污单位	0.1	0.2	0.5
36	甲　苯	一切排污单位	0.1	0.2	0.5
37	乙　苯	一切排污单位	0.4	0.6	1.0
38	邻-二甲苯	一切排污单位	0.4	0.6	1.0
39	对-二甲苯	一切排污单位	0.4	0.6	1.0
40	间-二甲苯	一切排污单位	0.4	0.6	1.0
41	氯　苯	一切排污单位	0.2	0.4	1.0
42	邻-二氯苯	一切排污单位	0.4	0.6	1.0
43	对-二氯苯	一切排污单位	0.4	0.6	1.0
44	对硝基氯苯	一切排污单位	0.5	1.0	5.0
45	2,4-二硝基氯苯	一切排污单位	0.5	1.0	5.0
46	苯　酚	一切排污单位	0.3	0.4	1.0
47	间-甲酚	一切排污单位	0.1	0.2	0.5
48	2,4-二氯酚	一切排污单位	0.6	0.8	1.0

续附表 5-2

序号	污染物	适 用 范 围	一级标准	二级标准	三级标准
49	2,4,6-三氯酚	一切排污单位	0.6	0.8	1.0
50	邻苯二甲酸二丁酯	一切排污单位	0.2	0.4	2.0
51	邻苯二甲酸二辛酯	一切排污单位	0.3	0.6	2.0
52	丙烯腈	一切排污单位	2.0	5.0	5.0
53	总硒	一切排污单位	0.1	0.2	0.5
54	粪大肠菌群数	医院①、兽医院及医疗机构含病原体污水	500 个/L	1000 个/L	5000 个/L
		传染病、结核病医院污水	100 个/L	500 个/L	1000 个/L
55	总余氯（采用氯化消毒的医院污水）	医院①、兽医院及医疗机构含病原体污水	<0.5②	>3（接触时间≥1 h）	>2（接触时间≥1 h）
		传染病、结核病医院污水	<0.5②	>6.5（接触时间≥1.5 h）	>5（接触时间≥1.5 h）
56	总有机碳（TOC）	合成脂肪酸工业	20	40	—
		苎麻脱胶工业	20	60	—
		其他排污单位	20	30	—

注：其他排污单位；指除在该控制项目中所列行业以外的一切排污单位。

① 指 50 个床位以上的医院；② 加氯消毒后须进行脱氯处理，达到本标准。

附录 6　城镇污水处理厂污染物排放标准（摘自 GB18918—2002）

附表 6-1　基本控制项目最高允许排放浓度（日均值）　　（mg/L）

序号	基本控制项目		一级标准		二级标准	三级标准
			A 标准	B 标准		
1	化学需氧量（COD）		50	60	100	120①
2	生化需氧量（BOD_5）		10	20	30	60①
3	悬浮物（SS）		10	20	30	50
4	动植物油		1	3	5	20
5	石油类		1	3	5	15
6	阴离子表面活性剂		0.5	1	2	5
7	总氮（以 N 计）		15	20	—	—
8	氨氮（以 N 计）②		5(8)	8(15)	25(30)	—
9	总磷（以 P 计）	2005 年 12 月 31 日前建设的	1	1.5	3	5
		2006 年 1 月 1 日起建设的	0.5	1	3	5
10	色度（稀释倍数）		30	30	40	50
11	pH 值		6.0~9.0	6.0~9.0	6.0~9.0	6.0~9.0
12	粪大肠菌群数（个/L）		10^3	10^4	10^4	—

① 下列情况下按去除率指标执行：当进水 COD 大于 350 mg/L 时，去除率应大于 60%；BOD 大于 160 mg/L 时，去除率应大于 50%；② 括号外数值为水温大于 12℃时的控制指标；括号内数值为水温不大于 12℃时的控制指标。

附表 6-2 部分一类污染物最高允许排放浓度(日均值) (mg/L)

序号	项 目	标 准 值	序号	项 目	标 准 值
1	总 汞	0.001	5	六价铬	0.05
2	烷基汞	不得检出	6	总 砷	0.1
3	总 镉	0.01	7	总 铅	0.1
4	总 铬	0.1			

附表 6-3 选择控制项目最高允许排放浓度(日均值) (mg/L)

序号	选择控制项目	标准值	序号	选择控制项目	标准值
1	总镍	0.05	23	三氯乙烯	0.3
2	总铍	0.002	24	四氯乙烯	0.1
3	总银	0.1	25	苯	0.1
4	总铜	0.5	26	甲 苯	0.1
5	总锌	1.0	27	邻-二甲苯	0.4
6	总锰	2.0	28	对-二甲苯	0.4
7	总硒	0.1	29	间-二甲苯	0.4
8	苯并(a)芘	0.00003	30	乙 苯	0.4
9	挥发酚	0.5	31	氯 苯	0.3
10	总氰化物	0.5	32	1,4-二氯苯	0.4
11	硫化物	1.0	33	1,2-二氯苯	1.0
12	甲醛	1.0	34	对硝基氯苯	0.5
13	苯胺类	0.5	35	2,4-二硝基氯苯	0.5
14	总硝基化合物	2.0	36	苯 酚	0.3
15	有机磷农药(以P计)	0.5	37	间-甲酚	0.1
16	马拉硫磷	1.0	38	2,4-二氯酚	0.6
17	乐果	0.5	39	2,4,6-三氯酚	0.6
18	对硫磷	0.05	40	邻苯二甲酸二丁酯	0.1
19	甲基对硫磷	0.2	41	邻苯二甲酸二辛酯	0.1
20	五氯酚	0.5	42	丙烯腈	2.0
21	三氯甲烷	0.3	43	可吸附有机卤化物(AOX以Cl计)	1.0
22	四氯化碳	0.03			

附表 6-4 厂界(防护带边缘)废气排放最高允许浓度 (mg/m^3)

序号	控 制 项 目	一级标准	二级标准	三级标准
1	氨	1.0	1.5	4.0
2	硫化氢	0.03	0.06	0.32
3	臭气浓度(无量纲)	10	20	60
4	甲烷(厂区最高体积浓度)/%	0.5	1.0	1.0

附录7 城市污水再生利用 城市杂用水水质(摘自 GB/T18920—2002)

附表 7-1 再生水用作城市杂用水的水质标准 (mg/L)

序号	项 目	冲厕	道路清扫、消防	城市绿化	车辆冲洗	建筑施工
1	pH(无量纲)	6.0~9.0				
2	色度(度) (不大于)	30				
3	嗅	无不快感				
4	浊度(NTU) (不大于)	5	10	10	5	20

续附表 7-1

序号	项　目		冲厕	道路清扫、消防	城市绿化	车辆冲洗	建筑施工
5	溶解性总固体	（不大于）	1500	1500	1000	1000	—
6	BOD_5	（不大于）	10	15	20	10	15
7	氨　氮	（不大于）	10	10	20	10	20
8	阴离子表面活性剂	（不大于）	1.0	1.0	1.0	0.5	1.0
9	铁	（不大于）	0.3	—	—	0.3	—
10	锰	（不大于）	0.1	—	—	0.1	—
11	溶解氧	（不小于）	1.0	1.0	1.0	1.0	1.0
12	总余氯		接触 30 min 后不小于 1.0，管网末端不小于 0.2				
13	总大肠菌群/个 · L^{-1}	（不大于）	3	3	3	3	3

附录 8　城市污水再生利用　景观环境用水水质（摘自 GB/T18921—2002）

附表 8　景观环境用水的再生水水质标准　（mg/L）

序号	项　目		观赏性景观环境用水			娱乐性景观环境用水		
			河道类	湖泊类	水景类	河道类	湖泊类	水景类
1	基本要求		无漂浮物、无令人不愉快的嗅和味					
2	pH（无量纲）		6.0～9.0					
3	色度（度）	（不大于）	30					
4	浊度（NTU）	（不大于）	—	—	—	5	5	5
5	BOD_5	（不大于）	10	6	6	6	6	6
6	SS	（不大于）	20	10	10	—	—	—
7	总　氮	（不大于）	15	15	15	15	15	15
8	氨　氮	（不大于）	5	5	5	5	5	5
9	阴离子表面活性剂	（不大于）	0.5	0.5	0.5	0.5	0.5	0.5
10	溶解氧	（不小于）	1.5	1.5	1.5	2.0	2.0	2.0
11	总　磷	（不大于）	1.0	0.5	0.5	1.0	0.5	0.5
12	石油类	（不大于）	1.0	1.0	1.0	1.0	1.0	1.0
13	余　氯	（不小于）	0.05	0.05	0.05	0.05	0.05	0.05
14	粪大肠菌群/个 · L^{-1}	（不大于）	10000	10000	2000	500	500	不得检出

附录 9　城市污水再生利用　工业用水水质（摘自 GB/T19923—2005）

附表 9　再生水用作工业用水水源的水质标准　（mg/L）

序号	项　目		冷却用水		洗涤用水	锅　炉补给水	工艺与产品用水
			直流冷却	敞开式循环冷却系统补充水			
1	pH（无量纲）		6.5～9.0	6.5～8.5	6.5～9.0	6.5～8.5	6.5～8.5
2	色度（度）	（不大于）	30	30	30	30	30
3	浊度（NTU）	（不大于）	—	5	—	5	5
4	BOD_5	（不大于）	30	10	30	10	10
5	化学需氧量（COD_{Cr}）	（不大于）	—	60	—	60	60
6	SS	（不大于）	30	—	30	—	—
7	铁	（不大于）	—	0.3	0.3	0.3	0.3

续附表 9

序号	项　目		冷却用水		洗涤用水	锅　炉补给水	工艺与产品用水
			直流冷却	敞开式循环冷却系统补充水			
8	锰	（不大于）	—	0.1	0.1	0.1	0.1
9	氯离子	（不大于）	250	250	250	250	250
10	二氧化硅	（不大于）	50	50	—	30	30
11	总硬度（以 $CaCO_3$ 计）	（不大于）	450	450	450	450	450
12	总碱度（以 $CaCO_3$ 计）	（不大于）	350	350	350	350	350
13	硫酸盐	（不大于）	600	250	250	250	250
14	氨　氮	（不大于）	—	10①	—	10	10
15	总　磷	（不大于）	—	1.0	—	1.0	1.0
16	溶解性总固体	（不大于）	1000	1000	1000	1000	1000
17	石油类	（不大于）	—	1.0	—	1.0	1.0
18	阴离子表面活性剂	（不大于）	—	0.5	—	0.5	0.5
19	余氯②	（不小于）	0.05	0.05	0.05	0.05	0.05
20	粪大肠菌群/个·L^{-1}	（不大于）	2000	2000	2000	2000	2000

① 当敞开式循环冷却系统换热器为铜质时，循环冷却系统中循环水的氨氮指标应小于 1 mg/L；② 加氯消毒时管末梢值。

参考文献

[1] 张希衡,等.废水治理工程[M].北京:冶金工业出版社,1984.
[2] 顾夏声,等.水处理工程[M].北京:清华大学出版社,1985.
[3] 高廷耀.水污染控制工程(下册)[M].北京:高等教育出版社,1989.
[4] 王宝贞.水污染控制工程[M].北京:高等教育出版社,1989.
[5] 哈尔滨建筑工程学院.排水工程(下册)[M].北京:中国建筑工业出版社,1987.
[6] 同济大学.给水工程(下册)[M].中国建筑工业出版社,1987.
[7] J.W.克拉克,等.给水与污染控制[M].北京:中国建筑工业出版社,1979.
[8] 德格雷蒙公司.水处理手册[M].北京:中国建筑工业出版社,1983.
[9] 小沃尔特.J.韦伯.水质控制物理化学方法[M].北京:中国建筑工业出版社,1980.
[10] G.M.非耳,等.水处理原理[M].北京:中国建筑工业出版社,1974.
[11] 贝拉G.利普泰克.环境工程师手册(水污染及处理部分)[M].《环境工程师手册》翻译组译.北京:中国建筑工业出版社,1984.
[12] 梅特卡夫和埃迪公司.废水工程——处理、处置和回用[M].北京:化学工业出版社,1986.
[13] B.考兹奥罗夫斯基,等.工业废水处理[M].北京:中国建筑工业出版社,1975.
[14] 李汉昭.活性污泥法概述[M].北京:中国建筑工业出版社,1977.
[15] 羊寿生.曝气的理论与实践[M].北京:中国建筑工业出版社,1982.
[16] 郑元景,等.生物膜法处理污水[M].北京:中国建筑工业出版社,1982.
[17] 郑元景,等.污水厌氧生物处理[M].北京:中国建筑工业出版社,1988.
[18] E.J.米德尔布鲁克斯.废水稳定塘的设计和运行[M].北京:中国建筑工业出版社,1986.
[19] 美国环保局.废水稳定塘设计手册[M].北京:中国环境科学出版社,1989.
[20] W.W.埃肯费尔德.工业水污染控制[M].北京:中国建筑工业出版社,1992。
[21] R. L.卡尔普,等.城市污水高级处理手册[M].北京:中国建筑工业出版社,1986.
[22] 张根生,等.电渗析水处理技术[M].北京:科学出版社,1981.
[23] 王振堃等.电渗析和反渗透——水处理[M].上海:上海科学技术出版社,1980.
[24] 金儒霖,等.污泥处置[M].北京:中国建筑工业出版社,1982.
[25] 《给水排水设计手册》编写组.给水排水设计手册(第四~六册)——给水排水[M].北京:中国建筑工业出版社,1986.
[26] 王景华.水体污染[M].北京:科学出版社,1979.
[27] R.S.Ramalho:Introduction to Waste Water Treatment Processes Academic,Press,New York,1977.
[28] Larry D. Benefield ,Clifford W. Randall:Biological Process Design for Wastewater Treatment Prentice-Hall, Inc. ,Cliffs N.J.1980.
[29] American Public Health Association/American Water Works Association/Water Environment Federation. Standard Methods for the Examination of Water and Wastewater, 20th ed. American Public Health Association/American Water Works Association/Water Environment Federation, Washington, DC, USA,1998.
[30] Bruce E Rittman and Perry L McCarty. Environmental biotechnology: principles and applications[M]. McGraw Hill Inc, New York, USA, 2001.
[31] Metcaf & Eddy, Inc. Wastewater engineering: treatment and reuse[M]. McGraw Hill Inc, New York, USA, 2003.
[32] Ronald L Droste. Theory and practice of water and wastewater treatment[M]. John Wiley & Sons Inc, New York, USA, 1997.
[33] Tom D Renolds and Paul A Richards. Unit operation and processes in environmental engineering[M]. PWS publishing company. Boston, USA, 1997.
[34] Walter J Weber. Physicochemical processes for water quality control[M]. John Wiley & Sons Inc, New York, USA, 1972.